FEM bei elektrischen Antrieben 2

Springer

Bernd Aschendorf

FEM bei elektrischen Antrieben 2

Anwendungen: Gleichstrommaschinen, Asynchronmaschinen, Synchronmaschinen, Linearmotoren

Bernd Aschendorf
FB Informations- und Elektrotechnik
Fachhochschule Dortmund
Dortmund, Deutschland

ISBN 978-3-658-05249-2 ISBN 978-3-658-05250-8 (eBook)
DOI 10.1007/978-3-658-05250-8

Die Deutsche Nationalbibliothek verzeichnet diese Publikation in der Deutschen Nationalbibliografie; detaillierte bibliografische Daten sind im Internet über http://dnb.d-nb.de abrufbar.

Springer Vieweg

Gedruckt auf säurefreiem und chlorfrei gebleichtem Papier.

Springer Vieweg ist eine Marke von Springer DE. Springer DE ist Teil der Fachverlagsgruppe Springer Science+Business Media
www.springer-vieweg.de

Meiner Familie gewidmet,
die mich als ANSYS-Süchtigen bei der
Bearbeitung von FEM-Projekten
und Lösung von Problemen
sehr häufig und lang andauernd
entbehren mussten.

Vorwort

Das vorliegende Buch befasst sich mit der Berechnung Elektrischer Maschinen und deren Teil-Phänomenen durch das Finite-Elemente-Programm-Paket ANSYS. ANSYS ist unter den angebotenen numerischen Feldberechnungsprogrammen das weltweit verbreitetste. Die verwendete Finite-Elemente-Theorie zählt zu den numerischen Simulationsansätzen im Vergleich zu analytischen, bei denen Systeme und damit auch elektrische Maschinen über Matrizen oder einzelne Elemente in Ersatzschaltbildern beschrieben werden. Bei Verwendung der Finite-Elemente-Theorie erfolgt die Analyse der elektrischen Maschine nah am realen System. Die zu simulierende Konstruktion wird je nach Anordnung auch durch Schnitte als 2D-, 2,5D- oder 3D-Modell aufgebaut. Hierzu verwenden geometrische Elemente, wie z. B. Geometriepunkte, Linien, Flächen, Volumen, Finite-Elemente-Knoten und Elemente verwendet. Die generierten Flächen- oder Volumen, die sich in Verbindung mit Attributen, wie z. B. Elementtypen und Materialeigenschaften, zum gesamten Modell zusammenfügen, werden durch kleine finite Elemente in kleinste zusammenhängende Strukturen aufgeteilt, man spricht von Vermaschung oder Vernetzung. Damit entstehen große, bandstrukturierte Gleichungssysteme, die in Verbindung mit Randbedingungen und Lasten über Gleichungssystems-Lösungsverfahren gelöst werden müssen. Das Buch geht auf den gesamten Prozess der Modellgenerierung über die einzelnen Schritte Preprocessing, Solution und Postprocessing ein. Vorgestellt werden die beiden Verfahren der Bottom-Up- und Top-Down-Methode, die vergleichbar in allen anderen Finite-Elemente-Programmen zum Einsatz kommen. Die typische Vorgehensweise mit Menüs wird beschrieben, zur Ermöglichung der einfachen Änderbarkeit des Modells wird auf einen hybriden Ansatz eingegangen, bei dem aus den Menüeingaben sukzessive Skripten entstehen, mit denen in sehr kurzer Zeit Variationen des Modells generiert und gerechnet werden können. ANSYS verwendet hierzu die Programmiersprache APDL. Hinsichtlich der Berechnungsmöglichkeit wird auf statische, quasistationäre, harmonische und transiente Rechenverfahren eingegangen. Die Schaltungen der unterschiedlichen elektrischen Maschinen werden mit den ANSYS-typischen Schaltungen beschrieben.

Die Vorgehensweise wird an einem ersten Beispiel, einer trapezförmigen Nut, zunächst ausführlich erläutert. Die Berechnungsverfahren werden vorgestellt und auch die Auswertung durch grafische oder tabellarische Methoden wird beschrieben.

In den weiteren Kapiteln werden grundlegend die Berechnungsmöglichkeiten von Transformatoren, Gleichstrommaschinen, auch mit Zusatzwicklungen, Asynchronmaschinen, Synchronmaschinen und Linearmotoren vorgestellt. Hierzu werden parametrierte APDL-Skripten im Detail vorgestellt, mit denen auch in Verbindung mit eigenen Änderungen eigene Erfahrungen mit ANSYS aufgebaut werden können. Die Berechnungen erfolgen statisch, dies betrifft insbesondere die Gleichstrommaschinen, ansonsten dienen statische Rechnungen lediglich zur Kontrolle des Finite-Elemente-Modells. Die harmonische Berechnungsmethode setzt auf eine feste Frequenz in der gesamte Anordnung und liefert Real- und Imaginärteile, die anschießend gemeinsam ausgewertet werden müssen. Hinsichtlich der transienten Berechnungsmethode wird auf zeit- und ortsveränderliche Aufgabenstellungen eingegangen, die auch gemeinsam auftreten können. Die transiente Berechnung liefert induzierte Spannungen, Kurzschlussströme bei konstanter Drehzahl, aber auch Hochläufe ab bestimmten Drehzahlen oder die Berechnung der Belastung. In den beiliegenden Unterlagen sind die einzelnen Programme, aber auch die Geometriedaten in Verbindung mit den Aufrufen der Programme enthalten.

Dortmund, im Oktober 2013 Bernd Aschendorf

Einleitung

Das Finite-Elemente-Programm ANSYS zählt zu den verbreitetsten numerischen Analyseprogrammen weltweit. Durch den umfassenden Multiphysikansatz ist ANSYS in nahezu fast allen großen Unternehmen zur Berechnung mechanischer, elektrischer, thermischer und weiterer Problemstellungen im Einsatz. ANSYS verfügt neben einer übersichtlichen Benutzermenüführung zur Modellgenerierung, Berechnung und Auswertung über eine umfangreiche Skriptsprache, mit der parameterbasierte Berechnungen übersichtlich erfolgen können. Zur Anwendungsunterstützung stehen umfangreiche englischsprachige Dokumentationen, Tutorien und Beispielprojekte zur Verfügung. Trotz all dieser Vorteile ist der Einstieg in ANSYS langwierig und ohne Besuch von Schulungsveranstaltungen kaum möglich. Ist die Anschaffung dieses Programmsystems inklusive Hardware bereits sehr kostspielig, so erhöhen sich die Anschaffungskosten durch zwingend notwendige Schulungspakete von mindestens 10 Tagen Dauer erheblich. Hinzu kommt der Einsatzausfall des Geschulten und die zwingend erforderliche Anwendung der Schulungsergebnisse vor Ort. Nach 10 Tagen Schulung und der nachfolgenden Arbeit mit dem System verfügt der ANSYS-Anwender insbesondere bei elektromagnetischen Anwendungen, z. B. bei Elektrischen Maschinen, noch immer nicht über das notwendige Know-how für unternehmensorientierte Anwendungen. Nur durch ununterbrochene Intensivanwendung von ANSYS, weitere Nachschulungen und workshops erhält der ANSYS-Anwender das Wissen für komplexe Berechnungsmöglichkeiten. Was für ANSYS gilt, trifft auch für alle anderen Finite-Elemente-Programme zu, es sei denn es sind Eingabeprozessoren verfügbar, mit denen softwarebasiertes Spezialwissen über das Finite-Elemente-Programm mit Grundkenntnissen gepaart schnellen Erfolg ermöglichen. Sind derartige Möglichkeiten nicht vorhanden und stehen dem ANSYS-Anwender keine ausreichenden Schulungsmöglichkeiten und insbesondere Einarbeitungszeit zur Verfügung, so entsteht schnell Frustration über das teure Tool und die mangelhafte Einsetzbarkeit desselben.

Ähnliche Erfahrungen werden auch in der Lehre gemacht. ANSYS ist ein häufig in der Lehre an Hochschulen eingesetztes Tool, da die Konditionen der ANSYS-Anbieter für Hochschulen sehr interessant sind. Nach umfangreicher Einarbeitung in ANSYS im Rahmen von Projekt- oder Diplomarbeiten oder Bachelor Thesen ermöglicht ANSYS den Einsatz für Forschungs- und Entwicklungsprojekte. Nur an wenigen Hochschulen wird ANSYS bereits in der Lehre zur Elektrotechnik in Lehrveranstaltungen eingesetzt, um größeren Studierendengruppen einen Einstieg in ANSYS zu ermöglichen und darauf basierend umfangreichere Projekte durchzuführen. Der Autor dieses Buches führt seit mehreren Jahren Lehrveranstaltungen mit ANSYS durch und stellte fest, dass im Rahmen von Lehrveranstaltungen mit 3 Semesterwochenstunden über ein Semester bereits statische, harmonische und erste feststehende transiente Berechnungen möglich sind. Im Rahmen einer Vertiefungsveranstaltung mit weiteren 3 Semesterwochenstunden über ein Semester wird auch die Basis für bewegliche Modelle mit transienter Berechnung möglich. Abgeschlossen werden die Lehrveranstaltungen jeweils mit einer umfangreichen Hausarbeit zur Berechnung einer von den Studierenden selbst gewählten elektrotechnischen Aufgabenstellung inklusive Präsentation im Studierendenkreis. Durch eine derart intensive Betreuung erhalten bis zu 50 Studierende in einem Semester die Möglichkeit des Einstiegs in eines der verbreitetsten Finite-Elemente-Programme überhaupt und sind damit in der Lage dieses Tool auch bei späteren Arbeitgebern direkt anzuwenden.

Die Problematik der Einarbeitung in ANSYS ist demnach in Unternehmen und Hochschulen vergleichbar. Der Autor dieses Buches sammelte in den letzten Jahren intensive Erfahrungen mit dem Einsatz von ANSYS u. a. im Kontext rotierender und transversal beweglicher Elektrischer Maschinen und entwickelte auf der Basis der Einsatzerfahrung das Tool EM-Praktikum, mit dem sukzessive durch Menüführung die Modellierung, Berechnung und Auswertung zahlreicher Typen Elektrischer Maschinen unterstützt wird. Dieses auch in der Lehre eingesetzte Tool EM-Praktikum dient auch als Grundlage für dieses Buch, um ANSYS-Anwendern während und nach Schulungsveranstaltungen zu ANSYS zu unterstützen. Die zahlreichen Tipps und Tricks, die erst die komplexe Maschinenberechnung ermöglichen, ermöglichen dem Leser zudem eigene Modelle zu erstellen, vorgestellte Modelle zu ändern oder erweitern und Berechnungen, wie z. B. stellungsabhängige Rechnung, induzierte Spannung, Hochlauf, etc., durchzuführen.

Im Teil 1 des Werks wurde mit einer allgemeinen Übersicht über die Maxwell'schen Gleichungen und die Grundlagen der Finite-Elemente-Theorie und der Vorgang einer Finite-Elemente-Rechnung mit ANSYS beschrieben, dabei auf verschiedene Modellierungsansätze durch Menüanwendung, hybride Anwendung von Menü und APDL-Skript durch Umarbeitung von LOG-Dateien und direkte Anwendung von APDL-Skripten in Unterprogrammtechnik eingegangen und anschließend detailliert die Berechnungsmöglichkeit typischer Elektrischer Maschinen, wie z. B. Transformatoren und der Gleichstrommaschine mit verteilter Wicklung und Erregerspulen vorgestellt.

Im vorliegenden Teil 2 werden weitere Typen von Gleichstrommaschinen, Synchronmaschinen, Asynchronmaschinen und Linearmotoren behandelt.

Inhaltsverzeichnis

Abbildungsverzeichnis

Berechnungsverfahren für elektrische Maschinen 15

Elektrische Maschinen können nach verschiedenen Kriterien kategorisiert werden. Zunächst kann zwischen feststehenden und beweglichen elektrischen Maschinen unterschieden werden.

Bei den feststehenden sind insbesondere Transformatoren von Interesse, die als ein- oder dreiphasiges System ausgelegt werden. Die Modellierung kann trotz geringer Jochtiefe im zwei-dimensionalen Raum erfolgen. Zusätzlich sind die Schaltungselemente zu berücksichtigen, die den Stirnraum über Widerstände und Induktivitäten nachbilden. Die Berechnung kann sowohl statisch zur Überprüfung des Modells, entsprechend quasistationär ohne Rückwirkung der Sekundär- auf die Primärseite oder durch Stromvorgabe auf Primär- und Sekundärseite, aber auch harmonisch durch Spannungsvorgabe auf der Primärseite in Verbindung mit der Induktion auf der Sekundärseite für verschiedene Lastwiderstände erfolgen. Sollen Spannungs- und Stromverläufe bei nichtlinearem Material oder Auswirkungen des Systems auf Schalthandlungen (z. B. ein- oder mehrphasige Kurzschlüsse) nach bestimmter Zeit ermittelt werden, so ist eine transiente Rechnung bei Zeitvarianz durchzuführen. Die exakte Nachbildung der $B(H)$-Kurve inklusive Hysterese ist nach wie vor auch bei transienter Vorgehensweise nicht oder nur mit größtem Aufwand möglich. Damit können Eisenverluste nur schlecht abgeschätzt werden.

Hinsichtlich der bewegten elektrischen Maschinen ist zu unterscheiden zwischen rotierenden und transversal bewegten Maschinen.

Rotierende elektrische Maschinen ohne Reduktion auf Segmente sind sehr einfach als Gleichstrom- und Drehstrommaschinen berechenbar.

Bei Gleichstrommaschinen können Typen mit verteiltem und mehrteiligem Ankeraufbau und Ständer mit ausgeprägten Spulen oder Permanentmagneten nachgebildet werden. Die Kommutierung kann über geeignete Kommutierungsmodelle berücksichtigt werden. Als Rechenmethoden sind statische Rechnungen mit Strom- oder Spannungsvorgabe und transiente Rechnungen mit Zeit- und Ort-Varianz möglich. Bei transienten Rechnungen kann die induzierte Spannung bei Drehung mit fester Drehzahl, Kurzschlussstrom bei Drehung mit konstanter Drehzahl, Hochlauf ab vorzugebender Drehzahl und Belastung

B. Aschendorf, *FEM bei elektrischen Antrieben 2*, DOI 10.1007/978-3-658-05250-8_1

mit variablem Lastmoment berechnet werden. Damit ist das komplette Betriebsverhalten der Gleichstrommaschine auch in Verbindung mit Zusatzwicklungen berechenbar, in Verbindung mit Schaltungsanpassung können Gleichstrommaschinen als fremderregte, Nebenschluss-, Reihenschluss- und Doppelschlussmaschinen berechnet werden. Harmonische Berechnungen machen bei Gleichstrommaschinen keinen Sinn, als Reihenschlussmaschine können harmonisch und transient auch Universalmaschinen gerechnet werden.

Asynchronmaschinen können als Schleifring- und Kurzschlussläufer modelliert werden. Als Rechenmethoden sind statische Rechnungen mit Stromvorgabe, harmonische Rechnung mit Kurzschluss im Rotor (entspricht Sillstand) und offener Rotorwicklung (entspricht etwa Leerlauf) und transiente Rechnungen mit Zeit- und Ort-Varianz möglich. Bei transienten Rechnungen können Hochlauf ab vorzugebender Drehzahl, stufiger Hochlauf und Belastung mit variablem Lastmoment berechnet werden. Damit ist das komplette Betriebsverhalten der Asynchronmaschine berechenbar, in Verbindung mit Schaltungsanpassung können auch Einphasenmaschinen mit Hilfswicklung und Hilfsschaltungselementen berechnet werden.

Bei Synchronmaschinen können Typen mit Schenkel- und Vollpolläufer oder Permanentmagnetläufer nachgebildet werden. Als Rechenmethoden sind statische Rechnungen mit Strom- oder Spannungsvorgabe bei Verdrehung zwischen Stator und Rotor und transiente Rechnungen mit Zeit- und Ort-Varianz möglich. Bei transienten Rechnungen kann die induzierte Spannung bei Drehung mit fester Drehzahl, Kurzschlussstrom bei Drehung mit konstanter Drehzahl, Hochlauf und Pendelung ab vorzugebender Drehzahl und Belastung mit variablem Lastmoment und bei Erregerstromvariation ab Synchronisation berechnet werden. Damit ist das komplette Betriebsverhalten der Synchronmaschine berechenbar. Harmonische Berechnungen machen bei Synchronmaschinen keinen Sinn.

Transversal bewegte Linearmotoren sind als Synchron- und Asynchronlinearmotoren in der Variante als Kurz- oder Langstatorvariante berechenbar.Aufgrund der transversalen Bewegung ist ein spezielles Interface zwischen dem feststehenden und beweglichen Teil des Linearmotors erforderlich. Es gelten die Berechnungsmethoden für Asynchron- und Synchronmaschinen.

Aktuelle elektrische Maschinen, wie z. B. bürstenlose Gleichstrommaschinen, können wie Gleichstrommaschinen behandelt werden, indem die Vorschaltelektronik ähnlich der Nachbildung des Kommutierungsprozesses nachgebildet wird.

16 Berechnung einer Gleichstrommaschine mit Schalenmagneten und verteilter Wicklung

Als nächster Typ einer Gleichstrommaschine wird im Folgenden die Modellierung und Berechnung eine Gleichstrommaschine mit Schalenmagneten im Stator und verteilter Wicklung im Rotor vorgestellt. Als Möglichkeit zur Korrektur des Bürstenfeuers in Folge der Ankerrückwirkung kann ein Wendepol in der Pollücke berücksichtigt werden, der jedoch normalerweise nicht üblich ist.

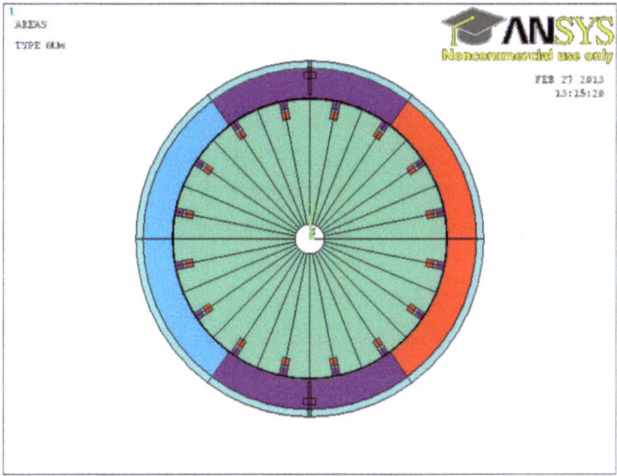

Abb. 16.1 Flächenmodell einer Gleichstrommaschine mit Schalenmagneten und verteilter Wicklung

B. Aschendorf, *FEM bei elektrischen Antrieben 2*, DOI 10.1007/978-3-658-05250-8_2

Abb. 16.2 Parametrierung des Modells

Zur Parametrierung des Modells sind gegenüber der Variante mit Erregerspulen und Polschuhen nur wenige Eingabedaten notwendig, da die Schalenmagneten über die anteilige Polbedeckung und die Schalendicke beschrieben werden können.

```
*SET,RAUSSEN      , 0.1200000000000
*SET,JOCHDICKE    , 0.5000000000000E-02
*SET,MAGNETDICKE  , 0.2000000000000E-01
*SET,POLBEDECKUNG, 0.6000000000000
*SET,JOCHTIEFE    , 0.4000000000000E-01
*SET,DELTA        , 0.1000000000000E-02
*SET,P            , 1.000000000000
*SET,WENDE        , 0.000000000000

*SET,RINNEN       , 0.1000000000000E-01
*SET,Z2           , 16.00000000000

*SET,WICKBREITE2 , 0.5000000000000E-02
*SET,WICKHOEHE2  , 0.1000000000000E-01
*SET,WICKISOL2   , 0.2000000000000E-02
*SET,NWIN2        , 100.0000000000
```

Optional ist ein Wendepol im Modell berücksichtigbar, der hinsichtlich der Wirksamkeit freigeschaltet werden muss und bei Nichtberücksichtigung zwar geometrisch eingebunden, aber hinsichtlich der Attribute als Luft berücksichtigt wird.

```
*SET,WENDEBREITE   , 0.200000000000E-02
*SET,WENDEDEL      , 0.200000000000E-02
*SET,WICKBREITEWEN, 0.300000000000E-02
*SET,WICKHOEHEWEN , 0.400000000000E-02
*SET,NWINWEN       , 10.0000000000
```

16.1 Aufbau des Finite-Element-Modells

Der Aufbau des Finite-Elemente-Modells beginnt wie üblich mit der Elementdefinition, angelegt werden für den Stator 4 Elementtypen (Eisen, Luft, Magnetnord- und Südpole), sowie zusätzlich die 2 Elementtypen für die Spulenseiten der Wendepolwicklung.

Abb. 16.3 Elementdefinition

```
ET,1,PLANE53
ET,2,PLANE53
ET,3,PLANE53
ET,4,PLANE53
ET,43,PLANE53
KEYOPT,43,1,3
KEYOPT,43,2,0
```

```
KEYOPT,43,3,0
KEYOPT,43,4,0
KEYOPT,43,5,0
KEYOPT,43,7,0
ET,44,PLANE53
KEYOPT,44,1,3
KEYOPT,44,2,0
KEYOPT,44,3,0
KEYOPT,44,4,0
KEYOPT,44,5,0
KEYOPT,44,7,0
```

Die Elementdefinition des Rotors entspricht den bisherigen Gleichstrommaschinenmodellen mit insgesamt 4 Elementtypen für Luft, Eisen, Spulenober- und -unterlagen.

```
ET,11,PLANE53
ET,12,PLANE53
ET,13,PLANE53
KEYOPT,13,1,3
KEYOPT,13,2,0
KEYOPT,13,3,0
KEYOPT,13,4,0
KEYOPT,13,5,0
KEYOPT,13,7,0
ET,14,PLANE53
KEYOPT,14,1,3
KEYOPT,14,2,0
KEYOPT,14,3,0
KEYOPT,14,4,0
KEYOPT,14,5,0
KEYOPT,14,7,0

*If,nwin2,eq,1,then
keyopt,13,1,4
keyopt,14,1,4
*EndIf
```

Abb. 16.4 Materialdefinition

Die Materialdefinition berücksichtigt für den Stator keine Leitfähigkeiten, sondern zur Berücksichtigung der Magneten deren relative Permeabilität, die geringfügig über 1 liegt und die Koerzitivfeldstärke, die zur Unterscheidung von Nord- und Südpol positiv und negativ zur Anwendung kommt. Soweit nichtlineares Eisen berücksichtigt werden soll, muss eine Magnetisierungskennlinie für die Materialien 1 und 11 eingelesen werden.

```
*SET,RPERM    , 1.150000000000
*SET,KOERZ    , 340000.0000000
*SET,MURXA    , 10000.00000000
*SET,MURXI    , 10000.00000000
*SET,LEITI    , 56000000.00000
*SET,NICHTLIN, 0.000000000000
*SET,FILI     , 1.000000000000

/prep7

*If,nichtlin,ne,1,then
MP,MURX,1,murxa
MP,MURX,11,murxi
*Else
eisen2.txt
eisen2i.txt
*EndIf
MP,MURX,2,1
```

```
MP,MURX,5,1
MP,MURX,12,1
MP,MURX,13,1
MP,RSVX,13,1/leiti
MP,MURX,14,1
MP,RSVX,14,1/leiti
MP,MURX,15,1
mp,murx,3,rperm
mp,mgxx,3,koerz
mp,murx,4,rperm
mp,mgxx,4,-koerz

MP,MURX,43,1
MP,RSVX,43,1/leita
MP,MURX,44,1
MP,RSVX,44,1/leita
```

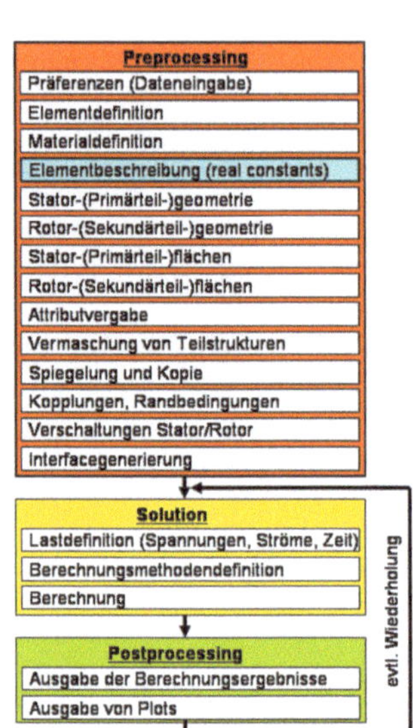

Abb. 16.5 Definition realer Konstanten

Die Definition der realen Konstanten des Finite-Elemente-Modells berücksichtigt die Konstanten für die Rotorspulenlagen und, soweit berücksichtigt, die Wendepole.

```
R,13,wickbreite2*wickhoehe2/2,nwin2,jochtiefe,1,fili
R,14,wickbreite2*wickhoehe2/2,nwin2,jochtiefe,1,fili

R,43,wickbreitewen*wickhoehewen,nwinwen,jochtiefe,1,fila
R,44,wickbreitewen*wickhoehewen,nwinwen,jochtiefe,1,fila
```

Abb. 16.6 Erstellung der Statorgeometrie

Es schließt sich die Erstellung der Statorgeometrie an, die durch hinsichtlich der Polbedeckung aufgeteilte Schichten für Luftspaltseite Stator, Magnet und Joch repräsentiert werden. Der Wendepol wird im ersten Quadranten erzeugt und anschließend an die richtige Position verdreht.

```
rschenkel=rinnen+jochdicke2-deltaer
*afun,deg

csys,1

k,1,raussen,0
k,2,raussen,360/(4*p)
k,3,raussen,360/(4*p)*polbedeckung
k,4,raussen-jochdicke,0
k,5,raussen-jochdicke,360/(4*p)
k,6,raussen-jochdicke,360/(4*p)*polbedeckung
k,7,raussen-jochdicke-magnetdicke,0
k,8,raussen-jochdicke-magnetdicke,360/(4*p)
k,9,raussen-jochdicke-magnetdicke,360/(4*p)*polbedeckung
k,10,raussen-jochdicke-magnetdicke-delta/2,0
k,11,raussen-jochdicke-magnetdicke-delta/2,360/(4*p)
k,12,raussen-jochdicke-magnetdicke-delta/2,360/(4*p)
*polbedeckung
csys,1
```

```
k,13,raussen-jochdicke-magnetdicke+wendedel-delta/2,0
k,14,raussen-jochdicke-magnetdicke+wendedel-delta/2,360/
(4*p)*1.2
csys,0
k,15,raussen+10*delta,-wendebreite/2
k,16,0,-wendebreite/2
csys,0
k,17,raussen-2*jochdicke-wickhoehewen/2,-wendebreite/
2-wickbreitewen
k,18,raussen-2*jochdicke+wickhoehewen/2,-wendebreite/
2-wickbreitewen
k,19,raussen-2*jochdicke-wickhoehewen/2,wendebreite/2
k,20,raussen-2*jochdicke+wickhoehewen/2,wendebreite/2
```

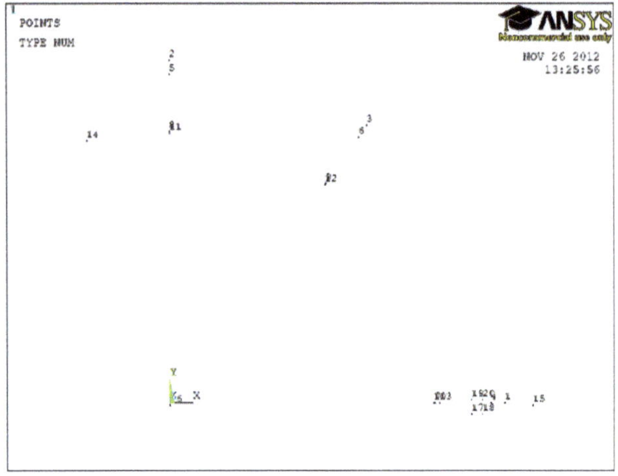

Abb. 16.7 Geometriepunkte des Stators einer Gleichstrommaschine mit Schalenmagneten

Im nächsten Schritt werden über Linien im polaren Koordinatensystem die Begrenzungslinien der einzelnen Schalen angelegt.

```
csys,1
l,1,3
l,2,3
l,4,6
l,5,6
l,7,9
l,8,9
l,10,12
l,11,12
```

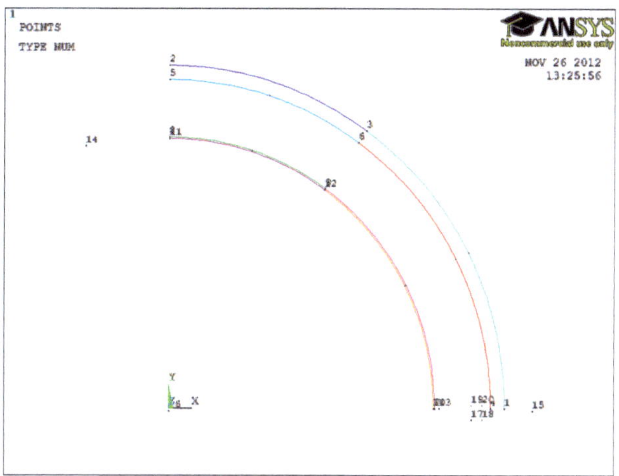

Abb. 16.8 Gebogene Linien des Jochs, der Magnetkontur und des halben Luftspalts des Stators

Im nächsten Schritt werden im kartesischen Koordinatensystem die radialen Begrenzungslinien der einzelnen Schichten und die Wendepolkonturen als Linien angelegt.

```
csys,0
l,1,4
l,3,6
l,2,5
l,4,7
l,7,10
l,6,9
l,9,12
l,5,8
l,8,11

l,19,20
l,17,19
l,18,20
l,17,18

csys,1
l,13,14
csys,0
l,15,16
```

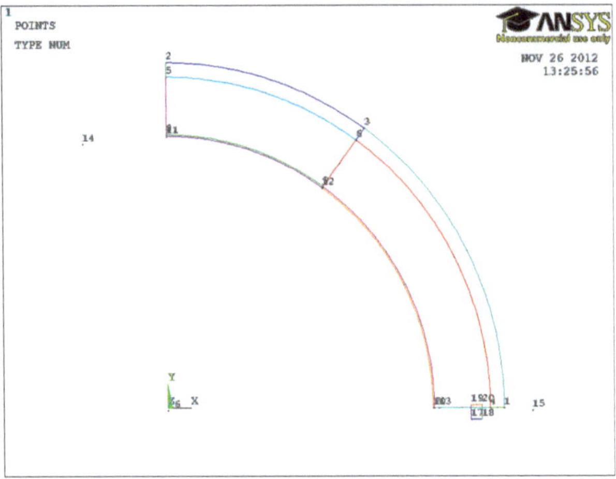

Abb. 16.9 Rohkontur des Stators aus Linien

Die Wendepolkontur wird über den LGEN-Befehl, mit dem Linien verdreht werden können, an die richtige Stelle verdreht.

```
lsel,s,,,18,21
lsel,a,,,23
csys,1
LGEN, ,all, , , ,360/(4*p), , , ,1
```

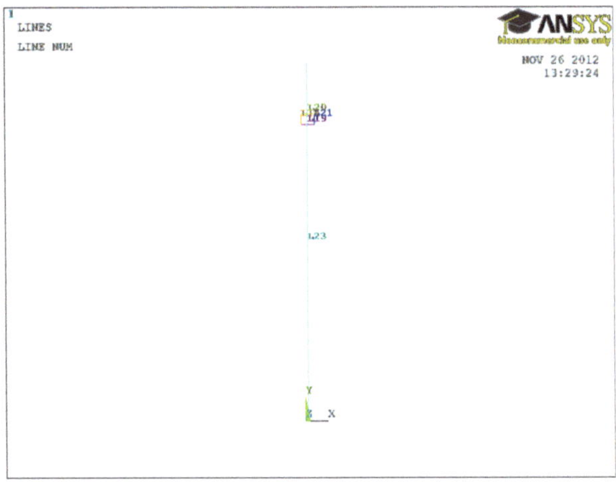

Abb. 16.10 Ergebnis der Verdrehung der Wendepolkontur von der x- zur y-Achse

Im nächsten Schritt wird die Wendepolkontur mit den einzelnen Schichten des Eisens und der Luft durch Überlagerung erzeugt.

```
lsel,s,,,16
lsel,a,,,22,23
lovlap,all
```

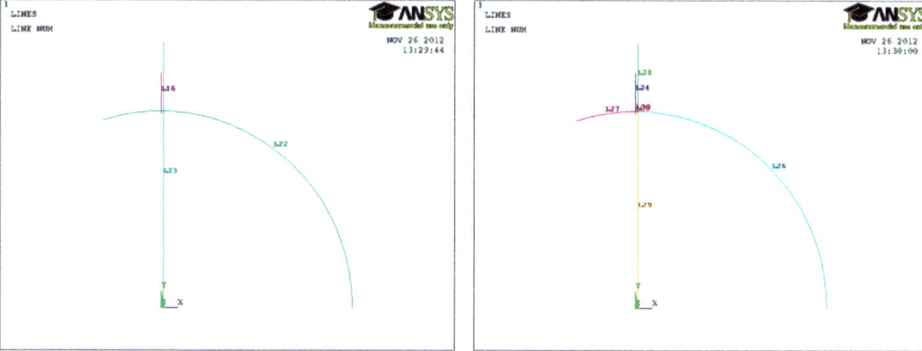

Abb. 16.11 Überlagerung des Wendepols mit der Eisengeometrie des Stators (vor und nach)

```
lsel,s,,,19,20
lsel,a,,,24,28,4
lovlap,all
```

In einem weiteren Schritt werden die Spulenseiten mit der Luftspaltkontur überlagert.

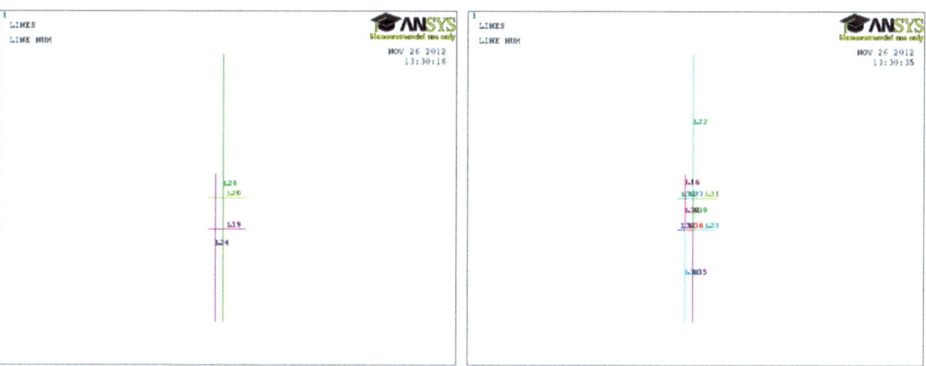

Abb. 16.12 Überlagerung der Linien der Spulenkontur des Wendepols (vor und nach)

Abschließend werden diejenigen Linien ausgewählt und gelöscht, die nicht mehr für die Statorgeometrie benötigt werden.

```
lsel,s,,,18,26,8
lsel,a,,,27,29,2
lsel,a,,,32,33
lsel,a,,,40
ldel,all
```

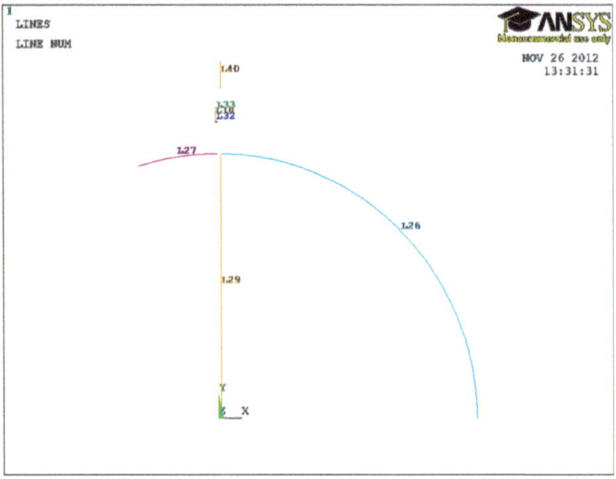

Abb. 16.13 Selektion zu löschender Linien

Abschließend wird der Wendepol mit den runden Linien der Luft neben dem Magneten überlagert.

```
lsel,s,,,2,4,2
lsel,a,,,22
lovlap,all
```

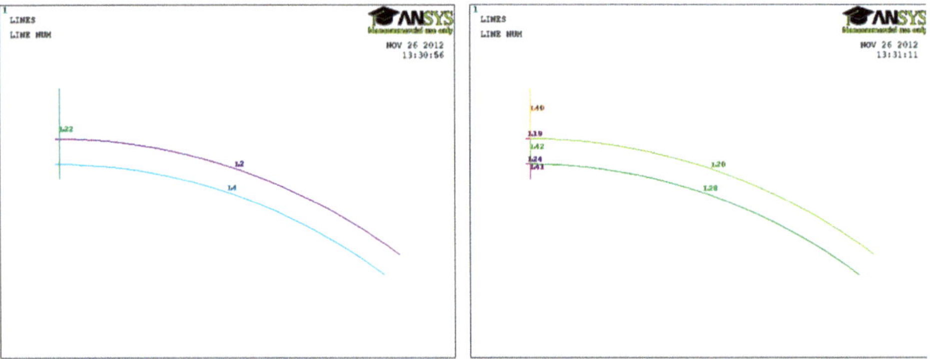

Abb. 16.14 Überlagerung des Wendepols mit der Luftschicht neben dem Magneten (vor und nach)

```
allsel
```

Nach einer generellen Selektierung aller Entitäten sind alle Linien des Stators definiert.

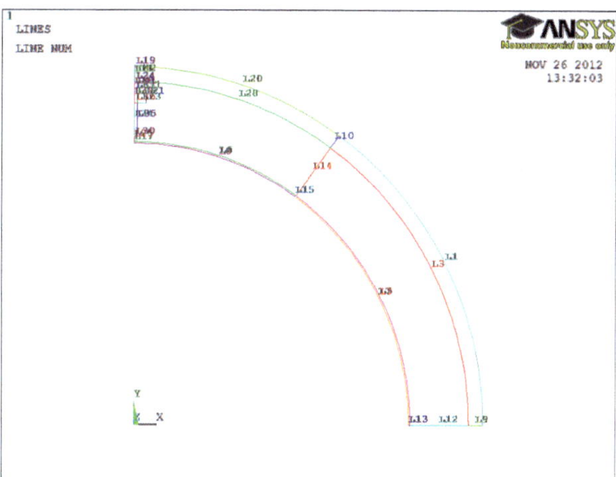

Abb. 16.15 Linienkontur nach einigen Boole'schen Überlagerungen

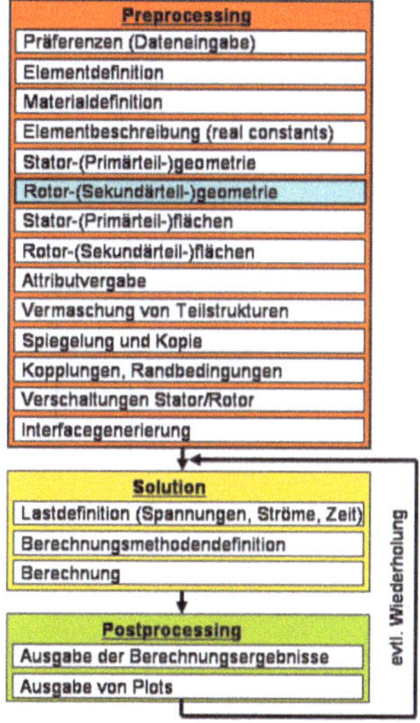

Abb. 16.16 Geometrieerstellung des Rotors

Im nächsten Schritt wird analog dem Rotor des bereits vorgestellten Gleichstrommaschinenmodells mit Polschuhen definiert. Die Definition der Rotorgeometriepunkte basiert auf der höchsten Geometrieknotennummer, die bereits im Stator verwendet wurde.

```
jochdicke2=raussen-jochdicke-magnetdicke-delta-rinnen

*afun,deg

allsel

*GET,kmax,kp,0,num,max

csys,1
k,kmax+1,rinnen,0
k,kmax+2,rinnen,360/(2*z2)
k,kmax+3,rinnen+jochdicke2,0
k,kmax+4,rinnen+jochdicke2,360/(2*z2)
k,kmax+5,rinnen+jochdicke2+delta/2,0
k,kmax+6,rinnen+jochdicke2+delta/2,360/(2*z2)
csys,0
k,kmax+7,rinnen+jochdicke2+delta,wickbreite2/2
k,kmax+8,rinnen+jochdicke2-wickhoehe2/2,-wickbreite2/2
k,kmax+9,rinnen+jochdicke2-wickhoehe2/2,wickbreite2/2
*If,zweischicht2,eq,1,then
k,kmax+10,rinnen+jochdicke2-wickhoehe2/2-wickisol2,
-wickbreite2/2
k,kmax+11,rinnen+jochdicke2-wickhoehe2/2-wickisol2,
wickbreite2/2
k,kmax+12,rinnen+jochdicke2-wickhoehe2-wickisol2,
-wickbreite2/2
k,kmax+13,rinnen+jochdicke2-wickhoehe2-wickisol2,
wickbreite2/2
*Else
k,kmax+10,rinnen+jochdicke2-wickhoehe2,-wickbreite2/2
k,kmax+11,rinnen+jochdicke2-wickhoehe2,wickbreite2/2
k,kmax+12,rinnen+jochdicke2-wickhoehe2-wickisol2,
-wickbreite2/2
k,kmax+13,rinnen+jochdicke2-wickhoehe2-wickisol2,
wickbreite2/2
*EndIf
```

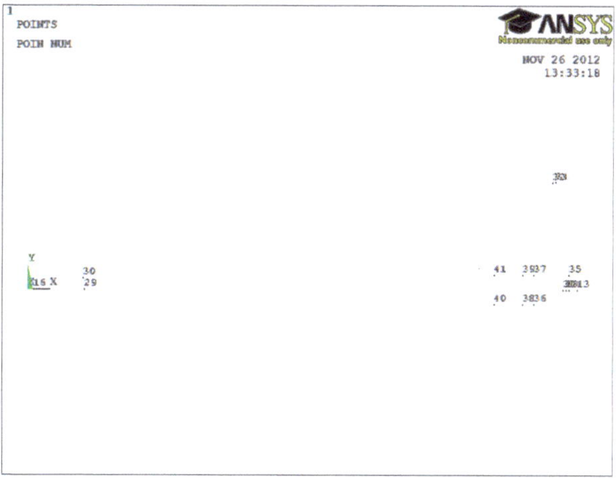

Abb. 16.17 Geometriepunkte des Rotors für Zweischichtwicklung

Die wenigen für die einfache Kontur des Rotors notwendigen Linien werden über runde Linien (Luftspaltkontur des Rotors und Welle) im polaren Koordinatensystem, sowie weitere im kartesischen Koordinatensystem erzeugt.

```
csys,1
l,kmax+1,kmax+2
l,kmax+3,kmax+4
l,kmax+5,kmax+6
```

Abb. 16.18 Runde Linien des Rotors

Die Linien zur Beschreibung der Rotornut werden im kartesischen Koordinatensystem erzeugt.

```
csys,0
l,kmax+7,kmax+9
l,kmax+8,kmax+9
l,kmax+10,kmax+11
l,kmax+12,kmax+13
l,kmax+9,kmax+11
l,kmax+11,kmax+13

l,kmax+3,kmax+5
l,kmax+4,kmax+6
l,kmax+1,kmax+3
l,kmax+2,kmax+4
```

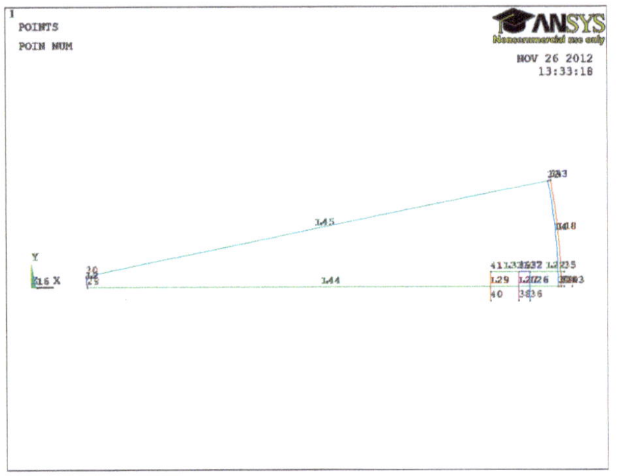

Abb. 16.19 Linien des Rotors

Damit sind die rohen Konturen des Rotors beschrieben und können durch Überlagerung verschnitten werden.

```
lsel,s,,,4
lsel,a,,,18,22,4
lovlap,all

lsel,s,,,26,27
lsel,a,,,29
lsel,a,,,44
lovlap,all
```

Abschließend werden die unnötigen Linien des Rotors eliminiert.

```
lsel,s,,,22
lsel,a,,,50
lsel,a,,,54,56,2
ldel,all
```

Damit kann abschließend die Rotorkontur angezeigt werden.

```
allsel
```

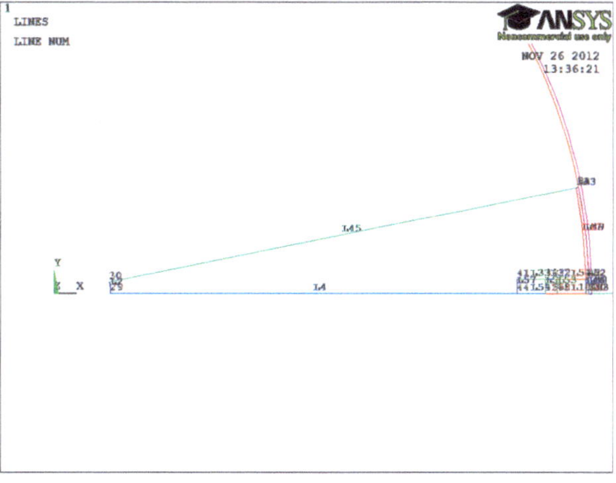

Abb. 16.20 Linienkontur des Rotors für Zweischichtwicklung

Abb. 16.21 Erstellung der Flächen des Stators

Im Anschluss können einige Parameter für die spätere Berechnung bestimmt werden. In den nächsten Schritten werden die Flächen des Stators definiert.

```
rrotor=rinnen+jochdicke2
mrotor=7900*3.141593*rrotor*rrotor*jochtiefe
jrotor=0.5*mrotor*rrotor*rrotor
```

Begonnen wird mit den einfachen Flächen, die durch Drei- oder Vierecke definiert werden können.

```
allsel
!!
!!Stator
!!
al,9,1,10,3
al,10,20,42,28
al,42,19,11,24
al,41,24,16,37
al,39,37,38,36
al,21,31,39,23
al,35,36,34,30
al,12,3,14,5
al,13,5,15,7
al,15,6,17,8
```

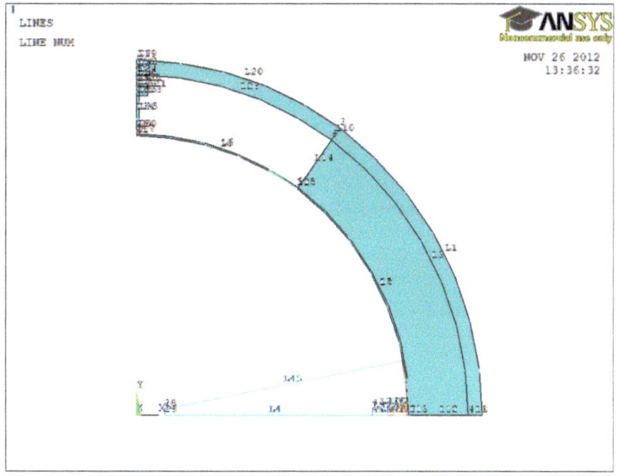

Abb. 16.22 Flächenkontur des Stators ohne komplexe Luftraumfläche

Abgeschlossen wird die Konturdefinition durch eine komplexe Fläche mit vielen Seitenkanten, die sich durch den Wendepol ergibt.

```
lsel,s,,,6,14,8
lsel,a,,,21,25,2
lsel,a,,,28,30,2
lsel,a,,,31,35,4
lsel,a,,,41
al,all
```

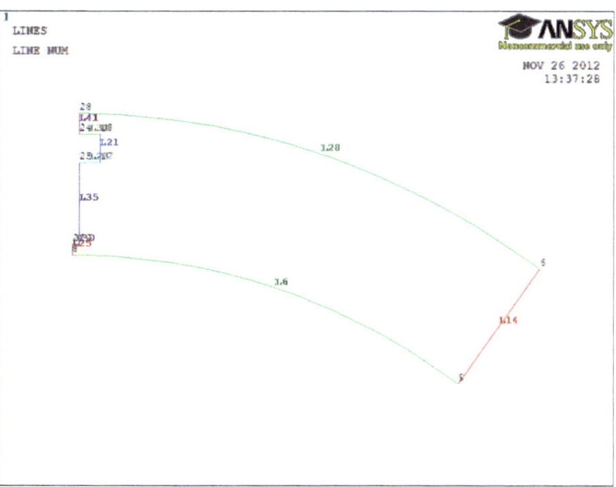

Abb. 16.23 Selektion der Linien für die komplexe Luftraumkontur im Stator

Nach Anlage der komplexen Fläche sind alle Flächen des Stators angelegt.

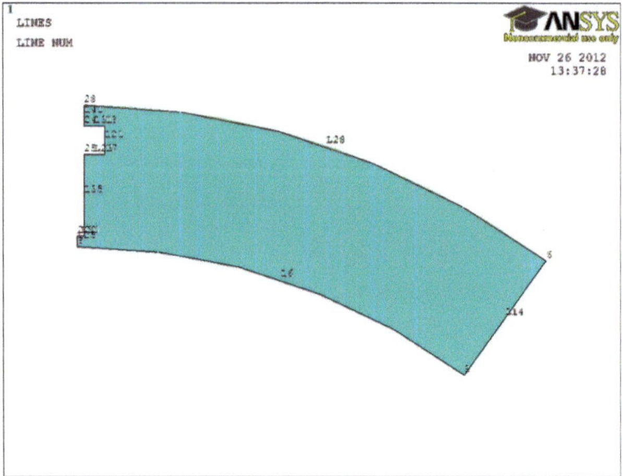

Abb. 16.24 Generierte Fläche der komplexen Luftraumkontur

```
allsel
```

Nach der abschließenden Selektion aller Entitäten liegt der Stator als Flächenmodell vor.

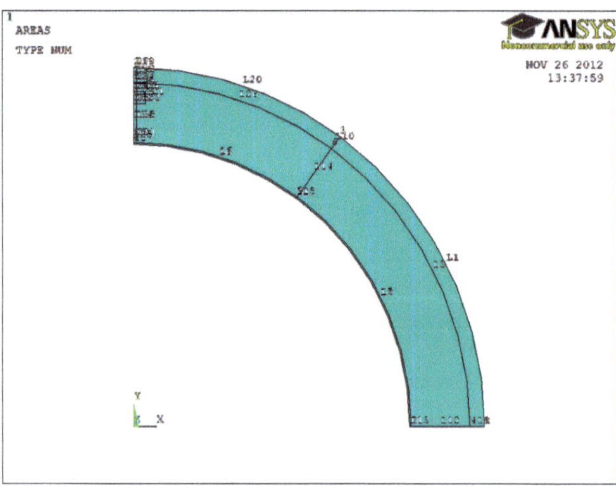

Abb. 16.25 Generierte Flächen des Stators

Abb. 16.26 Erstellung der Flächen des Rotors

Es folgen die Flächen des Rotors. Erneut werden zunächst die einfachen und in einem weiteren Schritt die komplexen Flächen generiert.

```
allsel

!!
!!Rotor
!!
al,52,46,40,48
al,51,53,18,46
al,32,55,58,53
al,33,57,59,55
al,43,47,52,49
```

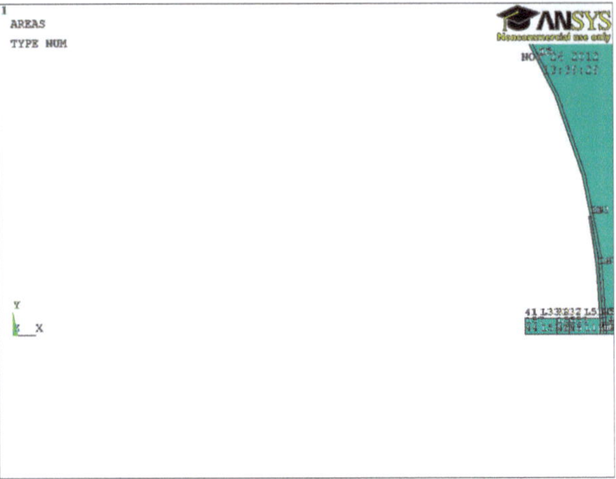

Abb. 16.27 Anlage der einfachen Flächen des Rotors

Im nächsten Schritt werden die Linien der komplexen Rotorfläche selektiert und daraus eine Fläche aufgebaut.

```
lsel,s,,,2,4,2
lsel,a,,,32,33
lsel,a,,,45,47,2
lsel,a,,,51,57,6
al,all
```

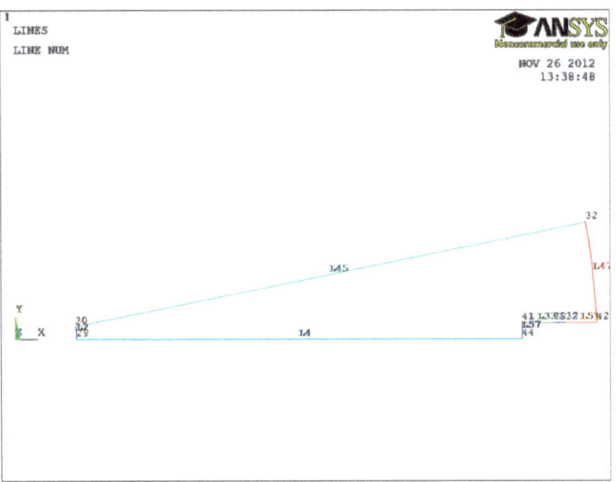

Abb. 16.28 Selektierte Linien der komplexen Fläche des Rotors

Nach Ausführung des AL-Befehls liegt die komplexe Fläche des Rotors vor.

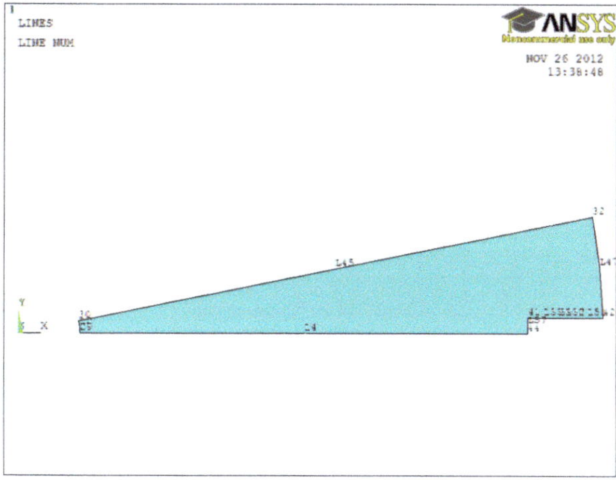

Abb. 16.29 Generierte komplexe Fläche des Rotors

```
allsel
```

Nach der generellen Selektierung aller Entitäten liegen Stator und Rotor als Teilstrukturen von Flächen vor.

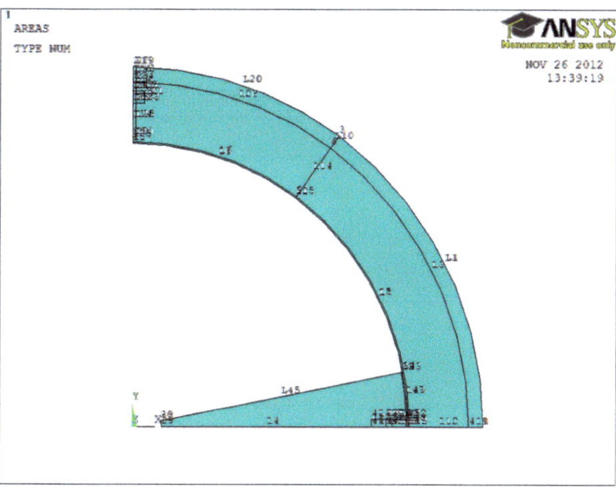

Abb. 16.30 Teilstrukturen von Stator und Rotor als Flächen

Im nächsten Schritt werden den einzelnen Flächen die Attribute Elementtyp, Material und reale Konstante zugewiesen.

Abb. 16.31 Attributzuweisung

Hierzu werden die einzelnen gleichartigen Flächen selektiert und über den Attributierungsbefehl AATT näher beschrieben. Die Fläche mit der Nummer 8 im Stator stellt den Magneten dar, für diesen wird zusätzlich ein lokales Koordinatensystem definiert, das die Magnetisierungsrichtung der Schalenmagneten definiert. Der Parameter 1 hinter der Nummer 35 des lokalen Koordinatensystem steht hierbei für die übliche radiale Magnetisierung von Schalenmagneten. Sollen andere Magnetisierungsrichtungen berücksichtigt werden, so sind diese einzeln anzulegen. Abgeschlossen wird die Attributzuweisung durch die Definition der Attribute des Wendepols, der entweder als Eisen und Spulenmaterial oder lediglich Luft ausgeführt wird.

```
!!
!!Stator
!!
asel,s,,,1,3
aatt,1,1,1

asel,s,,,9,11
aatt,2,2,2

local,35,1
asel,s,,,8
aatt,3,3,3

asel,s,,,4,7
```

```
*If,wende,eq,1,then
asel,s,,,4,5
asel,a,,,7
aatt,1,1,1
asel,s,,,6
aatt,43,43,43
*Else
aatt,2,2,2
*EndIf
```

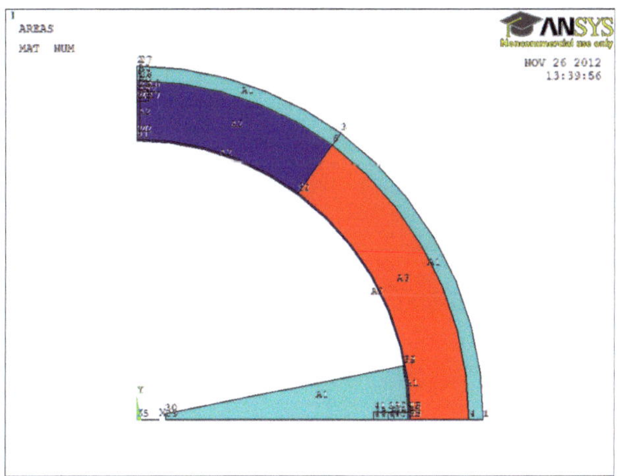

Abb. 16.32 Attributzuweisung für den Stator

In gleicher Weise werden die Attribute des Rotors zugewiesen.

```
!!
!!Rotor
!!
asel,s,,,17
aatt,11,11,11

asel,s,,,12,16,4
aatt,12,12,12

asel,s,,,13
aatt,13,13,13

*If,zweischicht2,eq,1,then
asel,s,,,14
```

```
aatt,12,12,12
asel,s,,,15
aatt,14,14,14
*Else
asel,s,,,14
aatt,13,13,13
asel,s,,,15
aatt,11,11,11
*EndIf
```

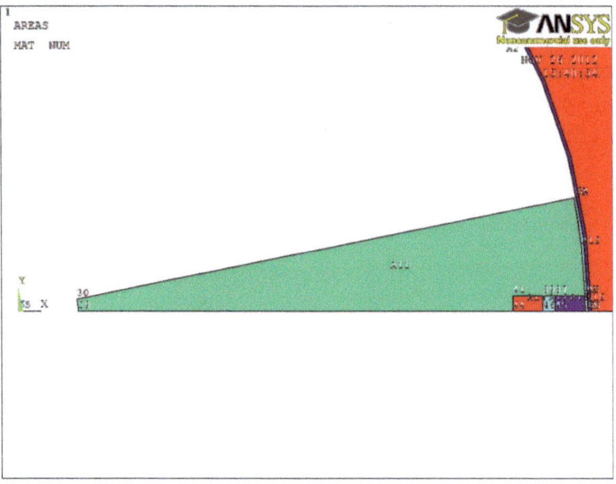

Abb. 16.33 Attributzuweisung des Rotors

Abb. 16.34 Vermaschung der Teilstrukturen

Im nächsten Schritt werden die Teilstrukturen vermascht. Zur Anwendung kommt erneut das aufwendige Verfahren über die Elementkantendefinition. Definiert wird zunächst die Feinheit der Vermaschung.

```
*SET,MESHEISEN, 0.1000000000000E-01
*SET,MESHLUFT , 0.1000000000000E-02
```

Anschließend erfolgt die Definition der Netzdichte an allen Elementkanten.

```
!!
!!Stator
!!

lsel,s,,,1,3,2
*get,laeng,line,1,leng
istue1=nint(laeng/mesheisen)
*if,istue1,lt,1,then
istue1=1
*endif
lesi,all,,,istue1

lsel,s,,,20,28,8
*get,laeng,line,20,leng
istue2=nint(laeng/mesheisen)
*if,istue2,lt,1,then
istue2=1
*endif
lesi,all,,,istue2

lsel,s,,,19,24,5
lsel,a,,,36,37
*get,laeng,line,19,leng
istue3=nint(laeng/mesheisen)
*if,istue3,lt,1,then
istue3=1
*endif
lesi,all,,,istue3

lsel,s,,,12,14,2
*get,laeng,line,14,leng
istue3=nint(laeng/mesheisen)
*if,istue3,lt,1,then
```

```
istue3=1
*endif
lesi,all,,,istue3,.1

lsel,s,,,9,10
lsel,a,,,11
lsel,a,,,42
*get,laeng,line,9,leng
istue4=nint(laeng/mesheisen)
*if,istue4,lt,1,then
istue4=1
*endif
lesi,all,,,istue4

lsel,s,,,16
lsel,a,,,41
*get,laeng,line,16,leng
istue1=nint(laeng/mesheisen)
*if,istue1,lt,1,then
istue1=1
*endif
lesi,all,,,istue1

lsel,s,,,38,39
lsel,a,,,21
*get,laeng,line,21,leng
istue2=nint(laeng/mesheisen)
*if,istue2,lt,1,then
istue2=1
*endif
lesi,all,,,istue2

lsel,s,,,34,35
*get,laeng,line,34,leng
istue1=nint(laeng/mesheisen)
*if,istue1,lt,1,then
istue1=1
*endif
lesi,all,,,istue1

lsel,s,,,23,31,8
*get,laeng,line,31,leng
```

```
istue1=nint(laeng/mesheisen)
*if,istue1,lt,1,then
istue1=1
*endif
lesi,all,,,istue1

lsel,s,,,30
*get,laeng,line,30,leng
istue1=nint(laeng/meshluft)
*if,istue1,lt,1,then
istue1=1
*endif
lesi,all,,,istue1

lsel,s,,,25
*get,laeng,line,25,leng
istue1=nint(laeng/meshluft)
*if,istue1,lt,1,then
istue1=1
*endif
lesi,all,,,istue1

lsel,s,,,6,8,2
*get,laeng,line,6,leng
istue1=nint(laeng/meshluft)
*if,istue1,lt,1,then
istue1=1
*endif
lesi,all,,,istue1

lsel,s,,,5,7,2
*get,laeng,line,5,leng
istue1=nint(laeng/meshluft)
*if,istue1,lt,1,then
istue1=1
*endif
lesi,all,,,istue1

lsel,s,,,13,17,2
*get,laeng,line,13,leng
istue1=nint(laeng/meshluft)
*if,istue1,lt,1,then
```

```
istuel=1
*endif
lesi,all,,,istuel
```

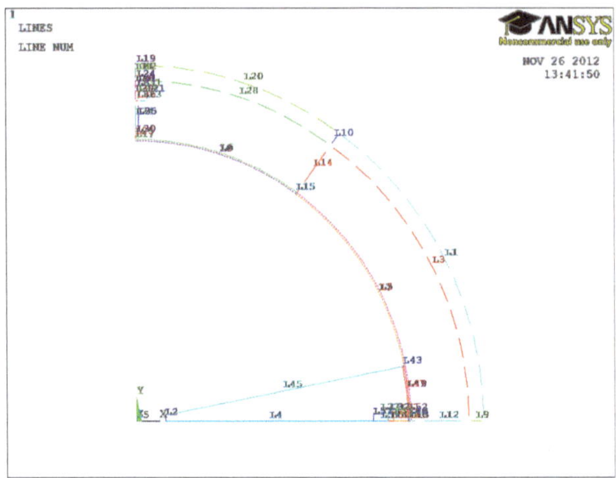

Abb. 16.35 Vorbereitung der Vermaschung über Elementkantendefinition

Wie üblich ist die Netzdichte am Luftspalt sehr fein und nimmt in Richtung Joch ab. Abschließend werden alle Flächen des Stators bis auf den Magneten selektiert und vermascht.

```
asel,s,,,1,7
asel,a,,,9,11
amesh,all
```

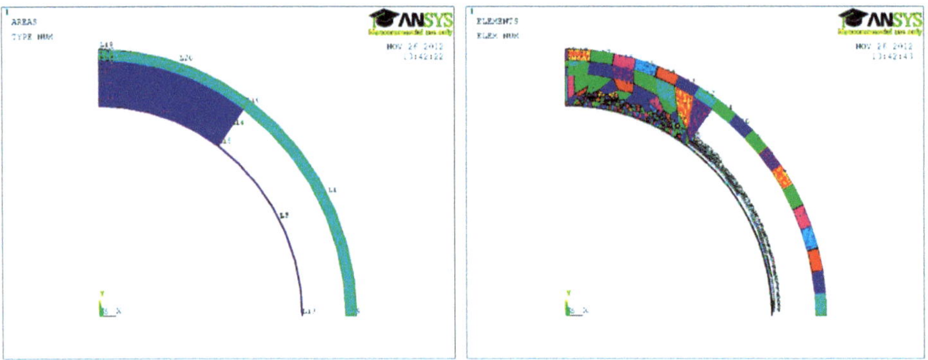

Abb. 16.36 Selektion der zu vermaschenden Flächen und Ergebnis der Vermaschung

Zur Vermaschung des Magneten muss zusätzlich vor der Vermaschung das Elementkoordinatensystem für die Berücksichtigung der Magnetisierungsrichtung über den ESYS-Befehl ausgewählt werden. Anschließend kann die Vermaschung der letzten Fläche des Stators erfolgen.

```
asel,s,,,8
esys,35
amesh,all
```

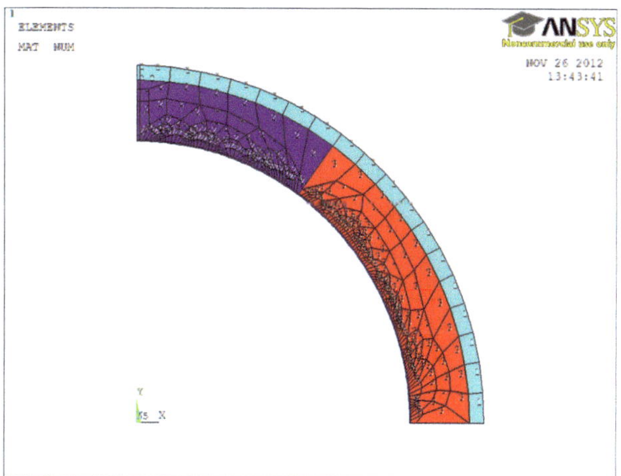

Abb. 16.37 Ergebnis der Vermaschung der Teilstruktur des Stators

Nach der abschließenden Selektion aller Entitäten des Stators können diese als Flächen in einer Komponente zusammengefasst werden.

```
allsel
esys,0
ASEL,S,,,1,11
```

Entsprechend erfolgt die Vermaschung des Rotors über die Elementkantendefinition.

```
cm,kstator,area
cm,_stator,area

!!
!!Rotor
!!
lsel,s,,,47,49,2
*get,laeng,line,49,leng
```

```
istue1=nint(laeng/meshluft)
*if,istue1,lt,1,then
istue1=1
*endif
lesi,all,,,istue1

lsel,s,,,46,48,2
*get,laeng,line,48,leng
istue1=nint(laeng/meshluft)
*if,istue1,lt,1,then
istue1=1
*endif
lesi,all,,,istue1

lsel,s,,,40,43,3
lsel,a,,,52
*get,laeng,line,52,leng
istue1=nint(laeng/meshluft)
*if,istue1,lt,1,then
istue1=1
*endif
lesi,all,,,istue1

lsel,s,,,18
lsel,a,,,51
*get,laeng,line,18,leng
istue1=nint(laeng/mesheisen)
*if,istue1,lt,1,then
istue1=1
*endif
lesi,all,,,istue1

lsel,s,,,32
lsel,a,,,58
*get,laeng,line,32,leng
istue1=nint(laeng/mesheisen)
*if,istue1,lt,1,then
istue1=1
*endif
lesi,all,,,istue1

lsel,s,,,33
```

```
lsel,a,,,59
*get,laeng,line,33,leng
istue1=nint(laeng/mesheisen)
*if,istue1,lt,1,then
istue1=1
*endif
lesi,all,,,istue1

lsel,s,,,53,57,2
*get,laeng,line,53,leng
istue1=nint(laeng/mesheisen)
*if,istue1,lt,1,then
istue1=1
*endif
lesi,all,,,istue1

lsel,s,,,4
*get,laeng,line,4,leng
istue1=nint(laeng/mesheisen)
*if,istue1,lt,1,then
istue1=1
*endif
lesi,all,,,istue1

lsel,s,,,45
*get,laeng,line,45,leng
istue1=nint(laeng/mesheisen)
*if,istue1,lt,1,then
istue1=1
*endif
lesi,all,,,istue1

lsel,s,,,2
*get,laeng,line,2,leng
istue1=nint(laeng/mesheisen)
*if,istue1,lt,1,then
istue1=1
*endif
lesi,all,,,istue1
```

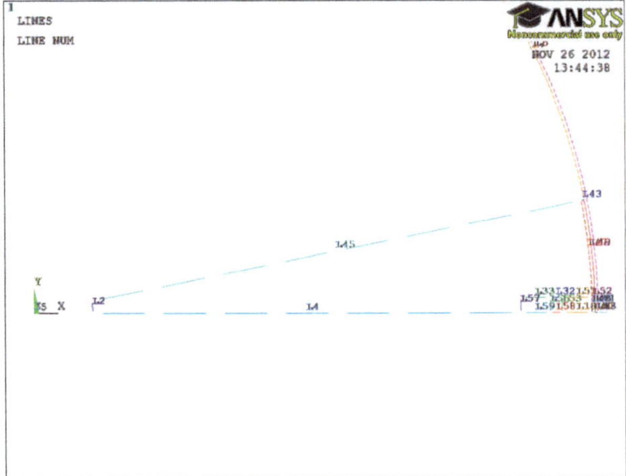

Abb. 16.38 Vorbereitung der Vermaschung des Rotors

Nach Selektion der Flächen des Rotors erfolgt deren Vermaschung.

```
asel,s,,,12,17
amesh,all
```

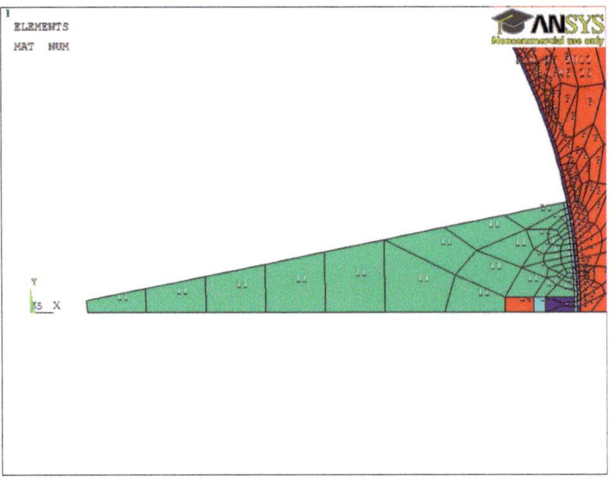

Abb. 16.39 Ergebnis der Vermaschung des Rotors

Auch die Flächen des Rotors können in einer Komponente zusammengefasst werden.

```
asel,s,,,12,17
cm,krotor,area
```

Abb. 16.40 Spiegelung und Kopie

Die Teilstrukturen von Stator und Rotor werden im nächsten Schritt einzeln selektiert und über Spiegelung und Kopie in ein komplettes Modell überführt.

```
!!
!!Stator
!!
cmsel,s,kstator
csys,0
arsym,y,all,
```

Im ersten Schritt wird die Statorteilstruktur vom 1. Quadranten in den 4. gespiegelt, damit ergibt sich der gesamte Magnet.

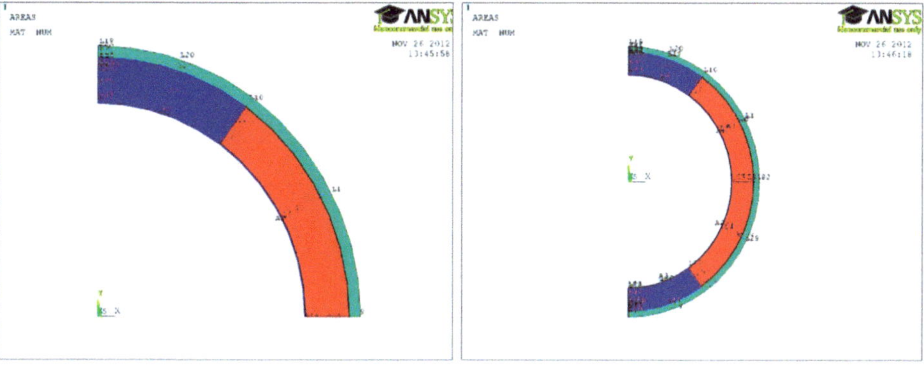

Abb. 16.41 Spiegelung der Teilstruktur des Stators

Soweit der Wendepol berücksichtigt werden soll, muss die kopierte Spulenseite des Wendepols hinsichtlich hin- und rückführender Spulenseite korrigiert werden.

```
!!
!! Korrektur Wendepolwicklung
!!
*If,wende,eq,1,then
asel,s,,,6
aclear,all
aatt,44,44,44
amesh,all
allsel
*EndIf
```

Im nächsten Schritt wird die erzeugte Teilstruktur kopiert, um das gesamte Modell zu erhalten.

```
ASEL,S,MAT,,1,5
asel,a,mat,,43,44
cm,kstator,area
csys,1
agen,2*p,all,,,,360/(2*p)
```

Entsprechend werden die Teilstrukturen des Rotors gespiegelt und kopiert. Im ersten Schritt erfolgt die Spiegelung für eine komplette Nutteilung.

```
!!
!!Rotor
!!
cmsel,s,krotor
csys,0
arsym,y,all,
cm,krotor,area
```

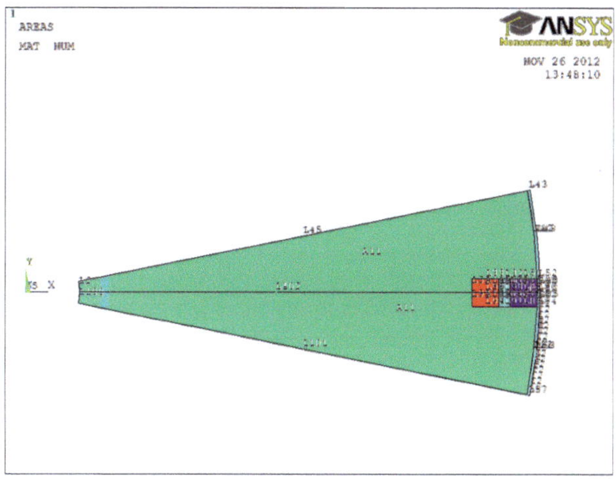

Abb. 16.42 Spiegelung der halben Ankernutteilung zur Ankernutteilung

Anschließend wird die Ankernutteilung entsprechend der Rotornutenzahl kopiert.

```
cmsel,s,krotor
csys,1

agen,z2,all,,,,360/(z2)
```

Abschließend liegt die komplette Rotorkontur vor.

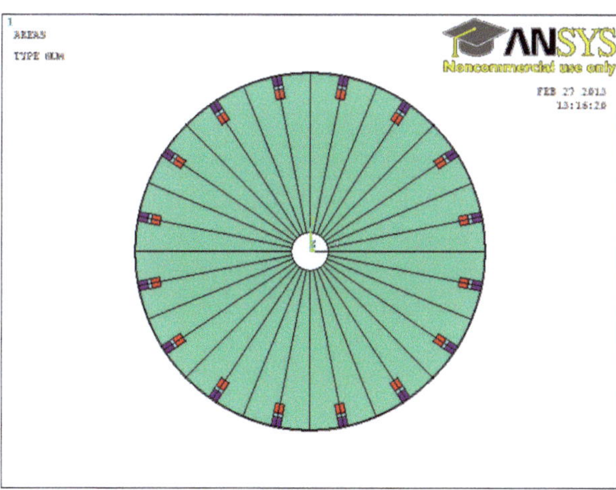

Abb. 16.43 Durch Spiegelung und Kopie erzeugte Rotorkontur

Die gesamten Strukturen von Stator und Rotor werden anschließend neuen Komponenten zugewiesen.

```
ASEL,S,MAT,,1,5
asel,a,mat,,43,33
cm,kstator,area

asel,s,mat,,11,15
cm,krotor,area

allsel
```

Abb. 16.44 Kopplungen und Randbedingungen

Im nächsten Schritt erfolgen einige Korrekturen am Modell, sowie die Erzeugung der Kopplungen im Rotor als Grundlage für die Verschaltung und die Zuordnung von Randbedingungen auf den Außenrändern. Im ersten Schritt müssen getrennt nach Stator und Rotor die doppelten Knoten eliminiert werden, die sich aufgrund der Spiegelung und Kopie ergeben.

```
cmsel,s,kstator
allsel,below,area
NUMMRG,NODE,1e-6 , , ,LOW
NUMCMP,NODE
```

```
nummrg,kp

cmsel,s,krotor
allsel,below,area
NUMMRG,NODE,1e-6 , , ,LOW
NUMCMP,NODE
nummrg,kp

allsel
```

Die Randbedingungen werden auf den äußeren Rand als konstantes Vektorpotenzial mit Wert 0 und gleiches Vektorpotenzial als Kopplung auf der Welle im Rotor aufgebracht.

```
csys,1
nsel,s,loc,x,raussen
d,all,az,0
nsel,s,loc,x,rinnen
cp,2,az,all
```

Im nächsten Schritt müssen im Stator die Materialeigenschaften der Magneten definiert werden, da nach der Spiegelung und Kopie alle Magneten die gleiche Koerzitivfeldstärke und damit Magnetisierungsrichtung aufweisen. Hierzu werden über die Selektion der Fläche nach Materialeigenschaft des Magneten und den Sektorwinkel des jeweiligen Magneten in einer Schleife diejenigen Magneten ausgewählt, deren Materialeigenschaft geändert werden muss. Die Flächen dieser Magnete werden selektiert, die Vermaschung innerhalb dieser Flächen gelöscht, anschließend neu attributiert, das Elementkoordinatensystem zugewiesen und anschließend neu vermascht.

```
!!
!!Stator
!!
csys,1

*Do,ileit,2,2*p,2
asel,s,mat,,3
allsel,below,area
ASEL,r,LOC,Y,-360/(4*p)+(ileit-1)*360/(2*p),360/(4*p)+
(ileit-1)*360/(2*p)
allsel,below,area
aclear,all
aatt,4,4,4
```

```
esys,35
amesh,all

*EndDo
```

Soweit angewählt werden sektorweise die einzelnen Wendepolspulenseiten selektiert, deren Knoten selektiert und der Masterknoten auf eine Variable gelegt.

```
*If,wende,eq,1,then
*Do,ileit,1,2*p
asel,s,mat,,43
allsel,below,area
ASEL,r,LOC,Y,(ileit-1)*360/(2*p),360/(2*p)+(ileit-1)*360/(2*p)
allsel,below,area

cp,next,curr,all
cp,next,emf,all
*GET,wicknode1we%ileit%, NODE, 0,num,min

asel,s,mat,,44
allsel,below,area
ASEL,r,LOC,Y,(ileit-1)*360/(2*p),360/(2*p)+(ileit-1)*360/(2*p)
allsel,below,area

cp,next,curr,all
cp,next,emf,all
*GET,wicknode2we%ileit%, NODE, 0,num,min

*EndDo
*EndIf
```

Entsprechend erfolgen die Kopplungen für die Rotorober- und -unterlagen.

```
!!
!!Rotor
!!
csys,1

*Do,ileit,1,z2
asel,s,mat,,13
allsel,below,area
```

```
ASEL,r,LOC,Y,-360/(2*z2)+(ileit-1)*360/z2,360/(2*z2)+
(ileit-1)*360/z2
allsel,below,area

cp,next,curr,all
cp,next,emf,all
*GET,wicknoder1%ileit%, NODE, 0,num,min

*If,zweischicht2,eq,1,then
asel,s,mat,,14
allsel,below,area
ASEL,r,LOC,Y,-360/(2*z2)+(ileit-1)*360/z2,360/(2*z2)+
(ileit-1)*360/z2
allsel,below,area

cp,next,curr,all
cp,next,emf,all
*GET,wicknoder2%ileit%, NODE, 0,num,min
*EndIf

*EndDo

esel,s,mat,,11
!!esel,a,mat,,13,14
cm,kraftrot,elem
fmagbc,'kraftrot'

allsel

csys,0
```

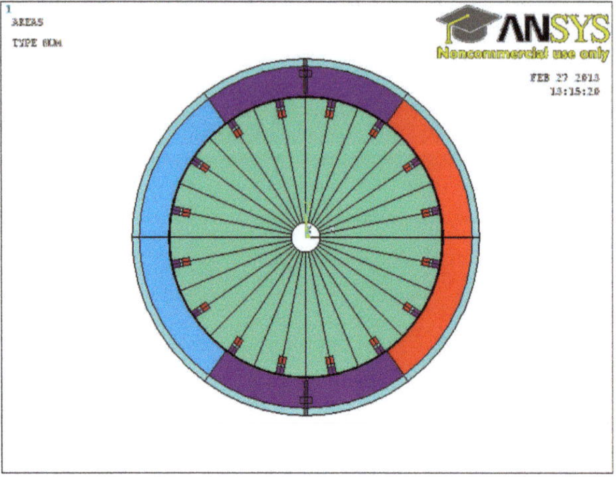

Abb. 16.45 Attribute der Flächen nach Korrektur

Damit ist das gesamte Finite-Elemente-Modell vorbereitet und kann verschaltet werden.

16.2 Generierung der Verschaltung

Die Verschaltung der einzelnen Spulensysteme bezieht sich auf die Verschaltung der Wendepole des Stators, soweit für diesen Wendepole berücksichtigt wurden, und die Ankerspulen als Schleifenwicklung.

Abb. 16.46 Verschaltung von Stator und Rotor

Für den Stator werden die Eigenschaften der Stirnanteile der Wendepolwicklung definiert.

```
*SET,LWICKSTIRNWE, 0.1000000000000E-05
*SET,RWICKSTIRNWE, 0.1000000000000E-05
```

Für den Rotor müssen die Eigenschaften der Stirnanteile der einzelnen Rotorspulen, sowie die Eigenschaften der Schleifenwicklung definiert werden.

```
*SET,SPULW2      , 6.000000000000
*SET,BUEBR2      , 10.00000000000
*SET,RWICKSTIRN2, 0.1000000000000E-05
*SET,LWICKSTIRN2, 0.1000000000000E-02
*SET,RVOR2      , 0.1000000000000E-05
```

Aus den Eigenschaften des Finite-Elemente-Netzes können die Widerstände der Spulen in Stator und Rotor ermittelt werden.

```
RAnkerspule=1/leiti*nwin2*jochtiefe*2*1/(wickbreite2*
wickhoehe2/2*fili/nwin2)
RKompwepol=1/leita*nwinwen*jochtiefe*2*1/(wickbreitewen*
wickhoehewen*filwen/nwinwen)
```

Im nächsten Schritt erfolgt, soweit angewählt, die Verschaltung der Wendepolwicklung im Stator.

```
!!
!!Stator
!!

!!
!!Wendepolwicklung
!!
*If,wende,eq,1,then

allsel
csys,0

*Do,ip,1,2*p
*GET,maxnode, NODE, 0,num,max
R,710,1,
n1=maxnode+1
```

```
N,n1,4*raussen+(ip-1)*raussen/5,-4*raussen+0.3*raussen-
(ip-1)*raussen/5
n2=maxnode+2
N,n2,4*raussen+(ip-1)*raussen/5,-4*raussen-(ip-1)*raussen/5
RMOD,710,15,0,1
ET,710,CIRCU124,5,0
TYPE,710
REAL,710
MAT,1
!*
E,n1,n2,wicknode1we%ip%
!*
R,710,1,
n3=maxnode+3
N,n3,4*raussen+(ip-1)*raussen/5,-4*raussen-0.3*raussen-
(ip-1)*raussen/5
RMOD,710,15,0,1
ET,710,CIRCU124,5,0
TYPE,710
REAL,710
MAT,1
!*
E,n3,n2,wicknode2we%ip%

wickswe%ip%1=n1
wickswe%ip%2=n3

*If,ip,eq,1,then
wickpan=n1
*EndIf
*If,ip,eq,2*p,then
wickpen=n1
*EndIf

!*
*EndDo

R,711,1e-6, ,
RMOD,711,15,0,1
ET,711,CIRCU124,0,0
TYPE,711
REAL,711
MAT,1
```

```
*Do,ip,2,2*p,2
E,wickswe%ip-1%2,wickswe%ip%2
*If,ip,ne,2*p,then
E,wickswe%ip%1,wickswe%ip+1%1
*EndIf
*EndDo

*GET,maxnode, NODE, 0,num,max
R,712,rwickstirnwe, ,
N,maxnode+1,3.1*raussen,-4*raussen+0.3*raussen
RMOD,712,15,0,1
ET,712,CIRCU124,0,0
TYPE,712
REAL,712
MAT,1
!*
E,wickpan,maxnode+1
kwendep=maxnode+1
!*
R,713,lwickstirnwe, ,
!*
!*
N,maxnode+2,3.1*raussen,-4*raussen-0.3*raussen-0.6*raussen
RMOD,713,15,0,11
ET,713,CIRCU124,1,0
TYPE,713
REAL,713
MAT,1
!*
E,wickpen,maxnode+2
kwendem=maxnode+2
!*

*EndIf
```

Im nächsten Schritt erfolgt die Verschaltung des Rotors als verteilt Schleifenwicklung. Die Verschaltung unterscheidet sich nicht von der bereits beschriebenen Gleichstrommaschine mit Erregerspulen.

```
/prep7

allsel

csys,0

!
!  Zweischichtwicklung
!

*Do,iz2,1,z2
*GET,maxnode, NODE, 0,num,max

R,210,1,
noff=maxnode
koff=4*raussen+(iz2-1)*raussen/5
n1=noff+1
buepl%iz2%=n1
N,n1,koff,0.3*raussen,0
n2=noff+2
sch1%iz2%=n2
N,n2,koff,0,0
RMOD,210,15,0,1
ET,210,CIRCU124,5,0
TYPE,210
REAL,210
MAT,1
!*
E,n1,n2,wicknoder1%iz2%
!*
R,210,1,
n3=noff+3
sch2%iz2%=n3
N,n3,koff,-0.5*raussen,0
n4=noff+4
N,n4,koff,-0.8*raussen,0
RMOD,210,15,0,1
ET,210,CIRCU124,5,0
```

```
TYPE,210
REAL,210
MAT,1
!*
E,n4,n3,wicknoder2%iz2%

*GET,maxnode, NODE, 0,num,max
R,212,rwickstirn2, ,
n5=noff+5
N,n5,koff,-1.1*raussen,0
RMOD,212,15,0,1
ET,212,CIRCU124,0,0
TYPE,212
REAL,212
MAT,1
!*
E,n4,n5
*GET,espu%iz2%,elem,0,num,max
!*
R,213,lwickstirn2, ,
!*
!*
n6=noff+6
buemi%iz2%=n6
N,n6,koff,-1.4*raussen,0
RMOD,213,15,0,11
ET,213,CIRCU124,1,0
TYPE,213
REAL,213
MAT,1
!*
E,n5,n6

!*

*EndDo

!
!  Zweischichtwicklung
!
R,214,1e-6, ,
RMOD,214,15,0,1
```

```
ET,214,CIRCU124,0,0
TYPE,214
REAL,214
MAT,1

*Do,iz2,1,z2
ispu2=iz2-spulw2
*If,ispu2,lt,1,then
ispu2=ispu2+z2
*EndIf

E,sch1%iz2%,sch2%ispu2%

ispu3=iz2-spulw2-1
*If,ispu3,lt,1,then
ispu3=ispu3+z2
*EndIf

E,buepl%iz2%,buemi%ispu3%

*EndDo

n7=noff+7
koff=4*raussen+z2/2*raussen/5
N,n7,koff,raussen,0

n8=noff+8
koff=4*raussen+z2/2*raussen/5
N,n8,koff,-2.1*raussen,0

n9=noff+9
koff=3*raussen
N,n9,koff,raussen,0

n10=noff+10
koff=3*raussen
N,n10,koff,-2.1*raussen,0

n11=noff+11
koff=3*raussen
N,n11,koff,-1.05*raussen,0
```

```
*GET,maxelem, elem, 0,num,max

*Do,iz2,1,z2
R,214+iz2,1e6, ,
RMOD,214+iz2,15,0,1
ET,214+iz2,CIRCU124,0,0
TYPE,214+iz2
REAL,214+iz2
MAT,1
r1p%iz2%=214+iz2

E,n7,buepl%iz2%
*GET,rspuls%iz2%, elem, 0,num,max
*EndDo

*Do,iz2,1,z2
R,214+z2+iz2,1e6, ,
RMOD,214+z2+iz2,15,0,1
ET,214+z2+iz2,CIRCU124,0,0
TYPE,214+z2+iz2
REAL,214+z2+iz2
MAT,1
r2p%iz2%=214+z2+iz2

E,n8,buepl%iz2%
*GET,rspuls%iz2%, elem, 0,num,max
*EndDo

R,214+2*z2+1,u2,0,
RMOD,214+2*z2+1,15,0,33
ET,214+2*z2+1,CIRCU124,4,0
TYPE,214+2*z2+1
REAL,214+2*z2+1
MAT,1
!*
E,n9,n10,n11
*GET,eeu2,elem,0,num,max

R,214+2*z2*2,rvor2, ,
RMOD,214+2*z2*2,15,0,1
ET,214+2*z2*2,CIRCU124,0,0
TYPE,214+2*z2*2
```

```
REAL,214+2*z2*2
MAT,1
E,n7,n9
*GET,eer2,elem,0,num,max

TYPE,214
REAL,214
MAT,1

kstart=n8
*If,wende,eq,1,then
E,kstart,kwendep
kstart=kwendem
*EndIf
E,kstart,n10

*If,nwin,eq,1,then
KEYOPT,110,1,6
*EndIf
```

Abschließend wird der Rotor in eine andere Position verdreht. Damit ist die Verschaltung abgeschlossen.

```
cmsel,s,krotor
allsel,below,area
csys,1

agen,,krotor,,,,-360/(2*z2),,,,1

allsel
eplot

lbue=buebr2/(360/z2)
```

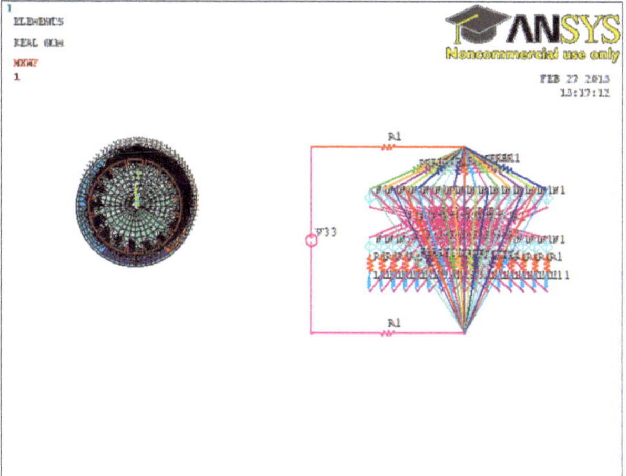

Abb. 16.47 Verschaltung des Rotors

16.3 Interface zwischen Stator und Rotor

Abschließend muss wie bereits beschrieben das Interface zwischen dem Stator und Rotor vorbereitet und angelegt werden.

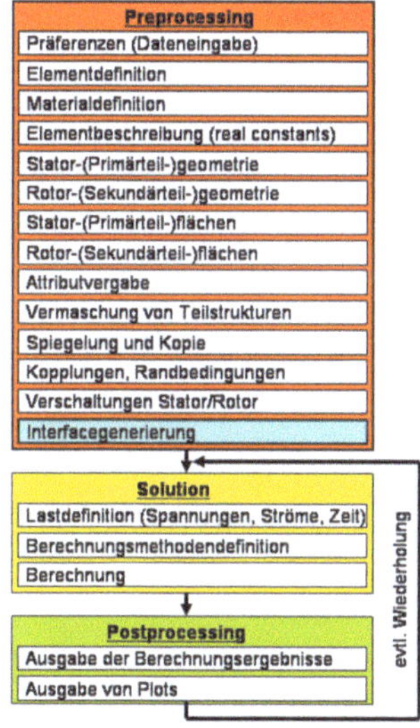

Abb. 16.48 Interface

```
csys,1
asel,s,mat,,2
allsel,below,area
```

```
nSEL,r,LOC,X,rinnen+jochdicke2+delta/2,rinnen+jochdicke2+
delta/2+delta/6
cm,nodeaussen,node
esln,s
allsel,below,elem
cm,elemaussen,elem
asel,s,mat,,12
allsel,below,area
nSEL,r,LOC,X,rinnen+jochdicke2+5*delta/6,rinnen+jochdicke2+
delta/2
cm,nodeinnen,node

MODMSH,NOCHECK
SHPP,WARN

cmsel,s,nodeinnen
cmsel,s,elemaussen
cmsel,u,nodeaussen

_cef=.3
CEINTF,_cef, , , , , , ,0

allsel,below,area
```

Damit ist das gesamte Finite-Elemente-Modell der Gleichstrommaschine mit Schalenmagneten und verteilter Wicklung vorbereitet.

Die gesamte Finite-Elemente-Modell-Generierung der Gleichstrommaschine mit Permanentmagneten und mehrteiligem Anker befindet sich in der Datei „gsm3_schale_geometrie.txt" und hat folgenden Inhalt.

```
!!
!! Geometrieerstellung einer Gleichstrommaschine mit
!! Schalenmagneten und Anker mit verteilter Wicklung
!! 1 Polpaar, 16 Rotornuten
!!
/prep7
!! Parameter für die Statorgeometrie
*SET,RAUSSEN       , 0.120000000000
*SET,JOCHDICKE     , 0.500000000000E-02
*SET,MAGNETDICKE   , 0.200000000000E-01
*SET,POLBEDECKUNG  , 0.600000000000
*SET,JOCHTIEFE     , 0.400000000000E-01
```

```
*SET,DELTA          , 0.1000000000000E-02
*SET,P              , 1.000000000000
!! Angaben über Zusatzwicklungen
*SET,WENDE          , 0.000000000000
!! Parameter für die Rotorgeometrie
*SET,RINNEN         , 0.1000000000000E-01
*SET,Z2             , 16.00000000000
*SET,ZWEISCHICHT2 , 1.000000000000
*SET,WICKBREITE2  , 0.5000000000000E-02
*SET,WICKHOEHE2   , 0.1000000000000E-01
*SET,WICKISOL2    , 0.2000000000000E-02
*SET,NWIN2        , 100.0000000000
!! Geometrie der Zusatzwicklungen
*SET,WENDEBREITE  , 0.2000000000000E-02
*SET,WENDEDEL     , 0.2000000000000E-02
*SET,WICKBREITEWEN, 0.3000000000000E-02
*SET,WICKHOEHEWEN , 0.4000000000000E-02
*SET,NWINWEN      , 10.00000000000
gsm3_elemente.txt
*SET,RPERM   , 1.150000000000
*SET,KOERZ   , 340000.0000000
*SET,MURXA   , 10000.00000000
*SET,MURXI   , 10000.00000000
*SET,NICHTLIN, 0.000000000000
*SET,LEITA   , 56000000.00000  ! Leitfähigkeit Spule Wendepol
*SET,LEITI   , 56000000.00000
*SET,FILA    , 1.000000000000  ! Füllfaktor Spule Wendepol
*SET,FILI    , 1.000000000000
gsm3_material.txt
gsm3_SMag.txt
gsm3_RNut.txt
gsm3_SArea.txt
gsm3_RArea.txt
*SET,MESHEISEN, 0.1000000000000E-01
*SET,MESHLUFT , 0.1000000000000E-02

gsm3_SNete.txt
gsm3_Rnete.txt
gsm3_netg.txt
gsm3_cp1.txt
gsm3_cp2.txt
!! Schaltungsparameter Stator
```

```
*SET,RWICKSTIRNWE, 0.1000000000000E-05
*SET,LWICKSTIRNWE, 0.1000000000000E-05
gsm3_schalt1.txt
!! Schaltungsparameter Rotor
*SET,SPULW2      , 6.000000000000
*SET,BUEBR2      , 10.00000000000
*SET,RWICKSTIRN2, 0.1000000000000E-05
*SET,LWICKSTIRN2, 0.1000000000000E-02
*SET,U2          , 20.00000000000
*SET,RVOR2       , 0.1000000000000E-05

gsm3_schalt2.txt
gsm3_interface.txt
```

16.4 Rechnungsvorbereitung

Im Zuge der Rechnungsvorbereitung werden zunächst die Ausgabedateien vorbereitet und angelegt. Im Falle der Gleichstrommaschine mit Schalenmagneten entfällt die Ausgabe von Ergebnissen der Erregerwicklung.

```
/output,U_I_Motor%ausgabe%,lis,,
/COM, Schritt Zeit Winkel Drehzahl UA IA Rechenzeit
/COM,-------------------------------------------------------
/output,term
/output,Pauf_Rotor%ausgabe%,lis,,
/COM, Schritt Zeit Winkel Drehzahl Pauf1 PR1 Rechenzeit
/COM,-------------------------------------------------------
/output,term
/output,Drehmoment%ausgabe%,lis,,
/COM, Schritt Zeit Winkel Drehzahl M(Maxwell) M(virtual_work)
/COM,-------------------------------------------------------
/output,term
/output,Ispul%ausgabe%,lis,,
/COM, Schritt Zeit Winkel Drehzahl Spulen-/Stabstrom in
Spule/Stab 1 2 3 4 5 6 7 8 9 10 11 12 13 14
/COM,-------------------------------------------------------
/output,term
```

Anschließend können Spannungen und Ströme, sowie Belastungen definiert werden. Dieser Schritt wird wie üblich in die einzelnen Rechnungen einbezogen.

Abb. 16.49 Lastdefinition

Im Folgenden werden die Ergebnisse einiger statischer und transienter Rechnungen vorgestellt.

16.5 Statische Rechnung

16.5.1 Ständerfeld

Der Berechnungsablauf einer statischen Berechnung entspricht im wesentlichen derjenigen bei der Gleichstrommaschine mit Polschuhen und Erregerwicklung. Unterschiedlich sind die Berechnungsmethoden lediglich hinsichtlich der Erregung im Stator, die magnetischen Eigenschaften können im laufenden Betrieb nicht geändert werden. Um den Einfluß des magnetischen Feldes ausschließlich aufgrund des Rotors darstellen zu können, muß entweder manuell die Koerzitivfeldstärke stark gesenkt werden oder bei linearer Rechnung ohne Rücksicht auf die Höhe des magnetischen Feldes der Rotorstrom sehr hoch eingestellt werden. Die statische Rechnung ist im Skript GSM3_LOES1.txt enthalten.

Der gesamte Ablauf der statischen Berechnung der Gleichstrommaschine bei „Ständerspeisung" befindet sich in der Datei „gsm3_rechnung_statisch_1.txt" und hat folgenden Aufbau.

```
!!
!! Statische Berechnung einer Gleichstrommaschine mit
!! Schalenmagneten und verteilter Wicklung
!!
```

```
/prep7
gsm3_schale_geometrie.txt

ausgabe=1
luftskal=1
fft=0
gsm3_aus.txt

zeita=1e-6
winkela=0
kommu=0
i2=0
fronspar=0
gsm3_loes1.txt
```

Durch den Parameter „fronspar" wird die Auswahl des Gleichungssystemssolvers FRONTAL-Solver (= 0) oder SPARSE-Matrix-Solver (= 1) getroffen. Über den Parameter „i2" der Strom in der Ankerwicklung definiert, hier mit 0 A. Das Lösungsskript für statische Rechnung bei Ständerspeisung befindet sich in der Datei „gsm3_loes1.txt".

In der ersten statischen Rechnung wurde zur Überprüfung der Magnetwirkung der Rotorstrom mit wert 0 berücksichtigt.

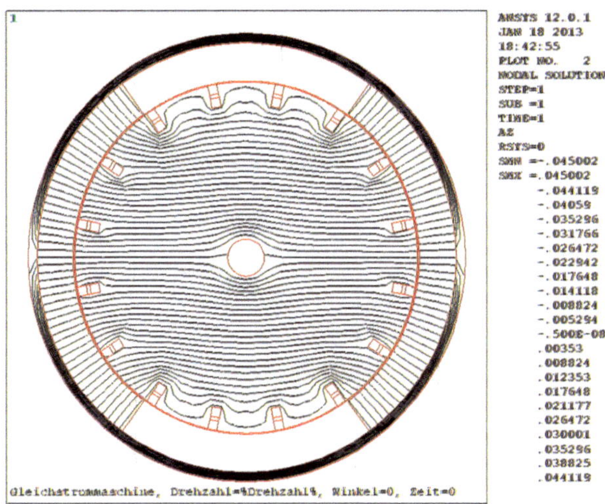

Abb. 16.50 Feldlinienverlauf aufgrund der Schalenmagnete ohne Rotorspeisung

Das Feldlinienbild zeigt wie erwartet den Verlauf ausgehend von den Magneten über den Luftspalt und den Anker zurück über den Luftspalt und Magneten auf der Gegenseite und schließt sich über das Joch. Aufgrund des üblicherweise bei Gleichstrommaschinen mit Schalenmagneten sehr dünnen Jochs werden die Feldlinien mit dem Ergebnis einer sehr hohen magnetischen Flußdichte im Joch stark komprimiert.

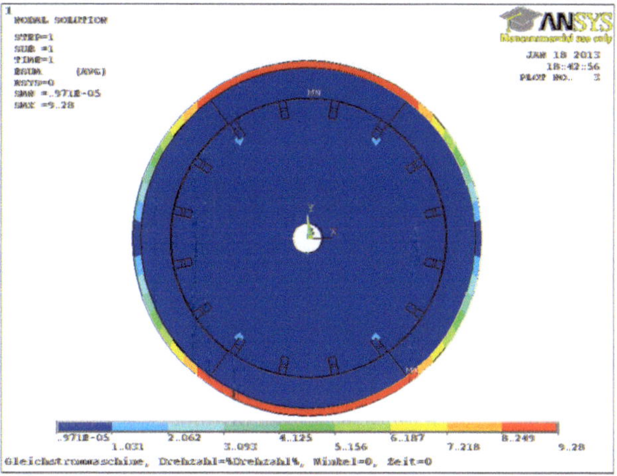

Abb. 16.51 Magnetische Flußdichte aufgrund der Schalenmagnete ohne Rotorspeisung

Als logische Konsequenz zeigt der Plot der magnetischen Flußdichte im gesamten Maschinenbereich bis auf das Joch sehr geringe magnetische Flußdichten und erreicht im Joch Maximalwerte von bis zu 9 Tesla. Daraus resultiert, daß Berechnungen mit derart dünnen Jochen entweder mit nichtlinearem Ansatz für das Eisen durchgeführt werden müssen oder das Ergebnis wird bewußt hingenommen und darauf basierend mit Korrekturfaktoren gearbeitet.

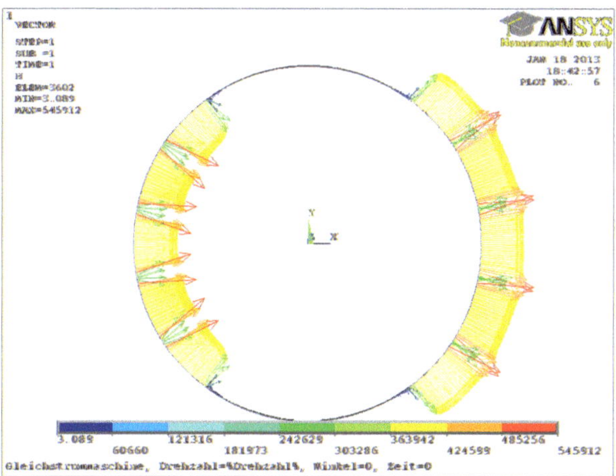

Abb. 16.52 Vektorielle Darstellung der magnetischen Feldstärke in Luftspaltmitte aufgrund der Schalenmagnete ohne Rotorspeisung

Die magnetische Feldstärke ist logischerweise insbesondere im Luftspalt sehr groß, dies bestätigt der Plot der magnetischen Feldstärke in Luftspaltmitte. Aufgrund der radialen Magnetisierung ist bis auf die Nutungseffekte des Rotors die magnetische Feldstärke über dem Magneten nahezu gleich groß, wobei die Richtung von Magnet zu Magnet aufgrund der Abfolge Nord- und Südpol alterniert.

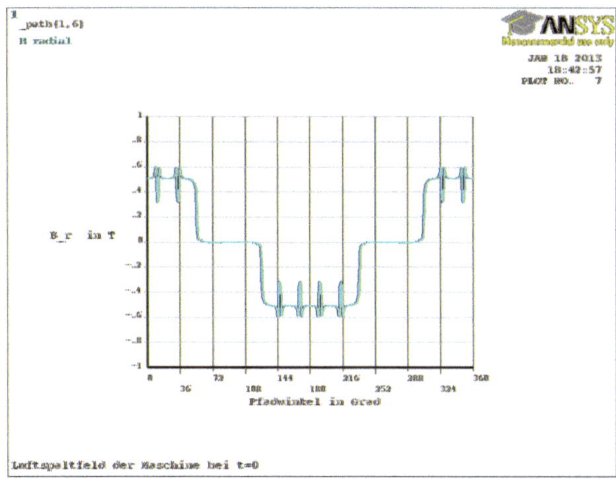

Abb. 16.53 Luftspaltfeld in Luftspaltmitte aufgrund der Schalenmagnete ohne Rotorspeisung

Die Darstellung des Luftspaltfeldes in Luftspaltmitte bestätigt die vektorielle Darstellung der magnetischen Feldstärke in Luftspaltmitte. Das magnetische Feld über den Schalenmagneten ist nahezu konstant und fällt zur Pollücke ab.

16.5.2 Ankerfeld

Der gesamte Ablauf der statischen Berechnung der Gleichstrommaschine bei Ankerspeisung befindet sich in der Datei „gsm3_rechnung_statisch_2.txt" und beinhaltet für den Parameter „i2" den Wert 500 A als Ankerstrom.

Um den Einfluss des Ankerstroms in Verbindung mit dem geometrischen Kommutierungswinkel zu berechnen wird in einer weiteren statischen Berechnung der Ankerstrom mit 500 A berücksichtigt, was einen für diese Maschinengröße viel zu großen Wert darstellt.

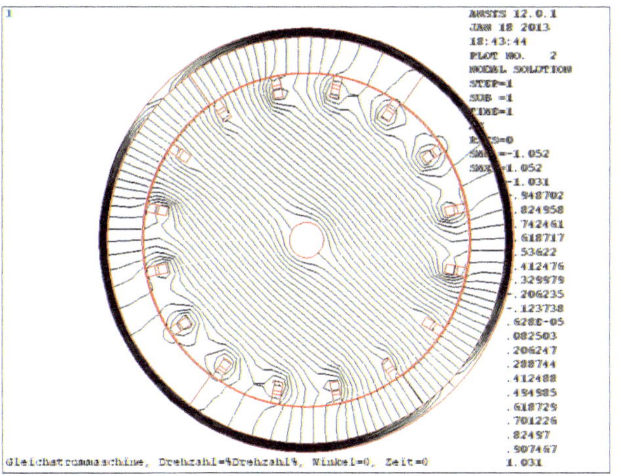

Abb. 16.54 Feldlinienverlauf bei Kommutierungswinkel 0 Grad und Rotorspeisung mit 500 A

Der Feldlinienbild zeigt, daß der geometrisch mit 0 Grad eingestellte Kommutierungswinkel falsch gewählt wurde und eine Drehung um 45 Grad notwendig wäre. Das Rotorfeld überlagert völlig das Ständerfeld und schließt sich ähnlich dem Ständerfeld über das Joch.

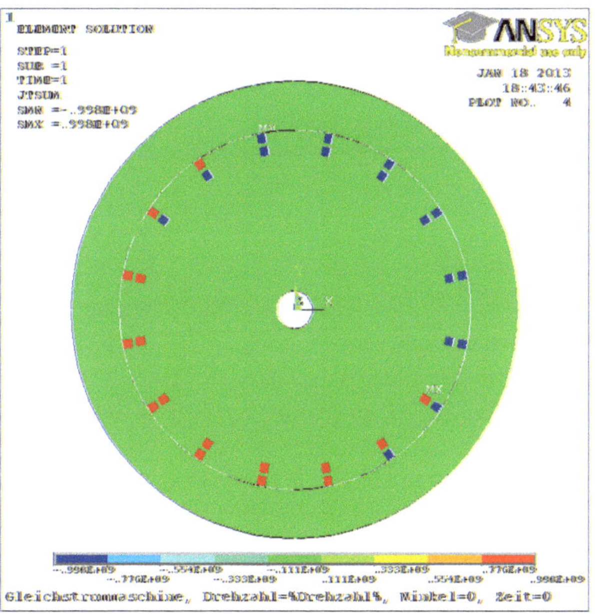

Abb. 16.55 Stromdichte bei Kommutierungswinkel 0 Grad und Rotorspeisung mit 500 A

Die Stromdichtedarstellung bestätigt zum einen bei einer Nutenzahl je Pol von 16 und einer Spulenweite eine Schrittverkürzung von 2, da im Allgemeinen Ober- und Unterlagen die gleiche Stromrichtung führen, bei zwei aufeinanderfolgenden Nuten jedoch Ober- und Unterlage alternierenden Strom führen und damit in Summe die Nut keinen Strombeitrag liefert. Zum anderen wird der falsch gewählte Kommutierungswinkel bestätigt, da bei neutraler Kommutierung die nicht stromführenden Nuten jeweils symmetrisch oben und unten liegen müssten.

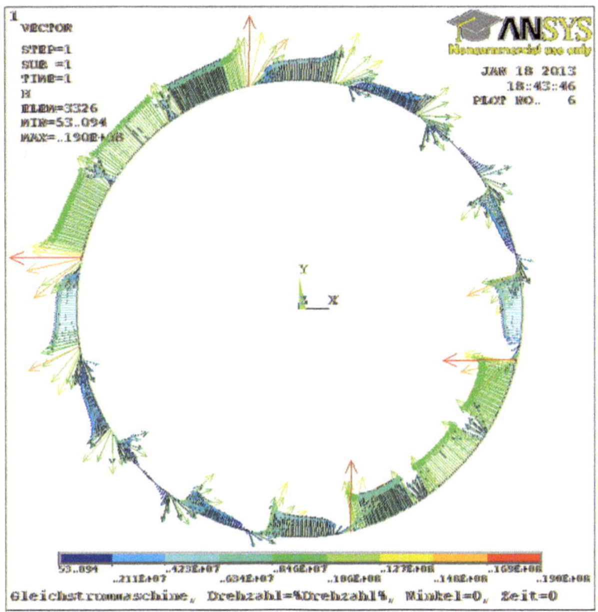

Abb. 16.56 Vektorielle Darstellung der magnetischen Feldstärke in Luftspaltmitte bei Kommutierungswinkel 0 Grad und Rotorspeisung mit 500 A

Die Darstellung der magnetischen Feldstärke in Luftspaltmitte bestätigt nochmals den falsch gewählten Kommutierungswinkel.

Der gesamte Ablauf der statischen Berechnung der Gleichstrommaschine bei Ankerspeisung befindet sich in der Datei „gsm3_rechnung_statisch_3.txt" und beinhaltet für den Parameter „i2" den Wert 500 A als Ankerstrom, sowie als geometrischen Kommutierungswinkel den Parameter „kommu" mit einem Wert von 45 Grad.

Eine weitere statische Berechnung mit geometrischem Kommutierungswinkel von 45 Grad und 500 A Ankerstrom bestätigt das erwartete Ankerquerfeld in der richtigen Lage.

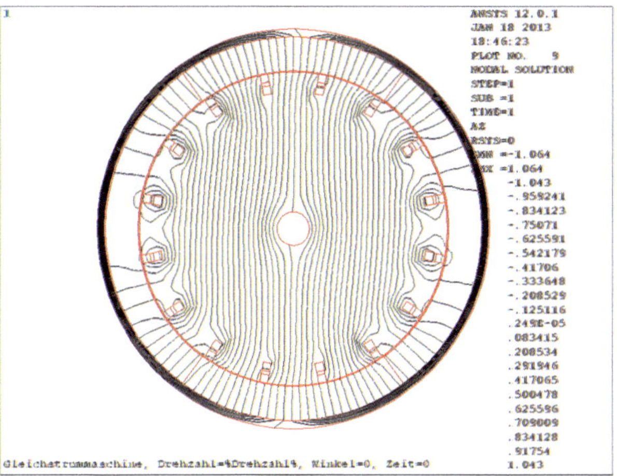

Abb. 16.57 Feldlinienverlauf bei Kommutierungswinkel 45 Grad und Rotorspeisung mit 500 A

Nun stehen das Ständerfeld bei alleiniger Berücksichtigung der Magneten und das magnetische Feld bei überdimensioniertem Rotorstrom senkrecht aufeinander.

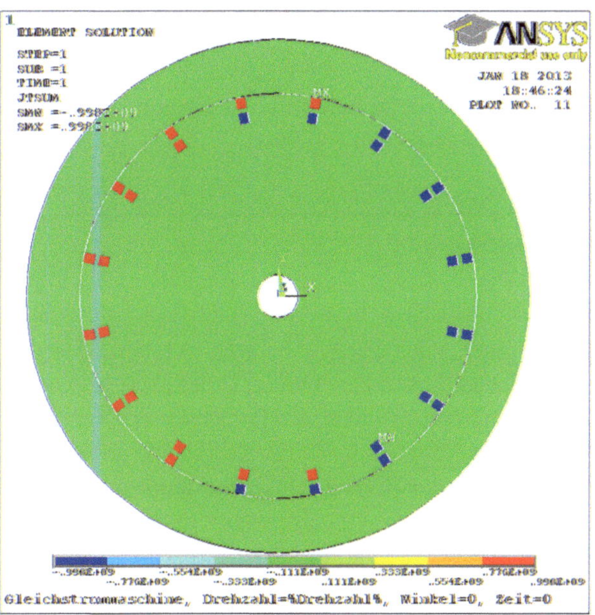

Abb. 16.58 Stromdichte bei Kommutierungswinkel 45 Grad und Rotorspeisung mit 500 A

Die Darstellung der Stromdichte bestätigt die nicht stromführenden Nuten im oberen und unteren Bereich bei 2 Polen.

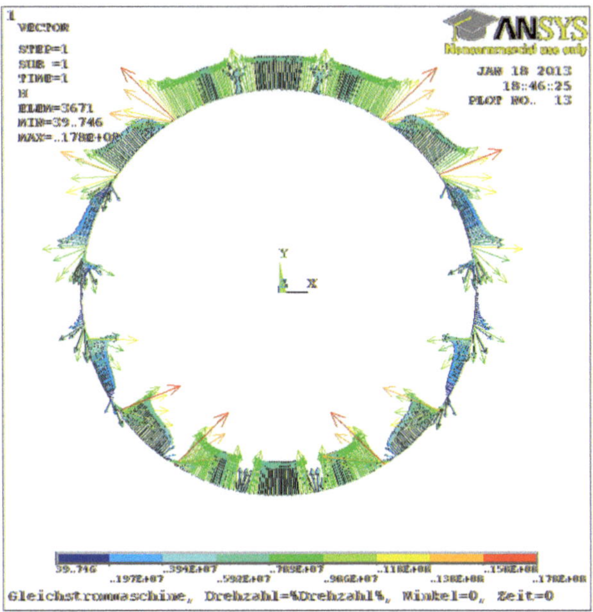

Abb. 16.59 Vektorielle Darstellung der magnetischen Feldstärke in Luftspaltmitte bei Kommutierungswinkel 45 Grad und Rotorspeisung mit 500 A

Entsprechend ist die magnetische Feldstärke im oberen Bereich des Luftspalts nach oben und im unteren ebenso nach oben gerichtet.

16.5.3 Ankerrückwirkung

Der gesamte Ablauf der statischen Berechnung der Gleichstrommaschine bei Permanentmagneten im Stator und Ankerspeisung befindet sich in der Datei „gsm3_rechnung_statisch_4.txt“ und beinhaltet für den Parameter „i2“ den Wert 10 A als Ankerstrom, sowie als geometrischen Kommutierungswinkel den Parameter „kommu“ mit einem Wert von 45 Grad.

Damit ist der korrekte Kommutierungswinkel bestimmt und ermöglicht die statische Berechnung der Ankerrückwirkung. Gewählt wurde im Folgenden ein Ankerstrom von 10 A.

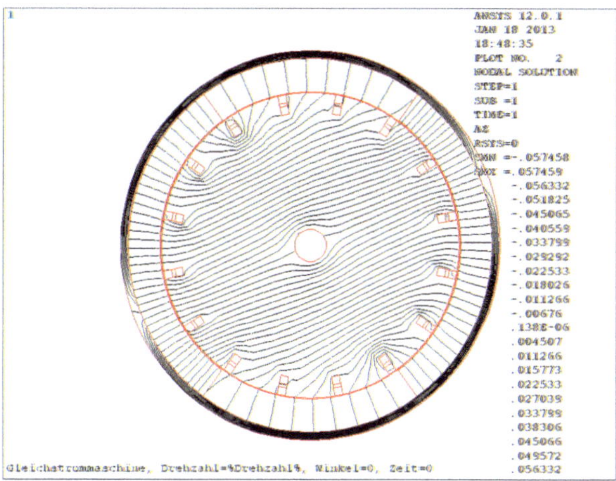

Abb. 16.60 Feldlinienverlauf bei Kommutierungswinkel 45 Grad und Rotorspeisung mit 10 A

Dem Feldlinienverlauf ist klar zu entnehmen, daß das magnetische Feld durch die Schalenmagneten erzeugt und in Verbindung mit dem magnetischen Feld aufgrund des Ankerstroms das Feld aus der Längslage in Richtung Querlage herausgedreht wird.

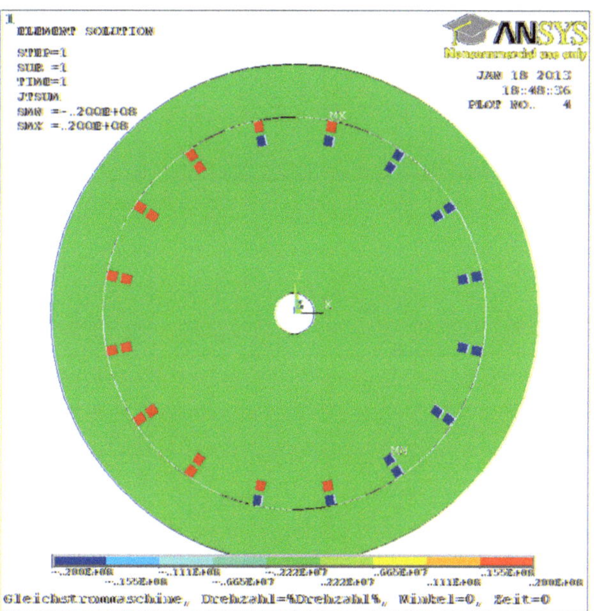

Abb. 16.61 Stromdichteverteilung bei Kommutierungswinkel 45 Grad und Rotorspeisung mit 10 A

Die Darstellung der Stromdichte bestätigt die richtige Wahl des geometrischen Kommutierungswinkel. Der Einfluß der Ankerrückwirkung kann statisch für einen bestimmten

Ankerstrom korrigiert werden, indem der Kommutierungswinkel entsprechend durch Verdrehung der Kommutatorbrücke verdreht wird.

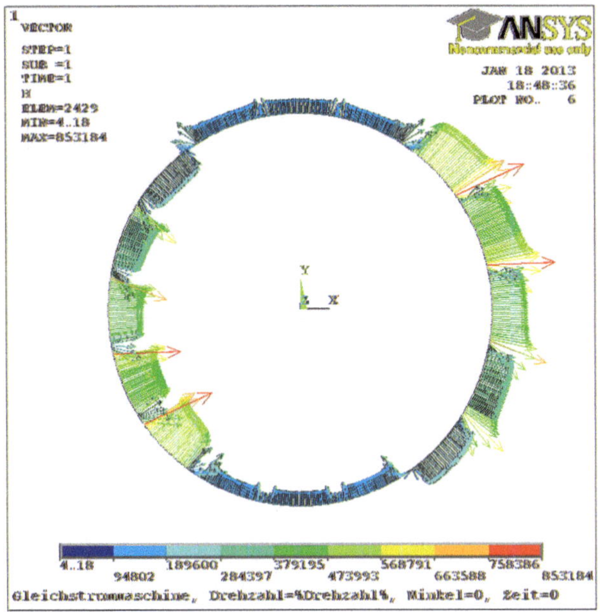

Abb. 16.62 Vektorielle Darstellung der magnetischen Feldstärke in Luftspaltmitte bei Kommutierungswinkel 45 Grad und Rotorspeisung mit 10 A

Die Darstellung der magnetischen Feldstärke bestätigt die Ankerrückwirkung als nicht nicht mehr konstante magnetische Feldstärke über den Schalenmagneten.

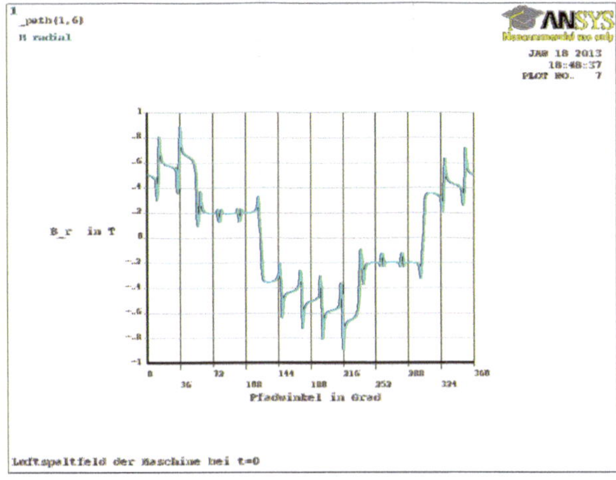

Abb. 16.63 Luftspaltfeld in Luftspaltmitte bei Kommutierungswinkel 45 Grad und Rotorspeisung mit 10 A

Entsprechend bestätigt die Darstellung des Luftspaltfeldes in Luftspaltmitte das nicht mehr konstante Feld unter den Schalenmagneten, aber auch das magnetische Feld im Bereich der Pollücke, das sinnvollerweise durch Einsatz einer Wendepolwicklung korrigiert würde.

16.6 Transiente Rechnung

Vergleichbar mit der Gleichstrommaschine mit Erregerwicklung können transiente Berechnungen zur Ermittlung der induzierten Spannung, des Ankerstrom bei Kurzschluß der Ankerklemmen bei konstanter Drehzahl und auch Hochläufe berechnet werden. Wie bereits erwähnt werden die magnetischen Eigenschaften der Schalenmagneten nicht geändert.

16.6.1 Berechnung der induzierten Spannung

Der gesamte Ablauf zur transienten Berechnung der induzierten Spannung im Ankerkreis der Gleichstrommaschine bei Permanentmagneten im Stator und bei fester Drehzahl befindet sich in der Datei „gsm3_rechnung_transient_1.txt“ und hat folgenden Aufbau.

```
!!
!! Transiente Berechnung einer Gleichstrommaschine mit
!! Schalenmagneten und Anker mit verteilter Wicklung
!! zur Bestimmung der im Anker induzierten Spannung
!!
/prep7
gsm3_schale_geometrie.txt

ausgabe=11
luftskal=1
fft=0
gsm3_aus.txt

kommu=45
drehzahl=500
jsteps=120
ndreh=1
jkommu=1
fronspar=0

gsm3_loes5.txt
```

Die Parameterdefinition ist direkt vergleichbar mit der Gleichstrommaschine mit Erregerspulen.

Die Berechnung der induzierten Spannung erfolgt durch das Skript GSM3_LOES5.txt. Nach Parametrierung von Drehzahl, Schrittweite und Anzahl zu berechnender Umdrehungen ergibt sich neben den graphischen Darstellungen eine Tabelle, aus der mittels Excel die induzierte Spannung in Abhängigkeit der Zeit oder dem Winkel ermittelt werden kann.

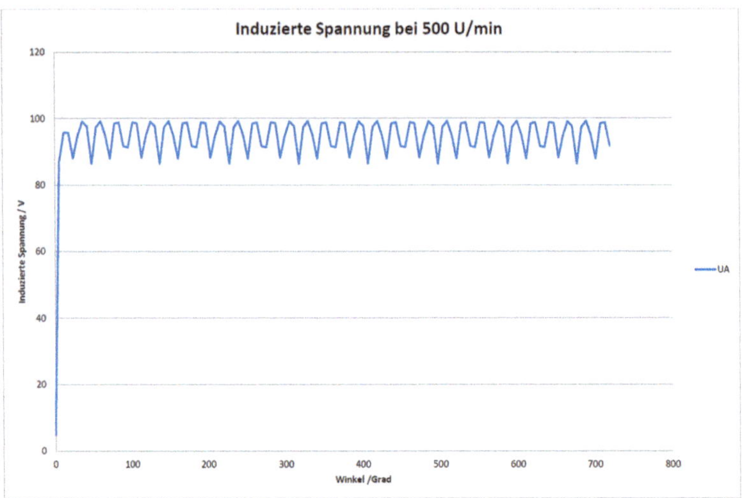

Abb. 16.64 Berechnung der induzierten Spannung bei Drehzahl 500 U/min

Bei einer Drehzahl von 500 Umdrehungen ergibt sich eine Ankerspannung von ca. 95 V.

Die Schwankungen der induzierten Spannung sind auf die Rotornutung in Verbindung mit den Magnetkanten zurückzuführen.

16.6.2 Ankerkurzschluß bei fester Drehzahl

Der gesamte Ablauf zur transienten Berechnung des Kurzschlußstromes im Ankerkreis der Gleichstrommaschine bei Permanentmagneten im Stator und fester Drehzahl befindet sich in der Datei „gsm3_rechnung_transient_3.txt" und hat folgenden Aufbau.

```
!!
!! Transiente Berechnung einer Gleichstrommaschine mit
!! Schalenmagneten und Anker mit verteilter Wicklung
!! zur Bestimmung der im Anker induzierten Spannung
!!
```

```
/prep7
gsm3_schale_geometrie.txt

ausgabe=13
luftskal=1
fft=0
gsm3_aus.txt

kommu=45
drehzahl=500
jsteps=120
ndreh=3
jkommu=1
fronspar=0

gsm3_loes6.txt
```

Der Ankerstrom bei Kurzschluß über dem Anker bei fester Drehzahl ergibt sich bei Anwendung des Skripts GSM3_LOES6.txt. Nach Parametrierung von Drehzahl, Schrittweite und Anzahl zu berechnender Umdrehungen ergibt sich neben den graphischen Darstellungen eine Tabelle, aus der mittels Excel der Ankerstrom in Abhängigkeit der Zeit oder dem Winkel ermittelt werden kann.

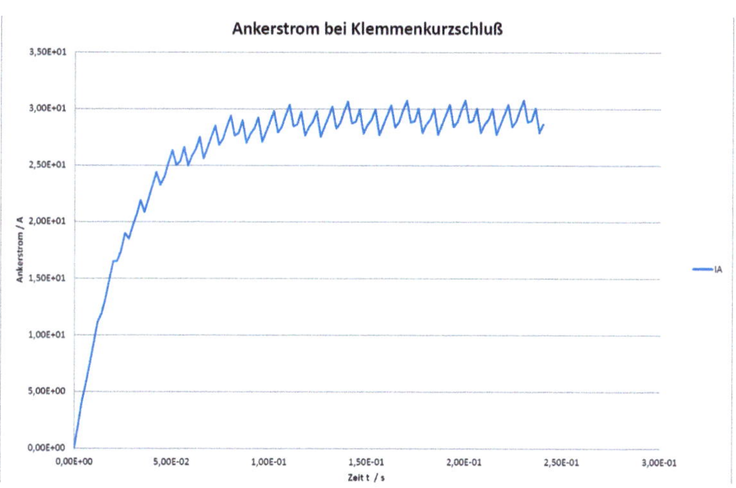

Abb. 16.65 Läuferkurzschlußstrom bei fester Drehzahl $n = 500$ U/min

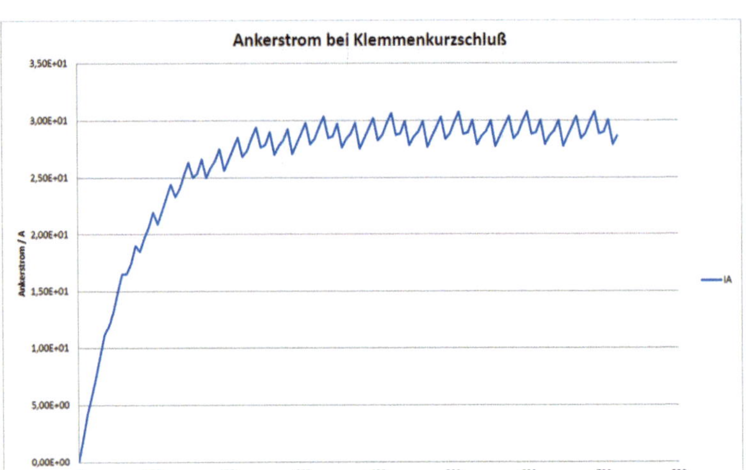

Abb. 16.66 Läuferkurzschlußstrom bei fester Drehzahl $n = 500$ U/min in Abhängigkeit des Winkels

Der Kurzschlußstrom liegt bei ca. 29 A und wird nach einer bestimmten Anstiegszeit erreicht.

Die Schwankungen des Ankerstroms sind auf die Rotornutung in Verbindung mit den Magnetkanten zurückzuführen.

Der maximale Ankerstrom wird nach ca. 0,1 s erreicht, aufgrund der Parametrierung der Schrittweite sind 50 Rechenschritte notwendig.

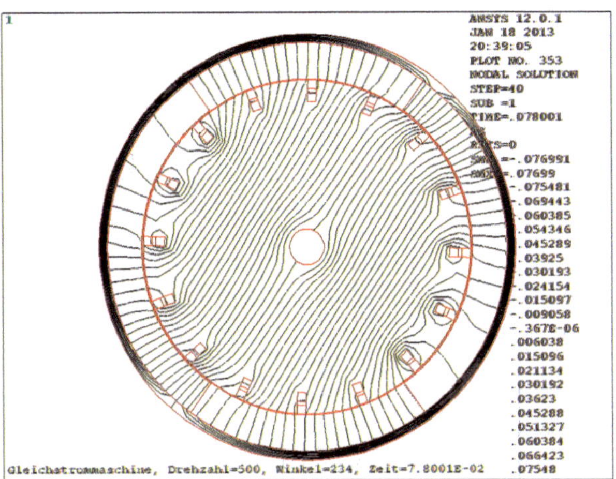

Abb. 16.67 Feldlinienverlauf nach Erreichung des maximalen Ankerstroms

Der typische Einfluß der Ankerrückwirkung ist erkennbar.

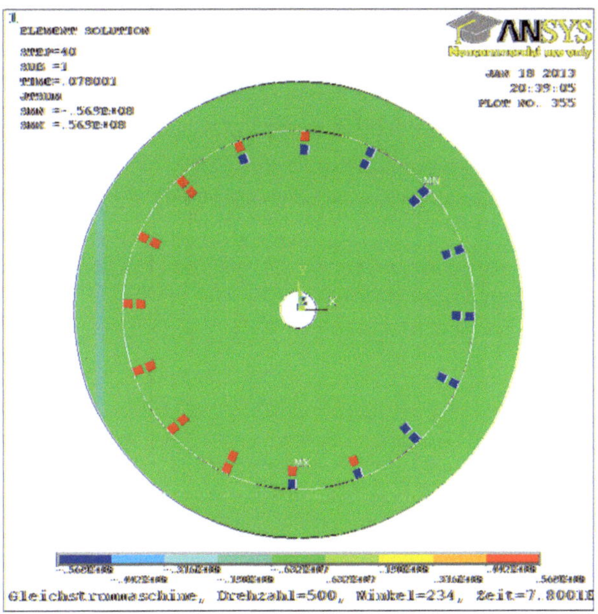

Abb. 16.68 Stromdichte nach Erreichung des maximalen Ankerstroms

Dem Stromdichteplot ist zu entnehmen, daß die Kommutierung korrekt funktioniert.

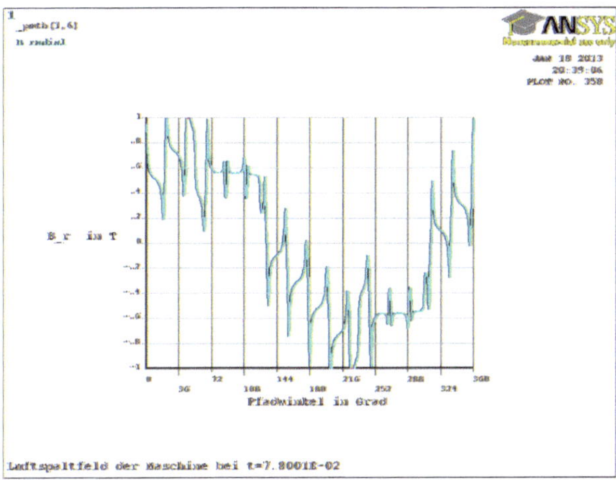

Abb. 16.69 Luftspaltfeld in Luftspaltmitte nach Erreichung des maximalen Ankerstroms

Die Darstellung des Luftspaltfeldes in Luftspaltmitte bestätigt den großen Einfluß der Ankerrückwirkung aufgrund des großen Ankerstroms.

Aus der Tabelle für das Drehmoment kann auch die Abhängigkeit des Drehmoments bei Klemmenkurzschluß und fester Drehzahl ermittelt werden.

16.6.3 Hochlaufrechnung

Der gesamte Ablauf zur transienten Berechnung des Hochlaufes bei Permanentmagneten im Stator und Ankerspeisung befindet sich in der Datei „gsm3_rechnung_transient_11.txt" und hat folgenden Aufbau.

```
!!
!! Transiente Berechnung einer Gleichstrommaschine mit
!! Schalenmagneten und Anker mit verteilter Wicklung
!! zur Bestimmung der im Anker induzierten Spannung
!!
/prep7
gsm3_schale_geometrie.txt  ! Skript zum Aufruf der Geometrie


ausgabe=31
luftskal=1
fft=0
gsm1_aus.txt

winkela=0          ! Rotorstellungswinkel Anfang
kommu=45           ! geometrischer Kommutierungswinkel
drehzahls=0        ! Startdrehzahl
u2=100             ! Ankerspannung
mtstep=.001        ! Zeitschritt
j_traegheit=1      ! gesamtes Trägheitsmoment
ML_Lastmoment=5    ! Lastmoment
fronspar=0         ! Wahlparameter frontal/sparse
!!!! 20000 Rechenschritte sind voreingestellt

gsm3_loes8.txt     ! Skript fuer transiente Rechnung Hochlauf
```

Die Hochlaufrechnung kann wie bereits beschrieben aus dem Stillstand oder ab einer bestimmten Drehzahl erfolgen. Zur Anwendung kommt das Skript GSM3_LOES8.txt zur Anwendung.

Bei beispielhafter Parametrierung ergeben sich folgende Ergebnisse. Als Ankerspannung wurden 100 V vorgegeben und ein konstantes Lastmoment von 5 Nm angesetzt, als gesamtes Trägheitsmoment werden 1 kg m · m angesetzt.

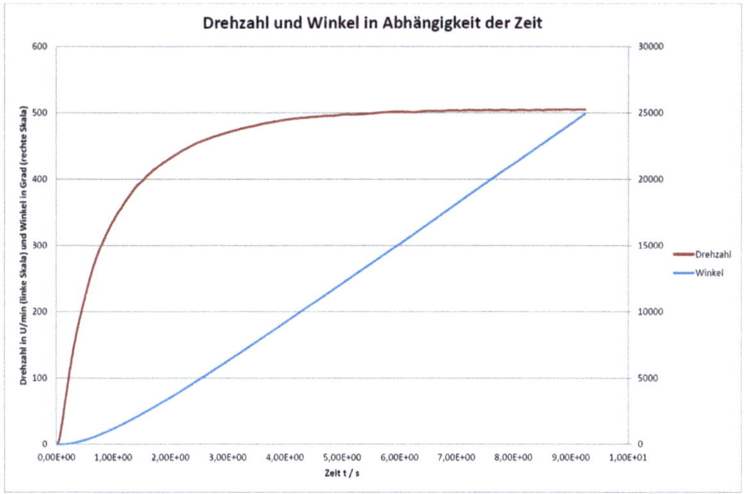

Abb. 16.70 Drehzahl und Winkel über der Zeit beim Hochlauf aus dem Stillstand

Die Drehzahl erreicht asympotisch einen Endwert von ca. 510 U/min, was verglichen mit der Berechnung der induzierten Spannung auf die angelegte Spannung von 100 V zurückzuführen ist. Der Beschleunigungsprozeß ist nach 9 Sekunden noch nicht vollständig abgeschlossen.

Abb. 16.71 Ankerstrom über der Zeit beim Hochlauf aus dem Stillstand

Der Ankerstrom steigt relativ schnell auf einen Anfangsstrom von etwa 40 A und verharrt nach einer bestimmten Zeit bei ca. 3 A zur Erbringung des Lastmoments von 5 Nm.

Trägt man den Ankerstrom über der Drehzahl auf, so erhält man annähernd den bekannten Verlauf einer fremderregten Gleichstrommaschine mit Nebenschlußverhalten. Ab einer Drehzahl von etwa 400 U/min ist offenbar der Drehmomentüberschuß gegenüber dem Lastmoment sehr klein, so daß kein weiterer Hochlauf erfolgt.

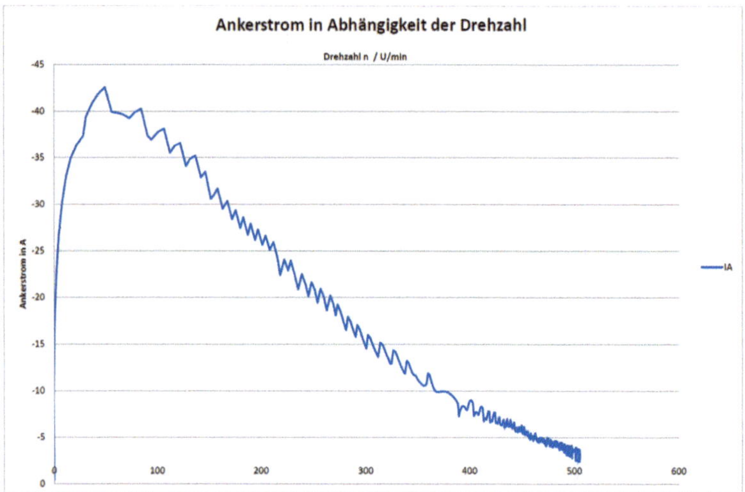

Abb. 16.72 Ankerstrom über der Drehzahl beim Hochlauf aus dem Stillstand

Dies wird bestätigt durch die Darstellung des Drehmoments über der Drehzahl bestätigt. Die Schwankung des Drehmoments ist anfänglich sehr stark und nimmt mit fortlaufendem Hochlauf stark ab. Das Lastmoment von 5 Nm wird bei 510 U/min erreicht.

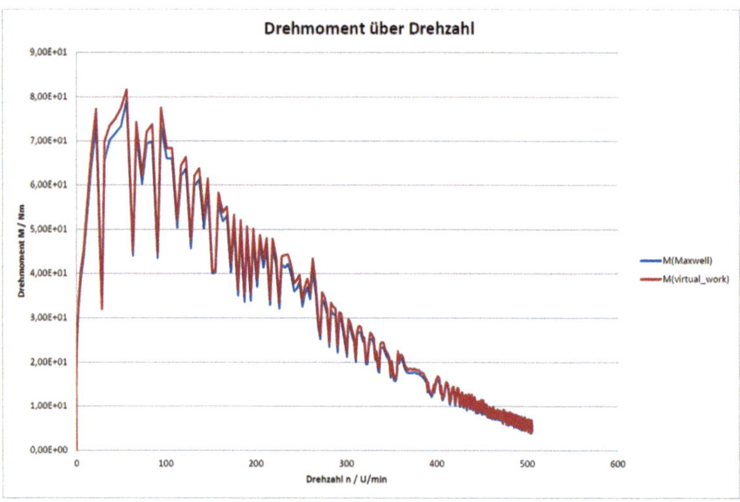

Abb. 16.73 Drehmoment über der Drehzahl beim Hochlauf aus dem Stillstand

17 Berechnung einer Gleichstrommaschine mit Schalenmagneten und mehrteiligem Anker

Als weiterer Typ einer Gleichstrommaschine wird im Folgenden der Aufbau einer Gleichstrommaschine mit Schalenmagneten und mehrteiligen Anker beschrieben. Der Aufbau des Stators entspricht völlig der Gleichstrommaschine mit Schalenmagneten und verteilter Wicklung. Exemplarisch wird ein Rotor mit mehrteiligem Anker mit nicht optimaler Schenkelpolkonstruktion berücksichtigt.

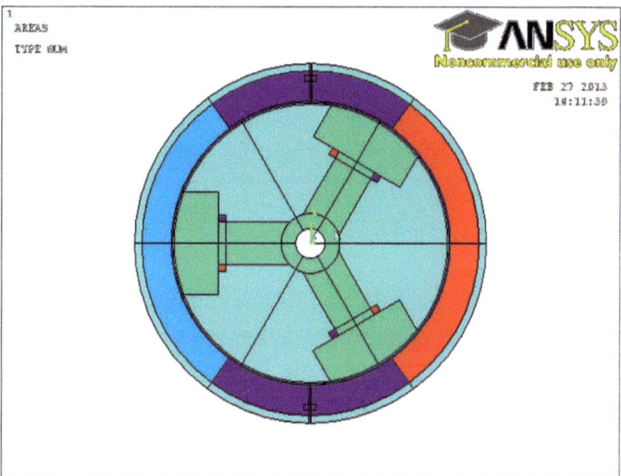

Abb. 17.1 Modell der Gleichstrommaschine mit Schalenmagneten und mehrteiligem Anker

Im ersten Schritt werden wie üblich die Parameter zur Beschreibung der Geometrie definiert.

B. Aschendorf, *FEM bei elektrischen Antrieben 2*, DOI 10.1007/978-3-658-05250-8_3

Abb. 17.2 Parameterdefinition

```
*SET,RAUSSEN     , 0.1200000000000
*SET,JOCHDICKE   , 0.5000000000000E-02
*SET,MAGNETDICKE , 0.2000000000000E-01
*SET,POLBEDECKUNG, 0.6000000000000
*SET,JOCHTIEFE   , 0.4000000000000E-01
*SET,DELTA       , 0.2000000000000E-02
*SET,P           , 1.000000000000
*SET,WENDE       , 0.000000000000
```

Der Aufwand für den Stator ist aufgrund der Schalenmagneten sehr gering, während der Aufwand für den Rotor mit mehrteiligem Anker etwa der Definition der Gleichstrommaschine mit Polschuhen und Erregerwicklung entspricht.

```
*SET,RINNEN      , 0.1000000000000E-01
*SET,POLSCHBREITE, 0.6800000000000E-01
*SET,POLSCHHOEHE , 0.3000000000000E-01
*SET,POLBREITE   , 0.2800000000000E-01
*SET,JOCH2       , 0.1000000000000E-01
*SET,DELTAER     , 0.6000000000000E-02
*SET,Z2          , 3.000000000000
*SET,ZWEISCHICHT2, 1.000000000000

*SET,WICKBREITE2 , 0.5000000000000E-02
```

```
*SET,WICKHOEHE2   , 0.5000000000000E-02
*SET,NWIN2        , ????

*SET,WENDEBREITE , 0.2000000000000E-02
*SET,WENDEDEL     , 0.2000000000000E-02
Wickbreitewen
Wickhoehewen
Nwinwen

*SET,RPERM        , 1.150000000000
*SET,FILI         , 1.000000000000
```

17.1 Aufbau des Finite-Element-Modells

Der Aufbau des Finite-Elemente-Modells beginnt mit der Elementdefinition. Diese unterscheidet sich nicht von der Gleichstrommaschine mit Schalenmagneten und verteilter Wicklung. Die Generierung des Modells ist den Skripten mit angeführtem Namen GSM4_ zu entnehmen.

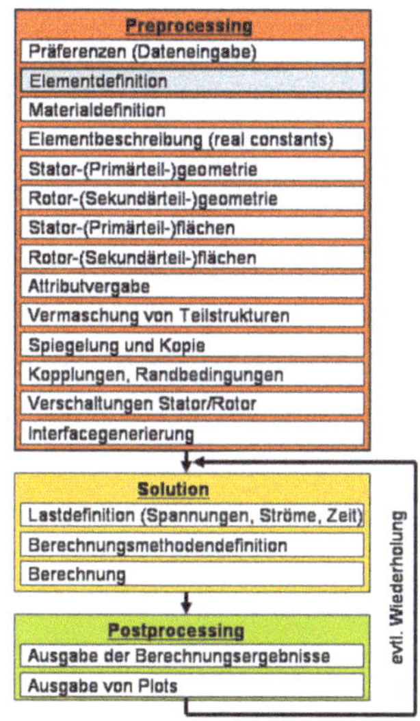

Abb. 17.3 Elementdefinition

Dies betrifft auch die Materialdefinition, die sich nicht von der Gleichstrommaschine mit Schalenmagneten und verteilter Wicklung unterscheidet.

Abb. 17.4 Materialdefinition

Die realen Konstanten des Stators sind ebenso nicht von der verteilten Wicklung unterschiedlich, lediglich der Anker wird aufgrund der Konstruktion mit einer anderen Windungszahl belegt.

Abb. 17.5 Definition der realen Konstanten

Abb. 17.6 Generierung der Statorgeometrie

Wie bereits erwähnt entspricht die Statorgenerierung dem Modell mit verteilter Wicklung, es ergibt sich die gleiche Geometrie aus Geometriepunkten und Linien.

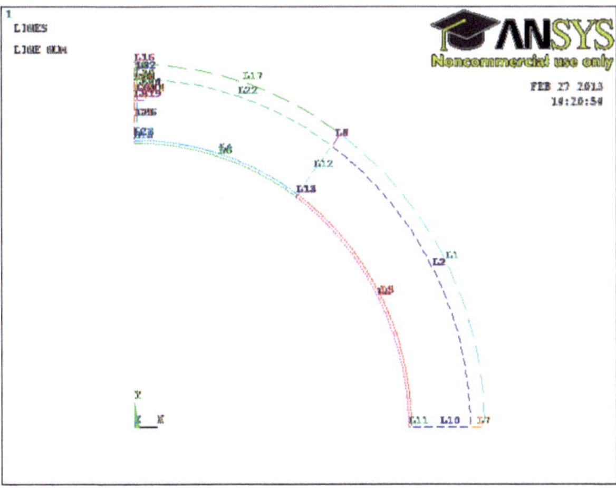

Abb. 17.7 Generierte Statorgeometrie aus Linien

Nach einer ein wenig unterschiedlichen Bereinigung des Modells durch Löschung aller unnötigen Geometriepunkte und Komprimierung der Listen der Geometriepunkte, Linien und Flächen beginnt die Generierung des Rotors.

```
allsel

allsel,below,line
ksel,inve
kdel,all

allsel
NUMCMP,AREA
NUMCMP,LINE
NUMCMP,KP

allsel
lplot
```

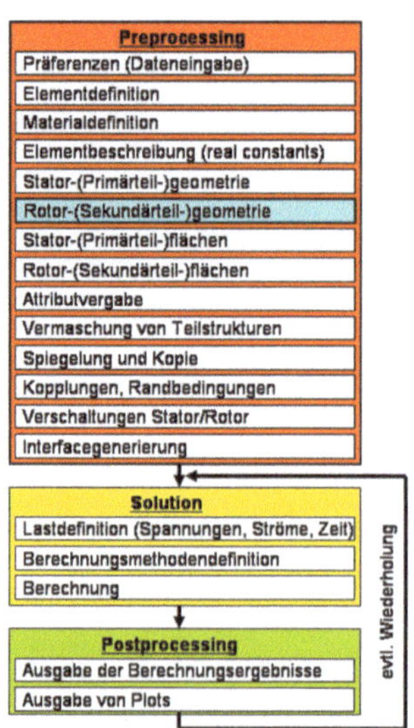

Abb. 17.8 Generierung der Rotorgeometrie

Begonnen wird auf der Basis der komprimierten Geometriepunktliste des Stators mit der Generierung der Geometriepunkte des Rotors.

```
rotorstaerke=raussen-jochdicke-magnetdicke-delta-rinnen

allsel
*GET,kmax,kp,0,num,max
*GET,lmax,line,0,num,max

k,kmax+1,rinnen,0
k,kmax+2,rinnen,360/(2*z2)
k,kmax+3,rinnen+rotorstaerke,0
k,kmax+4,rinnen+rotorstaerke,360/(2*z2)
k,kmax+5,rinnen+rotorstaerke+delta/2,0
k,kmax+6,rinnen+rotorstaerke+delta/2,360/(2*z2)

csys,0
k,kmax+7,rinnen+rotorstaerke,polschbreite/2,0
k,kmax+8,rinnen+rotorstaerke-polschhoehe,-1
k,kmax+9,rinnen+rotorstaerke-polschhoehe,polschbreite/2,0
k,kmax+10,rinnen+rotorstaerke-polschhoehe,polbreite/2,0
k,kmax+11,0,polbreite/2,0
k,kmax+12,rinnen+rotorstaerke-polschhoehe,polbreite/
2+wickbreite2,0
k,kmax+13,rinnen+rotorstaerke-polschhoehe-wickhoehe2,
polbreite/2+wickbreite2,0
k,kmax+14,rinnen+rotorstaerke-polschhoehe-wickhoehe2,
polbreite/2,0
k,kmax+15,rinnen+rotorstaerke-polschhoehe,0,0
csys,1
k,kmax+16,rinnen+joch2,-10
k,kmax+17,rinnen+joch2,360/(4*p)
csys,0
k,kmax+18,rinnen+rotorstaerke-polschhoehe-wickhoehe2,0,0
```

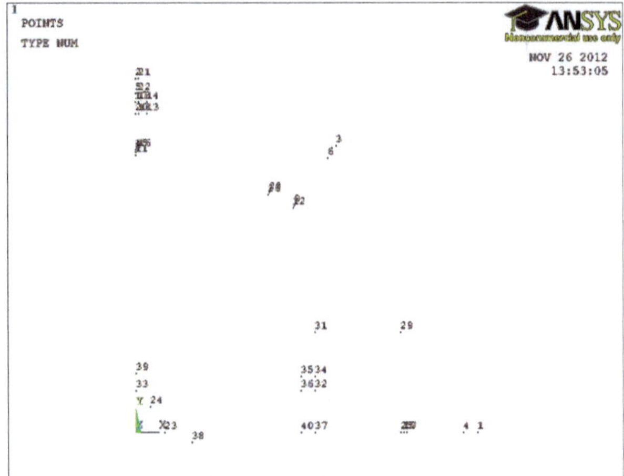

Abb. 17.9 Geometriepunkte von Stator und Rotor

Im nächsten Schritt werden im kartesischen Koordinatensystem die Linien zur Beschreibung des noch zu beschneidenden Rotorpolschuhs definiert.

```
csys,0
l,kmax+15,kmax+10
l,kmax+10,kmax+12
l,kmax+12,kmax+9
l,kmax+9,kmax+7
l,kmax+7,kmax+3
```

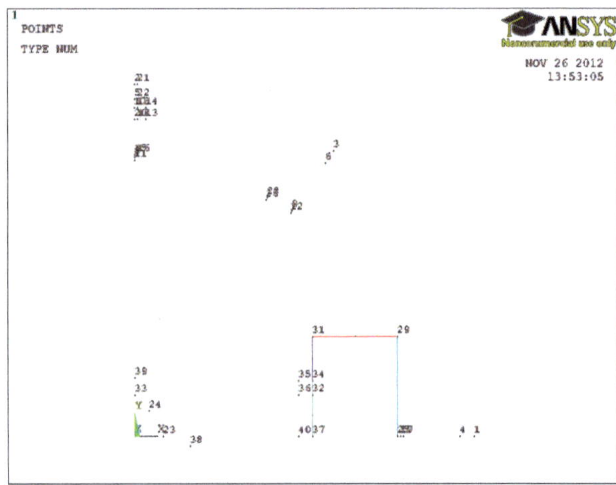

Abb. 17.10 Linien zur Konturbeschreibung des Rotorpolschuhs

Es folgt die Generierung der gebogenen Linien zur Definition des halben Luftspalts auf der Rotorseite im polaren Koordinatensystem.

```
csys,1
l,kmax+3,kmax+4
l,kmax+5,kmax+6
```

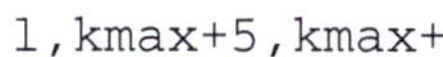

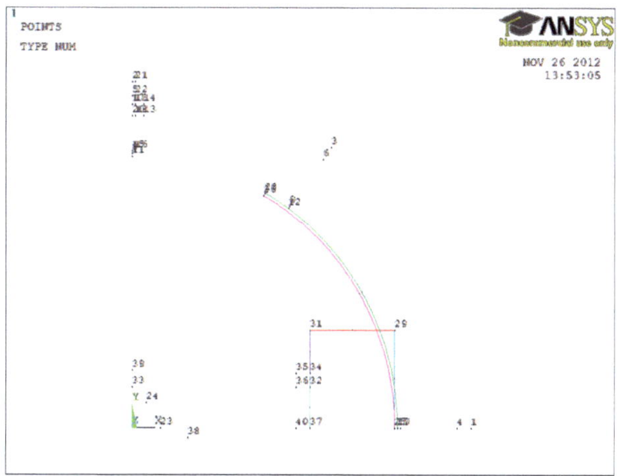

Abb. 17.11 Linien zur Beschreibung des rotorseitigen Luftspalts

Es folgen im kartesischen Koordinatensystem einige gerade Linien zur Beschreibung der Polteilung, des Pols und der Spulenseiten.

```
csys,0
l,kmax+4,kmax+6
l,kmax+3,kmax+5
l,kmax+12,kmax+13
l,kmax+13,kmax+14
l,kmax+10,kmax+14
l,kmax+2,kmax+4
l,kmax+1,kmax+18
l,kmax+15,kmax+3
```

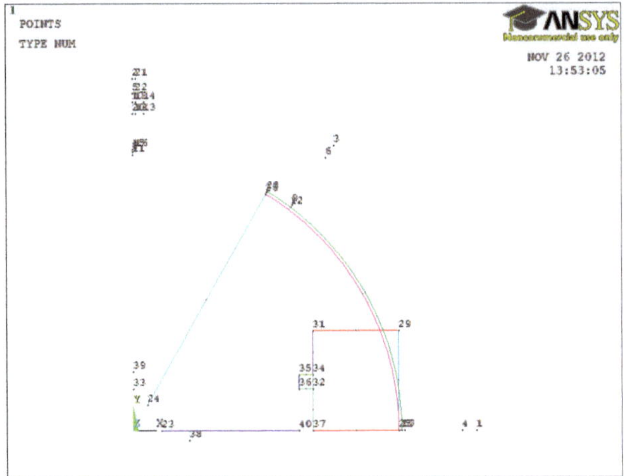

Abb. 17.12 Weitere Linien zur Beschreibung der Rotorkontur

Im nächsten Schritt werden die gebogenen Linien zur Beschreibung der Wellen und des Polschuhansatzes generiert.

```
csys,1
l,kmax+1,kmax+2
l,kmax+16,kmax+17
```

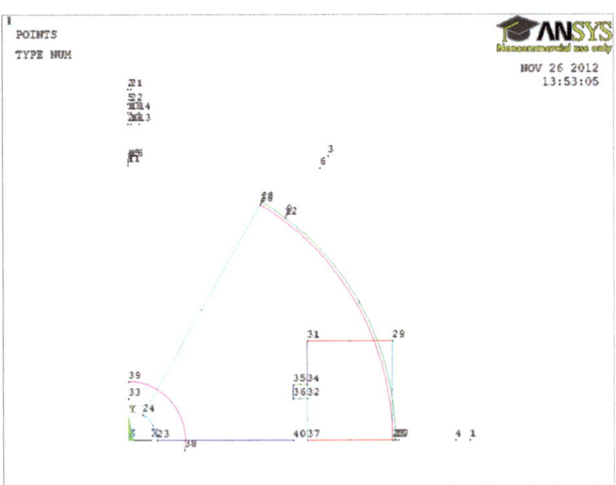

Abb. 17.13 Weitere Linien zur Beschreibung der Kontur des inneren Jochs

Abgeschlossen wird die Rotorpolschuhdefinition durch abschließend beschreibende Linien der Polkontur. Aus der sich ergebenden Rohkontur wird ersichtlich in welchem Rahmen die Rotorkontur geändert werden kann.

```
csys,0
l,kmax+11,kmax+14
l,kmax+18,kmax+14
l,kmax+15,kmax+18
```

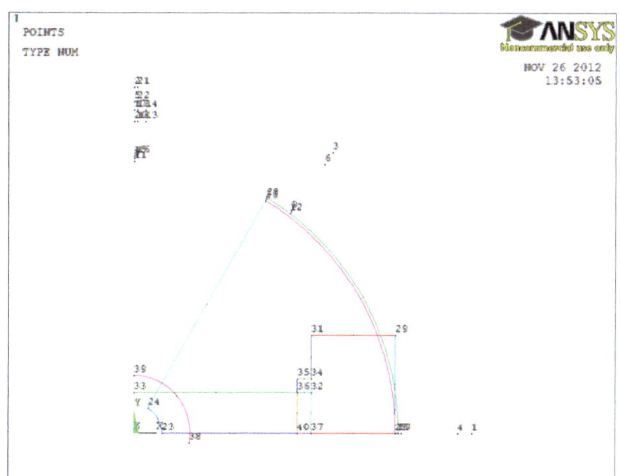

Abb. 17.14 Vollständige Linien zur Beschreibung der Rohkontur des Rotors

Die Rohkontur muss im Folgenden durch Überlagerungen zugeschnitten werden. Dies erfolgt im ersten Schritt mit dem Ansatz des Polschuhs an der inneren Polschuhkante.

```
lsel,s,,,lmax+17,lmax+18
lsel,a,,,lmax+14
lovlap,all
```

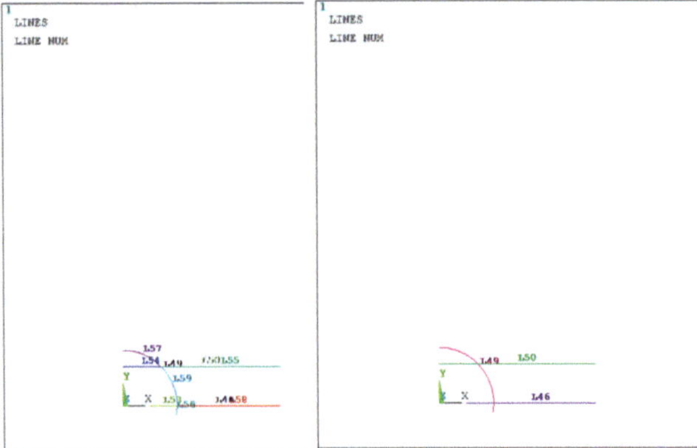

Abb. 17.15 Verschneidung des Pols mit dem inneren Joch (*links* vorher, *rechts* nachher)

Im nächsten Schritt wird die äußere Polschuhkante beschnitten.

```
lsel,s,,,lmax+13
lsel,a,,,lmax+25
lovlap,all
```

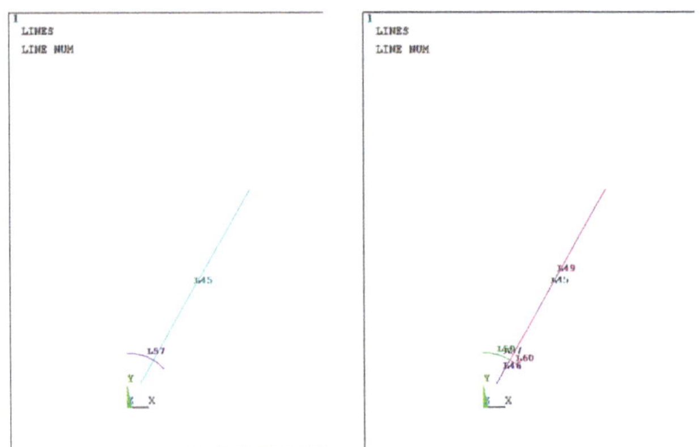

Abb. 17.16 Verschneidung der äußeren Polschuhkante (*links* vorher, *rechts* nachher)

Es folgt der Zuschnitt des Polschuhs an der Luftspaltkante zunächst innen und anschließend an der äußeren Luftspaltkante.

```
lsel,s,,,lmax+4
lsel,a,,,lmax+6
lovlap,all
```

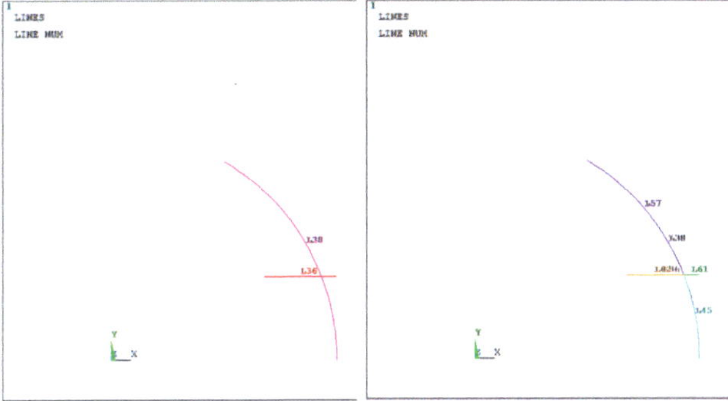

Abb. 17.17 Verschneidung der äußeren Polkante mit der inneren Luftspaltkante

```
lsel,s,,,lmax+7
lsel,a,,,lmax+29
lovlap,all
```

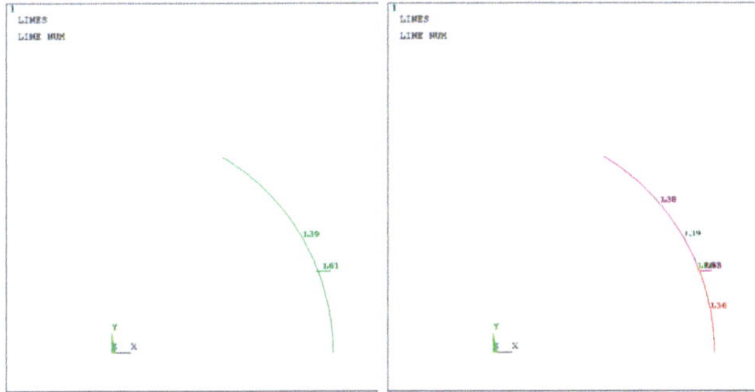

Abb. 17.18 Verschneidung der oberen Polschuhkante mit der äußeren Luftspaltkante (*links* vorher, *rechts* nachher)

Abschließend werden alle unnötigen Linien gelöscht.

```
lsel,s,,,lmax+5
lsel,a,,,lmax+18
lsel,a,,,lmax+22
lsel,a,,,lmax+24
lsel,a,,,lmax+31
ldel,all,,,1
```

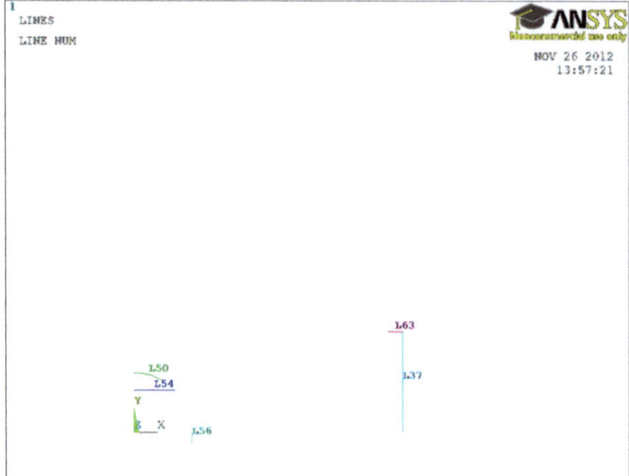

Abb. 17.19 Löschung der für die Kontur unnötigen Linien

Zusätzlich werden unnötige Geometriepunkte gelöscht.

```
kdel,kmax+8
```

Nach der Selektion aller Entitäten des Finite-Elemente-Modells ist das gesamt Finite-Elemente-Modell erkennbar.

```
allsel
```

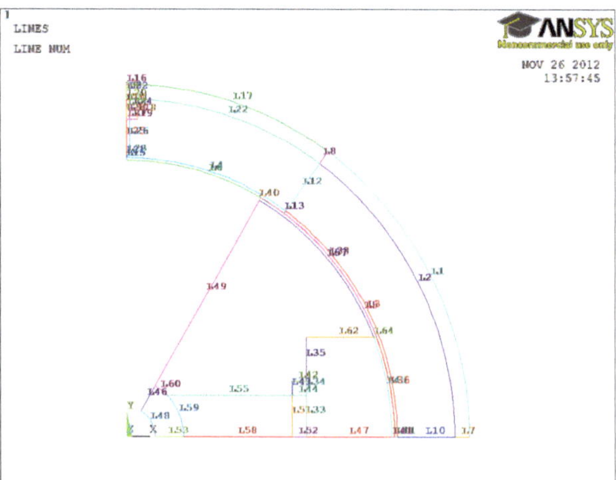

Abb. 17.20 Fertiggestellte Konturen von Stator und Rotor

Die Generierung der Statorflächen unterscheidet sich nicht von der Erstellung bei der Gleichstrommaschine mit verteilter Wicklung.

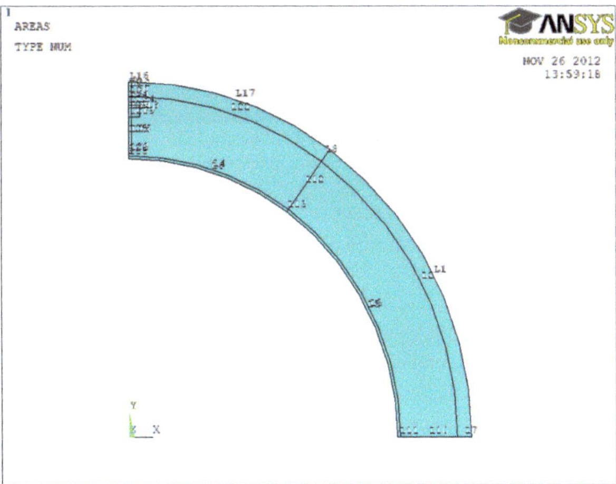

Abb. 17.21 Generierte Flächen des Stators

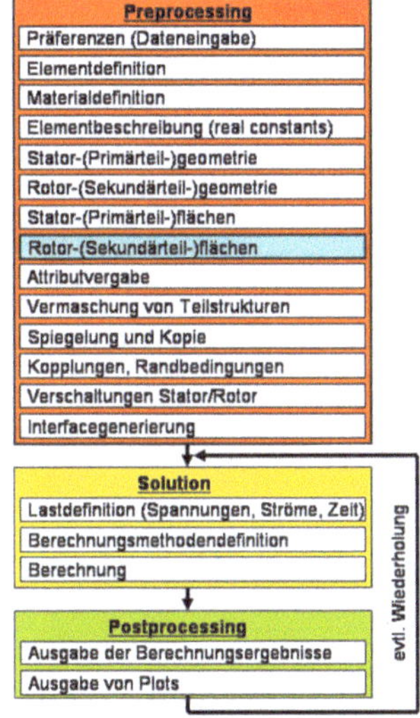

Abb. 17.22 Generierung der Flächen des Rotors

Die Generierung der Rotorflächen erfolgt zunächst über die einfachen, regulären Flächen und abschließend die komplexe Geometrie des Luftraumes neben dem Polschuh.

```
allsel

!!
!!Rotor
!!
al,37,57,52,38
al,36,39,43,57
al,43,45,33,34,35,56
al,33,49,48,42
al,40,34,42,41
al,51,48,53,54
al,55,54,50,46,44

allsel
```

Abschließend ergeben sich die Flächenkonturen der Teilstrukturen in Stator und Rotor bis auf die komplexe Flächenstruktur im Rotor.

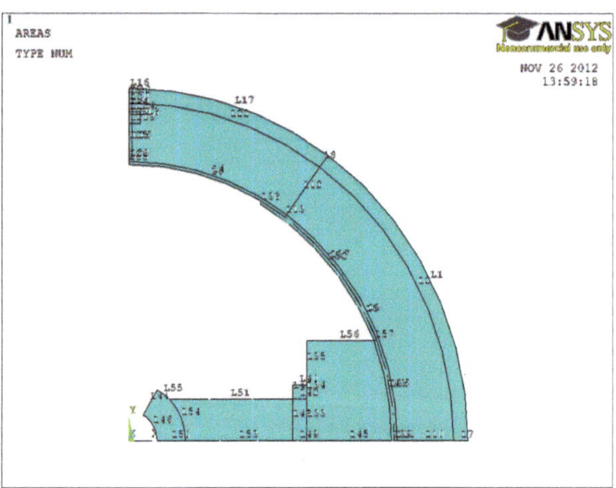

Abb. 17.23 Generierte Flächen von Stator und Rotor bis auf die komplexe Luftkontur im Rotor

```
lsel,s,,,35
lsel,a,,,40,41
lsel,a,,,47
lsel,a,,,51,52
```

```
lsel,a,,,55,56
al,all
```

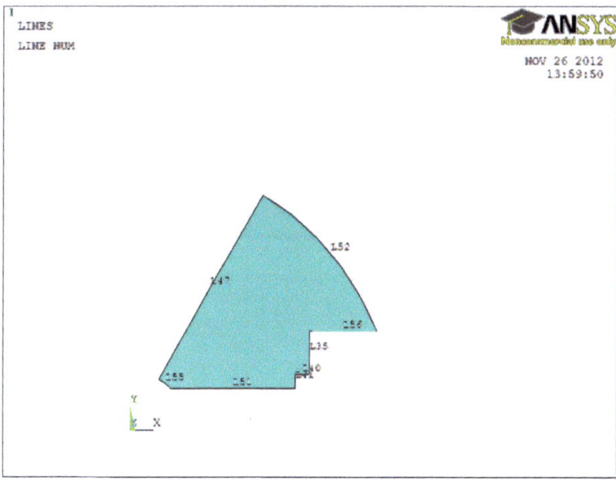

Abb. 17.24 Generierte Fläche der Rotor-Luftkontur

```
allsel
```

Abschließend ergibt sich die gesamte Flächenkonstruktion in Stator und Rotor.

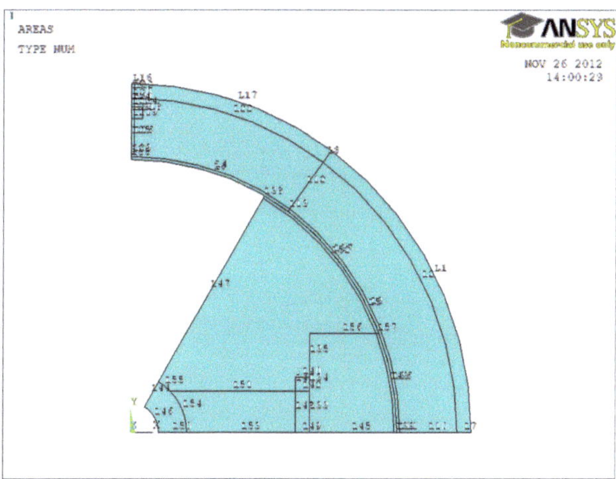

Abb. 17.25 Generierte Flächen von Stator und Rotor

Abb. 17.26 Attributvergabe

Den vorbereiteten Flächen werden im nächsten Schritt die Attribute zugewiesen. Wie üblich werden dem Stator die Attribute zugewiesen.

```
!!
!!Stator
!!
asel,s,,,1,3
aatt,1, ,1

asel,s,,,9,11
aatt,2, ,2

local,35,1
asel,s,,,8
aatt,3, ,3,35

asel,s,,,4,7
*If,wende,eq,1,then
asel,s,,,4,5
asel,a,,,7
aatt,1, ,1
asel,s,,,6
aatt,43,43,43
*Else
```

```
aatt,2,2,2
*EndIf
```

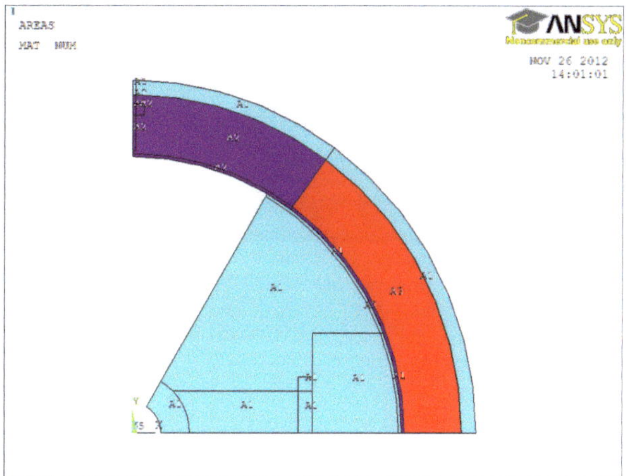

Abb. 17.27 Attributzuweisung zu den Statorflächen

Im nächsten Schritt erfolgt die Attributzuweisung für den Rotor.

```
!!
!!Rotor
!!

asel,s,,,14,15
asel,a,,,17,18
aatt,11, ,11

asel,s,,,12,13
asel,a,,,19
aatt,12, ,12

asel,s,,,16
aatt,13,13,13
```

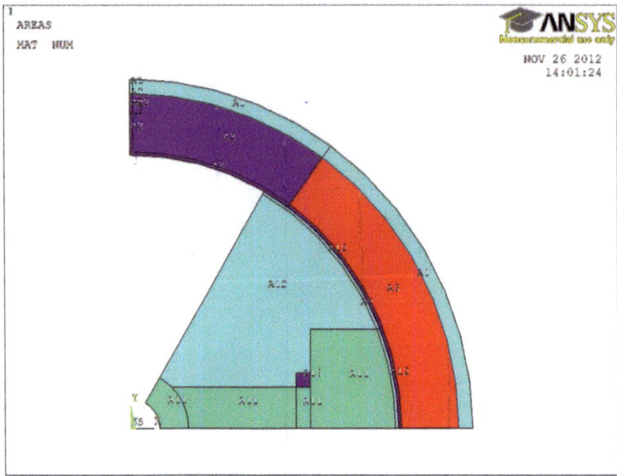

Abb. 17.28 Attributzuweisung zu den Flächen des Rotors

Abb. 17.29 Vermaschung

Es folgt nach der Parametrierung der Vermaschung die Vermaschung von Stator und Rotor. Zur Anwendung kommt das Verfahren über die Vergabe der Elementkantengröße und anschließend direkte Vermachung.

```
*SET,MESHEISEN, 0.1000000000000E-01
*SET,MESHLUFT , 0.1000000000000E-02
```

```
esize,meshluft
asel,s,,,9,10
amesh,all

esize,meshluft*4
asel,s,,,8
esys,35
amesh,all

esize,meshluft*5
asel,s,,,4,7
asel,a,,,11
amesh,all

esize,mesheisen
asel,s,,,1,3
amesh,all

allsel
esys,0
ASEL,S,,,1,11
cm,kstator,area
cm,_stator,area
```

Nach der Vermaschung des Stators erfolgt die Vermaschung des Rotors beginnend mit dem halben Luftspalt auf der Rotorseite. Wie bereits beim Stator wird über die Elementkantengröße die Vermaschungsfeinheit gesteuert. Dazu wird mit der Vermaschung an den Stellen größter magnetischer Energie, bzw. größter Dynamik bei der Änderung des magnetischen Feldes begonnen. Diese wichtigste Stelle ist im Allgemeinen der Luftspalt.

```
esize,meshluft
asel,s,,,12,13
amesh,all
```

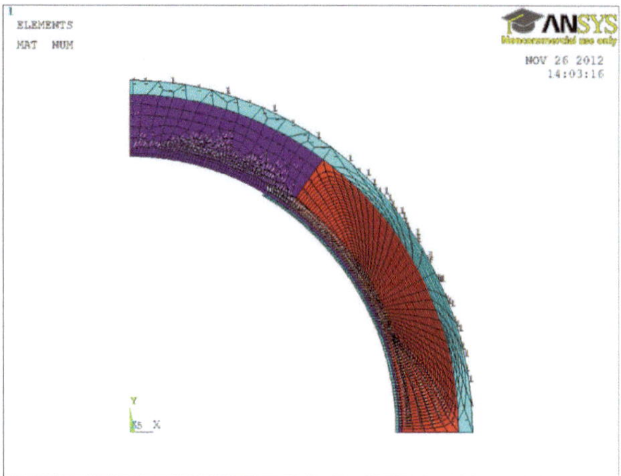

Abb. 17.30 Vermaschung der Luftspaltanteile des Rotors

Im nächsten Schritt wird die Spulenseite des Rotors vermascht. Alle weiteren Vermaschungen bauen auf diesen ersten Vermaschungen des Rotors auf.

```
esize,meshluft*4
asel,s,,,16
amesh,all
```

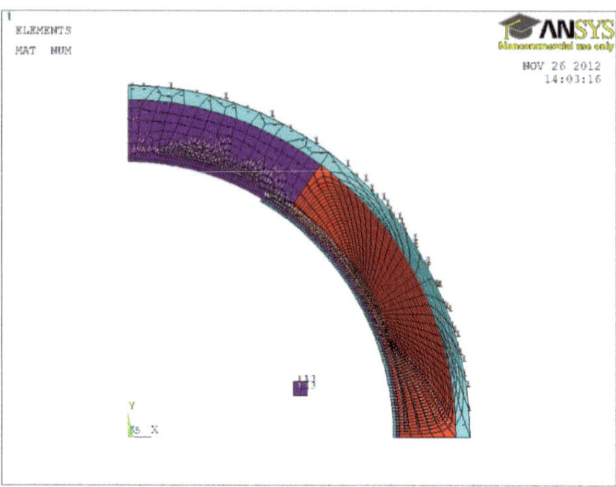

Abb. 17.31 Vermaschung der Spulenseite des Ankerteils

Es schließt sich die Vermaschung des Rotorpolschuhs an. Durch die Vermaschung des Luftspalts auf der Rotorseite ist die Feinheit der Vermaschung an der äußeren Polschuhkante, sowie um die Spulenseite vordefiniert.

```
esize,mesheisen
asel,s,,,14,15
asel,a,,,17,18
amesh,all
```

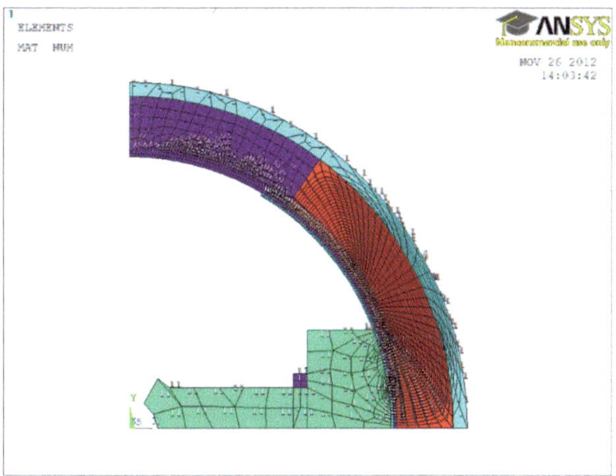

Abb. 17.32 Vermaschung des Eisens des Rotors

Abschließend wird die Luft um die Polschuhe herum vermascht, wobei diese auf der bereits vermaschten Luftspalt- und Polschuhkontur aufbaut.

```
esize,meshluft*4
asel,s,,,19
amesh,all
```

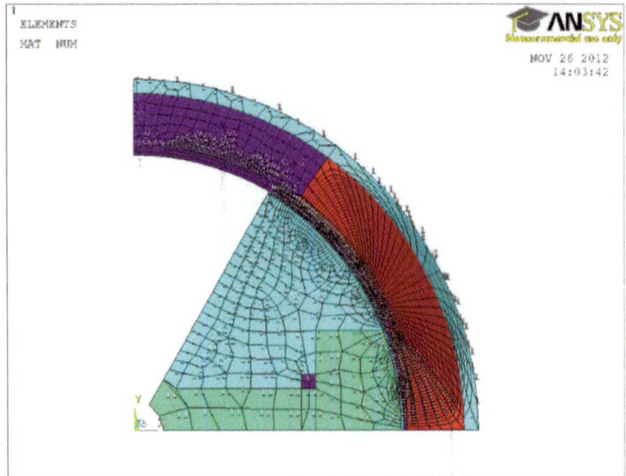

Abb. 17.33 Vermaschung der Luft neben dem Rotorpol

```
asel,s,mat,,11,13
cm,krotor,area
```

Abb. 17.34 Spiegelung und Kopie

Es folgt die Spiegelung und Kopie von Stator und Rotor. Dies unterscheidet sich beim Stator nicht von dem Prozess bei der Gleichstrommaschine mit Schalenmagneten und verteilter Wicklung.

```
!!
!!Stator
!!
cmsel,s,kstator
csys,0
arsym,y,all,

!!
!! Korrektur Wendepolwicklung
!!
*If,wende,eq,1,then
asel,s,,,6
aclear,all
aatt,44,44,44
amesh,all
allsel
*EndIf

ASEL,S,MAT,,1,5
asel,a,mat,,43,44
cm,kstator,area
csys,1
agen,2*p,all,,,,360/(2*p)
```

Beim Rotor erfolgt zunächst die Spiegelung der Kontur mit anschließender Korrektur der Attribute der Spulenseiten.

```
!!
!!Rotor
!!
cmsel,s,krotor
csys,0
arsym,y,all,
```

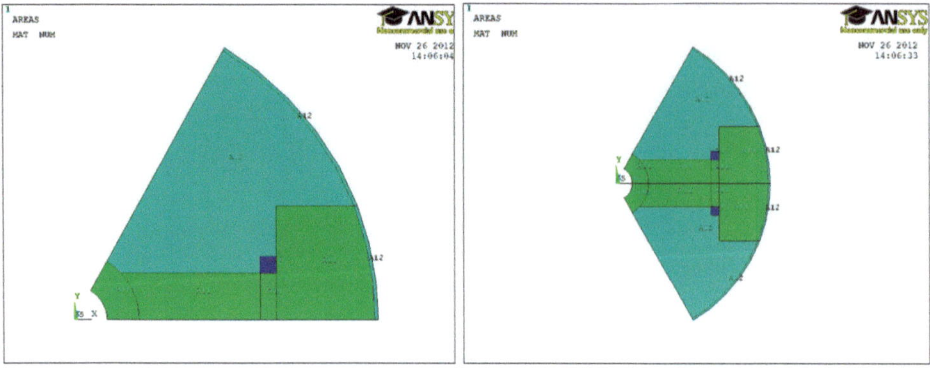

Abb. 17.35 Spiegelung einer halben Rotorpolteilung zur vollen Rotorpolteilung

Nach der Spiegelung wird zunächst die Ursprungsfläche hinsichtlich der Vermaschung verlöscht und deren Attribut neu definiert. Im nächsten Schritt erfolgt nach erneuter Elementkantendefinition der Vermaschung die neue Vermaschung der Spulenseite.

```
asel,s,,,16
aclear,all
aatt,14,14,14
esize,meshluft*4
amesh,all
allsel
```

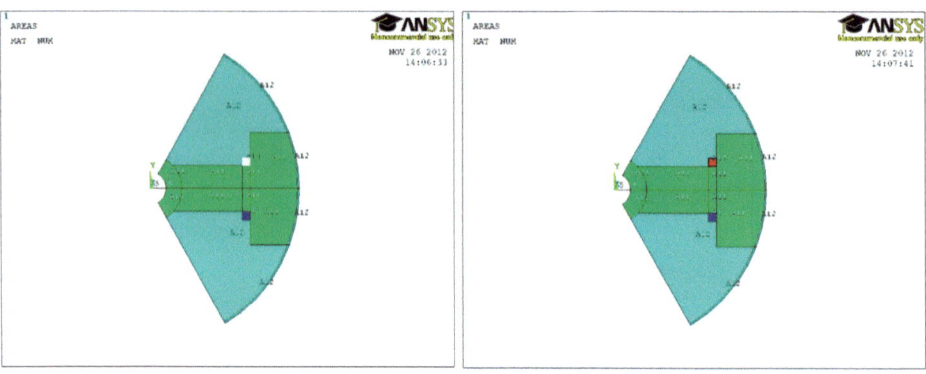

Abb. 17.36 Korrektur der Elementattribute der rückführenden Spule durch Löschen des Netzes, neue Attributvergabe und Vermaschung

Abschließend wird die Teilstruktur des Rotors entsprechend der Anzahl von Ankerteilen kopiert.

```
asel,s,mat,,11,14
cm,krotor,area

cmsel,s,krotor
csys,1
agen,z2,all,,,,360/z2
```

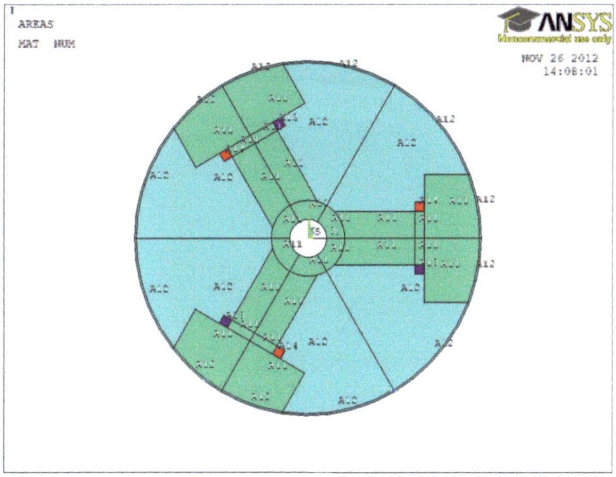

Abb. 17.37 Kopie eines Rotorsegments zum vollständigen Rotor

Wie üblich werden die Flächen von Stator und Rotor zu Komponenten zusammengefaßt.

```
ASEL,S,MAT,,1,5
asel,a,mat,,43,33
cm,kstator,area

asel,s,mat,,11,15
cm,krotor,area

allsel
```

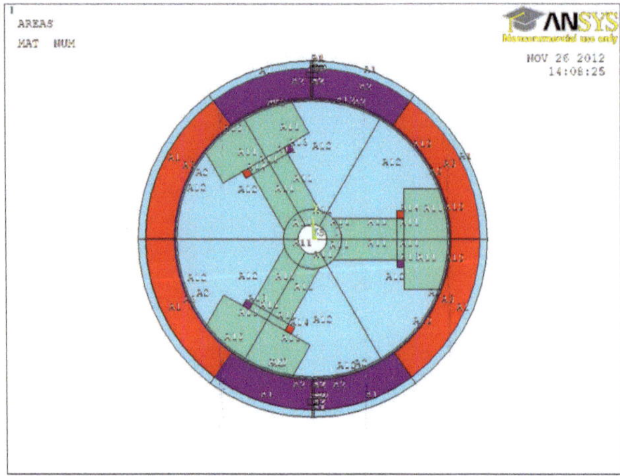

Abb. 17.38 Vollständiges Flächenmodell von Stator und Rotor

Abb. 17.39 Kopplungen und Randbedingungen

Im nächsten Schritt werden die Kopplungen und Randbedingungen definiert. Wie üblich sind zunächst die Effekte der Spiegelung und Kopie bezüglich doppelter Knoten zu bereinigen.

```
cmsel,s,kstator
allsel,below,area
NUMMRG,NODE,1e-6 , , ,LOW
```

```
NUMCMP,NODE
nummrg,kp

cmsel,s,krotor
allsel,below,area
NUMMRG,NODE,1e-6 , , ,LOW
NUMCMP,NODE
nummrg,kp

allsel
```

Im nächsten Schritt wird zunächst die Randbedingung auf der äußeren Kontur des Stators definiert. Als Ergebnis ergeben sich die Kreuze zur Kennzeichnung der Randbedingung.

```
csys,1
nsel,s,loc,x,raussen
d,all,az,0
```

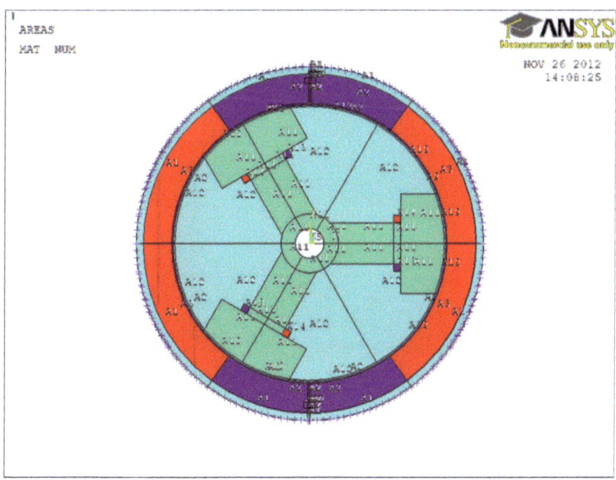

Abb. 17.40 Aufbringen der Randbedingung konstantes Vektorpotential auf die Außenkontur

Im nächsten Schritt wie die Randbedingung auf der Wellenkante als Kopplung aufgebracht.

```
nsel,s,loc,x,rinnen
cp,2,az,all
```

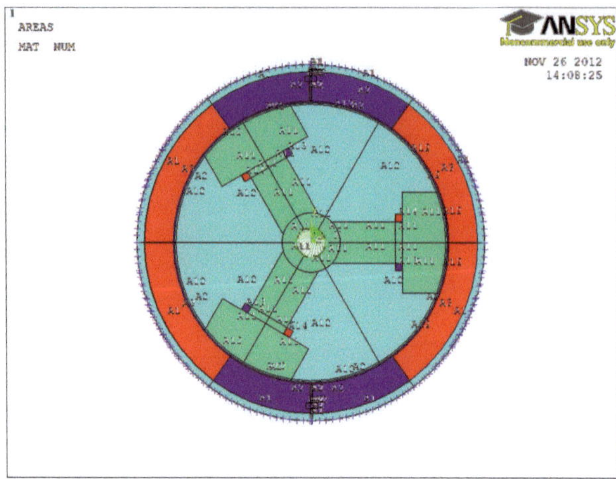

Abb. 17.41 Aufbringen der Randbedingung über Kopplung des Vektorpotentials auf den inneren Rand (Welle)

Bezüglich des Stators müssen die Magnetisierungsrichtungen des Schalenmagneten korrigiert werden.

```
!!
!!Stator
!!
csys,1

*Do,ileit,2,2*p,2
asel,s,mat,,3
allsel,below,area
ASEL,r,LOC,Y,-360/(4*p)+(ileit-1)*360/(2*p),360/(4*p)+
(ileit-1)*360/(2*p)
allsel,below,area
aclear,all
aatt,4,4,4
esys,35
amesh,all

*EndDo
```

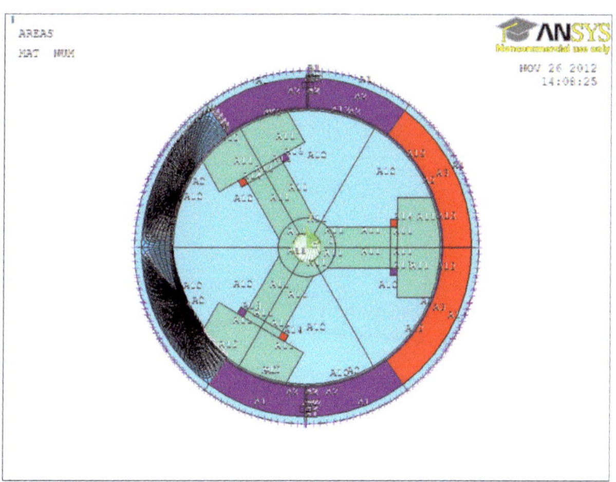

Abb. 17.42 Korrektur des jeweils zweiten Magneten hinsichtlich der Magnetisierungsrichtung

Anschließend werden die Knoten auf den Spulenseiten gekoppelt, soweit Wendepole verwendet werden.

```
*If,wende,eq,1,then
*Do,ileit,1,2*p
asel,s,mat,,43
allsel,below,area
ASEL,r,LOC,Y,(ileit-1)*360/(2*p),360/(2*p)+(ileit-1)*360/(2*p)
allsel,below,area

cp,next,curr,all
cp,next,emf,all
*GET,wicknode1we%ileit%, NODE, 0,num,min

asel,s,mat,,44
allsel,below,area
ASEL,r,LOC,Y,(ileit-1)*360/(2*p),360/(2*p)+(ileit-1)*360/(2*p)
allsel,below,area

cp,next,curr,all
cp,next,emf,all
*GET,wicknode2we%ileit%, NODE, 0,num,min

*EndDo
*EndIf
```

Es folgt die Kopplung in den Spulenseiten des Rotors.

```
!!
!!Rotor
!!
csys,1

*Do,ileit,1,z2
asel,s,mat,,13
allsel,below,area
ASEL,r,LOC,Y,-360/(2*z2)+(ileit-1)*360/z2,360/(2*z2)+
(ileit-1)*360/z2
allsel,below,area

cp,next,curr,all
cp,next,emf,all
*GET,wicknoder1%ileit%, NODE, 0,num,min

*If,zweischicht2,eq,1,then
asel,s,mat,,14
allsel,below,area
ASEL,r,LOC,Y,-360/(2*z2)+(ileit-1)*360/z2,360/(2*z2)+
(ileit-1)*360/z2
allsel,below,area

cp,next,curr,all
cp,next,emf,all
*GET,wicknoder2%ileit%, NODE, 0,num,min
*EndIf

*EndDo
```

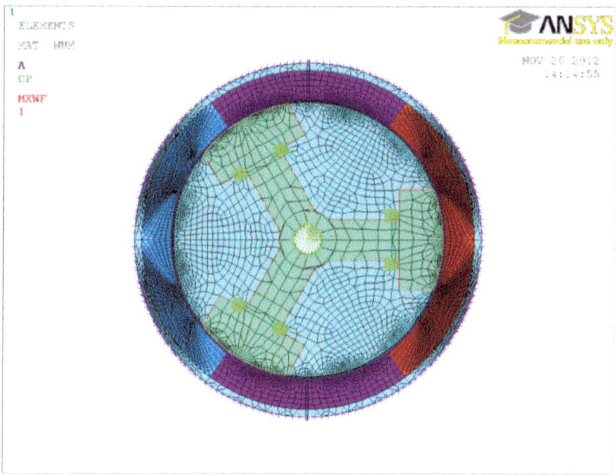

Abb. 17.43 Kopplung der Spulenseiten des Ankers

Zur Vorbereitung der Drehmomentberechnung werden die notwendigen Elemente des Rotors als Komponente zusammengefaßt und initialisiert.

```
esel,s,mat,,11
!!esel,a,mat,,13,14
cm,kraftrot,elem
fmagbc,'kraftrot'

allsel

csys,0

allsel
eplot
```

Damit ist das geometrische Finite-Elemente-Modell vorbereitet, es folgt die Vermaschung der Wendepole im Stator, soweit freigeschaltet, sowie der Spulenseiten des Rotors.

17.2 Generierung der Verschaltung

Abb. 17.44 Verschaltung von Stator und Rotor

Für die Wendepole sind die elektrischen Eigenschaften der Stirnelemente der Wendepole zu definieren.

```
*SET,RWICKSTIRNWE, 0.1000000000000E-05
*SET,LWICKSTIRNWE, 0.1000000000000E-05
```

Anschließend erfolgt für die Wendepole die Generierung der Schaltungselemente.

```
!!
!!Stator
!!

!!
!!Wendepolwicklung
!!
*If,wende,eq,1,then

allsel
csys,0

*Do,ip,1,2*p
*GET,maxnode, NODE, 0,num,max
```

```
R,710,1,
n1=maxnode+1
N,n1,4*raussen+(ip-1)*raussen/5,-4*raussen+0.3*raussen-
(ip-1)*raussen/5
n2=maxnode+2
N,n2,4*raussen+(ip-1)*raussen/5,-4*raussen-(ip-1)*raussen/5
RMOD,710,15,0,1
ET,710,CIRCU124,5,0
TYPE,710
REAL,710
MAT,1
!*
E,n1,n2,wicknode1we%ip%
!*
R,710,1,
n3=maxnode+3
N,n3,4*raussen+(ip-1)*raussen/5,-4*raussen-0.3*raussen-
(ip-1)*raussen/5
RMOD,710,15,0,1
ET,710,CIRCU124,5,0
TYPE,710
REAL,710
MAT,1
!*
E,n3,n2,wicknode2we%ip%

wickswe%ip%1=n1
wickswe%ip%2=n3

*If,ip,eq,1,then
wickpan=n1
*EndIf
*If,ip,eq,2*p,then
wickpen=n1
*EndIf

!*
*EndDo

R,711,1e-6, ,
RMOD,711,15,0,1
ET,711,CIRCU124,0,0
```

```
TYPE,711
REAL,711
MAT,1

*Do,ip,2,2*p,2
E,wickswe%ip-1%2,wickswe%ip%2
*If,ip,ne,2*p,then
E,wickswe%ip%1,wickswe%ip+1%1
*EndIf
*EndDo

*GET,maxnode, NODE, 0,num,max
R,712,rwickstirnwe, ,
N,maxnode+1,3.1*raussen,-4*raussen+0.3*raussen
RMOD,712,15,0,1
ET,712,CIRCU124,0,0
TYPE,712
REAL,712
MAT,1
!*
E,wickpan,maxnode+1
kwendep=maxnode+1
!*
R,713,lwickstirnwe, ,
!*
!*
N,maxnode+2,3.1*raussen,-4*raussen-0.3*raussen-0.6*raussen
RMOD,713,15,0,11
ET,713,CIRCU124,1,0
TYPE,713
REAL,713
MAT,1
!*
E,wickpen,maxnode+2
kwendem=maxnode+2
!*

*EndIf
```

Es folgt die Verschaltung des Rotors, wobei zunächst die Stirnelemente und die Verschaltungsart der einzelnen Spulenseiten definiert werden müssen. Als Spulenweite wird 1 defniert, da bei einer Gleichstrommaschine mit mehrteiligem Anker die einzelnen Spulen direkt hintereinander verschaltet werden.

```
*SET,SPULW2       , 1.00000000000
*SET,BUEBR2       , 10.0000000000
*SET,RWICKSTIRN2 , 0.1000000000000E-05
*SET,LWICKSTIRN2 , 0.1000000000000E-06
*SET,RVOR2        , 0.1000000000000E-05
*SET,U2           , 20.0000000000
*SET,ZWEISCHICHT2, 1.000000000000
```

Nach Definition erfolgt die Verschaltung der Parameter. Zunächst werden bei einem dreiteiligen Anker die insgesamt 3 Spulen angelegt.

```
/prep7

allsel

csys,0

!
!  Zweischichtwicklung
!

*Do,iz2,1,z2
*GET,maxnode, NODE, 0,num,max

R,210,1,
noff=maxnode
koff=4*raussen+(iz2-1)*raussen/5
n1=noff+1
buepl%iz2%=n1
N,n1,koff,0.3*raussen,0
n2=noff+2
sch1%iz2%=n2
N,n2,koff,0,0
RMOD,210,15,0,1
ET,210,CIRCU124,5,0
TYPE,210
REAL,210
```

```
MAT,1
!*
E,n1,n2,wicknoder1%iz2%
!*
R,210,1,
n3=noff+3
sch2%iz2%=n3
N,n3,koff,-0.5*raussen,0
n4=noff+4
N,n4,koff,-0.8*raussen,0
RMOD,210,15,0,1
ET,210,CIRCU124,5,0
TYPE,210
REAL,210
MAT,1
!*
E,n4,n3,wicknoder2%iz2%

*GET,maxnode, NODE, 0,num,max
R,212,rwickstirn2, ,
n5=noff+5
N,n5,koff,-1.1*raussen,0
RMOD,212,15,0,1
ET,212,CIRCU124,0,0
TYPE,212
REAL,212
MAT,1
!*
E,n4,n5
*GET,espu%iz2%,elem,0,num,max
!*
R,213,lwickstirn2, ,
!*
!*
n6=noff+6
buemi%iz2%=n6
N,n6,koff,-1.4*raussen,0
RMOD,213,15,0,11
ET,213,CIRCU124,1,0
TYPE,213
REAL,213
MAT,1
```

```
!*
E,n5,n6

*EndDo
```

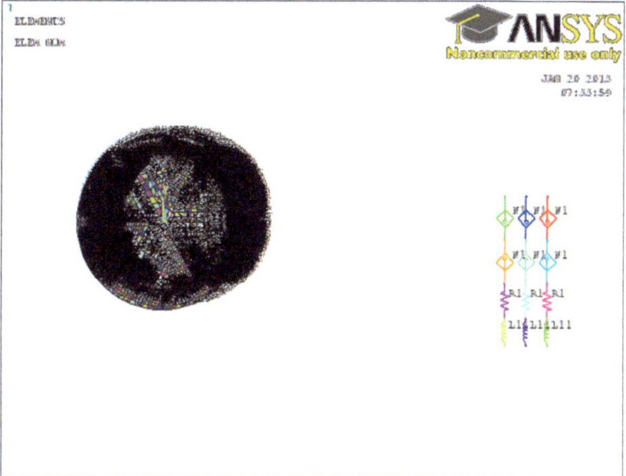

Abb. 17.45 Verschaltung der Rotorspulen jedes einzelnen Rotorteils

Anschließend werden die Spulen zu einer Schleifenwicklung zusammengeführt. Hierzu sind bei einem dreiteiligen Anker insgesamt 3 niederohmige Widerstände notwendig.

```
!
!  Zweischichtwicklung
!
R,214,1e-6, ,
RMOD,214,15,0,1
ET,214,CIRCU124,0,0
TYPE,214
REAL,214
MAT,1

*Do,iz2,1,z2
ispu2=iz2-spulw2
*If,ispu2,lt,1,then
ispu2=ispu2+z2
*EndIf

E,sch1%iz2%,sch2%ispu2%
```

```
ispu3=iz2-spulw2-1
*If,ispu3,lt,1,then
ispu3=ispu3+z2
*EndIf

E,buepl%iz2%,buemi%ispu3%

*EndDo
```

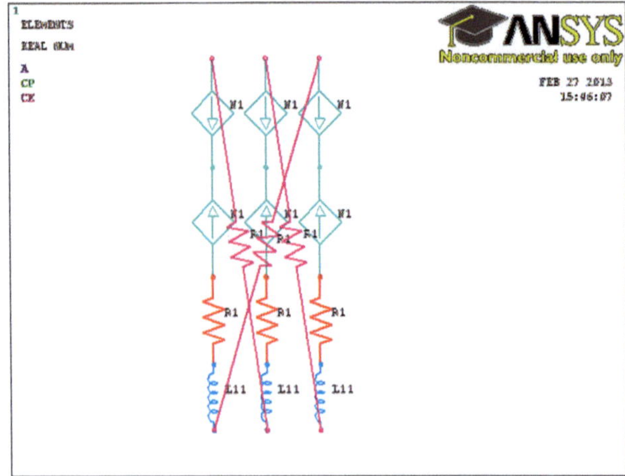

Abb. 17.46 Schleifenwicklung aller Rotorspulen

Der in Schleifenwicklung verschaltete Anker wird im Folgenden mit der Plus- und Minusbürste verschaltet und mit einer Spannungsquelle versehen.

```
n7=noff+7
koff=4*raussen+z2/2*raussen/5
N,n7,koff,raussen,0

n8=noff+8
koff=4*raussen+z2/2*raussen/5
N,n8,koff,-2.1*raussen,0

n9=noff+9
koff=3*raussen
N,n9,koff,raussen,0

n10=noff+10
koff=3*raussen
N,n10,koff,-2.1*raussen,0
```

```
n11=noff+11
koff=3*raussen
N,n11,koff,-1.05*raussen,0

*GET,maxelem, elem, 0,num,max

*Do,iz2,1,z2
R,214+iz2,1e6, ,
RMOD,214+iz2,15,0,1
ET,214+iz2,CIRCU124,0,0
TYPE,214+iz2
REAL,214+iz2
MAT,1
r1p%iz2%=214+iz2

E,n7,buepl%iz2%
*GET,rspuls%iz2%, elem, 0,num,max
*EndDo

*Do,iz2,1,z2
R,214+z2+iz2,1e6, ,
RMOD,214+z2+iz2,15,0,1
ET,214+z2+iz2,CIRCU124,0,0
TYPE,214+z2+iz2
REAL,214+z2+iz2
MAT,1
r2p%iz2%=214+z2+iz2

E,n8,buepl%iz2%
*GET,rspuls%iz2%, elem, 0,num,max
*EndDo

R,214+2*z2+1,u2,0,
RMOD,214+2*z2+1,15,0,33
ET,214+2*z2+1,CIRCU124,4,0
TYPE,214+2*z2+1
REAL,214+2*z2+1
MAT,1
!*
E,n9,n10,n11
*GET,eeu2,elem,0,num,max
```

```
R,214+2*z2*2,rvor2, ,
RMOD,214+2*z2*2,15,0,1
ET,214+2*z2*2,CIRCU124,0,0
TYPE,214+2*z2*2
REAL,214+2*z2*2
MAT,1
E,n7,n9
*GET,eer2,elem,0,num,max

TYPE,214
REAL,214
MAT,1

kstart=n8
*If,wende,eq,1,then
E,kstart,kwendep
kstart=kwendem
*EndIf
E,kstart,n10

*If,nwin,eq,1,then
KEYOPT,110,1,6
*EndIf

cmsel,s,krotor
allsel,below,area
csys,1

agen,,krotor,,,,-360/(2*z2),,,,1

allsel
eplot

lbue=buebr2/(360/z2)
```

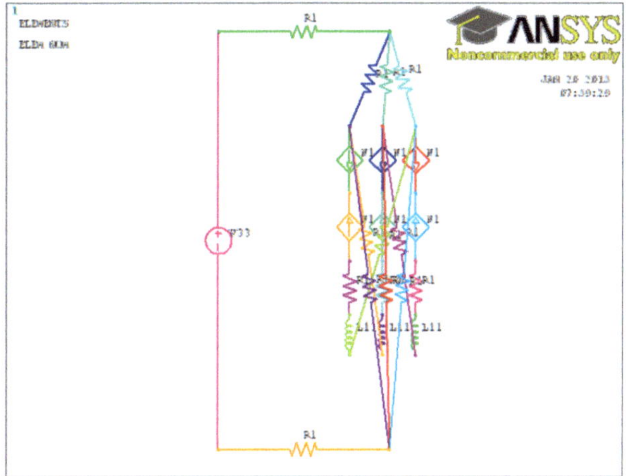

Abb. 17.47 Verschaltung der Ankerspulen mit Bürsten und Ankerspannungsquelle über ein Kommutierungsmodell

17.3 Interface zwischen Stator und Rotor

Abb. 17.48 Interface zwischen Stator und Rotor

Nach der vollständigen Generierung des Finite-Elemente-Modells mit Schaltung ist das Interface vorzubereiten.

```
csys,1
asel,s,mat,,2
allsel,below,area
nSEL,r,LOC,X,rinnen+jochdicke2+delta/2,rinnen+jochdicke2+
delta/2+delta/6
cm,nodeaussen,node
esln,s
allsel,below,elem
cm,elemaussen,elem
asel,s,mat,,12
allsel,below,area
nSEL,r,LOC,X,rinnen+jochdicke2+5*delta/6,rinnen+jochdicke2+
delta/2
cm,nodeinnen,node

MODMSH,NOCHECK
SHPP,WARN

cmsel,s,nodeinnen
cmsel,s,elemaussen
cmsel,u,nodeaussen

_cef=.3
CEINTF,_cef, , , , , , ,0

allsel,below,area
```

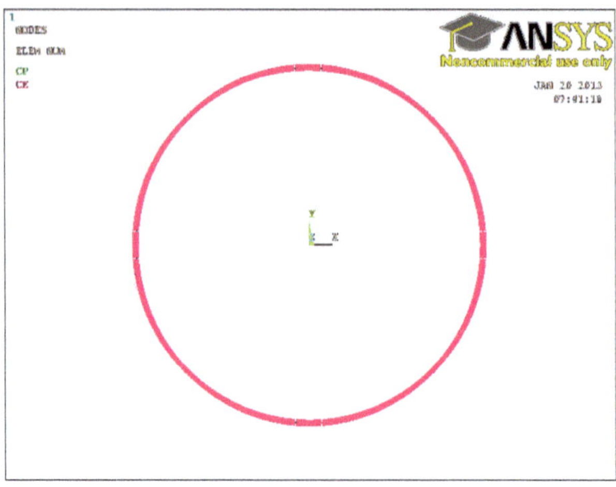

Abb. 17.49 Generiertes Interface zwischen Stator und Rotor

Die gesamte Finite-Elemente-Modell-Generierung der Gleichstrommaschine mit Permanentmagneten im Stator und mehrteiligem Anker befindet sich in der Datei „gsm4_schale_mehrt_geometrie.txt" und hat folgenden Inhalt.

```
!!
!! Geometrieerstellung einer Gleichstrommaschine mit
!! Schalenmagneten und Anker mit mehrteiligem Anker
!! 1 Polpaar, 3 Ankerteile
!!
/prep7
!! Parameter für die Statorgeometrie
*SET,RAUSSEN       , 0.120000000000
*SET,JOCHDICKE     , 0.500000000000E-02
*SET,MAGNETDICKE   , 0.200000000000E-01
*SET,POLBEDECKUNG  , 0.600000000000
*SET,JOCHTIEFE     , 0.400000000000E-01
*SET,DELTA         , 0.200000000000E-02
*SET,P             , 1.000000000000
!! Angaben über Zusatzwicklungen
*SET,WENDE         , 0.000000000000
!! Parameter für die Rotorgeometrie
*SET,RINNEN        , 0.100000000000E-01
*SET,POLSCHBREITE  , 0.680000000000E-01
*SET,POLSCHHOEHE   , 0.300000000000E-01
*SET,POLBREITE     , 0.280000000000E-01
*SET,JOCH2         , 0.100000000000E-01
*SET,Z2            , 3.000000000000
*SET,ZWEISCHICHT2  , 1.000000000000
*SET,WICKBREITE2   , 0.500000000000E-02
*SET,WICKHOEHE2    , 0.500000000000E-02
*SET,NWIN2         , 100.0000000000
!! Geometrie der Zusatzwicklungen
*SET,WENDEBREITE   , 0.200000000000E-02
*SET,WENDEDEL      , 0.200000000000E-02
*SET,WICKBREITEWEN, 0.300000000000E-02
*SET,WICKHOEHEWEN  , 0.400000000000E-02
*SET,NWINWEN       , 10.00000000000
gsm4_elemente.txt
*SET,RPERM    , 1.150000000000
*SET,KOERZ    , 340000.0000000
*SET,MURXA    , 10000.00000000
*SET,MURXI    , 10000.00000000
```

```
*SET,NICHTLIN, 0.000000000000
*SET,LEITA   , 56000000.00000  ! Leitfähigkeit Spule Wendepol
*SET,LEITI   , 56000000.00000
*SET,FILA    , 1.000000000000  ! Füllfaktor Spule Wendepol
*SET,FILI    , 1.000000000000
gsm4_material.txt
gsm4_SMag.txt
gsm4_RPol.txt

gsm4_SArea.txt
gsm4_RArea.txt
*SET,MESHEISEN, 0.1000000000000E-01
*SET,MESHLUFT , 0.1000000000000E-02

gsm4_SNete.txt
gsm4_Rnete.txt
gsm4_netg.txt
gsm4_cp1.txt
gsm4_cp2.txt
!! Schaltungsparameter Stator
*SET,RWICKSTIRNWE, 0.1000000000000E-05
*SET,LWICKSTIRNWE, 0.1000000000000E-05
gsm4_schalt1.txt
!! Schaltungsparameter Rotor
*SET,SPULW2      , 1.00000000000          !! kann weg
*SET,BUEBR2      , 10.00000000000
*SET,RWICKSTIRN2 , 0.1000000000000E-05
*SET,LWICKSTIRN2 , 0.1000000000000E-02
*SET,U2          , 20.00000000000
*SET,RVOR2       , 0.1000000000000E-05

gsm4_schalt2.txt

gsm4_interface.txt
```

17.4 Abbildung des Kommutierungsvorgangs

Das Kommutierungsmodell unterscheidet sich aufgrund der Unterschiede zwischen verteilter Wicklung und mehrteiligem Anker ein wenig von dem Modell bei der verteilten Wicklung. Das Modell ist in der Datei kommutierung_mehrteilig.txt enthalten.

17.5 Rechnungsvorbereitung

Es folgt die Rechnungsvorbereitung mit der Anlage der Ausgabedateien.

```
/output,U_I_Motor%ausgabe%,lis,,
/COM, Schritt Zeit Winkel Drehzahl UA IA Rechenzeit
/COM,-------------------------------------------------------------
/output,term
/output,Pauf_Rotor%ausgabe%,lis,,
/COM, Schritt Zeit Winkel Drehzahl Pauf1 PR1 Rechenzeit
/COM,-------------------------------------------------------------
/output,term
/output,Drehmoment%ausgabe%,lis,,
/COM, Schritt Zeit Winkel Drehzahl M(Maxwell) M(virtual_work)
/COM,-------------------------------------------------------------
/output,term
/output,Ispul%ausgabe%,lis,,
/COM, Schritt Zeit Winkel Drehzahl Spulen-/Stabstrom in
Spule/Stab 1 2 3 4 5 6 7 8 9 10 11 12 13 14
/COM,-------------------------------------------------------------
/output,term
```

17.6 Statische Rechnung

Der gesamte Ablauf der statischen Berechnung der Gleichstrommaschine bei Ständerspeisung befindet sich in der Datei „gsm4_rechnung_statisch_1.txt“ und hat folgenden Aufbau.

```
!!
!! Statische Berechnung einer Gleichstrommaschine mit
!! Schalenmagneten und verteilter Wicklung
!!
/prep7
gsm4_schale_mehrt_geometrie.txt

ausgabe=1
luftskal=1
fft=0
gsm4_aus.txt

zeita=1e-6
```

```
winkela=0
kommu=0
i2=0
fronspar=0
gsm4_loes1.txt

/eof
```

Durch den Parameter „fronspar" wird die Auswahl des Gleichungssystemssolvers FRONTAL-Solver (= 0) oder SPARSE-Matrix-Solver (= 1) getroffen. Über den Parameter „i2" der Strom in der Ankerwicklung definiert, hier mit 0 A. In den folgenden Rechnungen werden Rotorstom über den Parameter „i2", geometrischer Kommutierungswinkel über den Parameter „kommu" und Stellung zwischen Rotor und Stator über den Parameter „winkela" geändert.

17.6.1 Ständerfeld

Mit einigen statischen Berechnungen wird zunächst die Funktionalität des Kommutierungsmodells untersucht und der geometrische Kommutierungswinkel ermittelt, bei dem die Gleichstrommaschine mit mehrteiligem Anker ein Erregerlängs- und Ankerquerfeld aufweist. Als Grundstellung für den Winkel 0 Grad wird festgelegt, dass sich der 2. generierte Schenkelpol des Rotors bei 9 Uhr befindet.

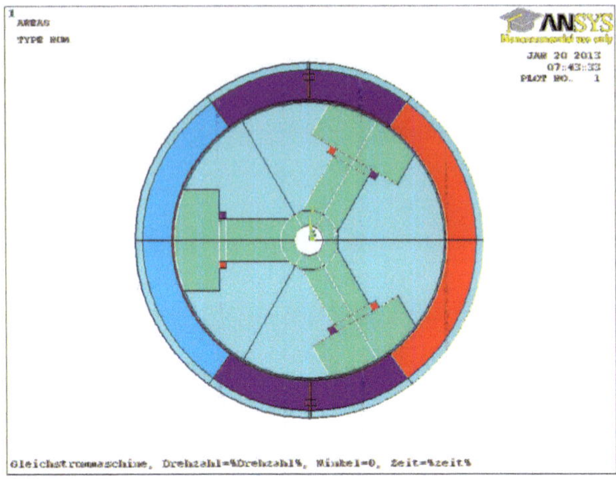

Abb. 17.50 Grundstellung des Rotors bei 0 Grad

Als erste Berechnung wird der Rotor stromlos belassen, um lediglich die Einflüsse der Schalenmagneten zu ermitteln.

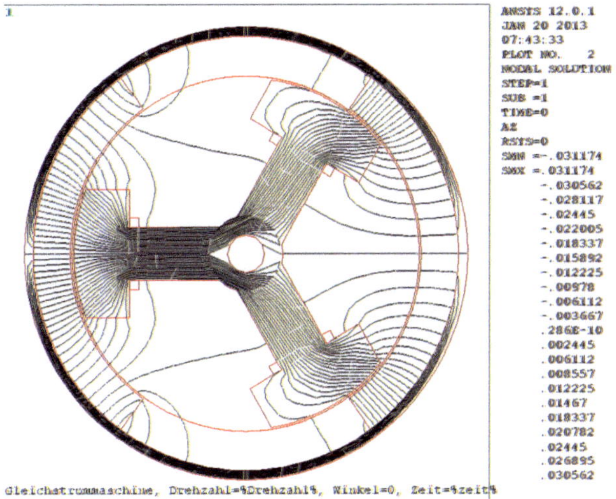

Abb. 17.51 Feldlinienbild bei stromlosem Anker

Bei stromlosem Anker wird das durch die Schalenmagneten erzeugte magnetische Feld von der linken Seite auf den linken Polschuh des Rotors übertragen, von dort auf die beiden rechten Polschuhe weitergeleitet und von dort wieder über die Schalenmagneten in das Joch übertragen.

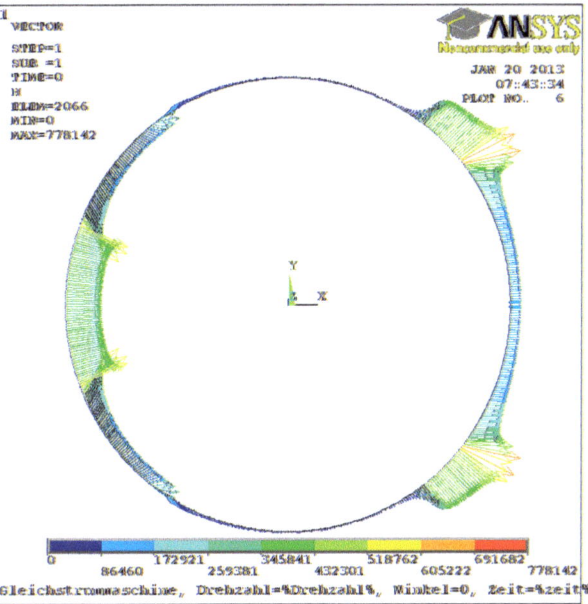

Abb. 17.52 Vektorielle Darstellung der magnetischen Feldstärke in Luftspaltmitte bei stromlosem Rotor

Aufgrund der geometrisch schlechten Auslegung des Polschuhs werden die Schalenmagneten nur unzureichend ausgenutzt, so dass das magnetische Feld im Luftspalt nur über den Polschuhkanten zum Luftspalt wesentliche Werte aufweist.

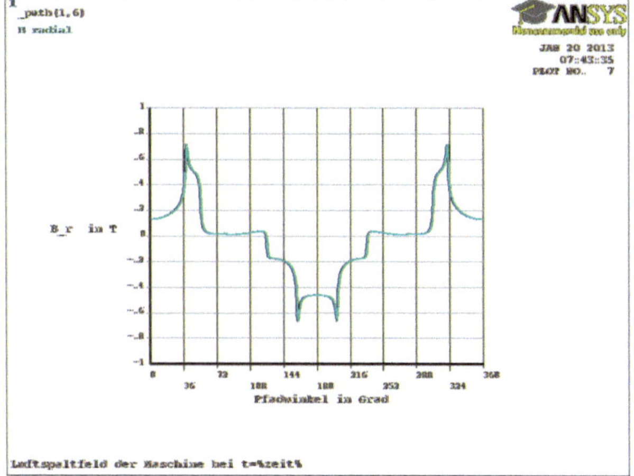

Abb. 17.53 Luftspaltfeld in Luftspaltmitte bei stromlosem Rotor

Dies wird durch die Darstellung des Luftspaltfeldes in Luftspaltmitte bestätigt. An den scharfen Polschuhkanten treten starke Feldüberhöhungen auf.

17.6.2 Ankerfeld

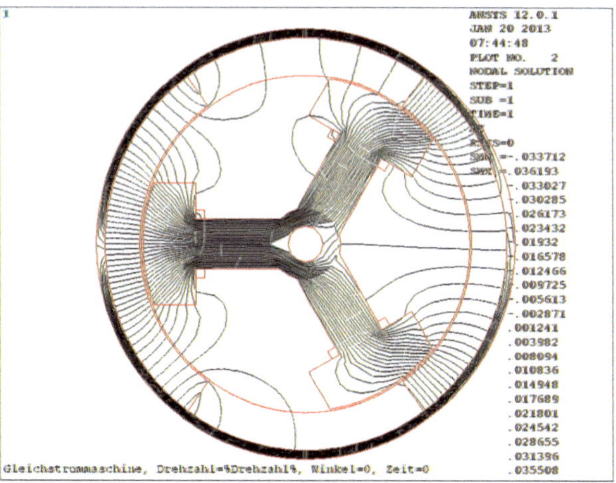

Abb. 17.54 Feldlinienbild bei Grundstellung und Rotor mit 10 A Ankerstrom bei Kommutierungswinkel 0 Grad

Aufgrund der Rotorbestromung besteht eine Unsymmetrie der Feldverteilung in den beiden rechten Polschuhen.

Bei einem Winkel von 0 Grad zeigt die Darstellung der Stromdichte, dass der linke und obere Polschuh Strom führen. Die Stromrichtung sorgt dafür, dass beide Polschuhe das magnetische Feld in den unteren Polschuh leiten. Dies entspricht nicht der Entstehung eines Ankerquerfeldes. Tatsächlich hätte der linke Polschuh das magnetische Feld in den Rotor führen müssen und die Stromrichtung in den beiden rechten Polschuhen mit jeweils halbem Rotorstrom das Feld auf die beiden rechten Polschuhe verteilen müssen. Der Kommutierungswinkel für die Grundstellung ist damit falsch gewählt.

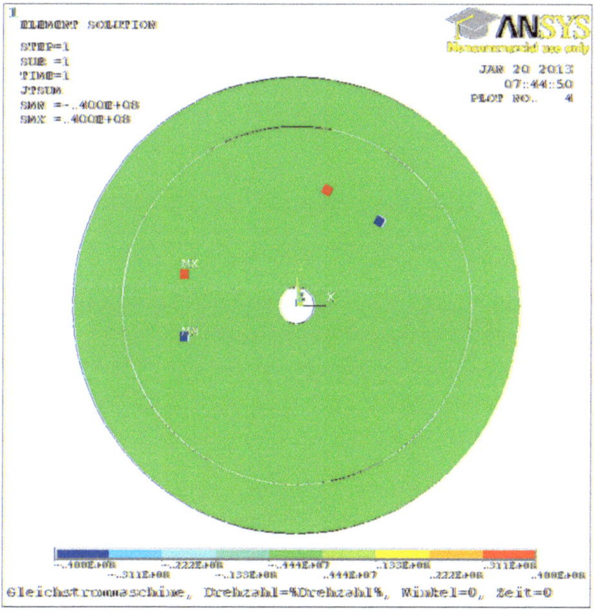

Abb. 17.55 Stromdichte bei Grundstellung und Rotor mit 10 A Ankerstrom bei Kommutierungswinkel 0 Grad

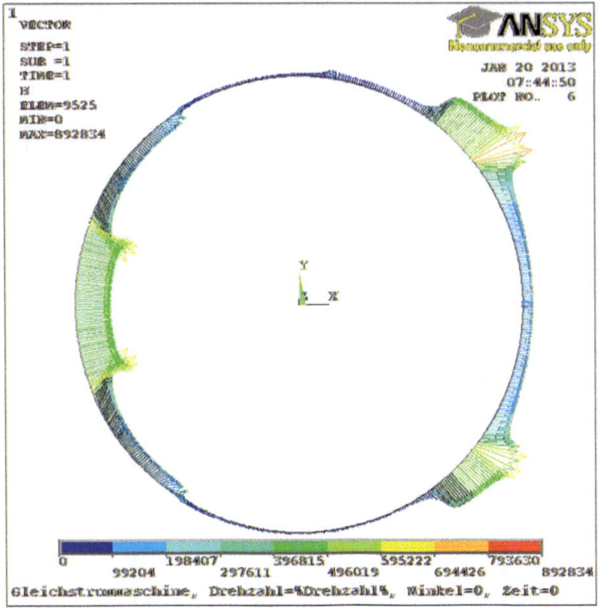

Abb. 17.56 Vektorielle Darstellung der magnetischen Feldstärke in Luftspaltmitte bei Grundstellung und Rotor mit 10 A Ankerstrom bei Kommutierungswinkel 0 Grad

Die Darstellung der magnetischen Feldstärke in Luftspaltmitte zeigt, dass bei 10 A Ankerstrom das magnetische Feld unter den Polschuhen nur geringfügig geändert wird.

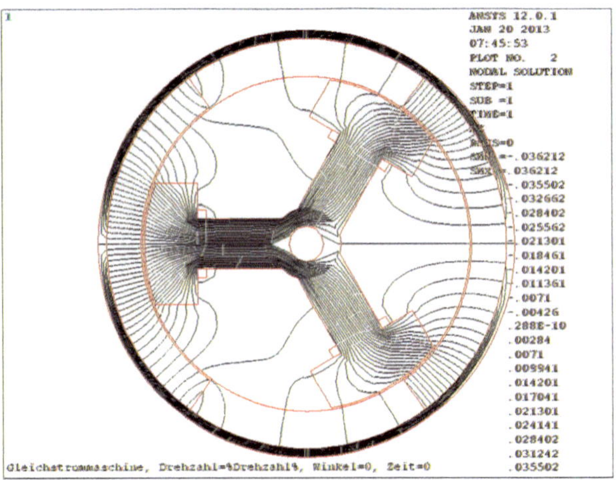

Abb. 17.57 Feldlinienbild bei Grundstellung und Rotor mit 10 A Ankerstrom bei Kommutierungswinkel 45 Grad

Nach Änderung des geometrischen Kommutierungswinkels auf 45 Grad zeigt das Feldlinienbild bei der Grundstellung 0 Grad wieder ein symmetrisches Bild. Das magnetische Feld wird von der linken Seite symmetrisch auf die rechte übertragen. Der Anker unterstützt offenbar die Feldrichtung der Schalenmagneten, die Felder von Stator und Rotor stehen nicht senkrecht zueinander.

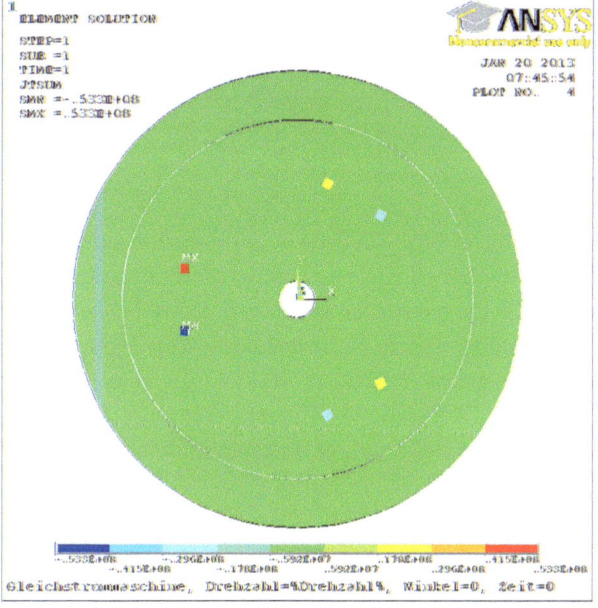

Abb. 17.58 Stromdichte bei Grundstellung und Rotor mit 10 A Ankerstrom bei Kommutierungswinkel 45 Grad

Die Darstellung der Stromdichte bestätigt, dass bei 45 Grad geometrischem Kommutierungswinkel der Rotor das Statorfeld direkt unterstützt. Der Kommutierungswinkel ist falsch gewählt.

Kommutierungswinkel 120 Grad ist richtig.

Aufgrund der komplexen Geometrie gestaltet sich die Ermittlung des neutralen geometrischen Kommutierungswinkels nicht so einfach wie bei Gleichstrommaschinen mit verteilter Ankerwicklung. Es bietet sich an entweder die Koerzitivfeldstärke wesentlich abzusenken oder durch extreme Anhebung des Ankerstroms das Ständerfeld zu übersteuern. Für die folgende Ermittlung des Kommutierungswinkels wurde die Übersteuerung des Ständerfeldes durch einen Ankerstrom mit 500 A vorgenommen. Durch Berechnung mit unterschiedlichen Ansätzen für den Kommutierungswinkel und Interpretation ergibt sich der neutrale geometrische Kommutierungswinkel zu 120 Grad. Die Ergebnisdarstellungen für die Stellungswinkel von –65 bis 5 Grad sollen dies im Folgenden bestätigen.

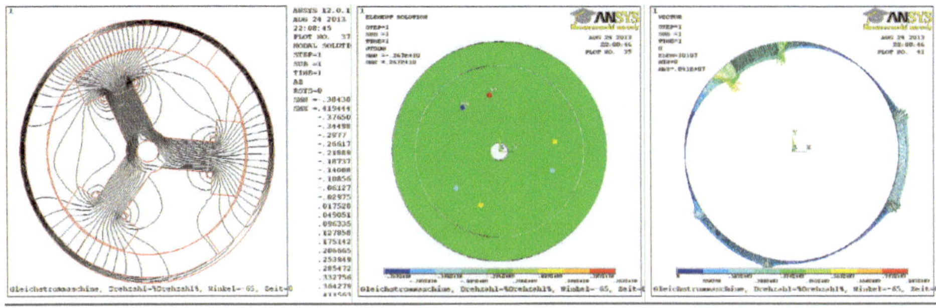

Abb. 17.59 Graphische Ausgaben bei geometrischen Kommutierungswinkel von 120 Grad und Stellung −65 Grad und 500 A Ankerstrom

Bei einem Stellungswinkel von −65 Grad ist der Polschuh auf 9 Uhr weit in den oberen Bereich der Maschine verschoben. Entsprechend ist dieser Polschuh voll durchflutet, während der Ankerstrom sich auf die beiden anderen, unten stehenden Polschuhe verteilt. Es ergibt sich ein Feldlinienbild, in dem der magnetische Fluss vom Joch über Pollücke und linkem Magnet über den oberen Polschuh gelenkt wird und sich von dort auf die beiden unteren Polschuhe verteilt. Aufgrund der Übersteuerung der Ständermagnete durch den großen Ankerstrom tritt das Feld der Magnete kaum in Erscheinung, die Magnete wirken wie Luft.

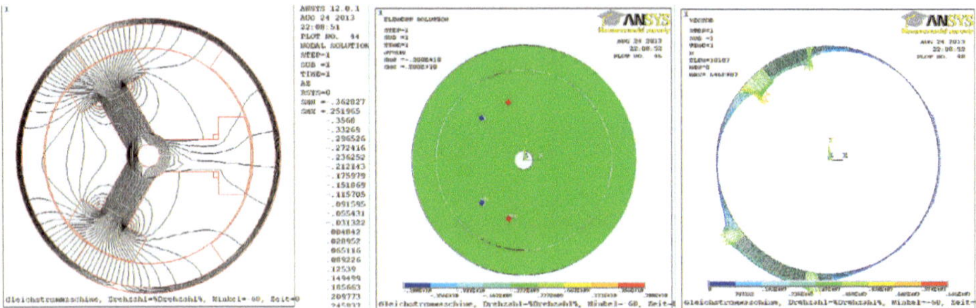

Abb. 17.60 Graphische Ausgaben bei geometrischen Kommutierungswinkel von 120 Grad und Stellung −60 Grad und 500 A Ankerstrom

Bei einer Linksdrehung um 5 Grad und damit Stellung −60 Grad tritt die Kommutierung ein. Der rechte Polschuh ist durch den Kurzschluss zweier Lamellen durch die Bürste nicht durchflutet. Das magnetische Feld schließt sich von oben nach unten.

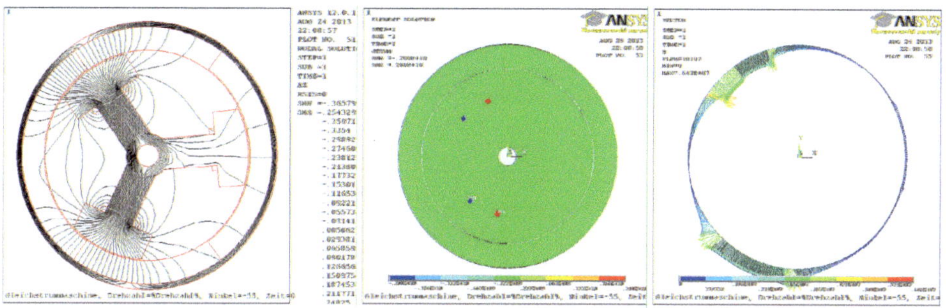

Abb. 17.61 Graphische Ausgaben bei geometrischen Kommutierungswinkel von 120 Grad und Stellung −55 Grad und 500 A Ankerstrom

Bei einer weiteren Drehung von 5 Grad im Gegen-Uhrzeigersinn ist der Kommutierungsvorgang bei einer Bürstenbreite von 10 Grad noch nicht ganz abgeschlossen. Das magnetische Feld schließt sich immer noch von oben nach unten, noch immer ist der rechte Polschuh stromlos.

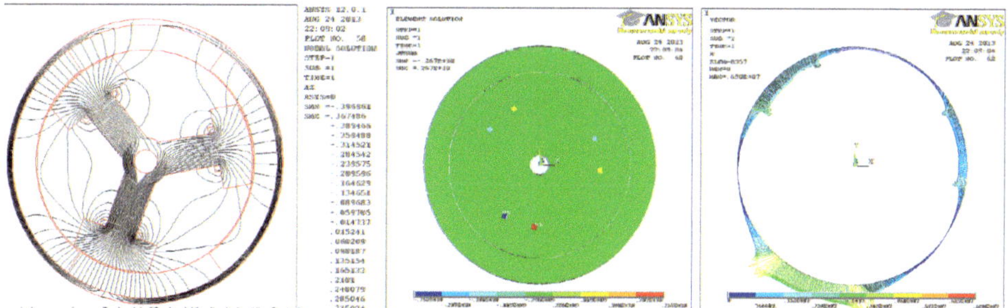

Abb. 17.62 Graphische Ausgaben bei geometrischen Kommutierungswinkel von 120 Grad und Stellung −50 Grad und 500 A Ankerstrom

Nach einer weiteren Drehung um 5 Grad im Gegen-Uhrzeigersinn ist der Kommutierungsprozess abgeschlossen. Entgegen der Stellung 0 Grad führen nun oben zwei Polschuhe das magnetische Feld, das auf durch den unteren Polschuh aufgenommen wird. Die Spulen aller Polschuhe sind durchflutet.

Diese magnetische Situation bleibt von −50 Grad bis −30 Grad und auch noch darüber hinaus erhalten.

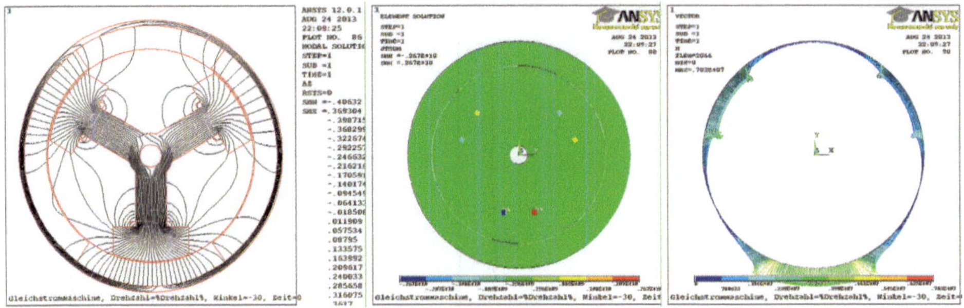

Abb. 17.63 Graphische Ausgaben bei geometrischen Kommutierungswinkel von 120 Grad und Stellung −30 Grad und 500 A Ankerstrom

Bei −30 Grad hat einer der Polschuhe die untere Stellung erreicht, das magnetische Feld wird symmetrisch von den beiden oberen auf den unteren Polschuh übertragen.

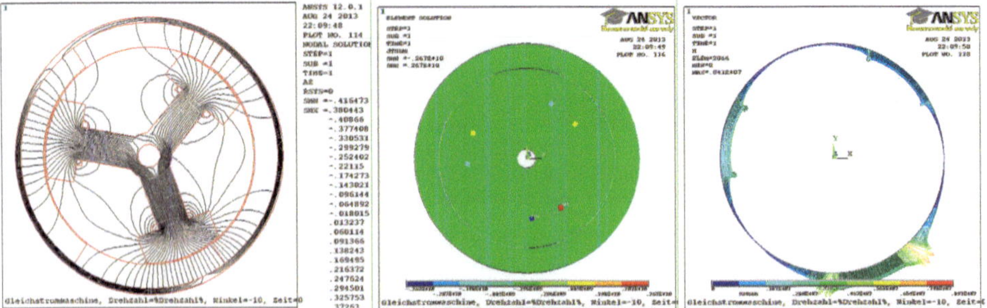

Abb. 17.64 Graphische Ausgaben bei geometrischen Kommutierungswinkel von 120 Grad und Stellung −10 Grad und 500 A Ankerstrom

Bei der Stellung −10 Grad hat sich der Rotor weiter gedreht, noch immer weiter gedreht, die Kommutierung ist noch nicht wieder eingetreten.

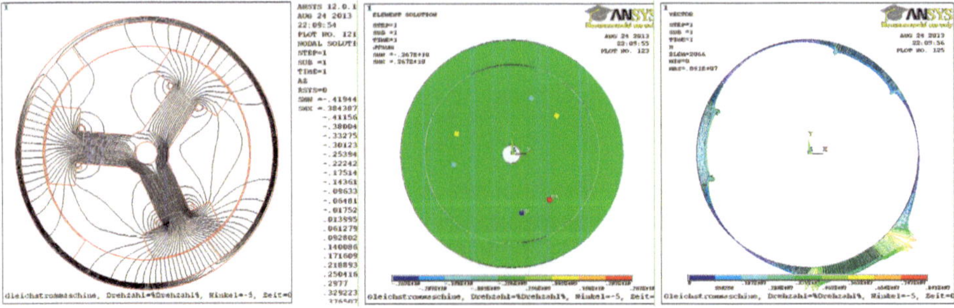

Abb. 17.65 Graphische Ausgaben bei geometrischen Kommutierungswinkel von 120 Grad und Stellung −5 Grad und 500 A Ankerstrom

Ab der Stellung −5 Grad muss die Kommutierung wieder eintreten, dies bestätigen die Darstellungen für die Stellung 0 Grad. Die noch nicht eingetretene Kommutierung ist auf Rundung zurückzuführen.

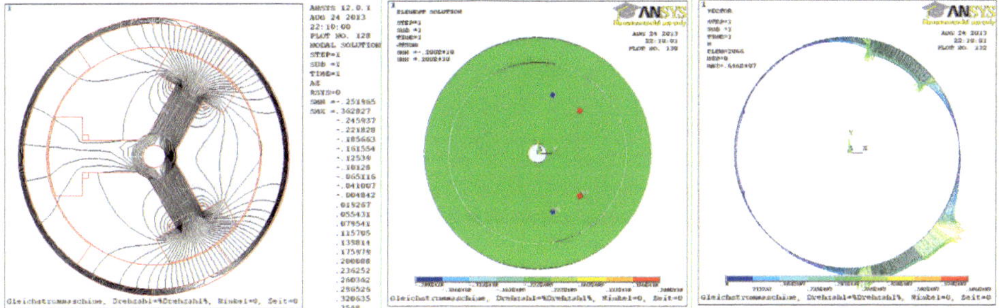

Abb. 17.66 Graphische Ausgaben bei geometrischen Kommutierungswinkel von 120 Grad und Stellung 0 Grad und 500 A Ankerstrom

In der Stellung 0 Grad ist die Kommutierung eingetreten. Nun ist durch die Überbrückung zweier Lamellen der nun linke Polschuh stromlos, das magnetische Feld schließt sich rechtsseitig von oben nach unten über dic bciden rechten Polschuhe.

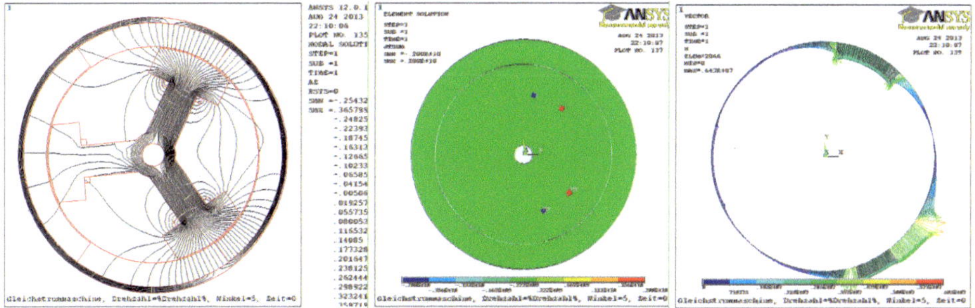

Abb. 17.67 Graphische Ausgaben bei geometrischen Kommutierungswinkel von 120 Grad und Stellung 5 Grad und 500 A Ankerstrom

Bei der Stellung 5 Grad ist der Kommutierungsvorgang aufgrund der Bürstenbreite noch nicht abgeschlossen, das magnetische Feld schließt sich noch immer von oben nach unten über die rechten beiden Polschuhe.

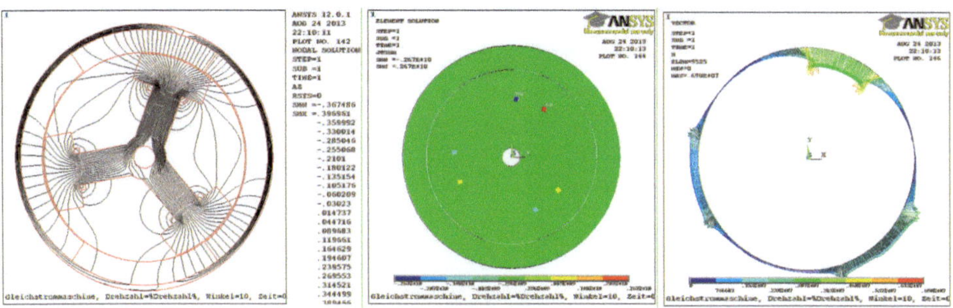

Abb. 17.68 Graphische Ausgaben bei geometrischen Kommutierungswinkel von 120 Grad und Stellung 10 Grad und 500 A Ankerstrom

Bei der Stellung 10 Grad ist die Kommutierung abgeschlossen, der obere Polschuh führt wieder Strom und leitet damit das magnetische Feld wieder von oben über einen Polschuh auf die beiden Polschuhe unten, was in etwa der Anfangssituation bei −65 Grad entspricht.

Damit ist bestätigt, dass der neutrale geometrische Kommutierungswinkel bei 120 Grad liegt und damit Kommutierungsmodell auch für die Gleichstrommaschine mit mehrteiligem Anker anwendbar ist.

17.6.3 Ankerrückwirkung

Zur Beschreibung der Ankerrückwirkung durch einen mehrteiligen Anker wird ein Ankerstrom von 10 A verwendet, der das Ständerfeld nicht überlagert.

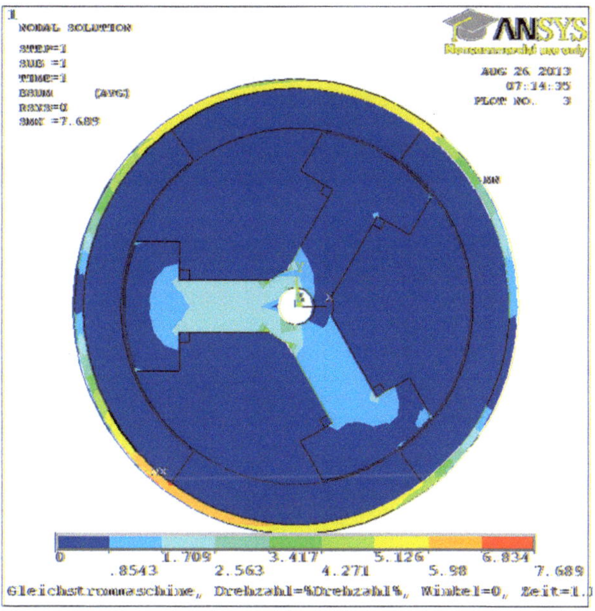

Abb. 17.69 Magnetische Flußdichte bei Stellung 0 Grad und 10 A Ankerstrom

Die Darstellung der magnetischen Flußdichte bei Stellung 0 bestätigt, dass wie bei der bereits diskutierten Gleichstrommaschine mit Schalenmagneten und verteilter Wicklung das sehr dünne Joch mit einer magnetischen Flußdichte von etwa 6 Tesla stark gesättigt wird und die sonstige Geometrie bei 10 Tesla kaum merklich belastet wird. Auch hier ist entweder ein stärkeres Joch anzuwenden oder eine nichtlineare Berechnung durchzuführen. Aus Anschauungsgründen wird erneut auf die nichtlineare Rechnung verzichtet.

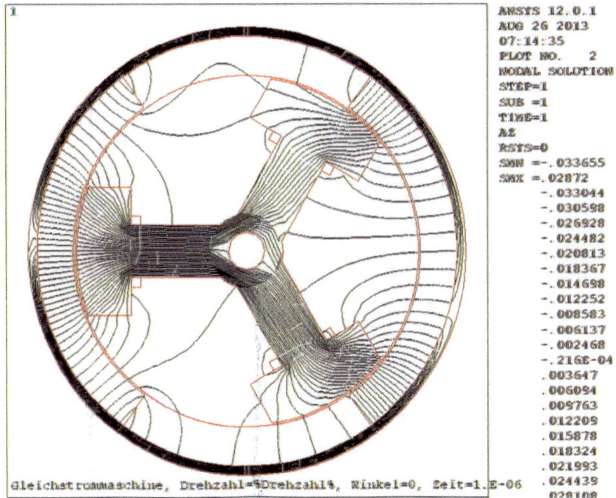

Abb. 17.70 Feldlinienverlauf bei Stellung 0 Grad und 10 A Ankerstrom

Bei der Stellung 0 Grad ist wie bereits weiter oben bei der neutralen Kommutierungswinkelbestimmung beschrieben der linke Polschuh stromlos. Es überwiegt bei 10 A Ankerstrom das Ständerfeld. Die Ankerrückwirkung führt dazu, dass das Längsfeld aufgrund der Ständerwicklung den linken Polschuh ohne Beeinflussung durch den Ankerstrom durchsetzt und das magnetische Feld in den beiden rechten Polschuhen durch die Ankerrückwirkung unsymmetrisch aufgeteilt wird.

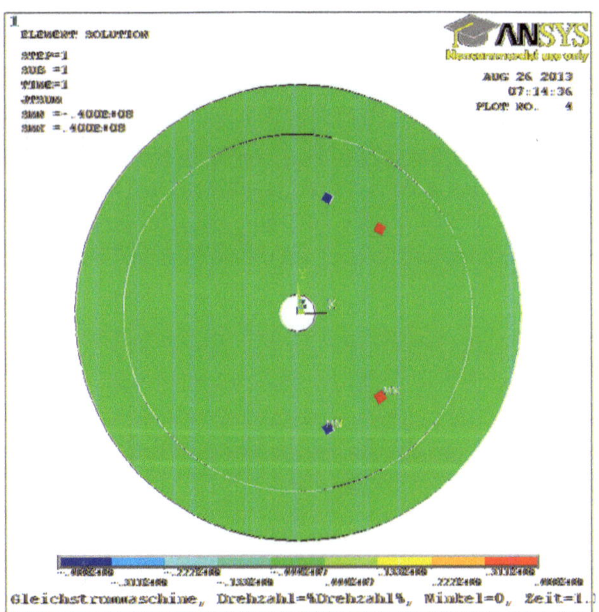

Abb. 17.71 Stromdichte bei Stellung 0 Grad und 10 A Ankerstrom

Die Stromdichtedarstellung bestätigt nochmals den aufgrund der Magnete stromlosen Anker und den aufgrund der Stellung stromlosen linken Polschuh.

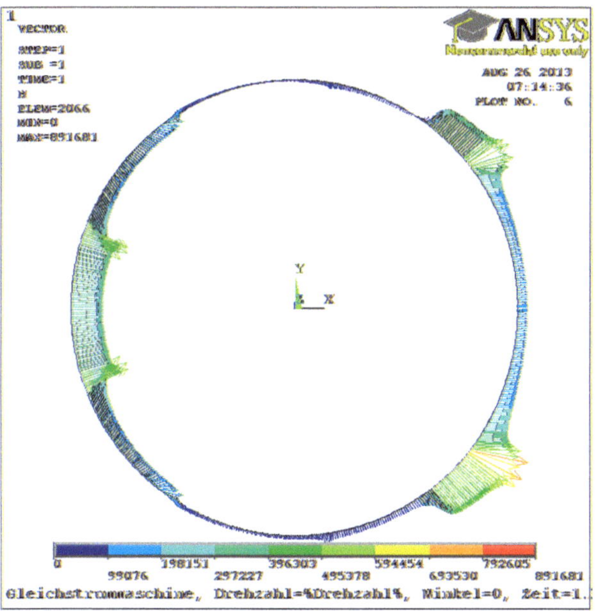

Abb. 17.72 Vektorielle Darstellung der magnetischen Feldstärke in Luftspaltmitte bei Stellung 0 Grad und 10 A Ankerstrom

Die magnetische Feldstärke bestätigt den Feldverlauf von links nach rechts aufgrund des Längsfeldes und die unsymmetrische Verteilung des magnetischen Feldes unter beiden Polschuhen rechts aufgrund der Ankerrückwirkung.

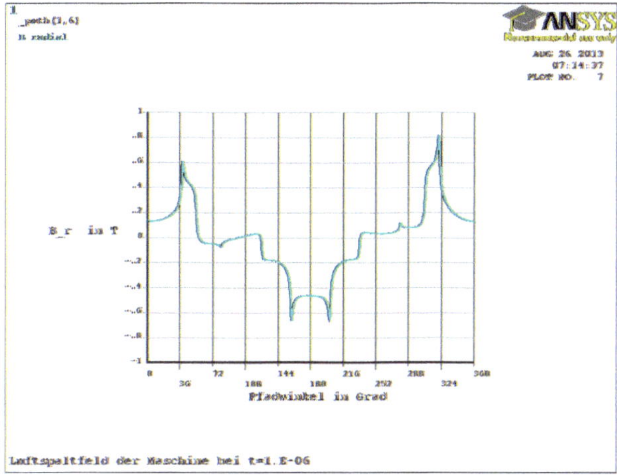

Abb. 17.73 Luftspaltfeld in Luftspaltmitte bei Stellung 0 Grad und 10 A Ankerstrom

Die Luftspaltfelddarstellung bestätigt den Einfluss der Ankerrückwirkung. An den Polschuhkanten ist das magnetische Feld stark überhöht.

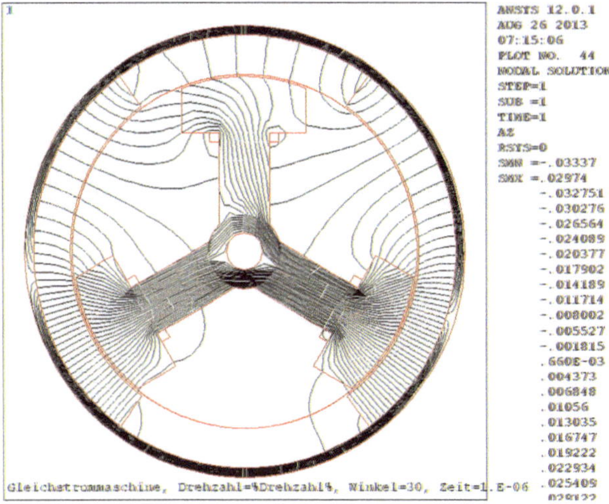

Abb. 17.74 Feldlinienverlauf bei Stellung 30 Grad und 10 A Ankerstrom

Bei der Stellung 30 Grad führen alle Polschuhe Strom. Das magnetische Feld aufgrund der Magnete wird von den beiden unteren Polschuhen von links nach rechts geführt. Aufgrund des stromführenden oberen Polschuh entsteht eine Querkomponente aufgrund der Ankerrückwirkung.

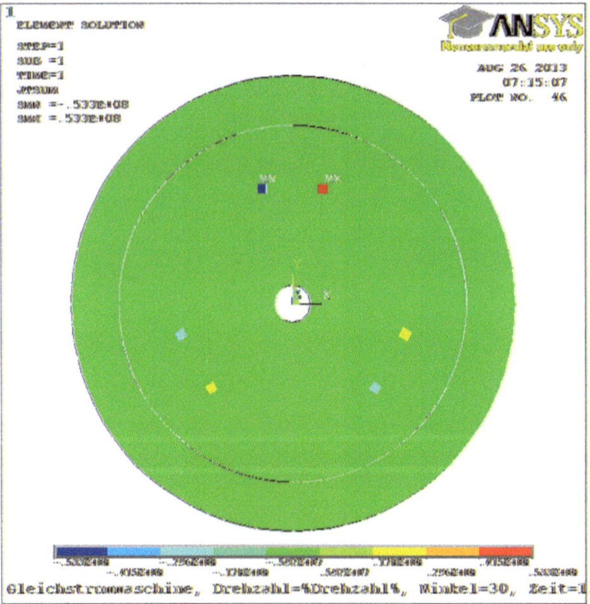

Abb. 17.75 Stromdichte bei Stellung 30 Grad und 10 A Ankerstrom

Die Stromdichtedarstellung bestätigt die Kommutierungssituation bei 30 Grad.

Die vektorielle Darstellung der magnetischen Feldstärke in Luftspaltmitte bestätigt den großen Einfluss des Längsfeldes und den geringen Einfluss aufgrund des Querfeldes durch den oberen Polschuh.

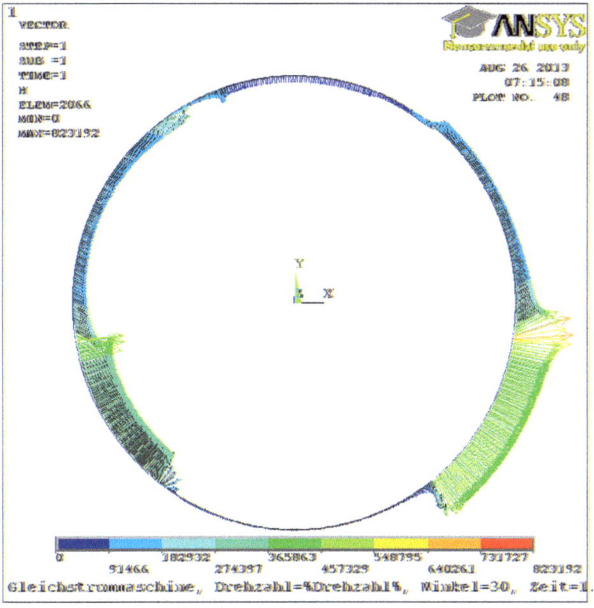

Abb. 17.76 Vektorielle Darstellung der magnetischen Feldstärke in Luftspaltmitte bei Stellung 30 Grad und 10 A Ankerstrom

Entsprechend ergibt sich die Luftspaltfelddarstellung, die durch das Längsfeld und die große magnetische Leitfähigkeit über den Magneten aufgrund der Polschuhluftspaltkanten geprägt wird.

Abb. 17.77 Luftspaltfeld in Luftspaltmitte bei Stellung 30 Grad und 10 A Ankerstrom

Bei der Stellung 60 Grad ist eine weitere Kommutierungsstellung erreicht. Nun ist der rechte Polschuh stromlos, erneut wird das Längsfeld durch die beiden linken Polschuhe auf den rechten geführt und wenig durch das Querfeld beeinflusst.

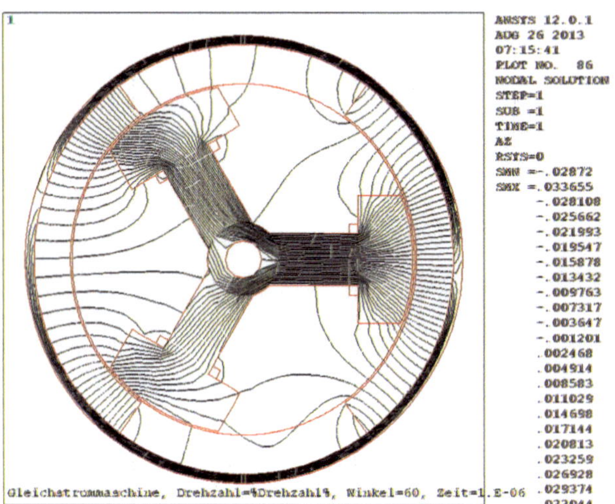

Abb. 17.78 Feldlinienverlauf bei Stellung 60 Grad und 10 A Ankerstrom

Die Stromdichtedarstellung bestätigt die Kommutierungssituation.

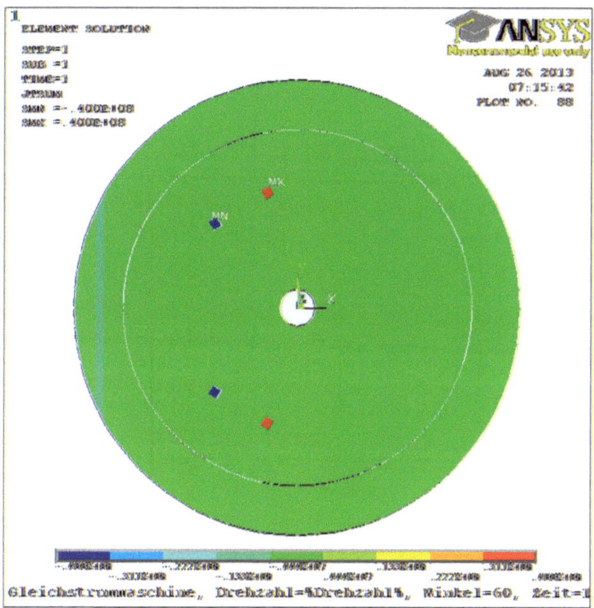

Abb. 17.79 Stromdichte bei Stellung 60 Grad und 10 A Ankerstrom

Entsprechend ergibt sich das dominierende Längsfeld mit nur geringen Ankerrückwirkungseffekten in der vektoriellen Darstellung der magnetischen Feldstärke in Luftspaltmitte.

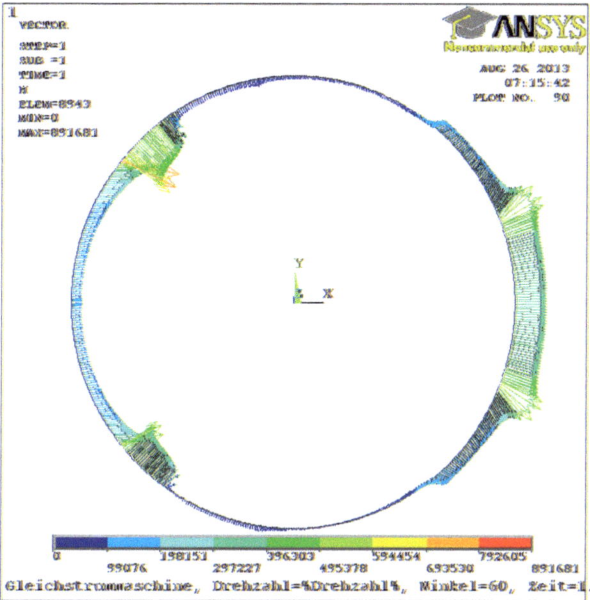

Abb. 17.80 Vektorielle Darstellung der magnetischen Feldstärke in Luftspaltmitte bei Stellung 60 Grad und 10 A Ankerstrom

Die Luftspaltfelddarstellung in Luftspaltmitte ist vergleichbar mit den Ergebnissen bei der Stellung 0 Grad.

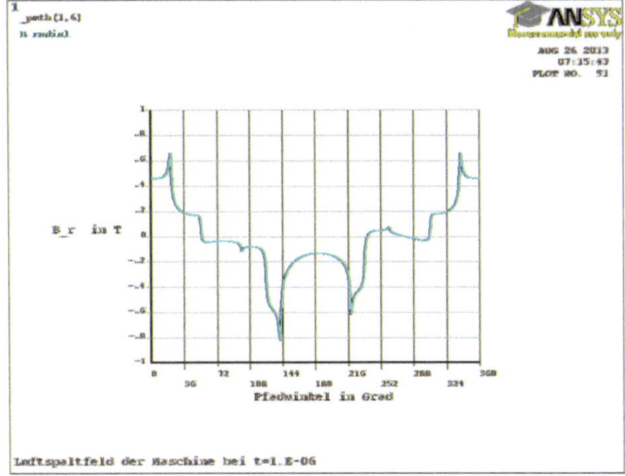

Abb. 17.81 Luftspaltfeld in Luftspaltmitte bei Stellung 60 Grad und 10 A Ankerstrom

Bei der Stellung 90 Grad wiederholt sich entsprechend der Prozess ähnlich der Stellung 30 Grad. Erneut sind alle Polschuhe stromführend, das magnetische Feld wird im unteren Polschuh zusammengeführt. Es überwiegt erneut das Längsfeld, das aufgrund des unteren Polschuhs Ankerrückwirkungseffekte aufweist.

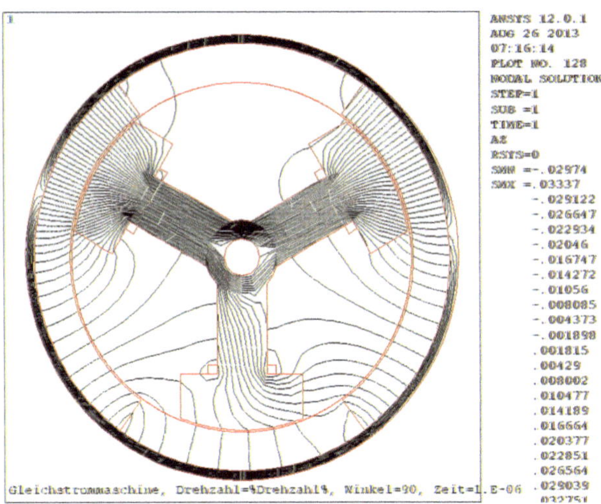

Abb. 17.82 Feldlinienverlauf bei Stellung 90 Grad und 10 A Ankerstrom

Die Stromdichtedarstellung bestätigt die Bestromung aller Polschuhe.

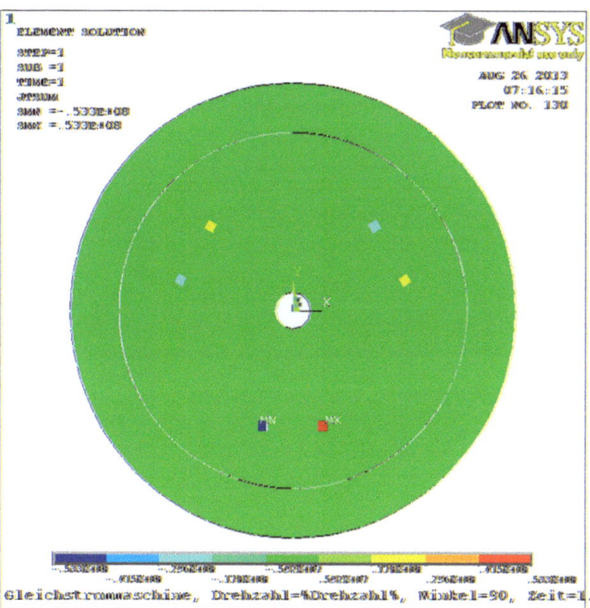

Abb. 17.83 Stromdichte bei Stellung 90 Grad und 10 A Ankerstrom

Die vektorielle Darstellung der magnetischen Feldstärke in Luftspaltmitte entspricht vergleichsweise der Situation bei der Stellung 30 Grad.

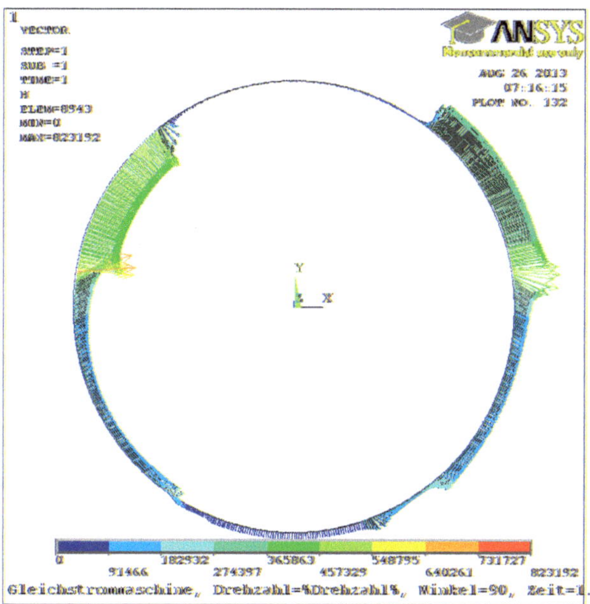

Abb. 17.84 Vektorielle Darstellung der magnetischen Feldstärke in Luftspaltmitte bei Stellung 90 Grad und 10 A Ankerstrom

Auch die Luftspaltfelddarstellung ist mit den Ergebnissen der Stellung 30 Grad vergleichbar.

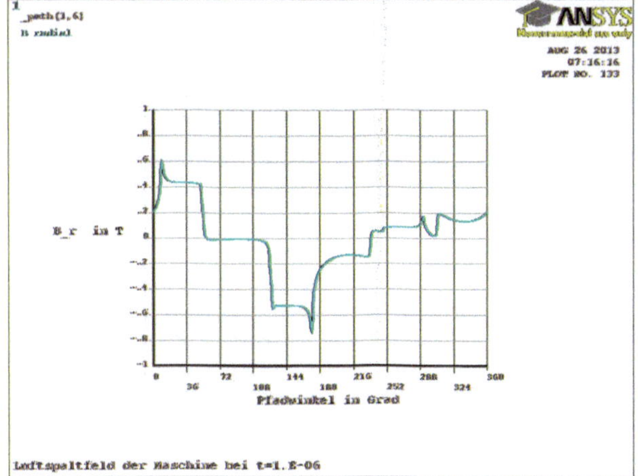

Abb. 17.85 Luftspaltfeld in Luftspaltmitte bei Stellung 90 Grad und 10 A Ankerstrom

Verglichen mit den Ergebnissen der Gleichstrommaschine mit verteilter Wicklung sind insbesondere die Ergebnisdarstellungen des Luftspaltfeldes, das wesentlich zum Verlauf der induzierten Spannung in Abhängigkeit von Zeit oder Winkel beiträgt, nur mit Aufwand nachvollziehbar.

Trägt man das Drehmoment über dem Stellungswinkel auf, so ergibt sich aufgrund der nicht optimierten Polschuhkontur ein stark welliges Drehmoment, das eine Periodizität der doppelten Ankerteilungszahl aufweist.

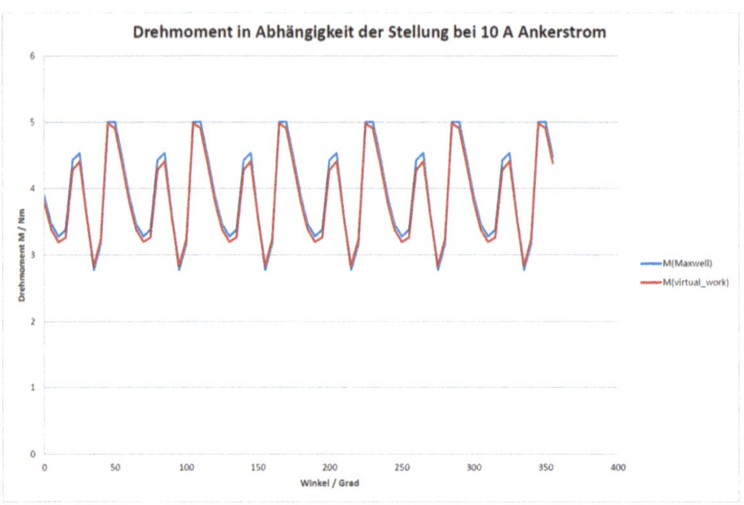

Abb. 17.86 Drehmoment in Abhängigkeit der Stellung bei 10 A Ankerstrom

Die Funktionalität der Kommutierung wird bestätigt durch die Darstellung des Spulenstroms in den einzelnen Polschuhspulen. Deutlich ist die Aufteilung des Ankerstroms auf die einzelnen Polschuhe und der Einfluss des Kommutierung bei einer Bürstenbreite von 10 Grad erkennbar.

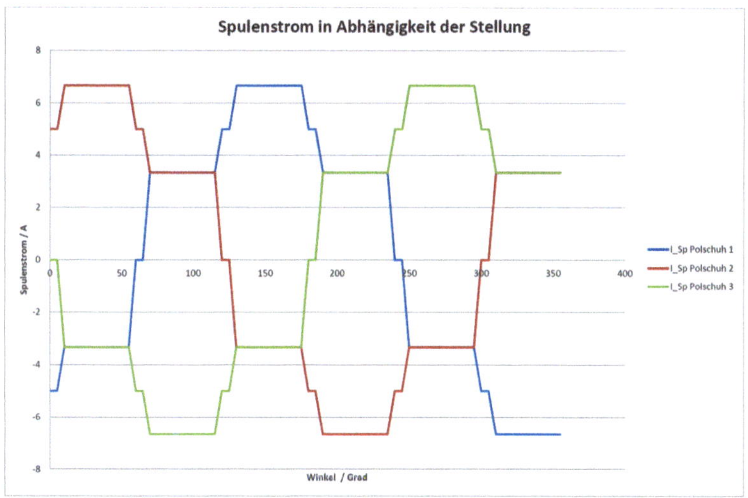

Abb. 17.87 Spulenstrom der einzelnen Polschuhe in Abhängigkeit der Stellung

17.7 Transiente Rechnung

Nach Bestätigung der Funktionalität der Kommutierung und Festlegung des geometrischen Kommutierungswinkels für neutrale Kommutierung können im Rahmen transienter Berechnungen die induzierte Spannung, sowie der Ankerstrom bei Klemmenkurzschluss bei fester Drehzahl und der Hochlauf berechnet werden. Der Berechnungsablauf unterscheidet sich nicht von der Gleichstrommaschine mit verteilter Wicklung.

Die induzierte Spannung bei fester Drehzahl wird mit dem Skript gsm4_loes5.txt berechnet. Als konstante Drehzahl werden 500 U/min angesetzt.

17.7.1 Berechnung der induzierten Spannung

Der gesamte Ablauf zur transienten Berechnung der induzierten Spannung im Ankerkreis der Gleichstrommaschine bei Permanentmagneten im Stator und fester Drehzahl befindet sich in der Datei „gsm4_rechnung_transient_1.txt" und hat folgenden Aufbau.

```
!!
!! Transiente Berechnung einer Gleichstrommaschine mit
!! Schalenmagneten und verteilter Wicklung
!!
/prep7
gsm4_schale_mehrt_geometrie.txt

ausgabe=21
luftskal=1
fft=0
gsm4_aus.txt

winkela=0
kommu=120
drehzahl=500
jsteps=100
ndreh=1
jkommu=1
fronspar=0

gsm4_loes5.txt
```

Die Parameterdefinition ist direkt vergleichbar mit der Gleichstrommaschine mit Erregerspulen.

Die Berechnung der induzierten Spannung bei fester Drehzahl erfolgt über das Skript GSM4_loes5.txt. Als Drehzahl werden 500 U/min vorgegeben.

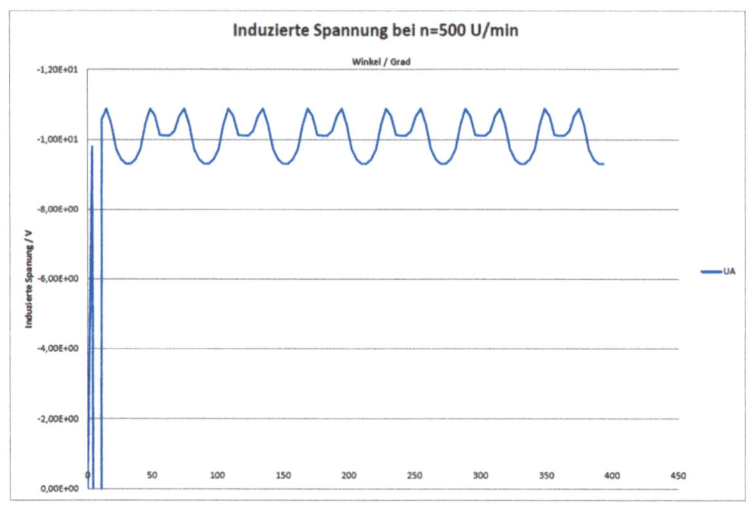

Abb. 17.88 Induzierte Spannung in Abhängigkeit vom Winkel bei 500 U/min

Der Darstellung ist zu entnehmen, das für eine Interpretation der Einschwingvorgang bis zur Stellung etwa 20 Grad abzuwarten ist und danach der Verlauf interpretiert werden kann. Es ergibt sich als Mittelwert bei 500 U/min eine induzierte Spannung von 10 V, die eine Welligkeit von etwa 1 V Amplitude aufweist. Der wellige Verlauf ist auf die Abfolge der Magnet- und Polschuhkanten, sowie die nicht optimierte Polschuhweite zurückzuführen.

17.7.2 Ankerkurzschluss bei fester Drehzahl

Der gesamte Ablauf zur transienten Berechnung des Kurzschlussstromes im Ankerkreis der Gleichstrommaschine bei Ständerspeisung und fester Drehzahl befindet sich in der Datei „gsm4_rechnung_transient_2.txt" und hat folgenden Aufbau.

```
!!
!! Transiente Berechnung einer Gleichstrommaschine mit
!! Schalenmagneten und verteilter Wicklung
!!
/prep7
gsm4_schale_mehrt_geometrie.txt

ausgabe=22
luftskal=1
fft=0
gsm4_aus.txt

winkela=0
kommu=120
drehzahl=500
jsteps=100
ndreh=1
jkommu=1
fronspar=0

gsm4_loes6.txt
```

Auch der Ankerstrom bei Klemmenkurzschluss und fester Drehzahl ist über das Skript GSM4_loes6.txt ermittelbar.

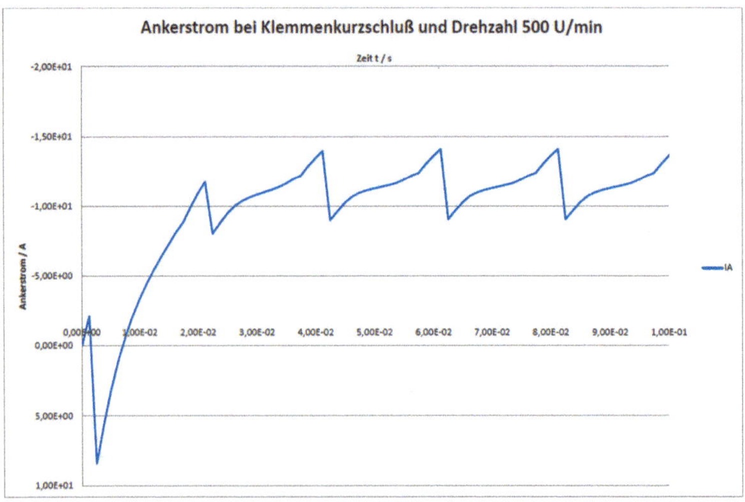

Abb. 17.89 Ankerstrom bei Klemmenkurzschluss und fester Drehzahl 500 U/min

Es ergibt sich der übliche lang andauernde Einschwingvorgang. Danach ergibt sich ein Ankerstrom mit einem Mittelwert von etwa 12 A und einer Welligkeit von etwa 3 A Amplitude. Die Feldverhältnisse sind damit der statischen Berechnung der Ankerrückwirkung vergleichbar.

17.7.3 Hochlaufrechnung

Der gesamte Ablauf zur transienten Berechnung des Hochlaufes bei Ständer- und Ankerspeisung befindet sich in der Datei „gsm4_rechnung_transient_11.txt“ und hat folgenden Aufbau.

```
/prep7
gsm4_schale_mehrt_geometrie.txt

ausgabe=31
gsm4_aus.txt         ! Skript zum Aufruf der Geometrie

winkela=0
kommu=120
drehzahls=0          ! Startdrehzahl
u2=-10
jsteps=100           ! Schrittanzahl pro Umdrehung
mtstep=.01           ! Maximaler Zeitschritt
enddreh=1000         ! Enddrehzahl
```

```
jrotor=1            ! Trägheitsmoment des Rotors
j_traegheit=0.5     ! gesamtes Trägheitsmoment
ML_Lastmoment=0     ! Lastmoment
fronspar=0
!!!! 20000 Rechenschritte sind voreingestellt
gsm4_loes8.txt

winkela=0           ! Rotorstellungswinkel Anfang
kommu=120           ! geometrischer Kommutierungswinkel
drehzahls=0         ! Startdrehzahl
u2=-10              ! Ankerspannung
mtstep=.01          ! Zeitschritt
j_traegheit=0.5     ! gesamtes Trägheitsmoment
ML_Lastmoment=0     ! Lastmoment
fronspar=0          ! Wahlparameter frontal/sparse
!!!! 20000 Rechenschritte sind voreingestellt

gsm1_loes4.txt      ! Skript fuer transiente Rechnung Hochlauf
```

Die Hochlaufrechnung aus dem Stillstand ohne Lastmoment bei einer Ankerspannung von 10 V bestätigt die Berechnung der induzierten Spannung bei 500 U/min. Der Hochlaufvorgang hat bei dem gewählten Trägheitsmoment nach 16 Sekunden fast die Enddrehzahl von 500 U/min erreicht.

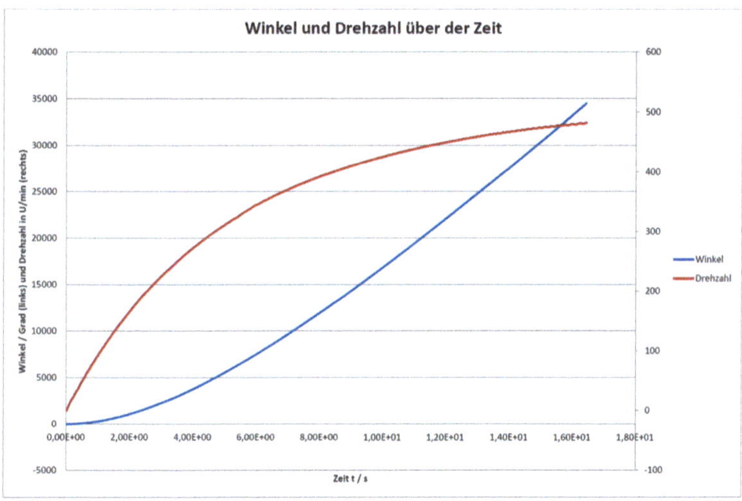

Abb. 17.90 Winkel und Drehzahl über der Zeit

Dementsprechend startete die Maschine nach einem kleinen Einschwingvorgang mit etwas 15 A als Mittelwert. Ab der Zeit 16 s nähert sich der Ankerstrom langsam asymptotisch dem Wert 0. Die Spitzen im Ankerstrom sind auf den Kommutierungsvorgang zurückzuführen.

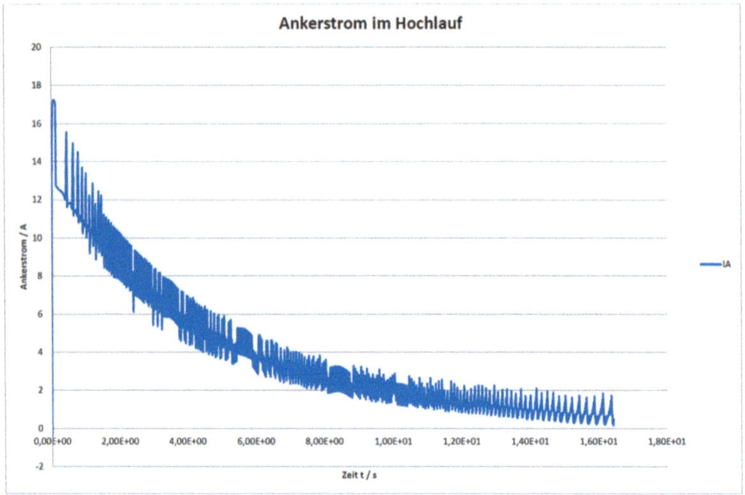

Abb. 17.91 Ankerstrom über der Zeit im Hochlauf

Trägt man den Ankerstrom über der Drehzahl auf, so ergibt sich das typische Nebenschlussverhalten mit linear abfallendem Ankerstrom vom Stillstand bis zum Leerlauf. Deutlich ist zu erkennen, dass der Einschwingvorgang noch nicht abgeschlossen ist, aber gegen die Leerlaufdrehzahl von 500 U/min tendiert.

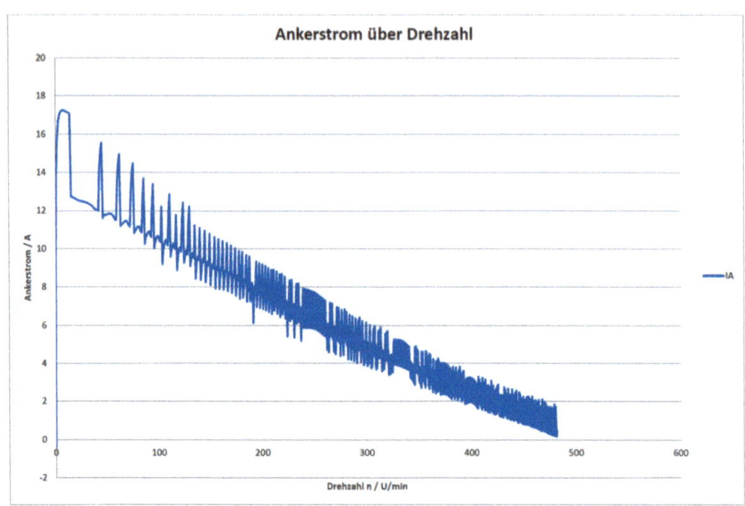

Abb. 17.92 Ankerstrom über der Drehzahl im Hochlauf

Während der Ankerstrom trotz Kommutierung nur relativ geringe Welligkeit aufweist, zeigt die Darstellung des Drehmoments über der Zeit das mit dem Ankerstrom vergleichbare Verhalten, jedoch aufgrund der Reluktanzeffekte mit wesentlich größerer Schwankungsamplitude.

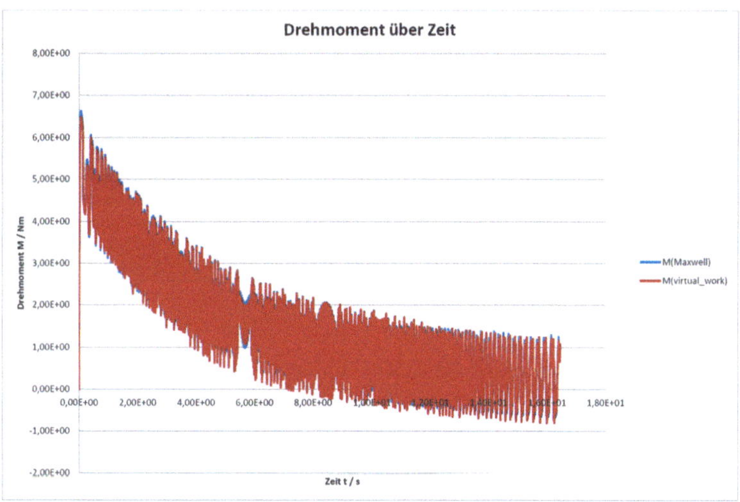

Abb. 17.93 Drehmoment über der Zeit im Hochlauf

17.7.4 Belastung

Gegenüber der Hochlaufrechnung ohne Gegenmoment ist das Lastmoment über den Parameter „ML_Lastmoment" und die Startdrehzahl über den Parameter „drehzahls" zu definieren.

Bei einer Belastung der Gleichstrommaschine mit 2 Nm ab einer Startdrehzahl von 500 U/min an einer Ankerspannung von 10 V fällt die Drehzahl langsam auf einen Endwert von 300 U/min ab.

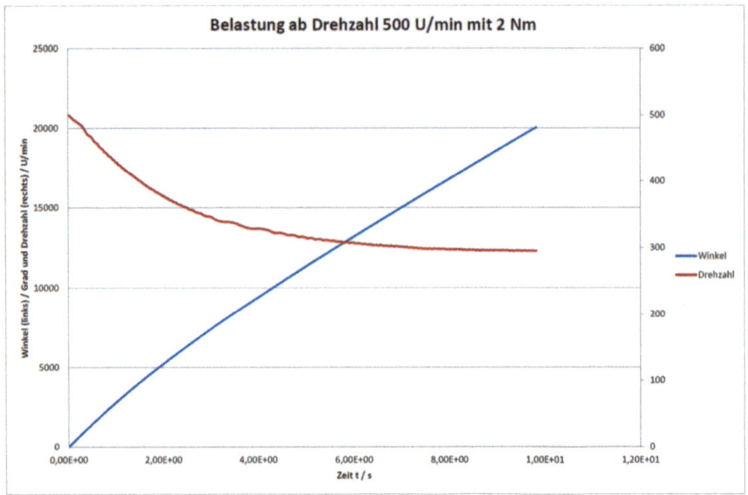

Abb. 17.94 Winkel und Drehzahl über der Zeit bei Belastung mit 2 Nm ab einer Startdrehzahl von 500 U/min

Dementsprechend startet der Ankerstrom nach einem kurzen Einschwingvorgang mit 0 A und erreicht asymptotisch nach ca. 10 Sekunden einen Endwert von 5 A.

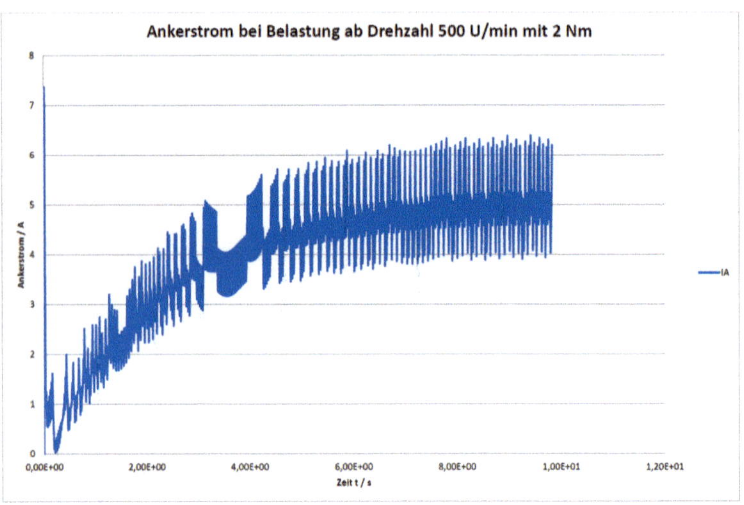

Abb. 17.95 Ankerstrom über der Zeit bei Belastung mit 2 Nm ab einer Startdrehzahl von 500 U/min

Die Darstellung des Ankerstroms über der Drehzahl zeigt nach wie vor das Nebenschlussverhalten, entgegen dem Hochlauf aus dem Stillstand nun ab der Startdrehzahl 500 U/min

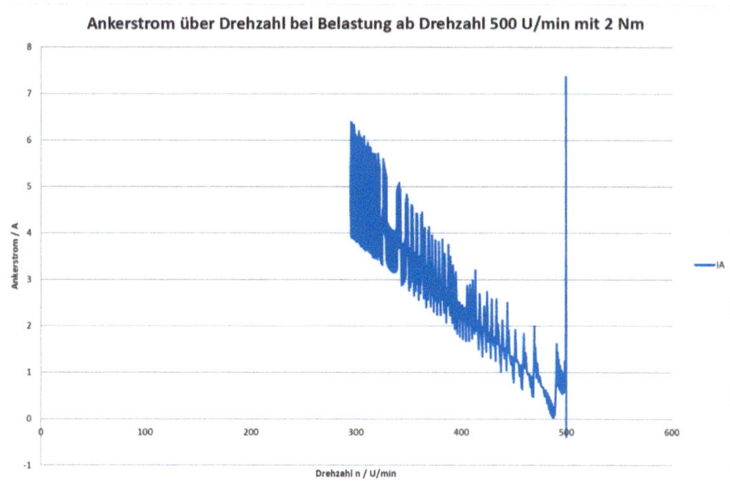

Abb. 17.96 Ankerstrom über der Drehzahl bei Belastung mit 2 Nm ab einer Startdrehzahl von 500 U/min

Dies bestätigt auch die Darstellung des Drehmoments über der Drehzahl. Erkennbar ist aufgrund der starken Reluktanzeffekte die große Varianz des Drehmoments und das Erreichen einer Drehzahl von etwa 300 U/min bei einem mittleren Drehmoment von 2 Nm und einer Schwankungsamplitude von mehr als 1 Nm.

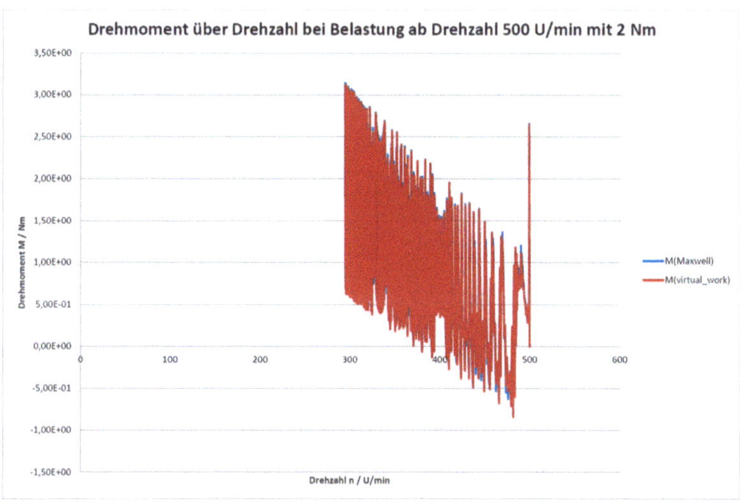

Abb. 17.97 Drehmoment über der Drehzahl bei Belastung mit 2 Nm ab einer Startdrehzahl von 500 U/min

18 Berechnung einer Asynchronschleifringläufermaschine

Die Berechnung einer Asynchronschleifringläufermaschine wird exemplarisch an einem Modell erläutert, mit dem Ein- und Zweischichtwicklungen in Stator und Rotor berücksichtigt werden können. Als Nutgeometrie werden weit geöffnete Nuten mit rechteckförmiger Geometrie berücksichtigt. Durch Änderung der Geometriedefinition können alle weiteren Skripten für die Generierung von Asynchronmaschinen mit komplexerer Geometrie zur Anwendung kommen.

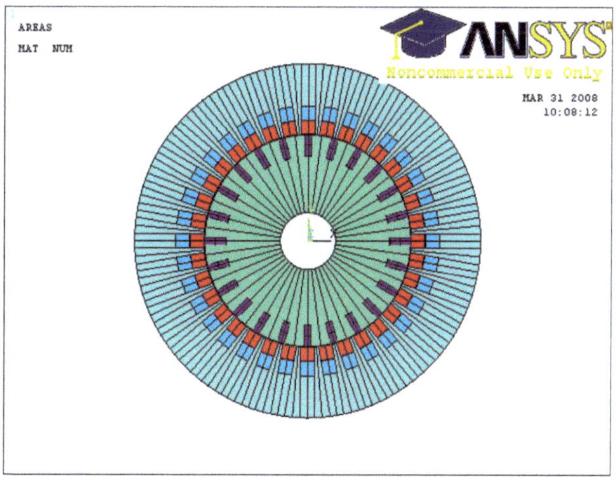

Abb. 18.1 Beispielgeometrie der Asynchronschleifringläufermaschine mit weit geöffneten Rechtecknuten

Zur Vorbereitung der Generierung des Finite-Elemente-Modells ist zunächst die Eingabe der Geometriedaten notwendig. Aufgrund der einfachen Nutgeometrien in Stator und Rotor beschränken sich die Eingaben auf nur wenige Parameter.

B. Aschendorf, *FEM bei elektrischen Antrieben 2*, DOI 10.1007/978-3-658-05250-8_4

Abb. 18.2 Parameterdefinition

Zunächst sind einige allgemeine Parameter zu definieren.

```
!! Parameter für die Statorgeometrie
*SET,PI     , 3.141592653590

*SET,M      , 3.000000000000         ! Strangzahl
*SET,P      , 2.000000000000         ! Polpaarzahl
*SET,DELTA  , 0.1000000000000E-02    ! Luftspalt
```

Es folgen die Wicklungs- und Geometriedaten für den Stator.

```
*SET,Q           , 3.000000000000
! Nutenzahl pro Pol und Phase q Stator
*SET,EPS         , 1.000000000000
! Schrittverkürzung Stator
*SET,RAUSSEN     , 0.1000000000000
! Außenradius
*SET,JOCHDICKE   , 0.2000000000000E-01
! gesamte Jochhöhe
*SET,NWIN1       , 100.0000000000
! Windungszahl Stator
*SET,WICKBREITE1, 0.3000000000000E-02
! Wicklungsbreite Statornut
```

```
*SET,WICKHOEHE1 , 0.500000000000E-02
! Wicklungshöhe Statornut
*SET,WICKISOL1  , 0.100000000000E-02
! Isolationshöhe Statornut
*SET,ZWEISCHICHT, 1.00000000000
! Einschicht(0)-/Zweischicht(1)wicklung Stator
*SET,JOCHTIEFE  , 0.400000000000E-01
! Jochtiefe
```

Anschließend werden die Wicklungs- und Geometriedaten des Rotors festgelegt.

```
*SET,Q2           , 2.00000000000
! Nutenzahl pro Pol und Phase q Rotor
*SET,EPS2         , 1.00000000000
! Schrittverkürzung Rotor
*SET,RINNEN       , 0.200000000000E-01
! Innenradius
*SET,WICKBREITE2 , 0.500000000000E-02
! Wicklungsbreite Rotor
*SET,WICKHOEHE2   , 0.800000000000E-02
! Wicklungshöhe Rotor
*SET,WICKISOL2    , 0.100000000000E-02
! Isolationshöhe Rotornut
*SET,ZWEISCHICHT2, 1.00000000000
! Einschicht(0)-/Zweischicht(1)wicklung Rotor
!!*SET,JOCH2      , 0.100000000000E-01
!!*SET,JOCHDICKE2, 0.590000000000E-01
*SET,NWIN2        , 100.0000000000
! Windungszahl Rotor
```

18.1 Aufbau des Finite-Element-Modells

Der Aufbau des Finite-Elemente-Modell beginnt wie üblich mit der Elementdefinition.

Abb. 18.3 Elementdefinition

Definiert werden insgesamt 4 Elementtypen für den Stator für Eisen, Luft, sowie bei Zweischichtwicklung die Ober- und Unterlagen der Statorwicklung.

```
/prep7
ET,1,PLANE53 ! Eisen Stator
ET,2,PLANE53 ! Luft Stator
ET,3,PLANE53 ! Leiter Wicklungsseite 1 Stator ist ein
stranded coil
KEYOPT,3,1,3
KEYOPT,3,2,0
KEYOPT,3,3,0
KEYOPT,3,4,0
KEYOPT,3,5,0
KEYOPT,3,7,0
ET,4,PLANE53 ! Leiter Wicklungsseite 2 Stator ist ein
stranded coil
KEYOPT,4,1,3
KEYOPT,4,2,0
KEYOPT,4,3,0
KEYOPT,4,4,0
```

```
KEYOPT,4,5,0
KEYOPT,4,7,0
```

Zur klaren Unterscheidung von Stator und Rotor werden ab der Nummer 11 die 4 Elementtypen des Rotors angelegt.

```
ET,11,PLANE53 ! Eisen Rotor
ET,12,PLANE53 ! Luft Rotor
ET,13,PLANE53 ! Leiter Lage 1 Rotor ist ein massive conductor
KEYOPT,13,1,4
KEYOPT,13,2,0
KEYOPT,13,3,0
KEYOPT,13,4,0
KEYOPT,13,5,0
KEYOPT,13,7,0
ET,14,PLANE53 ! Leiter Lage 1 Rotor ist ein massive conductor
(nicht verwendet)
KEYOPT,14,1,4
KEYOPT,14,2,0
KEYOPT,14,3,0
KEYOPT,14,4,0
KEYOPT,14,5,0
KEYOPT,14,7,0

*If,nwin1,eq,1,then
keyopt,3,1,4
keyopt,4,1,4
*endif
```

Auch beim Rotor werden Ober- und Unterlagen bei Zweischichtwicklung unterschieden.

Abb. 18.4 Materialdefinition

Es folgt die Materialdefinition, bei der die Materialeigenschaften des Eisens und leitfähigen Materials für Stator und Rotor festgelegt werden.

```
*SET,MURXA    , 10000.00000000    ! Permeabilität Eisen Stator
*SET,MURXI    , 10000.00000000    ! Permeabilität Eisen Rotor
*SET,NICHTLIN, 0.000000000000    ! Nichtlinearität des Eisens
*SET,LEITA    , 56000000.00000    ! Leitfähigkeit Statorleiter
*SET,LEITI    , 56000000.00000    ! Leitfähigkeit Rotorleiter
```

Nach der Parameterdefinition werden die Daten dem Finite-Elemente-Modell zugewiesen. Für nichtlineare Berechnungen muss die magnetische Kennlinie des Eisens über ein separates Skript zugefügt werden.

```
*If,nichtlin,ne,1,then
MP,MURX,1,murxa        ! muer Stator bei linearem Eisen
MP,MURX,11,murxi       ! muer Rotor bei linearem Eisen
*Else
eisen2.txt
! B(H)-Kurve des Stators bei nichtlinearem Eisen
eisen2i.txt
! B(H)-Kurve des Rotors bei nichtlinearem Eisen
*EndIf
```

```
!!!! Sollte eine andere B(H)-Kurve benötigt werden, ist
diese durch andere
!!!! Dateien eisen2.txt (Stator) und eisen2i.txt (Rotor)
einzugeben.

MP,MURX,2,1            ! muer Luft Stator
MP,MURX,3,1            ! muer Leiterseite 1 Stator
MP,RSVX,3,1/leita      ! spezifischer Widerstand Leiterseite 1
Stator
MP,MURX,4,1            ! muer Leiterseite 2 Stator
MP,RSVX,4,1/leita      ! spezifischer Widerstand Leiterseite 1
Stator
MP,MURX,5,1            ! nicht benutzter Materialtyp

MP,MURX,12,1           ! muer Luft Rotor
MP,MURX,13,1           ! muer Wicklungslage 1 Rotor
MP,RSVX,13,1/leiti     ! spezifischer Widerstand Wicklungslage 1
Rotor
MP,MURX,14,1           ! muer Wicklungslage 2 Rotor
MP,RSVX,14,1/leiti     ! spezifischer Widerstand Wicklungslage 2
Rotor
MP,MURX,15,1           ! nicht benutzter Materialtyp
```

Abb. 18.5 Definition der realen Konstanten

Zur Beschreibung der elektrischen Eigenschaften der Spulen in Ober- und Unterlagen sind die Füllfaktoren für Stator und Rotor auszurechnen und einzugeben, sowie die Jochtiefe (Eisenlänge) der Anordnung. Die Flächen können über die Nutgeometrie definiert werden, die Windungszahlen der Lagen wurden bereits definiert.

```
*SET,FILA , 1.000000000000    ! Füllfaktor Nut Stator
*SET,FILI , 1.000000000000    ! Füllfaktor Nut Rotor
```

Nach der Parameterdefinition werden die realen Konstanten aus den Eingabedaten erzeugt.

```
*if,nwin1,gt,1,then
*If,Zweischicht,eq,1,then
R,3,wickbreite1*wickhoehe1/2,nwin1,jochtiefe,1,fila
! reale Konstante Statorleiter 1 (Zweischicht)
R,4,wickbreite1*wickhoehe1/2,nwin1,jochtiefe,1,fila
! reale Konstante Statorleiter 2
*Else
R,3,wickbreite1*wickhoehe1,nwin1,jochtiefe,1,fila
! reale Konstante Statorleiter 1 (Einschicht)
R,4,wickbreite1*wickhoehe1,nwin1,jochtiefe,1,fila
! reale Konstante Statorleiter 2
*EndIf
*else
*If,Zweischicht,eq,1,then
R,3,wickbreite1*wickhoehe1/2,,jochtiefe,1,
! reale Konstante Statorleiter 1 (Zweischicht)
R,4,wickbreite1*wickhoehe1/2,,jochtiefe,1,
! reale Konstante Statorleiter 2
*Else
R,3,wickbreite1*wickhoehe1,,jochtiefe,1,
! reale Konstante Statorleiter 1 (Einschicht)
R,4,wickbreite1*wickhoehe1,,jochtiefe,1,
! reale Konstante Statorleiter 2
*EndIf
*endif

*if,nwin2,gt,1,then
*If,Zweischicht2,eq,1,then
R,13,wickbreite2*wickhoehe2/2,nwin2,jochtiefe,fili,
! reale Konstante Rotorleiter 1
```

```
R,14,wickbreite2*wickhoehe2/2,nwin2,jochtiefe,fili,
! reale Konstante Rotorleiter 2
*Else
R,13,wickbreite2*wickhoehe2,nwin2,jochtiefe,fili,,
! reale Konstante Rotorleiter 1
R,14,wickbreite2*wickhoehe2,nwin2,jochtiefe,fili,,
! reale Konstante Rotorleiter 2
*endif
*else
*If,Zweischicht2,eq,1,then
R,13,wickbreite2*wickhoehe2/2,,jochtiefe,,
! reale Konstante Rotorleiter 1
R,14,wickbreite2*wickhoehe2/2,,jochtiefe,,
! reale Konstante Rotorleiter 2
*Else
R,13,wickbreite2*wickhoehe2,,jochtiefe,,
! reale Konstante Rotorleiter 1
R,14,wickbreite2*wickhoehe2,,jochtiefe,,
! reale Konstante Rotorleiter 2
*endif
*endif
```

Es folgt die Geometrieerstellung, zunächst des Stators.

Abb. 18.6 Geometrieerstellung des Stators

Die Geometrieerstellung beschränkt sich auf eine halbe Nutteilung. Im gleichen Zuge wird das Joch des Rotors ohne Nutung aufgebaut.

```
z1=2*m*p*q
z2=2*m*p*q2
jochdicke2=raussen-jochdicke-delta-rinnen

csys,1

k,1,raussen,0
k,2,raussen,360/(2*z1)
k,3,raussen-jochdicke,0
k,4,raussen-jochdicke,360/(2*z1)
csys,0
*If,Zweischicht,eq,1,then
k,5,raussen-jochdicke+wickhoehe1/2+wickisol1,0
k,6,raussen-jochdicke+wickhoehe1/2+wickisol1,wickbreite1/2
*Else
k,5,raussen-jochdicke+wickhoehe1,0
k,6,raussen-jochdicke+wickhoehe1,wickbreite1/2
*EndIf

jochdicke2=raussen-jochdicke-delta-rinnen

k,7,raussen-2*jochdicke,wickbreite1/2
csys,1
k,8,rinnen,0
k,9,rinnen,360/(2*z2)
k,10,rinnen+jochdicke2,0
k,11,rinnen+jochdicke2,360/(2*z2)
csys,0
k,12,2*raussen,wickbreite1/2
csys,1
k,13,rinnen+jochdicke2+delta/2,0
k,14,rinnen+jochdicke2+delta/2,360/(2*z1)
csys,0
*If,zweischicht,eq,1,then
k,15,raussen-jochdicke+wickhoehe1/2,0
k,16,raussen-jochdicke+wickhoehe1/2,wickbreite1/2
k,17,raussen-jochdicke+wickhoehe1+wickisol1,0
k,18,raussen-jochdicke+wickhoehe1+wickisol1,wickbreite1/2
*Else
```

```
k,15,raussen-jochdicke+wickhoehe1/2,0
k,16,raussen-jochdicke+wickhoehe1/2,wickbreite1/2
k,17,raussen-jochdicke+wickhoehe1+wickisol1,0
k,18,raussen-jochdicke+wickhoehe1+wickisol1,wickbreite1/2
*EndIf
csys,1
k,19,rinnen+jochdicke2+delta/2,0
k,20,rinnen+jochdicke2+delta/2,360/(2*z2)
```

Abb. 18.7 Geometriepunkte des Stators

Im nächsten Schritt werden in den Koordinatensystemen kartesisch oder polar die Linien zur Beschreibung der Grundkonturen erzeugt.

```
csys,1
l,1,2
l,3,4
csys,0
l,2,4
l,15,5
l,5,6
l,3,15
l,16,7
csys,1
l,8,9
l,10,11
csys,0
l,8,10
```

```
l,9,11
l,4,14
l,11,20
l,3,13
l,10,19
l,6,16
csys,1
l,13,14
csys,0
l,15,16
l,12,18
l,17,1
l,17,18
l,6,18
l,5,17
csys,1
l,19,20
```

Die Linien der Statornut werden mit dem Joch des Stators verschnitten.

```
lsel,s,,,2,7,5
lsel,a,,,17
lovlap,all
lsel,s,,,1,19,18
lovlap,all
```

Abschließend werden alle unnötigen Linien gelöscht.

```
lsel,s,,,17,27,10
ldel,all

allsel
```

Als Ergebnis ergibt sich die halbe Statornutteilung mit der Rohkontur des Rotorjochs.

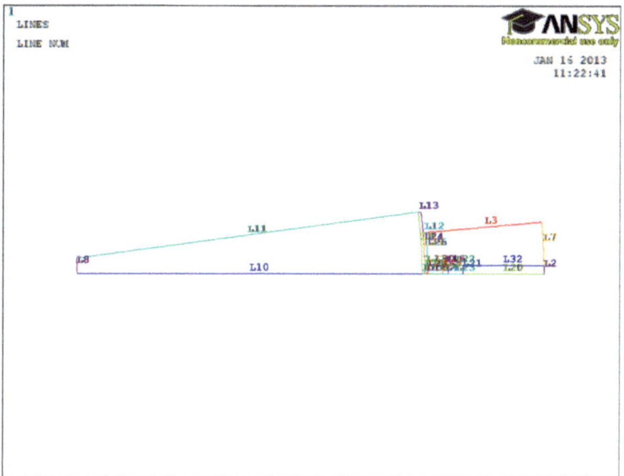

Abb. 18.8 Linienkontur des Stators

Es folgt die Generierung der Rotornutteilung.

Abb. 18.9 Generierung der Rotorgeometrie

Auf der Basis der bereits erzeugten Statorgeometrie und der rohen Rotorjochgeometrie wird die Rotornut in das Rotorjoch integriert.

```
z2=2*m*p*q2

*afun,deg

allsel

*GET,kmax,kp,0,num,max

csys,1
k,kmax+1,rinnen,0
k,kmax+2,rinnen,360/(2*z2)
k,kmax+3,rinnen+jochdicke2,0
k,kmax+4,rinnen+jochdicke2,360/(2*z2)
k,kmax+5,rinnen+jochdicke2+delta/2,0
k,kmax+6,rinnen+jochdicke2+delta/2,360/(2*z2)
csys,0
k,kmax+7,rinnen+jochdicke2+delta,wickbreite2/2
k,kmax+8,rinnen+jochdicke2-wickhoehe2/2,-wickbreite2/2
k,kmax+9,rinnen+jochdicke2-wickhoehe2/2,wickbreite2/2
*If,zweischicht2,eq,1,then
k,kmax+10,rinnen+jochdicke2-wickhoehe2/2-wickisol2,-
wickbreite2/2
k,kmax+11,rinnen+jochdicke2-wickhoehe2/2-wickisol2,
wickbreite2/2
k,kmax+12,rinnen+jochdicke2-wickhoehe2-wickisol2,-
wickbreite2/2
k,kmax+13,rinnen+jochdicke2-wickhoehe2-wickisol2,
wickbreite2/2
*Else
k,kmax+10,rinnen+jochdicke2-wickhoehe2,-wickbreite2/2
k,kmax+11,rinnen+jochdicke2-wickhoehe2,wickbreite2/2
k,kmax+12,rinnen+jochdicke2-wickhoehe2-wickisol2,-
wickbreite2/2
k,kmax+13,rinnen+jochdicke2-wickhoehe2-wickisol2,
wickbreite2/2
*EndIf
```

Abb. 18.10 Geometriepunkte von Stator und Rotor

Es folgt die Generierung der Linien zur Beschreibung der Rotornutgeometrie.

```
csys,1
l,kmax+1,kmax+2
l,kmax+3,kmax+4
l,kmax+5,kmax+6
csys,0
l,kmax+7,kmax+9
l,kmax+8,kmax+9
l,kmax+10,kmax+11
l,kmax+12,kmax+13
l,kmax+9,kmax+11
l,kmax+11,kmax+13

l,kmax+3,kmax+5
l,kmax+4,kmax+6
l,kmax+1,kmax+3
l,kmax+2,kmax+4

lsel,s,,,8,11
lsel,a,,,13,15,2
lsel,a,,,24
ldel,all
```

Nach der Definition aller notwendigen Rotorrohkonturlinien und Bereinigung um unnötige Linien wird die Rotornut- mit der Rotorjochgeometrie verschnitten.

```
lsel,s,,,17,19,2
lsel,a,,,27
lovlap,all

lsel,s,,,33,35
lsel,a,,,40
lovlap,all
```

Abschließend werden einige nach der Verschneidung unnötige Linien gelöscht.

```
lsel,s,,,13
lsel,a,,,27
lsel,a,,,43,45,2
ldel,all

allsel
```

Damit ist die Stator- und Rotorgeometrie als jeweilige Teilstruktur aufgebaut.

Abb. 18.11 Erzeugung der Flächen des Stators

Es folgt die Generierung der Statorflächen. Aufgrund der geringen Anzahl von Linien werden die regelmäßigen Vierecke und das Vieleck in einem Zuge erstellt.

```
allsel
!!
!!Stator
!!
al,31,26,12,29
al,14,25,31,28
al,30,16,22,32,7,3,26
al,6,18,30,25
al,4,5,16,18
al,23,21,22,5
al,20,2,32,21
```

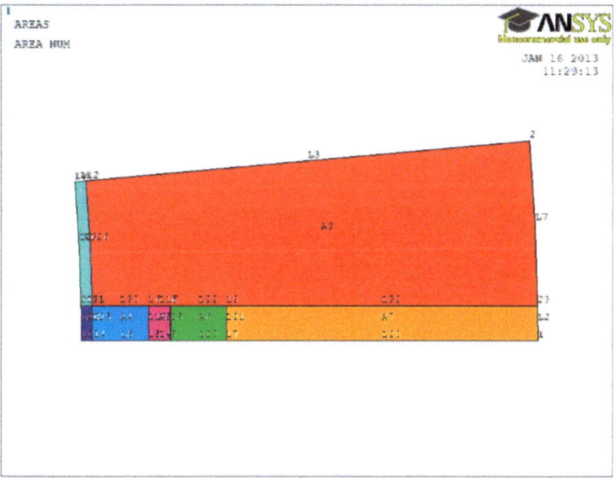

Abb. 18.12 Generierte Flächen des Stators

Abb. 18.13 Erzeugung der Flächen des Rotors

Es folgt analog die Generierung der Flächen des Rotors.

```
allsel

!!
!!Rotor
!!
lsel,s,,,1
lsel,a,,,9
lsel,a,,,15,17,2
lsel,a,,,36,37
lsel,a,,,41
lsel,a,,,46
al,all
allsel
al,15,42,19,8
al,36,44,47,42
al,37,46,48,44
al,24,8,38,10
al,39,9,24,11
```

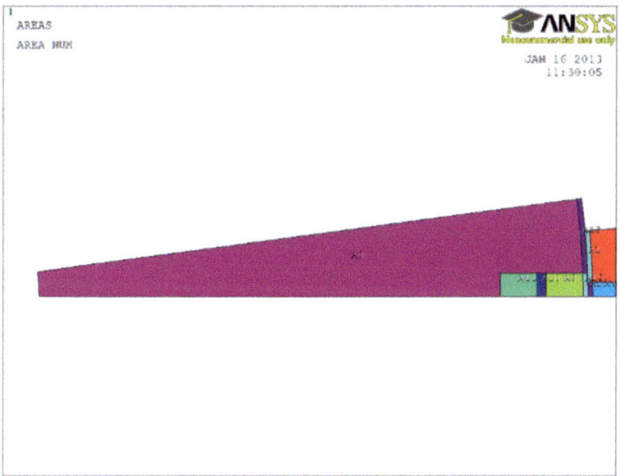

Abb. 18.14 Flächen des Rotors

Abb. 18.15 Zuweisung der Attribute zu den Flächen

Den Stator- und Rotorflächen werden die Attribute Elementtype, Material und reale Konstante zugewiesen.

```
!!
!!Stator
!!
asel,s,,,1,2
asel,a,,,5
aatt,2,2,2
```

```
asel,s,,,3
asel,a,,,7
aatt,1,1,1
*If,Zweischicht,eq,1,then
asel,s,,,6
aatt,2,2,2
*EndIf

asel,s,,,4
aatt,3,3,3

asel,s,,,6
*If,Zweischicht,eq,1,then
aatt,4,4,4
*Else
aatt,1,1,1
asel,s,,,4,5
aatt,3,3,3
*EndIf
```

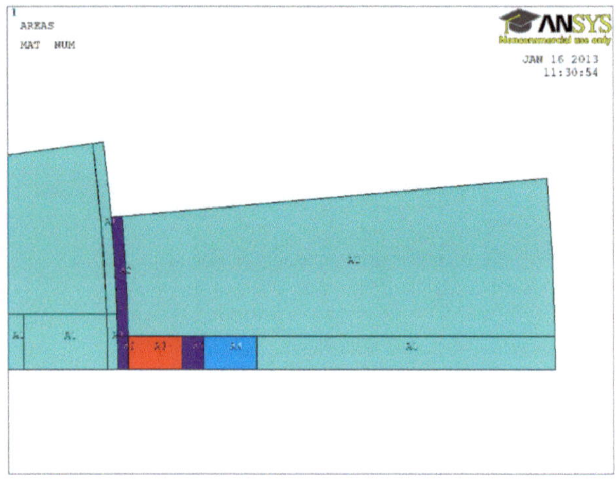

Abb. 18.16 Attributzuweisung zu den Flächen des Stators

```
!!
!!Rotor
!!
asel,s,,,12,13
aatt,12,12,12
```

```
asel,s,,,8
aatt,11,11,11

*If,zweischicht2,eq,1,then
asel,s,,,9
aatt,13,13,13
asel,s,,,10
aatt,12,12,12
asel,s,,,11
aatt,14,14,14
*Else
asel,s,,,9,10
aatt,13,13,13
asel,s,,,11
aatt,11,11,11
*EndIf

Allsel
```

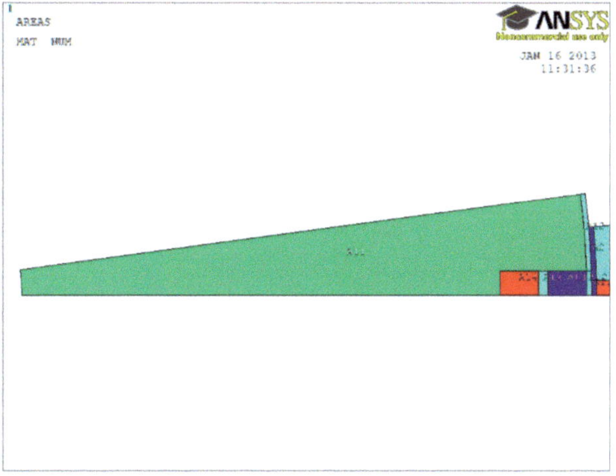

Abb. 18.17 Attributzuweisung zu den Flächen des Rotors

Abb. 18.18 Vermaschung der Teilstrukturen von Stator und Rotor

Die Netzfeinheit wird durch zwei Parameter definiert.

```
*SET,MESHEISEN, 0.500000000000E-02  ! Netzfeinheit Eisen
*SET,MESHLUFT , 0.500000000000E-03  ! Netzeinheit Luftspalt
```

Im nächsten Schritt wird die Vermaschung vorbereitet, indem den Linien die Elementkantenanzahl zugewiesen wird. Dieses Verfahren ist aufgrund der sehr geringen Linienanzahl zur Beschreibung der Kontur mit wenigen gleichartigen Befehlen zur Anwendung zu bringen.

```
!!
!!Stator
!!

lsel,s,,,6,30,24
*get,laeng,line,6,leng
istue1=nint(laeng/mesheisen)
*if,istue1,lt,2,then
istue1=2
*endif
lesi,all,,,istue1

lsel,s,,,4,16,12
```

```
*get,laeng,line,4,leng
istue2=nint(laeng/mesheisen)
*if,istue2,lt,1,then
istue2=1
*endif
lesi,all,,,istue2

lsel,s,,,22,23
*get,laeng,line,22,leng
istue3=nint(laeng/mesheisen)
*if,istue3,lt,2,then
istue3=2
*endif
lesi,all,,,istue3

lsel,s,,,20,32,12
*get,laeng,line,20,leng
istue4=nint(laeng/mesheisen)
*if,istue4,lt,1,then
istue4=1
*endif
lesi,all,,,istue4

lsel,s,,,3
lesi,all,,,istue1+istue2+istue3+istue4

lsel,s,,,7
*get,laeng,line,7,leng
istue1=nint(laeng/mesheisen)
*if,istue1,lt,1,then
istue1=1
*endif
lesi,all,,,istue1

lsel,s,,,2,5,3
lsel,a,,,18,21,3
*get,laeng,line,2,leng
istue2=nint(laeng/mesheisen*2)
*if,istue2,lt,2,then
istue2=2
*endif
```

```
lesi,all,,,istue2

lsel,s,,,26,29,3
*get,laeng,line,26,leng
istue1=nint(laeng/meshluft)
*if,istue1,lt,1,then
istue1=1
*endif
lesi,all,,,istue1

lsel,s,,,25,28,3
*get,laeng,line,25,leng
istue1=nint(laeng/meshluft)
*if,istue1,lt,1,then
istue1=1
*endif
lesi,all,,,istue1

lsel,s,,,12,14,2
lsel,a,,,31
*get,laeng,line,12,leng
istue1=nint(laeng/meshluft)
*if,istue1,lt,1,then
istue1=1
*endif
lesi,all,,,istue1
```

Als Ergebnis ergibt sich die Vorbereitung der Vermaschung des Stators.

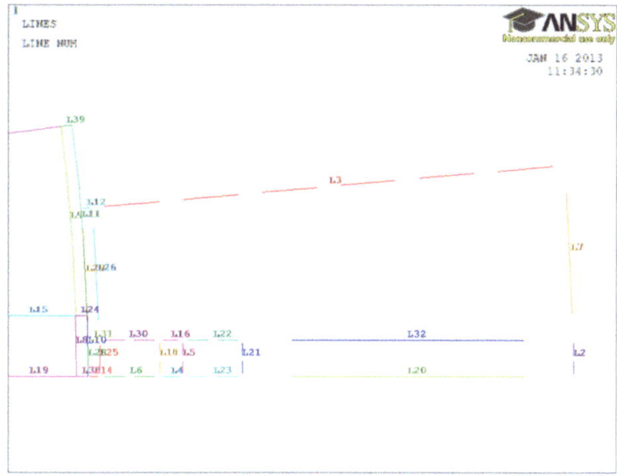

Abb. 18.19 Vorbereitung der Vermaschung des Stators

Die zu vermaschenden Flächen werden selektiert und anschließend vermascht.

```
asel,s,mat,,1,8
amesh,all
```

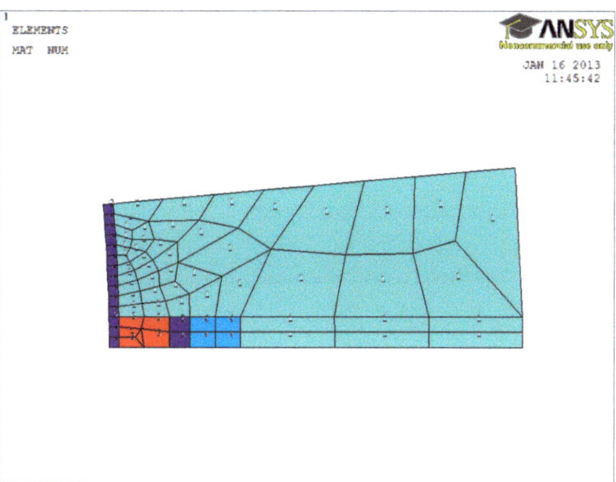

Abb. 18.20 Vermaschter Stator

Nach Festlegung der Flächen des Stators als Komponente wird ebenso mit dem Rotor verfahren.

```
ASEL,S,MAT,,1,5
cm,kstator,area
cm,_stator,area
```

```
!!
!!Rotor
!!
lsel,s,,,9,11,2
*get,laeng,line,11,leng
istue1=nint(laeng/meshluft)
*if,istue1,lt,1,then
istue1=1
*endif
lesi,all,,,istue1

lsel,s,,,10
*get,laeng,line,10,leng
istue1=nint(laeng/meshluft)
*if,istue1,lt,1,then
istue1=1
*endif
lesi,all,,,istue1

lsel,s,,,8
*get,laeng,line,8,leng
istue1=nint(laeng/meshluft)
istue2=nint(laeng/mesheisen*10)
*if,istue1,lt,1,then
istue1=1
*endif
*if,istue2,lt,1,then
istue2=1
*endif
*if,istue2,gt,istue1,then
istue1=istue2
*endif
lesi,all,,,istue1

lsel,s,,,24
lsel,a,,,38,39
*get,laeng,line,24,leng
istue1=nint(laeng/meshluft)
*if,istue1,lt,1,then
istue1=1
*endif
```

```
lesi,all,,,istue1

lsel,s,,,17
*get,laeng,line,17,leng
istue1=nint(laeng/mesheisen)
*if,istue1,lt,1,then
istue1=1
*endif
lesi,all,,,istue1

lsel,s,,,41
*get,laeng,line,41,leng
istue1=nint(laeng/mesheisen)
*if,istue1,lt,1,then
istue1=1
*endif
lesi,all,,,istue1

lsel,s,,,1
*get,laeng,line,1,leng
istue1=nint(laeng/mesheisen)
*if,istue1,lt,1,then
istue1=1
*endif
lesi,all,,,istue1

lsel,s,,,15,19,4
*get,laeng,line,19,leng
istue1=nint(laeng/mesheisen*10)
*if,istue1,lt,1,then
istue1=1
*endif
lesi,all,,,istue1

lsel,s,,,36,47,11
*get,laeng,line,47,leng
istue1=nint(laeng/mesheisen*10)
*if,istue1,lt,1,then
istue1=1
*endif
```

```
lesi,all,,,istue1

lsel,s,,,37,48,11
*get,laeng,line,48,leng
istue1=nint(laeng/mesheisen*5)
*if,istue1,lt,1,then
istue1=1
*endif
lesi,all,,,istue1

lsel,s,,,42,46,2
*get,laeng,line,42,leng
istue1=nint(laeng/mesheisen*8)
*if,istue1,lt,1,then
istue1=1
*endif
lesi,all,,,istue1
```

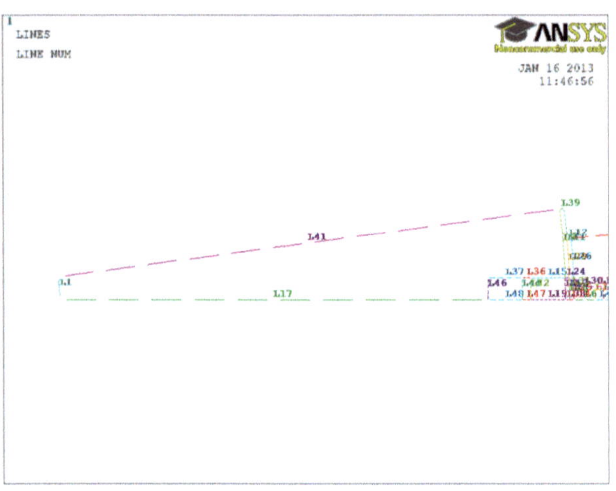

Abb. 18.21 Vorbereitung der Vermaschung des Rotors

Nach der Vorbereitung der Vermaschung werden die Flächen des Rotors vermascht.

```
asel,s,mat,,11,18
amesh,all
```

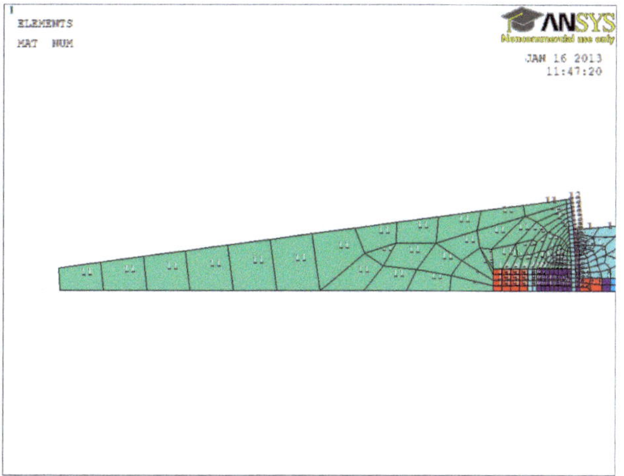

Abb. 18.22 Vermaschter Rotor

Auch die Flächen des Rotors werden als Komponente zusammengefasst.

```
asel,s,mat,,11,18
cm,krotor,area
```

Abb. 18.23 Spiegelung und Kopie

Im nächsten Schritt wird die halbe Nutteilung durch Spiegelung in eine gesamte Nutteilung umgewandelt.

```
!!
!!Stator
!!
cmsel,s,kstator
csys,0
arsym,y,all,
```

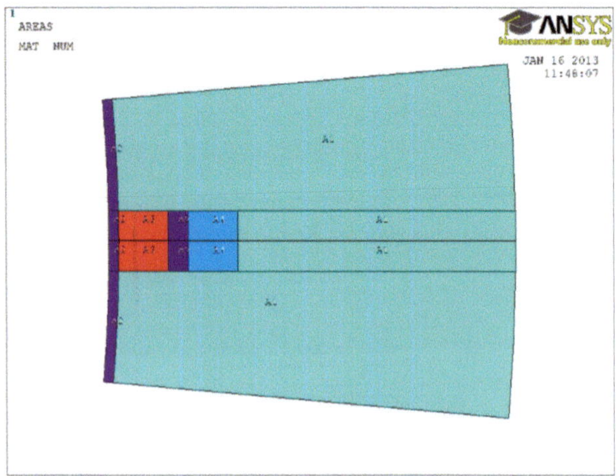

Abb. 18.24 Spiegelung der halben Statornutteilung zu einer Statornutteilung

Im nächsten Schritt wird die Teilstruktur der Statornutteilung durch Z1-malige Kopie zur gesamten Statorkontur kopiert.

```
csys,1
agen,z1,all,,,,360/z1
```

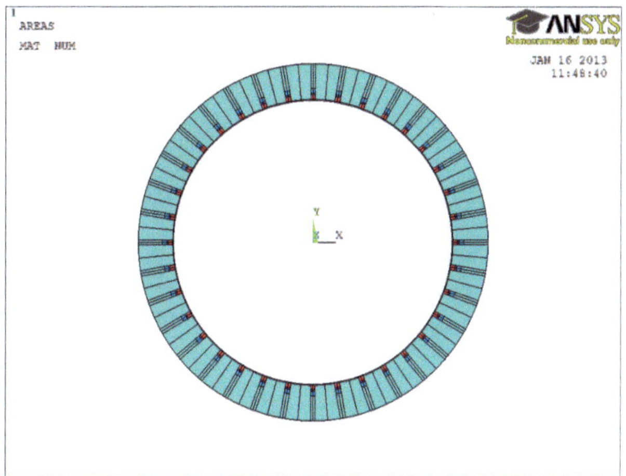

Abb. 18.25 Kopie der Statornutteilung zu einem gesamten Stator

Entsprechend wird mit dem Rotor verfahren. Die halbe Nutteilung des Rotors wird zunächst gespiegelt.

```
!!
!!Rotor
!!
cmsel,s,krotor
csys,0
arsym,y,all,
```

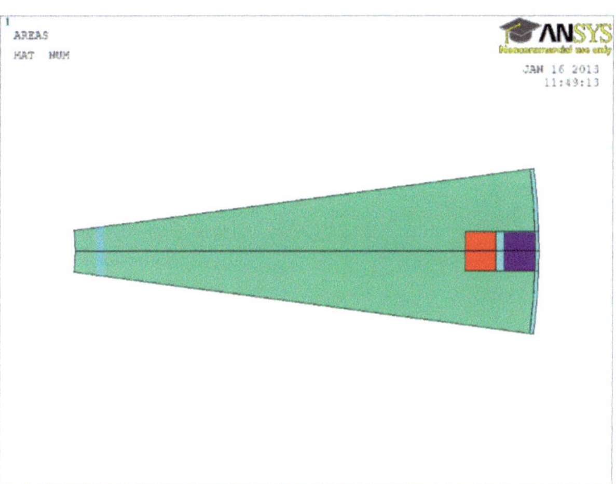

Abb. 18.26 Spiegelung der halben Rotornut zu einer Rotornutteilung

Anschließend werden die Flächen des Rotors Z2-mal zum gesamten Rotor kopiert.

```
cm,krotor,area

cmsel,s,krotor
csys,1

agen,z2,all,,,,360/(z2)
```

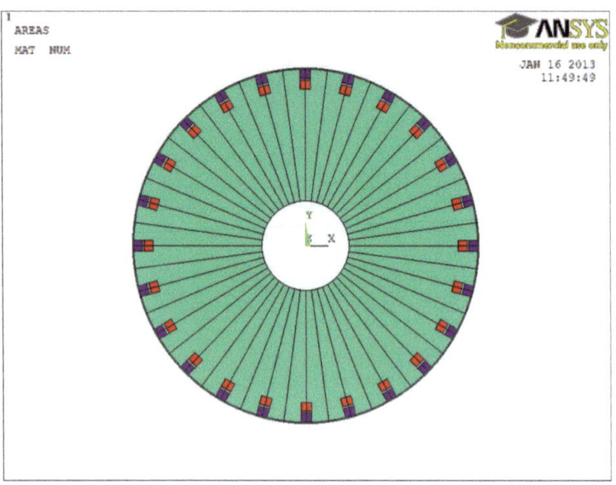

Abb. 18.27 Kopie der Rotornutteilung zu einem gesamten Rotor

Abschließend werden die Flächen von Stator und Rotor in einzelnen Komponenten abgelegt und die Drehmomentberechnung vorbereitet.

```
ASEL,S,MAT,,1,8
cm,kstator,area

asel,s,mat,,11,18
cm,krotor,area

!
! Elemente Rotoreisen fuer Kraftberechnung zusammenfassen
!

asel,s,mat,,11
allsel,below,area
cm,erotor,elem
fmagf.txt,'erotor'
allsel
```

Damit ist das Finite-Element-Modell des Asynchronschleifringläufers vorbereitet.

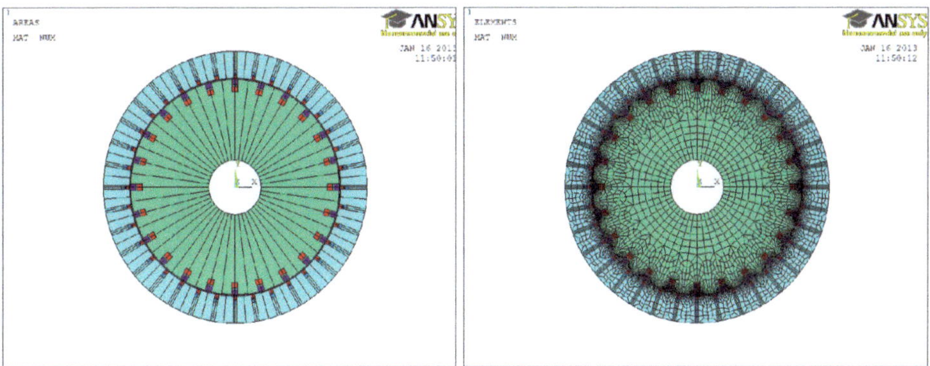

Abb. 18.28 Generierter Asynchronschleifringläufer, bestehend aus Stator und Rotor

Es folgt die Bereinigung des Modell hinsichtlich doppelter Knoten, die Einrichtung sämtlicher Kopplungen als Vorbereitung für die Verschaltung und die Zuweisung von Randbedingungen.

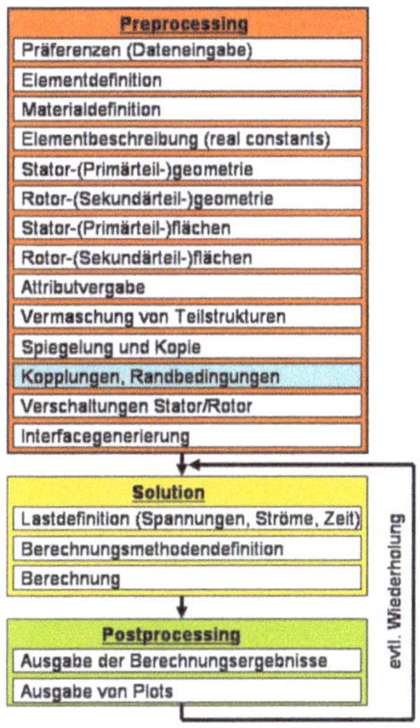

Abb. 18.29 Kopplungen und Randbedingungen

Im ersten Schritt werden alle durch Spiegelung und Kopie erzeugten doppelten Knoten gelöscht. Dies erfolgt in zwei Schritten für den Stator und Rotor getrennt.

```
/nopr
cmsel,s,kstator
```

```
allsel,below,area
NUMMRG,NODE,1e-6 , , ,LOW
NUMCMP,NODE
nummrg,kp

cmsel,s,krotor
allsel,below,area
NUMMRG,NODE,1e-6 , , ,LOW
NUMCMP,NODE
nummrg,kp
/gopr

allsel
```

Es folgt die Erzeugung der Randbedingung auf dem äußeren Rand durch Aufbringen der Randbedigung des gleichen Vektorpotenzials mit Wert 0.

```
csys,1
nsel,s,loc,x,raussen
d,all,az,0
```

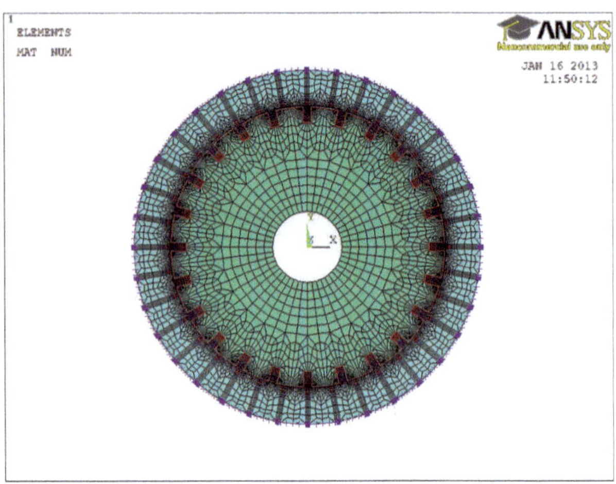

Abb. 18.30 Randbedingung auf dem Statoraußenradius

Das Ergebnis des Aufbringens der Randbedingung ist an den violetten Kreuzen auf dem Außenrand erkennbar.

Es folgt das Aufbringen der Randbedingung auf dem inneren Rand der Welle durch Aufbringen einer Kopplung des Vektorpotenzials auf diesen Knoten.

```
nsel,s,loc,x,rinnen
cp,2,az,all
```

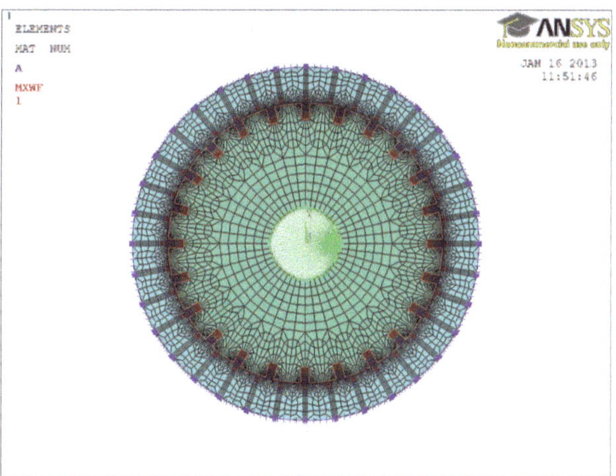

Abb. 18.31 Randbedingung konstantes Vektorpotential als Kopplung auf dem Rotorinnenradius

Das Ergebnis dieser Randbedingung ist an den hellgrünen Verbindungen zum Masterknoten erkennbar.

Anschließend werden die Knoten der Ober- und Unterlagen jeder einzelnen Nut gekoppelt. Hierbei ist nach Einschicht- und Zweischichtwicklung zu unterscheiden, bei Einschichtwicklung werden beide Lagen zusammen gekoppelt. Im ersten Schritt werden die Oberlagen gekoppelt.

```
!!
!!Stator
!!
csys,1

*Do,ileit,1,z1
asel,s,mat,,3
allsel,below,area
ASEL,r,LOC,Y,-360/(2*z1)+(ileit-1)*360/z1,360/(2*z1)+
(ileit-1)*360/z1
allsel,below,area
```

```
*If,Zweischicht,eq,1,then
cp,ileit*4+1,curr,all
cp,ileit*4+2,emf,all
*Else
cp,ileit*2+1,curr,all
cp,ileit*2+2,emf,all
*EndIf
*GET,wicknodeo%ileit%, NODE, 0,num,min

*EndDo
```

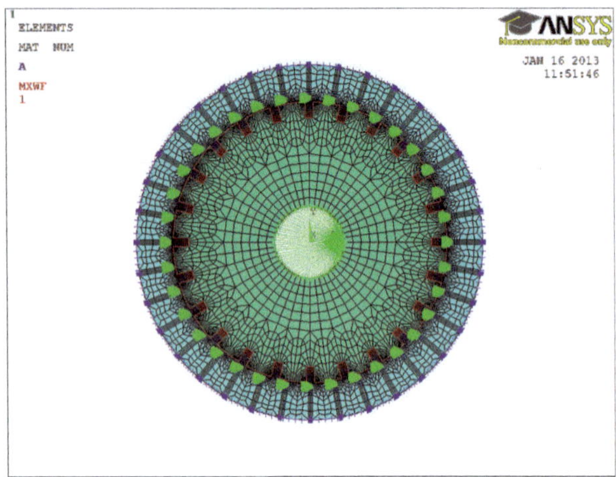

Abb. 18.32 Kopplung der Statoroberlagenknoten bei Zweischichtwicklung

Im nächsten Schritt werden bei Zweischichtwicklung die Unterlagen gekoppelt.

```
*If,Zweischicht,eq,1,then
*Do,ileit,1,z1
asel,s,mat,,4
allsel,below,area
ASEL,r,LOC,Y,-360/(2*z1)+(ileit-1)*360/z1,360/(2*z1)+
(ileit-1)*360/z1
allsel,below,area

cp,ileit*4+3,curr,all
cp,ileit*4+4,emf,all
*GET,wicknodeu%ileit%, NODE, 0,num,min

*EndDo
*EndIf
```

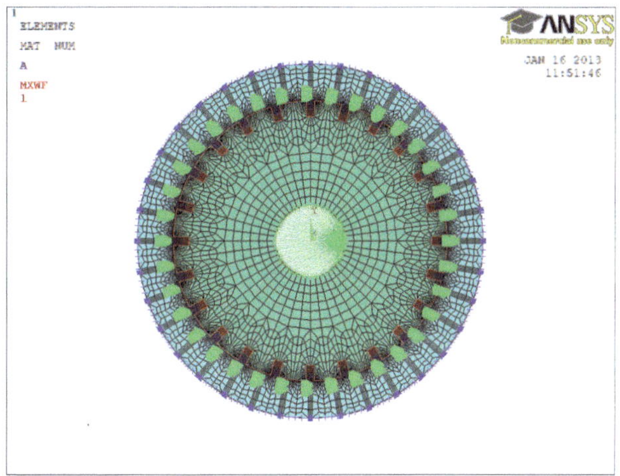

Abb. 18.33 Kopplung der Ober- und Unterlagen-Knoten des Stators

Ebenso wird mit dem Rotor verfahren. Auch dort wird nach Ober- und Unterlagen entsprechend Ein- oder Zweischichtwicklung unterschieden.

```
allsel

!!
!!Rotor
!!
*If,Zweischicht2,eq,1,then

csys,1

*Do,ileit,1,z2
asel,s,mat,,13
allsel,below,area
ASEL,r,LOC,Y,-360/(2*z2)+(ileit-1)*360/(z2),360/(2*z2)+
(ileit-1)*360/(z2)
allsel,below,area

cp,next,curr,all
cp,next,emf,all
*GET,wicknode1r%ileit%, NODE, 0,num,min

asel,s,mat,,14
allsel,below,area
```

```
ASEL,r,LOC,Y,-360/(2*z2)+(ileit-1)*360/(z2),360/(2*z2)+
(ileit-1)*360/(z2)
allsel,below,area

cp,next,curr,all
cp,next,emf,all
*GET,wicknode2r%ileit%, NODE, 0,num,min

*EndDo

*Else

*Do,ileit,1,z2
asel,s,mat,,13
allsel,below,area
ASEL,r,LOC,Y,-360/(2*z2)+(ileit-1)*360/(z2),360/(2*z2)+
(ileit-1)*360/(z2)
allsel,below,area

cp,next,curr,all
cp,next,emf,all
*GET,wicknode1r%ileit%, NODE, 0,num,min

*EndDo

*EndIf
```

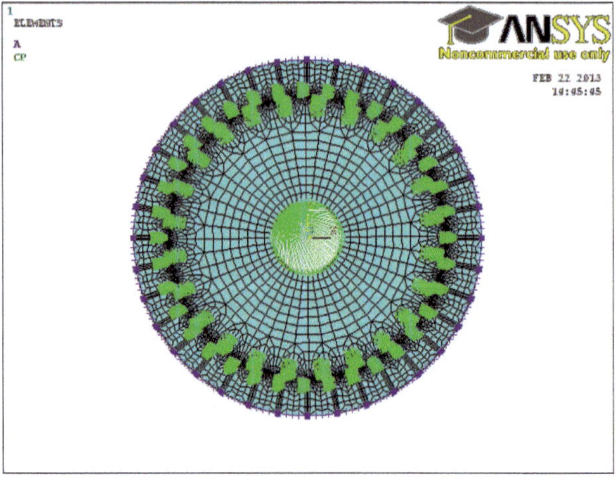

Abb. 18.34 Kopplungen der Ober- und Unterlagen in Stator und Rotor

Abschließend wird die Drehmomentberechnung für den Rotor vorbereitet.

```
esel,s,mat,,11
!!esel,a,mat,,13,14
cm,kraftrot,elem
fmagbc,'kraftrot'

allsel
```

18.2 Generierung der Verschaltung

Im Anschluss an die Generierung des reinen Finite-Elemente-Modells erfolgt die Verschaltung von Stator und Rotor.

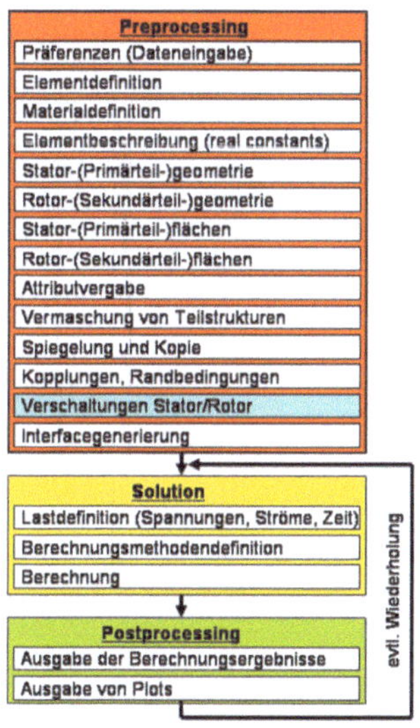

Abb. 18.35 Verschaltung von Stator und Rotor

18.2.1 Stator-Verschaltung

Zur Generierung der Statorverschaltung sind Stirnstreuwiderstand und -induktivität, Ständerspannung, Frequenz und Ständerverschaltung zu definieren. Die Ständerverschaltung beinhaltet Stern- oder Dreieckschaltung, sowie bei Sternschaltung die Verbindungsmöglichkeit des Sternpunktes.

```
*SET,RWICKSTIRN1, 0.1000000000000E-04
! Wicklungsstirnwiderstand Stator
*SET,LWICKSTIRN1, 0.1000000000000E-02
! Wicklungsstirninduktivität Stator
*SET,U1          , 100.0000000000
! Ständerspannung
*SET,STERN1      , 1.000000000000
! Stern(1)-/Dreieck(0)-Schaltung Stator
*SET,VSTERN1     , 0.000000000000
! Verschaltung Sternpunkt Stator
*set,freq,50
! Frequenz
```

Im ersten Schritt der Verschaltung werden die Ober- und Unterlagen der einzelnen Teilspulen zusammengefasst für Spulengruppen der Stränge und der einzelnen Stränge generiert. Es folgt die Verschaltung der Spulen zu Stränge in Verbindung mit den Stirnelementen zur Serienschaltung, sowie die Anlage der drei Spannungsquellen.

```
allsel

csys,0

*If,Zweischicht,eq,1,then

*Do,im,1,m
*GET,maxnode, NODE, 0,num,max

*Do,ip,1,2*p
*Do,iq,1,q
R,110,1,
noff=maxnode+(ip-1)*q*3
noff=noff+2*m*(p-1)*q
noff=noff+(iq-1)*3
koff=-4*raussen+(ip-1)*m*q*raussen/10
koff=koff+(iq-1)*raussen/10
n1=noff+1
N,n1,koff,0.3*raussen+raussen-(im-1)*2*raussen-(iq-1)*
raussen/10,0
n2=noff+2
N,n2,koff,+raussen-(im-1)*2*raussen-(iq-1)*raussen/10,0
RMOD,110,15,0,1
ET,110,CIRCU124,5,0
```

```
TYPE,110
REAL,110
MAT,1
!*
inut1=(im-1)*2*p*q
inut1=inut1+m*(ip-1)*q+iq                !    (im-1)*p*q+2*m*
(p-1)+iq
*If,inut1,gt,z1,then
inut1=inut1-z1
*EndIf
E,n1,n2,wicknodeo%inut1%
!*
R,110,1,
n3=noff+3
N,n3,koff,-0.3*raussen+raussen-(im-1)*2*raussen-(iq-1)*
raussen/10,0
RMOD,110,15,0,1
ET,110,CIRCU124,5,0
TYPE,110
REAL,110
MAT,1
!*
inut2=(im-1)*2*p*q
inut2=inut2+m*(ip-1)*q+m*q+iq-eps    !    (im-1)*p*q+2*m*
(p-1)+m*q+iq
*If,inut2,gt,z1,then
inut2=inut2-z1
*EndIf
*If,inut2,gt,z1,then
inut2=inut2-z1
*EndIf
E,n3,n2,wicknodeu%inut2%
/output,Wick,lis,,append
*vwrite,im,ip,iq,inut1,inut2
(5(g14.6,' '))
/output,term
wick%iq%1=n1
wick%iq%2=n3

*If,iq,eq,1,then
wickan%ip%=n1
*EndIf
```

```
*If,iq,eq,q,then
wicken%ip%=n3
*EndIf

!*
*If,iq,gt,1,then
R,111,1e-6, ,
RMOD,111,15,0,1
ET,111,CIRCU124,0,0
TYPE,111
REAL,111
MAT,1
!*
E,wick%iq-1%2,wick%iq%1
*EndIf

*EndDo
*EndDo

*GET,maxnode, NODE, 0,num,max
R,112,rwickstirn1, ,
N,maxnode+1,koff-0.4,0.3*raussen+raussen-(im-1)*2*
raussen+.05,0
RMOD,112,15,0,1
ET,112,CIRCU124,0,0
TYPE,112
REAL,112
MAT,1
!*
E,wickan1,maxnode+1
*GET,er%im%,elem,0,num,max
!*
R,113,lwickstirn1, ,
!*
!*
N,maxnode+2,koff-0.5-(im-1)*raussen/5,0.3*raussen+raussen-
(im-1)*2*raussen+.05,0
wick1an%im%=maxnode+2
RMOD,113,15,0,11
ET,113,CIRCU124,1,0
TYPE,113
REAL,113
```

```
MAT,1
!*
E,maxnode+2,maxnode+1
!*
R,114+im-1,u1*cos(0+(im-1)*120),0,
RMOD,114+im-1,15,0,33
ET,114+im-1,CIRCU124,4,0
TYPE,114+im-1
REAL,114+im-1
MAT,1
!*
N,maxnode+3,-12*raussen-2*p*q*raussen/5,5*raussen-(im-1)*
raussen/3,0
stp%im%=maxnode+3
N,maxnode+4,-10.5*raussen-2*p*q*raussen/5-(im-1)*raussen/4,5*
raussen-(im-1)*raussen/3,0
N,maxnode+5,-9*raussen-2*p*q*raussen/5-(im-1)*raussen/2,5*
raussen-(im-1)*raussen/3,0
stm%im%=maxnode+5
E,maxnode+5,maxnode+3,maxnode+4
*GET,eu%im%,elem,0,num,max

R,111,1e-6, ,
RMOD,111,15,0,1
ET,111,CIRCU124,0,0
TYPE,111
REAL,111
MAT,1
!*
*if,q,gt,1,then
E,wick%iq-1%2,wick%iq%1
*endif

*Do,ip,1,2*p,2
E,wicken%ip%,wicken%ip+1%
*If,ip,ne,2*p-1,then
E,wickan%ip+1%,wickan%ip+2%
*EndIf
*EndDo
!*
wick1en%im%=wickan%2*p%

*EndDo
```

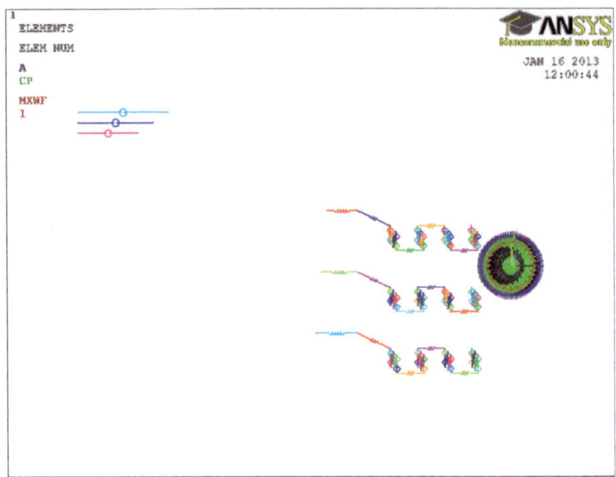

Abb. 18.36 Ständerspannungsquellen und Serienschaltung der einzelnen Statorphasen

Im nächsten Schritt werden die linksseitigen Knoten der Spannungsquellen über niederohmige Widerstände verbunden, um einen Sternpunkt zu erhalten. Hierzu wird der noch definierte letzte niederohmige Widerstand mit dem Attribut 111 verwendet.

```
*Do,im,1,m
*If,im,ne,m,then
E,stp%im%,stp%im+1%
*Else
E,stp%im%,stp%1%
*EndIf
*EndDo
```

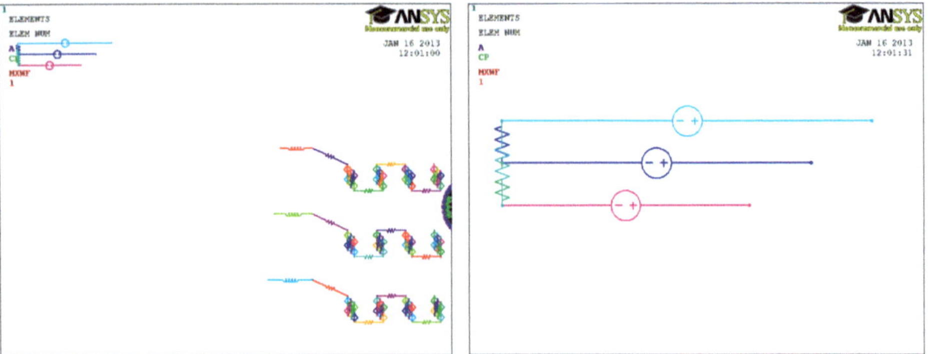

Abb. 18.37 Verschaltung des Sternpunkts der Spannungsquellen

Im nächsten Schritt werden die rechtsseitigen Knoten der einzelnen Spannungsquellen über niederohmige Widerstände mit den Anfängen der Spulensystemstränge verbunden.

```
*Do,im,1,m
E,stm%im%,wick1an%im%
*EndDo
```

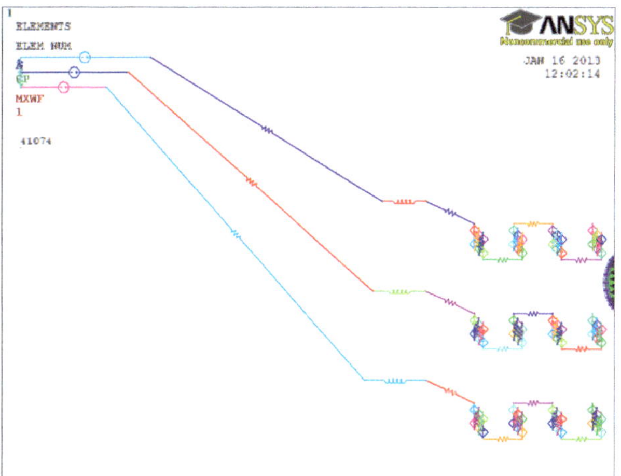

Abb. 18.38 Anschluß der Spannungsquellen an die Wicklungsanfänge des Stators

Der wicklungsseitige Sternpunkt wird als Knoten angelegt und soweit gefordert mit dem netzseitigen Sternpunkt verbunden.

```
*GET,maxnode, NODE, 0,num,max
N,maxnode+1,-12*raussen-2*p*q*raussen/5,3*raussen
ssternp=maxnode+1

R,119,1e-6, ,
RMOD,119,15,0,1
ET,119,CIRCU124,0,0
TYPE,119
REAL,119
MAT,1

*If,vstern1,eq,1,then
*If,stern1,eq,1,then
E,stp1,ssternp
*EndIf
*EndIf
```

Abschließend werden die Enden der einzelnen Wicklungsstränge mit dem wicklungsseitigen Sternpunkt über niederohmige Widerstände verbunden.

```
TYPE,111
REAL,111
MAT,1

*If,stern1,eq,0,then
   *Do,im,1,m
      *If,im,ne,m,then
         E,wick1en%im%,wick1an%im+1%
      *Else
         E,wick1en%im%,wick1an1
      *EndIf
   *EndDo
*Else
   *Do,im,1,m
      E,wick1en%im%,ssternp
   *EndDo
*EndIf
```

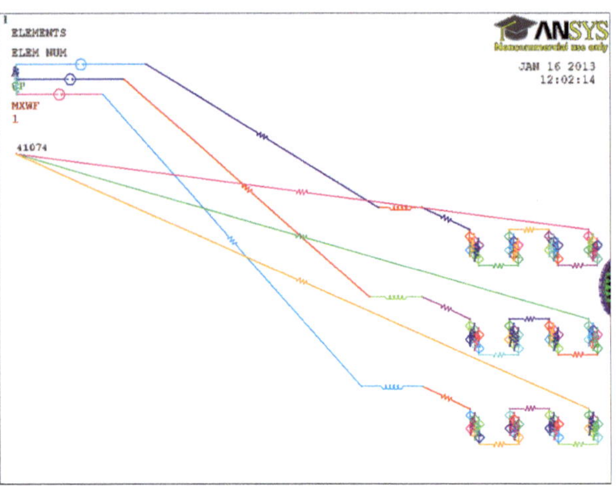

Abb. 18.39 Verschaltung der Wicklungsenden des Stators zu einem Sternpunkt

Bei Einschichtwicklung wird ähnlich verfahren, nur werden ausschließlich die Oberlagen berücksichtigt.

```
*Else

*Do,im,1,m
*GET,maxnode, NODE, 0,num,max

*Do,ip,1,p
*Do,iq,1,q
R,110,1,
noff=maxnode+(ip-1)*q*3
noff=noff+2*m*(p-1)*q
noff=noff+(iq-1)*3
koff=-4*raussen+(ip-1)*m*q*raussen/10
koff=koff+(iq-1)*raussen/10
n1=noff+1
N,n1,koff,0.3*raussen+raussen-(im-1)*2*raussen-(iq-1)*
raussen/10,0
n2=noff+2
N,n2,koff,+raussen-(im-1)*2*raussen-(iq-1)*raussen/10,0
RMOD,110,15,0,1
ET,110,CIRCU124,5,0
TYPE,110
REAL,110
MAT,1
!*
inut1=(im-1)*2*p*q
inut1=inut1+2*m*(ip-1)*q+iq        ! (im-1)*p*q+2*m*(p-1)+iq
*If,inut1,gt,z1,then
inut1=inut1-z1
*EndIf
E,n1,n2,wicknodeo%inut1%
!*
R,110,1,
n3=noff+3
N,n3,koff,-0.3*raussen+raussen-(im-1)*2*raussen-
(iq-1)*raussen/10,0
RMOD,110,15,0,1
ET,110,CIRCU124,5,0
TYPE,110
REAL,110
```

```
MAT,1
!*
inut2=(im-1)*2*p*q
inut2=inut2+2*m*(ip-1)*q+m*q+iq        !    (im-1)*p*q+2*m*
(p-1)+m*q+iq
*If,inut2,gt,z1,then
inut2=inut2-z1
*EndIf
*If,inut2,gt,z1,then
inut2=inut2-z1
*EndIf
E,n3,n2,wicknodeo%inut2%
/output,Wick,lis,,append
*vwrite,im,ip,iq,inut1,inut2
(5(g14.6,' '))
/output,term
wick%iq%1=n1
wick%iq%2=n3

*If,iq,eq,1,then
wickan%ip%=n1
*EndIf
*If,iq,eq,q,then
wicken%ip%=n3
*EndIf

!*
*If,iq,gt,1,then
R,111,1e-6, ,
RMOD,111,15,0,1
ET,111,CIRCU124,0,0
TYPE,111
REAL,111
MAT,1
!*
E,wick%iq-1%2,wick%iq%1
*EndIf

*EndDo
*EndDo
```

```
wick1en%im%=n3

*GET,maxnode, NODE, 0,num,max
R,112,rwickstirn1, ,
N,maxnode+1,koff-0.4,0.3*raussen+raussen-(im-1)*2*
raussen+.05,0
RMOD,112,15,0,1
ET,112,CIRCU124,0,0
TYPE,112
REAL,112
MAT,1
!*
E,wickan1,maxnode+1
*GET,er%im%,elem,0,num,max
!*
R,113,lwickstirn1, ,
!*
!*
N,maxnode+2,koff-0.5-(im-1)*raussen/5,0.3*raussen+raussen-
(im-1)*2*raussen+.05,0
wick1an%im%=maxnode+2
RMOD,113,15,0,11
ET,113,CIRCU124,1,0
TYPE,113
REAL,113
MAT,1
!*
E,maxnode+2,maxnode+1
!*
R,114+im-1,u1*cos(0+(im-1)*120),0,
RMOD,114+im-1,15,0,33
ET,114+im-1,CIRCU124,4,0
TYPE,114+im-1
REAL,114+im-1
MAT,1
!*
N,maxnode+3,-12*raussen-2*p*q*raussen/5,5*raussen-(im-1)*
raussen/3,0
stp%im%=maxnode+3
N,maxnode+4,-10.5*raussen-2*p*q*raussen/5-(im-1)*raussen/4,5*
raussen-(im-1)*raussen/3,0
```

```
N,maxnode+5,-9*raussen-2*p*q*raussen/5-(im-1)*raussen/2,5*
raussen-(im-1)*raussen/3,0
stm%im%=maxnode+5
E,maxnode+5,maxnode+3,maxnode+4
*GET,eu%im%,elem,0,num,max

R,111,1e-6, ,
RMOD,111,15,0,1
ET,111,CIRCU124,0,0
TYPE,111
REAL,111
MAT,1
!*
E,wick%iq-1%2,wick%iq%1

*Do,ip,1,p-1
E,wicken%ip%,wickan%ip+1%
*EndDo

*EndDo

*Do,im,1,m
*If,im,ne,m,then
E,stp%im%,stp%im+1%
*Else
E,stp%im%,stp%1%
*EndIf
*EndDo

*Do,im,1,m
E,stm%im%,wick1an%im%
*EndDo

*GET,maxnode, NODE, 0,num,max
N,maxnode+1,-12*raussen-2*p*q*raussen/5,3*raussen
ssternp=maxnode+1

*If,vstern1,eq,1,then
*If,stern1,eq,1,then
E,stp1,ssternp
*EndIf
*EndIf
```

```
*If,stern1,eq,0,then
*Do,im,1,m
*If,im,ne,m,then
E,wick1en%im%,wick1an%im+1%
*Else
E,wick1en%im%,wick1an1
*EndIf
*EndDo
*Else
*Do,im,1,m
E,wick1en%im%,ssternp
*EndDo

*EndIf
```

Im unwahrscheinlichen Falle, daß die Windungszahl statorseitig 1 ist, wird die Eigenschaft der Spulen entsprechend angepasst.

```
*If,nwin,eq,1,then
KEYOPT,110,1,6
*EndIf
```

18.2.2 Rotor-Verschaltung

Entsprechend wird bei der Rotorverschaltung verfahren. Auch für den Rotor sind die Stirnelemente, Spannung und Schaltungsart zu definieren.

```
*SET,RWICKSTIRN2, 0.1000000000000E-05
! Wicklungsstirnwiderstand Rotor
*SET,LWICKSTIRN2, 0.1000000000000E-02
! Wicklungsstirninduktivität Rotor
*SET,RVOR2      , 0.1000000000000E-05
! Rotorvorwiderstand
*SET,STERN2     , 1.000000000000
! Stern(1)-/Dreieck(0)-Schaltung Rotor
*SET,VSTERN2    , 0.000000000000
! Verschaltung Sternpunkt Rotor
```

Nach Definition der Parameter wird mit der Verschaltung begonnen. Das Verfahren entspricht spiegelbildlich dem Stator.

```
allsel

csys,0

*If,Zweischicht2,eq,1,then

*Do,im,1,m
*GET,maxnode, NODE, 0,num,max

*Do,ip,1,2*p
*Do,iq,1,q2
R,210,1,
noff=maxnode+(ip-1)*q2*3
noff=noff+2*m*(p-1)*q2
noff=noff+(iq-1)*3
koff=4*raussen-(ip-1)*m*q*raussen/10
koff=koff-(iq-1)*raussen/10
n1=noff+1
N,n1,koff,0.3*raussen+raussen-(im-1)*2*raussen-(iq-1)*
raussen/10,0
n2=noff+2
N,n2,koff,+raussen-(im-1)*2*raussen-(iq-1)*raussen/10,0
RMOD,210,15,0,1
ET,210,CIRCU124,5,0
TYPE,210
REAL,210
MAT,1
!*
inut1=(im-1)*2*p*q2
inut1=inut1+m*(ip-1)*q2+iq
!   (im-1)*p*q+2*m*(p-1)+iq
*If,inut1,gt,z2,then
inut1=inut1-z2
*EndIf
E,n1,n2,wicknode1r%inut1%
!*
R,210,1,
n3=noff+3
```

```
N,n3,koff,-0.3*raussen+raussen-(im-1)*2*raussen-(iq-1)*
raussen/10,0
RMOD,210,15,0,1
ET,210,CIRCU124,5,0
TYPE,210
REAL,210
MAT,1
!*
inut2=(im-1)*2*p*q2
inut2=inut2+m*(ip-1)*q2+m*q2+iq-eps2
!   (im-1)*p*q+2*m*(p-1)+m*q+iq
*If,inut2,gt,z2,then
inut2=inut2-z2
*EndIf
*If,inut2,gt,z2,then
inut2=inut2-z2
*EndIf
E,n3,n2,wicknode2r%inut2%
/output,Wick,lis,,append
*vwrite,im,ip,iq,inut1,inut2
(5(g14.6,' '))
/output,term
wick%iq%1=n1
wick%iq%2=n3

*If,iq,eq,1,then
wickan%ip%=n1
*EndIf
*If,iq,eq,q2,then
wicken%ip%=n3
*EndIf

!*
*If,iq,gt,1,then
R,211,1e-6, ,
RMOD,211,15,0,1
ET,211,CIRCU124,0,0
TYPE,211
REAL,211
MAT,1
!*
E,wick%iq-1%2,wick%iq%1
```

```
*EndIf

*EndDo
*EndDo

*GET,maxnode, NODE, 0,num,max
R,212,rwickstirn2, ,
N,maxnode+1,4*raussen+2*p*q2*raussen/5,0.3*raussen+raussen-
(im-1)*2*raussen,0
RMOD,212,15,0,1
ET,212,CIRCU124,0,0
TYPE,212
REAL,212
MAT,1
!*
E,wickan1,maxnode+1
*GET,er2%im%,elem,0,num,max

!*
R,213,lwickstirn2, ,
!*
!*
N,maxnode+2,7*raussen+2*p*q2*raussen/5-(im-1)*raussen,0.3*
raussen+raussen-(im-1)*2*raussen,0
RMOD,213,15,0,11
ET,213,CIRCU124,1,0
TYPE,213
REAL,213
MAT,1
!*
wick2an%im%=maxnode+2
E,maxnode+2,maxnode+1
!*
R,214+im-1,u2*cos(0+(im-1)*120),0,
RMOD,214+im-1,15,0,33
ET,214+im-1,CIRCU124,4,0
TYPE,214+im-1
REAL,214+im-1
MAT,1
!*
N,maxnode+3,12*raussen+2*p*q*raussen/5,5*raussen-(im-1)*
raussen/3,0
```

```
stp%im%=maxnode+3
N,maxnode+4,10.5*raussenp+2*p*q*raussen/5+(im-1)*raussen/
4,5*raussen-(im-1)*raussen/3,0
N,maxnode+5,9*raussen+2*p*q*raussen/5+(im-1)*raussen/2,5*
raussen-(im-1)*raussen/3,0
stm%im%=maxnode+5
E,maxnode+5,maxnode+3,maxnode+4
*GET,eu2%im%,elem,0,num,max

R,211,1e-6, ,
RMOD,211,15,0,1
ET,211,CIRCU124,0,0
TYPE,211
REAL,211
MAT,1
!*
*if,q,gt,1,then
E,wick%iq-1%2,wick%iq%1
*endif

*Do,ip,1,2*p,2
E,wicken%ip%,wicken%ip+1%
*If,ip,ne,2*p-1,then
E,wickan%ip+1%,wickan%ip+2%
*EndIf
*EndDo
!*
wick2en%im%=wickan%2*p%

*EndDo

*Do,im,1,m
*If,im,ne,m,then
E,stp%im%,stp%im+1%
*Else
E,stp%im%,stp%1%
*EndIf
*EndDo
```

Abb. 18.40 Rotorspannungsquellen und Serienschaltung der einzelnen Rotorphasen

Nach einem Zwischenschritt ergeben sich die zur Serienschaltung verschalteten Wicklungen der Stränge und die im Stern zusammengefaßten Spannungsquellen.

Im nächsten Schritt werden die Spannungsquellen mit den Wicklungsanfängen verbunden.

```
*Do,im,1,m
E,stm%im%,wick2an%im%
*EndDo
```

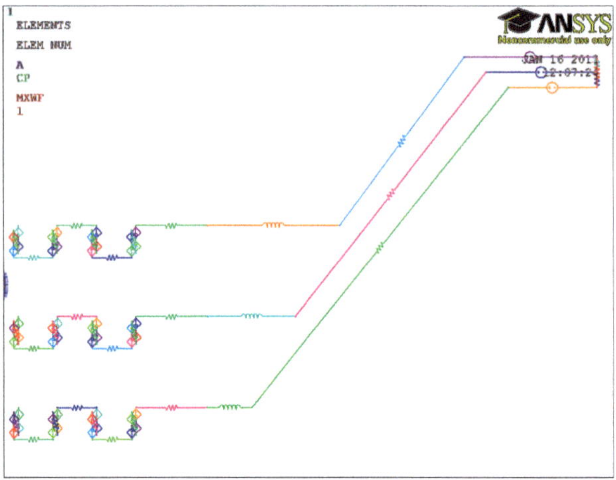

Abb. 18.41 Anschluß der Spannungsquellen an die Wicklungsanfänge des Rotors

Abschließend werden die Wicklungsenden mit dem Wicklungssternpunkt verbunden.

```
*GET,maxnode, NODE, 0,num,max
N,maxnode+1,+10*raussen+2*p*q*raussen/5,2*raussen
ssternp=maxnode+1

R,219,1e-6, ,
RMOD,219,15,0,1
ET,219,CIRCU124,0,0
TYPE,219
REAL,219
MAT,1

*If,vstern2,eq,1,then
*If,stern2,eq,1,then
E,stp1,ssternp
*EndIf
*EndIf

TYPE,211
REAL,211
MAT,1

*If,stern2,eq,0,then
*Do,im,1,m
*If,im,ne,m,then
E,wick2en%im%,wick2an%im+1%
*Else
E,wick2en%im%,wick2an1
*EndIf
*EndDo
*Else
*Do,im,1,m
E,wick2en%im%,ssternp
*EndDo
*EndIf
```

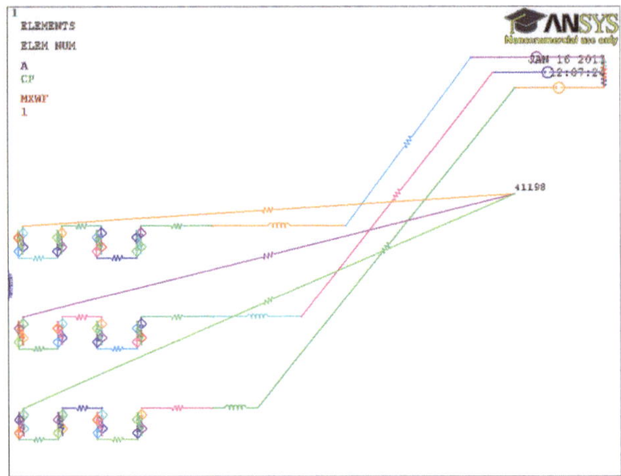

Abb. 18.42 Verschaltung der Wicklungsenden des Rotors zu einem Sternpunkt

Soweit der Rotor eine Einschichtwicklung aufweist, folgt das Skript für die Einschichtwicklung.

```
*Else

*Do,im,1,m
*GET,maxnode, NODE, 0,num,max

*Do,ip,1,p
*Do,iq,1,q2
R,210,1,
noff=maxnode+(ip-1)*q2*3
noff=noff+2*m*(p-1)*q2
noff=noff+(iq-1)*3
koff=4*raussen-(ip-1)*m*q2*raussen/10
koff=koff+(iq-1)*raussen/10
n1=noff+1
N,n1,koff,0.3*raussen+raussen-(im-1)*2*raussen-(iq-1)*
raussen/10,0
n2=noff+2
N,n2,koff,+raussen-(im-1)*2*raussen-(iq-1)*raussen/10,0
RMOD,210,15,0,1
ET,210,CIRCU124,5,0
TYPE,210
REAL,210
MAT,1
```

```
!*
inut1=(im-1)*2*p*q2
inut1=inut1+2*m*(ip-1)*q2+iq
!   (im-1)*p*q+2*m*(p-1)+iq
*If,inut1,gt,z2,then
inut1=inut1-z2
*EndIf
E,n1,n2,wicknode1r%inut1%
!*
R,210,1,
n3=noff+3
N,n3,koff,-0.3*raussen+raussen-(im-1)*2*raussen-(iq-1)*
raussen/10,0
RMOD,210,15,0,1
ET,210,CIRCU124,5,0
TYPE,210
REAL,210
MAT,1
!*
inut2=(im-1)*2*p*q2
inut2=inut2+2*m*(ip-1)*q2+m*q2+iq
!   (im-1)*p*q+2*m*(p-1)+m*q+iq
*If,inut2,gt,z2,then
inut2=inut2-z2
*EndIf
*If,inut2,gt,z2,then
inut2=inut2-z2
*EndIf
E,n3,n2,wicknode1r%inut2%
/output,Wick,lis,,append
*vwrite,im,ip,iq,inut1,inut2
(5(g14.6,' '))
/output,term
wick%iq%1=n1
wick%iq%2=n3

*If,iq,eq,1,then
wickan%ip%=n1
*EndIf
*If,iq,eq,q2,then
wicken%ip%=n3
```

```
*EndIf

!*
*If,iq,gt,1,then
R,211,1e-6, ,
RMOD,211,15,0,1
ET,211,CIRCU124,0,0
TYPE,211
REAL,211
MAT,1
!*
E,wick%iq-1%2,wick%iq%1
*EndIf

*EndDo
*EndDo

wick2en%im%=n3

*GET,maxnode, NODE, 0,num,max
R,212,rwickstirn2, ,
N,maxnode+1,4*raussen+2*p*q2*raussen/5,0.3*raussen+raussen-
(im-1)*2*raussen,0
RMOD,212,15,0,1
ET,212,CIRCU124,0,0
TYPE,212
REAL,212
MAT,1
!*
E,wickan1,maxnode+1
*GET,er2%im%,elem,0,num,max
!*
R,213,lwickstirn2, ,
!*
!*
N,maxnode+2,7*raussen+2*p*q2*raussen/5-(im-1)*raussen,0.3*
raussen+raussen-(im-1)*2*raussen,0
RMOD,213,15,0,11
ET,213,CIRCU124,1,0
TYPE,213
REAL,213
MAT,1
```

```
!*
wick2an%im%=maxnode+2
E,maxnode+2,maxnode+1
!*
R,214+im-1,1e-6
RMOD,214+im-1,15,0,33
ET,214+im-1,CIRCU124,4,0
TYPE,214+im-1
REAL,214+im-1
MAT,1
!*
N,maxnode+3,12*raussen+2*p*q*raussen/5,5*raussen-(im-1)*
raussen/3,0
stp%im%=maxnode+3
N,maxnode+4,10.5*raussenp+2*p*q*raussen/5+(im-1)*raussen/
4,5*raussen-(im-1)*raussen/3,0
N,maxnode+5,9*raussen+2*p*q*raussen/5+(im-1)*raussen/2,5*
raussen-(im-1)*raussen/3,0
stm%im%=maxnode+5
E,maxnode+5,maxnode+3,maxnode+4
ET,214+im-1,CIRCU124,0,0
*GET,eu2%im%,elem,0,num,max

R,211,1e-6, ,
RMOD,211,15,0,1
ET,211,CIRCU124,0,0
TYPE,211
REAL,211
MAT,1
!*
E,wick%iq-1%2,wick%iq%1

*Do,ip,1,p-1
E,wicken%ip%,wickan%ip+1%
*EndDo
!*
*EndDo

*Do,im,1,m
*If,im,ne,m,then
E,stp%im%,stp%im+1%
*Else
```

```
E,stp%im%,stp%1%
*EndIf
*EndDo

*Do,im,1,m
E,stm%im%,wick2an%im%
*EndDo

*GET,maxnode, NODE, 0,num,max
N,maxnode+1,+10*raussen+2*p*q*raussen/5,2*raussen
ssternp=maxnode+1

*If,vstern2,eq,1,then
*If,stern2,eq,1,then
E,stp1,ssternp
*EndIf
*EndIf

*If,stern2,eq,0,then
*Do,im,1,m
*If,im,ne,m,then
E,wick2en%im%,wick2an%im+1%
*Else
E,wick2en%im%,wick2an1
*EndIf
*EndDo
*Else
*Do,im,1,m
E,wick2en%im%,ssternp
*EndDo
*EndIf

*EndIf

*If,nwin2,eq,1,then
KEYOPT,210,1,6
*EndIf
```

Damit sind abschließend die Verschaltungen von Stator und Rotor vorbereitet.

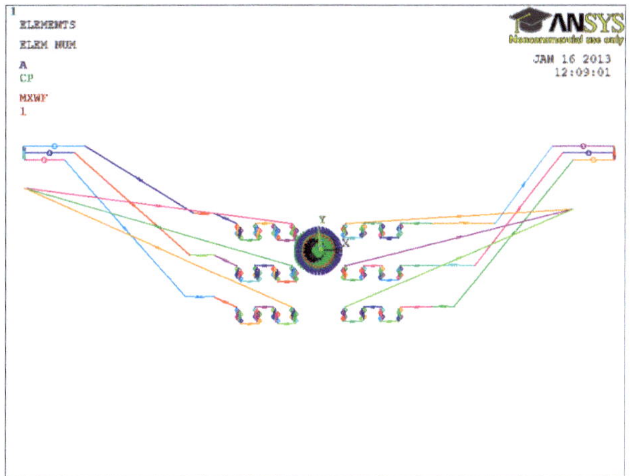

Abb. 18.43 Vollständige Schaltung des Stators und Rotors

18.3 Interface zwischen Stator und Rotor

Die hinsichtlich des Finite-Elemente-Netzes getrennt voneinander aufgebauten Stator- und Rotor-Strukturen müssen im Folgenden über ein Interface miteinander verbunden werden.

Abb. 18.44 Generierung des Interfaces

Die stator- und rotorseitigen Knoten des Luftspaltinterfaces werden selektiert und in Komponenten abgespeichert.

```
csys,1
asel,s,mat,,2
allsel,below,area
nSEL,r,LOC,X,rinnen+jochdicke2+delta/2-1e-6,rinnen+
jochdicke2+delta/2+1e-6
cm,nodeaussen,node
esln,s
allsel,below,elem
cm,elemaussen,elem
asel,s,mat,,12
allsel,below,area
nSEL,r,LOC,X,rinnen+jochdicke2+delta/2-1e-6,rinnen+
jochdicke2+delta/2+1e-6
cm,nodeinnen,node

MODMSH,NOCHECK
SHPP,WARN
```

Im nächsten Schritt werden die relevanten Knoten und Elemente des Interfaces selektiert und über den CEINTF-Befehl miteinander verbunden.

```
cmsel,s,nodeinnen
cmsel,s,elemaussen
cmsel,u,nodeaussen

_cef=.3
CEINTF,_cef, , , , , , ,0
```

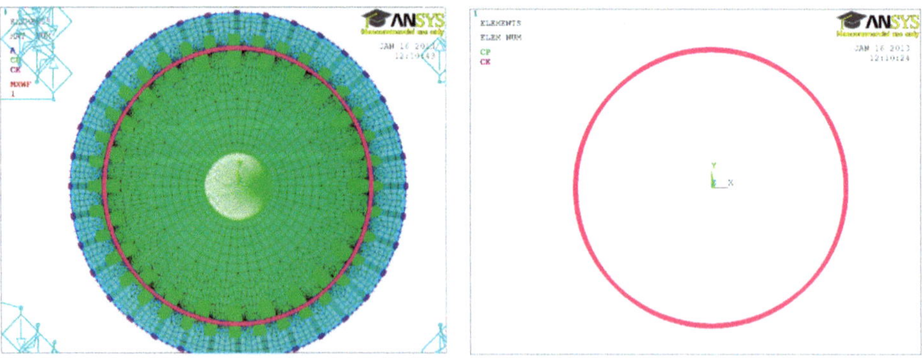

Abb. 18.45 Interface zur Kopplung von Stator und Rotor

Damit ist abschließend das gesamte Finite-Elemente-Modell mit Schaltungen und Interface vorbereitet.

Die gesamte Finite-Elemente-Modell-Generierung der Asynchronschleifringläufermaschine befindet sich in der Datei „asms_schleif_geometrie.txt“ und hat folgenden Inhalt.

```
!!
!! Geometrieerstellung einer Asynchronmaschine mit
Schleifringläufer
!! 2 Polpaare
!!
/prep7
!! Parameter für die Statorgeometrie
*SET,PI          , 3.141592653590

*SET,M           , 3.000000000000
! Strangzahl
*SET,P           , 2.000000000000
! Polpaarzahl
*SET,DELTA       , 0.1000000000000E-02
! Luftspalt
*SET,Q           , 3.000000000000
! Nutenzahl pro Pol und Phase q Stator
*SET,EPS         , 1.000000000000
! Schrittverkürzung Stator
*SET,RAUSSEN     , 0.1000000000000
! Außenradius
*SET,JOCHDICKE   , 0.2000000000000E-01
! gesamte Jochhöhe
*SET,NWIN1       , 100.0000000000
! Windungszahl Stator
*SET,WICKBREITE1 , 0.3000000000000E-02
! Wicklungsbreite Statornut
*SET,WICKHOEHE1  , 0.5000000000000E-02
! Wicklungshöhe Statornut
*SET,WICKISOL1   , 0.1000000000000E-02
! Isolationshöhe Statornut
*SET,ZWEISCHICHT , 1.000000000000
! Einschicht(0)-/Zweischicht(1)wicklung Stator
```

```
*SET,JOCHTIEFE    , 0.400000000000E-01
! Jochtiefe

!! Parameter für die Rotorgeometrie
*SET,Q2           , 2.000000000000
! Nutenzahl pro Pol und Phase q Rotor
*SET,EPS2         , 1.000000000000
! Schrittverkürzung Rotor
*SET,RINNEN       , 0.200000000000E-01
! Innenradius
*SET,WICKBREITE2 , 0.500000000000E-02
! Wicklungsbreite Rotor
*SET,WICKHOEHE2  , 0.800000000000E-02
! Wicklungshöhe Rotor
*SET,WICKISOL2   , 0.100000000000E-02
! Isolationshöhe Rotornut
*SET,ZWEISCHICHT2, 1.000000000000
! Einschicht(0)-/Zweischicht(1)wicklung Rotor
!!*SET,JOCH2      , 0.100000000000E-01
!!*SET,JOCHDICKE2, 0.590000000000E-01
*SET,NWIN2        , 100.0000000000
! Windungszahl Rotor

asms_elemente.txt     ! Elementtypen

*SET,MURXA    , 10000.00000000     ! Permeabilität Eisen Stator
*SET,MURXI    , 10000.00000000     ! Permeabilität Eisen Rotor
*SET,NICHTLIN, 0.000000000000      ! Nichtlinearität des Eisens
*SET,LEITA    , 56000000.00000     ! Leitfähigkeit Statorleiter
*SET,LEITI    , 56000000.00000     ! Leitfähigkeit Rotorleiter


*SET,FILA     , 1.000000000000     ! Füllfaktor Nut Stator
*SET,FILI     , 1.000000000000     ! Füllfaktor Nut Rotor

asms_material.txt
! Materialeigenschaften und reale Konstanten

asms_SNut.txt         ! Statornut-Geometriepunkte und -Linien
asms_RNut.txt         ! Rotornut-Geometriepunkte und -Linien
```

```
asms_SArea.txt        ! Stator-Flächen
asms_RArea.txt        ! Rotor-Flächen

*SET,MESHEISEN, 0.500000000000E-02  ! Netzfeinheit Eisen
*SET,MESHLUFT , 0.500000000000E-03  ! Netzeinheit Luftspalt


asms_SNete.txt        ! Vernetzung Stator
asms_Rnete.txt        ! Vernetzung Rotor

asms_netg.txt         ! Spiegelung und Kopie

asms_cp1.txt          ! Kopplungen Stator
asms_cp2.txt          ! Kopplungen Rotor, Randbedingungen

*SET,RWICKSTIRN1, 0.100000000000E-04
! Wicklungsstirnwiderstand Stator
*SET,LWICKSTIRN1, 0.100000000000E-02
! Wicklungsstirninduktivität Stator
*SET,U1          , 100.0000000000
! Ständerspannung
*SET,STERN1      , 1.000000000000
! Stern(1)-/Dreieck(0)-Schaltung Stator
*SET,VSTERN1     , 0.000000000000
! Verschaltung Sternpunkt Stator
*set,freq,50
! Frequenz

asms_schalt1.txt      ! Verschaltung Stator

*SET,RWICKSTIRN2, 0.100000000000E-05
! Wicklungsstirnwiderstand Rotor
*SET,LWICKSTIRN2, 0.100000000000E-02
! Wicklungsstirninduktivität Rotor
*SET,RVOR2       , 0.100000000000E-05
! Rotorvorwiderstand
*SET,STERN2      , 1.000000000000
! Stern(1)-/Dreieck(0)-Schaltung Rotor
*SET,VSTERN2     , 0.000000000000
! Verschaltung Sternpunkt Rotor
asms_schalt2.txt      ! Verschaltung Rotor

asms_interface.txt    ! Interface Stator - Rotor
```

18.4 Rechnungsvorbereitung

Die Asynchronmaschine kann sowohl statisch, harmonisch, als auch transient berechnet werden. Die statische Rechnung hat lediglich den Zweck der Überprüfung des Modells, bzw. bei Vorgabe der Bestromung in den drei Strängen der Überprüfung des magnetischen Kreises. Mit harmonischen Rechnungen kann eine Stillstandrechnung erfolgen, wobei stellungsabhängig die Stator- und Rotorströme und das Drehmoment ermittelt werden können, wird der Rotor hochohmig gestaltet, bzw. die rotorseitigen Spannungsquellen in hochohmige Widerstände gewandelt, so kann quasi das Leerlaufverhalten ohne Oberwelleneffekte gerechnet werden. Bei transienter Rechnung sind alle Freiheiten zur Berechnung des Hochlaufes möglich. Durch Angabe einer Drehzahl kann gleichzeitig mit der Zeit der Rotor statisch gegenüber dem Rotor verdreht werden.

Für jede Berechnungsmethode müssen die Ausgabedateien für die Berechnungsergebnisse vorbereitet werden. Es ist zu beachten, dass bei harmonischen Rechnungen Real- und Imaginärteile berechnet werden und vorverarbeitet werden müssen.

Das Skript zur Definition der Ausgaben befindet sich in der Datei asms_aus.txt. Zu definieren sind für die Ausgaben die folgenden Parameter.

```
ausgabe=1       ! Parameter zur Definition der Ausgabedatei
luftskal=1      ! Skalierung des maximalen Luftspaltfeldes in
Luftspaltmitte
fft=0           ! Auswahl zur Ausgabe der Fourierkoeffizienten
(ja=1)
```

Der Parameter ausgabe wird hinter dem Namen der jeweiligen Ausgabedatei angehängt.

```
/output,U_I_Stator%ausgabe%,lis,,
/COM, Schritt Zeit Winkel Drehzahl U1 I1 U2 I2 U3 I3
Rechenzeit
/COM,-----------------------------------------------------
/output,term
/output,Pauf_Stator%ausgabe%,lis,,
/COM, Schritt Zeit Winkel Drehzahl Pauf1 Pauf2 Pauf3 PR1 PR2
PR3 Rechenzeit
/COM,-----------------------------------------------------
/output,term
/output,Drehmoment%ausgabe%,lis,,
/COM, Schritt Zeit Winkel Drehzahl M(Maxwell) M(virtual_work)
/COM,-----------------------------------------------------
/output,term
```

```
*afun,rad
pi=acos(-1)

*afun,deg
```

Des Weiteren sind zur Rechnungsvorbereitung je nach Berechnungsmethode Schaltungselemente zu ändern oder mit Parametern zu belegen.

Im folgenden Beispiel werden Spannungsquellen für eine statische Rechnung in Stromquellen umgewandelt und je nach Strang mit Stromquellenparametern belegt.

```
/prep7
i=0

*Do,im,1,m
ET,114+im-1,CIRCU124,3,0
i1im=i1*cos(2*pi*freq*zeit*180/pi+(im-1)*360/m)
R,114+im-1,i1im,0,
*EndDo

*Do,im,1,m
ET,214+im-1,CIRCU124,3,0
i2im=i2*cos(2*pi*freq*zeit*180/pi+(im-1)*360/m-phase2)
R,214+im-1,i2im,0,
*EndDo

!*
```

Des Weiteren beinhaltet die Rechnungsvorbereitung die Änderung der Stellung zwischen Stator und Rotor, bei der das Interface zunächst gelöscht und anschließend neu definiert werden muss.

```
allsel
cedel,all,all,all
cmsel,s,krotor
allsel,below,area
csys,1

agen,,krotor,,,,winkel,,,,1 ! Drehung des Rotors um oben
angegebenen Winkel

allsel
```

```
_cef=.3
cmsel,s,nodeinnen
cmsel,s,elemaussen
cmsel,u,nodeaussen
CEINTF,_cef, , , , , , ,0,

allsel
```

Anschließend kann die jeweilige Berechnungsmethode zur Anwendung kommen.

18.5 Statische Rechnung

Durch statische Rechnungen wird zunächst das Modell überprüft.

Die erste Berechnung erfolgt für einen Ständerstrom von 1 A mit stromlosem Läufer in der Stellung der Modellerstellung, d. h. der Rotor wird gegenüber dem Stator nicht verdreht, wobei der Zeitpunkt $t = 0$ s festgelegt wird.

Das Skript für eine einfache statische Rechnung befindet sich in der Datei asms_loes1.txt.

Zunächst wird die Rechnung vorbereitet.

```
/SOL

antyp,static
time,zeit

*if,fronspar,eq,0,then
eqslv,frontal
*else
eqslve,sparse,stoler,-1
*endif

cnvt,a,
cnvt,csg
lnsrch,on

neqit,250
```

Anschließend erfolgt die Berechnung.

```
*get,timea,active,0,time,cpu
SOLVE
*get,timee,active,0,time,cpu
rechzeit=timee-timea
```

Es folgt die Auswertung der Ergebnisse im Postprocessing durch tabellarische und grafische Auswertung. Hinsichtlich der tabellarischen Auswertung werden alle drei Stränge ausgewertet.

```
/post1
esel,s,enam,,124
etable,spanng,smisc,1
etable,strom,smisc,2
etable,leistu,nmisc,1

etable,refl
*get,u1e,elem,eu1,etab,spanng
*get,u2e,elem,eu2,etab,spanng
*get,u3e,elem,eu3,etab,spanng
*get,i1e,elem,er1,etab,strom
*get,i2e,elem,er2,etab,strom
*get,i3e,elem,er3,etab,strom
*get,Pauf1,elem,eu1,etab,leistu
*get,Pauf2,elem,eu2,etab,leistu
*get,Pauf3,elem,eu3,etab,leistu
*get,PR1,elem,er1,etab,leistu
*get,PR2,elem,er2,etab,leistu
*get,PR3,elem,er3,etab,leistu

torqsumo,'kraftrot'
torqmx=tfor2*jochtiefe
torqvw=tfor1*jochtiefe

/output,Drehmoment%ausgabe%,lis,,append
*VWrite,i,zeit,winkel,Drehzahl,torqmx,torqvw
(6(g14.6,' '))
/output,term
```

Die Rechnungsdatei für die folgende statische Rechnung hat folgenden Aufbau und kann innerhalb von ANSYS bei gelöschter Datenbasis über „READ INPUT FROM“

aus dem Arbeitsverzeichnis aufgerufen werden. Der Dateiname des Skripts ist „asms_rechnung_statisch_1.txt“.

```
/prep7

asms_schleif_geometrie.txt    ! Aufbau der Statorgeometrie

ausgabe=1       ! Definition der Ausgabedatei
luftskal=1      ! Skalierungsparameter für Luftspaltfeldausgabe
fft=0           ! Anwahl der Fourieranalyse

asms_aus.txt                  ! Aufbau der Ausgabedateien

winkel=0        ! Stellungswinkel Rotor zu Stator
zeit=0          ! Zeitpunkt in s
i1=1            ! Ständerstromamplitude
i2=0            ! Rotorstromamplitude
phase2=0        ! Phasenlage des Rotorstromes
fronspar=0      ! Lösung mit frontal oder sparse matrix-Solver


asms_loes1.txt
! Aufruf der statischen Einzelschrittrechnung
```

Durch den Parameter fronspar wird die Auswahl des Gleichungssystemssolvers FRONTAL-Solver (= 0) oder SPARSE-Matrix-Solver (= 1) getroffen. Über den Parameter „i1“ wird der Strom in der Statorwicklung definiert. Die Speisung der Sekundärseite wird über den Parameter „i2“ in A und die rotorseitige Phasenlage „phase2“ in Grad definiert. Das Lösungsskript für statische Rechnung bei Primärteilspeisung befindet sich in der Datei „asms_loes1.txt“.

Nach der Berechnung inklusive Drehmomentberechnung für die Stellung erfolgt deren Ausgabe. Die Drehmomentberechnungen beider Methoden (Maxwell’sche Flächenspannung und virtuelle Verrückung) liefern nahezu gleiche sehr geringe Werte, da bei ausschließlicher Stromvorgabe im Stator lediglich kleinere Reluktanzeffekte auftreten.

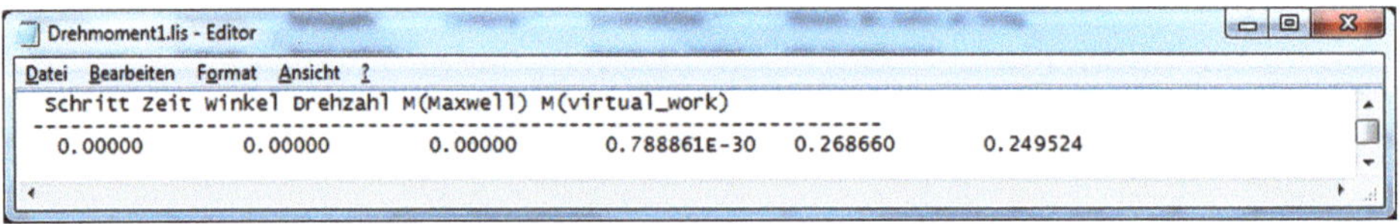

Abb. 18.46 Ergebnisse der Drehmomentberechnung für Statorspeisung

Die Spannungen und Ströme der drei Stränge werden in der entsprechenden Datei abgelegt.

```
/output,U_I_Stator%ausgabe%,lis,,append
*VWrite,i,zeit,winkel,drehzahl,U1e,i1e,u2e,i2e,u3e,i3e,
rechzeit
(11(g14.6,' '))
/output,term
```

Aufgrund der Ströme von 1, –0.5 und –0.5 A in den drei Stränge fallen entsprechend Spannungen an den Stromquellen ab.

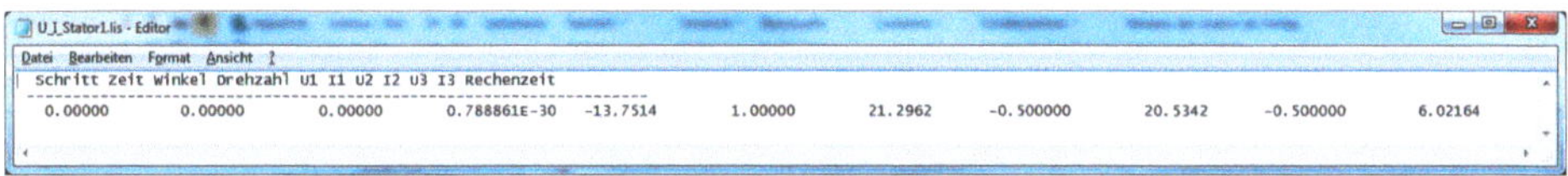

Abb. 18.47 Ausgabe von Spannungen und Strömen bei Statorspeisung

```
/output,Pauf_Stator%ausgabe%,lis,,append
*VWrite,i,zeit,winkel,drehzahl,Pauf1,Pauf2,Pauf3,PR1,PR2,
PR3,rechzeit
(11(g14.6,' '))
/output,term
```

Entsprechend können auch Leistungen ausgegeben werden.

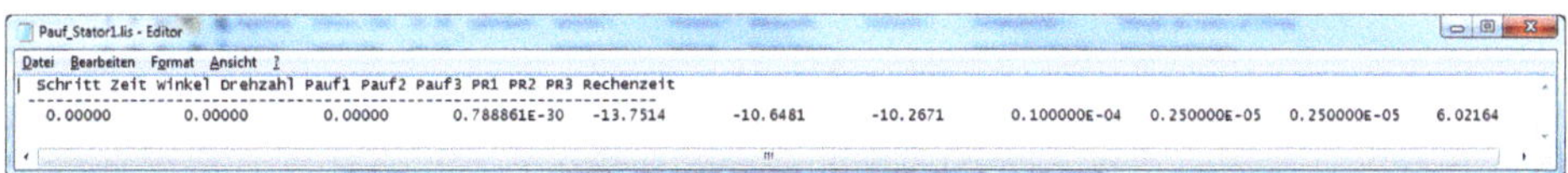

Abb. 18.48 Ausgabe von Leistungen bei Statorspeisung

Wesentlich interessanter als tabellarische Ausgaben sind grafische Ausgaben zur Analyse des Finite-Elemente-Modells.

```
/title,Asynchronschleifringlaeufermaschine, Drehzahl=
%Drehzahl%, Winkel=%winkel%, Zeit=%zeit%
allsel
/show,Plots%ausgabe%,grph,,append
Aplot
```

Als erste wichtige Darstellung ist die Stellung zwischen Stator- und Rotor zur Überprüfung der Vorgabe zu untersuchen.

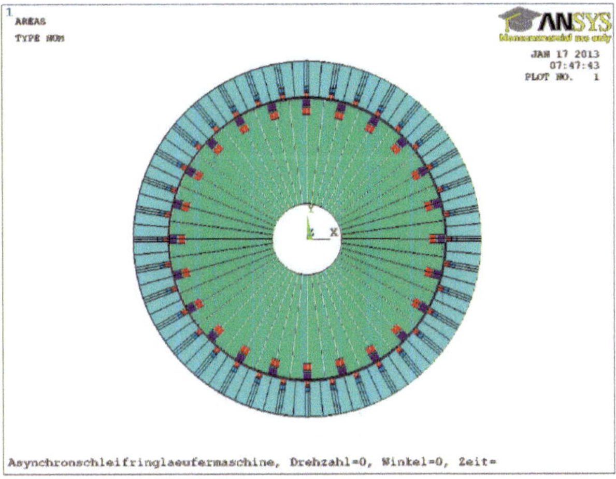

Abb. 18.49 Flächenplot zur Darstellung der Stellung zwischen Rotor und Stator

Da Stator und Rotor nicht gegeneinander verdreht wurden, stehen sich am Ort der Generierung der Teilstrukturen die Nutteilungen von Stator und Rotor bei 3 Uhr direkt gegenüber.

Im nächsten Schritt wird die sich ergebende Feldlinienverteilung ausgegeben.

```
/show,Plots%ausgabe%,grph,,append
plf2d,51,0,20,1
```

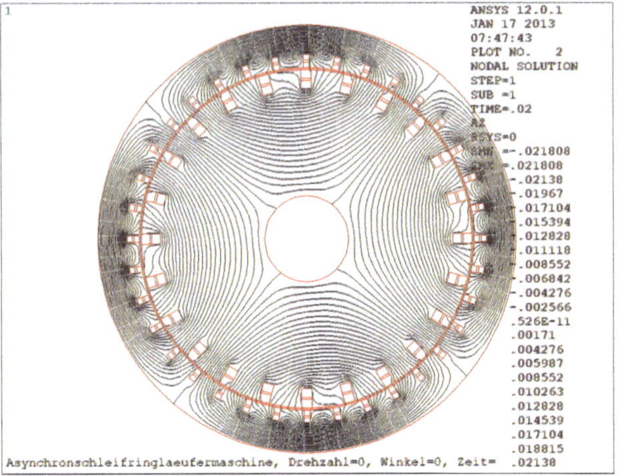

Abb. 18.50 Feldlinienplot der statischen Rechnung

Deutlich ist zu erkennen, dass 4 Pole aufgrund der Poltpaarzahl $p = 2$ entstehen. Die Feldlinien nehmen im Rotor den gesamten Raum ein. Dies ist darauf zurückzuführen, dass der Rotor stromlos ist.

```
allsel,below,area
/show,Plots%ausgabe%,grph,,append
PLNSOL,B,SUM,0,
```

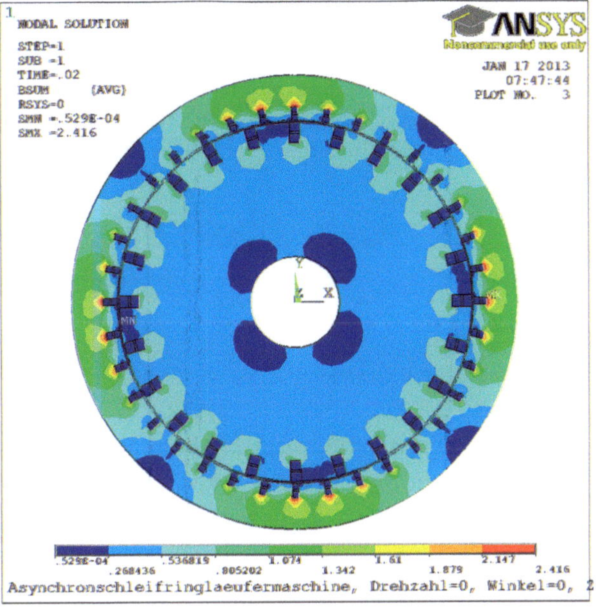

Abb. 18.51 Magnetischer Flußdichte bei statischer Rechnung

Die Ausgabe der magnetischen Flußdichte gibt einen Eindruck von der Belastung der Eisenkonstruktion aufgrund der Durchflutung. Im vorliegenden Fall sorgt ein Ständerstrom der Amplitude 1 A für ca. 1,2 T in den Jochbereichen des Stators.

```
/show,Plots%ausgabe%,grph,,append
PLESOL, JT,SUM, 0
```

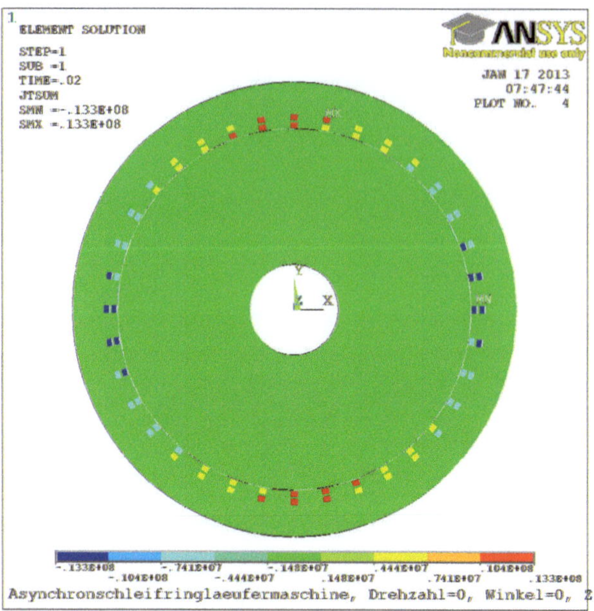

Abb. 18.52 Stromdichte bei statischer Rechnung

Durch die grafische Darstellung der Stromdichte kann die korrekte Verschaltung, in diesem Falle des Stators nachvollzogen werden. Im vorliegenden Falle sind die 4 Pole aufgrund der Polpaarzahl $p=2$, die Nutenzahl je Pol und Phase von 3 ($Q=3$) und die Schrittverkürzung um 1 (EPS = 1) erkennbar.

```
csys,1
NSEL,S,LOC,X,rinnen+jochdicke2+delta/2
/VSCALE,1,1,0
/show,Plots%ausgabe%,grph,,append
PLVECT,B, , , ,VECT,ELEM,ON,0
```

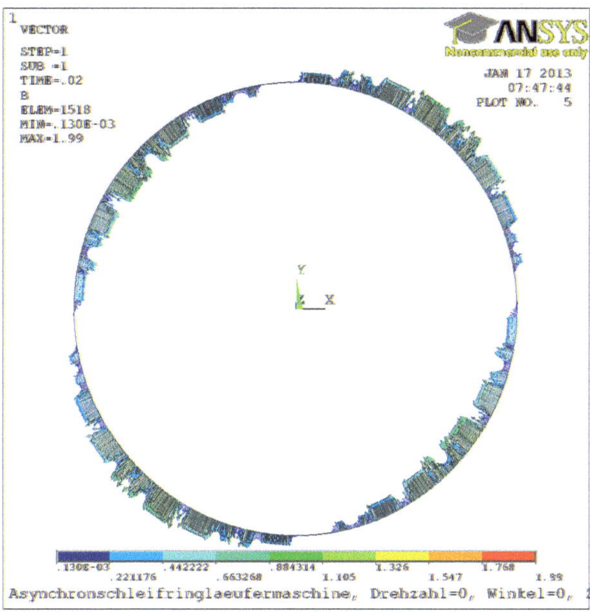

Abb. 18.53 Vektorielle Darstellung der magnetischen Flußdichte in Luftspaltmitte bei statischer Rechnung

Durch die vektorielle Darstellung der magnetischen Flußdichte in Luftspaltmitte kann annähernd die Felderregerkurve nachvollzogen werden.

```
/show,Plots%ausgabe%,grph,,append
PLVECT,h, , , ,VECT,ELEM,ON,0
```

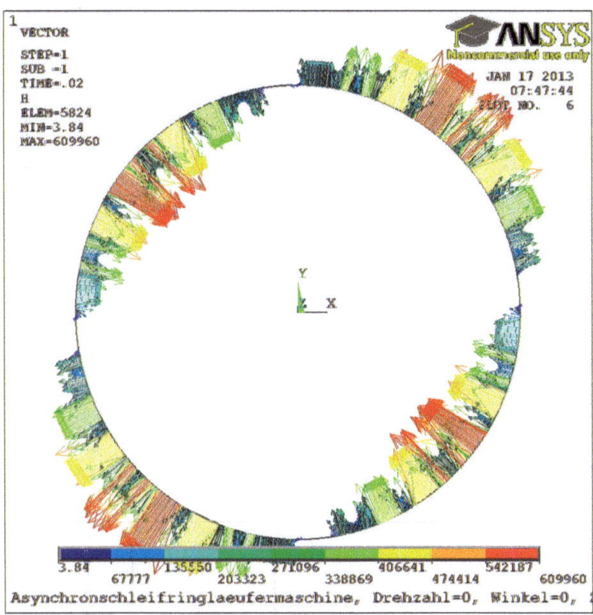

Abb. 18.54 Vektorielle Darstellung der magnetischen Feldstärke in Luftspaltmitte bei statischer Rechnung

Anschaulicher gelingt dies über die vektorielle Darstellung der magnetischen Feldstärke in Luftspaltmitte, da die Skalierung der magnetischen Flußdichte auf die maximale Flußdichte bezogen ist und generell die größten magnetischen Feldstärken im Luftspalt auftreten.

```
/show,term
luftspaltfeld.txt
/show,term
```

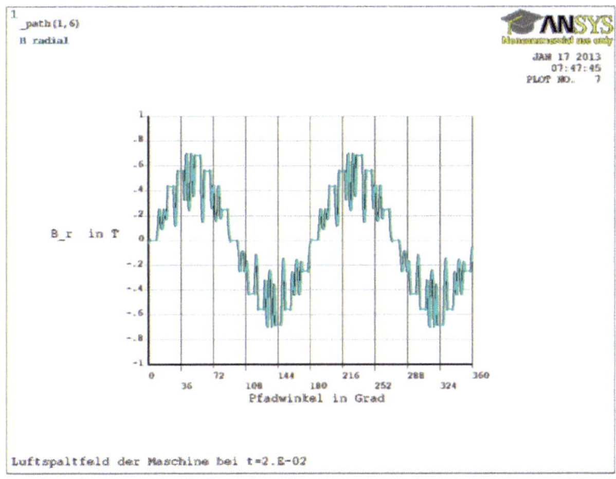

Abb. 18.55 Luftspaltfeld in Luftspaltmitte bei statischer Rechnung

Bei Verwendung des Zusatzskriptes zur Luftspaltfeldbestimmung in Luftspaltmitte in der Datei „luftspaltfeld.txt" kann das Luftspaltfeld in Luftspaltmitte nachvollzogen werden. Deutlich sind die Nutungseffekte in Verbindung mit der Felderregerkurve erkennbar.

Zum Vergleich wird mit stromlosem Ständer bei mit 1 A gespeistem Rotor gerechnet. Stellung und Zeitpunkt werden beibehalten.

Hierzu wird das Skript „asms_rechnung_statisch_2.txt" verwendet. Es unterscheidet sich von der ersten statischen Rechnung in der Benennung der Ausgabedatei und der geänderten Stator- und Rotorspeisung. Es hat folgenden Aufbau.

```
/prep7

asms_schleif_geometrie.txt     ! Aufbau der Statorgeometrie

ausgabe=2     ! Definition der Ausgabedatei
luftskal=1    ! Skalierungsparameter für Luftspaltfeldausgabe
fft=0         ! Anwahl der Fourieranalyse

asms_aus.txt                   ! Aufbau der Ausgabedateien

winkel=0        ! Stellungswinkel Rotor zu Stator
zeit=0          ! Zeitpunkt in s
i1=0            ! Ständerstromamplitude
i2=1            ! Rotorstromamplitude
phase2=0        ! Phasenlage des Rotorstromes
fronspar=0      ! Lösung mit frontal oder sparse matrix-Solver
asms_loes1.txt ! Aufruf der statischen Einzelschrittrechnung
```

Die Berechnung liefert folgende Ergebnisse.

```
U_I_Stator2.lis - Editor
Datei Bearbeiten Format Ansicht ?
 Schritt Zeit Winkel Drehzahl U1 I1 U2 I2 U3 I3 Rechenzeit
-----------------------------------------------------------------------
  0.00000   0.00000   0.00000   0.788861E-30 -0.114856E-02 -0.216840E-13 -0.114856E-02 -0.867362E-13 -0.114856E-02   0.00000   5.24163
```

Abb. 18.56 Ergebnisse von Spannungen und Strömen bei stromlosem Stator

Bei annähernd stromlosem Stator fallen dessen Spannungen und Ströme sehr klein aus.

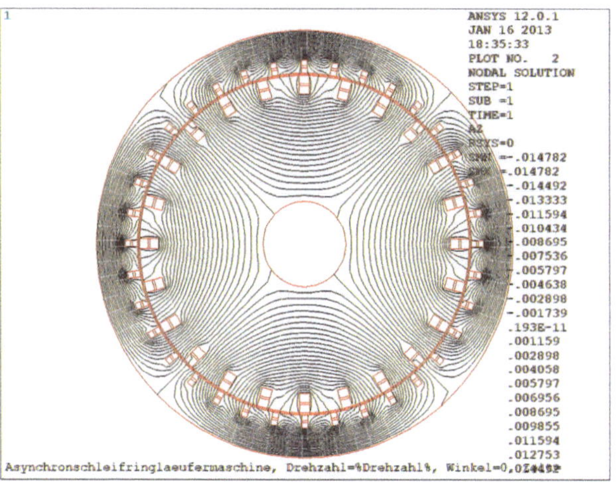

Abb. 18.57 Feldbild bei Rotorspeisung und statischer Rechnung

Die Darstellung des Feldlinienverlaufs entspricht nahezu demjenigen des Stators, aufgrund der fehlenden Rückwirkung zwischen Stator und Rotor nehmen die Feldlinien in Stator und Rotor den vollständigen Raum ein.

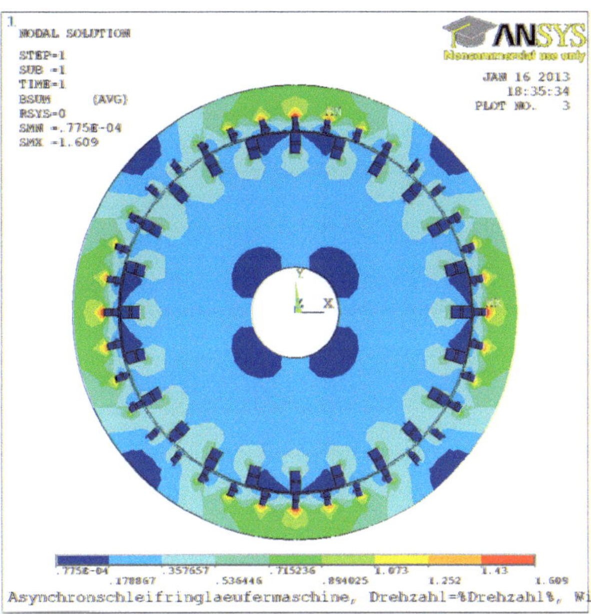

Abb. 18.58 Magnetische Flußdichte bei Rotorspeisung und statischer Rechnung

Auch die Darstellung der magnetischen Flußdichte unterscheidet sich nur wenig von der Statorspeisung, lediglich die Höhe des magnetischen Feldes unterscheidet sich. Dies ist auf die unterschiedliche Nutenzahl je Pol und Phase in Stator ($q=3$) und Rotor ($q=2$) zurückzuführen.

Über die graphische Darstellung der Stromdichte ist nachvollziehbar, daß nun der Rotor gespeist ist und eine Wicklung mit 4 Polen ($P=2$), der Nutenzahl je Pol und Phase von 2 ($Q2=2$) und Schrittverkürzung 1 (EPS2 = 1) bei Zweischichtwicklung vorliegt.

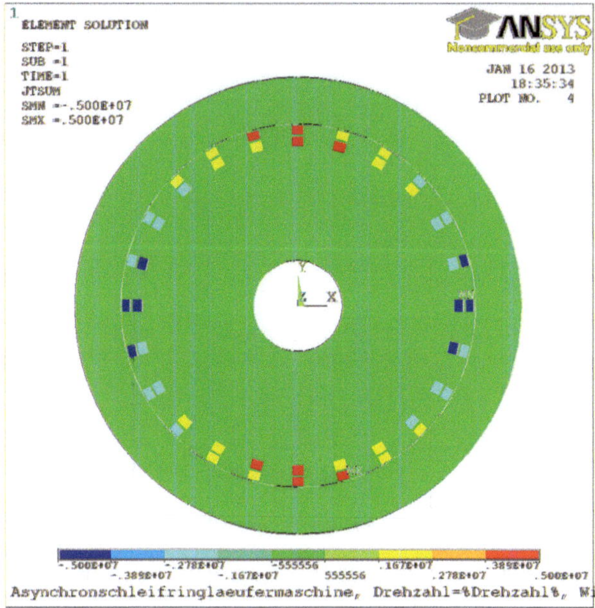

Abb. 18.59 Stromdichte bei Rotorspeisung und statischer Rechnung

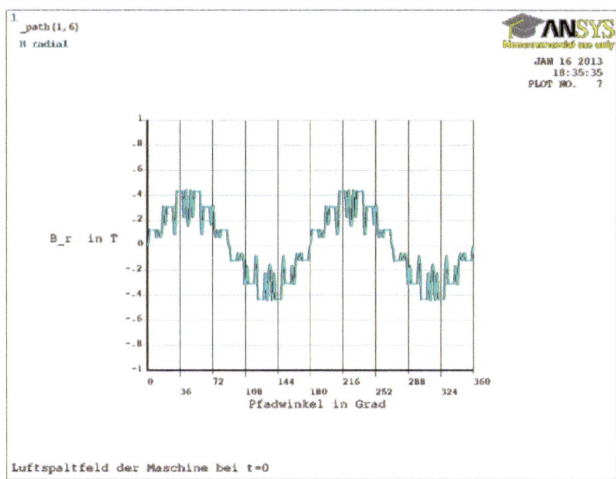

Abb. 18.60 Luftspaltfeld in Luftspaltmitte bei Rotorspeisung und statischer Rechnung

Die Darstellung des Luftspaltfeldes bei Stator- und Rotorspeisung ist vergleichbar, lediglich die Amplitude ist aufgrund der Nutenzahl je Pol und Phase beim Rotor geringer.

Zur Berechnung der Rückwirkung von Stator und Rotor muss die Stromrichtung im Rotor geändert werden, um eine Rückwirkung vorgeben zu können.

18.6 Harmonische Rechnung

Wesentlich aussagekräftigere Ergebnisse ergeben sich bei harmonischer Rechnung und leitfähigem Anker ohne Läufervorwiderstand. Die Berechnung kann in Abhängigkeit der Zeit oder der Läuferstellung durchgeführt werden. Die nachfolgend vorgestellten Rechenergebnisse basieren auf einer Ständerspannungsamplitude von 100 V bei Variation der Zeit. Die Berechnung erfolgt über die Rechnungsdatei asms_rechnung_harmonisch1.txt. Verwendet wird der SPARSE-Matrix-Solver, da bei dieser Berechnung der FRONTAL-Solver aus nicht nachvollziehbaren Gründen fehlerhafte Ergebnisse liefert. Es wird grundsätzlich angeraten beide Solver zu verwenden und die Ergebnisse kritisch zu betrachten. Die Rechnungsdatei hat folgenden Inhalt.

```
/prep7

asms_schleif_geometrie.txt    ! Aufbau der Statorgeometrie

ausgabe=111  ! Definition der Ausgabedatei
luftskal=1   ! Skalierungsparameter für Luftspaltfeldausgabe
fft=0        ! Anwahl der Fourieranalyse

asms_aus.txt                  ! Aufbau der Ausgabedateien

winkela=0     ! Stellungswinkel Rotor zu Stator
zeita=0       ! Anfangszeitpunkt in s
u1=100        ! Ständerspannungsamplitude
rvor2r=1e-6   ! Rotorvorwiderstand
jsteps=12
! Anzahl zu rechnender Zeitschritte einer Zeitperiode
ndreh=2       ! Anzahl der zu rechnenden Zeitperioden
fronspar=1    ! Lösung mit frontal oder sparse matrix-Solver


asms_loes3.txt              ! Aufruf der harmonischen Rechnung
```

Folgende Ergebnisse werden ermittelt.

U_I_Stator111.lis - Editor

Datei Bearbeiten Format Ansicht ?

	Schritt	Zeit	Winkel	Drehzahl	U1	I1	U2	I2	U3	I3	Rechenzeit
Realteil	0.00000	0.00000	0.00000	0.00000	100.000	-1.81246	-50.0000	-0.269790	-50.0000	2.08225	4.29003
Imaginaerteil	0.00000	0.00000	0.00000	0.00000	0.00000	1.35795	86.6025	-2.24861	-86.6025	0.890658	4.29003
Realteil	1.00000	0.166667E-02	0.00000	0.00000	86.6025	-2.24861	-86.6025	0.890658	-0.168754E-13	1.35795	3.41642
Imaginaerteil	1.00000	0.166667E-02	0.00000	0.00000	50.0000	0.269790	50.0000	-2.08225	-100.000	1.81246	3.41642
Realteil	2.00000	0.333333E-02	0.00000	0.00000	50.0000	-2.08225	-100.000	1.81246	50.0000	0.269790	3.55682
Imaginaerteil	2.00000	0.333333E-02	0.00000	0.00000	86.6025	-0.890658	0.106581E-13	-1.35795	-86.6025	2.24861	3.55682
Realteil	3.00000	0.500000E-02	0.00000	0.00000	0.355271E-14	-1.35795	-86.6025	2.24861	86.6025	-0.890658	3.71282
Imaginaerteil	3.00000	0.500000E-02	0.00000	0.00000	100.000	-1.81246	-50.0000	-0.269790	-50.0000	2.08225	3.71282
Realteil	4.00000	0.666667E-02	0.00000	0.00000	-50.0000	-0.269790	-50.0000	2.08225	100.000	-1.81246	3.46322
Imaginaerteil	4.00000	0.666667E-02	0.00000	0.00000	86.6025	-2.24861	-86.6025	0.890658	-0.239808E-13	1.35795	3.46322
Realteil	5.00000	0.833333E-02	0.00000	0.00000	-86.6025	0.890658	-0.213163E-13	1.35795	86.6025	-2.24861	3.38522
Imaginaerteil	5.00000	0.833333E-02	0.00000	0.00000	50.0000	-2.08225	-100.000	1.81246	50.0000	0.269790	3.38522

Abb. 18.61 Ausgabe von Spannungen und Strömen bei harmonischer Rechnung für verschiedene Zeitpunkte

In Abhängigkeit der Zeit können aufgeteilt nach Real- und Imaginärteil die Spannungen und Ströme der einzelnen Stränge angegeben werden. Bei Verwendung von Excel oder anderen Tools können aus dem Real- und Imaginärteil die Beträge und Phasenlagen der Spannungen und Ströme in Abhängigkeit der Zeit berechnet werden.

Pauf_Stator111.lis - Editor

Datei Bearbeiten Format Ansicht ?

	Schritt	Zeit	Winkel	Drehzahl	Pauf1	Pauf2	Pauf3	PR1	PR2	PR3	Rechenzeit
Realteil	0.00000	0.00000	0.00000	0.00000	-90.6228	-90.6228	-90.6228	0.256451E-04	0.256451E-04	0.256451E-04	4.29003
Imaginaerteil	0.00000	0.00000	0.00000	0.00000	-67.8974	-67.8974	-67.8974	0.00000	0.00000	0.00000	4.29003
Realteil	1.00000	0.166667E-02	0.00000	0.00000	-90.6228	-90.6228	-90.6228	0.256451E-04	0.256451E-04	0.256451E-04	3.41642
Imaginaerteil	1.00000	0.166667E-02	0.00000	0.00000	-67.8974	-67.8974	-67.8974	0.00000	0.00000	0.00000	3.41642
Realteil	2.00000	0.333333E-02	0.00000	0.00000	-90.6228	-90.6228	-90.6228	0.256451E-04	0.256451E-04	0.256451E-04	3.55682
Imaginaerteil	2.00000	0.333333E-02	0.00000	0.00000	-67.8974	-67.8974	-67.8974	0.00000	0.00000	0.00000	3.55682
Realteil	3.00000	0.500000E-02	0.00000	0.00000	-90.6228	-90.6228	-90.6228	0.256451E-04	0.256451E-04	0.256451E-04	3.71282
Imaginaerteil	3.00000	0.500000E-02	0.00000	0.00000	-67.8974	-67.8974	-67.8974	0.00000	0.00000	0.00000	3.71282
Realteil	4.00000	0.666667E-02	0.00000	0.00000	-90.6228	-90.6228	-90.6228	0.256451E-04	0.256451E-04	0.256451E-04	3.46322
Imaginaerteil	4.00000	0.666667E-02	0.00000	0.00000	-67.8974	-67.8974	-67.8974	0.00000	0.00000	0.00000	3.46322
Realteil	5.00000	0.833333E-02	0.00000	0.00000	-90.6228	-90.6228	-90.6228	0.256451E-04	0.256451E-04	0.256451E-04	3.38522
Imaginaerteil	5.00000	0.833333E-02	0.00000	0.00000	-67.8974	-67.8974	-67.8974	0.00000	0.00000	0.00000	3.38522

Abb. 18.62 Ausgabe von Leistungen bei harmonischer Rechnung für verschiedene Zeitpunkte

Neben Spannungen und Strömen können auch die Leistungen der Spannungsquellen berechnet werden.

Drehmoment111.lis - Editor

Datei Bearbeiten Format Ansicht ?

Schritt	Zeit	Winkel	Drehzahl	M(Maxwell)	M(virtual_work)
0.00000	0.00000	0.00000	0.00000	0.681854	0.666614
1.00000	0.166667E-02	0.00000	0.00000	0.681854	0.666614
2.00000	0.333333E-02	0.00000	0.00000	0.681854	0.666614
3.00000	0.500000E-02	0.00000	0.00000	0.681854	0.666614
4.00000	0.666667E-02	0.00000	0.00000	0.681854	0.666614
5.00000	0.833333E-02	0.00000	0.00000	0.681854	0.666614
6.00000	0.100000E-01	0.00000	0.00000	0.681854	0.666614
7.00000	0.116667E-01	0.00000	0.00000	0.681854	0.666614
8.00000	0.133333E-01	0.00000	0.00000	0.681854	0.666614
9.00000	0.150000E-01	0.00000	0.00000	0.681854	0.666614
10.0000	0.166667E-01	0.00000	0.00000	0.681854	0.666614
11.0000	0.183333E-01	0.00000	0.00000	0.681854	0.666614
12.0000	0.200000E-01	0.00000	0.00000	0.681854	0.666614
13.0000	0.216667E-01	0.00000	0.00000	0.681854	0.666614
14.0000	0.233333E-01	0.00000	0.00000	0.681854	0.666614
15.0000	0.250000E-01	0.00000	0.00000	0.681854	0.666614
16.0000	0.266667E-01	0.00000	0.00000	0.681854	0.666614
17.0000	0.283333E-01	0.00000	0.00000	0.681854	0.666614
18.0000	0.300000E-01	0.00000	0.00000	0.681854	0.666614
19.0000	0.316667E-01	0.00000	0.00000	0.681854	0.666614
20.0000	0.333333E-01	0.00000	0.00000	0.681854	0.666614
21.0000	0.350000E-01	0.00000	0.00000	0.681854	0.666614
22.0000	0.366667E-01	0.00000	0.00000	0.681854	0.666614
23.0000	0.383333E-01	0.00000	0.00000	0.681854	0.666614
24.0000	0.400000E-01	0.00000	0.00000	0.681854	0.666614

Abb. 18.63 Ausgabe des Drehmoments bei harmonischer Rechnung für verschiedene Zeitpunkte

Das berechnete Drehmoment schwankt aufgrund des stillstehenden Rotors in Abhängigkeit der Zeit nicht.

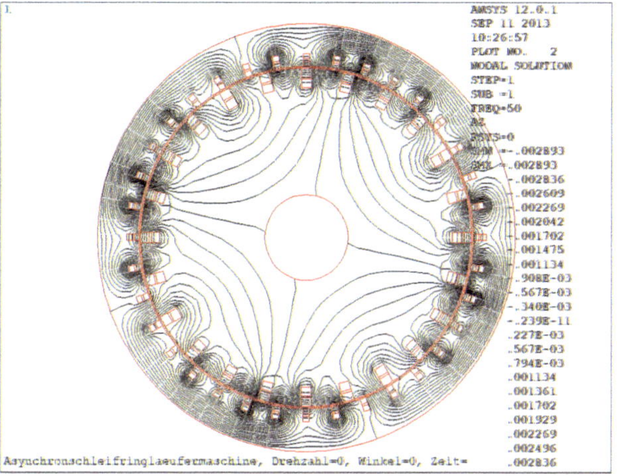

Abb. 18.64 Feldbild bei harmonischer Rechnung für 50 Hz bei leitfähigem Rotor

Das Feldlinienbild bestätigt die Rückwirkung des Rotors auf das Statorfeld. Während ständerseitig das magnetische Feld das Joch vollständig durchflutet, verdrängt der Rotor aufgrund seiner Durchflutung das magnetische Feld in Richtung Luftspalt.

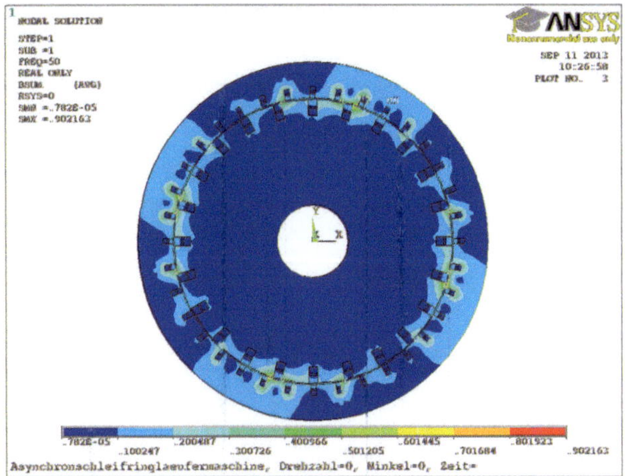

Abb. 18.65 Magnetische Flußdichte bei harmonischer Rechnung für 50 Hz bei leitfähigem Rotor

Die Darstellung der magnetischen Flußdichte bestätigt das Feldlinienbild. Die magnetische Flußdichte ist bei der gewählten Spannungsamplitude sehr gering.

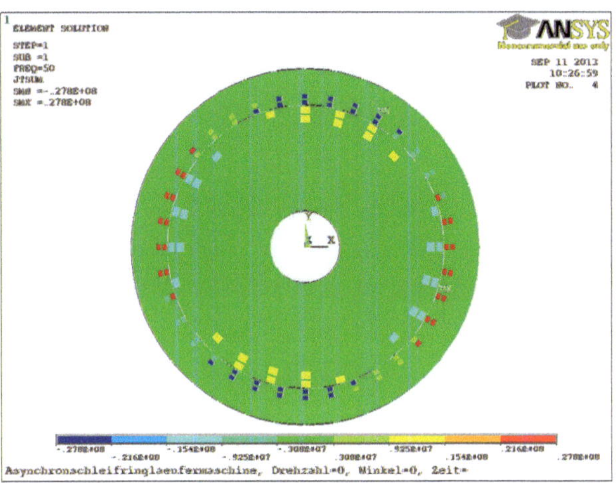

Abb. 18.66 Stromdichte bei harmonischer Rechnung für 50 Hz bei leitfähigem Rotor

Mit der Stromdichtedarstellung wird bestätigt, dass vom Stator in den Rotor Ströme induziert werden. Die Stromdichten im Rotor sind aufgrund der unterschiedlichen Wicklungsgestaltung und der flächenmäßig größeren Nuten im Rotor geringer.

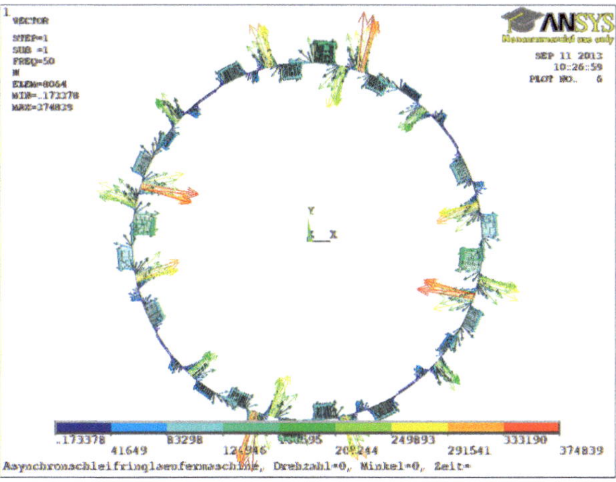

Abb. 18.67 Vektorielle Darstellung der magnetischen Feldstärke in Luftspaltmitte bei harmonischer Rechnung für 50 Hz bei leitfähigem Rotor

Die vektorielle Darstellung der magnetischen Feldstärke in Luftspaltmitte bestätigt die starke Rückwirkung des Rotors auf das Statorfeld, die Richtung der magnetischen Feldstärke ändert nahezu an jedem Zahn die Richtung.

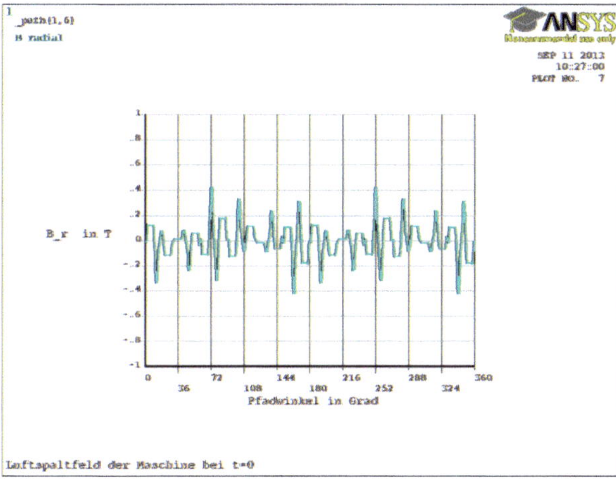

Abb. 18.68 Luftspaltfeld in Luftspaltmitte bei harmonischer Rechnung für 50 Hz bei leitfähigem Rotor

Die Darstellung des Luftspaltfeldes in Luftspaltmitte bestätigt die Auswirkungen der Rückwirkung deutlich. Stator und Rotor bauen für sich Felderregerkurven auf, die sich gegenseitig fast vollständig aufheben. Es verbleiben lediglich die Restfelder aufgrund der unterschiedlichen Wicklung in Stator und Rotor.

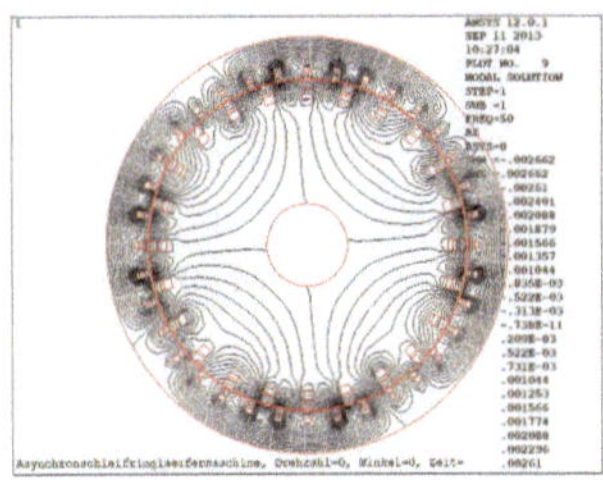
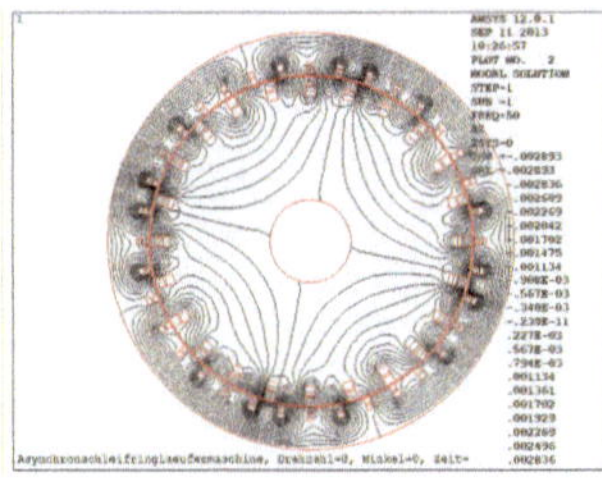
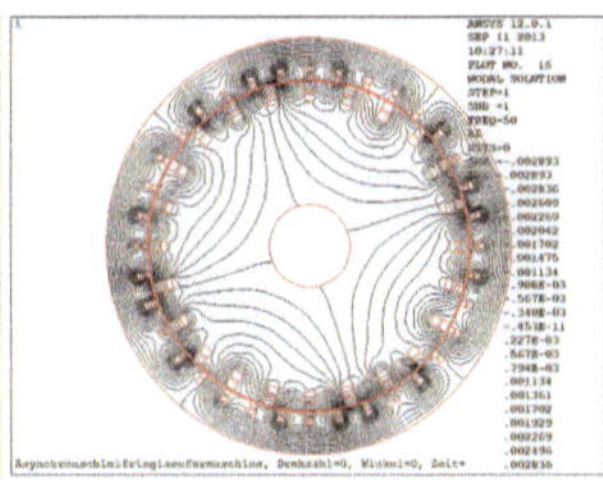

Abb. 18.69 Feldbild der harmonischen Rechnung bei verschiedenen Zeitpunkten

In Abhängigkeit der Zeit zeigt das Feldlinienbild, dass das magnetische Feld sich in Abhängigkeit der Zeit gegen den Uhrzeigersinn bewegt.

Vergrößert man den Läufervorwiderstand der einzelnen Stränge, so geht aufgrund der schwächeren Rückwirkung des Rotors gegenüber dem Stator der Ständerstrom zurück. Die Berechnung wird über die Rechnungsdatei „asms_rechnung_harmonisch_2.txt" gesteuert, der Rotorvorwiderstand ist sehr groß gewählt und hat folgenden Aufbau.

```
/prep7

asms_schleif_geometrie.txt    ! Aufbau der Statorgeometrie

ausgabe=112   ! Definition der Ausgabedatei
luftskal=1    ! Skalierungsparameter für Luftspaltfeldausgabe
fft=0         ! Anwahl der Fourieranalyse

asms_aus.txt                 ! Aufbau der Ausgabedateien

winkela=0     ! Stellungswinkel Rotor zu Stator
zeita=0       ! Anfangszeitpunkt in s
u1=100        ! Ständerspannungsamplitude
rvor2r=1e6    ! Rotorvorwiderstand
jsteps=12
! Anzahl zu rechnender Zeitschritte einer Zeitperiode
ndreh=2       ! Anzahl der zu rechnenden Zeitperioden
fronspar=1    ! Lösung mit frontal oder sparse matrix-Solver

asms_loes3.txt              ! Aufruf der harmonischen Rechnung
```

Es ergeben sich folgende Ergebnisse.

```
U_I_Stator112.lis - Editor
Datei  Bearbeiten  Format  Ansicht  ?
 Schritt Zeit Winkel Drehzahl U1 I1 U2 I2 U3 I3 Rechenzeit
---------------------------------------------------------------
 Realteil
  0.00000    0.00000       0.00000   0.00000   100.000      -0.582650E-02  -50.0000        -0.135074      -50.0000        0.140901       3.82202
 Imaginaerteil
  0.00000    0.00000       0.00000   0.00000   0.00000      0.159334       86.6025         -0.847131E-01  -86.6025        -0.746213E-01  3.82202
 Realteil
  1.00000    0.166667E-02  0.00000   0.00000   86.6025      -0.847131E-01  -86.6025        -0.746213E-01  -0.177636E-13   0.159334       3.77522
 Imaginaerteil
  1.00000    0.166667E-02  0.00000   0.00000   50.0000      0.135074       50.0000         -0.140901      -100.000        0.582650E-02   3.77522
 Realteil
  2.00000    0.333333E-02  0.00000   0.00000   50.0000      -0.140901      -100.000        0.582650E-02   50.0000         0.135074       3.91562
 Imaginaerteil
  2.00000    0.333333E-02  0.00000   0.00000   86.6025      0.746213E-01   0.142109E-13    -0.159334      -86.6025        0.847131E-01   3.91562
 Realteil
  3.00000    0.500000E-02  0.00000   0.00000   0.710543E-14 -0.159334      -86.6025        0.847131E-01   86.6025         0.746213E-01   4.21204
 Imaginaerteil
  3.00000    0.500000E-02  0.00000   0.00000   100.000      -0.582650E-02  -50.0000        -0.135074      -50.0000        0.140901       4.21204
 Realteil
  4.00000    0.666667E-02  0.00000   0.00000   -50.0000     -0.135074      -50.0000        0.140901       100.000         -0.582650E-02  3.74402
 Imaginaerteil
  4.00000    0.666667E-02  0.00000   0.00000   86.6025      -0.847131E-01  -86.6025        -0.746213E-01  -0.284217E-13   0.159334       3.74402
 Realteil
  5.00000    0.833333E-02  0.00000   0.00000   -86.6025     -0.746213E-01  -0.213163E-13   0.159334       86.6025         -0.847131E-01  3.96243
 Imaginaerteil
  5.00000    0.833333E-02  0.00000   0.00000   50.0000      -0.140901      -100.000        0.582650E-02   50.0000         0.135074       3.96243
```

Abb. 18.70 Ausgabe von Spannungen und Strömen bei harmonischer Rechnung für verschiedene Zeitpunkte bei hohem Rotorvorwiderstand

Gegenüber der Rechnung mit niedrigem Rotorvorwiderstand sind die Ströme in den einzelnen Phasen wesentlich geringer.

Dies betrifft auch die vom Stator aufgebrachten Leistungen.

```
Pauf_Stator112.lis - Editor
Datei  Bearbeiten  Format  Ansicht  ?
 Schritt Zeit Winkel Drehzahl Pauf1 Pauf2 Pauf3 PR1 PR2 PR3 Rechenzeit
---------------------------------------------------------------
 Realteil
  0.00000    0.00000       0.00000   0.00000   -0.291325   -0.291325   -0.291325   0.127107E-06  0.127107E-06  0.127107E-06  3.82202
 Imaginaerteil
  0.00000    0.00000       0.00000   0.00000   -7.96672    -7.96672    -7.96672    0.00000       0.00000       0.00000       3.82202
 Realteil
  1.00000    0.166667E-02  0.00000   0.00000   -0.291325   -0.291325   -0.291325   0.127107E-06  0.127107E-06  0.127107E-06  3.77522
 Imaginaerteil
  1.00000    0.166667E-02  0.00000   0.00000   -7.96672    -7.96672    -7.96672    0.00000       0.00000       0.00000       3.77522
 Realteil
  2.00000    0.333333E-02  0.00000   0.00000   -0.291325   -0.291325   -0.291325   0.127107E-06  0.127107E-06  0.127107E-06  3.91562
 Imaginaerteil
  2.00000    0.333333E-02  0.00000   0.00000   -7.96672    -7.96672    -7.96672    0.00000       0.00000       0.00000       3.91562
 Realteil
  3.00000    0.500000E-02  0.00000   0.00000   -0.291325   -0.291325   -0.291325   0.127107E-06  0.127107E-06  0.127107E-06  4.21204
 Imaginaerteil
  3.00000    0.500000E-02  0.00000   0.00000   -7.96672    -7.96672    -7.96672    0.00000       0.00000       0.00000       4.21204
 Realteil
  4.00000    0.666667E-02  0.00000   0.00000   -0.291325   -0.291325   -0.291325   0.127107E-06  0.127107E-06  0.127107E-06  3.74402
 Imaginaerteil
  4.00000    0.666667E-02  0.00000   0.00000   -7.96672    -7.96672    -7.96672    0.00000       0.00000       0.00000       3.74402
 Realteil
  5.00000    0.833333E-02  0.00000   0.00000   -0.291325   -0.291325   -0.291325   0.127107E-06  0.127107E-06  0.127107E-06  3.96243
 Imaginaerteil
  5.00000    0.833333E-02  0.00000   0.00000   -7.96672    -7.96672    -7.96672    0.00000       0.00000       0.00000       3.96243
```

Abb. 18.71 Ausgabe von Leistungen bei harmonischer Rechnung für verschiedene Zeitpunkte bei hohem Rotorvorwiderstand

Dies bestätigt auch die Berechnung des Drehmoments in Abhängigkeit der Zeit, es geht wesentlich zurück und weist aufgrund der konstanten Stator-/Rotorstellung nach wie vor keine Schwankung auf und ist aufgrund der fehlenden Rotorströme sehr gering.

Drehmoment112.lis - Editor

Datei Bearbeiten Format Ansicht ?

Schritt	Zeit	Winkel	Drehzahl	M(Maxwell)	M(virtual_work)
0.00000	0.00000	0.00000	0.00000	0.686613E-02	0.657103E-02
1.00000	0.166667E-02	0.00000	0.00000	0.686613E-02	0.657103E-02
2.00000	0.333333E-02	0.00000	0.00000	0.686613E-02	0.657103E-02
3.00000	0.500000E-02	0.00000	0.00000	0.686613E-02	0.657103E-02
4.00000	0.666667E-02	0.00000	0.00000	0.686613E-02	0.657103E-02
5.00000	0.833333E-02	0.00000	0.00000	0.686613E-02	0.657103E-02
6.00000	0.100000E-01	0.00000	0.00000	0.686613E-02	0.657103E-02
7.00000	0.116667E-01	0.00000	0.00000	0.686613E-02	0.657103E-02
8.00000	0.133333E-01	0.00000	0.00000	0.686613E-02	0.657103E-02
9.00000	0.150000E-01	0.00000	0.00000	0.686613E-02	0.657103E-02
10.0000	0.166667E-01	0.00000	0.00000	0.686613E-02	0.657103E-02
11.0000	0.183333E-01	0.00000	0.00000	0.686613E-02	0.657103E-02
12.0000	0.200000E-01	0.00000	0.00000	0.686613E-02	0.657103E-02

Abb. 18.72 Ausgabe von Drehmomenten bei harmonischer Rechnung für verschiedene Zeitpunkte bei hohem Rotorvorwiderstand

Näheren Aufschluss über die Ergebnisse der harmonischen Rechnung bei nicht stromführendem Rotor liefern die grafischen Ausgaben.

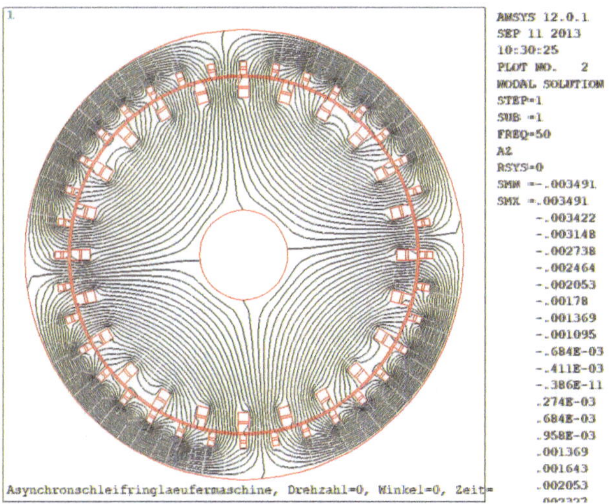

Abb. 18.73 Feldbild bei harmonischer Rechnung für 50 Hz bei leitfähigem Rotor und hohem Rotorvorwiderstand

Das Feldlinienbild bestätigt, dass aufgrund der geringen Rückwirkung des Rotors auf das Ständerfeld sich das magnetische Feld vollständig über Stator und Rotorjoch verteilt. Es entspricht der statischen Rechnung bei Statorspeisung.

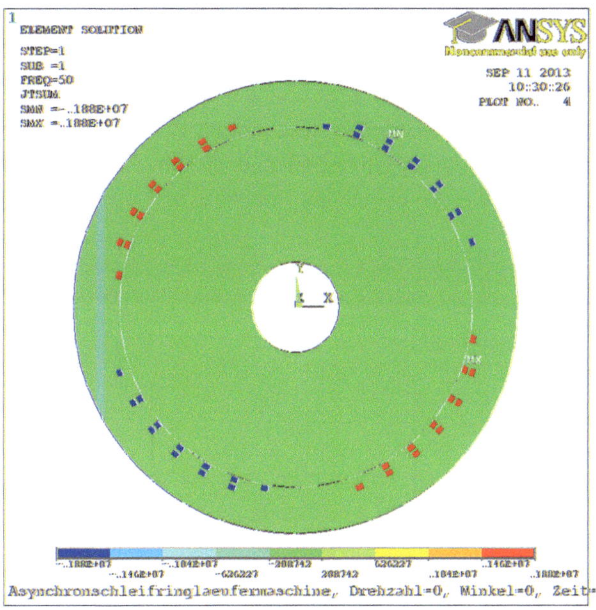

Abb. 18.74 Stromdichte bei harmonischer Rechnung für 50 Hz bei leitfähigem Rotor und hohem Rotorvorwiderstand

Die Darstellung der Stromdichte bestätigt, dass gegenüber dem Stator die Stromdichte in den Rotorspulen sehr stark zurückgegangen ist, bzw. nicht mehr sichtbar in Erscheinung tritt.

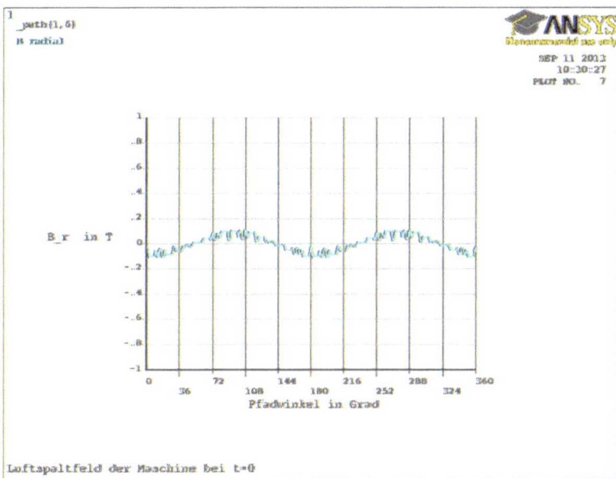

Abb. 18.75 Luftspaltfeld in Luftspaltmitte bei harmonischer Rechnung für 50 Hz bei leitfähigem Rotor Rotor und hohem Rotorvorwiderstand

Das Luftspaltfeld in Luftspaltmitte ist vergleichbar mit dem Ergebnis der statischen Rechnung bei Statorbestromung.

18.7 Transiente Rechnung

Die transiente Rechnung der Asynchronmaschine unterscheidet sich nicht wesentlich von der transienten Berechnung der Transformatoren. Bei einer klassischen Asynchron-Schleifringläufermaschine müssen in Abhängigkeit der Zeit die Ständerspannungen geändert werden, sowie die Rotorspannungsquellen in Belastungswiderstände umgewandelt werden.

```
*Do,im,1,m
ET,214+im-1,CIRCU124,0,0
R,214+im-1,rvor2
*EndDo
```

Vergleichbar mit der Gleichstrommaschine wird die Stellung des Rotors zum Stator aufgrund des aktuellen Drehmoments in Abhängigkeit der Zeit geändert. Der prinzipielle Ablauf der transienten Berechnung für rotierende Maschinen ändert sich nicht.

Die grundlegende transiente Berechnung befindet sich in der Datei „asms_rechnung_transient_1a.txt“ und hat folgenden Aufbau. Zur Verkürzung der Rechenzeit wird der SPARSE-Matrix-Solver verwendet. Die Berechnung kann insbesondere über die Startdrehzahl und das Lastmoment beeinflusst werden.

```
/prep7

asms_schleif_geometrie.txt   ! Skript zum Aufruf der Geometrie


ausgabe=21
luftskal=1
fft=0
asms_aus.txt

winkela=0             ! Rotorstellungswinkel Anfang
drehzahls=0           ! Startdrehzahl
u1=500                ! Staenderspannung
rvor2r=1e-6           ! Laeufervorwiderstand
mtstep=.002           ! Zeitschritt
j_traegheit=.2        ! gesamtes Trägheitsmoment
ML_Lastmoment=0       ! Lastmoment
fronspar=1            ! Wahlparameter frontal/sparse
!!!! 20000 Rechenschritte sind voreingestellt

asms_loes5.txt        ! Skript fuer transiente Rechnung Hochlauf
```

18.7.1 Spannungsvorgabe bei fester Frequenz

Bei fester Frequenz kann die Spannung der einzelnen Phasen direkt aus der zeitabhängigen Phasenlage ermittelt werden. Ohne Zeitdiskretisierung ergibt sich die Ständerspannung zu:

$$u(t) = \hat{u} * \cos(\omega t - \varphi).$$

Bei Zeitdiskretisierung und konstanter Frequenz ergibt sich für die transiente Rechnung damit:

$$t_{i+1} = t_i + \Delta t,$$
$$u(t_i) = \hat{u} * \cos(\omega t_i - \varphi).$$

Bei einer mehrsträngigen Drehfeldmaschine wird dies wie folgt berücksichtigt.

```
*Do,im,1,m
ET,114+im-1,CIRCU124,4,0
phase=2*pi*freq*zeita*180/pi
R,114+im-1,u1*cos(phase-(im-1)*360/m)*1e-6,0,
*EndDo
```

18.7.2 Hochlauf

Die Hochlaufberechnung wird im Folgenden ab Stillstand, einer mittleren Startdrehzahl im Lauf, dem Synchronismus und als stufiger Hochlauf vorgestellt.

Das Skript zur Durchführung der Hochlaufberechnung befindet sich in der Datei asms_loes5.txt.

18.7.2.1 Hochlauf aus dem Stillstand

Bei allen Hochläufen wird eine konstante Ständerspannung mit einer Amplitude von 500 V, sowie ein Läufervorwiderstand als Kurzschluß angenommen. Um den Hochlaufprozeß in annähernd kurzer Zeit berechnen zu können, wird mit einer geringen Anzahl von Stützstellen über einer Zeitperiode gerechnet, aufgrund des Zeitschritts von 0,002 s ergeben sich bei einer Frequenz von 50 Hz 10 Stützstellen je Zeitperiode. Nach der initialisierenden Rechnung wird wie bei dem Drehstromtransformator die Spannung sprungförmig eingeschaltet.

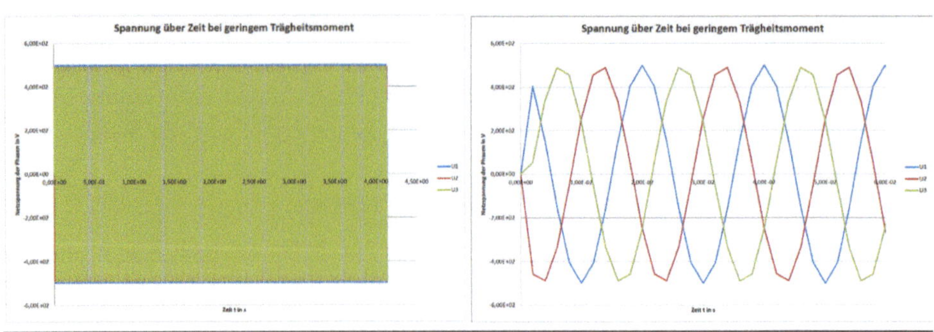

Abb. 18.76 Spannung in Abhängigkeit der Zeit bei Hochlauf

Die Asynchronschleifringläufermaschine startet bei geringem Trägheitsmoment sehr zügig und erreicht nach etwa 2,5 Sekunden die Leerlaufdrehzahl von 1500 U/min entsprechend der Polpaarzahl von $p = 2$. Der Einschwingvorgang ist auf eine sehr kurze Zeit beschränkt.

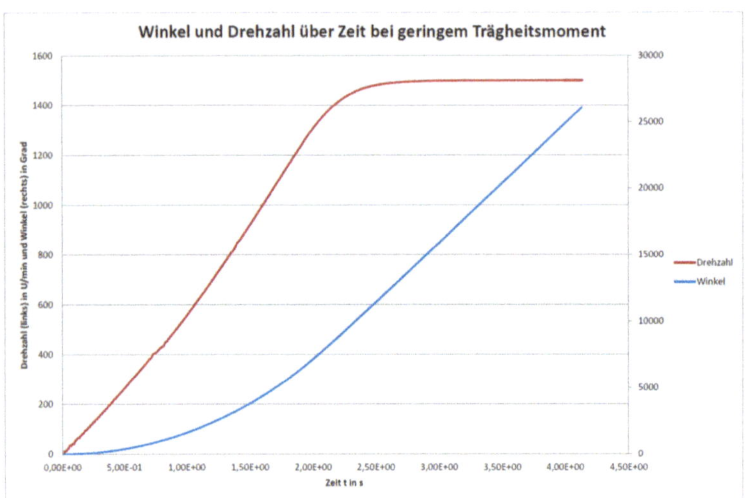

Abb. 18.77 Winkel und Drehzahl in Abhängigkeit der Zeit im Hochlauf

Aufgrund der starken Rückwirkung zwischen Stator und Rotor im Bereich des Stillstandes schwingt sich der Statorstrom in allen drei Phasen nach weniger als einer Zeitperiode auf eine Amplitude von 10 A ein. Aufgrund der geringen Anzahl von Stützstellen in einer Zeitperiode kann nur die Grundwelle des Statorstromes, nicht aber der Oberwellengehalt berechnet werden.

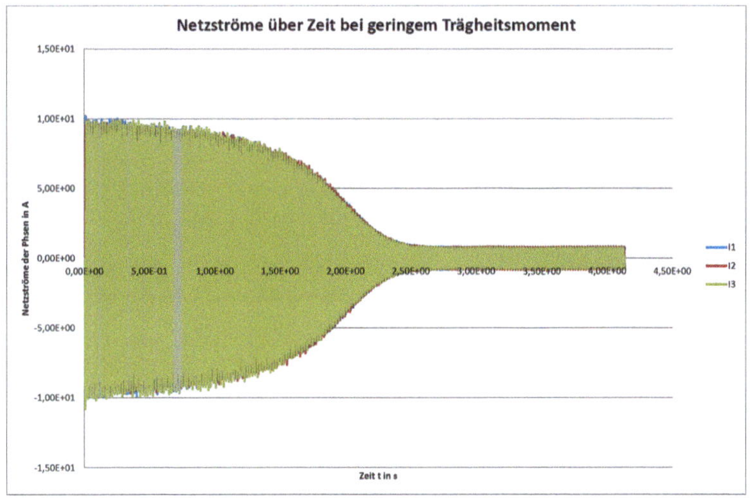

Abb. 18.78 Netzströme in Abhängigkeit der Zeit nach Spannungseinschaltung

Nach abgeschlossenem Hochlauf geht der Statorstrom in allen drei Phasen im Leerlauf auf ca. 0,08 A zurück.

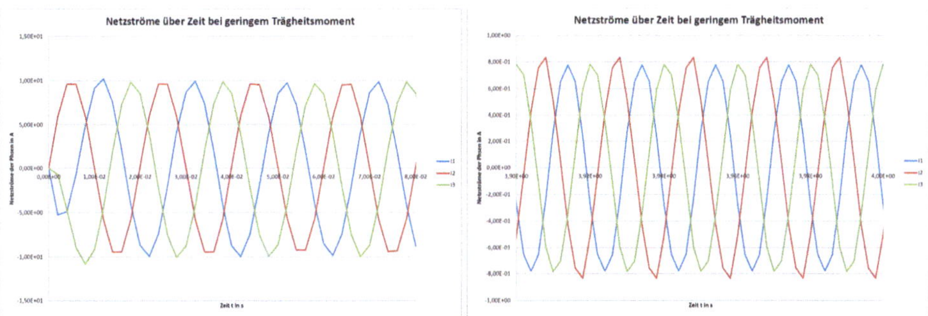

Abb. 18.79 Netzströme in Abhängigkeit der Zeit im Anlauf (*links*) und nach abgeschlossenem Hochlauf

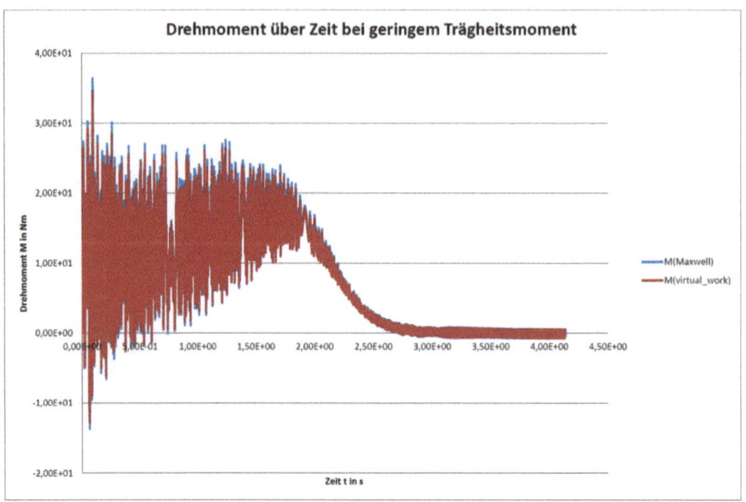

Abb. 18.80 Drehmoment in Abhängigkeit der Zeit im Hochlauf

Das Drehmoment im Bereich des Stillstandes und im Anlauf bis zum Kippmoment schwankt stark, dieser Effekt wird durch den dynamischen Effekt des Hochlaufes weiter verstärkt. Bei überblicksartiger Mittelwertbildung zeigt sich, dass das Drehmoment vom Stillstandsmoment an bis zum größeren Kippmoment ansteigt und danach zum Leerlauf hin auf 0 Nm abnimmt.

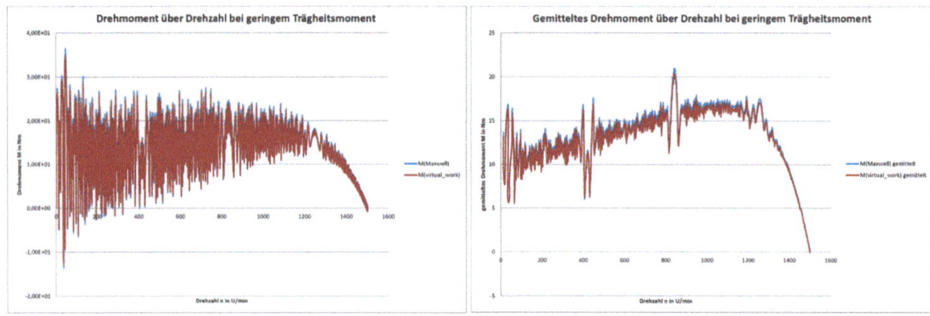

Abb. 18.81 Drehmoment in Abhängigkeit der Drehzahl im Hochlauf

Das zeitliche Verhalten kann bei Verwendung von Excel einfach in eine Drehmoment/Drehzahl-Darstellung gewandelt werden. Der Mittelwert des Anzugsdrehmoments liegt bei ca. 10 Nm, das Kippmoment liegt bei einer Drehzahl von 1200 U/min bei etwa 17 Nm.

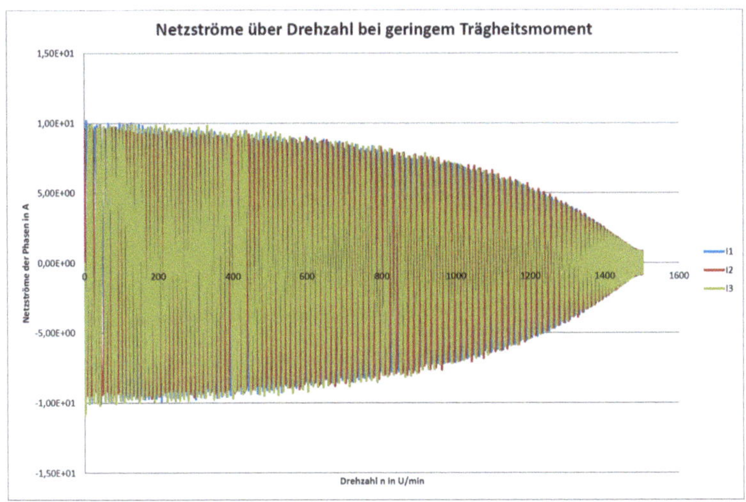

Abb. 18.82 Netzströme in Abhängigkeit der Drehzahl im Hochlauf

Die Darstellung des Ständerstromes über der Drehzahl zeigt das typische Verhalten des vom Stillstand zum Synchronismus langsam abnehmenden Ständerstromes mit dem Magnetisierungsstrom im Synchronismus.

Bei Nutzung von Excel können aus den Spannungen und Strömen der drei Stränge in Abhängigkeit der Drehzahl die gesamte aufgenommene Leistung und aus dem Produkt von Drehzahl und Drehmoment die abgegebene Leistung ermittelt werden. Aufgrund der Bestimmung des Ständerstromes über der Spannungsquelle ergeben sich Ströme mit Phasenverschiebung von 180 Grad und damit negative aufgenommene Leistungen. Dies wurde in der grafischen Darstellung der Leistungsbetrachtung belassen, die gesamte aufgenommene Leistung jedoch angepasst.

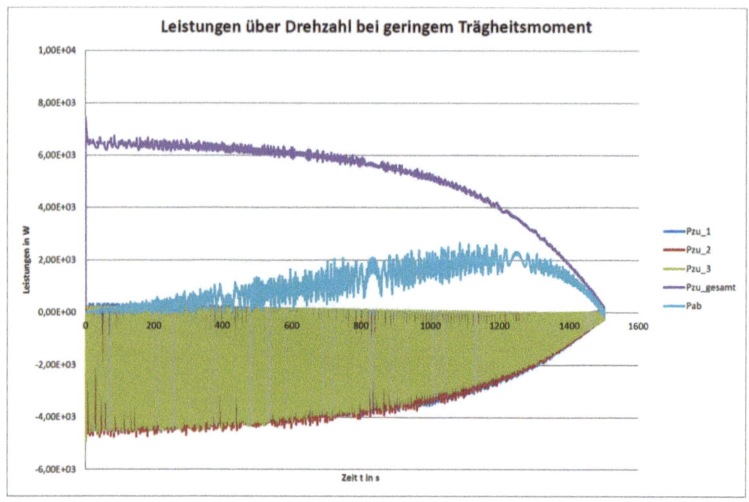

Abb. 18.83 Leistungen P_zu und P_ab in Abhängigkeit der Drehzahl im Hochlauf

Es ergibt sich der typische Verlauf der in Richtung Synchronismus abnehmenden aufgenommenen Leistung und der aus dem Stillstand bis zu einem Maximum steigenden und von dort fallenden abgegebenen Leistung. Die aufgenommene Leistung schwankt wesentlich geringer als die abgegebene Drehzahl.

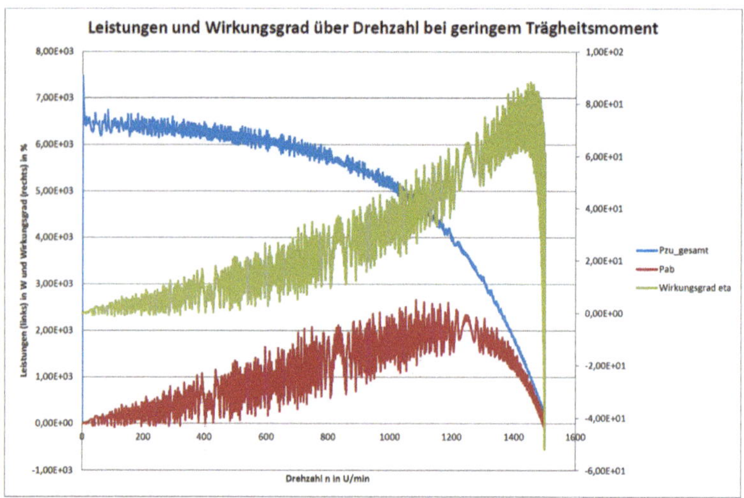

Abb. 18.84 Leistungen und Wirkungsgrad in Abhängigkeit der Drehzahl im Hochlauf

Bezieht man die abgegebene auf die gesamte aufgenommene Leistung, so kann zusätzlich der Wirkungsgrad bestimmt werden. Er erreicht im vorliegenden Beispiel bei ca. 1450 U/min einen Wert von etwa 80 %.

Neben den Statorströmen können auch die Rotorströme in Abhängigkeit der Zeit analysiert werden. Während der Statorstrom aufgrund der Netzseite konstant eine Frequenz von 50 Hz hat, variiert die Frequenz des Rotorstromes von 50 Hz bis nahezu Gleichstrom nach Erreichen des Synchronismus. Auch die Amplitude des Rotorstromes sinkt vom Stillstand zum Synchronismus und ist im Synchronismus nahezu nicht vorhanden.

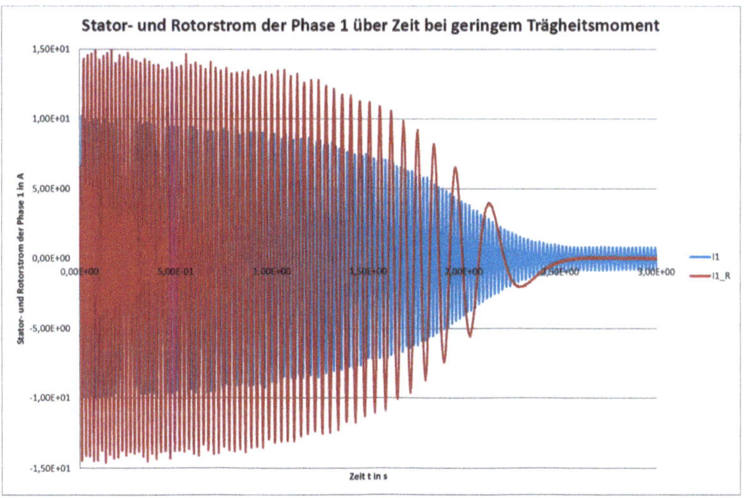

Abb. 18.85 Stator- und Rotorstrom der Phase 1 in Abhängigkeit der Zeit im Hochlauf

Die Auswertung der numerischen Ergebnisse aufgrund der Verschaltung von Stator und Rotor erleichtert die Analyse des Betriebsverhaltens bei transienter Rechnung wesentlich, müssen jedoch hinsichtlich der magnetischen Auslegung durch grafische Ausgaben bestätigt werden. Insgesamt werden je gerechnetem Zeitschritt 7 grafische Darstellungen abgespeichert und müssen über das ANSYS-DISPLAY-Programm ausgewählt werden.

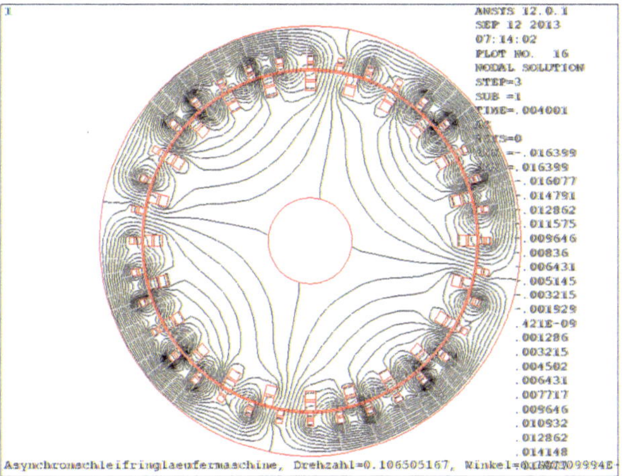

Abb. 18.86 Feldbildlinienbild bei transienter Rechnung im Stillstand

Im Bereich des Stillstandes ist das Feldlinienbild mit dem Ergebnis der harmonischen Rechnung bei niedrigem Rotorvorwiderstand vergleichbar. Die Rückwirkung des Rotors auf den Stator ist groß, der Rotor verdrängt das magnetische Feld im Rotor in Richtung Luftspalt.

Dabei erreicht die magnetische Flußdichte maximal ca. 2 Tesla im Bereich der Zähne und lediglich an einigen wenigen Stellen Werte von 3,9 Tesla, was jedoch auf Einschnürungseffekte an scharfen Ecken zurückzuführen ist. Die Wahl einer linearen Berechnung mit fester magnetischer Permeabilität ist korrekt.

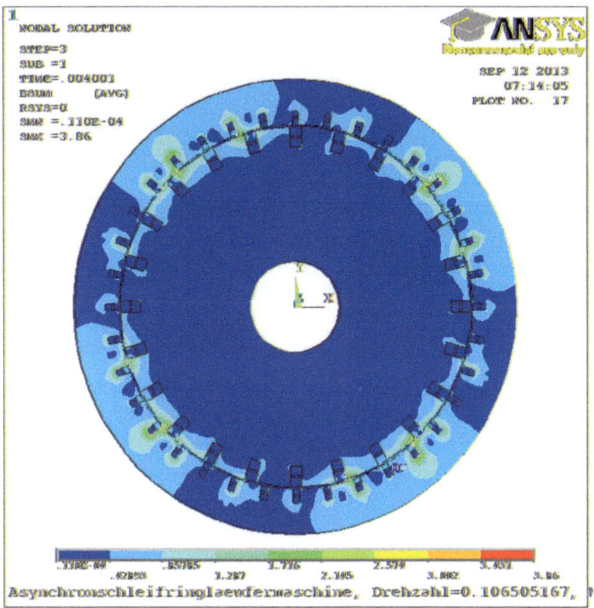

Abb. 18.87 Magnetische Flußdichte bei transienter Rechnung im Stillstand

Die Darstellung der Stromdichte ist vergleichbar mit der harmonischen Rechnung und zeigt die geringeren Stromdichten im Rotor aufgrund der unterschiedlichen Wicklungen und Nutflächen auf.

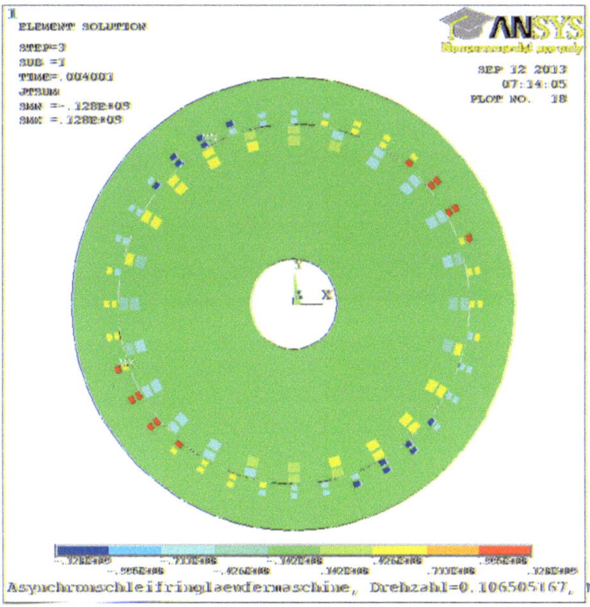

Abb. 18.88 Stromdichte bei transienter Rechnung im Stillstand

Auch die vektorielle Darstellung der magnetischen Feldstärke in Luftspaltmitte und des Luftspaltfeldes in Luftspaltmitte bestätigen die bekannte Situation des magnetischen Feldes im Stillstandes, dass lediglich Restfelder verbleiben. Aufgrund der Skalierung mit maximal 1 Tesla sind die Restfelder hinsichtlich der Spitzen teilweise abgeschnitten.

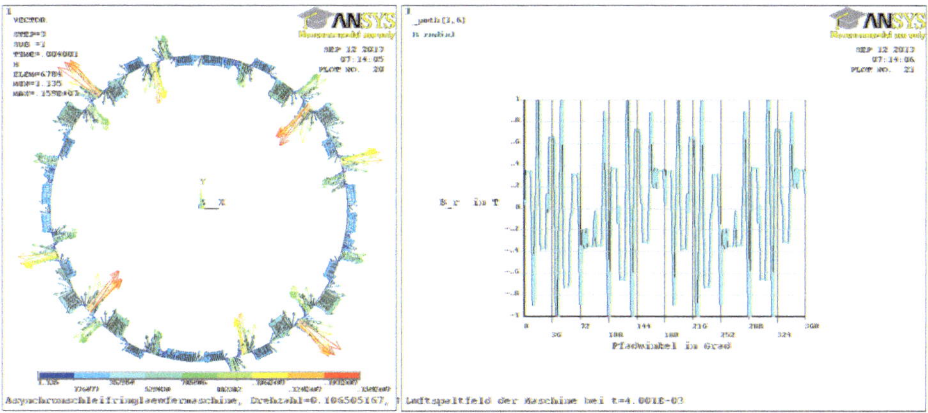

Abb. 18.89 Vektorielle Darstellung der magnetischen Feldstärke und Luftspaltfeld in Luftspaltmitte bei transienter Rechnung im Stillstand

Bei einer Drehzahl von 900 U/min ist die Maschine bereits weit in Richtung Leerlauf vorgedrungen, Ständer- und Rotorstrom haben bereits stark abgenommen. Die Rückwirkung des Rotors auf den Stator ist bereits wesentlich geringer als im Stillstand.

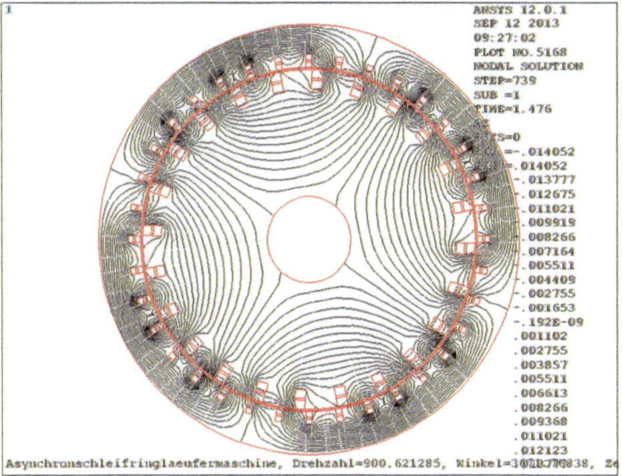

Abb. 18.90 Feldlinienbild bei transienter Rechnung bei $n = 900$ U/min

Das Feldlinienbild zeigt, dass die magnetischen Feldlinien im Rotor sich bereits breitflächig über das Joch im Rotor verteilen.

Die Stromdichtedarstellung bestätigt, dass die Rotorströme zwar zurückgegangen sind, aber noch wesentliche Werte gegenüber dem Stator aufweisen.

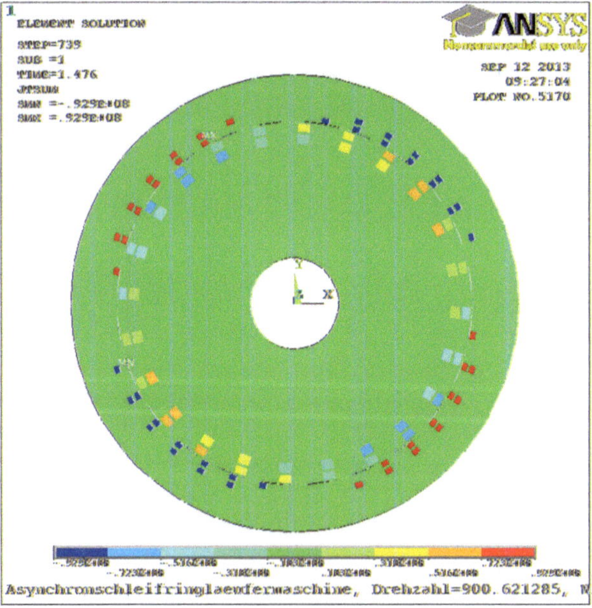

Abb. 18.91 Stromdichte bei transienter Rechnung bei $n = 900$ U/min

Die vektorielle Darstellung der magnetischen Feldstärke, sowie des Luftspaltfeld, in Luftspaltmitte zeigen, dass die Rotorrückwirkung wesentlich zurückgegangen sind und bereits eine sinusförmige Verteilung des magnetischen Feldes in Luftspaltmitte erkennbar ist. Die vektorielle Darstellung zeigt deutlich noch einige Vektor in nicht ausschließlich radialer Richtung, die zur Drehmomententstehung beitragen.

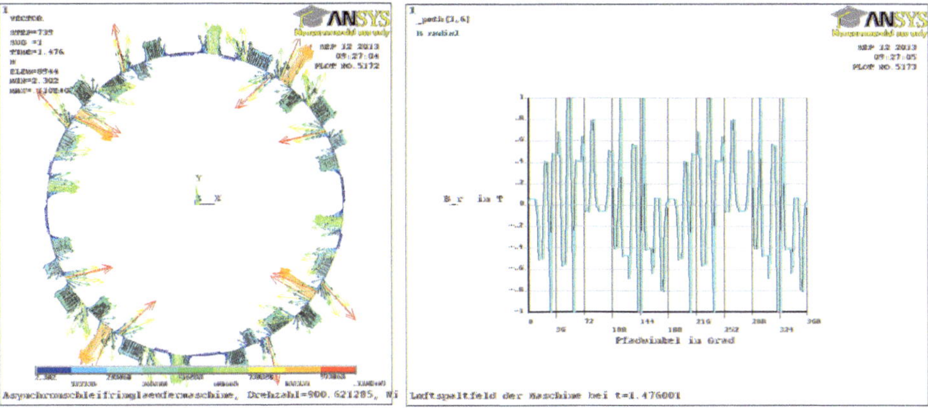

Abb. 18.92 Vektorielle Darstellung der magnetischen Feldstärke und des Luftspaltfeldes in Luftspaltmitte bei transienter Rechnung bei $n = 900$ U/min

Bei einer Drehzahl von 1440 U/min, dies entspricht etwa der Drehzahl bei größtem Wirkungsgrad, ist der Prozess der Stromabnahme in Stator und Rotor weiter vorangeschritten. Das Feldlinienbild bestätigt, das das magnetische Feld auf der Rotorseite weiter verteilt.

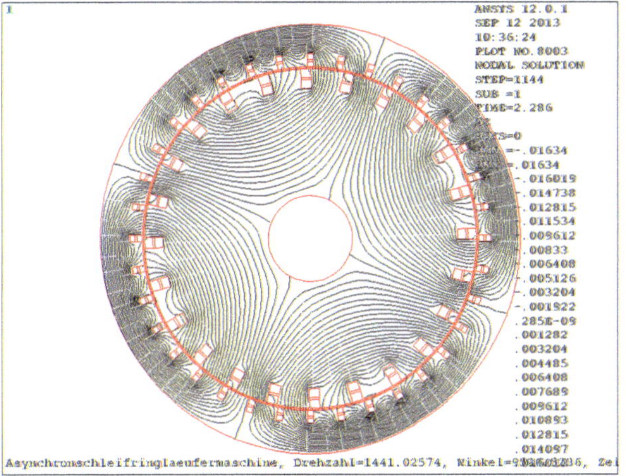

Abb. 18.93 Feldlinienbild bei transienter Rechnung bei $n = 1440$ U/min

Die Stromdichte auf Rotorseite hat gegenüber dem Stator weiter abgenommen.

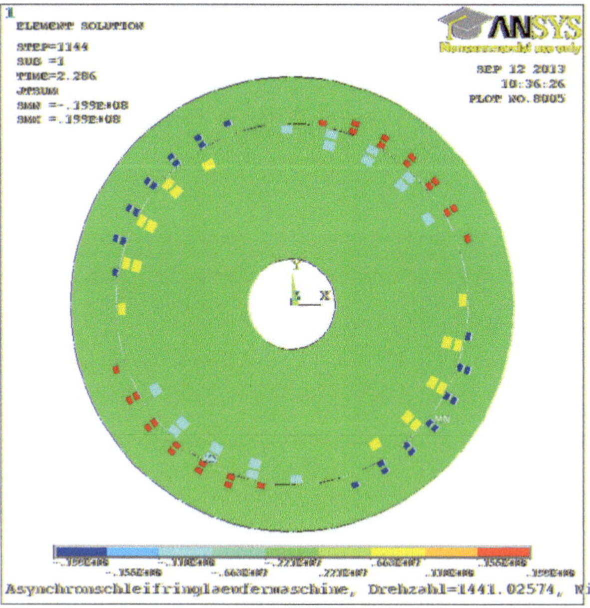

Abb. 18.94 Stromdichte bei transienter Rechnung bei $n = 1440$ U/min

Dadurch ist die Rückwirkung des Rotors auf den Stator weiter zurückgegangen. Die sinusförmige Feldverteilung des Luftspaltfeldes wird stärker sichtbar.

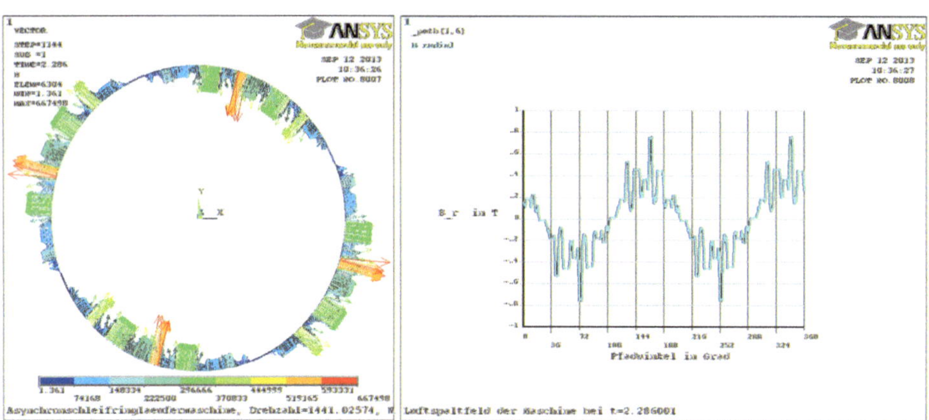

Abb. 18.95 Vektorielle Darstellung der magnetischen Feldstärke und des Luftspaltfeldes in Luftspaltmitte bei transienter Rechnung bei $n = 1440$ U/min

Die Auswertung des Feldlinienbildes bei 1500 U/min, d. h. Synchronismus, zeigt, dass der nun stromlose Rotor keinerlei Rückwirkung mehr auf das Statorfeld ausübt. Die Feldlinien verteilen sich gleichmäßig über die Joche in Stator und Rotor.

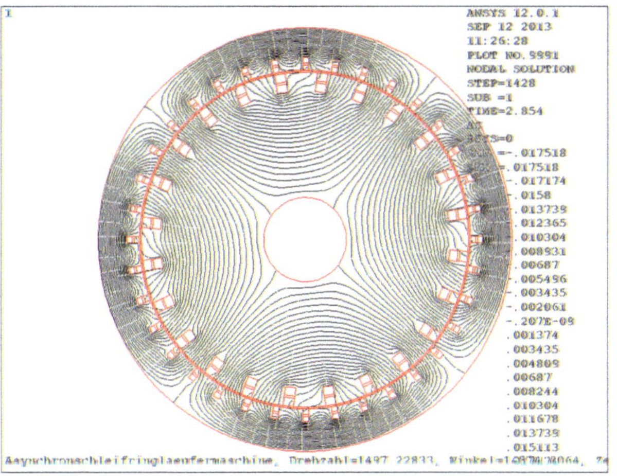

Abb. 18.96 Feldbild bei transienter Rechnung bei $n = 1497$ U/min

Die Darstellung der Stromdichte bestätigt, dass im Synchronismus nur noch der Stator einen wesentlichen Strom führt.

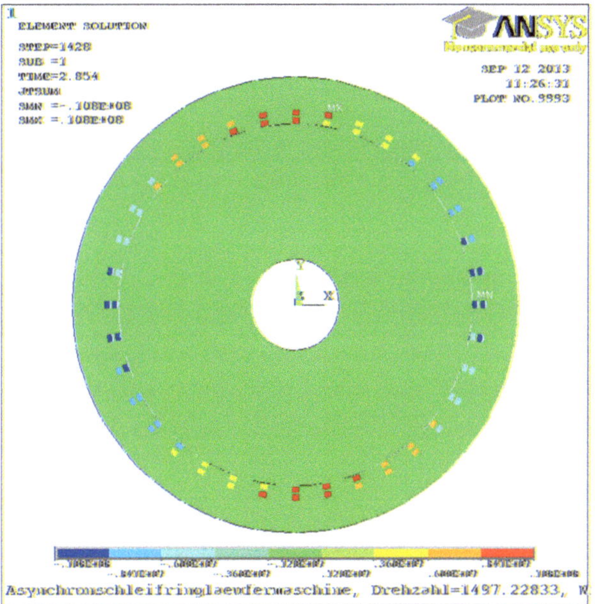

Abb. 18.97 Stromdichte bei transienter Rechnung bei $n = 1497$ U/min

Das Luftspaltfeld weist im Synchronismus keinerlei Rückwirkung des Rotors mehr auf und ist mit der statischen Rechnung bei Speisung des Stators direkt vergleichbar. Die wesentlichen Vektoren der magnetischen Feldstärke in Luftspaltmitte weisen nur noch radiale Richtung auf.

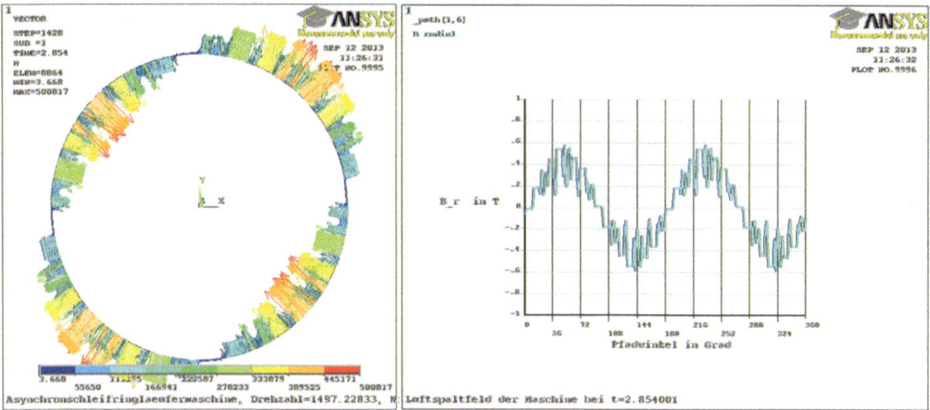

Abb. 18.98 Vektorielle Darstellung der magnetischen Feldstärke in Luftspaltmitte bei transienter Rechnung bei $n = 1497$ U/min

Durch diese beispielhafte Modellrechnung einer Asynchronmaschine mit Schleifringläufer konnte nachgewiesen werden, dass eine transiente Berechnung zur Bestimmung des Hochlaufverhaltens möglich ist. Die Rechenzeiten sind jedoch bereits bei sehr geringer Stützstellenanzahl erheblich. Für den Hochlauf wurden 2068 Rechenschritte mit je ca. 4 Sekunden Rechenzeit benötigt. Bei Verwendung des Frontalsolver steigt die Rechenzeit noch wesentlich an, da die Rechenzeit von der Stellung abhängig ist. Um gezielt Arbeitspunkte zu rechnen, ist daher zu untersuchen, inwieweit mit der Wahl der Startdrehzahl in Verbindung mit einem Lastmoment der Rechenprozess für Arbeitspunktberechnung reduziert werden kann.

18.7.2.2 Hochlauf ab Drehzahl 1000 U/min

Startet man bei ansonsten gleicher Vorgabe der Parameter für den Hochlauf diesen bei 1000 U/min, d. h. lediglich 500 U/min unterhalb des Synchronismus, so ist der Hochlauf bis zum Synchronismus bereits nach etwa einer Sekunde erreicht. Damit kann zur Berechnung wesentlicher Kenngrößen außerhalb des Stillstandes die Rechenzeit bis zu dieser Drehzahl oder Belastung wesentlich reduziert werden oder die Rechengenauigkeit durch Steigerung der Stützstellenanzahl optimiert werden.

Zu ändern sind in der Rechnungsdatei die Parameter Startdrehzahl und Zeitschritt.

```
drehzahls=1000
mtstep=.001
```

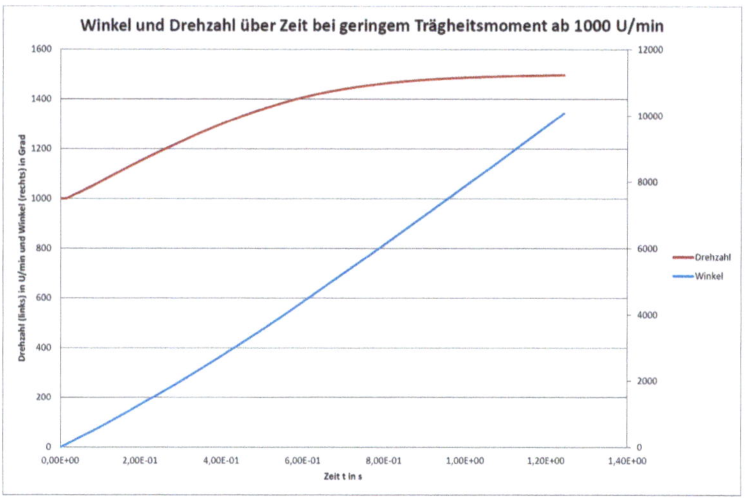

Abb. 18.99 Winkel und Drehzahl in Abhängigkeit der Zeit bei Hochlauf ab 1000 U/min

Aufgrund der Startdrehzahl von 1000 U/min ist die Rückwirkung des Rotors auf den Stator bereits wesentlich geringer. Infolgedessen entstehen wesentlich stärkere Einschwingvorgänge des Ständerstromes, die zudem wesentlich länger andauern. Nach 0,1 Sekunden ist der Einschwingvorgang abgeschlossen. Die Amplitude des Ständerstromes liegt bei etwa 7 A und ist mit der Berechnung aus dem Stillstand heraus vergleichbar.

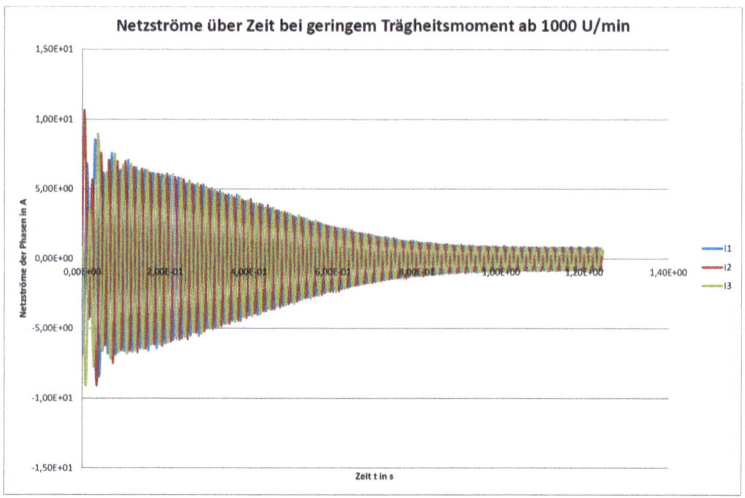

Abb. 18.100 Netzströme in Abhängigkeit der Zeit bei Hochlauf ab 1000 U/min

Zoomt man die Netzströme über der Zeit bei einer festen Drehzahl, so können die Netzoberströme näher beurteilt werden. Bei einer Drehzahl von 1150 U/min liegt die Amplitude des Ständerstromes bei etwa 6 Ampere, der Verlauf zeigt geringfügige Oberströme. Die gewählte Stützstellenanzahl genügt jedoch nicht zur Beurteilung der Oberwelleneffekte.

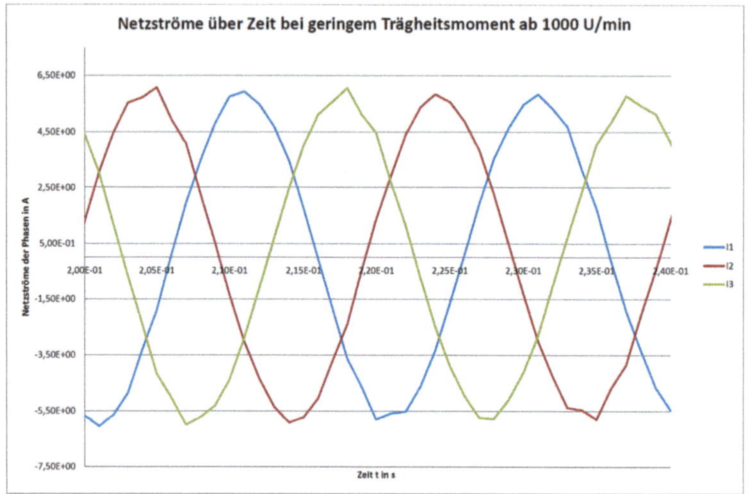

Abb. 18.101 Netzströme in Abhängigkeit der Zeit bei Hochlauf ab 1000 U/min (Drehzahl 1150 U/min)

Zoomt man die Netzströme über der Zeit bei synchroner Drehzahl von 1500 U/min, so können die Netzoberströme näher beurteilt werden. Bei dieser Drehzahl liegt die Amplitude des Ständerstromes bei etwa 0,8 Ampere, der Verlauf zeigt etwas größere Oberströme gegenüber der Drehzahl 1150 U/min. Die gewählte Stützstellenanzahl genügt jedoch nicht zur Beurteilung der Oberwelleneffekte.

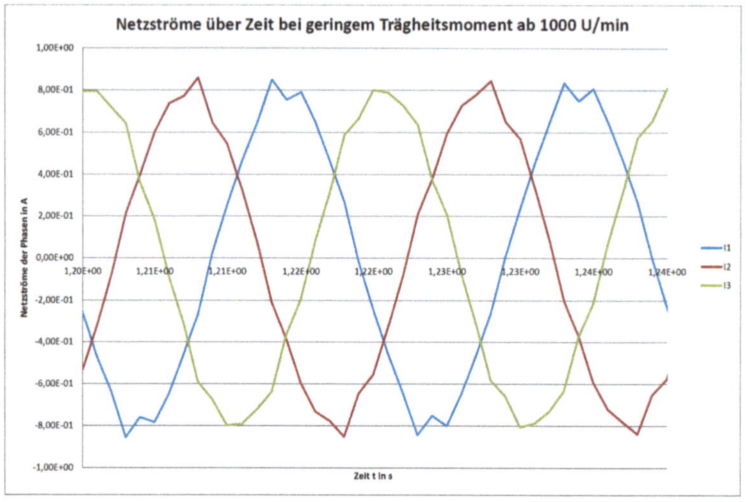

Abb. 18.102 Netzströme in Abhängigkeit der Zeit bei Hochlauf ab 1000 U/min (Drehzahl 1500 U/min)

Festzuhalten ist, dass durch Vergrößerung der Startdrehzahl die Rechenzeit bis zum Synchronismus verringert werden kann, um Ergebnisse im wichtigen Bereich von unter dem Kippmoment über das Kippmoment bis zum Synchronismus beurteilen zu können.

18.7.2.3 Hochlauf ab synchroner Drehzahl 1500 U/min

Startet man bei ansonsten gleicher Vorgabe der Parameter für den Hochlauf diesen bei 1500 U/min, d. h. direkt im Synchronismus, so ist der Ausgleichsvorgang im Synchronismus erst nach mehr als 0,05 Sekunden abgeschlossen, obwohl bereits im Synchronismus der Rechenprozess gestartet wurde. Während dieses Prozesses kommt es zu sehr großen Einschwingvorgängen mit Ständerströmen bis zu 12 A Amplitude und einem kurzen Einbruch der Drehzahl bis zur Drehzahl 1478 U/min. Damit kann zur Berechnung wesentlicher Kenngrößen außerhalb des Stillstandes die Rechenzeit bis zu dieser Drehzahl oder Belastung die Rechenzeit nicht wesentlich verringert werden. Durch die Verkleinerung des Zeitschritts sind die Oberwellen besser beurteilbar.

Zu ändern sind in der Rechnungsdatei die Parameter Startdrehzahl und Zeitschritt.

```
drehzahls=1500
mtstep=.0004
```

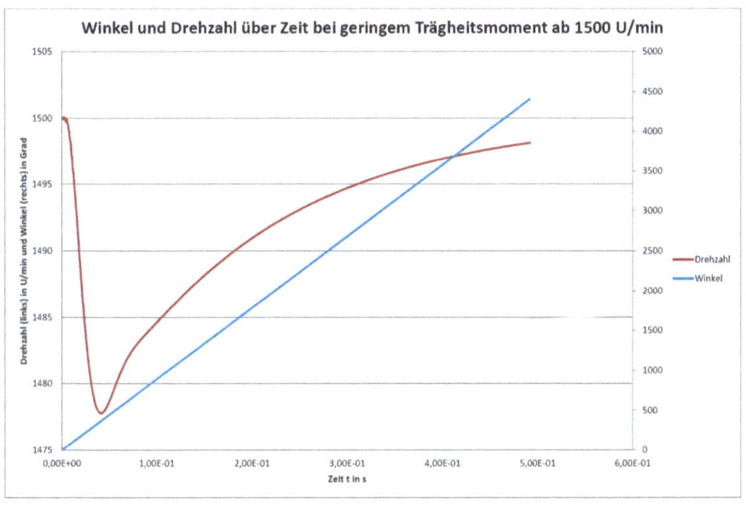

Abb. 18.103 Winkel und Drehzahl in Abhängigkeit der Zeit bei Hochlauf ab 1500 U/min

Der Ständerstrom erreicht nach einem heftigen Einschwingprozess den bekannten Endwert im Synchronismus.

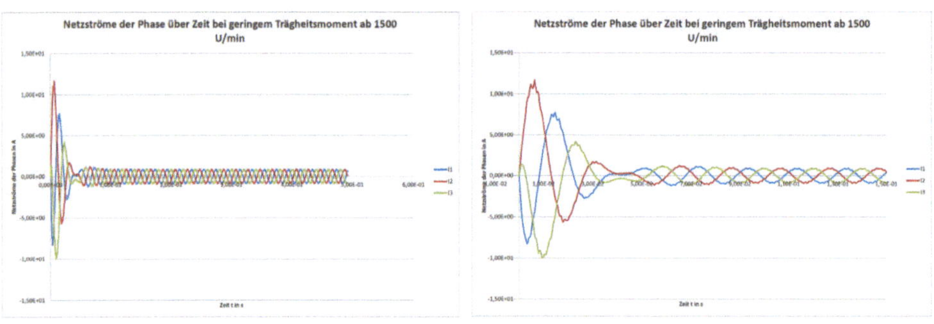

Abb. 18.104 Netzströme in Abhängigkeit der Zeit bei Hochlauf auf 1500 U/min

Nach Erhöhung der Stützstellenanzahl steigt die gesamte Rechenzeit erheblich, der Einschwingvorgang ist nach wie vor nach der Modellzeit von 0,05 Sekunden abgeschlossen. Im Gegensatz zur Rechnung mit wenigen Stützstellen sind nun Oberwellen im Ständerstrom erkennbar.

Dies wird bei gezoomter Darstellung noch besser erkennbar. Für eine exakte Auswertung der Oberwellen ist die Stützstellenanzahl zum Nachteil der Rechenzeit weiter zu erhöhen.

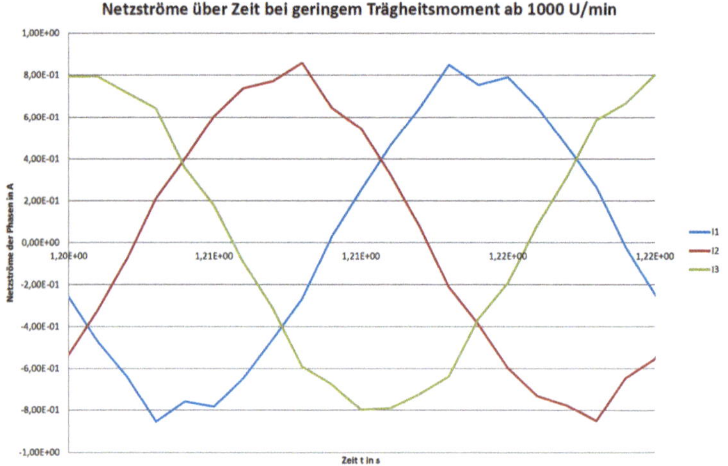

Abb. 18.105 Netzströme in Abhängigkeit der Zeit bei Hochlauf auf 1500 U/min (Leerlauf)

Insgesamt zeigt sich, dass aufgrund der zu geringen Rückwirkung des Rotors eine Startdrehzahl im Synchronismus nicht sinnvoll erscheint. Die Drehzahl fällt vom Synchronismus zunächst stark ab, da der Ständerstrom erst aufgebaut werden muss und eine Rückwirkung im Rotor hervorgerufen werden muss. Sinnvoller erscheint die Wahl einer Startdrehzahl außerhalb des Synchronismus.

Zur Berechnung bei einer bestimmten Last ist die Startdrehzahl im Motorbetrieb unterhalb des Synchronismus zu wählen und ein Lastmoment aufzuschalten.

18.7.3 Belastung

Im Folgenden werden zwei Belastungsrechnungen vorgestellt, wobei ab einer Startdrehzahl von 1480 U/min eine Belastung von 5 Nm und in einer zweiten Rechnung ab einer Startdrehzahl von 1420 U/min eine Belastung von 10 Nm aufgeschaltet wird.

18.7.3.1 Belastung ab 1480 U/min mit 5 Nm

Zur Berechnung der Belastung mit 5 Nm werden folgende Parameter in der Parametrierung der Rechnung geändert.

```
drehzahls=1480
mtstep=.0004
ML_Lastmoment=5
```

Der Zeitschritt wurde auf 0,0004 Sekunden eingestellt, um Oberwellen beurteilen zu können.

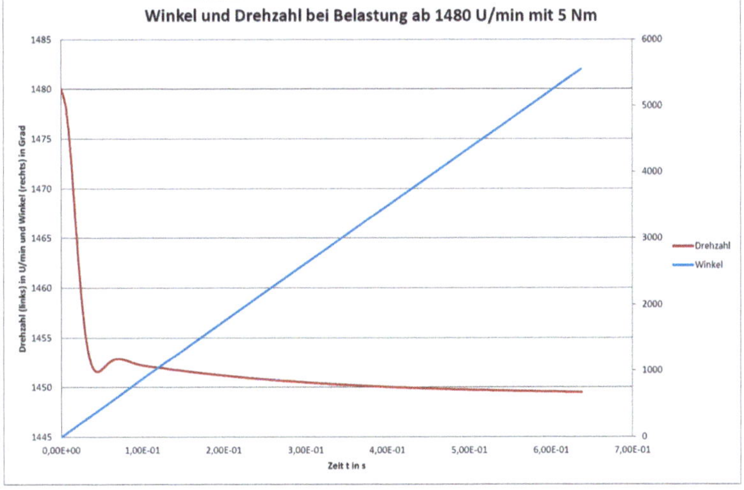

Abb. 18.106 Winkel und Drehzahl in Abhängigkeit der Zeit bei Belastung ab 1480 U/min mit 5 Nm

Der Rechenprozess ist in der Modellzeit nach 0,65 Sekunden abgeschlossen. Nach einem heftigen, aber nur 0,1 Sekunden dauernden Einschwingprozess, bei dem die Drehzahl von 1480 U/min auf 1453 U/min abnimmt, erreicht die Maschine bei etwa 1449 U/min die zu 5 Nm gehörige Lastdrehzahl.

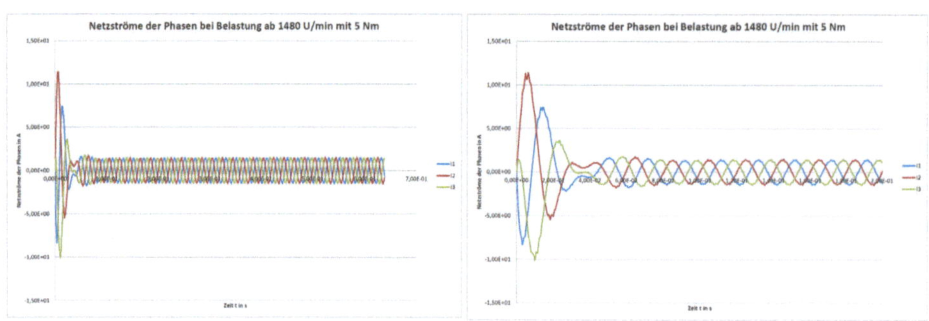

Abb. 18.107 Netzströme der Phasen in Abhängigkeit der Zeit bei Belastung ab 1480 U/min mit 5 Nm

Die Amplitude des Netzstromes erreicht kurzzeitig 12 A, vergleichbar mit der Startdrehzahl 1500 U/min ohne Lastmoment. Ab der Modellzeit 0,1 Sekunden nimmt der Netzstrom langsam bis auf eine Amplitude von etwa 1,5 A zu.

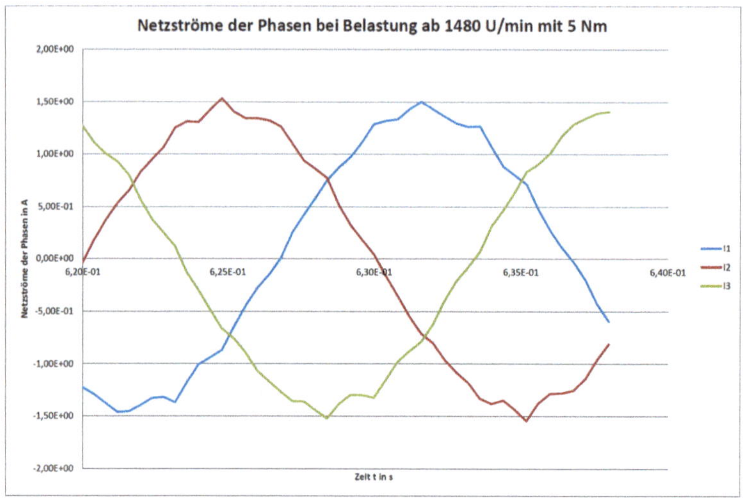

Abb. 18.108 Netzströme der Phasen in Abhängigkeit der Zeit bei Belastung ab 1480 U/min mit 5 Nm bei Drehzahl 1450 U/min

Bei Erreichung des Lastmoments weist der Netzstrom einige Oberwellen auf, erneut reicht die Stützstellenanzahl nicht für eine exakte Auswertung aus.

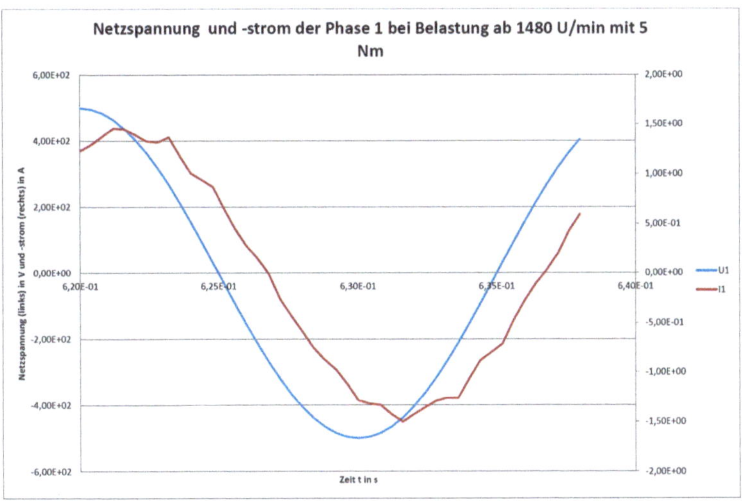

Abb. 18.109 Netzspannung und Strom der Phase 1 in Abhängigkeit der Zeit bei Belastung ab 1480 U/min mit 5 Nm bei Drehzahl 1450 U/min

Trägt man Ständerspannung und Netzstrom einer Phase über der Zeit auf, kann der Lastwinkel cos φ ermittelt werden. Aufgrund der Bestimmung von Spannung und Strom über der Spannungsquelle, ist die Phasenlage des Stromes um 180 Grad durch Invertierung zu korrigieren.

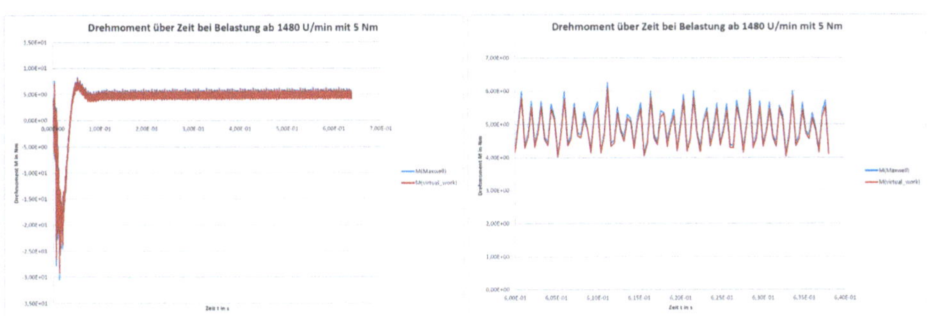

Abb. 18.110 Drehmoment in Abhängigkeit der Zeit bei Belastung ab 1480 U/min mit 5 Nm (*rechts* bei Drehzahl 1450 U/min)

Die Darstellung des Drehmoments über der Zeit zeigt die Vorgehensweise im Prozeß der Belastung. Ab der Startdrehzahl 1480 U/min führt ein großes negatives Drehmoment dazu, daß die Drehzahl zunächst stark abgesenkt werden muß. Nach Reduktion der Drehzahl auf etwa 1450 U/min muß der Drehzahlabsenkungsprozeß durch Steigerung des Drehmoments ins Positive abgeschlossen werden. Nach 0,5 Sekunden ist das Drehmoment positiv und beträgt im Mittel das angestrebte Drehmoment von 5 Nm. Zoomt man das Drehmoment nach abgeschlossenem Belastungsprozeß, ist eine Welligkeit des

Drehmoments erkennbar, die aufgrund der noch zu geringen Stützstellenanzahl noch nicht sauber genug aufgelöst werden kann. Die Welligkeit des Drehmoments sorgt dafür, dass die Drehzahl um die Zieldrehzahl geringfügig schwankt.

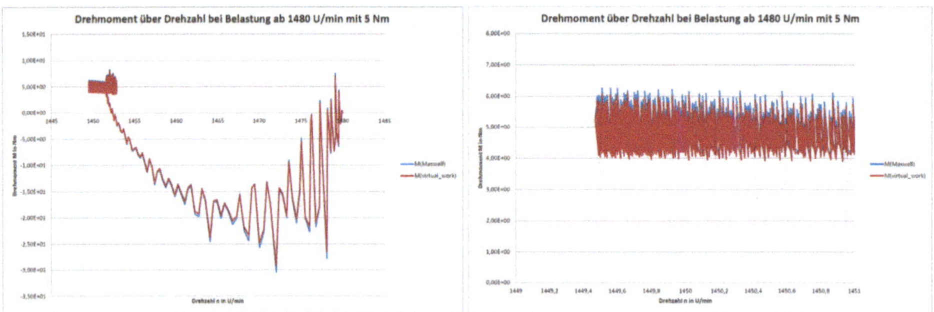

Abb. 18.111 Drehmoment in Abhängigkeit der Drehzahl bei Belastung ab 1480 U/min mit 5 Nm (*rechts* bei Drehzahl 1450 U/min)

Durch Auftragen des Drehmoments über der Drehzahl kann dies näher nachvollzogen werden.

18.7.3.2 Belastung ab 1420 U/min mit 10 Nm

Zur Berechnung der Belastung mit 10 Nm wird die Startdrehzahl noch weiter auf 1420 U/min reduziert und folgende Parameter in der Parametrierung der Rechnung geändert.

```
drehzahls=1420
mtstep=.0004
ML_Lastmoment=10
```

Der Zeitschritt wurde auf 0,0004 Sekunden eingestellt belassen, um Oberwellen beurteilen zu können.

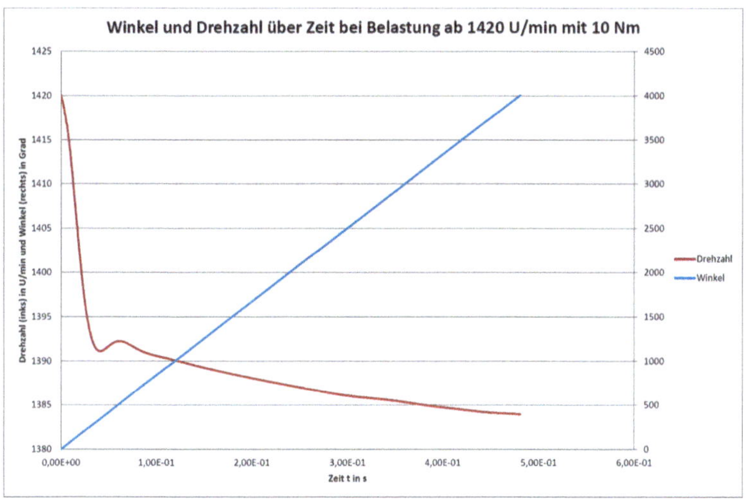

Abb. 18.112 Winkel und Drehzahl in Abhängigkeit der Zeit bei Belastung ab 1420 U/min mit 10 Nm

Der Rechenprozess ist in der Modellzeit nach etwa 0,5 Sekunden abgeschlossen. Nach einem heftigen, aber nur 0,06 Sekunden dauernden Einschwingprozess, bei dem die Drehzahl von 1420 U/min auf 1392 U/min abnimmt, erreicht die Maschine bei etwa 1384 U/min die zu 10 Nm gehörige Lastdrehzahl.

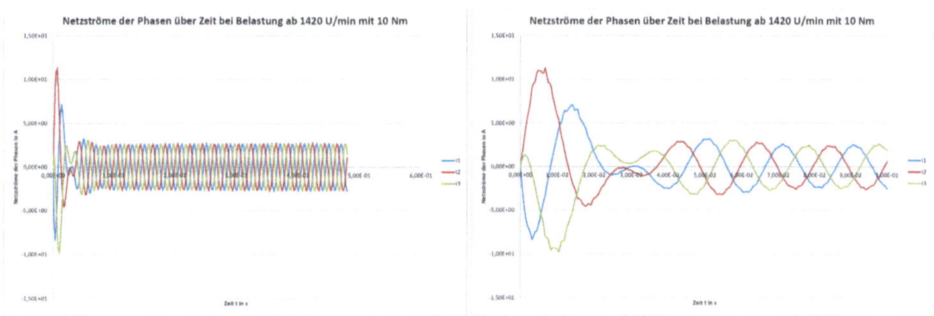

Abb. 18.113 Netzströme der Phasen in Abhängigkeit der Zeit bei Belastung ab 1420 U/min mit 10 Nm

Die Amplitude des Netzstromes erreicht kurzzeitig 11 A, vergleichbar mit der Startdrehzahl 1500 U/min ohne Lastmoment. Ab der Modellzeit 0,1 Sekunden nimmt der Netzstrom langsam zunächst zu und im Verlaufe des Erreichens der Zieldrehzahl bis auf eine Amplitude von etwa 2,6 A ab.

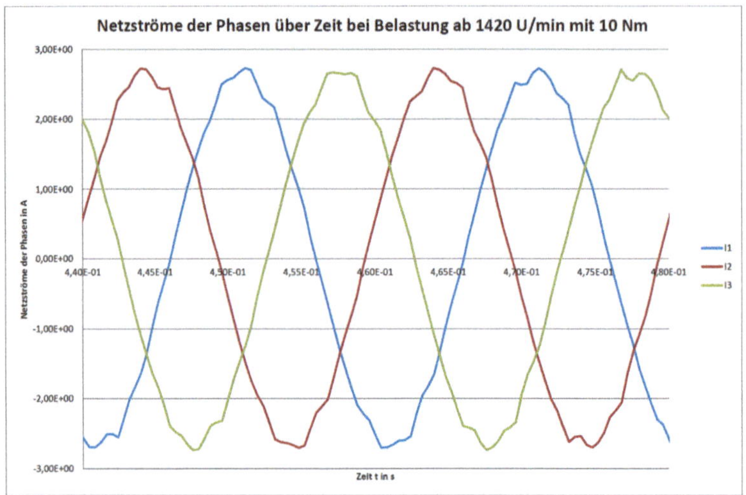

Abb. 18.114 Netzströme der Phasen in Abhängigkeit der Zeit bei Belastung ab 1420 U/min mit 10 Nm bei Drehzahl 1384 U/min

Bei Erreichung des Lastmoments weist der Netzstrom einige Oberwellen auf, erneut reicht die Stützstellenanzahl nicht für eine exakte Auswertung aus.

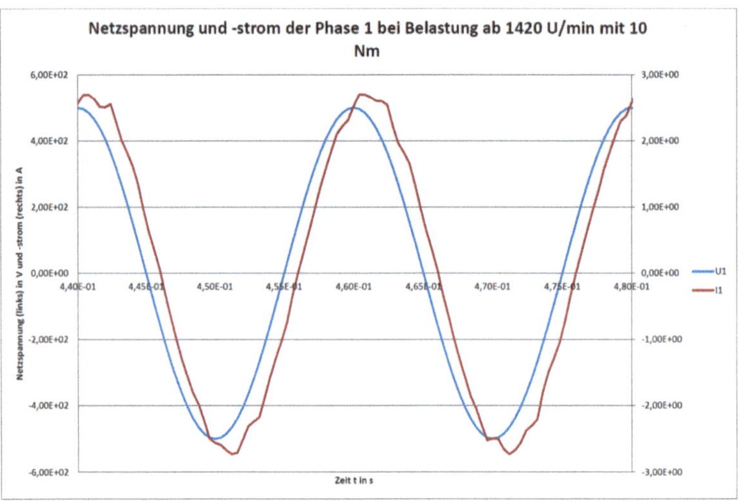

Abb. 18.115 Netzspannung und Strom der Phase 1 in Abhängigkeit der Zeit bei Belastung ab 1420 U/min mit 10 Nm bei Drehzahl 1384 U/min

Trägt man Ständerspannung und Netzstrom einer Phase über der Zeit auf, kann der Lastwinkel cos φ ermittelt werden. Aufgrund der Bestimmung von Spannung und Strom über der Spannungsquelle, ist die Phasenlage des Stromes um 180 Grad durch Invertierung zu korrigieren.

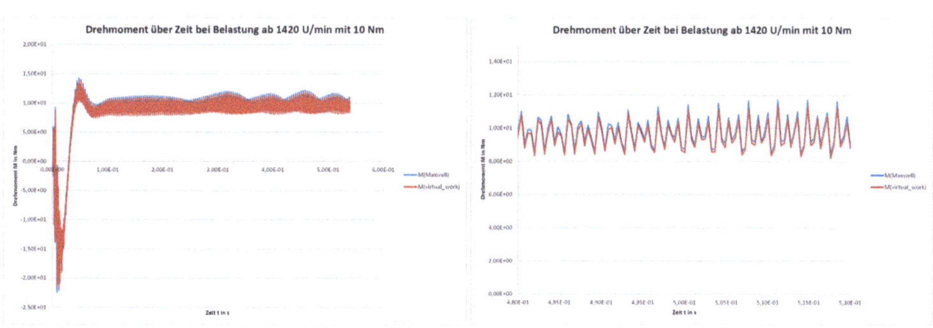

Abb. 18.116 Drehmoment in Abhängigkeit der Zeit bei Belastung ab 1420 U/min mit 10 Nm (*rechts* bei bei Drehzahl 1384 U/min)

Die Darstellung des Drehmoments über der Zeit zeigt die Vorgehensweise im Prozess der Belastung. Ab der Startdrehzahl 1420 U/min führt ein großes negatives Drehmoment dazu, dass die Drehzahl zunächst stark abgesenkt werden muss. Nach Reduktion der Drehzahl auf etwa 1384 U/min muss der Drehzahlabsenkungsprozess durch Steigerung des Drehmoments ins Positive über das gewünschte Lastmoment von 10 Nm abgeschlossen werden. Nach 0,4 Sekunden ist das Drehmoment positiv und beträgt im Mittel das angestrebte Drehmoment von 10 Nm. Zoomt man das Drehmoment nach abgeschlossenem Belastungsprozess, ist eine Welligkeit des Drehmoments erkennbar, die aufgrund der noch zu geringen Stützstellenanzahl noch nicht sauber genug aufgelöst werden kann. Die Welligkeit des Drehmoments sorgt dafür, dass die Drehzahl um die Zieldrehzahl geringfügig schwankt.

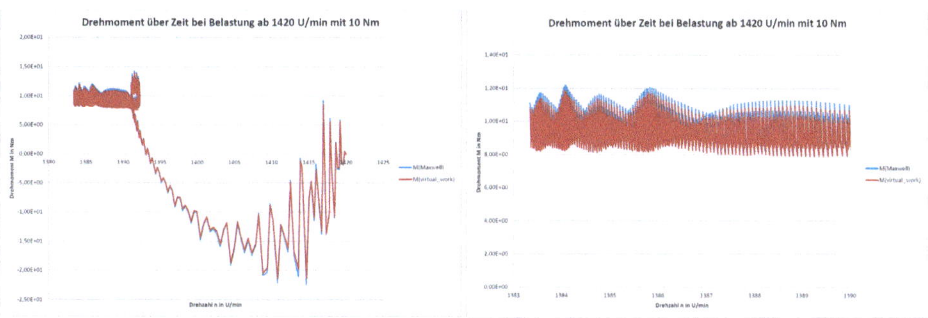

Abb. 18.117 Drehmoment in Abhängigkeit der Drehzahl bei Belastung ab 1420 U/min mit 10 Nm (*rechts* bei Drehzahl 1384 U/min)

Durch Auftragen des Drehmoments über der Drehzahl kann dies näher nachvollzogen werden.

Damit konnte aufgezeigt werden, dass neben der Berechnung von Hochläufen auch gezielt Belastungsrechnungen durchgeführt werden können, mit denen alle relevanten Kenngrößen drehzahlabhängig bestimmt werden können. Die Rechenzeiten sind erheblich, ermöglichen jedoch bei Berücksichtigung der Nichtlinearität des Eisens durch eine Magnetisierungskurve auch die Abhängigkeit von Nichtlinearität und Sättigung bei noch wesentlich höheren Rechenzeiten. Angeraten wird die Überprüfung des Einfusses des Solvers. Bei dem betrachteten Modell einer Asynchronschleifringläufers zeigten sich keine negativen Effekte des Sparse-Matrix-Solvers, der für erhebliche Rechenzeitreduktionen sorgt. Sollten extreme Drehmomentschwankungen sichtbar werden, die in extremen Drehzahlschwankungen resultieren, ist zur Überprüfung in jedem Falle der Frontal-Solver zu benutzen.

Um drehzahlabhängige Berechnungen durchzuführen, ist das Rechenskript asms_loes5.txt durch Erweiterungen derart zu ändern, dass sukzessive das Lastmoment gesteigert wird und nach jeder Lastmomentsteigerung die Auswirkungen des Modells abzuwarten sind.

18.8 Modelländerungen

Bereits beim Aufbau der Stator- und Rotorgeometrie und der beiden Verschaltungen wurde auf die Möglichkeit der Einschichtwicklung, sowie der Netzverschaltung hingewiesen.

18.8.1 Einschichtwicklung statt Zweischichtwicklung

Bei Berücksichtigung der Einschichtwicklung wird die Isolation zwischen der Ober- und Unterlage der Zweischichtwicklung unter die vorherige Unterlage verschoben und damit Ober- und Unterlagen direkt übereinander platziert. Bei entsprechender Attributierung der Flächen und Änderung der realen Konstanten hinsichtlich der Flächen besteht damit die Möglichkeit diese Flächen gemeinsam als eine einzige Spulenlage zu koppeln.

Der Parameter ZWEISCHICHT1 ist entsprechend in 0 zu ändern. Bei Sternschaltung verbleiben die anderen Parameter.

```
*SET,ZWEISCHICHT, 0.000000000000
*SET,STERN1     , 1.000000000000
```

Entsprechend ergeben sich die Änderungen für den Rotor.

```
*SET,ZWEISCHICHT2, 0.000000000000
*SET,STERN2      , 1.000000000000
```

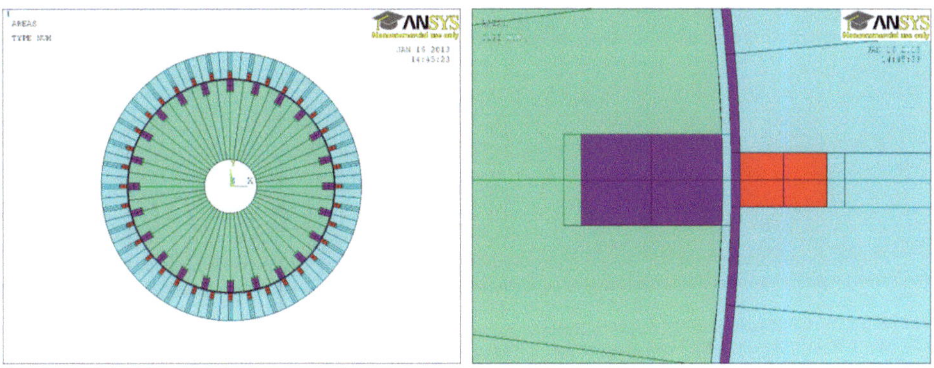

Abb. 18.118 Modellaufbau bei Einschichtwicklung statt Zweischichtwicklung

Die Darstellung der Kopplungen zeigt nun, dass nicht stator- und rotorseitig 2 Masterknoten Ober- und Unterlage für die Schaltung zusammenfassen, sondern lediglich jeweils ein Masterknoten Ober- und Unterlagen zusammenfasst.

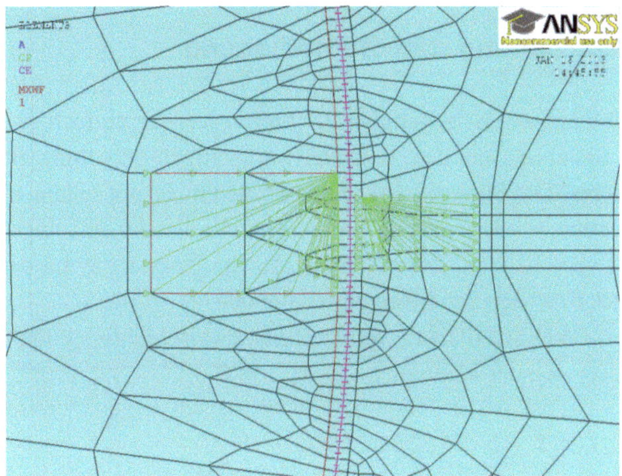

Abb. 18.119 Kopplungen bei Einschichtwicklung statt Zweischichtwicklung

Damit ändert sich die Verschaltung der einzelnen Spulen geringfügig. Statorseitig sind die 2 Polpaare bei einer Nutenzahl je Pol und Phase q von 3 erkennbar, wobei die vermeintlichen Ober- und Unterlagen nun die hin- und rückführenden Spulenseiten in einem Polpaar darstellen.

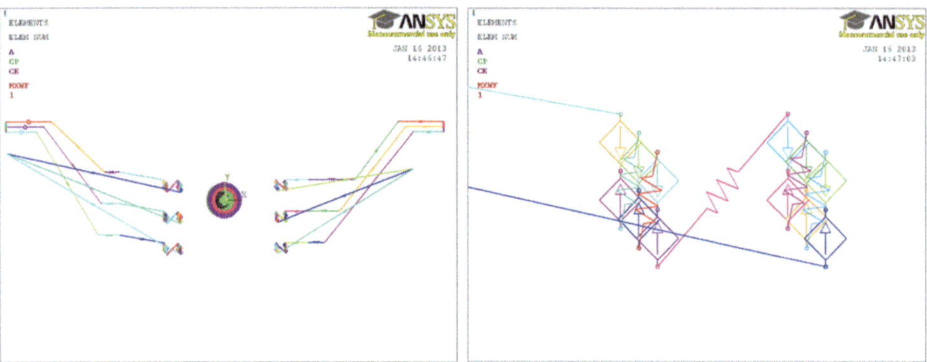

Abb. 18.120 Sternschaltung bei Einschichtwicklung statt Zweischichtwicklung in Stator- und Rotor

Prinzipiell könnte die Einschichtwicklung auch als Zweischichtwicklung ohne Schrittverkürzung bei Halbierung der Windungszahl in den Spulenlagen berücksichtigt werden.

18.8.2 Dreieckschaltung statt Sternschaltung

Auch die Dreieckschaltung ist gegenüber der Sternschaltung einfach zu berücksichtigen. Hinsichtlich der Spannungsquellen, bzw. der rotorseitigen Schaltung auf die Schleifringe ändert sich nichts. Die Spulenstrangenden werden nicht mit einem wicklungsseitigen Sternpunkt verbunden, sondern jeweils Anfänge und Enden der einzelnen Stränge zu einer Dreieckschaltung verschaltet und die Anfänge der Spulensysteme mit den 3 Strängen der Spannungsquellen, bzw. den Scheifringen, verbunden.

Der Parameter ZWEISCHICHT1 verbleibt bei Zweischichtwicklung bei 1. Bei Dreieckschaltung ändert sich der Parameter STERN1 in 0.

```
*SET,ZWEISCHICHT, 0.000000000000
*SET,STERN1     , 0.000000000000
*SET,VSTERN1    , 0.000000000000
```

Entsprechend ergeben sich die Änderungen für den Rotor.

```
*SET,ZWEISCHICHT2, 1.000000000000
! Einschicht(0)-/Zweischicht(1)wicklung Rotor
*SET,STERN2      , 0.000000000000
! Stern(1)-/Dreieck(0)-Schaltung Rotor
*SET,VSTERN2     , 0.000000000000
! Verschaltung Sternpunkt Rotor
```

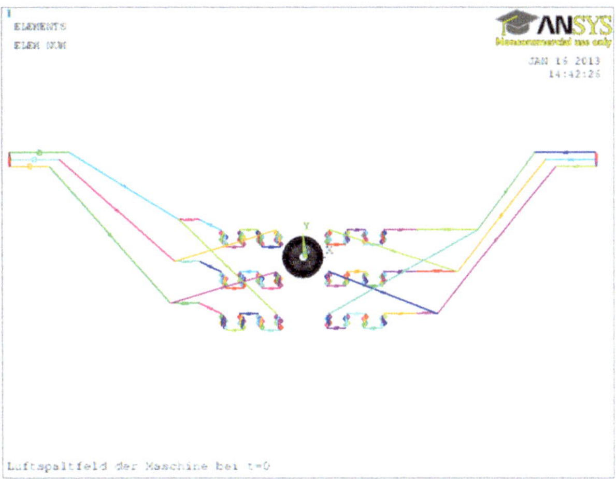

Abb. 18.121 Dreieckschaltung statt Sternschaltung in Stator und Rotor

Nach einem Zoom betreffend der Stator- und Rotorseite der Verschaltung ist die Dreiecksverschaltung besser erkennbar.

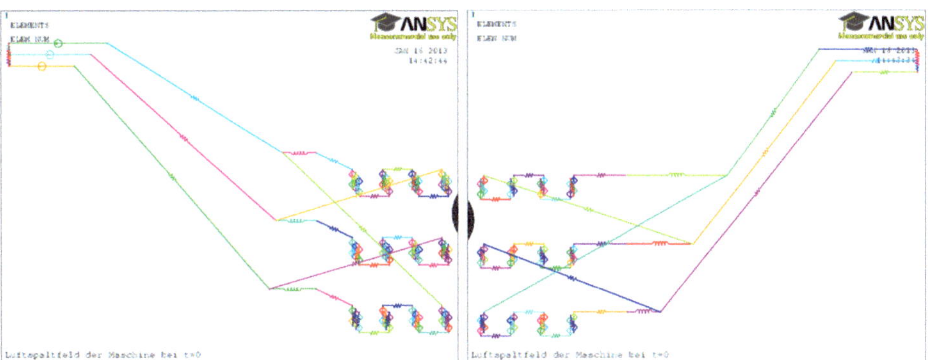

Abb. 18.122 Dreieckschaltung statt Sternschaltung in Stator und Rotor

Die Ausgabe von Spannungen und Strömen erfolgt nach wie vor bezogen auf die Spannungsquellen, bzw. die Schleifringe als Außenleiterströme.

Sollen Ausgaben für die Strangströme der Wicklungen erfolgen, müssen die Elementnummern der Stirnwiderstände genutzt werden, um für diese Elemente die Elementtabellen auszuwerten, und die Ergebnisse entsprechend in eine Datei ausgegeben werden.

18.8.3 Sternschaltung mit Sternverbindung statt ohne Sternverbindung

Auch eine Sternverbindung zwischen den Sternpunkten von Netz und Wicklung ist durch Einfügen eines niederohmigen Widerstandes zwischen den beiden Sternpunkten möglich.

Der Parameter ZWEISCHICHT1 verbleibt bei Zweischichtwicklung bei 1. Bei verschaltetem Sternpunkt ist der Parameter STERN1 in 1, sowie der Parameter VSTERN1 in 1 zu ändern.

```
*SET,ZWEISCHICHT, 1.000000000000
*SET,STERN1     , 1.000000000000
*SET,VSTERN1    , 1.000000000000
```

Vergleichbare Änderungen sind für den Rotor möglich, jedoch eher technisch unsinnig.

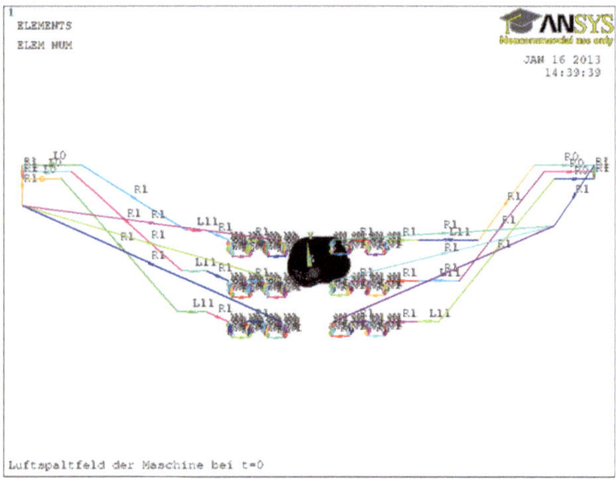

Abb. 18.123 Sternschaltung mit Sternverbindung in Stator und Rotor

Damit können Ausgleichsströme über den Nullleiter aufgrund von Unsymmetrien bestimmt werden.

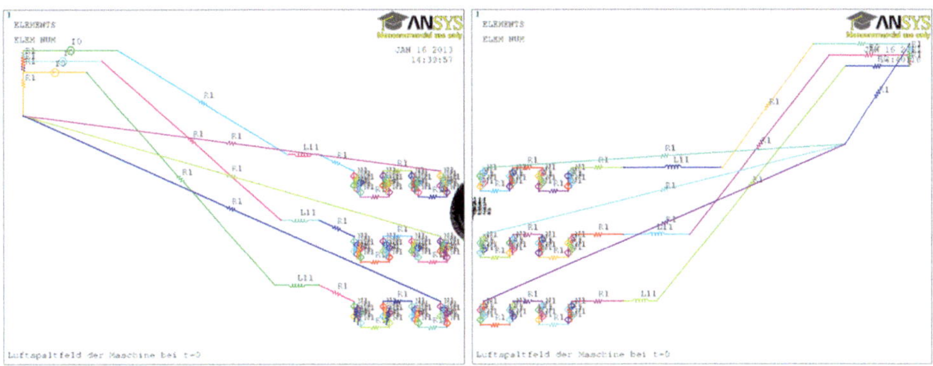

Abb. 18.124 Sternschaltung mit Sternverbindung in Stator und Rotor

Zur Ausgabe des Ausgleichsstroms ist die Elementnummer des Stirnverbindungswiderstands festzuhalten und für diesen die Auswertung der Elementtabellen zu ergänzen.

Sämtliche Modelländerungen sind in den ANSYS-Makros bereits enthalten. Für die Realisierung von totalen oder teilweisen Parallelschaltungen mit und ohne Ausgleichsparameter sind Änderungen an den Verschaltungsskripten vornzunehmen und insbesondere die Wicklungsstirnwiderstände und -induktivitäten auf die einzelnen Spulengruppen aufzuteilen.

Berechnung einer Asynchronkäfigläufermaschine

19

Der Aufbau und die Berechnung des Finite-Elemente-Modells von Asynchronschleifring- und -käfigläufermaschinen unterscheidet sich lediglich hinsichtlich der Spulen-(Stab-)Anzahl des Rotors, der realen Konstante des Käfigstabes, sowie der Beschaltung des Rotors.

Die Nutformen von Stator und Rotor werden als weit geöffnete Rechtecknuten berücksichtigt, wobei für den Rotor zur Berücksichtigung von Stromverdrängung hohe Rotornuten eingebaut werden.

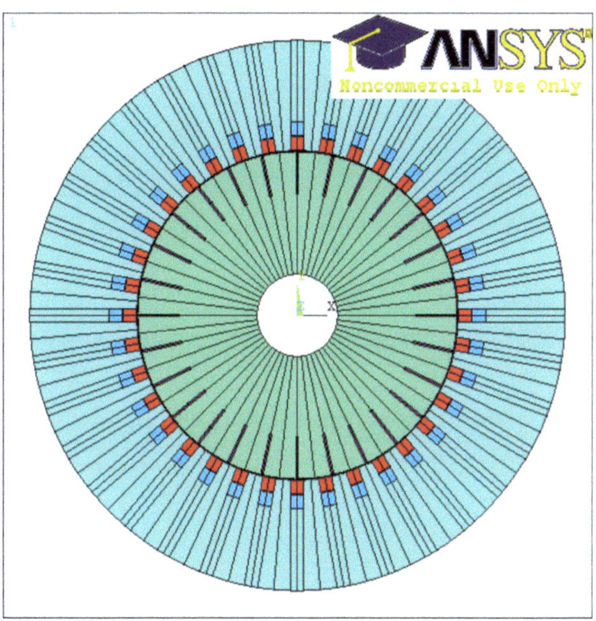

Abb. 19.1 Flächenmodell der Asynchronkäfigläufermaschine

B. Aschendorf, *FEM bei elektrischen Antrieben 2*, DOI 10.1007/978-3-658-05250-8_5

Der Aufbau des Finite-Elemente-Modells beginnt mit der Definition der Eingabeparameter.

Abb. 19.2 Definition der Eingabeparameter

Die Eingabedaten des Stators entsprechen dem bereits vorgestellten Asynchronschleifringläufer.

```
*SET,M          , 3.000000000000
! Strangzahl
*SET,P          , 2.000000000000
! Polpaarzahl
*SET,Q          , 3.000000000000
! Nutenzahl pro Pol und Phase
*SET,EPS        , 2.000000000000
! Schrittverkürzung
*SET,RAUSSEN    , 0.8000000000000E-01
! Außenradius
*SET,DELTA      , 0.1000000000000E-02
! Luftspalt
*SET,JOCHDICKE  , 0.2000000000000E-01
! gesamte Statorjochstärke
*SET,WICKBREITE1, 0.3000000000000E-02
! Nutbreite des Stators
*SET,WICKHOEHE1 , 0.5000000000000E-02
! Nuthöhe des Rotors
```

```
*SET,WICKISOL1   , 0.1000000000000E-02
! Isolationshöhe zwischen Ober- und Unterlage
*SET,ZWEISCHICHT, 1.000000000000
! Einschicht(0)- oder Zweischichtwicklung(1)
*SET,JOCHTIEFE   , 0.4000000000000E-01
! Jochtiefe
*SET,NWIN1       , 100.0000000000
! Windungszahl Stator
*SET,FREQ        , 50.00000000000
! Frequenz
*SET,_FREQ       , 50.00000000000
```

Rotorseitig werden nicht Strangzahl, Nutenzahl je Pol und Phase und Schrittverkürzung, sondern direkt die Rotornutenzahl vorgegeben. Die Einschichtwicklung wird vorausgesetzt. Darüber hinaus entspricht die Eingabe dem Schleifringläufer.

```
*SET,Z2          , 28.00000000000
! Rotornutenzahl
*SET,WICKBREITE2, 0.1000000000000E-02
! Nutbreite des Rotors
*SET,WICKHOEHE2  , 0.1000000000000E-01
! Nuthöhe des Rotors
*SET,WICKISOL2   , 0.1000000000000E-02
! Isolationshöhe des Rotors
*SET,RINNEN      , 0.3000000000000E-01
! Innenradius des Rotors
```

19.1 Aufbau des Finite-Element-Modells

Der Aufbau des Finite-Elemente-Modells unterscheidet sich statorseitig nicht vom Schleifringläufer, rotorseitig ist lediglich eine Spulenlage zu berücksichtigen.

Die Elementtypdefinition ist der Datei asmk_element.txt zu entnehmen.

Abb. 19.3 Elementdefinition

```
ET,11,PLANE53 ! Eisen Rotor
ET,12,PLANE53 ! Luft Rotor
ET,13,PLANE53 ! Leiter Lage 1 Rotor ist ein massive conductor
KEYOPT,13,1,4
KEYOPT,13,2,0
KEYOPT,13,3,0
KEYOPT,13,4,0
KEYOPT,13,5,0
KEYOPT,13,7,0
ET,14,PLANE53 ! Leiter Lage 1 Rotor ist ein massive conductor
(nicht verwendet)
KEYOPT,14,1,4
KEYOPT,14,2,0
KEYOPT,14,3,0
KEYOPT,14,4,0
KEYOPT,14,5,0
KEYOPT,14,7,0
```

```
*If,nwin1,eq,1,then
keyopt,3,1,4
keyopt,4,1,4
*endif
```

Der Elementtyp 14 wird zwar angelegt, jedoch nicht verwendet.

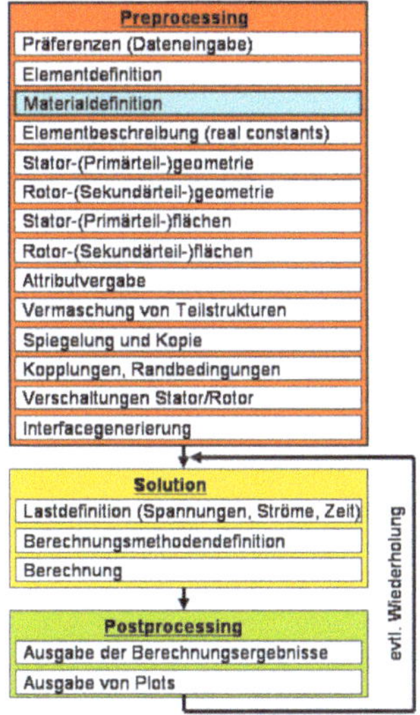

Abb. 19.4 Materialdefinition

Auch hinsichtlich der Materialdefinition besteht statorseitige kein Unterschied zum Asynchronschleifringläufer. Hinsichtlich des Rotors ist nur eine Lage zu definieren.

Die Materialdefinition ist der Datei asmk_material.txt zu entnehmen und enthält auch die Definition der realen Konstanten.

```
*SET,MURXA    , 10000.00000000
! Permeabilität des Eisens Stator
*SET,MURXI    , 10000.00000000
! Permeabilität des Eisens Rotor
*SET,NICHTLIN, 0.000000000000
! Nichtlineare Rechnung bei 1
*SET,LEITA    , 56000000.00000
! Leitfähigkeit der Statorleiter
*SET,LEITI    , 56000000.00000
! Leitfähigkeit der Rotorleiter

*If,nichtlin,ne,1,then
```

```
MP,MURX,1,murxa
! muer Stator bei linearem Eisen
MP,MURX,11,murxi
! muer Rotor bei linearem Eisen
*Else
eisen2.txt
! B(H)-Kurve des Stators bei nichtlinearem Eisen
eisen2i.txt
! B(H)-Kurve des Rotors bei nichtlinearem Eisen
*EndIf

!!!! Sollte eine andere B(H)-Kurve benötigt werden, ist
!!!! diese durch andere Dateien eisen2.txt (Stator) und
!!!! eisen2i.txt (Rotor) einzugeben.

MP,MURX,12,1
! muer Luft Rotor
MP,MURX,13,1
! muer Wicklungslage 1 Rotor
MP,RSVX,13,1/leiti
! spezifischer Widerstand Wicklungslage 1 Rotor
MP,MURX,14,1
! muer Wicklungslage 2 Rotor
MP,RSVX,14,1/leiti
! spezifischer Widerstand Wicklungslage 2 Rotor
```

Es folgt die Definition der realen Konstanten.

Abb. 19.5 Definition der realen Konstanten

Statorseitig ist der Füllfaktor der Statorwicklung zu definieren. Rotorseitig werden keine Angaben erwartet, da der Füllfaktor eines Stabes grundsätzlich 1 ist.

```
*SET,FILA , 1.000000000000    ! Füllfaktor der Statornuten
```

Die reale Konstante eines Rotorstabes besteht lediglich aus Fläche, Jochtiefe und Stromrichtung, da die Windungszahl eines Stabes 1 ist. Die reale Konstante 14 ist nicht notwendig, wird dennoch angelegt.

```
R,13,wickbreite2*wickhoehe2,,jochtiefe,1,
! reale Konstante Rotorleiter 1
R,14,wickbreite2*wickhoehe2,,jochtiefe,1,
! reale Konstante Rotorleiter 2
```

Die Definition der Statornutgeometrie aus Geometriepunkten und Linien unterscheidet sich nicht vom Asynchronschleifringläufer. Die Generierung ist der Datei asmk_SNut.txt zu entnehmen.

Abb. 19.6 Generierung der Statorgeometrie

Als Ergebnis ergibt sich die Statorgeometrie aus Geometriepunkten und Linien mit der Grobkontur des Rotors ohne Rotornut.

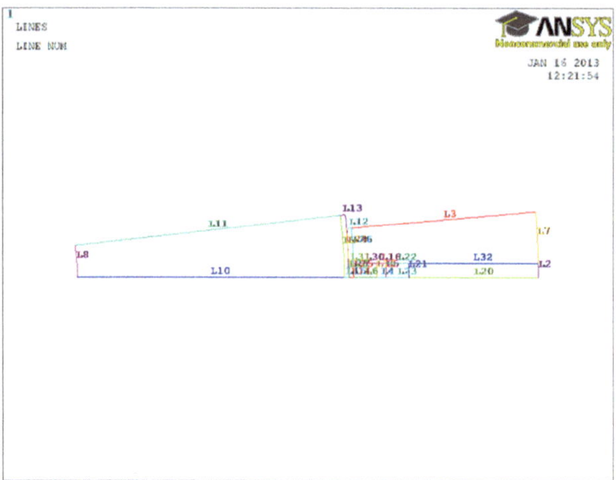

Abb. 19.7 Generierte Statorgeometrie

Es folgt die Generierung der Rotorgeometrie, diese basiert auf einer reinen Einschichtwicklung und vereinfacht einer Rechtecknut. Die Generierung ist der Datei asmk_RNut.txt zu entnehmen.

Abb. 19.8 Generierung der Rotorgeometrie

Die Geometriepunktdefinition basiert auf der höchsten Geometriepunktdefinition des Stators, die unter dem Parameter KMAX abgespeichert wird.

```
*afun,deg

allsel

*GET,kmax,kp,0,num,max

csys,1
k,kmax+1,rinnen,0
k,kmax+2,rinnen,360/(2*z2)
k,kmax+3,rinnen+jochdicke2,0
k,kmax+4,rinnen+jochdicke2,360/(2*z2)
k,kmax+5,rinnen+jochdicke2+delta/2,0
k,kmax+6,rinnen+jochdicke2+delta/2,360/(2*z2)
csys,0
k,kmax+7,rinnen+jochdicke2+delta,wickbreite2/2
k,kmax+8,rinnen+jochdicke2-wickhoehe2/2,-wickbreite2/2
k,kmax+9,rinnen+jochdicke2-wickhoehe2/2,wickbreite2/2

k,kmax+10,rinnen+jochdicke2-wickhoehe2,-wickbreite2/2
k,kmax+11,rinnen+jochdicke2-wickhoehe2,wickbreite2/2
```

```
k,kmax+12,rinnen+jochdicke2-wickhoehe2-wickisol2,-
wickbreite2/2
k,kmax+13,rinnen+jochdicke2-wickhoehe2-wickisol2,
wickbreite2/2
```

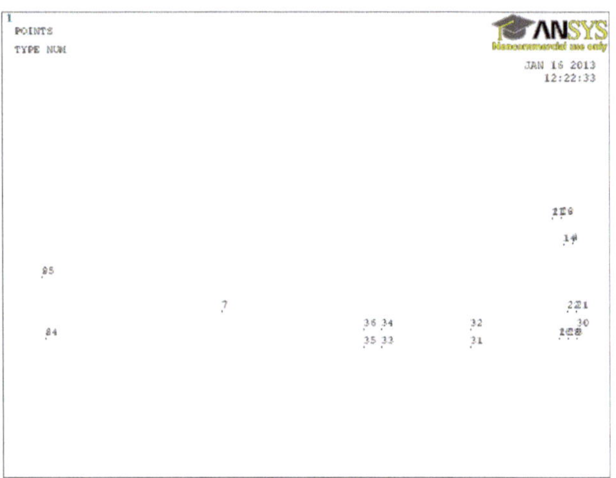

Abb. 19.9 Generierung der Rotor-Geometriepunkte

Im nächsten Schritt erfolgt die Definition der Rohkonturlinien. Durch einige Verschneidungsprozesse, die bereits bei der Definition der Schleifringläufergeometrie erläutert wurde, wird die Rotornutgeometrie zugeschnitten.

```
csys,1
l,kmax+1,kmax+2
l,kmax+3,kmax+4
l,kmax+5,kmax+6
csys,0
l,kmax+7,kmax+9
l,kmax+8,kmax+9
l,kmax+10,kmax+11
l,kmax+12,kmax+13
l,kmax+9,kmax+11
l,kmax+11,kmax+13

l,kmax+3,kmax+5
l,kmax+4,kmax+6
l,kmax+1,kmax+3
l,kmax+2,kmax+4
```

```
lsel,s,,,8,11
lsel,a,,,13,15,2
lsel,a,,,24
ldel,all

lsel,s,,,17,19,2
lsel,a,,,27
lovlap,all

lsel,s,,,33,35
lsel,a,,,40
lovlap,all

lsel,s,,,13
lsel,a,,,27
lsel,a,,,43,45,2
ldel,all

allsel

rrotor=rinnen+jochdicke2
mrotor=7900*3.141593*rrotor*rrotor*jochtiefe
jrotor=0.5*mrotor*rrotor*rrotor
```

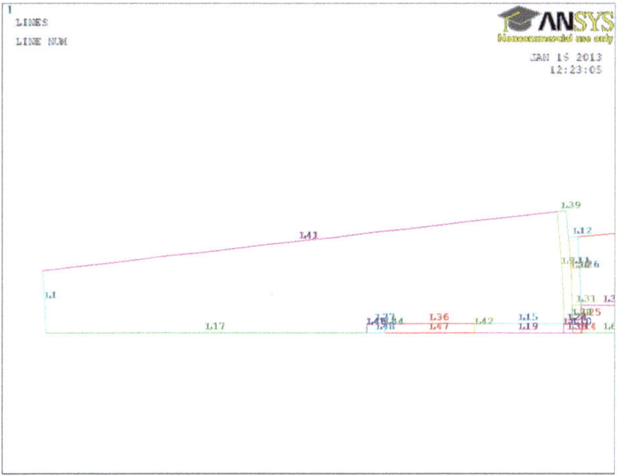

Abb. 19.10 Generierte Rotornutgeomtrie mit Hochstab

Es folgt die Generierung der einzelnen Statorflächen.

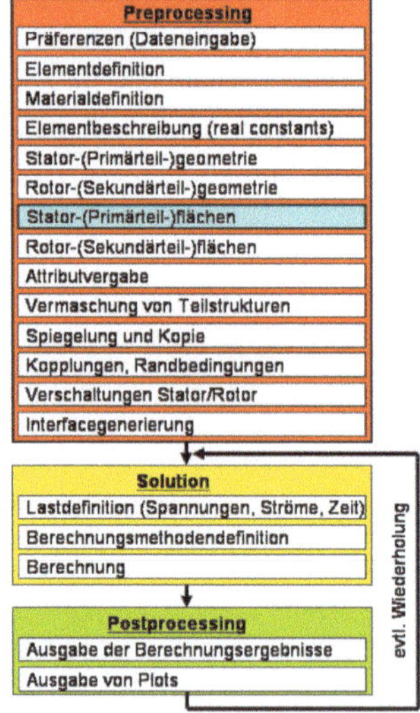

Abb. 19.11 Generierung der Statorfächen

Die Generierung der Statorflächen ist in der Datei asmk_SArea.txt enthalten und mit der Schleifringläufergeometrie vergleichbar. Abschließend ergibt sich die Statornutgeometrie as Teilstruktur.

Abb. 19.12 Generierte Statorflächen

Es folgt die Generierung der Rotorflächen.

Abb. 19.13 Generierung der Rotorflächen

Die Generierung ist der Datei asmk_RArea.txt zu entnehmen.

```
allsel

!!
!!Rotor
!!
lsel,s,,,1
lsel,a,,,9
lsel,a,,,15,17,2
lsel,a,,,36,37
lsel,a,,,41
lsel,a,,,46
al,all
allsel
al,15,42,19,8
al,36,44,47,42
al,37,46,48,44
al,24,8,38,10
al,39,9,24,11
```

Es ergibt sich die Flächendarstellung des Rotors noch ohne Attributierung.

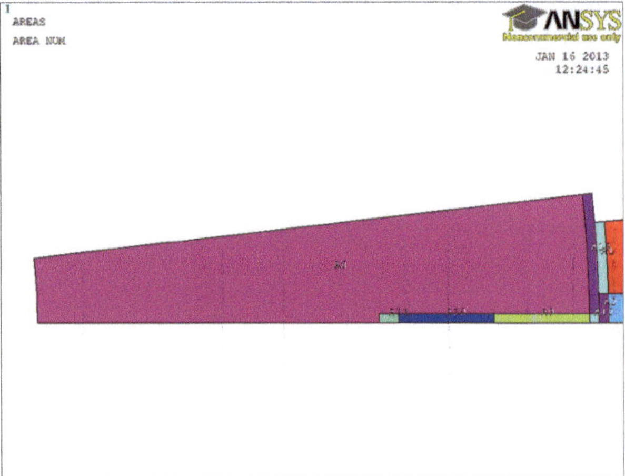

Abb. 19.14 Generierte Rotorflächen

Damit sind die Teilstrukturen von Stator und Rotor generiert.

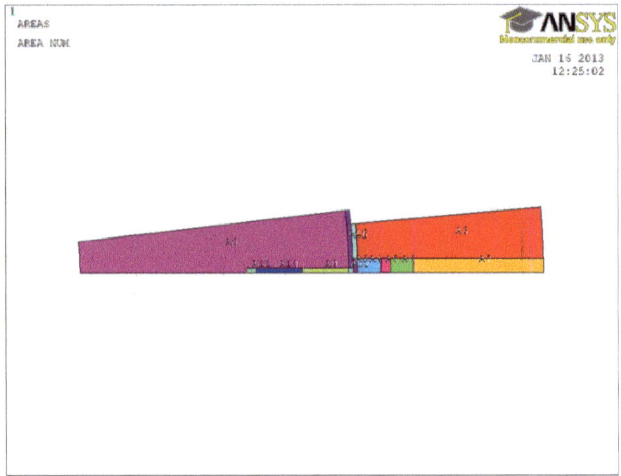

Abb. 19.15 Teilstrukturen von Stator und Rotor als Flächen

Es schließt sich die Attributvergabe von Stator und Rotor an. Diese ist in den Netzgenerierungen von Stator und Rotor in den Skripten asmk_SNete.txt und asmk_RNete.txt zu entnehmen.

Abb. 19.16 Attributvergabe

Als Ergebnis ergibt sich für die Zweischichtwicklung die Flächendarstellung des Stators mit Attributen.

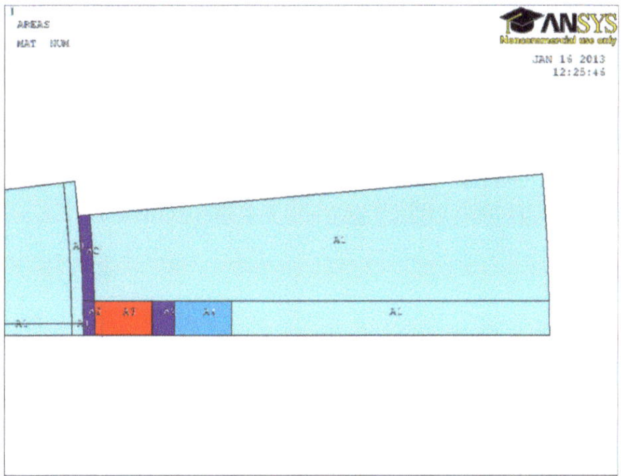

Abb. 19.17 Attributierte Statorflächen

Entsprechend erfolgt die Attributzuordnung im Rotor als Einschichtwicklung

```
!!
!!Rotor
!!
asel,s,,,12,13
aatt,12,12,12
```

```
asel,s,,,8
aatt,11,11,11

asel,s,,,9,10
aatt,13,13,13
asel,s,,,11
aatt,11,11,11
```

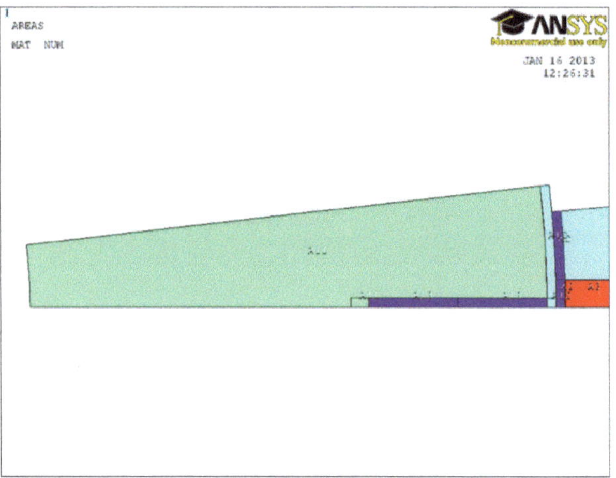

Abb. 19.18 Attributierte Rotorflächen

Damit ist erkennbar, dass die gesamte Rotornuthöhe um die Wicklungshöhe reduziert ist, die damit sehr klein, jedoch nicht 0 gewählt werden sollte.

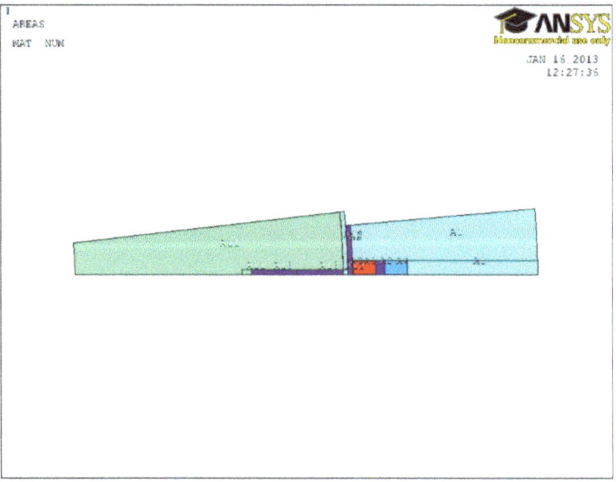

Abb. 19.19 Attributierte Flächen von Stator und Rotor

Es schließt sich die Vermaschung der Teilstrukturen von Stator und Rotor an. Hinsichtlich des Stators besteht kein Unterschied zum Asynchronschleifringläufer.

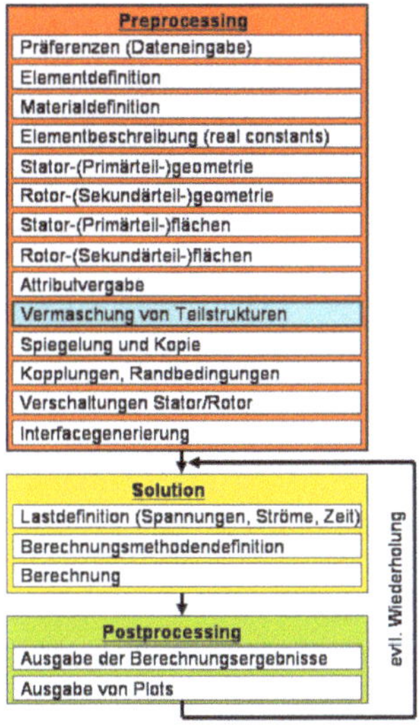

Abb. 19.20 Vermaschung

Zu definieren sind die Netzfeinheiten in Stator und Rotor

```
*SET,MESHEISEN, 0.5000000000000E-02
! Netzfeinheit des Eisens
*SET,MESHLUFT , 0.5000000000000E-03
! Netzfeinheit des Luftspalts
```

Bezüglich des Stators werden zunächst die Elementkantenanzahlen definiert und anschließt vernetzt. Dieser aufwendige Weg ist durch die geringe Linienanzahl hinnehmbar und führt zu guten Vermaschungsergebnissen.

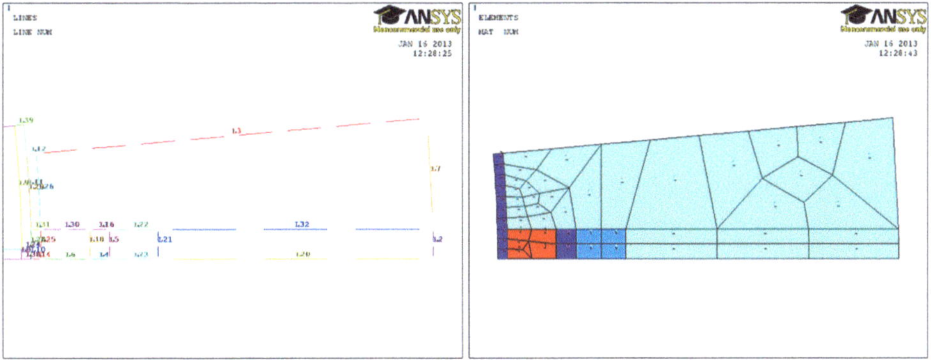

Abb. 19.21 Vermaschte Statorteilstruktur

Es folgt die Vermaschung des Rotors.

```
!!
!!Rotor
!!
lsel,s,,,9,11,2
*get,laeng,line,11,leng
istue1=nint(laeng/meshluft)
*if,istue1,lt,1,then
istue1=1
*endif
lesi,all,,,istue1

lsel,s,,,10
*get,laeng,line,10,leng
istue1=nint(laeng/meshluft)
*if,istue1,lt,1,then
istue1=1
*endif
lesi,all,,,istue1

lsel,s,,,8
*get,laeng,line,8,leng
istue1=nint(laeng/meshluft)
istue2=nint(laeng/mesheisen*10)
*if,istue1,lt,1,then
istue1=1
*endif
*if,istue2,lt,1,then
istue2=1
*endif
*if,istue2,gt,istue1,then
istue1=istue2
*endif
lesi,all,,,istue1

lsel,s,,,24
lsel,a,,,38,39
*get,laeng,line,24,leng
istue1=nint(laeng/meshluft)
*if,istue1,lt,1,then
istue1=1
```

```
*endif
lesi,all,,,istue1

lsel,s,,,17
*get,laeng,line,17,leng
istue1=nint(laeng/mesheisen)
*if,istue1,lt,1,then
istue1=1
*endif
lesi,all,,,istue1

lsel,s,,,41
*get,laeng,line,41,leng
istue1=nint(laeng/mesheisen)
*if,istue1,lt,1,then
istue1=1
*endif
lesi,all,,,istue1

lsel,s,,,1
*get,laeng,line,1,leng
istue1=nint(laeng/mesheisen)
*if,istue1,lt,1,then
istue1=1
*endif
lesi,all,,,istue1

lsel,s,,,15,19,4
*get,laeng,line,19,leng
istue1=nint(laeng/mesheisen*10)
*if,istue1,lt,1,then
istue1=1
*endif
lesi,all,,,istue1

lsel,s,,,36,47,11
*get,laeng,line,47,leng
istue1=nint(laeng/mesheisen*10)
*if,istue1,lt,1,then
istue1=1
*endif
```

```
lesi,all,,,istue1

lsel,s,,,37,48,11
*get,laeng,line,48,leng
istue1=nint(laeng/mesheisen*5)
*if,istue1,lt,1,then
istue1=1
*endif
lesi,all,,,istue1

lsel,s,,,42,46,2
*get,laeng,line,42,leng
istue1=nint(laeng/mesheisen*8)
*if,istue1,lt,1,then
istue1=1
*endif
lesi,all,,,istue1
```

Dabei werden zur sinnvollen Berücksichtigung der Stromverdrängung die Linien, die die Rotornut beschreiben, sehr fein mit Elementkanten belegt.

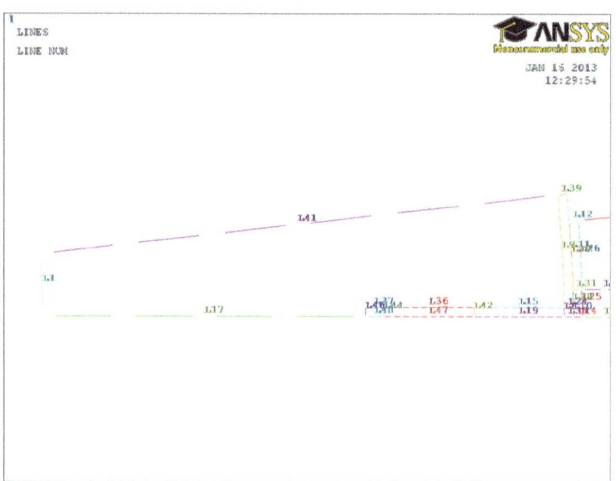

Abb. 19.22 Elementkantendefinition des Rotors

Abschließend werden alle Flächen der Rotorteilstrukturen vermascht.

```
asel,s,mat,,11,18
amesh,all
```

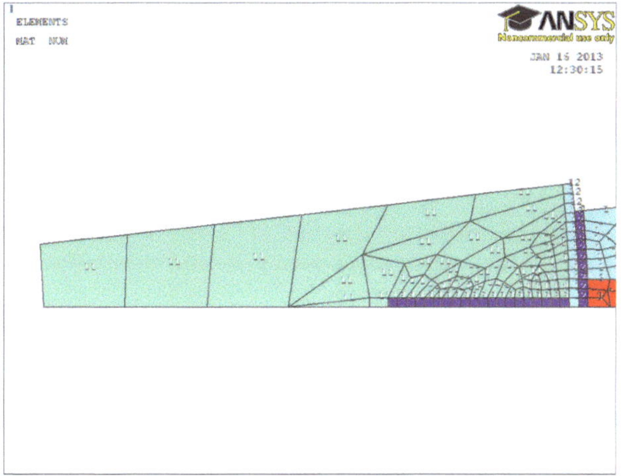

Abb. 19.23 Vermaschte Rotorteilstruktur

Die Flächen des Rotors werden abschließend zu einer Komponente zusammengefasst.

```
asel,s,mat,,11,18
cm,krotor,area
```

Im nächsten Schritt werden die Teilstrukturen von Stator und Rotor zu ganzen Nutteilungen gespiegelt und anschließend entsprechend der jeweiligen Nutenzahlen zu vollständigen Statoren und Rotoren kopiert. Spiegelung und Kopie sind in der Datei asmk_netg.txt enthalten.

Abb. 19.24 Spiegelung und Kopie

Die Vorgehensweise hinsichtlich des Stators unterscheidet sich nicht vom Schleifringläufer.

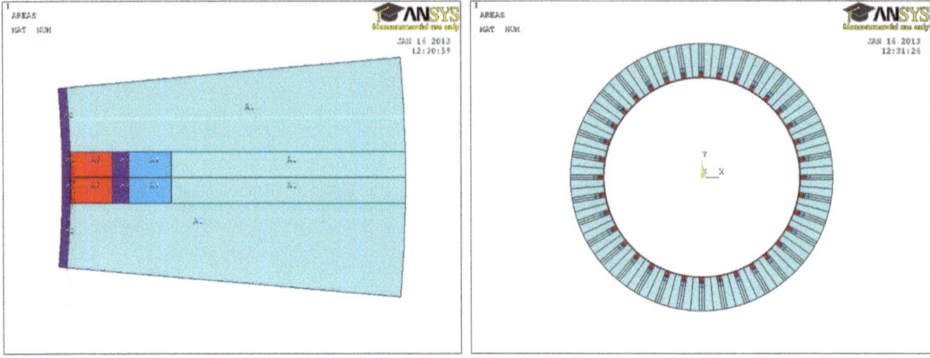

Abb. 19.25 Gespiegelte und kopierte Statorteilstrukturen

Es folgt entsprechend die Spiegelung des Rotors, der eine einschichtige Wicklung aufweist.

```
!!
!!Rotor
!!
cmsel,s,krotor
csys,0
arsym,y,all,
```

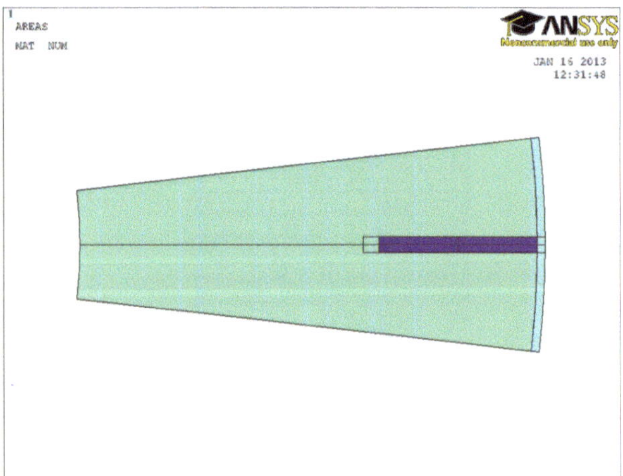

Abb. 19.26 Gespiegelte Rotorteilstruktur

Im nächsten Schritt erfolgt die Kopie der Rotornuten entsprechend der Rotornutenzahl Z2.

```
cm,krotor,area

cmsel,s,krotor
csys,1

agen,z2,all,,,,360/(z2)
```

Als Ergebnis ergibt sich der kopierte Rotor.

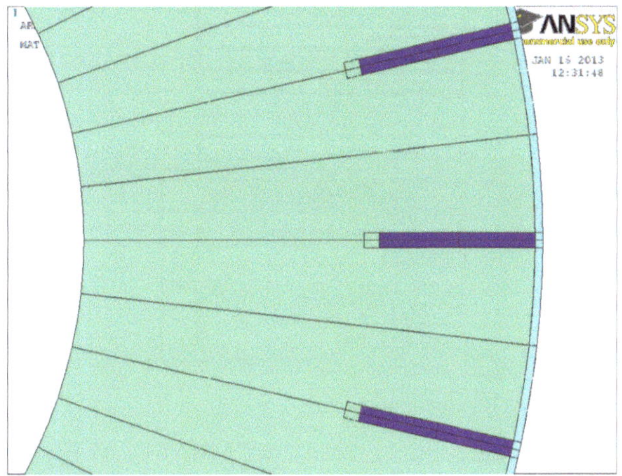

Abb. 19.27 Ausschnitt aus dem kopierten Rotor

Die Flächen von Stator und Rotor werden anschließend zu Komponenten zusammengefasst. Die Drehmomentberechnung wird vorbereitet.

```
ASEL,S,MAT,,1,8
cm,kstator,area

asel,s,mat,,11,18
cm,krotor,area

!
! Elemente Rotoreisen fuer Kraftberechnung zusammenfassen
!

asel,s,mat,,11
```

```
allsel,below,area
cm,erotor,elem
fmagf.txt,'erotor'
allsel
```

Im nächsten Schritt erfolgen die Kopplungen und die Anlage der Randbedingungen.

Abb. 19.28 Kopplungen und Randbedingungen

Zur Vorbereitung der Kopplungen und Randbedingungen werden wie üblich die doppelten Knoten an Spiegel- und Kopierkanten eliminiert und anschließend die Randbedingungen außen und innen angelegt.

Es folgt die Kopplung der Knoten in den Ober- und Unterlagen, die sich nicht vom Schleifringläufer unterscheidet.

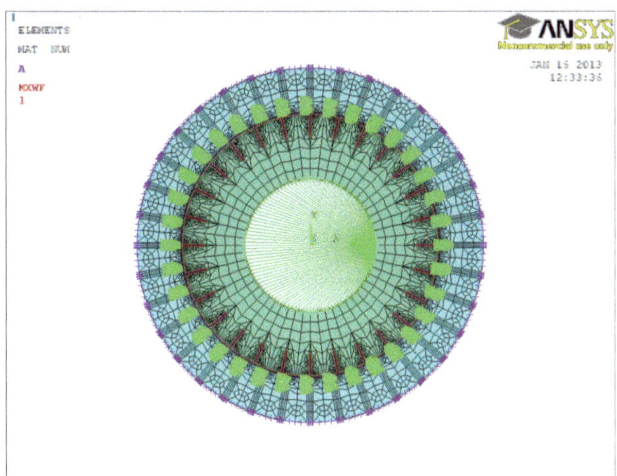

Abb. 19.29 Kopplungen des Stators und Randbedingungen

Es folgt die Kopplung der Knoten in den Rotorstäben als Einschichtwicklung.

```
allsel

!!
!!Rotor
!!

*Do,ileit,1,z2
asel,s,mat,,13
allsel,below,area
ASEL,r,LOC,Y,-360/(2*z2)+(ileit-1)*360/(z2),360/(2*z2)+
(ileit-1)*360/(z2)
allsel,below,area

cp,next,curr,all
cp,next,emf,all
*GET,wicknode1r%ileit%, NODE, 0,num,min

*EndDo
```

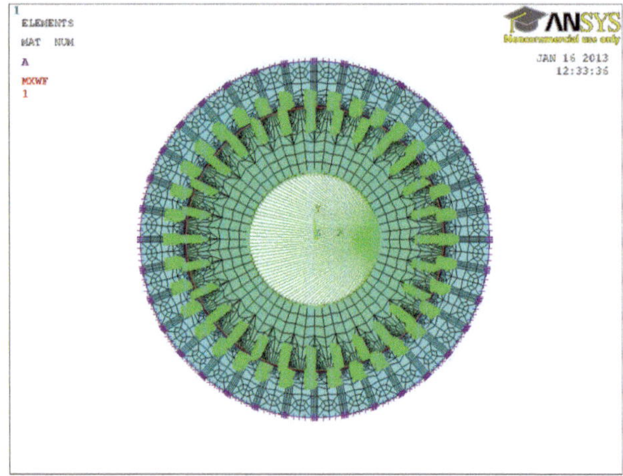

Abb. 19.30 Kopplungen in Stator und Rotor

Abschließend wird erneut die Drehmomentberechnung auf den Stator vorbereitet.

```
esel,s,mat,,11
!!esel,a,mat,,13,14
cm,kraftrot,elem
fmagbc,'kraftrot'

allsel
```

Damit ist die Generierung des geometrischen Finite-Elemente-Modells abgeschlossen.

19.2 Generierung der Verschaltung

Die Verschaltung des Stators entspricht derjenigen des Asynchronschleifringläufers. Bezüglich des Rotors wird eine Käfigwicklung generiert.

Abb. 19.31 Verschaltung von Stator und Rotor

19.2.1 Stator-Verschaltung

Bezüglich des Stators werden folgende Eingabedaten verwendet.

```
*SET,RWICKSTIRN1, 0.1000000000000E-05
! Stirnwiderstand der Statorspulen
*SET,LWICKSTIRN1, 0.1000000000000E-05
! Stirninduktivität der Statorspulen
*SET,STERN1     , 1.000000000000
! Stern(1)-/Dreieck(0)schaltung
*SET,U1         , 1.000000000000
! Ständerspannung
*SET,VSTERN1    , 0.000000000000
! Sternpunktverschaltung
*set,freq,50
! Netzfrequenz
```

Die Verschaltung entspricht dem Asynchronschleifringläufer.

19.2.2 Rotor-Verschaltung

Zur Generierung der Rotorschaltung werden Stabwiderstand und -induktivität außerhalb des Eisens und der Ringwiderstand zwischen zwei Stäben berücksichtigt. Widerstand und Induktivität innerhalb des Eisens werden bereits durch das Finite-Elemente-Modell berücksichtigt.

```
*SET,RWICKSTIRN2 , 0.1000000000000E-07
! Stabstirnwiderstand
*SET,LWICKSTIRN2 , 0.1000000000000E-05
! Stabstirninduktivität
*SET,RWICKSTIRN2R, 1.5000000000000E-06
! Ringstirnwiderstand
```

Im Zuge der Generierung der Rotorschaltung werden zunächst die Z2 Stabelemente in Verbindung mit den zugehörigen Masterknoten angelegt. Daran schließt sich unterhalb der Stabwiderstand außerhalb des Eisens an, dabei berücksichtigt ein Widerstand beide Seiten. Als drittes Element schließt sich die Stabinduktivität außerhalb des Eisens an. Für jeden der 3 generierten Stabelemente werden unter dem Parameternamen RINGO%iz2% und RINGU%iz2% die Knoten abgespeichert, an denen im nächsten Schritt die Stirnwiderstände angeschlossen werden. Der erste Teil des Käfigschaltungsskripts entspricht der Kommutatorschaltung einer Gleichstrommaschine.

```
/prep7

allsel

csys,0

!
!  Käfiglaeuferwicklung
!

*Do,iz2,1,z2
*GET,maxnode, NODE, 0,num,max

R,210,1,
noff=maxnode
koff=4*raussen+(iz2-1)*raussen/5
n1=noff+1
N,n1,koff,0.3*raussen,0
n2=noff+2
```

```
sch1%iz2%=n2
N,n2,koff,-0.3*raussen,0
RMOD,210,15,0,1
ET,210,CIRCU124,6,0
TYPE,210
REAL,210
MAT,1
!*
E,n1,n2,wicknode1r%iz2%
*GET,espu%iz2%,elem,0,num,max
!*
ringo%iz2%=n1

*GET,maxnode, NODE, 0,num,max
R,212,rwickstirn2, ,
n5=noff+5
N,n5,koff,-1.1*raussen,0
RMOD,212,15,0,1
ET,212,CIRCU124,0,0
TYPE,212
REAL,212
MAT,1
!*
E,n2,n5
!*
R,213,lwickstirn2, ,
!*
!*
n6=noff+6
N,n6,koff,-1.4*raussen,0
RMOD,213,15,0,11
ET,213,CIRCU124,1,0
TYPE,213
REAL,213
MAT,1
!*
E,n5,n6

ringu%iz2%=n6

!*

*EndDo
```

Im nächsten Zug werden die Stirnwiderstände auf beiden Seiten des Käfigs zwischen den einzelnen Stäben verschaltet. Die ersten $Z2-1$ Stirnwiderstände werden vom Stab mit dem Schleifenzähler IZ2 bis zum nächsten Stab $IZ2+1$ verschaltet, der letzte Stirnwiderstand vom letzten (Z2) zum 1. Stab.

```
!
!  Stirnringverbindungen
!
R,214,rwickstirn2r, ,
RMOD,214,15,0,1
ET,214,CIRCU124,0,0
TYPE,214
REAL,214
MAT,1

*Do,iz2,1,z2

*If,iz2,lt,z2,then
E,ringo%iz2%,ringo%iz2+1%
E,ringu%iz2%,ringu%iz2+1%
*Else
E,ringo%iz2%,ringo%1%
E,ringu%iz2%,ringu%1%
*EndIf

*EndDo
```

Abschließend ergibt sich der verschaltete Rotor.

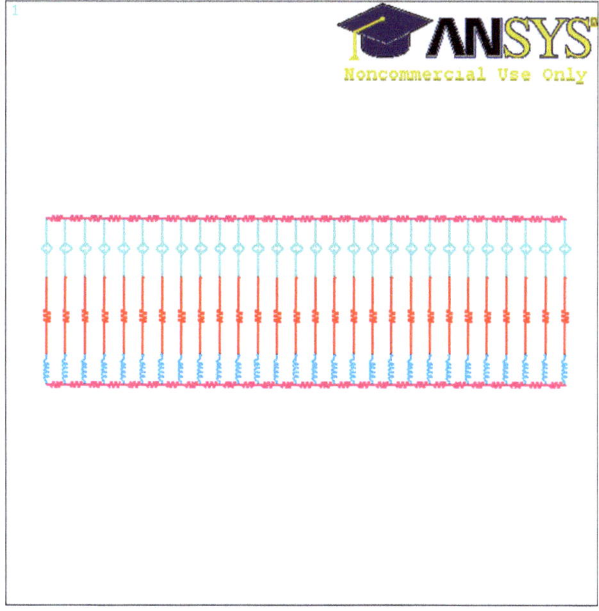

Abb. 19.32 Verschaltung des Rotors als Käfig

Damit sind Stator und Rotor vollständig verschaltet.

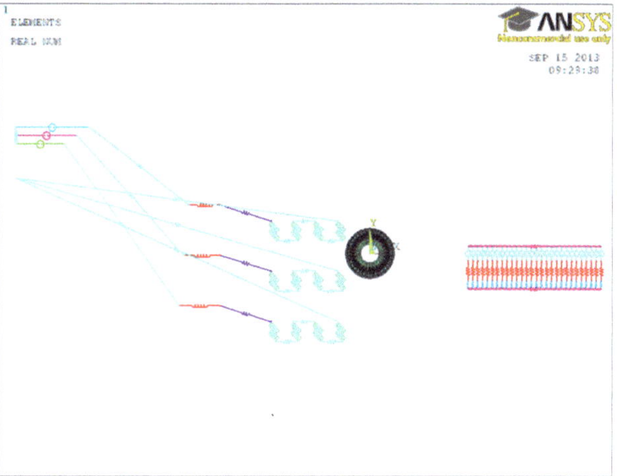

Abb. 19.33 Verschaltung von Stator und Rotor

19.3 Interface zwischen Stator und Rotor

Als letztes ist wie üblich das Interface zwischen dem Stator und dem Rotor zu generieren. Aufgrund des gleichmäßigen Luftspalts über den Stator- und Rotornuten lassen sich die Knoten problemlos bestimmen.

Abb. 19.34 Interface zwischen Stator und Rotor

Zunächst werden die Knoten auf Luftspaltmitte statorseitig ermittelt und dazu die Elemente selektiert. Beide Entitätenauszüge werden in Komponenten abgespeichert.

```
csys,1
asel,s,mat,,2
allsel,below,area
nSEL,r,LOC,X,rinnen+jochdicke2+delta/2-1e-6,rinnen+
jochdicke2+delta/2+1e-6
cm,nodeaussen,node
esln,s
allsel,below,elem
cm,elemaussen,elem
```

Endsprechend wird für den Rotor verfahren. Die Knoten auf Luftspaltmitte werden rotorseitig ermittelt und dazu die Elemente selektiert. Beide Entitätenauszüge werden in Komponenten abgespeichert.

```
asel,s,mat,,12
allsel,below,area
nSEL,r,LOC,X,rinnen+jochdicke2+delta/2-1e-6,rinnen+
jochdicke2+delta/2+1e-6
cm,nodeinnen,node

MODMSH,NOCHECK
SHPP,WARN
```

Zur Generierung des Interfaces werden die notwendigen Knoten auf der Rotorseite und die Elemente auf der Statorseite selektiert und über den CEINTF-Befehl das Interface generiert.

```
cmsel,s,nodeinnen
cmsel,s,elemaussen
cmsel,u,nodeaussen

_cef=.3
CEINTF,_cef, , , , , , ,0
```

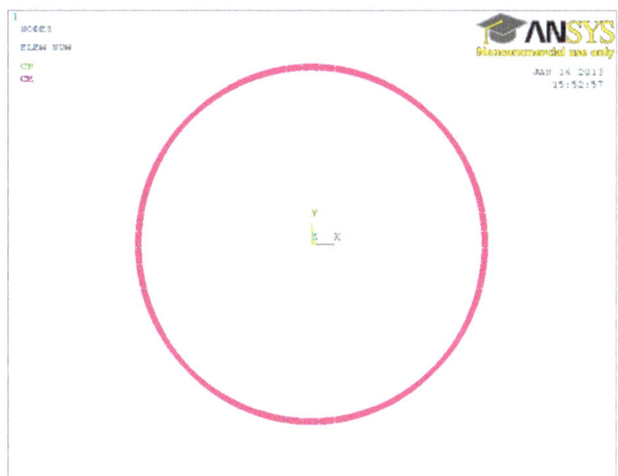

Abb. 19.35 Generiertes Interface zwischen Stator und Rotor

Damit ist das vollständige Finite-Elemente-Modell des Asynchronkäfigläufers für die nachfolgenden Berechnungen vorbereitet.

Die gesamte Finite-Elemente-Modell-Generierung der Asynchronschleifringläufermaschine befindet sich in der Datei „asmk_kaefig_geometrie.txt“ und hat folgenden Inhalt.

```
!!
!! Geometrieerstellung einer Asynchronmaschine mit
Käfigläufer
!! 2 Polpaare
!!
/prep7

!! Parameter für die Statorgeometrie
*SET,M           , 3.000000000000
! Strangzahl
*SET,P           , 2.000000000000
! Polpaarzahl
*SET,Q           , 3.000000000000
! Nutenzahl pro Pol und Phase
*SET,EPS         , 2.000000000000
! Schrittverkürzung
*SET,RAUSSEN     , 0.8000000000000E-01
! Außenradius
*SET,DELTA       , 0.1000000000000E-02
! Luftspalt
*SET,JOCHDICKE   , 0.2000000000000E-01
! gesamte Statorjochstärke
*SET,WICKBREITE1 , 0.3000000000000E-02
! Nutbreite des Stators
*SET,WICKHOEHE1  , 0.5000000000000E-02
! Nuthöhe des Rotors
*SET,WICKISOL1   , 0.1000000000000E-02
! Isolationshöhe zwischen Ober- und Unterlage
*SET,ZWEISCHICHT , 1.000000000000
! Einschicht(0)- oder Zweischichtwicklung(1)
*SET,JOCHTIEFE   , 0.4000000000000E-01
! Jochtiefe
*SET,NWIN1       , 100.000000k0000
! Windungszahl Stator
*SET,FREQ        , 50.00000000000
! Frequenz
*SET,_FREQ       , 50.00000000000
```

```
!! Parameter für die Rotorgeometrie
*SET,Z2           , 28.0000000000
! Rotornutenzahl
*SET,WICKBREITE2 , 0.1000000000000E-02
! Nutbreite des Rotors
*SET,WICKHOEHE2  , 0.1000000000000E-01
! Nuthöhe des Rotors
*SET,WICKISOL2   , 0.1000000000000E-02
! Isolationshöhe des Rotors
*SET,RINNEN      , 0.3000000000000E-01
! Innenradius des Rotors
asmk_elemente.txt  ! Aufruf des Skripts zur Elementdefinition


*SET,MURXA       , 10000.00000000
! Permeabilität des Eisens Stator
*SET,MURXI       , 10000.00000000
! Permeabilität des Eisens Rotor
*SET,NICHTLIN    , 0.000000000000
! Nichtlineare Rechnung bei 1
*SET,LEITA       , 56000000.00000
! Leitfähigkeit der Statorleiter
*SET,LEITI       , 56000000.00000
! Leitfähigkeit der Rotorleiter
*SET,FILA        , 1.000000000000
! Füllfaktor der Statornuten
asmk_material.txt
! Aufruf des Skripts zur Materialdefinition und der realen
Konstanten

asmk_SNut.txt
! Aufbau der Statorgeometriepunkte und -linien
asmk_RNut.txt
! Aufbau der Rotorgeometriepunkte und -linien

asmk_SArea.txt
! Aufbau der Statorflächen
asmk_RArea.txt
! Aufbau der Rotorflächen

*SET,MESHEISEN   , 0.5000000000000E-02
! Netzfeinheit des Eisens
```

```
*SET,MESHLUFT    , 0.5000000000000E-03
! Netzfeinheit des Luftspalts

asmk_SNete.txt        ! Vermaschung des Stators
asmk_Rnete.txt        ! Vermaschung des Rotors
asmk_netg.txt         ! Kopie und Spiegelung

asmk_cp1.txt          ! Statorseitige Kopplungen
asmk_cp2.txt          ! Rotorseitige Kopplungen

*SET,RWICKSTIRN1 , 0.1000000000000E-05
! Stirnwiderstand der Statorspulen
*SET,LWICKSTIRN1 , 0.1000000000000E-05
! Stirninduktivität der Statorspulen
*SET,STERN1      , 1.000000000000
! Stern(1)-/Dreieck(0)schaltung
*SET,U1          , 1.000000000000
! Ständerspannung
*SET,VSTERN1     , 0.000000000000
! Sternpunktverschaltung
*set,freq,50
! Netzfrequenz

asmk_schalt1.txt      ! Verschaltung des Stators

*SET,RWICKSTIRN2 , 0.1000000000000E-07
! Stabstirnwiderstand
*SET,LWICKSTIRN2 , 0.1000000000000E-05
! Stabstirninduktivität
*SET,RWICKSTIRN2R, 1.5000000000000E-06
! Ringstirnwiderstand
asmk_schalt2.txt      ! Verschaltung des Rotors

asmk_interface.txt    ! Interface Stator - Rotor
```

19.4 Rechnungsvorbereitung

Die Asynchronkäfigläufermaschine kann sowohl statisch, harmonisch, als auch transient berechnet werden. Die statische Rechnung hat lediglich den Zweck der Überprüfung des Modells, bzw. bei Vorgabe der Bestromung in den drei Strängen der Überprüfung des magnetischen Kreises. Eine Speisung des Rotors scheidet aus. Mit harmonischen Rechnungen kann eine Stillstandrechnung erfolgen, wobei stellungsabhängig die Stator- und Rotorströme und das Drehmoment ermittelt werden können. Wird der Rotor hochohmig gestaltet, indem die Rotorstirnwiderstände durch Änderung der realen Konstanten hochohmig eingestellt werden, so kann quasi das Leerlaufverhalten ohne Oberwelleneffekte gerechnet werden. Bei transienter Rechnung sind alle Freiheiten zur Berechnung des Hochlaufes möglich. Durch Angabe einer Drehzahl kann gleichzeitig mit der Zeit der Rotor statisch gegenüber dem Rotor verdreht werden.

Für jede Berechnungsmethode müssen die Ausgabedateien für die Berechnungsergebnisse vorbereitet werden. Es ist zu beachten, dass bei harmonischen Rechnungen Real- und Imaginärteile berechnet werden und vorverarbeitet werden müssen.

Das Skript zur Definition der Ausgaben befindet sich in der Datei asmk_aus.txt. Zu definieren sind für die Ausgaben die folgenden Parameter.

```
ausgabe=1       ! Parameter zur Definition der Ausgabedatei
luftskal=1      ! Skalierung des maximalen Luftspaltfeldes in
Luftspaltmitte
fft=0           ! Auswahl zur Ausgabe der Fourierkoeffizienten
(ja=1)
```

Der Parameter AUSGABE wird hinter dem Namen der jeweiligen Ausgabedatei angehängt. Einige Stabströme werden in einer weiteren Datei abgespeichert.

```
/output,U_I_Stator%ausgabe%,lis,,
/COM, Schritt Zeit Winkel Drehzahl U1 I1 U2 I2 U3 I3
Rechenzeit
/COM,-------------------------------------------------------
/output,term
/output,Pauf_Stator%ausgabe%,lis,,
/COM, Schritt Zeit Winkel Drehzahl Pauf1 Pauf2 Pauf3 PR1 PR2
PR3 Rechenzeit
/COM,-------------------------------------------------------
/output,term
/output,Drehmoment%ausgabe%,lis,,
/COM, Schritt Zeit Winkel Drehzahl M(Maxwell) M(virtual_work)
/COM,-------------------------------------------------------
/output,term
/output,Ispul%ausgabe%,lis,,
/COM, Schritt Zeit Winkel Drehzahl Spulen-/Stabstrom in
Spule/Stab 1 2 3 4 5 6 7 8 9 10 11 12 13 14
/COM,-------------------------------------------------------
/output,term
```

19.5 Statische Rechnung

Durch statische Rechnungen wird zunächst das Modell überprüft.

Die erste Berechnung erfolgt für einen Ständerstrom von 1 A mit stromlosem Läufer in der Stellung der Modellerstellung, d. h. der Rotor wird gegenüber dem Stator nicht verdreht, wobei der Zeitpunkt $t = 0$ s festgelegt wird.

Das Skript für eine einfache statische Rechnung befindet sich in der Datei asmk_loes1.txt.

Zunächst wird die Rechnung vorbereitet.

Der gesamte Rechnungsablauf kann über die Datei „asmk_rechnung_statisch_1.txt" erfolgen. Im Arbeitsverzeichnis sollte sich die Geometrieerstellungsdatei, die Rechnungsaufrufdatei und eine leere ANSYS-Datenbank mit dem Namen leer.db befinden. Das Skript kann innerhalb von ANSYS bei gelöschter Datenbasis über „READ INPUT FROM" aus dem Arbeitsverzeichnis aufgerufen werden.

```
/prep7

asmk_kaefig_geometrie.txt  ! Generierung der Statorgeometrie


ausgabe=1         ! Definition der Ausgabedatei
luftskal=1        ! Luftspaltfeldskalierung
fft=0             ! Fourieranalysenanforderung

asmk_aus.txt      ! Definition der Ausgabedateien

winkel=0          ! Stellungswinkel Rotor - Stator
zeit=0            ! Zeitpunkt
i1=1              ! Ständerstromamplitude
fronspar=0        ! Solverauswahll frontal(0)/sparse(1)

asmk_loes1.txt    ! Aufruf eines statischen Lösungsskripts
```

Nach der Berechnung inklusive Drehmomentberechnung für die Stellung erfolgt deren Ausgabe. Die Drehmomentberechnungen beider Methoden (Maxwell'sche Flächenspannung und virtuelle Verrückung) liefern nahezu gleiche sehr geringe Werte, da bei ausschließlicher Stromvorgabe im Stator lediglich kleinere Reluktanzeffekte auftreten.

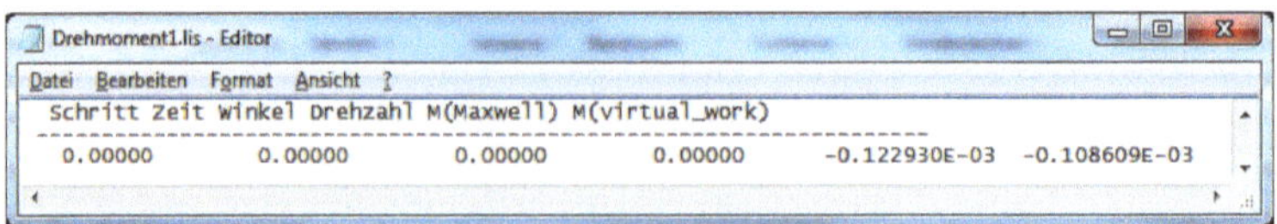
Drehmoment1.lis - Editor

Datei Bearbeiten Format Ansicht ?

```
Schritt Zeit Winkel Drehzahl M(Maxwell) M(virtual_work)
------------------------------------------------------------
0.00000    0.00000    0.00000    0.00000    -0.122930E-03   -0.108609E-03
```

Abb. 19.36 Ausgabe des Drehmoments bei statischer Rechnung

Die Ausgabe der Stabströme einiger Stäbe liefert 0, da bei statischer Rechnung im Rotor keine Induktionen hervorgerufen werden.

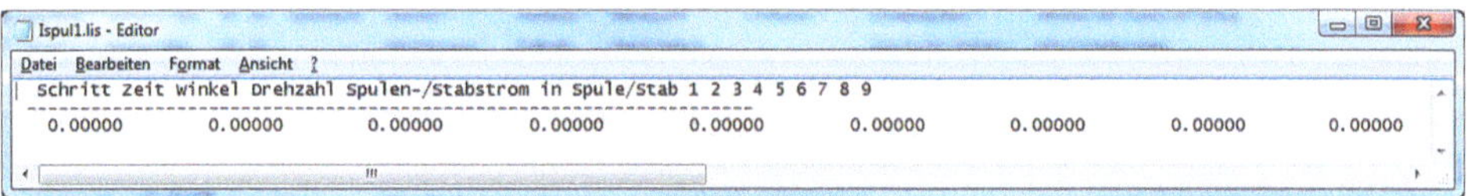

Abb. 19.37 Ausgabe der Stabströme bei statischer Rechnung

Entsprechend der eingespeisten Statorstromamplitude ergeben sich Spannungen und Ströme im Stator.

```
/output,U_I_Stator%ausgabe%,lis,,append
*VWrite,i,zeit,winkel,drehzahl,U1e,i1e,u2e,i2e,u3e,i3e,
rechzeit
(11(g14.6,' '))
/output,term
```

Abb. 19.38 Ausgabe der Statorspannungen und -ströme bei statischer Rechnung

```
/output,Pauf_Stator%ausgabe%,lis,,append
*VWrite,i,zeit,winkel,drehzahl,Pauf1,Pauf2,Pauf3,PR1,PR2,PR3,
rechzeit
(11(g14.6,' '))
/output,term
```

Ermittelt werden im gleichen Zuge die Aufnahmeleistungen der Stränge.

```
Pauf_Stator1.lis - Editor
Datei  Bearbeiten  Format  Ansicht  ?
 Schritt Zeit Winkel Drehzahl Pauf1 Pauf2 Pauf3 PR1 PR2 PR3 Rechenzeit
 ----------------------------------------------------------------------
  0.00000    0.00000    0.00000    0.00000    -27.1706    -3.55768    -3.55768    0.100000E-05  0.250000E-06  0.250000E-06  6.11524
```

Abb. 19.39 Ausgabe der Aufnahmeleistungen bei statischer Rechnung

Während bei statischer Rechnung die tabellarischen Daten lediglich die Eingabedaten bestätigen, geben grafische Ausgaben nähere Information über das erstellte Modell.

Die Geometrieausgabe zeigt den unverdrehten Rotor gegenüber dem Stator aufgrund der Eingabe des Eingabe des Verdrehungswinkels 0 Grad zwischen Stator und Rotor. Deutlich ist der hohe Rotorstab erkennbar.

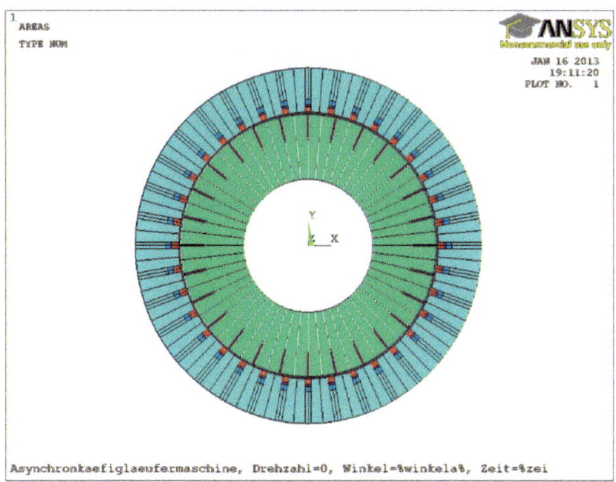

Abb. 19.40 Ausgabe der Stator-/Rotorstellung

Das Feldlinienbild bestätigt das übliche Bild eines bestromten Stators bei unbestromtem Rotor. Die Feldlinien verteilen sich breitflächig über Stator und Rotor.

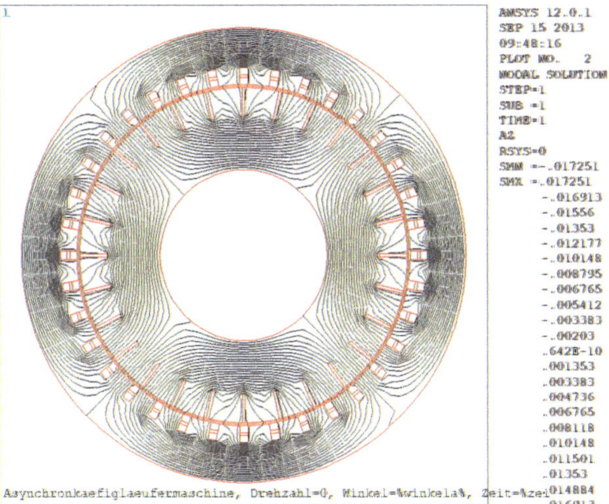

Abb. 19.41 Feldbild bei statischer Rechnung

Die grafische Darstellung der magnetischen Flußdichte zeigt, dass die Belastung des magnetischen Jochs bei einem A Statorstromamplitude im Jochbereich ca. ein Tesla beträgt und lediglich im Bereich von Ecken an Nuten magnetische Flußdichten bis zu etwa 2 Tesla auftreten.

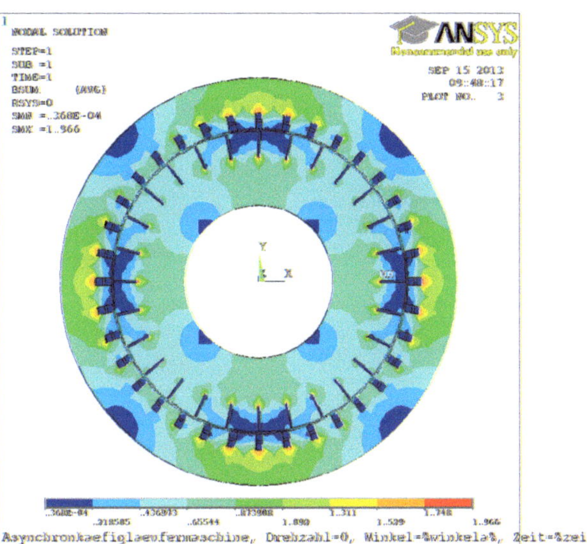

Abb. 19.42 Magnetische Flußdichte bei statischer Rechnung

Die grafische Darstellung der Stromdichte bestätigt die Eingabedaten einer 4-poligen Drehfeldwicklung mit einer Nutenzahl je Pol und Phase q von 3 und einer Schrittverkürzung um 2 Nuten.

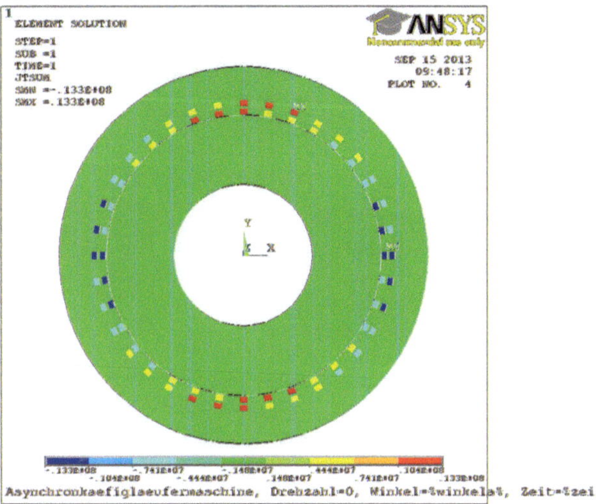

Abb. 19.43 Stromdichteverteilung bei statischer Rechnung

Die vektorielle Darstellung von magnetischer Flußdichte und magnetischer Feldstärke in Luftspaltmitte bestätigt den stromlosen Rotor. Die treppenförmige Felderregerkurve ist erkennbar, wie auch der Nutzungseffekt durch Stator- und Rotornuten. Eine fehlende Vorzugsrichtung der Vektorpfeile bestätigt das fehlende Drehmoment aufgrund der fehlenden Rotorrückwirkung.

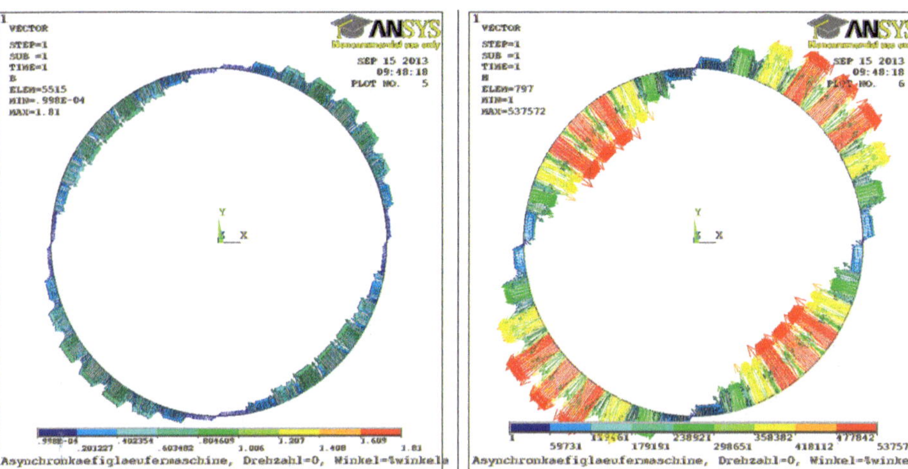

Abb. 19.44 Vektorielle Darstellung der magnetischen Flußdichte (*links*) und Feldstärke (*rechts*) in Luftspaltmitte bei statischer Rechnung

Die Luftspaltfeldausgabe in Luftspaltmitte bestätigt die vektorielle Darstellung des magnetischen Feldes.

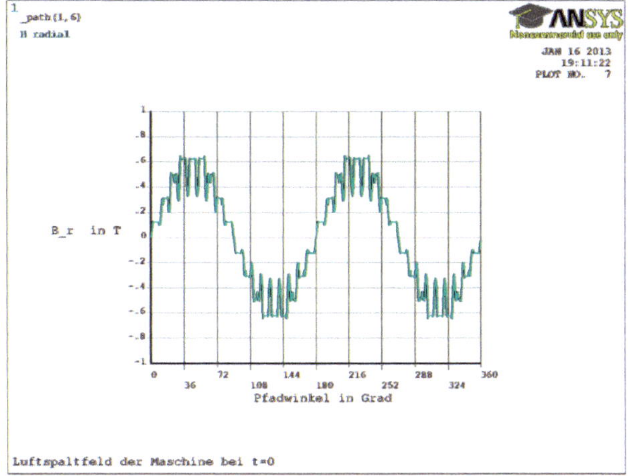

Abb. 19.45 Luftspaltfeld in Luftspaltmitte bei statischer Rechnung

Damit sind die Eingabedaten bestätigt, soweit auf die Rückwirkung des Rotors zunächst verzichtet wird. Die Rückwirkung des Rotors wird im Folgenden durch harmonische Rechnungen aufgezeigt.

19.6 Harmonische Rechnung

Der gesamte Rechnungsablauf der harmonischen Rechnung kann über die Datei „asmk_rechnung_harmonisch_1.txt" erfolgen. Im Arbeitsverzeichnis sollte sich die Geometrieerstellungsdatei, die Rechnungsaufrufdatei und eine leere ANSYS-Datenbank mit dem Namen leer.db befinden.

Die Datei hat folgenden Inhalt.

```
/prep7
asmk_kaefig_geometrie.txt

ausgabe=111
luftskal=1
fft=0
asmk_aus.txt

winkela=0
drehzahl=0
```

```
zeita=0
U1=100
jsteps=12
ndreh=1
fronspar=1
asmk_loes3.txt
```

Der Stator wird mit einer Spannungsamplitude von 100 V versorgt und insgesamt 10 Rechenschritte ausgeführt.

```
U_I_Stator111.lis - Editor
Datei Bearbeiten Format Ansicht ?
 Schritt Zeit Winkel Drehzahl U1 I1 U2 I2 U3 I3 Rechenzeit
------------------------------------------------------------------
 Realteil
  0.00000   0.00000       0.00000   0.00000   100.000         -0.198103   -50.0000         -0.443114   -50.0000         0.641216    4.11843
 Imaginaerteil
  0.00000   0.00000       0.00000   0.00000   -0.230718E-15   0.624830    86.6025          -0.484882   -86.6025         -0.139948   4.11843
 Realteil
  1.00000   0.166667E-02  0.00000   0.00000   86.6025         -0.483977   -86.6025         -0.141307   -0.213163E-13    0.625284    4.08723
 Imaginaerteil
  1.00000   0.166667E-02  0.00000   0.00000   50.0000         0.442068    50.0000          -0.641477   -100.000         0.199409    4.08723
 Realteil
  2.00000   0.333333E-02  0.00000   0.00000   50.0000         -0.640170   -100.000         0.198363    50.0000          0.441807    4.07162
 Imaginaerteil
  2.00000   0.333333E-02  0.00000   0.00000   86.6025         0.140853    0.00000          -0.626189   -86.6025         0.485335    4.07162
 Realteil
  3.00000   0.500000E-02  0.00000   0.00000   0.355271E-14    -0.624830   -86.6025         0.484882    86.6025          0.139948    4.02483
 Imaginaerteil
  3.00000   0.500000E-02  0.00000   0.00000   100.000         -0.198103   -50.0000         -0.443114   -50.0000         0.641216    4.02483
 Realteil
  4.00000   0.666667E-02  0.00000   0.00000   -50.0000        -0.442068   -50.0000         0.641477    100.000          -0.199409   4.49283
 Imaginaerteil
  4.00000   0.666667E-02  0.00000   0.00000   86.6025         -0.483977   -86.6025         -0.141307   -0.426326E-13    0.625284    4.49283
 Realteil
  5.00000   0.833333E-02  0.00000   0.00000   -86.6025        -0.140853   -0.710543E-14    0.626189    86.6025          -0.485336   4.14962
 Imaginaerteil
  5.00000   0.833333E-02  0.00000   0.00000   50.0000         -0.640170   -100.000         0.198363    50.0000          0.441807    4.14962
```

Abb. 19.46 Ausgabe der Spannungen und Ströme des Stators bei harmonischer Rechnung

Die Amplitude des Statorstromes beträgt bei 100 V Netzspannung weniger als ein Ampere, dies ist auf die schlechte Auslegung der Maschine zurückzuführen, die lediglich als Modellbeispiel anzusehen ist. Entsprechend der harmonischen Rechnung sind Ausgaben vor Real- und Imaginärteil vorhanden, abhängig vom Spannungszeitpunkt ändern sich Spannungen und Ströme.

Das Drehmoment ist aufgrund der gleichbleibenden Rotorstellung konstant und unabhängig vom Zeitaugenblick. Die Ergebnisse beider Berechnungsverfahren unterscheiden sich kaum, das Drehmoment ist insgesamt sehr gering.

```
Drehmoment111.lis - Editor
Datei Bearbeiten Format Ansicht ?
 Schritt Zeit Winkel Drehzahl M(Maxwell) M(virtual_work)
------------------------------------------------------------------
  0.00000    0.00000        0.00000    0.00000    0.940325E-01    0.100769
  1.00000    0.166667E-02   0.00000    0.00000    0.940325E-01    0.100769
  2.00000    0.333333E-02   0.00000    0.00000    0.940325E-01    0.100769
  3.00000    0.500000E-02   0.00000    0.00000    0.940325E-01    0.100769
  4.00000    0.666667E-02   0.00000    0.00000    0.940325E-01    0.100769
  5.00000    0.833333E-02   0.00000    0.00000    0.940325E-01    0.100769
  6.00000    0.100000E-01   0.00000    0.00000    0.940325E-01    0.100769
  7.00000    0.116667E-01   0.00000    0.00000    0.940325E-01    0.100769
  8.00000    0.133333E-01   0.00000    0.00000    0.940325E-01    0.100769
  9.00000    0.150000E-01   0.00000    0.00000    0.940325E-01    0.100769
  10.0000    0.166667E-01   0.00000    0.00000    0.940325E-01    0.100769
  11.0000    0.183333E-01   0.00000    0.00000    0.940325E-01    0.100769
  12.0000    0.200000E-01   0.00000    0.00000    0.940325E-01    0.100769
```

Abb. 19.47 Ausgabe des Drehmoments bei harmonischer Rechnung

Die Stabströme sind aufgrund der niedrigen Spannung und der schlechten, lediglich modellhaften Auslegung des Motors sehr gering. Von Stab zu Stab sind die örtlich versetzten Induktionen erkennbar.

```
Ispul11.lis - Editor
Datei  Bearbeiten  Format  Ansicht  ?
 Schritt Zeit Winkel Drehzahl Spulen-/Stabstrom in Spule/Stab 1 2 3 4 5 6 7 8 9
---------------------------------------------------------------------------
 Realteil
  0.00000      0.00000        0.00000   0.00000   -40.5170    7.68761    52.1517    89.9712    105.422    101.901    78.5647
 Imaginaerteil
  0.00000      0.00000        0.00000   0.00000   101.095     106.530    92.8579    58.9027    19.6046    -31.2100   -71.5854
 Realteil
  1.00000      0.166667E-02   0.00000   0.00000   -86.0757    -47.3177   -2.10536   47.6520    80.8414    103.553    103.876
 Imaginaerteil
  1.00000      0.166667E-02   0.00000   0.00000   71.3417     102.663    114.325    103.567    75.6879    26.7841    -23.2789
 Realteil
  2.00000      0.333333E-02   0.00000   0.00000   -107.572    -88.0387   -53.8981   -5.60241   36.0622    78.1316    101.232
 Imaginaerteil
  2.00000      0.333333E-02   0.00000   0.00000   16.1528     61.0506    92.9415    108.673    102.136    73.1402    32.1539
 Realteil
  3.00000      0.500000E-02   0.00000   0.00000   -105.314    -113.357   -100.995   -66.7643   -25.8375   28.2511    72.1712
 Imaginaerteil
  3.00000      0.500000E-02   0.00000   0.00000   -37.7486    12.1768    57.5170    95.1575    109.524    103.870    78.1629
 Realteil
  4.00000      0.666667E-02   0.00000   0.00000   -71.5239    -102.959   -114.676   -103.907   -75.9598   -26.9116   23.2999
 Imaginaerteil
  4.00000      0.666667E-02   0.00000   0.00000   -85.1266    -45.7805   -0.270988  49.4247    82.2458    104.223    103.742
 Realteil
  5.00000      0.833333E-02   0.00000   0.00000   -14.2422    -57.9488   -89.2345   -105.087   -99.2941   -71.7777   -32.4200
 Imaginaerteil
  5.00000      0.833333E-02   0.00000   0.00000   -106.349    -86.0430   -51.5111   -3.28666   37.9086    79.0174    101.084
```

Abb. 19.48 Ausgabe der Stabströme bei harmonischer Rechnung

Die tabellarischen Ergebnisse werden durch die grafischen Ausgaben bestätigt. Der Stator ist durchflutet und erzeugt statorseitig ein magnetisches Feld, das sich über das Statorjoch verteilt. Rotorseitig tritt ein Rotorstrom und Stromverdrängung auf, wodurch das magnetische Feld in Richtung Luftspalt verdrängt wird. Aufgrund der Auslegung des Motors erfolgt nur eine geringe Rückwirkung.

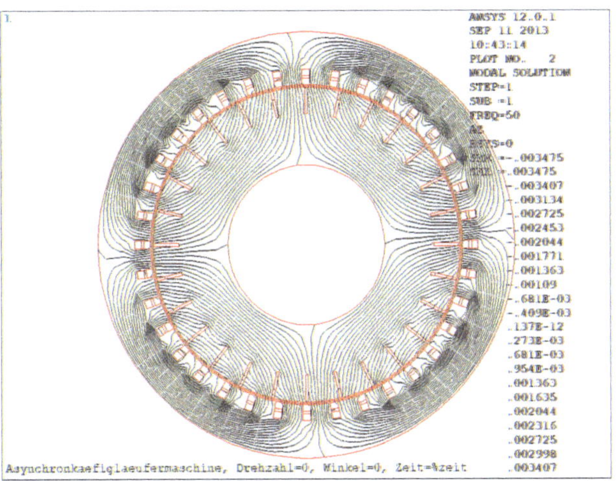

Abb. 19.49 Feldbild der harmonischen Rechnung für 50 Hz bei leitfähigem Rotor

Durch den geringen Statorstrom in Verbindung mit der Rückwirkung ist die magnetische Flußdichte insgesamt sehr gering.

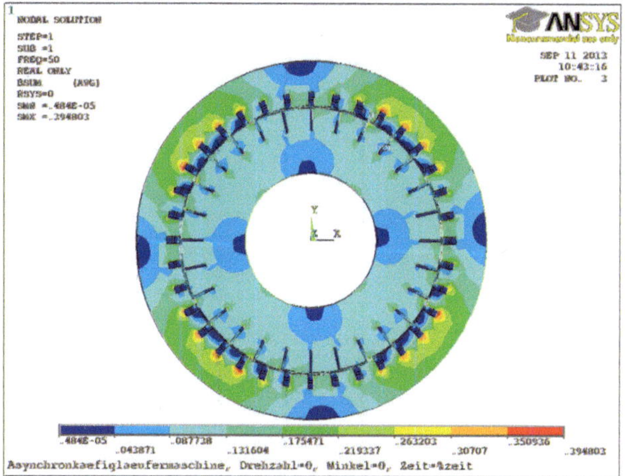

Abb. 19.50 Verteilung der magnetischen Flußdichte bei harmonischer Rechnung für 50 Hz bei leitfähigem Rotor

Die Stromdichteausgabe bestätigt die Induktionen von Strömen im Rotor und die Stromverdrängung.

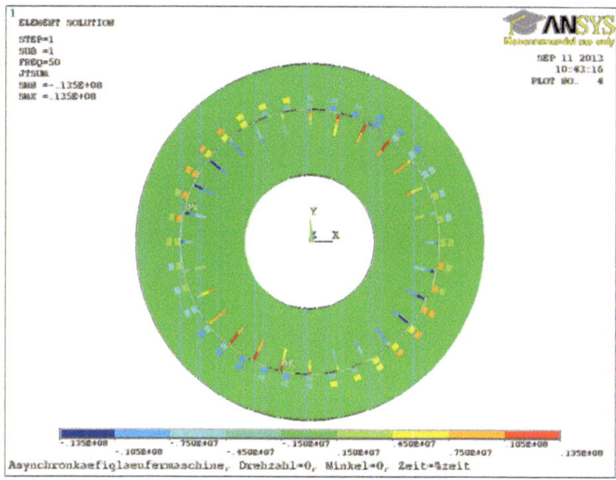

Abb. 19.51 Stromdichteverteilung der harmonischen Rechnung für 50 Hz bei leitfähigem Rotor

Die magnetische Feldstärke in Luftspaltmitte wird durch die Rückwirkung des Rotors zwar gegenüber der Darstellung bei statischer Rechnung geändert, die Rückwirkung ist insgesamt jedoch sehr gering.

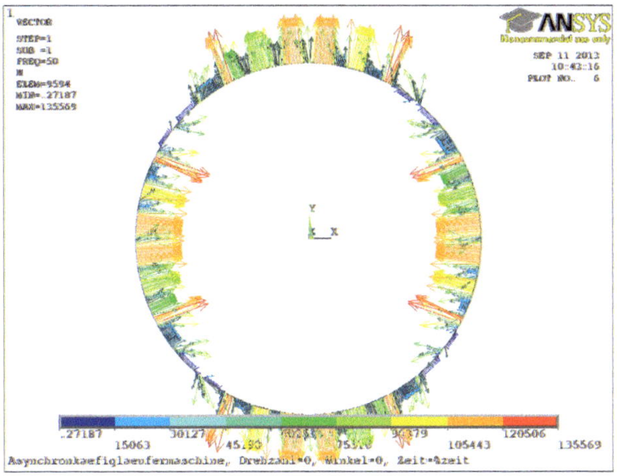

Abb. 19.52 Vektorielle Darstellung der magnetischen Feldstärke bei harmonischer Rechnung

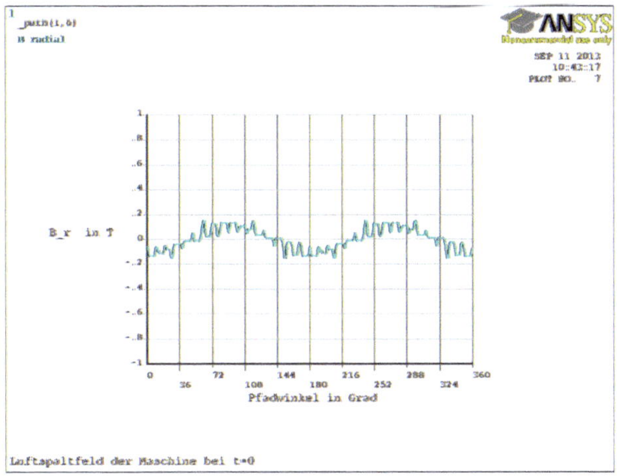

Abb. 19.53 Luftspaltfeld in Luftspaltmitte bei harmonischer Rechnung

Dies bestätigt auch die Luftspaltfelddarstellung in Luftspaltmitte. Die Einflüsse der Rückwirkung des Rotors sind gering, aber vorhanden.

Neben der Stillstandsrechnung mit leitfähigem Rotor kann die harmonische Rechnung auch für stromlosen Rotor erfolgen. Hierzu sind die Eingabedaten geringfügig zu ändern. Die Eingabedaten dieser Rechnung sind in der Datei „asmk_rechnung_harmonisch_2.txt" enthalten. Gegenüber der ersten harmonischen Rechnung wird lediglich das aufgerufene Rechenskript in asmk_loes4.txt geändert, um über die Änderung der realen Konstante den Rotor hochohmig zu gestalten.

```
/prep7
asmk_kaefig_geometrie.txt

ausgabe=112
luftskal=1
fft=0
asmk_aus.txt

winkela=0
drehzahl=0
zeita=0
U1=100
jsteps=12
ndreh=1
fronspar=1
asmk_loes4.txt
```

Betrachtet man die Ständerströme bei 100 V Netzspannungsamplitude, so geht der Statorstrom auf eine Amplitude von etwa 0,2 A zurück, da die Rückwirkung des Rotors ausbleibt und der Motor im Leerlauf betrieben wird.

U_I_Stator112.lis - Editor

Datei Bearbeiten Format Ansicht ?

	Schritt	Zeit	Winkel	Drehzahl	U1	I1	U2	I2	U3	I3	Rechenzeit
Realteil	0.00000	0.00000	0.00000	0.00000	100.000	-0.104065E-01	-50.0000	-0.180035	-50.0000	0.190441	4.43044
Imaginaerteil	0.00000	0.00000	0.00000	0.00000	-0.888178E-15	0.214094	86.6025	-0.116042	-86.6025	-0.980518E-01	4.43044
Realteil	1.00000	0.166667E-02	0.00000	0.00000	86.6025	-0.116059	-86.6025	-0.978936E-01	-0.186517E-13	0.213953	4.10283
Imaginaerteil	1.00000	0.166667E-02	0.00000	0.00000	50.0000	0.180207	50.0000	-0.190513	-100.000	0.103052E-01	4.10283
Realteil	2.00000	0.333333E-02	0.00000	0.00000	50.0000	-0.190614	-100.000	0.104779E-01	50.0000	0.180136	4.29002
Imaginaerteil	2.00000	0.333333E-02	0.00000	0.00000	86.6025	0.980345E-01	0.106581E-13	-0.213935	-86.6025	0.115901	4.29002
Realteil	3.00000	0.500000E-02	0.00000	0.00000	0.106581E-13	-0.214094	-86.6025	0.116042	86.6025	0.980518E-01	3.74400
Imaginaerteil	3.00000	0.500000E-02	0.00000	0.00000	100.000	-0.104065E-01	-50.0000	-0.180035	-50.0000	0.190441	3.74400
Realteil	4.00000	0.666667E-02	0.00000	0.00000	-50.0000	-0.180207	-50.0000	0.190513	100.000	-0.103052E-01	4.07162
Imaginaerteil	4.00000	0.666667E-02	0.00000	0.00000	86.6025	-0.116059	-86.6025	-0.978937E-01	-0.230926E-13	0.213953	4.07162
Realteil	5.00000	0.833333E-02	0.00000	0.00000	-86.6025	-0.980345E-01	-0.142109E-13	0.213935	86.6025	-0.115901	4.11842
Imaginaerteil	5.00000	0.833333E-02	0.00000	0.00000	50.0000	-0.190614	-100.000	0.104779E-01	50.0000	0.180136	4.11842

Abb. 19.54 Ergebnisse für Spannungen und Ströme des Stators bei harmonischer Rechnung und stromlosem Rotor

Entsprechend ergibt sich ein nur noch sehr geringes Drehmoment in Abhängigkeit des Zeitpunkts.

Drehmoment112.lis - Editor

Datei Bearbeiten Format Ansicht ?

Schritt	Zeit	Winkel	Drehzahl	M(Maxwell)	M(virtual_work)
0.00000	0.00000	0.00000	0.00000	-0.646371E-05	-0.115705E-04
1.00000	0.166667E-02	0.00000	0.00000	-0.646373E-05	-0.115705E-04
2.00000	0.333333E-02	0.00000	0.00000	-0.646370E-05	-0.115705E-04
3.00000	0.500000E-02	0.00000	0.00000	-0.646369E-05	-0.115705E-04
4.00000	0.666667E-02	0.00000	0.00000	-0.646365E-05	-0.115705E-04
5.00000	0.833333E-02	0.00000	0.00000	-0.646369E-05	-0.115705E-04
6.00000	0.100000E-01	0.00000	0.00000	-0.646372E-05	-0.115705E-04
7.00000	0.116667E-01	0.00000	0.00000	-0.646370E-05	-0.115705E-04
8.00000	0.133333E-01	0.00000	0.00000	-0.646360E-05	-0.115704E-04
9.00000	0.150000E-01	0.00000	0.00000	-0.646365E-05	-0.115705E-04
10.0000	0.166667E-01	0.00000	0.00000	-0.646366E-05	-0.115705E-04
11.0000	0.183333E-01	0.00000	0.00000	-0.646371E-05	-0.115705E-04
12.0000	0.200000E-01	0.00000	0.00000	-0.646363E-05	-0.115704E-04

Abb. 19.55 Ergebnisse für das Drehmoment bei harmonischer Rechnung und stromlosem Rotor

Das Feldlinienbild bestätigt den stromlosen Rotor. Die Feldlinien umschließen rotorseitig die Nuten, da die Nuten stromlos sind.

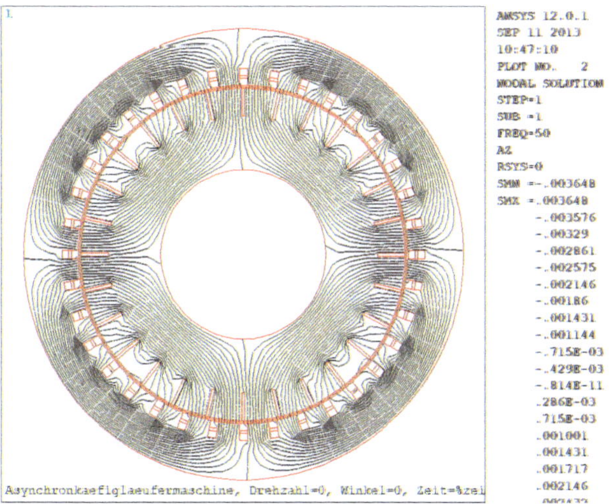

Abb. 19.56 Feldbild der harmonischen Rechnung für 50 Hz bei nicht leitfähigem Rotor

Die magnetische Flußdichte geht entsprechend weiter zurück und bleibt mit maximal 0,5 Tesla an den Ecken weit unter einem Tesla.

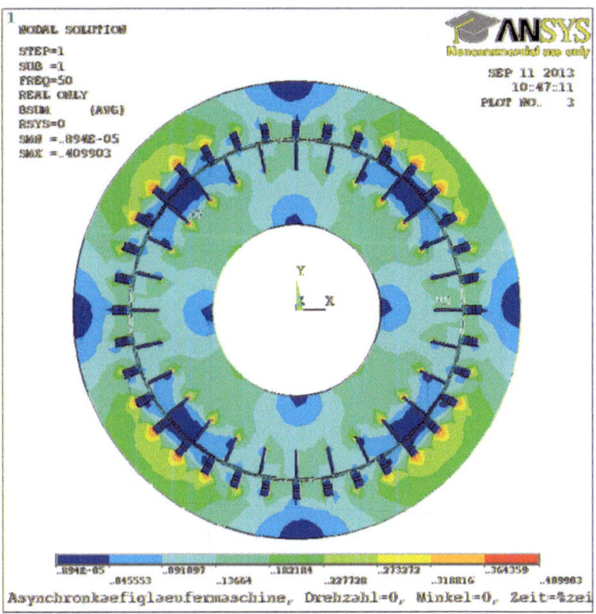

Abb. 19.57 Verteilung der magnetischen Flußdichte bei harmonischer Rechnung für 50 Hz bei nicht leitfähigem Rotor

Die Stromdichtedarstellung bestätigt den stromlosen Rotor und ist vergleichbar mit der statischen Rechnung.

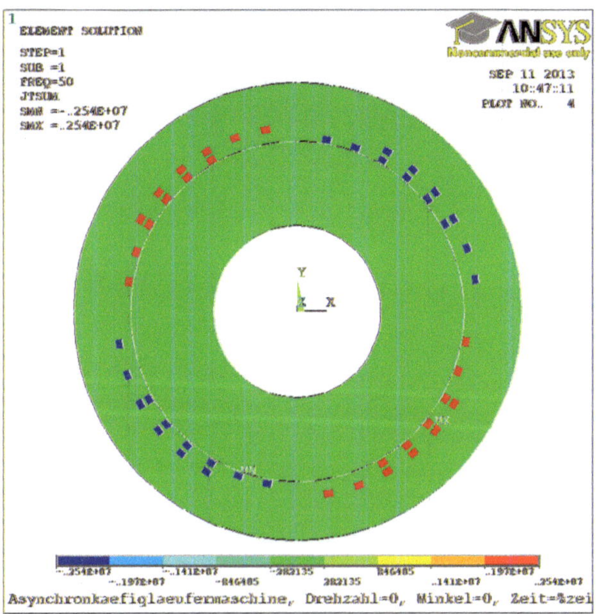

Abb. 19.58 Stromdichteverteilung der harmonischen Rechnung für 50 Hz bei nicht leitfähigem Rotor

Die vektorielle Darstellung der magnetischen Feldstärke gibt das Bild der Felderregerkurve des Stators ohne Rückwirkung in Verbindung mit der Nutung wieder.

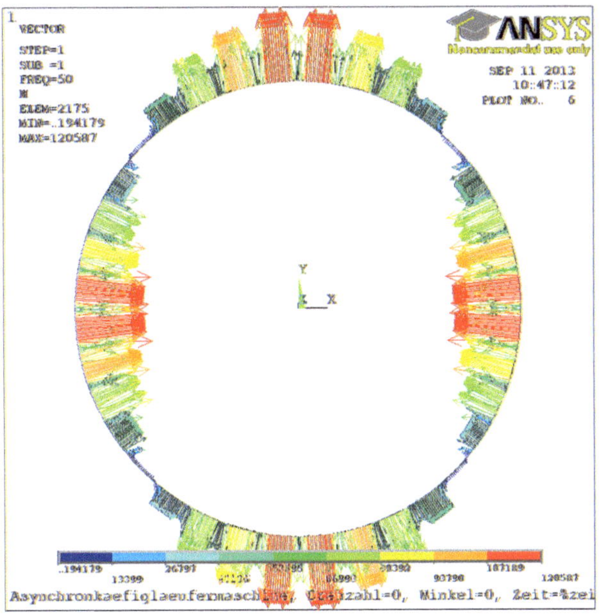

Abb. 19.59 Vektorielle Darstellung der magnetischen Feldstärke bei harmonischer Rechnung für 50 Hz bei nicht leitfähigem Rotor

Die Luftspaltfelddarstellung in Luftspaltmitte zeigt die typische Form einer Felderregerkurve mit Nutungseffekt. Die Amplitude ist bei der gewählten Spannung mit weniger as 0,2 Tesla sehr gering.

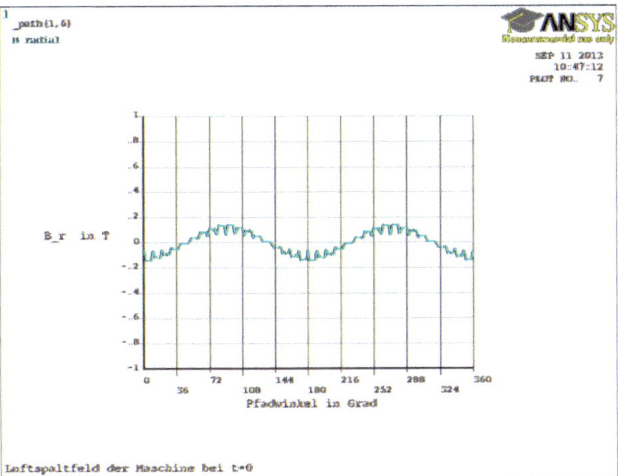

Abb. 19.60 Luftspaltfeld in Luftspaltmitte bei harmonischer Rechnung für 50 Hz bei nicht leitfähigem Rotor

Mit der harmonischen Rechnung wird die Funktionalität des Finite-Elemente-Modells bestätigt. Die Ausgaben bestätigen eine mangelhafte Auslegung des Motormodells, jedoch zeigt die Drehmomentberechnung im Stillstand, dass der Motor mit höherer Ständerspannung einen Hochlauf ausführen kann und mit einem Lastmoment beaufschlagt werden kann. Verwendet wurde für die harmonischen Rechnungen der Sparse-Matrix-Solver, da wie beim Schleifringläufer der Frontal-Solver bei näherer Betrachtung der Ergebnisse numerische Fehler produzierte. Erneut wird darauf hingewiesen, dass Ergebnisse kritisch betrachtet werden müssen und Ergebnisse beider Gleichungssystems-Solver verglichen werden müssen.

19.7 Transiente Rechnung

Die transiente Berechnung der Asynchronmaschine mit Käfigläufer entspricht im Wesentlichen dem Schleifringläufer. Da die Rotorelemente im Lauf nicht manipuliert werden können, entfällt die mögliche Variation eines Vorwiderstandes im Rotor, sowie die Änderung von Parametern der Rotorschaltung.

19.7.1 Hochlauf

Die Hochlaufberechnung wird im Folgenden ab Stillstand, einer mittleren Startdrehzahl im Lauf, dem Synchronismus und als stufiger Hochlauf vorgestellt.

Das Skript zur Durchführung der Hochlaufberechnung befindet sich in der Datei asmk_loes5.txt.

19.7.1.1 Hochlauf aus dem Stillstand

Bei allen Hochläufen wird eine konstante Ständerspannung mit einer Amplitude von 500 V angenommen. Um den Hochlaufprozeß in annähernd kurzer Zeit berechnen zu können, wird mit einer geringen Anzahl von Stützstellen über einer Zeitperiode gerechnet, aufgrund des Zeitschritts von 0,002 s ergeben sich bei einer Frequenz von 50 Hz 10 Stützstellen je Zeitperiode. Nach der initialisierenden Rechnung wird wie bei dem Drehstromtransformator die Spannung sprungförmig eingeschaltet.

Verwendet wurde das Rechnungsskript mit dem Namen „asmk_rechnung_transient_1.txt".

```
/prep7

asm_kaefig_geometrie.txt  ! Skript zum Aufruf der Geometrie

ausgabe=21
luftskal=1
```

```
fft=0
gsm1_aus.txt

winkela=0             ! Rotorstellungswinkel Anfang
drehzahls=0           ! Startdrehzahl
u1=500                ! Ankerspannung
mtstep=.002           ! Zeitschritt
j_traegheit=0.05      ! gesamtes Trägheitsmoment
ML_Lastmoment=0       ! Lastmoment
fronspar=0            ! Wahlparameter frontal/sparse
!!!! 20000 Rechenschritte sind voreingestellt

asm_kaefig_loes8.txt
! Skript fuer transiente Rechnung Hochlauf
```

Zur Anwendung kommt der Frontal-Solver.

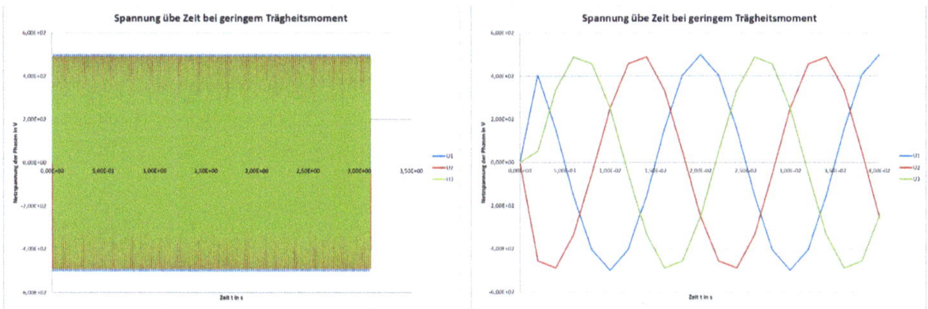

Abb. 19.61 Netzspannung der drei Phasen in Abhängigkeit der Zeit

Die Asynchronschleifringläufermaschine startet bei geringem Trägheitsmoment sehr zügig und erreicht nach etwa 3 Sekunden die Leerlaufdrehzahl von 1500 U/min entsprechend der Polpaarzahl von $p = 2$. Der Einschwingvorgang ist auf eine sehr kurze Zeit beschränkt.

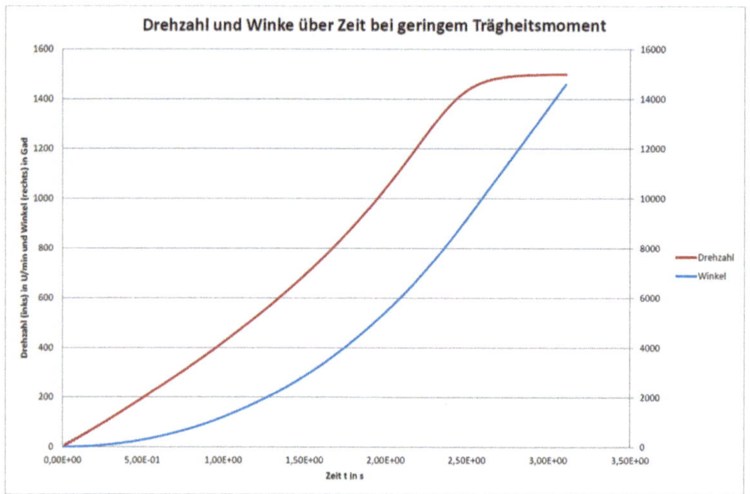

Abb. 19.62 Winkel und Drehzahl in Abhängigkeit der Zeit

Aufgrund der bei dieser Modellparametrierung nur geringen Rückwirkung zwischen Stator und Rotor im Bereich des Stillstandes schwingt sich der Statorstrom in allen drei Phasen erst nach 3 Zeitperioden auf eine Amplitude von 3 A ein. Aufgrund der geringen Anzahl von Stützstellen in einer Zeitperiode kann nur die Grundwelle des Statorstromes, nicht aber der Oberwellengehalt berechnet werden. Der Leerlaufstrom liegt bei einem A.

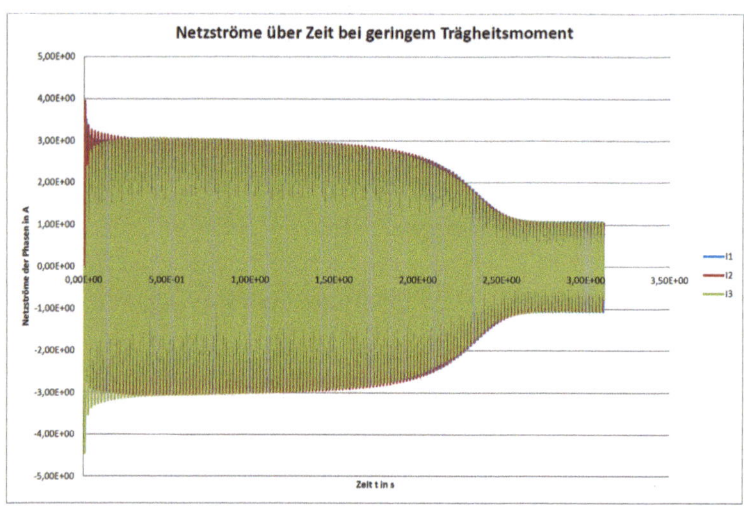

Abb. 19.63 Netzströme der 3 Phasen in Abhängigkeit der Zeit im gesamten Hochlauf

Deutlich ist bei einem Zoom in das Diagramm der Einschwingprozess und die Nichtinterpretierbarkeit von Oberwellen aufrund der wenigen Stützstellen je Zeitperiode erkennbar.

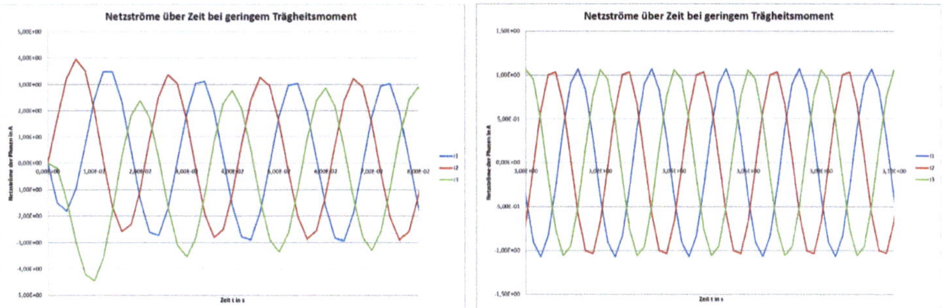

Abb. 19.64 Netzströme der 3 Phasen im Einschwingprozess bei niedriger Drehzahl

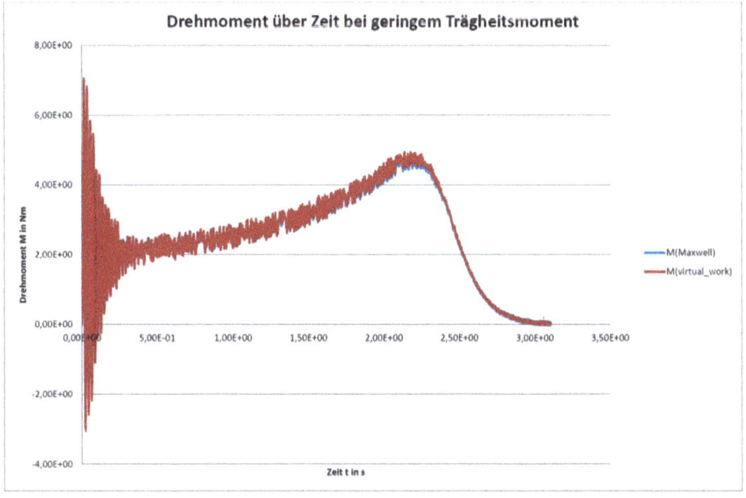

Abb. 19.65 Drehmoment über Zeit bei geringem Drehmoment und wenigen Zeitschritten je Periode

Das Drehmoment im Bereich des Stillstandes schwankt stark, während die Schwankungen bis zum Kippmoment moderat ausfallen. Dieser Effekt wird durch den dynamischen Effekt des Hochlaufes weiter verstärkt. Bei überblicksartiger Mittelwertbildung zeigt sich, dass das Drehmoment vom Stillstandsmoment mit 2 Nm an bis zum größeren Kippmoment von etwa 4,5 Nm ansteigt und danach zum Leerlauf hin auf 0 Nm abnimmt.

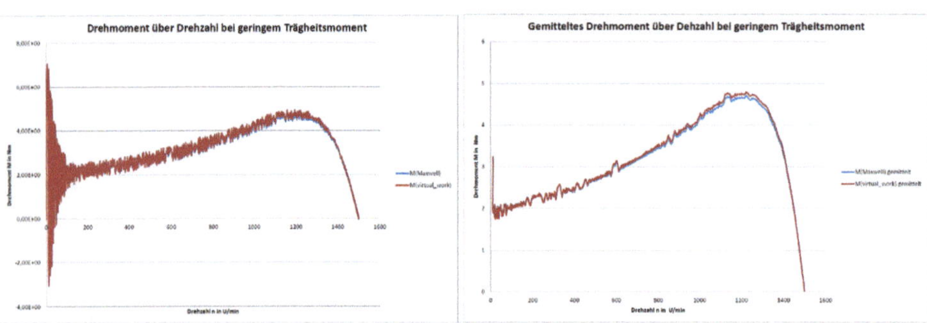

Abb. 19.66 Drehmoment über Drehzahl bei geringem Trägheitsmoment und wenigen Zeitschritten je Periode

Das zeitliche Verhalten kann bei Verwendung von Excel einfach in eine Drehmoment/ Drehzahl-Darstellung gewandelt werden. Der Mittelwert des Anzugsdrehmoments liegt bei ca. 2 Nm, das Kippmoment liegt bei einer Drehzahl von 1250 U/min bei etwa 4,5 Nm. Durch Mittelung über eine Zeitperiode ergibt sich das typische Drehzahldrehmomentverhalten einer sehr kleinen Asynchronmaschine.

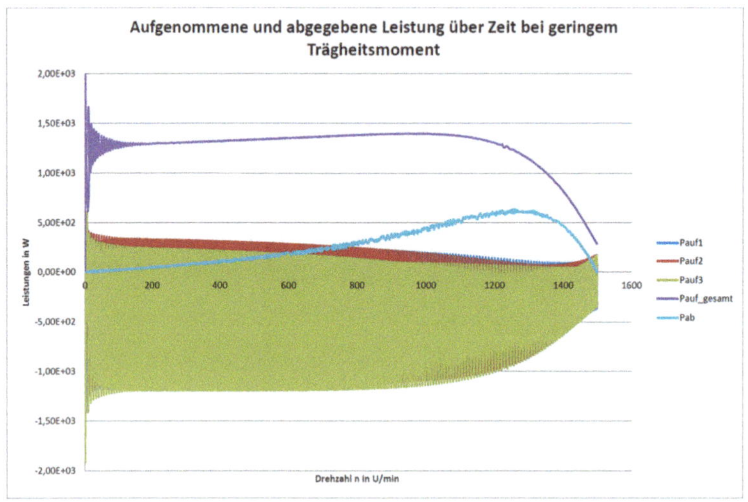

Abb. 19.67 Leistungen P_auf und P_ab über Drehzahl bei geringem Drehmoment und wenigen Zeitschritten je Periode

Bei Nutzung von Excel können aus den Spannungen und Strömen der drei Stränge in Abhängigkeit der Drehzahl die gesamte aufgenommene Leistung und aus dem Produkt von Drehzahl und Drehmoment die abgegebene Leistung ermittelt werden. Aufgrund der Bestimmung des Ständerstromes über der Spannungsquelle ergeben sich Ströme mit Phasenverschiebung von 180 Grad und damit negative aufgenommene Leistungen. Dies wurde in der grafischen Darstellung der Leistungsbetrachtung belassen, die gesamte aufgenommene Leistung jedoch angepasst.

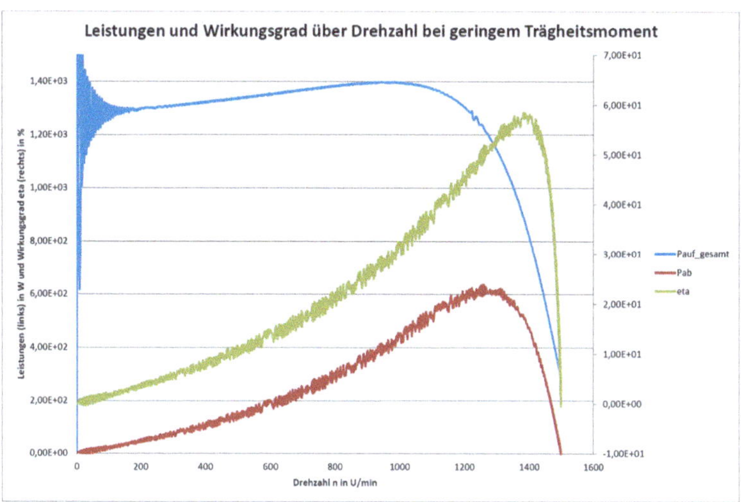

Abb. 19.68 Leistungen P_auf und P_ab Wirkungsgrad über Drehzahl bei geringem Drehmoment und wenigen Zeitschritten je Periode

Es ergibt sich der typische Verlauf der in Richtung Synchronismus abnehmenden aufgenommenen Leistung und der aus dem Stillstand bis zu einem Maximum steigenden und von dort fallenden abgegebenen Leistung. Die aufgenommene Leistung schwankt wesentlich geringer als die abgegebene Drehzahl. Bezieht man die abgegebene auf die gesamte aufgenommene Leistung, so kann zusätzlich der Wirkungsgrad bestimmt werden. Er erreicht im vorliegenden Beispiel bei ca. 1450 U/min einen Wert von etwa 60 % und ist damit sehr gering.

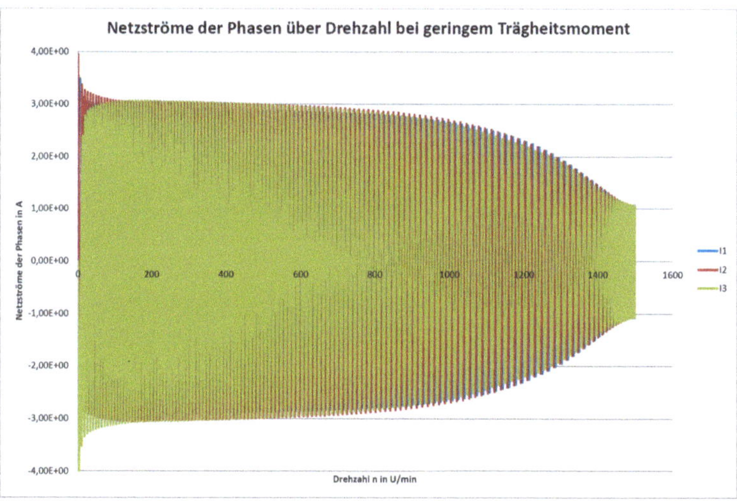

Abb. 19.69 Netzströme der Phasen über Drehzahl bei geringem Drehmoment und wenigen Zeitschritten je Periode

Die Darstellung des Ständerstromes über der Drehzahl zeigt das typische Verhalten des vom Stillstand zum Synchronismus langsam abnehmenden Ständerstromes mit dem Magnetisierungsstrom im Synchronismus. Aufgrund der nicht optimalen Modellierung liegt das Verhältnis zwischen Stillstands- und Leerlaufstrom bei lediglich 3:1.

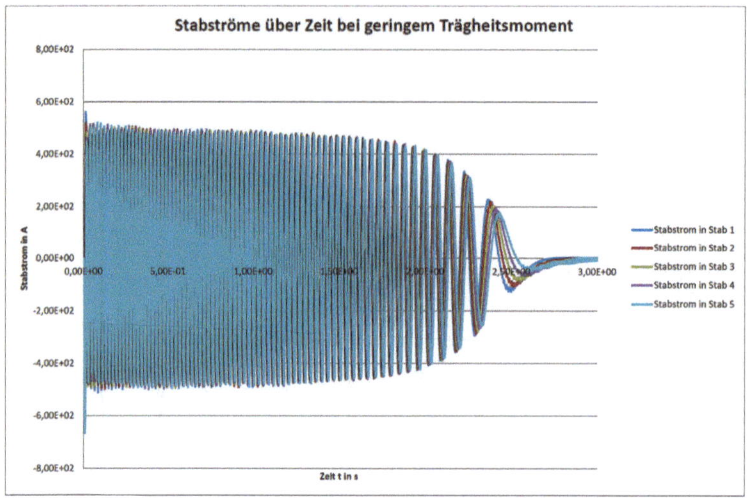

Abb. 19.70 Stabstrom der Stäbe 1 bis 3 über Drehzahl bei geringem Drehmoment und wenigen Zeitschritten je Periode

Die Stabströme (dargestellt wurden die momentanen Stabströme der Stäbe 1 bis 5) liegen im Stillstand bei einer Amplitude von 500 A und gegen zum Synchronismus hin auf 0 zurück. Die Frequenz der Stabströme beträgt im Stillstand 50 Hz und nimmt zum Synchronismus hin auf 0 Hz ab.

Die Auswertung der numerischen Ergebnisse aufgrund der Verschaltung von Stator und Rotor erleichtert die Analyse des Betriebsverhaltens bei transienter Rechnung wesentlich, diese müssen jedoch hinsichtlich der magnetischen Auslegung durch grafische Ausgaben bestätigt werden. Insgesamt werden je gerechnetem Zeitschritt 7 grafische Darstellungen abgespeichert und müssen über das ANSYS-DISPLAY-Programm ausgewählt werden.

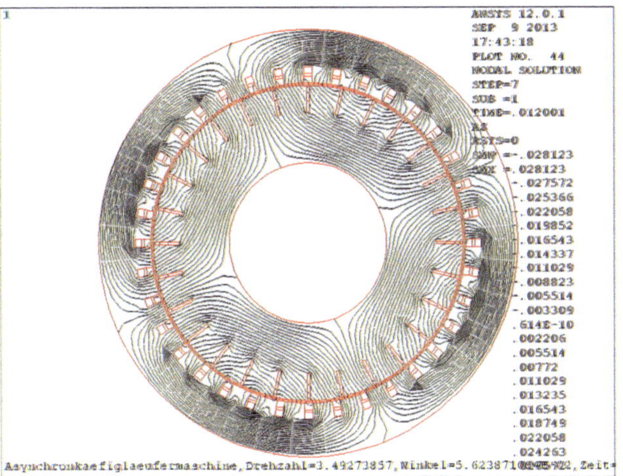

Abb. 19.71 Feldlinienbild nach Anlauf im Stillstand

Im Bereich des Stillstandes ist das Feldlinienbild mit dem Ergebnis der harmonischen Rechnung bei niedrigem Rotorstirnwiderstand, d. h. Stillstand, vergleichbar. Die Rückwirkung des Rotors auf den Stator ist zu klein wie bei der harmonischen Rechnung, der Rotor verdrängt das magnetische Feld im Rotor nur wenig in Richtung Luftspalt.

Dabei erreicht die magnetische Flußdichte maximal ca. 2,8 Tesla im Bereich der Zähne und lediglich an einigen wenigen Stellen Werte von 1,5 Tesla, was jedoch auf Einschnürungseffekte an scharfen Ecken zurückzuführen ist. Die Wahl einer linearen Berechnung mit fester magnetischer Permeabilität ist korrekt.

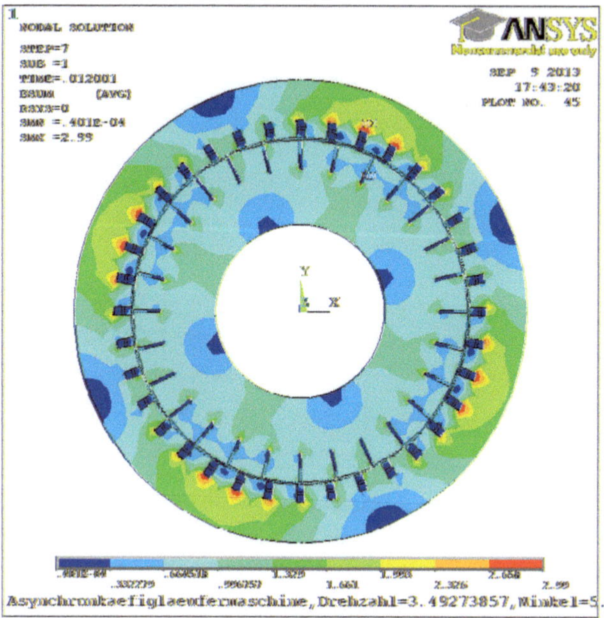

Abb. 19.72 Magnetische Flußdichte bei transienter Rechnung im Stillstand

Die Darstellung der Stromdichte ist vergleichbar mit der harmonischen Rechnung und zeigt die Induktion in den Rotor in Verbindung mit der Stromverdrängung.

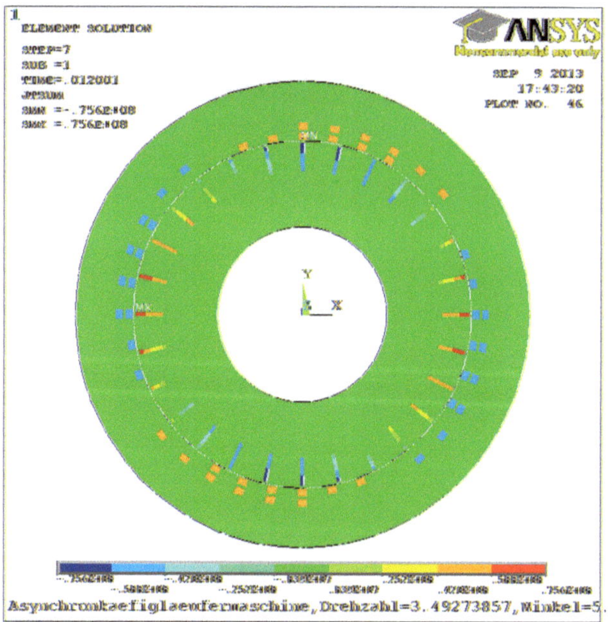

Abb. 19.73 Stromdichteverteilung nach Anlauf im Stillstand

Auch die vektorielle Darstellung der magnetischen Feldstärke in Luftspaltmitte und des Luftspaltfeldes in Luftspaltmitte bestätigen die bekannte Situation des magnetischen Feldes im Stillstandes, dass die Rückwirkung nur sehr gering ist.

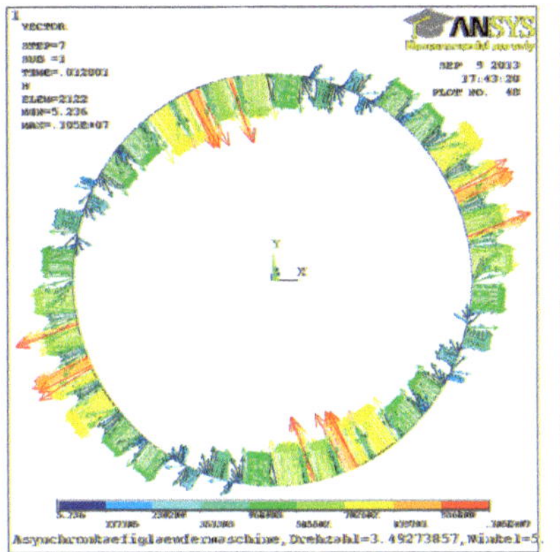

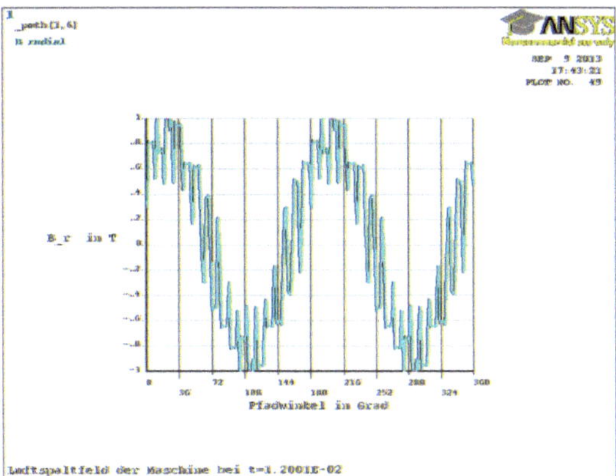

Abb. 19.74 Vektorielle Darstellung der magnetischen Feldstärke (*links*) und des Luftspaltfeldes (*rechts*) in Luftspaltmitte nach Anlauf im Stillstand

Bei einer Drehzahl von 1000 U/min ist die Maschine bereits weit in Richtung Leerlauf vorgedrungen, Ständer- und Rotorstrom haben bereits stark abgenommen. Die Rückwirkung des Rotors auf den Stator ist noch wesentlich geringer als im Stillstand.

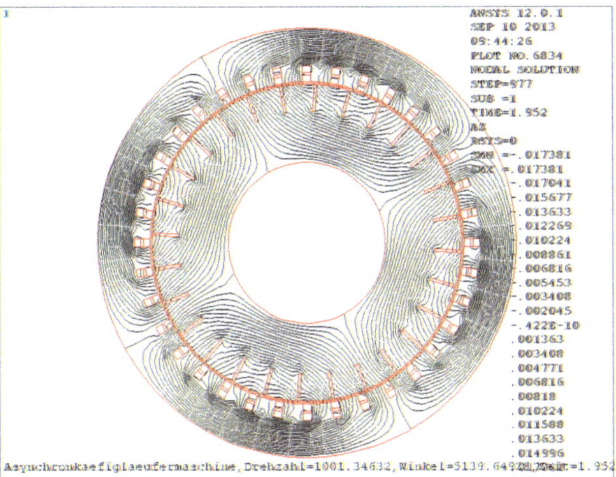

Abb. 19.75 Feldlinienbild bei $n = 1000$ U/min

Das Feldlinienbild zeigt, dass die magnetischen Feldlinien im Rotor sich bereits breitflächig über das Joch im Rotor verteilen.

Die Stromdichtedarstellung bestätigt, dass die Rotorströme bereits zurückgegangen sind und aufgrund der stark gesunkenen Frequenz im Rotor die Stromverdrängung reduziert ist, die Stromdichte hat sich nahezu gleichmäßig über den Stab verteilt.

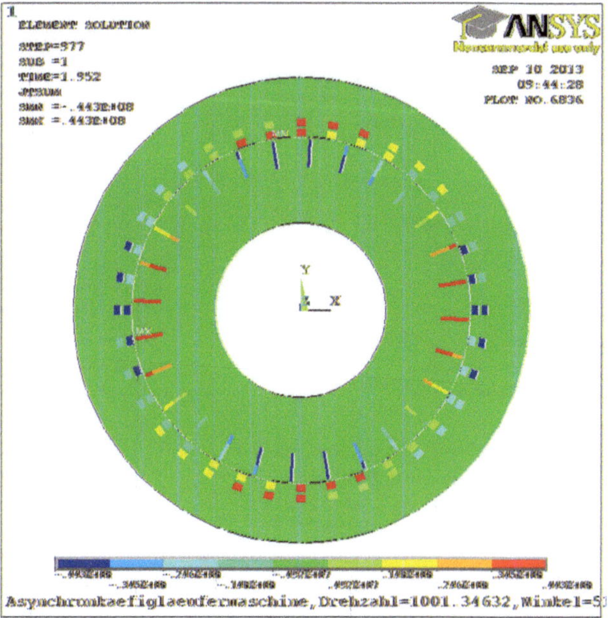

Abb. 19.76 Stromdichteverteilung bei $n = 1000\,\text{U/min}$

Die vektorielle Darstellung der magnetischen Feldstärke, sowie des Luftspaltfeldes, in Luftspaltmitte zeigen, dass die Rotorrückwirkung wesentlich zurückgegangen sind und bereits eine sinusförmige Verteilung des magnetischen Feldes in Luftspaltmitte erkennbar ist. Die vektorielle Darstellung zeigt deutlich noch einige Vektor in nicht ausschließlich radialer Richtung, die zur Drehmomententstehung beitragen.

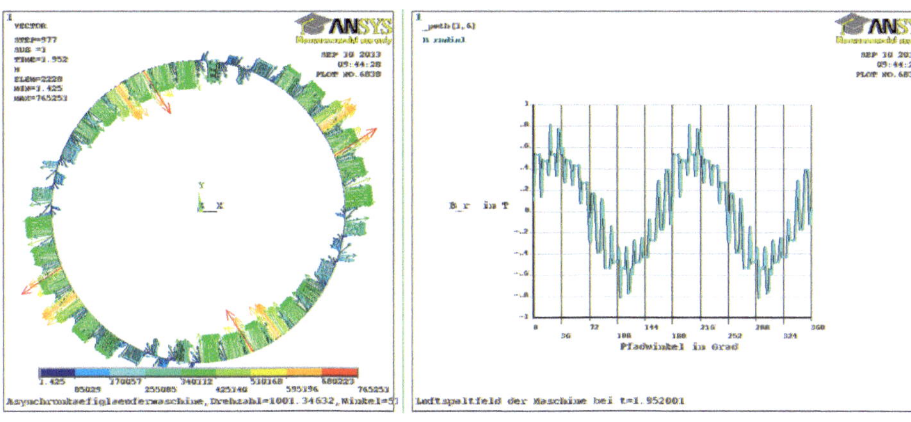

Abb. 19.77 Vektorielle Darstellung der magnetischen Flußdichte (*links*) und des Luftspaltfeldes (*rechts*) in Luftspaltmitte bei $n = 1000$ U/min

Bei einer Drehzahl von 1480 U/min, dies entspricht einer Drehzahl oberhalb des größten Wirkungsgrades, ist der Prozess der Stromabnahme in Stator und Rotor weiter vorangeschritten. Das Feldlinienbild bestätigt, das das magnetische Feld auf der Rotorseite weiter verteilt.

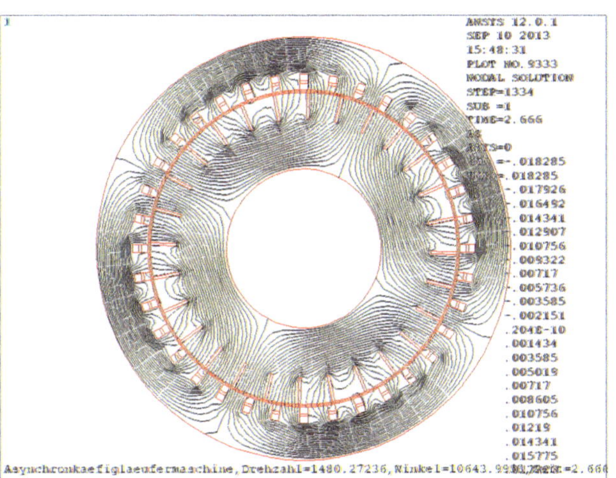

Abb. 19.78 Feldlinienbild bei transienter Rechnung bei $n = 1480$ U/min

Die Stromdichte auf Rotorseite hat gegenüber dem Stator weiter abgenommen und ist gleichmäßig über den Stab verteilt.

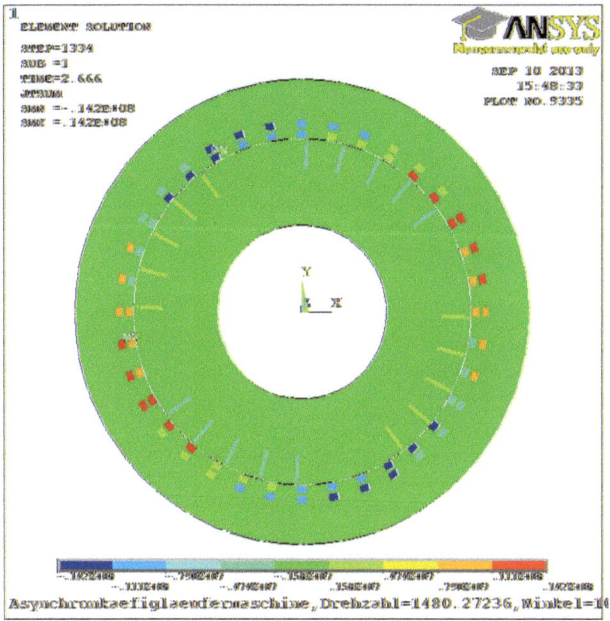

Abb. 19.79 Stromdichte bei transienter Rechnung bei $n = 1480$ U/min

Dadurch ist die Rückwirkung des Rotors auf den Stator weiter zurückgegangen. Die sinusförmige Feldverteilung des Luftspaltfeldes wird noch stärker sichtbar.

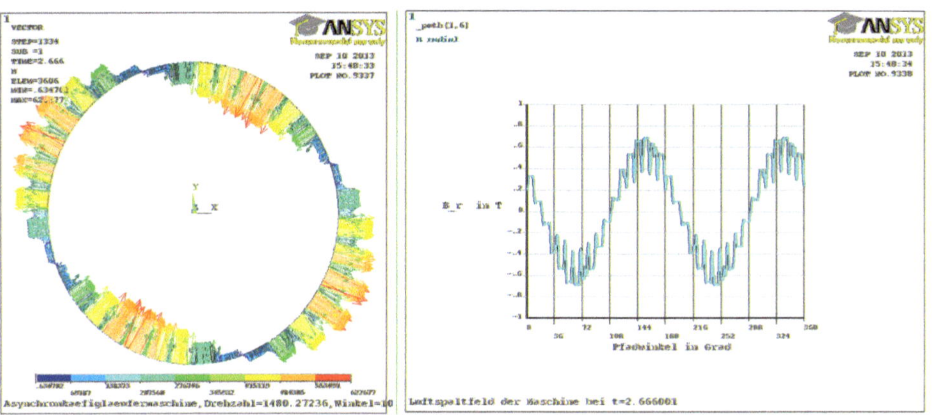

Abb. 19.80 Vektorielle Darstellung der magnetischen Feldstärke und des Luftspaltfeldes in Luftspaltmitte bei transienter Rechnung bei $n = 1480$ U/min

Die Auswertung des Feldlinienbildes bei 1497 U/min, d. h. annähernd Synchronismus, zeigt, dass der nun stromlose Rotor keinerlei Rückwirkung mehr auf das Statorfeld ausübt. Die Feldlinien verteilen sich gleichmäßig über die Joche in Stator und Rotor.

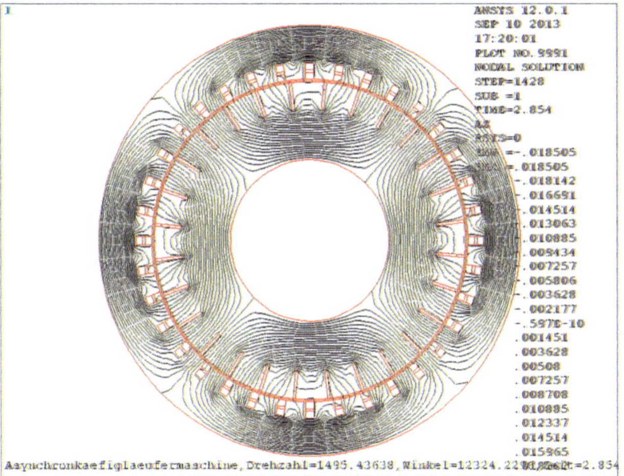

Abb. 19.81 Feldlinien nach abgeschlossenem Hochlauf

Die Darstellung der Stromdichte bestätigt, dass im Synchronismus nur noch der Stator einen wesentlichen Strom führt.

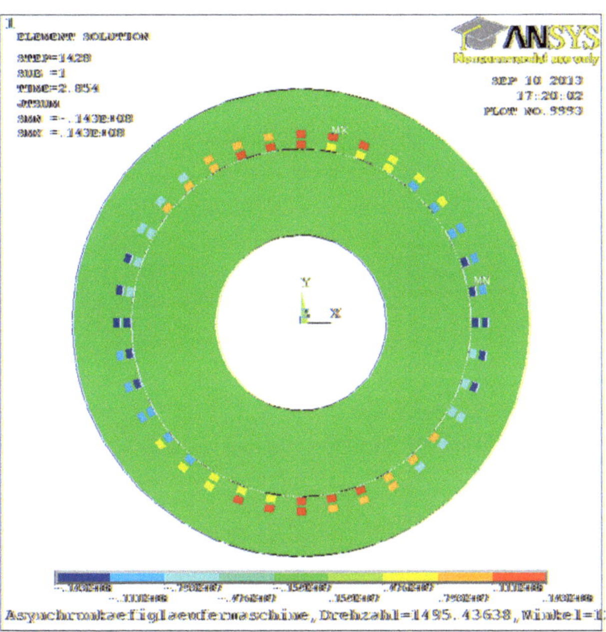

Abb. 19.82 Stromdichteverteilung nach abgeschlossenem Hochlauf

Das Luftspaltfeld weist im Synchronismus keinerlei Rückwirkung des Rotors mehr auf und ist mit der statischen Rechnung bei Speisung des Stators direkt vergleichbar. Die wesentlichen Vektoren der magnetischen Feldstärke in Luftspaltmitte weisen nur noch radiale Richtung auf.

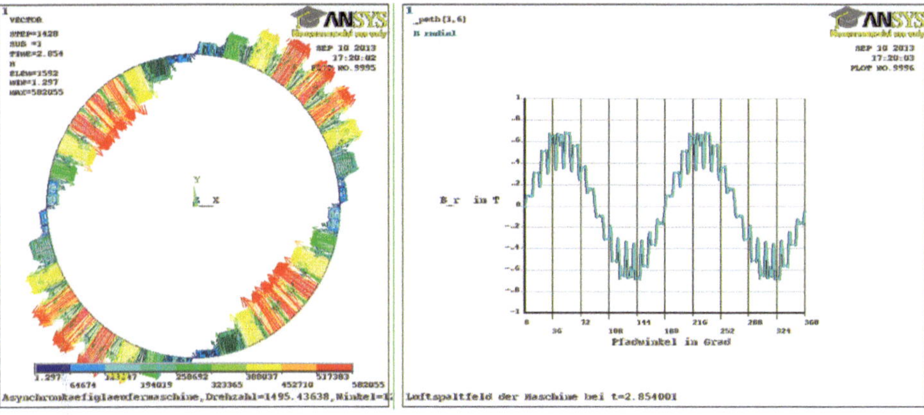

Abb. 19.83 Vektorielle Darstellung der magnetischen Flußdichte (*links*) und des Luftspaltfeldes (*rechts*) in Luftspaltmitte nach abgeschlossenem Hochlauf

Durch diese beispielhafte Modellrechnung einer Asynchronmaschine mit Käfigläufer konnte nachgewiesen werden, dass eine transiente Berechnung zur Bestimmung des Hochlaufverhaltens möglich ist. Die Rechenzeiten sind jedoch bereits bei sehr geringer Stützstellenanzahl erheblich. Für den Hochlauf wurden 1554 Rechenschritte mit je ca. 45 Sekunden Rechenzeit im Mittel benötigt. Bei Verwendung des Frontalsolver steigt die Rechenzeit wesentlich gegenüber dem Sparse-Matrix-Solver an, da die Rechenzeit von der Stellung abhängig ist. Um gezielt Arbeitspunkte zu rechnen, ist daher zu untersuchen, inwieweit mit der Wahl der Startdrehzahl in Verbindung mit einem Lastmoment der Rechenprozess für Arbeitspunktberechnung reduziert werden kann.

19.7.1.2 Hochlauf ab Drehzahl 1000 U/min

Startet man bei ansonsten gleicher Vorgabe der Parameter für den Hochlauf diesen bei 1000 U/min, d. h. lediglich 500 U/min unterhalb des Synchronismus, so ist der Hochlauf bis zum Synchronismus bereits nach etwa einer Sekunde erreicht. Damit kann zur Berechnung wesentlicher Kenngrößen außerhalb des Stillstandes die Rechenzeit bis zu dieser Drehzahl oder Belastung wesentlich reduziert werden oder die Rechengenauigkeit durch Steigerung der Stützstellenanzahl optimiert werden.

Zu ändern sind in der Rechnungsdatei die Parameter Startdrehzahl und Zeitschritt, verwendet wurde zur Beschleunigung der Rechenzeit der SPARSE-Matrix-Solver.

```
drehzahls=1000
mtstep=.002
fronspar=1
```

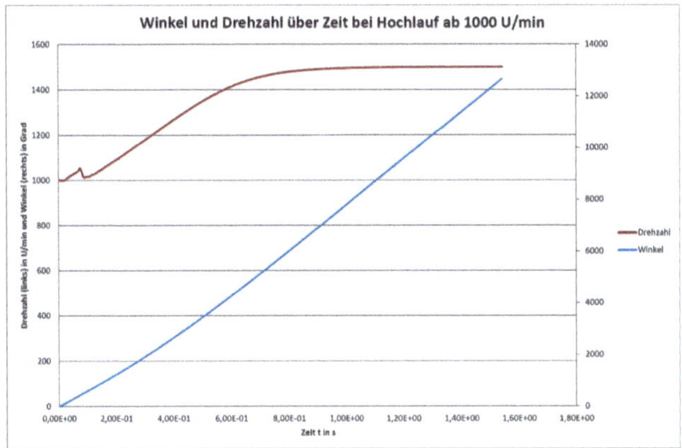

Abb. 19.84 Drehzahl und Winkel in Abhängigkeit der Zeit ab Startdrehzahl 1000 U/min

Aufgrund der Startdrehzahl von 1000 U/min ist die Rückwirkung des Rotors auf den Stator bereits wesentlich geringer. Infolgedessen entstehen wesentlich stärkere Einschwingvorgänge des Ständerstromes, die zudem wesentlich länger andauern. Nach 0,3 Sekunden ist der Einschwingvorgang abgeschlossen. Die Amplitude des Ständerstromes liegt bei etwa 13 A.

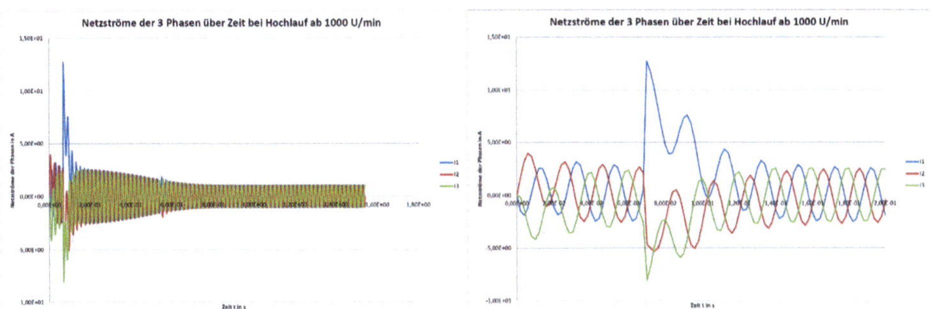

Abb. 19.85 Netzströme der 3 Phasen in Abhängigkeit der Zeit ab Startdrehzahl 1000 U/min

Bei genauerer Betrachtung fällt auf, dass der Einschwingvorgang wesentlich schneller abgeklungen ist, nach einer kurzen Zeit jedoch durch ein nicht auf die Maschine, sondern auf den Rechenprozess zurückzuführendes Event gestört wird. Die Ströme steigen stark an und erleiden einen weiteren heftigen Einschwingprozess. Dies ist anhand der Drehmomentberechnung nähern zu überprüfen und insbesondere zu ermitteln, ob dies auf die Verwendung des SPARSE-Matrix-Solvers zurückzuführen ist und insbesondere, ob die Rechenergebnisse überhaupt verwendbar sind.

Es fällt auf, dass ab der Hälfte der Rechenzeit keine störenden Einflüsse mehr zu verzeichnen sind. Damit sind die störenden Einflüsse abgeklungen und die Ergebnisse interpretierbar.

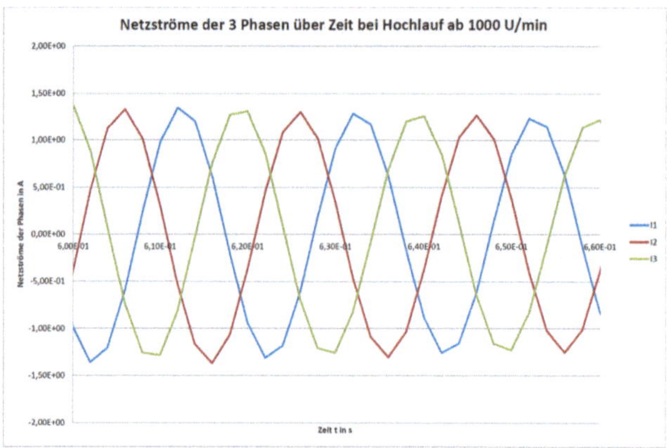

Abb. 19.86 Netzströme in Abhängigkeit der Zeit bei Hochlauf ab 1000 U/min (Drehzahl 1400 U/min)

Der Netzstrom hat bei der Drehzahl von 1400 U/min eine Amplitude von 1,3 A und scheint oberwellenfrei zu sein.

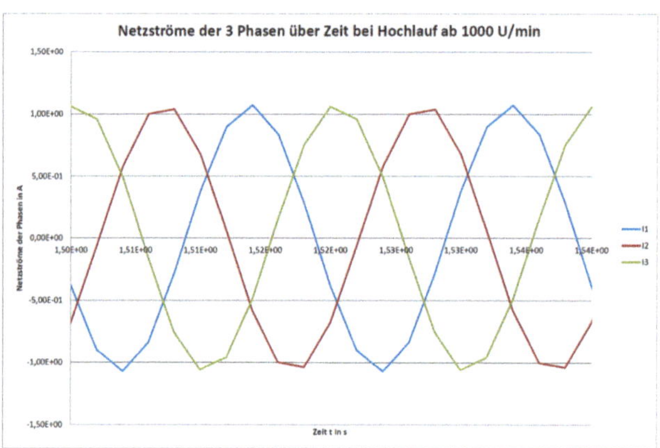

Abb. 19.87 Netzströme in Abhängigkeit der Zeit bei Hochlauf ab 1000 U/min (Drehzahl 1500 U/min)

Der Netzstrom hat bei der Synchrondrehzahl von 1500 U/min eine Amplitude von 1,0 A und scheint ebenfalls oberwellenfrei zu sein.

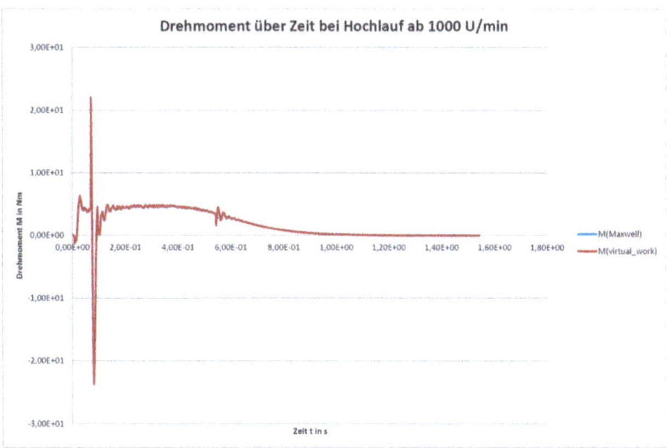

Abb. 19.88 Drehmoment in Abhängigkeit der Zeit bei Hochlauf ab 1000 U/min

Die Analyse des Drehmoments in Abhängigkeit der Zeit zeigt, dass das Drehmoment zu einigen Zeitpunkten sehr stark schwankt. So sind die ersten Rechnungen bis zum Zeitpunkt 0,04 Sekunden offenbar korrekt, da ein positives Drehmoment die Maschine moderat beschleunigt, danach steigt das Drehmoment sehr stark auf Werte von 10 Nm und sinkt umgehend wieder auf Werte von −25 Nm bei einem offenbaren korrekten Wert von ca. 5–6 Nm. Diese Rechenfehler sind auf numerische Probleme bei Verwendung des SPARSE-Matrix-Solvers zurückzuführen. Bei dieser Maschine und Rechnung zwingt die Dynamik der Maschine jedoch zu einem Einschwingprozess ohne übermäßige Beschleunigung. Der beschriebene Effekt tritt moderater erneut bei dem Zeitpunkt 0,6 Sekunden auf. Hätte die numerische Instabilität extrem hohe Drehmomente ergeben, so wäre die Rechnung aufgrund numerischer Probleme aus dem Ruder gelaufen.

Zwingend sind damit die Ergebnisse der Solver intensiv zu überprüfen.

19.7.1.3 Hochlauf ab Drehzahl 1500 U/min

Startet man bei ansonsten gleicher Vorgabe der Parameter für den Hochlauf diesen bei 1500 U/min, d. h. direkt im Synchronismus, so ist der Ausgleichsvorgang im Synchronismus erst nach mehr als 0,07 Sekunden abgeschlossen, obwohl, bereits im Synchronismus der Rechenprozess gestartet wurde. Während dieses Prozesses kommt es zu sehr großen Einschwingvorgängen mit Ständerströmen bis zu 6 A Amplitude und einem kurzen Einbruch der Drehzahl bis zur Drehzahl 1490 U/min und anschließend noch einmal auf 1450 U/min. Damit kann zur Berechnung wesentlicher Kenngrößen außerhalb des Stillstandes die Rechenzeit bis zu dieser Drehzahl oder Belastung die Rechenzeit nicht wesentlich verringert werden. Durch die Verkleinerung des Zeitschritts sind die Oberwellen besser beurteilbar.

Zu ändern sind in der Rechnungsdatei die Parameter Startdrehzahl und Zeitschritt.

```
drehzahls=1500
mtstep=.001
```

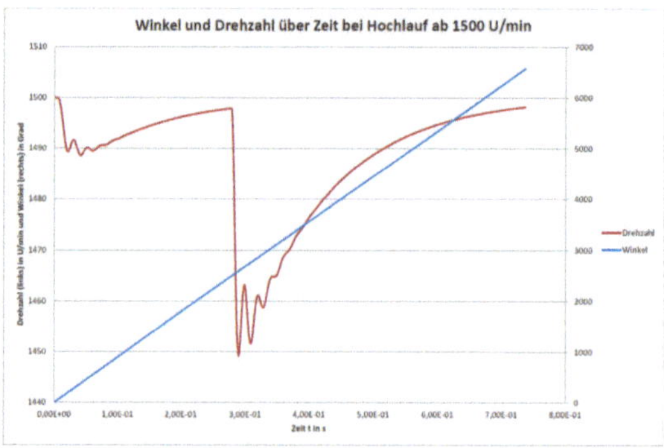

Abb. 19.89 Drehzahl und Winkel in Abhängigkeit der Zeit ab Startdrehzahl 1500 U/min

Der extreme Drehzahleinbruch zum Zeitpunkt von etwa 0,28 Sekunden ist erneut auf eine numerische Instabilität zurückzuführen, die jedoch gegenüber der Rechnung mit Startdrehzahl 1000 U/min gravierendere Auswirkung hat.

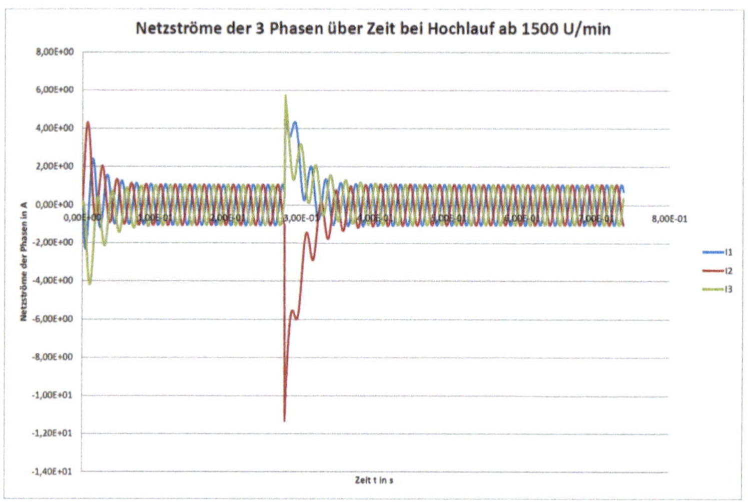

Abb. 19.90 Netzströme der 3 Phasen in Abhängigkeit der Zeit ab Startdrehzahl 1500 U/min

Der Ständerstrom erreicht nach einem heftigen Einschwingprozess sehr schnell nahezu den bekannten Endwert im Synchronismus und wird anschließend zum Zeitpunkt von etwa 0,28 Sekunden sehr heftig gestört.

Erneut muss die Drehmomentausgabe zur Rate gezogen werden, um diesen Einfluss zu bestätigen. Ein diesmal sehr großes Drehmoment von −40 Nm führt zu der extremen Drehzahlabsenkung, die erst langsam wieder korrigiert wird. Die weitere Auswertung dieser Rechnung ist sehr zweifelhaft, eine Rechnung bei Verwendung des Frontal-Solvers sollte hier Aufklärung bringen.

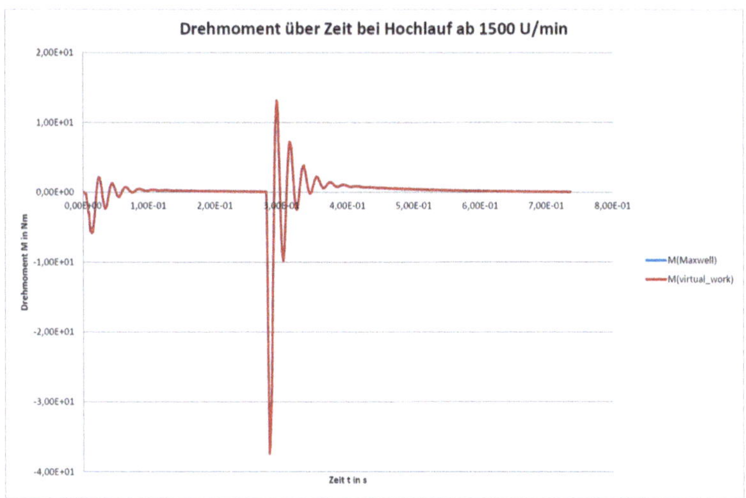

Abb. 19.91 Drehmoment in Abhängigkeit der Zeit bei Hochlauf ab 1500 U/min

Der Netzstrom erreicht nach abgeschlossener Rechnung im Synchronismus dennoch den bekannten Wert von etwa einem A. Aufgrund der größeren Stützstellenanzahl ist nun erkennbar, dass keine Oberwellen im Netzstrom vorhanden sind.

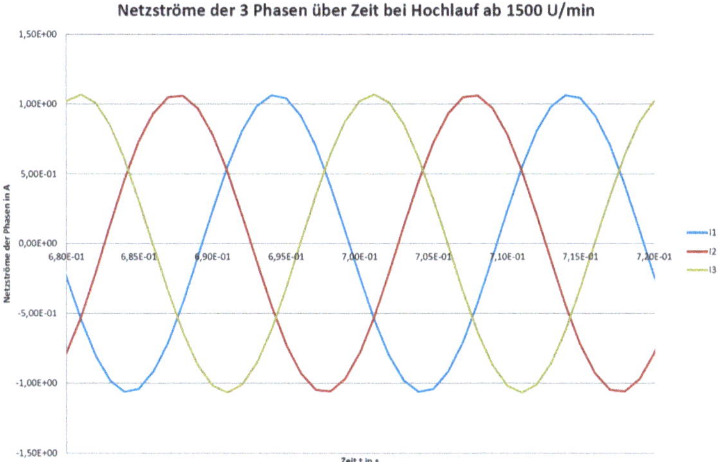

Abb. 19.92 Netzströme in Abhängigkeit der Zeit bei Hochlauf ab 1500 U/min (Drehzahl 1500 U/min)

Insgesamt zeigt sich, dass aufgrund der zu geringen Rückwirkung des Rotors eine Startdrehzahl im Synchronismus nicht sinnvoll erscheint. Die Drehzahl fällt vom Synchronismus zunächst stark ab, da der Ständerstrom erst aufgebaut werden muss und eine

Rückwirkung im Rotor hervorgerufen werden muss. Sinnvoller erscheint die Wahl einer Startdrehzahl außerhalb des Synchronismus.

Zur Berechnung bei bestimmten Last ist die Startdrehzahl im Motorbetrieb unterhalb des Synchronismus zu wählen und ein Lastmoment aufzuschalten.

19.7.2 Belastung

Im Folgenden werden zwei Belastungsrechnungen vorgestellt, wobei ab einer Startdrehzahl von 1480 U/min eine Belastung von 2 Nm und in einer zweiten Rechnung eine Belastung von 3 Nm aufgeschaltet wird. Zur Anwendung kommt erneut der Sparse-Matrix-Solver.

19.7.2.1 Belastung ab 1480 U/min mit 2 Nm

Zur Berechnung der Belastung mit 5 Nm werden folgende Parameter in der Parametrierung der Rechnung geändert.

```
drehzahls=1480
mtstep=.001
ML_Lastmoment=2
```

Der Zeitschritt wurde auf 0,001 Sekunden belassen, da keine weiteren Oberwellen durch die Belastung erwartet werden.

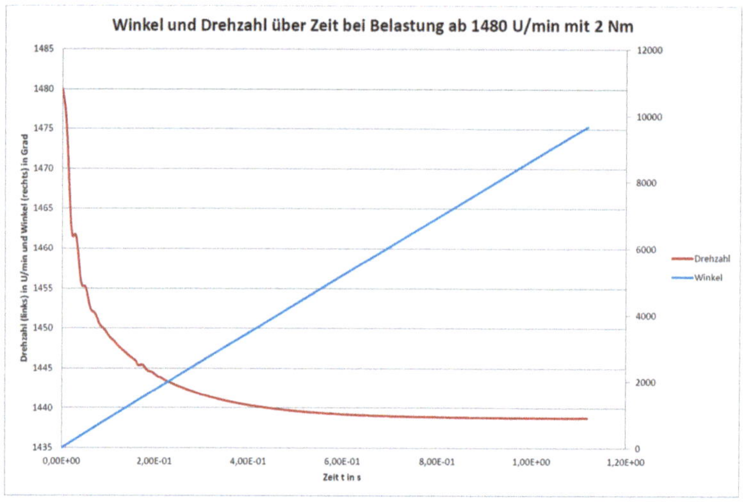

Abb. 19.93 Winkel und Drehzahl in Abhängigkeit der Zeit bei Belastung ab 1480 U/min mit 2 Nm

Der Rechenprozess ist in der Modellzeit nach etwa 1,2 Sekunden abgeschlossen. Nach einem heftigen, aber nur 0,1 Sekunden dauernden Einschwingprozess, bei dem die Drehzahl von 1480 U/min auf 1440 U/min abnimmt, erreicht die Maschine bei etwa 1438 U/min die zu 2 Nm gehörige Lastdrehzahl.

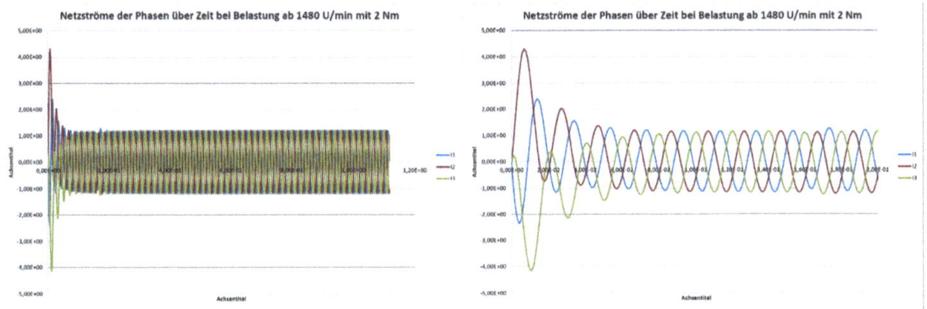

Abb. 19.94 Netzströme der Phasen in Abhängigkeit der Zeit bei Belastung ab 1480 U/min mit 2 Nm

Die Amplitude des Netzstromes erreicht kurzzeitig 4 A. Ab der Modellzeit 0,1 Sekunden nimmt der Netzstrom langsam bis auf eine Amplitude von etwa 1,2 A ab.

Bei genauerer Betrachtung ist erneut eine numerische Instabilität im Stromverlauf erkennbar, die jedoch kaum Auswirkungen auf die Rechnung hatte.

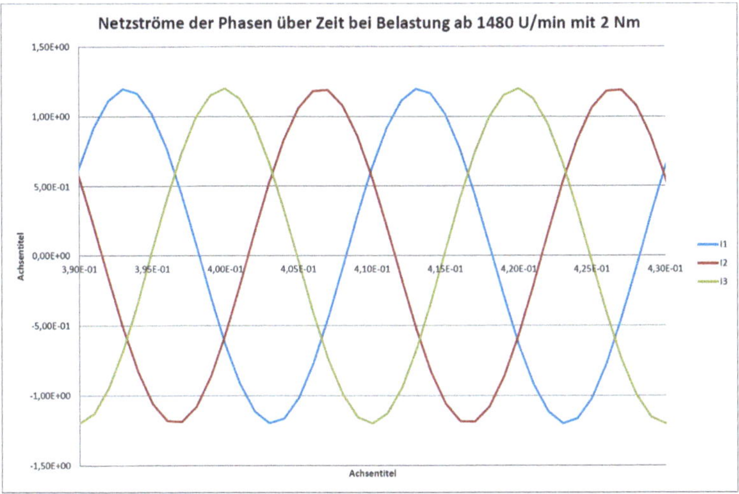

Abb. 19.95 Netzströme der Phasen in Abhängigkeit der Zeit bei Belastung ab 1480 U/min mit 2 Nm bei Drehzahl 1440 U/min

Bei Erreichung des Lastmoments weist der Netzstrom keine Oberwellen auf, die Stützstellenanzahl muss für eine exaktere Auswertung der Statorströme nicht gesteigert werden.

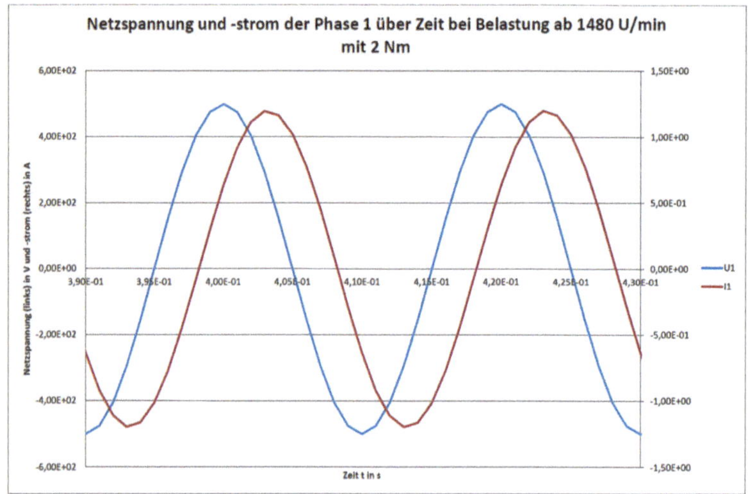

Abb. 19.96 Netzspannung und Strom der Phase 1 in Abhängigkeit der Zeit bei Belastung ab 1480 U/min mit 2 Nm bei Drehzahl 1440 U/min

Trägt man Ständerspannung und Netzstrom einer Phase über der Zeit auf, kann der Lastwinkel cos φ ermittelt werden. Aufgrund der Bestimmung von Spannung und Strom über der Spannungsquelle, ist die Phasenlage des Stromes um 180 Grad durch Invertierung zu korrigieren.

Die Darstellung des Drehmoments über der Zeit zeigt die Vorgehensweise im Prozess der Belastung. Ab der Startdrehzahl 1480 U/min führt ein großes negatives Drehmoment dazu, dass die Drehzahl zunächst stark abgesenkt werden muss. Nach Reduktion der Drehzahl auf etwa 1440 U/min muss der Drehzahlabsenkungsprozess durch Steigerung des Drehmoments ins Positive abgeschlossen werden. Nach 0,05 Sekunden ist das Drehmoment positiv und beträgt nach Prozessabschluss im Mittel das angestrebte Drehmoment von 2 Nm. Zoomt man das Drehmoment nach abgeschlossenem Belastungsprozess, ist eine Welligkeit des Drehmoments erkennbar, die aufgrund der noch zu geringen Stützstellenanzahl noch nicht sauber genug aufgelöst werden kann. Die Welligkeit des Drehmoments sorgt dafür, dass die Drehzahl um die Zieldrehzahl geringfügig schwankt.

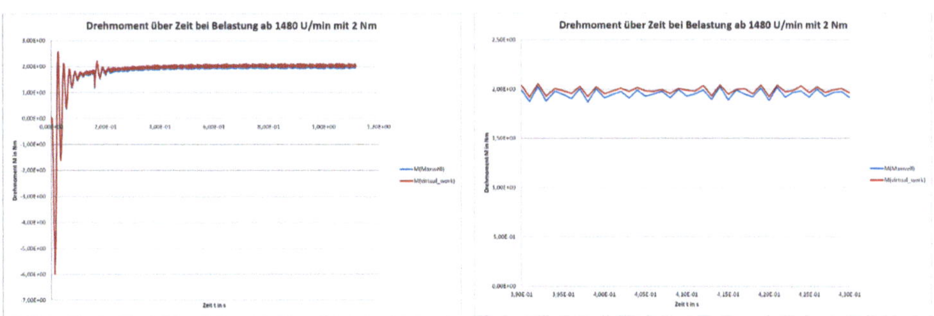

Abb. 19.97 Drehmoment in Abhängigkeit der Zeit bei Belastung ab 1480 U/min mit 2 Nm (*rechts* bei bei Drehzahl 1440 U/min)

Bei genauerer Betrachtung ist erneut eine stärkere Schwankung des Drehmoments als Ergebnis einer numerischen Instabilität erkennbar.

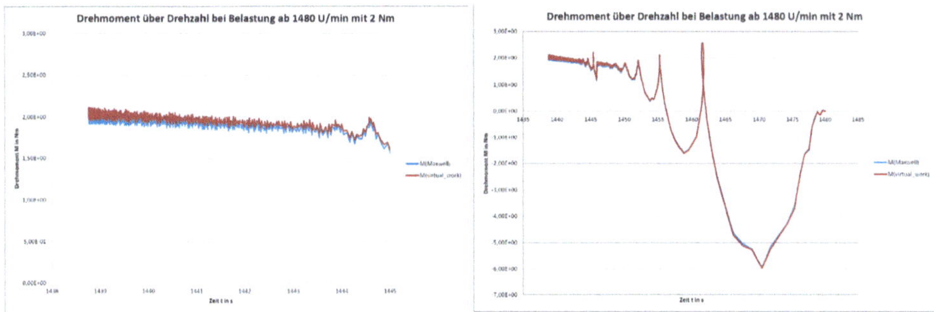

Abb. 19.98 Drehmoment in Abhängigkeit der Drehzahl bei Belastung ab 1480 U/min mit 5 Nm (*rechts* bei Drehzahl 1440 U/min)

Durch Auftragen des Drehmoments über der Drehzahl kann der Ausgeichsprozess näher nachvollzogen werden.

19.7.2.2 Belastung ab 1480 U/min mit 3 Nm

Zur Berechnung der Belastung mit 3 Nm wird die Startdrehzahl bei 1480 U/min belassen und folgende Parameter in der Parametrierung der Rechnung geändert.

```
drehzahls=1480
mtstep=.001
ML_Lastmoment=3
```

Der Rechenprozeß ist in der Modellzeit nach etwa 1,2 Sekunden abgeschlossen. Nach einem heftigen, aber nur 0,06 Sekunden dauernden Einschwingprozeß, bei dem die Drehzahl von 1480 U/min auf 1440 U/min abnimmt, erreicht die Maschine bei etwa 1400 U/min die zu 3 Nm gehörige Lastdrehzahl.

Erneut sind bereits in der Drehzahl/Zeit-Darstellung zwei Störungen erkennbar.

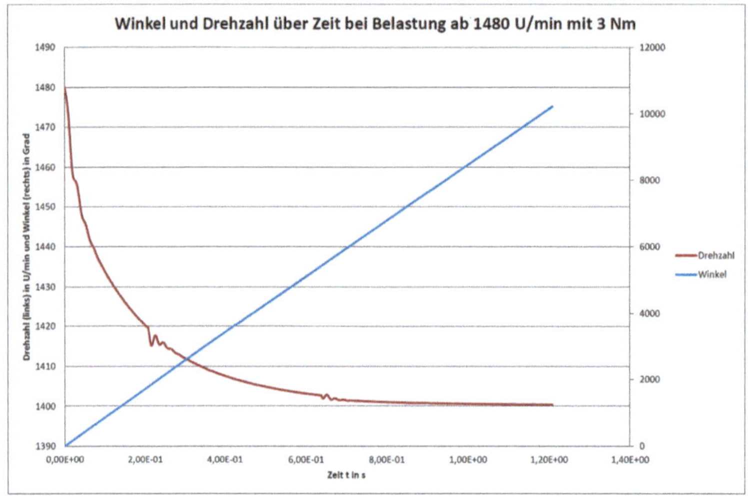

Abb. 19.99 Winkel und Drehzahl in Abhängigkeit der Zeit bei Belastung ab 1480 U/min mit 3 Nm

Die Amplitude des Netzstromes erreicht kurzzeitig 4 A. Ab der Modellzeit 0,1 Sekunden nimmt der Netzstrom langsam auf den Endwert von etwa 1,4 A zu.

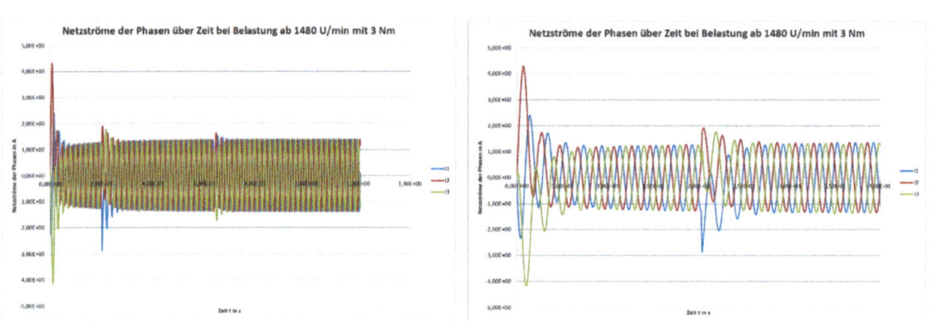

Abb. 19.100 Netzströme der Phasen in Abhängigkeit der Zeit bei Belastung ab 1480 U/min mit 3 Nm

Die Störungen durch numerische Instabilität sind in der Strom/Zeit-Darstellung gut erkennbar, jedoch bei der Zieldrehzahl abgebaut.

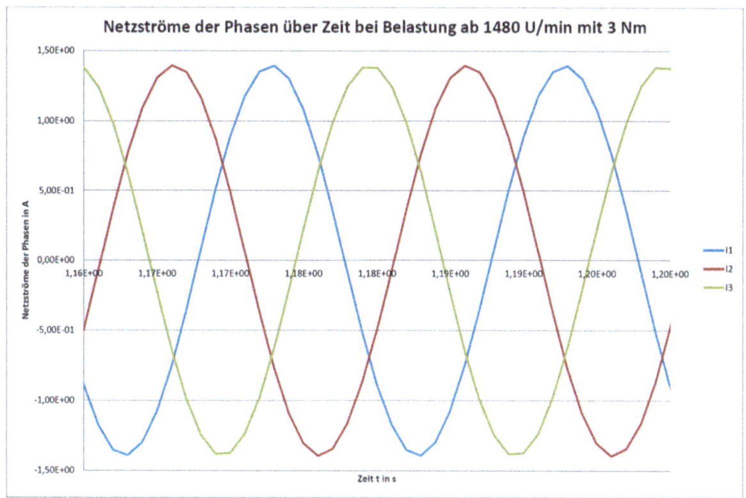

Abb. 19.101 Netzströme der Phasen in Abhängigkeit der Zeit bei Belastung ab 1480 U/min mit 3 Nm bei Drehzahl 1400 U/min

Bei Erreichung des Lastmoments weist der Netzstrom ebenfalls keine Oberwellen auf.

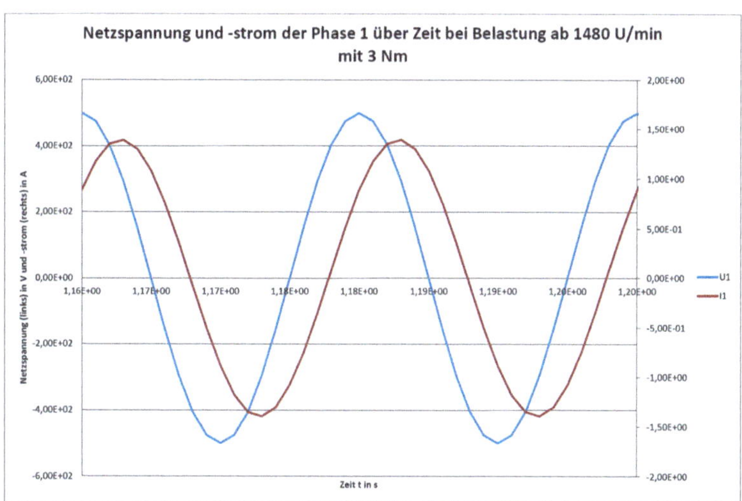

Abb. 19.102 Netzspannung und Strom der Phase 1 in Abhängigkeit der Zeit bei Belastung ab 1480 U/min mit 3 Nm bei Drehzahl 1400 U/min

Trägt man Ständerspannung und Netzstrom einer Phase über der Zeit auf, kann der Lastwinkel cos φ ermittelt werden. Aufgrund der Bestimmung von Spannung und Strom über der Spannungsquelle, ist die Phasenlage des Stromes um 180 Grad durch Invertierung zu korrigieren.

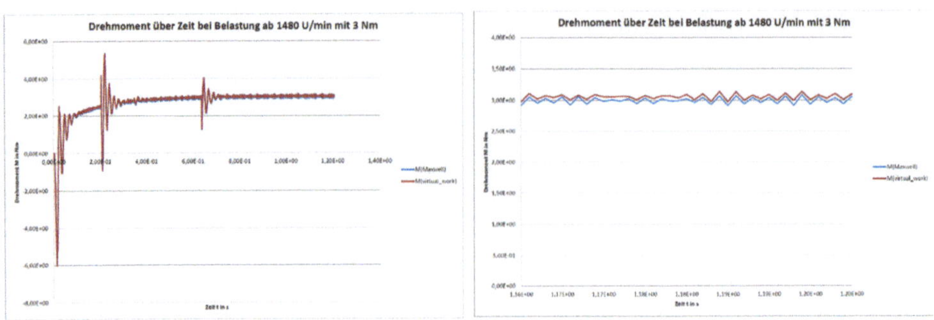

Abb. 19.103 Drehmoment in Abhängigkeit der Zeit bei Belastung ab 1480 U/min mit 3 Nm (*rechts* bei bei Drehzahl 1400 U/min)

Die Darstellung des Drehmoments über der Zeit zeigt die Vorgehensweise im Prozess der Belastung. Ab der Startdrehzahl 1480 U/min führt ein großes negatives Drehmoment dazu, daß die Drehzahl zunächst stark abgesenkt werden muß. Nach Reduktion der Drehzahl auf etwa 1440 U/min muß der Drehzahlabsenkungsprozeß durch Steigerung des Drehmoments ins Positive über das gewünschte Lastmoment von 3 Nm abgeschlossen werden. Nach 0,04 Sekunden ist das Drehmoment positiv und beträgt im Mittel nach Prozeßabschluß das angestrebte Drehmoment von 3 Nm. Zoomt man das Drehmoment nach abgeschlossenem Belastungsprozeß, ist eine Welligkeit des Drehmoments erkennbar, die aufgrund der noch zu geringen Stützstellenanzahl noch nicht sauber genug aufgelöst werden kann. Die Welligkeit des Drehmoments sorgt dafür, daß die Drehzahl um die Zieldrehzahl geringfügig schwankt.

Erneut sind die starken numerischen Störungen im Drehmomentverlauf erkennbar.

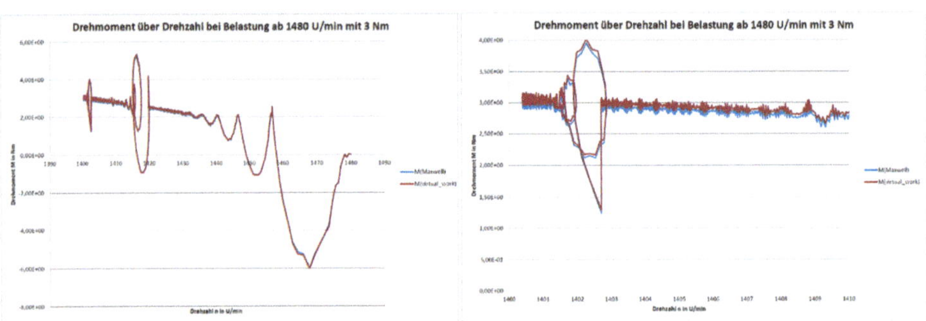

Abb. 19.104 Drehmoment in Abhängigkeit der Drehzahl bei Belastung ab 1480 U/min mit 3 Nm (*rechts* bei Drehzahl 1400 U/min)

Der Prozess kann durch die Drehmoment/Drehzahl-Darstellung näher beurteilt werden.

19.8 Modelländerungen

Bereits beim Aufbau der Stator- und Rotorgeometrie und der beiden Verschaltungen wurde auf die Möglichkeit der Einschichtwicklung, sowie der Netzverschaltung hingewiesen.

19.8.1 Einschichtwicklung statt Zweischichtwicklung

Bei Berücksichtigung der Einschichtwicklung im Stator wird die Isolation zwischen der Ober- und Unterlage der Zweischichtwicklung unter die vorherige Unterlage verschoben und damit Ober- und Unterlagen direkt übereinander platziert. Bei entsprechender Attributierung der Flächen und Änderung der realen Konstanten hinsichtlich der Flächen besteht damit die Möglichkeit diese Flächen gemeinsam als eine einzige Spulenlage zu koppeln.

Der Käfig des Rotors kann nicht geändert werden.

Der Parameter ZWEISCHICHT1 ist entsprechend in 0 zu ändern. Bei Sternschaltung verbleiben die anderen Parameter.

```
*SET,ZWEISCHICHT, 0.000000000000
*SET,STERN1     , 1.000000000000
*SET,VSTERN1    , 0.000000000000
```

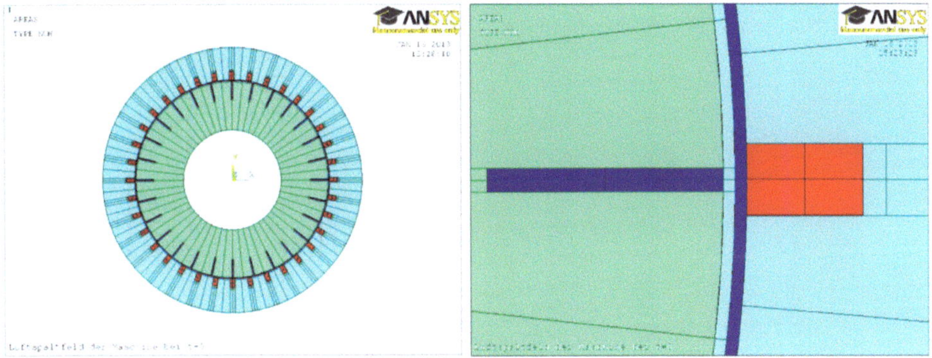

Abb. 19.105 Verändertes Asynchronkäfigläufermodell für Einschichtwicklung

Die Darstellung der Kopplungen zeigt nun, daß nicht stator- und rotorseitig 2 Masterknoten Ober- und Unterlage für die Schaltung zusammenfassen, sondern lediglich jeweils ein Masterknoten Ober- und Unterlagen zusammenfasst.

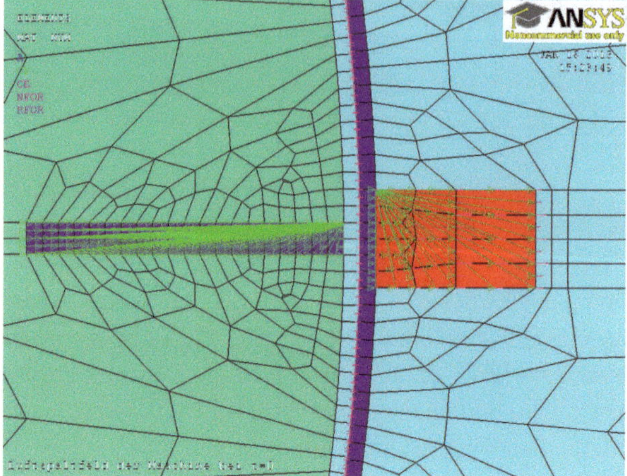

Abb. 19.106 Veränderte Kopplungen bei Einschichtwicklung

Damit ändert sich die Verschaltung der einzelnen Spulen des Stators geringfügig. Statorseitig sind die 2 Polpaare bei einer Nutenzahl je Pol und Phase q von 3 erkennbar, wobei die vermeintlichen Ober- und Unterlagen nun die hin- und rückführenden Spulenseiten in einem Polpaar darstellen.

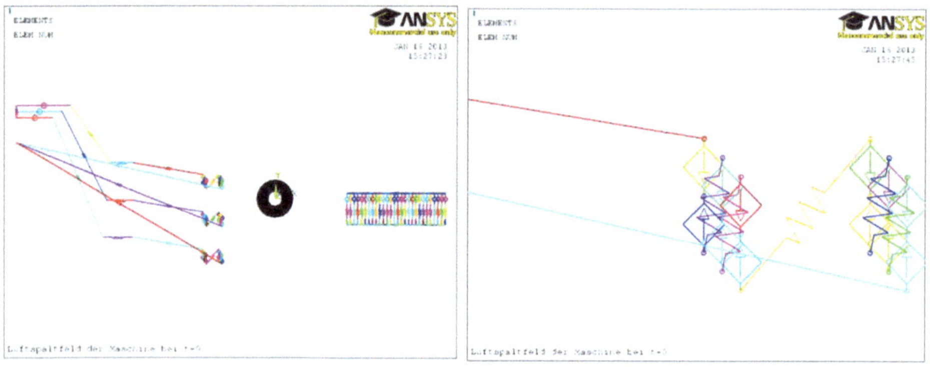

Abb. 19.107 Änderung der Statorschaltung bei Einschichtwicklung

Prinzipiell könnte die Einschichtwicklung auch als Zweischichtwicklung ohne Schrittverkürzung bei Halbierung der Windungszahl in den Spulenlagen berücksichtigt werden.

19.8.2 Dreieckschaltung statt Sternschaltung

Auch die Dreieckschaltung ist gegenüber der Sternschaltung einfach zu berücksichtigen. Hinsichtlich der statorseitigen Spannungsquellen ändert sich nichts. Die Spulenstrangenden werden nicht mit einem wicklungsseitigen Sternpunkt verbunden, sondern jeweils Anfänge und Enden der einzelnen Stränge zu einer Dreieckschaltung verschaltet und die Anfänge der Spulensysteme mit den 3 Strängen der Spannungsquellen verbunden.

Der Parameter ZWEISCHICHT1 verbleibt bei Zweischichtwicklung bei 1. Bei Dreieckschaltung ändert sich der Parameter STERN1 in 0.

```
*SET,ZWEISCHICHT, 0.000000000000
*SET,STERN1     , 0.000000000000
*SET,VSTERN1    , 0.000000000000
```

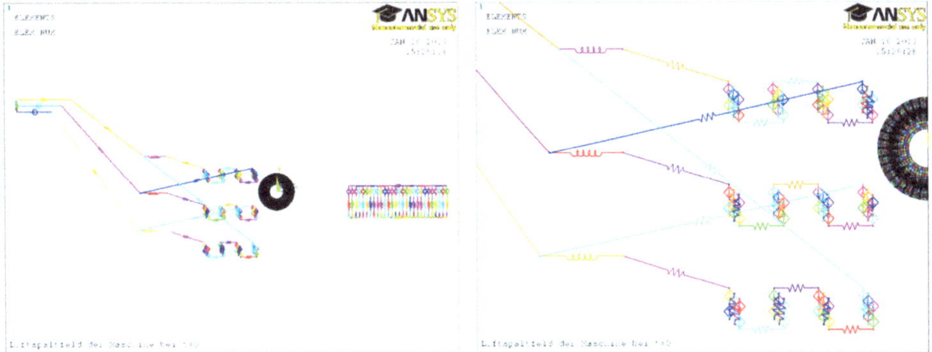

Abb. 19.108 Änderung der Statorschaltung bei Dreieckschaltung und Zweischichtwicklung

Die Ausgabe von Spannungen und Strömen erfolgt nach wie vor bezogen auf die Spannungsquellen als Außenleiterströme.

Sollen Ausgaben für die Strangströme der Wicklungen erfolgen, müssen die Elementnummern der Stirnwiderstände genutzt werden, um für diese Elemente die Elementtabellen auszuwerten, und die Ergebnisse entsprechend in eine Datei ausgegeben werden.

19.8.3 Sternschaltung mit Sternpunktverschaltung statt ohne Verschaltung

Auch eine Sternverbindung zwischen den Sternpunkten von Netz und Wicklung ist durch Einfügen eines niederohmigen Widerstandes zwischen den beiden Sternpunkten möglich.

Der Parameter ZWEISCHICHT1 verbleibt bei Zweischichtwicklung bei 1. Bei verschaltetem Sternpunkt ist der Parameter STERN1 in 1, sowie der Parameter VSTERN1 in 1 zu ändern.

```
*SET,ZWEISCHICHT, 1.000000000000
*SET,STERN1     , 1.000000000000
*SET,VSTERN1    , 1.000000000000
```

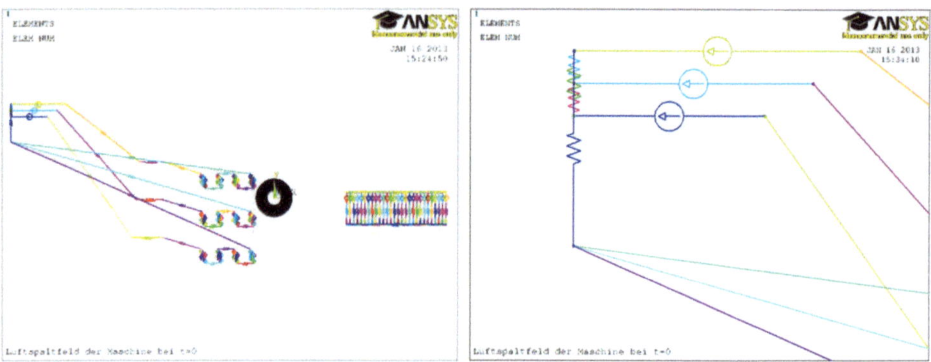

Abb. 19.109 Änderung der Statorverschaltung bei Sternschaltung mit Sternpunktverbindung und Zweischichtwicklung

Damit können Ausgleichsströme über den Nullleiter aufgrund von Unsymmetrien bestimmt werden.

20 Berechnung einer Vollpolsynchronmaschine

Der Aufbau und die Berechnung des Finite-Elemente-Modells von Synchronvollpolläufern unterscheidet sich gegenüber dem Asynchronschleifringläufer lediglich hinsichtlich des Aufbaus des Rotors, sowie der Beschaltung des Rotors.

Die Spulen des Rotors werden in Serie geschaltet und führen einen Gleichstrom.

Die Nutformen von Stator und Rotor werden als weit geöffnete Rechtecknuten berücksichtigt, wobei für den Rotor nicht alle Nuten mit Leitern des Vollpolläufers belegt werden. Nicht gefüllte Nuten können mit Luft oder Eisen, d. h. ohne Fräsung, berücksichtigt werden.

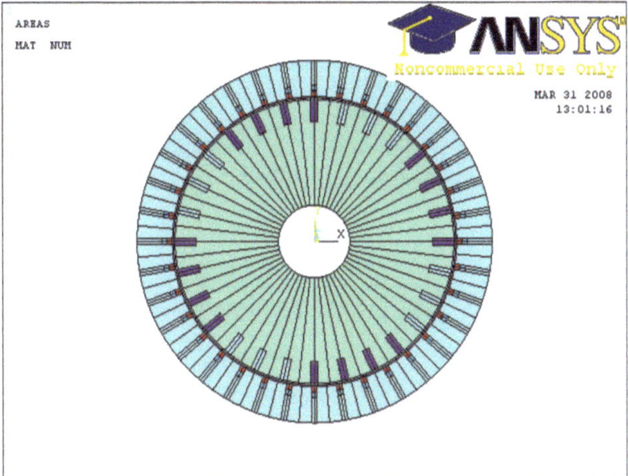

Abb. 20.1 Flächenmodell des Vollpolläufers

B. Aschendorf, *FEM bei elektrischen Antrieben 2*, DOI 10.1007/978-3-658-05250-8_6

20.1 Aufbau des Finite-Element-Modells

Der Aufbau des Finite-Elemente-Modells beginnt mit der Definition der Eingabeparameter.

Abb. 20.2 Definition der Eingabeparameter

Die Eingabedaten des Stators entsprechen bis auf Parametrierung dem bereits vorgestellten Asynchronschleifringläufer.

```
*SET,M              , 3.000000000000
! Strangzahl
*SET,P              , 2.000000000000
! Polpaarzahl
*SET,Q              , 3.000000000000
! Nutenzahl pro Pol und Phase
*SET,EPS            , 2.000000000000
! Schrittverkürzung
*SET,RAUSSEN        , 0.2500000000000
! Außenradius
*SET,DELTA          , 0.8000000000000E-02
! Luftspalt
*SET,JOCHDICKE      , 0.0500000000000
! gesamte Statorjochstärke
*SET,WICKBREITE1, 0.8000000000000E-02
! Nutbreite des Stators
```

```
*SET,WICKHOEHE1 , 0.1500000000000E-01
! Nuthöhe des Rotors
*SET,WICKISOL   , 0.2000000000000E-03
! Isolationshöhe zwischen Ober- und Unterlage
*SET,ZWEISCHICHT, 1.000000000000
! Einschicht(0)- oder Zweischichtwicklung(1)
*SET,JOCHTIEFE  , 0.5000000000000
! Jochtiefe
*SET,NWIN1      , 100.0000000000
! Windungszahl Stator
*SET,FREQ       , 50.00000000000
! Frequenz
*SET,_FREQ      , 50.00000000000
```

Rotorseitig werden nicht Strangzahl, Nutenzahl je Pol und Phase und Schrittverkürzung, sondern direkt die Rotornutenzahl in Verbindung mit der Nutfüllsituation vorgegeben. Die Einschichtwicklung wird vorausgesetzt. Darüber hinaus entspricht die Eingabe dem Schleifringläufer.

```
*SET,Z2         , 28.00000000000
! Rotornutenzahl
*SET,WICKBREITE2, 0.2000000000000E-01
! Nutbreite des Rotors
*SET,WICKHOEHE2 , 0.2000000000000E-01
! Nuthöhe des Rotors
*SET,RINNEN     , 0.5000000000000E-01
! Innenradius des Rotors
*SET,Z2SPUL     , 4.000000000000
! Anzahl leitender Nutfüllung unter einem Pol
*SET,NUTFUELL , 0.000000000000
! Nutfüllung der übrigen Nuten mit Eisen (0=Luft)
*SET,NWIN2      , 10.00000000000
! Windungszahl des Rotors
```

20.2 Generierung des Finite-Elemente-Modells

Der Aufbau des Finite-Elemente-Modells unterscheidet sich statorseitig nicht vom Schleifringläufer, rotorseitig ist der gesamte Aufbau vergleichbar mit dem Käfigläufer, jedoch mit Spulen statt Stäben.

Die Elementtypdefinition ist der Datei vollpol_elemente.txt zu entnehmen.

Abb. 20.3 Elementdefinition

```
/prep7
ET,1,PLANE53
ET,2,PLANE53
ET,3,PLANE53
KEYOPT,3,1,3
KEYOPT,3,2,0
KEYOPT,3,3,0
KEYOPT,3,4,0
KEYOPT,3,5,0
KEYOPT,3,7,0
ET,4,PLANE53
KEYOPT,4,1,3
KEYOPT,4,2,0
KEYOPT,4,3,0
KEYOPT,4,4,0
KEYOPT,4,5,0
KEYOPT,4,7,0
```

Rotorseitig wird der Elementtyp 14 angelegt, jedoch nicht bei der verwendeten Einschichtwicklung im Rotor berücksichtig.

```
ET,11,PLANE53
ET,12,PLANE53
ET,13,PLANE53
KEYOPT,13,1,3
KEYOPT,13,2,0
KEYOPT,13,3,0
KEYOPT,13,4,0
KEYOPT,13,5,0
KEYOPT,13,7,0
ET,14,PLANE53
KEYOPT,14,1,3
KEYOPT,14,2,0
KEYOPT,14,3,0
KEYOPT,14,4,0
KEYOPT,14,5,0
KEYOPT,14,7,0

*If,nwin1,eq,1,then
keyopt,3,1,4
keyopt,4,1,4
*EndIf
*If,nwin2,eq,1,then
keyopt,13,1,4
keyopt,14,1,4
*EndIf
```

Abb. 20.4 Materialdefinition

Auch hinsichtlich der Materialdefinition besteht statorseitige kein Unterschied zum Asynchronschleifringläufer. Hinsichtlich des Rotors ist nur eine Lage als Spule mit leitendem Material zu definieren.

Die Materialdefinition ist der Datei vollpol_material.txt zu entnehmen und enthält auch die Definition der realen Konstanten.

```
*SET,MURXA    , 10000.00000000
! Permeabilität des Eisens Stator
*SET,MURXI    , 10000.00000000
! Permeabilität des Eisens Rotor
*SET,NICHTLIN, 0.000000000000
! Nichtlineare Rechnung bei 1
*SET,LEITA    , 56000000.00000
! Leitfähigkeit der Statorleiter
*SET,LEITI    , 56000000.00000
! Leitfähigkeit der Rotorleiter

*If,nichtlin,ne,1,then
MP,MURX,1,murxa  ! muer Stator bei linearem Eisen
MP,MURX,11,murxi ! muer Rotor bei linearem Eisen
*Else
eisen2.txt    ! B(H)-Kurve des Stators bei nichtlinearem Eisen
eisen2i.txt   ! B(H)-Kurve des Rotors bei nichtlinearem Eisen
*EndIf
```

```
!!!! Sollte eine andere B(H)-Kurve benötigt werden, ist
!!!! diese durch andere Dateien eisen2.txt (Stator) und
!!!! eisen2i.txt (Rotor) einzugeben.

MP,MURX,12,1
! muer Luft Rotor
MP,MURX,13,1
! muer Wicklungslage 1 Rotor
MP,RSVX,13,1/leiti
! spezifischer Widerstand Wicklungslage 1 Rotor
MP,MURX,14,1
! muer Wicklungslage 2 Rotor
MP,RSVX,14,1/leiti
! spezifischer Widerstand Wicklungslage 2 Rotor
```

Es folgt die Definition der realen Konstanten.

Abb. 20.5 Definition der realen Konstanten

Statorseitig ist der Füllfaktor der Statorwicklung zu definieren. Rotorseitig werden keine Angaben erwartet, da der Füllfaktor eines Stabes grundsätzlich 1 ist.

```
*SET,FILA , 0.800000000000
! Füllfaktor der Statornuten
*SET,FILI , 0.800000000000
! Füllfaktor der Rotornuten
```

Die reale Konstante einer Rotorspule definiert eine Spule in Einschichtwicklung. Die reale Konstante 14 ist nicht notwendig, wird dennoch angelegt.

```
R,13,wickbreite2*wickhoehe2,,jochtiefe,1,
! reale Konstante Rotorleiter 1
R,14,wickbreite2*wickhoehe2,,jochtiefe,1,
! reale Konstante Rotorleiter 2
```

Die Definition der Statornutgeometrie aus Geometriepunkten und Linien unterscheidet sich nicht vom Asynchronschleifringläufer. Die Generierung ist der Datei asmk_SNut.txt zu entnehmen.

Abb. 20.6 Generierung der Statorgeometrie

Als Ergebnis ergibt sich die Statorgeometrie aus Geometriepunkten und Linien mit der Grobkontur des Rotors ohne Rotornut.

Die Definition der Statornutgeometrie aus Geometriepunkten und Linien unterscheidet sich nicht vom Asynchronschleifringläufer. Die Generierung ist der Datei asmk_SNut.txt zu entnehmen.

Abb. 20.7 Generierung der Statorgeometrie

Als Ergebnis ergibt sich die Statorgeometrie aus Geometriepunkten und Linien mit der Grobkontur des Rotors ohne Rotornut. Das Skript befindet sich in der Datei vollpol_SNut.txt.

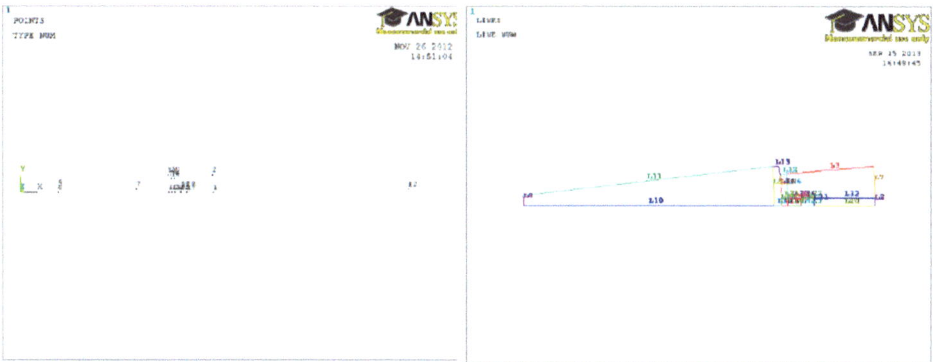

Abb. 20.8 Generierte Statorgeometrie aus Geometriepunkten und Linien

Es folgt die Generierung der Rotorgeometrie, diese basiert auf einer reinen Einschichtwicklung und vereinfacht einer Rechtecknut. Die Generierung ist der Datei vollpol_RNut.txt zu entnehmen.

Abb. 20.9 Generierung der Rotorgeometrie

Die Geometriepunktdefinition basiert auf der höchsten Geometriepunktdefinition des Stators, die unter dem Parameter KMAX abgespeichert wird.

```
allsel

*GET,kmax,kp,0,num,max

csys,0
k,kmax+1,rinnen+jochdicke2+delta,wickbreite2/2
k,kmax+2,rinnen+jochdicke2-wickhoehe2,-wickbreite2/2
k,kmax+3,rinnen+jochdicke2-wickhoehe2,wickbreite2/2
```

Zunächst werden die notwendigen Geometriepunkte im Rotor generiert.

Abb. 20.10 Generierung der Rotor-Geometriepunkte

Anschließend werden einige Linien generiert, die auf den bereits definierten Rohkonturlinien des Rotors basieren.

```
l,kmax+1,kmax+3
l,kmax+3,kmax+2
```

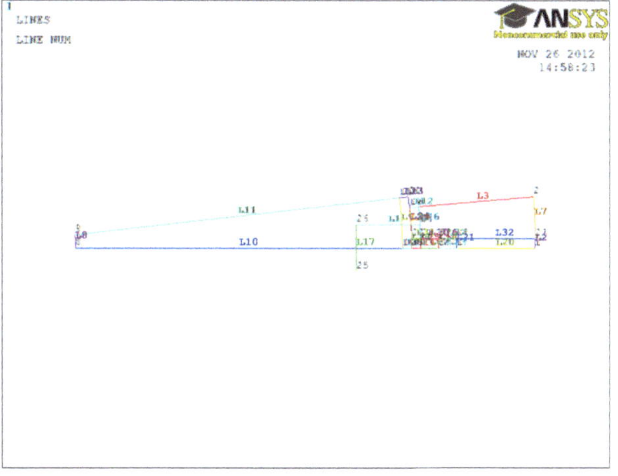

Abb. 20.11 Generierte Rotornutgeomtrie als Einschichtwicklung als Rohkontur

Die Linien werden anschließend zur Teilstruktur des Rotors verschnitten.

```
lsel,s,,,1
lsel,a,,,17
```

```
lsel,a,,,10
lsel,a,,,9
lsel,a,,,24

lovlap,all
```

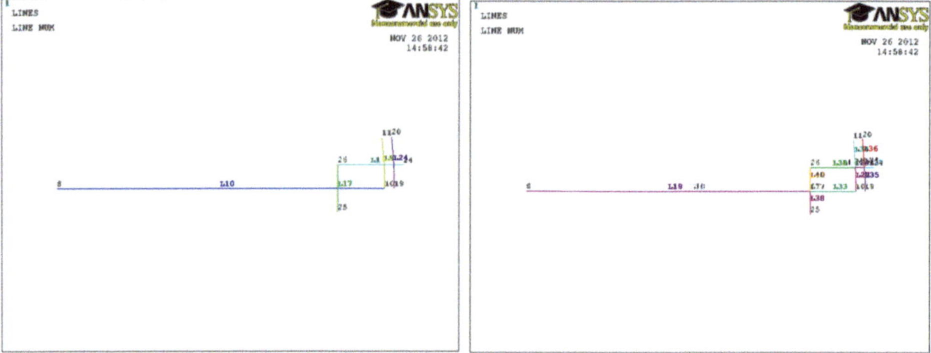

Abb. 20.12 Verschneidung der Rotorrohkonturlinien (*links* vorher, *rechts* nachher)

Abschließend werden die unnötigen Linien gelöscht.

```
lsel,s,,,37,38
ldel,all
```

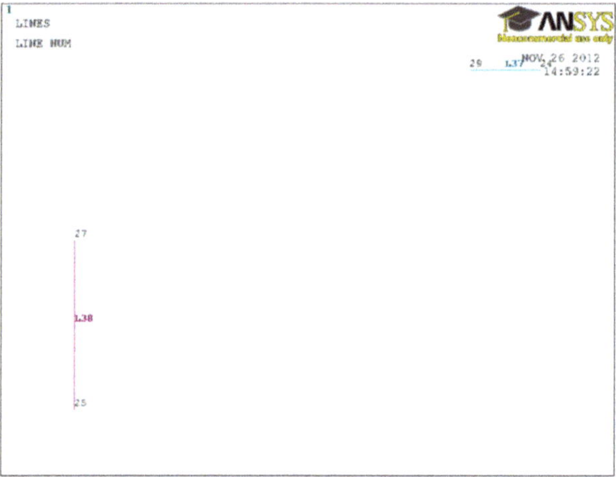

Abb. 20.13 Löschen unnötiger Linien

Nach einer vollständigen Selektion sind die Linienkonstruktionen von Stator und Rotor fertiggestellt.

```
allsel
```

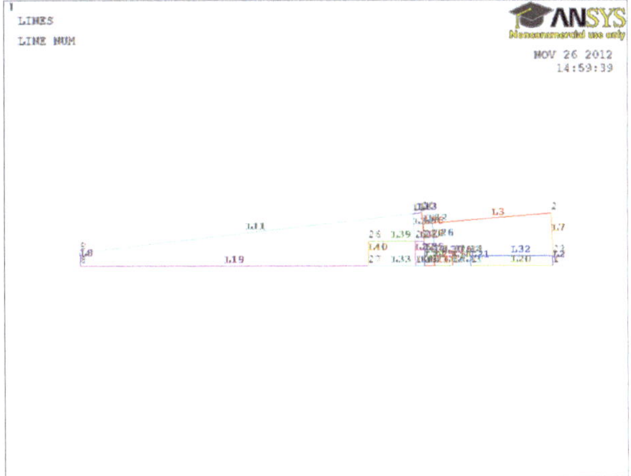

Abb. 20.14 Generierte Teilstrukturen von Stator und Rotor als Linien

Es folgt die Generierung der einzelnen Statorflächen.

Abb. 20.15 Generierung der Statorfächen

Die Generierung der Statorflächen ist in der Datei vollpol_SArea.txt enthalten und mit der Schleifringläufergeometrie vergleichbar. Abschließend ergibt sich die Statornutgeometrie als Teilstruktur.

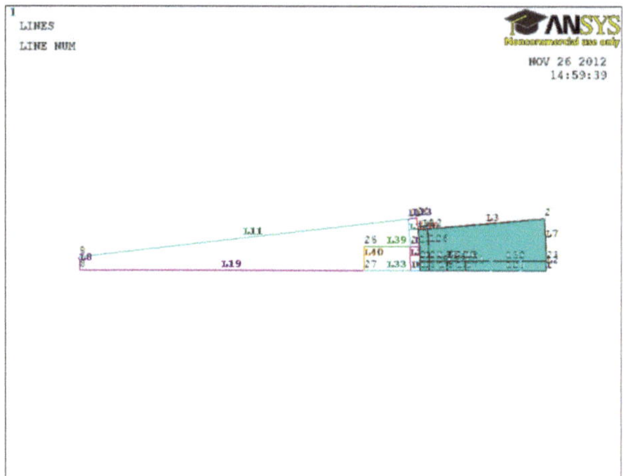

Abb. 20.16 Generierte Statorflächen

Es folgt die Generierung der Rotorflächen.

Abb. 20.17 Generierung der Rotorflächen

Die Generierung ist der Datei vollpol_RArea.txt zu entnehmen.

```
allsel

!!
!!Rotor
!!
lsel,s,,,8,11,3
lsel,a,,,19
lsel,a,,,34
lsel,a,,,39,40
al,all
allsel
al,39,40,33,27
al,41,27,15,35
al,13,34,41,36
```

Es ergibt sich die Flächendarstellung des Rotors noch ohne Attributierung.

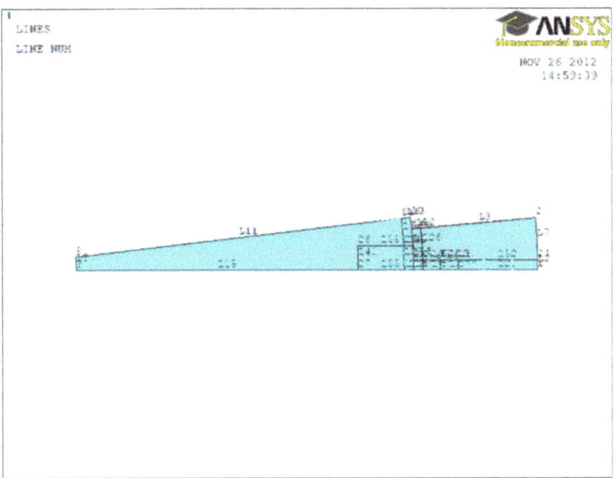

Abb. 20.18 Generierte Rotorflächen

Damit sind die Teilstrukturen von Stator und Rotor generiert.

Es schließt sich die Attributvergabe von Stator und Rotor an. Diese ist in den Netzgenerierungen von Stator und Rotor in den Skripten vollpol_SNete.txt und vollpol_RNete.txt zu entnehmen.

Abb. 20.19 Attributvergabe

Als Ergebnis ergibt sich für die Zweischichtwicklung die Flächendarstellung des Stators mit Attributen.

Abb. 20.20 Attributierte Statorflächen

Entsprechend erfolgt die Attributzuordnung im Rotor als Einschichtwicklung, wobei noch nicht zwischen Leitern und nicht leitfähigen Elementen in Nuten unterschieden wird.

```
!!
!!Rotor
!!
asel,s,,,10,11
aatt,12,12,12

asel,s,,,8
aatt,11,11,11

asel,s,,,9
aatt,13,13,13
```

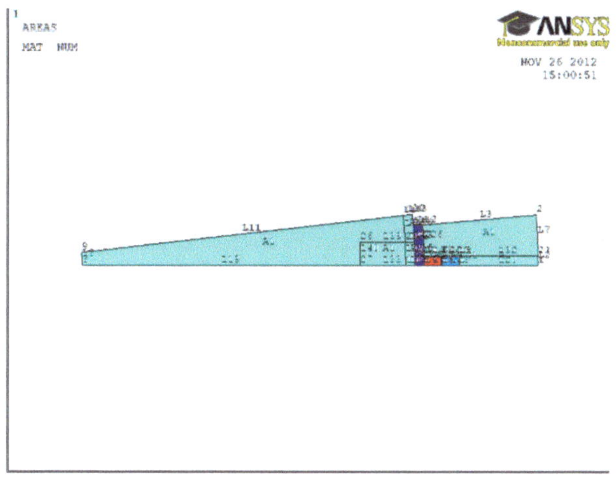

Abb. 20.21 Attributierte Rotorflächen

Es schließt sich die Vermaschung der Teilstrukturen von Stator und Rotor an. Hinsichtlich des Stators besteht kein Unterschied zum Asynchronschleifringläufer.

Abb. 20.22 Vermaschung

Zu definieren sind die Netzfeinheiten in Stator und Rotor.

```
*SET,MESHEISEN, 0.120000000000E-01
! Netzfeinheit des Eisens
*SET,MESHLUFT , 0.600000000000E-02
! Netzfeinheit des Luftspalts
```

Bezüglich des Stators werden zunächst die Elementkantenanzahlen definiert und anschließt vernetzt. Dieser aufwendige Weg ist durch die geringe Linienanzahl hinnehmbar und führt zu guten Vermaschungsergebnissen.

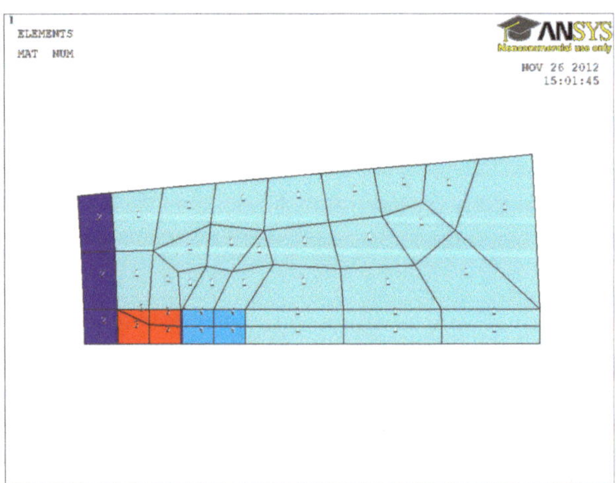

Abb. 20.23 Vermaschte Statorteilstruktur

Es folgt die Vermaschung des Rotors.

```
ASEL,S,MAT,,1,5
cm,kstator,area
cm,_stator,area

!!
!!Rotor
!!
lsel,s,,,34,36,2
*get,laeng,line,36,leng
istue1=nint(laeng/meshluft)
*if,istue1,lt,1,then
istue1=1
*endif
lesi,all,,,istue1

lsel,s,,,35
lsel,a,,,27
*get,laeng,line,35,leng
istue1=nint(laeng/meshluft)
*if,istue1,lt,1,then
istue1=1
*endif
lesi,all,,,istue1

lsel,s,,,13,15,2
lsel,a,,,41
*get,laeng,line,13,leng
istue1=nint(laeng/meshluft)
*if,istue1,lt,1,then
istue1=1
*endif
lesi,all,,,istue1

lsel,s,,,11
*get,laeng,line,11,leng
istue1=nint(laeng/mesheisen)
*if,istue1,lt,1,then
istue1=1
*endif
```

```
lesi,all,,,istue1

lsel,s,,,19
*get,laeng,line,19,leng
istue1=nint(laeng/mesheisen)
*if,istue1,lt,1,then
istue1=1
*endif
lesi,all,,,istue1

lsel,s,,,8
*get,laeng,line,8,leng
istue1=nint(laeng/mesheisen)
*if,istue1,lt,1,then
istue1=1
*endif
lesi,all,,,istue1

lsel,s,,,33,39,6
*get,laeng,line,33,leng
istue1=nint(laeng/mesheisen)
*if,istue1,lt,1,then
istue1=1
*endif
lesi,all,,,istue1

lsel,s,,,40
*get,laeng,line,40,leng
istue1=nint(laeng/mesheisen)
*if,istue1,lt,1,then
istue1=1
*endif
lesi,all,,,istue1

asel,s,mat,,11,18
amesh,all

asel,s,mat,,11,15
cm,krotor,area
```

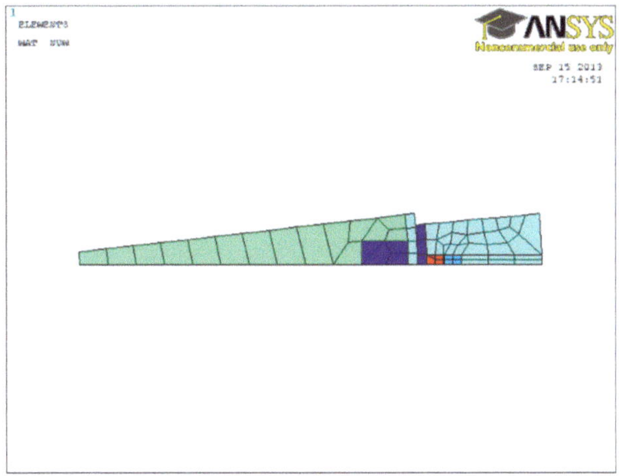

Abb. 20.24 Vermaschte Stator- und Rotorteilstrukturen

Im nächsten Schritt werden die Teilstrukturen von Stator und Rotor zu ganzen Nutteilungen gespiegelt und anschließend entsprechend der jeweiligen Nutenzahlen zu vollständigen Statoren und Rotoren kopiert. Spiegelung und Kopie sind in der Datei vollpol_netg.txt enthalten.

Abb. 20.25 Spiegelung und Kopie

Die Vorgehensweise hinsichtlich des Stators unterscheidet sich nicht vom Schleifringläufer.

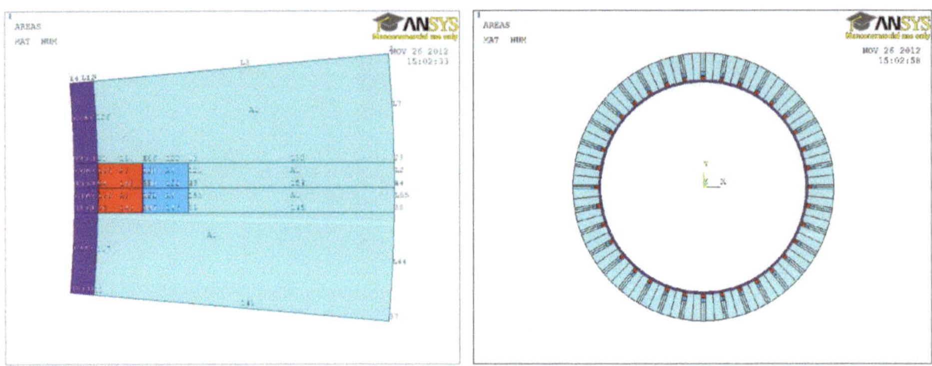

Abb. 20.26 Gespiegelte und kopierte Statorteilstrukturen

Es folgt entsprechend die Spiegelung des Rotors, der eine einschichtige Wicklung aufweist.

```
!!
!!Rotor
!!
asel,s,mat,,13
*GET,area1,area,0,num,max

cmsel,s,krotor
csys,0
arsym,y,all,
```

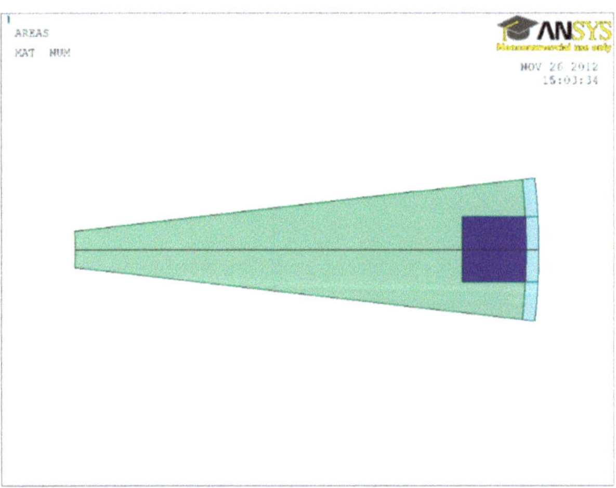

Abb. 20.27 Gespiegelte Rotorteilstruktur

Im nächsten Schritt erfolgt die Kopie der Rotornuten entsprechend der Rotornutenzahl Z2. Die Flächennummer des Leiters im Rotor wird für spätere Zwecke abgespeichert.

```
cm,krotor,area

asel,s,mat,,13
*GET,area2,area,0,num,max

cmsel,s,krotor
csys,1

agen,z2,all,,,,360/(z2)
```

Als Ergebnis ergibt sich der kopierte Rotor, zunächst weisen noch alle Rotorleiter die gleichen Attribute auf.

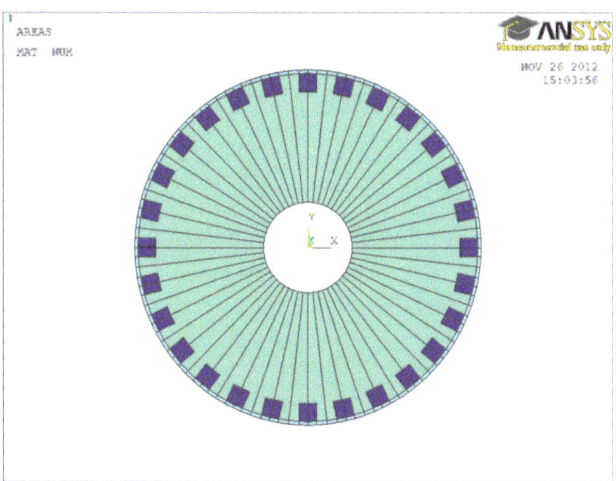

Abb. 20.28 Kopierter Rotor

Im nächsten Schritt werden die Attribute derjenigen Flächen der Leiter des Rotors geändert, die keinen Strom führen. Dazu werden die entsprechenden Flächen sektorweise selektiert, danach vom Netz befreit, hinsichtlich der Attribute geändert und anschließend neu vernetzt.

```
ASEL,S,MAT,,1,5
cm,kstator,area

asel,s,mat,,11,15
cm,krotor,area
```

```
NSEL,S,LOC,Y,0
*Do,iz1,1,2*z1-1
nsel,a,loc,y,iz1*180/z1
*EndDo

!!
!! Rotor korrigieren (Nuten fuellen)
!!
*Do,ispul,z2spul+1,z2/(2*p)
asel,s,,,area2+(ispul-2)*8+4
asel,a,,,area2+(ispul-2)*8+8
aclear,all
*If,nutfuell,eq,1,then
aatt,11,11,11
*Else
aatt,12,12,12
*EndIf
amesh,all
*EndDo
*Do,ip,2,2*p
*Do,ispul,z2spul+1,z2/(2*p)
asel,s,,,area2+(ispul-2+(ip-1)*z2/(2*p))*8+4
asel,a,,,area2+(ispul-2+(ip-1)*z2/(2*p))*8+8
aclear,all
*If,nutfuell,eq,1,then
aatt,11,11,11
*Else
aatt,12,12,12
*EndIf
amesh,all
*EndDo
*EndDo
*EndDo
```

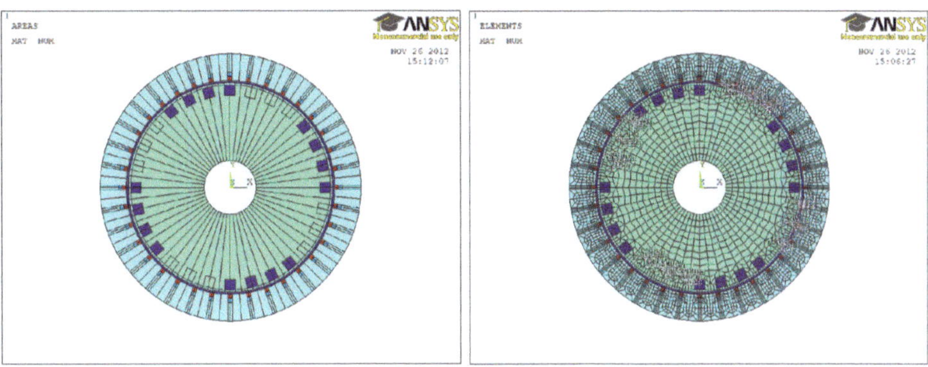

Abb. 20.29 Flächen und Vermaschung mit korrigierten Attributen im Rotor

Abschließend wird die Drehmomentberechnung für den Rotor vorbereitet.

```
!
! Elemente Rotoreisen fuer Kraftberechnung zusammenfassen
!

asel,s,mat,,11
allsel,below,area
cm,erotor,elem
fmagf.txt,'erotor'
allsel
```

Im nächsten Schritt erfolgen die Kopplungen und die Anlage der Randbedingungen. Die Skripten für Stator und Rotor befinden sich in den Dateien vollpol_cp1.txt und vollpol_cp2.txt.

Abb. 20.30 Kopplungen und Randbedingungen

Zur Vorbereitung der Kopplungen und Randbedingungen werden wie üblich die doppelten Knoten an Spiegel- und Kopierkanten eliminiert und anschließend die Randbedingungen außen und innen angelegt.

Es folgt die Kopplung der Knoten in den Ober- und Unterlagen, die sich nicht vom Schleifringläufer unterscheidet.

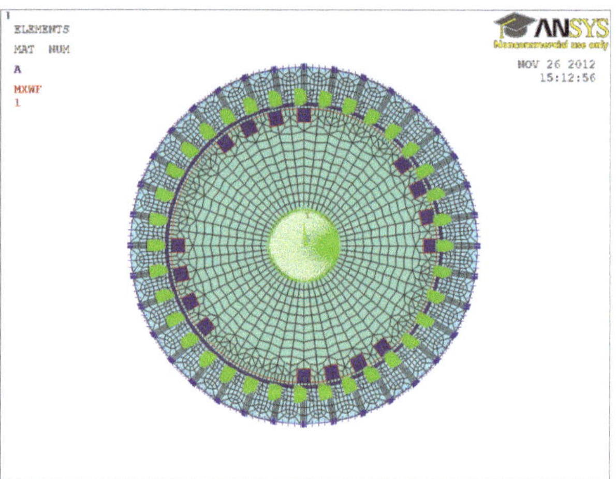

Abb. 20.31 Kopplungen des Stators und Randbedingungen

Es folgt die Kopplung der Knoten in den Rotorstäben als Einschichtwicklung, wobei nur die relevanten Nuten mit Kopplungen versehen werden müssen.

Im ersten Schritt wird nur die 1. Nut des Rotors mit Kopplungen versehen. Hierbei wird die zuvor abgespeicherte Nummer der Flächen verwendet.

```
!!
!!Rotor
!!
asel,s,,,area1
asel,a,,,area2
allsel,below,area
cp,next,curr,all
cp,next,emf,all
*GET,wicknoder1, NODE, 0,num,min
```

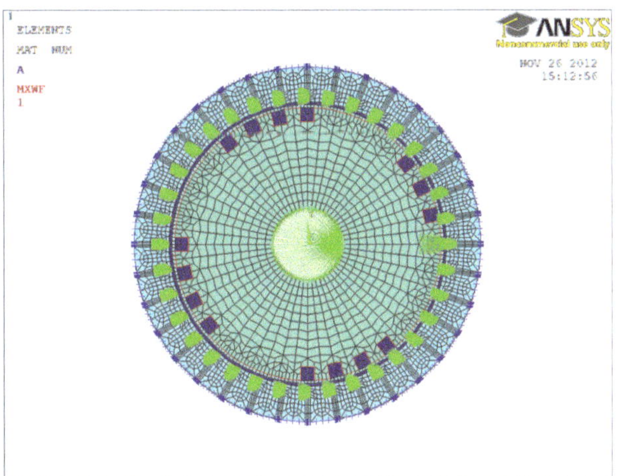

Abb. 20.32 Kopplungen des Stators und der 1. Nut im Rotor

Anschließend folgen in einer Schleife über alle Nuten mit stromführenden Leitern die Kopplung des ersten Pols.

```
*Do,ispul,2,z2spul
asel,s,,,area2+(ispul-2)*8+4
asel,a,,,area2+(ispul-2)*8+8
allsel,below,area
cp,next,curr,all
cp,next,emf,all
*GET,wicknoder%ispul%, NODE, 0,num,min
*EndDo
```

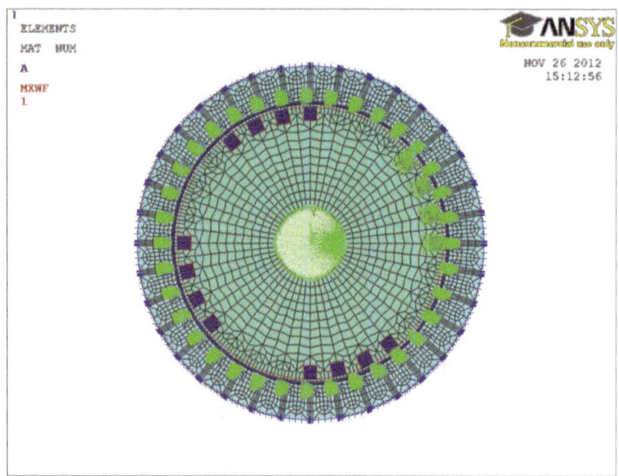

Abb. 20.33 Kopplungen des Stators und des 1. Pols im Rotor

Entsprechend werden alle anderen relevanten Leiter mit Kopplungen belegt.

```
*Do,ip,1,2*p-1
*Do,ispul,z2/(2*p)+1,z2/(2*p)+z2spul
asel,s,,,area2+((ip-1)*z2/(2*p)+(ispul-2))*8+4
asel,a,,,area2+((ip-1)*z2/(2*p)+(ispul-2))*8+8
allsel,below,area
cp,next,curr,all
cp,next,emf,all
*GET,wicknoder%ispul+(ip-1)*z2spul+z2spul-z2/(2*p)%, NODE,
0,num,min
*EndDo
*EndDo
```

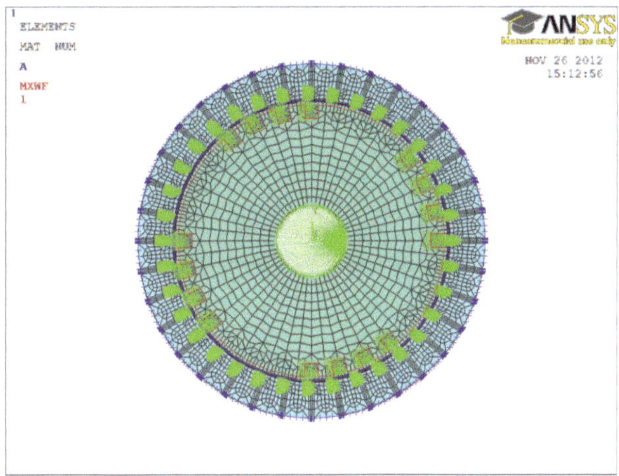

Abb. 20.34 Randbedingungen und Kopplungen des Stators und Rotors

Abschließend wird erneut die Drehmomentberechnung auf den Stator vorbereitet.

```
esel,s,mat,,11
!!esel,a,mat,,13,14
cm,kraftrot,elem
fmagbc,'kraftrot'

allsel
```

Damit ist die Generierung des geometrischen Finite-Elemente-Modells abgeschlossen.

20.3 Generierung der Verschaltung

Die Verschaltung des Stators entspricht derjenigen des Asynchronscheifringläufers, wobei zur Berechnung der induzierten Spannung eine weitere Verschaltungsvariante mit einzelnen Strängen verfügbar ist. Bezüglich des Rotors wird eine Vollpolläuferwicklung generiert.

Abb. 20.35 Verschaltung von Stator und Rotor

20.3.1 Stator-Verschaltung

Bezüglich des Stators werden folgende Eingabedaten verwendet.

```
*SET,VOLLPOL_STYP, 1.000000000000
! Schaltungstyp (1 bedeutet einzelne Stränge)
*SET,STERN1      , 1.000000000000
! Stern(1)-/Dreieck(0)schaltung
*SET,VSTERN1     , 0.000000000000
! Sternpunktverschaltung
```

Schaltungstyp 1 bedeutet Verschaltung einzelner Stränge ohne Sternpunkt. Zusätzlich sind die Wicklungsparameter für eine Serienschaltung zu definieren.

```
*SET,RWICKSTIRN1, 0.1000000000000E-04
*SET,LWICKSTIRN1, 0.1000000000000E-04
*SET,U1         , 400.0000000000
```

Für den Schaltungstyp 1 (einzelne Stränge) ergibt sich folgende Befehlsstruktur, die durch Aufruf der Datei vollpol_schalt1_t1.txt erreicht wird. Die übrigen Varianten entsprechen der Schaltung des Asynchronschleifringläufers und können der Datei vollpol_schalt1_t2.txt entnommen werden.

Schaltungstyp ist 1 (einzeln):

```
allsel

csys,0

*If,Zweischicht,eq,1,then

*Do,im,1,m
*GET,maxnode, NODE, 0,num,max

*Do,ip,1,2*p
*Do,iq,1,q
R,110,1,
noff=maxnode+(ip-1)*q*3
noff=noff+2*m*(p-1)*q
noff=noff+(iq-1)*3
koff=-4*raussen+(ip-1)*m*q*raussen/10
koff=koff+(iq-1)*raussen/10
n1=noff+1
N,n1,koff,0.3*raussen+raussen-(im-1)*raussen-(iq-1)*raussen/
10,0
n2=noff+2
N,n2,koff,+raussen-(im-1)*raussen-(iq-1)*raussen/10,0
RMOD,110,15,0,1
ET,110,CIRCU124,5,0
TYPE,110
REAL,110
MAT,1
!*
inut1=(im-1)*2*p*q
inut1=inut1+m*(ip-1)*q+iq          ! (im-1)*p*q+2*m*(p-1)+iq
*If,inut1,gt,z1,then
inut1=inut1-z1
```

```
*EndIf
E,n1,n2,wicknodeo%inut1%
!*
R,110,1,
n3=noff+3
N,n3,koff,-0.3*raussen+raussen-(im-1)*raussen-(iq-1)*raussen/
10,0
RMOD,110,15,0,1
ET,110,CIRCU124,5,0
TYPE,110
REAL,110
MAT,1
!*
inut2=(im-1)*2*p*q
inut2=inut2+m*(ip-1)*q+m*q+iq-eps
! (im-1)*p*q+2*m*(p-1)+m*q+iq
*If,inut2,gt,z1,then
inut2=inut2-z1
*EndIf
*If,inut2,gt,z1,then
inut2=inut2-z1
*EndIf
E,n3,n2,wicknodeu%inut2%
/output,Wick,lis,,append
*vwrite,im,ip,iq,inut1,inut2
(5(g14.6,' '))
/output,term
wick%iq%1=n1
wick%iq%2=n3

*If,iq,eq,1,then
wickan%ip%=n1
*EndIf
*If,iq,eq,q,then
wicken%ip%=n3
*EndIf

!*
*If,iq,gt,1,then
R,111,1e-6, ,
RMOD,111,15,0,1
ET,111,CIRCU124,0,0
```

```
TYPE,111
REAL,111
MAT,1
!*
E,wick%iq-1%2,wick%iq%1
*EndIf

*EndDo
*EndDo

*GET,maxnode, NODE, 0,num,max
R,112,rwickstirn1, ,
N,maxnode+1,-4*raussen-2*p*q*raussen/5,0.3*raussen+raussen-
(im-1)*raussen,0
RMOD,112,15,0,1
ET,112,CIRCU124,0,0
TYPE,112
REAL,112
MAT,1
!*
E,wickan1,maxnode+1
*GET,er%im%,elem,0,num,max
!*
R,113,lwickstirn1, ,
!*
!*
N,maxnode+2,-4*raussen-2*p*q*raussen/5,-0.3*raussen+raussen-
(im-1)*raussen,0
RMOD,113,15,0,11
ET,113,CIRCU124,1,0
TYPE,113
REAL,113
MAT,1
!*
E,wickan%2*p%,maxnode+2
!*
R,114+im-1,u1*cos(0+(im-1)*120),0,
RMOD,114+im-1,15,0,33
ET,114+im-1,CIRCU124,4,0
TYPE,114+im-1
REAL,114+im-1
MAT,1
```

```
!*
N,maxnode+3,-3*raussen-2*p*q*raussen/5,+raussen-(im-1)*
raussen,0
E,maxnode+1,maxnode+2,maxnode+3
*GET,eu%im%,elem,0,num,max

R,111,1e-6, ,
RMOD,111,15,0,1
ET,111,CIRCU124,0,0
TYPE,111
REAL,111
MAT,1
!*
*if,q,gt,1,then
E,wick%iq-1%2,wick%iq%1
*endif

*Do,ip,1,2*p,2
E,wicken%ip%,wicken%ip+1%
*If,ip,ne,2*p-1,then
E,wickan%ip+1%,wickan%ip+2%
*EndIf
*EndDo
!*
*EndDo

*Else

*Do,im,1,m
*GET,maxnode, NODE, 0,num,max

*Do,ip,1,p
*Do,iq,1,q
R,110,1,
noff=maxnode+(ip-1)*q*3
noff=noff+2*m*(p-1)*q
noff=noff+(iq-1)*3
koff=-4*raussen+(ip-1)*m*q*raussen/10
koff=koff+(iq-1)*raussen/10
n1=noff+1
N,n1,koff,0.3*raussen+raussen-(im-1)*raussen-(iq-1)*raussen/
10,0
```

```
n2=noff+2
N,n2,koff,+raussen-(im-1)*raussen-(iq-1)*raussen/10,0
RMOD,110,15,0,1
ET,110,CIRCU124,5,0
TYPE,110
REAL,110
MAT,1
!*
inut1=(im-1)*2*p*q
inut1=inut1+2*m*(ip-1)*q+iq         ! (im-1)*p*q+2*m*(p-1)+iq
*If,inut1,gt,z1,then
inut1=inut1-z1
*EndIf
E,n1,n2,wicknodeo%inut1%
!*
R,110,1,
n3=noff+3
N,n3,koff,-0.3*raussen+raussen-(im-1)*raussen-(iq-1)*raussen/
10,0
RMOD,110,15,0,1
ET,110,CIRCU124,5,0
TYPE,110
REAL,110
MAT,1
!*
inut2=(im-1)*2*p*q
inut2=inut2+2*m*(ip-1)*q+m*q+iq
! (im-1)*p*q+2*m*(p-1)+m*q+iq
*If,inut2,gt,z1,then
inut2=inut2-z1
*EndIf
*If,inut2,gt,z1,then
inut2=inut2-z1
*EndIf
E,n3,n2,wicknodeo%inut2%
/output,Wick,lis,,append
*vwrite,im,ip,iq,inut1,inut2
(5(g14.6,' '))
/output,term
wick%iq%1=n1
wick%iq%2=n3
```

```
*If,iq,eq,1,then
wickan%ip%=n1
*EndIf
*If,iq,eq,q,then
wicken%ip%=n3
*EndIf

!*
*If,iq,gt,1,then
R,111,1e-6, ,
RMOD,111,15,0,1
ET,111,CIRCU124,0,0
TYPE,111
REAL,111
MAT,1
!*
E,wick%iq-1%2,wick%iq%1
*EndIf

*EndDo
*EndDo

*GET,maxnode, NODE, 0,num,max
R,112,rwickstirn1, ,
N,maxnode+1,-4*raussen-2*p*q*raussen/5,0.3*raussen+raussen-
(im-1)*raussen,0
RMOD,112,15,0,1
ET,112,CIRCU124,0,0
TYPE,112
REAL,112
MAT,1
!*
E,wickan1,maxnode+1
*GET,er%im%,elem,0,num,max
!*
R,113,lwickstirn1, ,
!*
!*
N,maxnode+2,-4*raussen-2*p*q*raussen/5,-0.3*raussen+raussen-
(im-1)*raussen,0
RMOD,113,15,0,11
ET,113,CIRCU124,1,0
```

```
TYPE,113
REAL,113
MAT,1
!*
E,wicken%p%,maxnode+2
!*
R,114+im-1,u1*cos(0+(im-1)*120),0,
RMOD,114+im-1,15,0,33
ET,114+im-1,CIRCU124,4,0
TYPE,114+im-1
REAL,114+im-1
MAT,1
!*
N,maxnode+3,-3*raussen-2*p*q*raussen/5,+raussen-(im-1)*
raussen,0
E,maxnode+1,maxnode+2,maxnode+3
*GET,eu%im%,elem,0,num,max

R,111,1e-6, ,
RMOD,111,15,0,1
ET,111,CIRCU124,0,0
TYPE,111
REAL,111
MAT,1
!*
E,wick%iq-1%2,wick%iq%1

*Do,ip,1,p-1
E,wicken%ip%,wickan%ip+1%
*EndDo
!*
*EndDo

*EndIf

*If,nwin,eq,1,then
KEYOPT,110,1,6
*EndIf
```

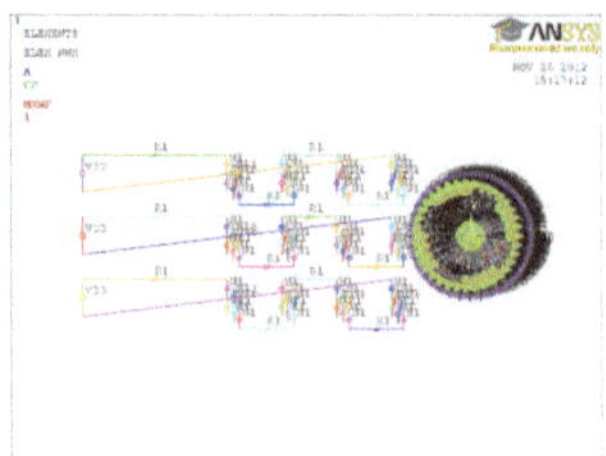

Abb. 20.36 Verschaltung des Stators mit einzenen Strängen

Beim Schaltungstyp 0 ergibt sich für Sternschaltung ohne Sternpunktverschaltung die übliche Schaltung.

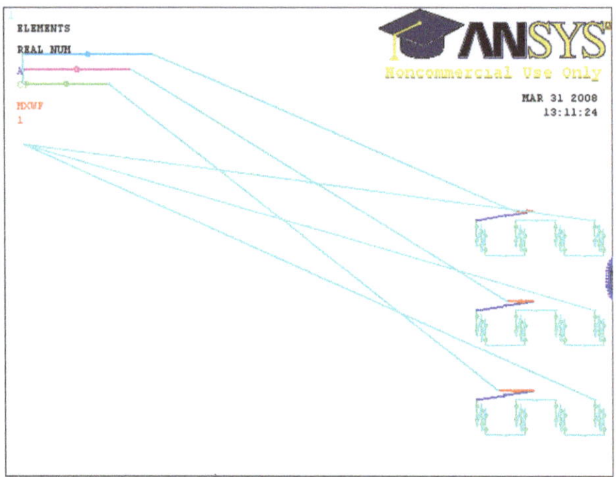

Abb. 20.37 Verschaltung des Stators in Sternschaltung

20.3.2 Rotor-Verschaltung

Zur Generierung des Rotors werden Stirnspulenwiderstand und -induktivität der gesamten Serienschaltung aller Spulen berücksichtigt. Die Verschaltung des Rotors ist der Datei vollpol_schalt2.txt zu entnehmen.

```
*SET,RWICKSTIRN2, 0.1000000000000E-05
! Spulenstirnwiderstand des Stranges
*SET,LWICKSTIRN2, 0.1000000000000E-05
! Spulenstirninduktivität des Stranges
*SET,IE         , 10.0000000000
! Erregerstrom
```

Im Zuge der Generierung der Rotorschaltung werden zunächst die Spulen der einzelnen Pole in Gruppen aufgebaut.

```
!!
!!Rotor
!!

*Do,ip,1,p
*Do,ispul,1,z2spul
*stat,ispul
*GET,maxnode, NODE, 0,num,max
R,210,1,
n1=maxnode+1
N,n1,2*raussen+(ispul-1)*raussen/5+(ip-1)*(z2spul+2)*
raussen/5,0.3*raussen-(ispul-1)*raussen/5
n2=maxnode+2
N,n2,2*raussen+(ispul-1)*raussen/5+(ip-1)*(z2spul+2)*
raussen/5,-(ispul-1)*raussen/5
RMOD,210,15,0,1
ET,210,CIRCU124,5,0
TYPE,210
REAL,210
MAT,1
!*
E,n1,n2,wicknoder%ispul+(ip-1)*2*z2spul%
!*
R,210,1,
n3=maxnode+3
N,n3,2*raussen+(ispul-1)*raussen/5+(ip-1)*(z2spul+2)*
raussen/5,-0.3*raussen-(ispul-1)*raussen/5
RMOD,210,15,0,1
ET,210,CIRCU124,5,0
TYPE,210
REAL,210
MAT,1
!*
E,n3,n2,wicknoder%ispul+(ip-1)*2*z2spul+z2spul%
wicks%ispul%1=n1
wicks%ispul%2=n3

*If,ispul,gt,1,then
R,211,1e-6, ,
```

```
RMOD,211,15,0,1
ET,211,CIRCU124,0,0
TYPE,211
REAL,211
MAT,1
e,wicks%ispul-1%2,wicks%ispul%1
*EndIf

*If,ispul,eq,1,then
wickpan%ip%=n1
*EndIf
*If,ispul,eq,z2spul,then
wickpen%ip%=n3
*EndIf

!*
*EndDo
*EndDo
```

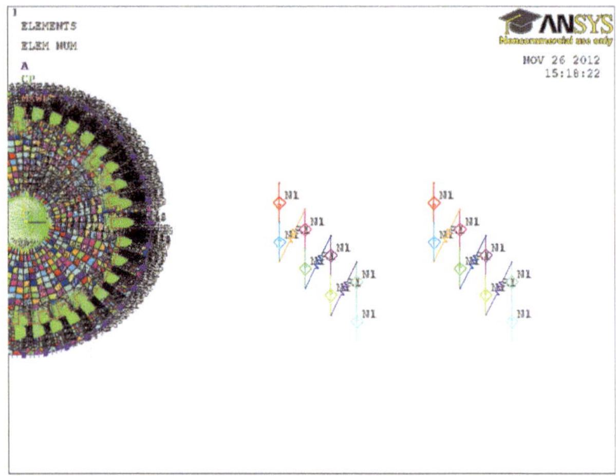

Abb. 20.38 Verschaltung des Rotors für einzelne Pole

Im nächsten Schritt werden die Gruppen in Serie geschaltet.

```
*Do,ip,1,p-1
E,wickpen%ip%,wickpan%ip+1%
*EndDo
```

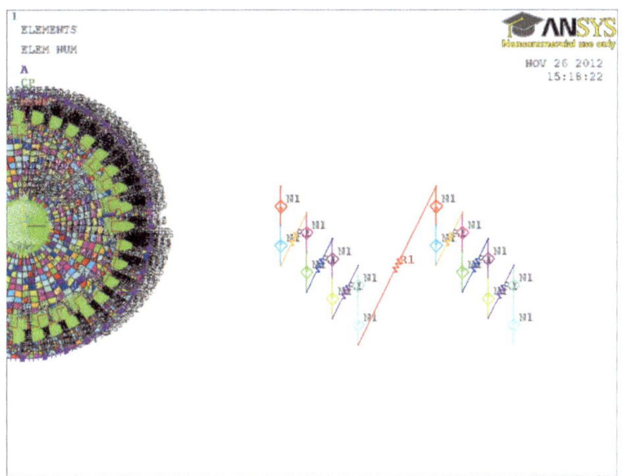

Abb. 20.39 Verschaltung des Rotors mit in Serie geschalteten Spulen der Pole

Abschließend werden die Spulen mit einer Stromquelle verbunden.

```
*GET,maxnode, NODE, 0,num,max
R,212,rwickstirn2, ,
N,maxnode+1,1.1*raussen,0.3*raussen
RMOD,212,15,0,1
ET,212,CIRCU124,0,0
TYPE,212
REAL,212
MAT,1
!*
E,wickpan1,maxnode+1
*GET,eer2,elem,0,num,max
!*
R,213,lwickstirn2, ,
!*
!*
N,maxnode+2,1.1*raussen,-0.3*raussen
RMOD,213,15,0,11
ET,213,CIRCU124,1,0
TYPE,213
REAL,213
MAT,1
!*
E,wickpen%p%,maxnode+2
!*
```

```
R,214,i2,0,
RMOD,214,15,0,33
ET,214,CIRCU124,4,0
TYPE,214
REAL,214
MAT,1
!*
N,maxnode+3,raussen,0
E,maxnode+1,maxnode+2,maxnode+3
ET,214,CIRCU124,3,0
*GET,eeu2,elem,0,num,max

!!
```

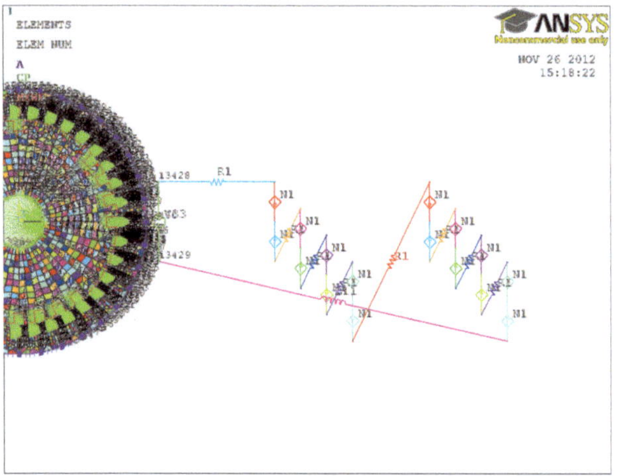

Abb. 20.40 Verschaltung des Rotors als Vollpolläufer

20.4 Interface zwischen Stator und Rotor

Als letztes ist wie üblich das Interface zwischen dem Stator und dem Rotor zu generieren. Aufgrund des gleichmäßigen Luftspalts über den Stator- und Rotornuten lassen sich die Knoten problemlos bestimmen. Das Skript befindet sich in der Datei vollpol_interface.txt.

Abb. 20.41 Interface zwischen Stator und Rotor

Zunächst werden die Knoten auf Luftspaltmitte statorseitig ermittelt und dazu die Elemente selektiert. Beide Entitätenauszüge werden in Komponenten abgespeichert.

```
csys,1
asel,s,mat,,2
allsel,below,area
nSEL,r,LOC,X,rinnen+jochdicke2+delta/2-1e-6,rinnen+
jochdicke2+delta/2+1e-6
cm,nodeaussen,node
esln,s
allsel,below,elem
cm,elemaussen,elem
```

Endsprechend wird für den Rotor verfahren. Die Knoten auf Luftspaltmitte werden rotorseitig ermittelt und dazu die Elemente selektiert. Beide Entitätenauszüge werden in Komponenten abgespeichert.

```
asel,s,mat,,12
allsel,below,area
nSEL,r,LOC,X,rinnen+jochdicke2+delta/2-1e-6,rinnen+
jochdicke2+delta/2+1e-6
cm,nodeinnen,node

MODMSH,NOCHECK
SHPP,WARN
```

Zur Generierung des Interfaces werden die notwendigen Knoten auf der Rotorseite und die Elemente auf der Statorseite selektiert und über den CEINTF-Befehl das Interface generiert.

```
cmsel,s,nodeinnen
cmsel,s,elemaussen
cmsel,u,nodeaussen

_cef=.3
CEINTF,_cef, , , , , , ,0
```

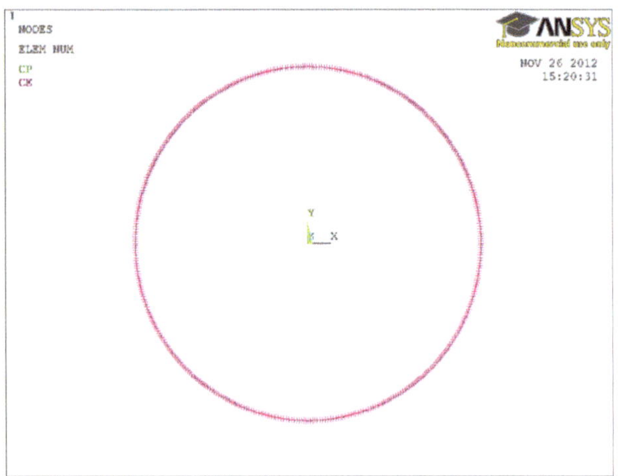

Abb. 20.42 Generiertes Interface zwischen Stator und Rotor

Damit ist das vollständige Finite-Elemente-Modell des Asynchronkäfigläufers für die nachfolgenden Berechnungen vorbereitet.

20.5 Rechnungsvorbereitung

Die Berechnung der Vollpolläufer-Synchronmaschine ist statisch und transient möglich. Eine harmonische Rechnung macht lediglich bei offener Rotorwicklung Sinn, um die Entstehung des Drehfeldes zu überprüfen. Bei statischer Rechnung ist separate Speisung von Stator und Rotor, optimal mit Strömen möglich. So können bei korrekter Stellung zwischen Stator und Rotor Wechselwirkungen zwischen diesen durch einen Polradwicklung berechnet und betrachtet werden. Hinsichtlich der transienten Rechnung sind analog zur Gleichstrommaschine Berechnungen der Polradspannung und bei kurzgeschlossenem Stator Kurzschlussströme bei Drehung des Rotors berechenbar. Bei Speisung des Stators ist der Anlauf aus dem Stillstand oder die Zuschaltung aus einer Stellung bei fester Drehzahl, idealerweise Synchrondrehzahl möglich. Damit kann prinzipiell auch die Synchronisierung nachvollzogen werden.

Zur Rechnungsvorbereitung sind wie üblich die Ausgabedateien vorzubereiten. Bei der Synchronmaschine können Spannungen und Ströme von Stator und Rotor in Verbindung mit deren Leistungen und das Drehmoment berechnet werden.

Nach Definition der üblichen Ausgabesteuerparameter wird die Ausgabe durch das Skript vollpol_aus.txt initialisiert.

Die Geometrieerstellung kann über das Skript in der Datei „vollpol_geometrie.txt“ ausgelöst werden. Die Datei hat folgenden Aufbau. Die im Skript enthaltenen Daten wurden für die folgend ausgeführten Rechnungen verwendet.

```
!!
!! Geometrieerstellung einer Synchronmaschine mit
Vollpolläufer
!! 2 Polpaare
!!
/prep7
!! Parameter für die Statorgeometrie
*SET,PI         , 3.141592653590
*SET,M          , 3.000000000000
*SET,P          , 2.000000000000
*SET,Q          , 3.000000000000
*SET,EPS        , 2.000000000000
*SET,RAUSSEN    , 0.250000000000
*SET,JOCHDICKE  , 0.500000000000E-01
*SET,JOCHTIEFE  , 0.500000000000
*SET,ZWEISCHICHT, 1.000000000000
*SET,WICKHOEHE1 , 0.150000000000E-01
*SET,WICKBREITE1, 0.800000000000E-02
*SET,WICKISOL   , 0.200000000000E-03
*SET,DELTA      , 0.800000000000E-02
```

```
*SET,NWIN1       , 100.0000000000
*SET,FREQ        , 50.00000000000

*SET,_FREQ,50                               ! Frequenz
!! Parameter für die Rotorgeometrie
*SET,WICKHOEHE2 , 0.2000000000000E-01
*SET,WICKBREITE2, 0.2000000000000E-01
*SET,JOCHDICKE2 , 0.1420000000000
*SET,RINNEN     , 0.5000000000000E-01
*SET,Z2         , 28.00000000000
*SET,Z2SPUL     , 4.000000000000
*SET,NUTFUELL   , 0.000000000000
*SET,NWIN2      , 10.00000000000

vollpol_elemente.txt

*SET,LEITA      , 56000000.00000
*SET,LEITI      , 56000000.00000
*SET,MURXA      , 10000.00000000
*SET,MURXI      , 10000.00000000
*SET,NICHTLIN   , 0.000000000000
*SET,FILA       , 0.8000000000000
*SET,FILI       , 0.8000000000000

vollpol_material.txt

vollpol_SNut.txt
vollpol_RNut.txt

vollpol_SArea.txt
vollpol_RArea.txt

*SET,MESHEISEN  , 0.1200000000000E-01
*SET,MESHLUFT   , 0.6000000000000E-02

vollpol_SNete.txt
vollpol_Rnete.txt
vollpol_netg.txt

vollpol_cp1.txt
vollpol_cp2.txt
```

```
*SET,RWICKSTIRN1, 0.1000000000000E-04
*SET,LWICKSTIRN1, 0.1000000000000E-04
*SET,U1         , 400.0000000000
*set,vollpol_styp,1
*set,stern1,1
*set,vstern1,0
*set,freq,50

*if,vollpol_styp,eq,1,then
vollpol_schalt1_t1.txt
*else
vollpol_schalt1_t2.txt
*endif

*SET,RWICKSTIRN2, 0.1000000000000E-05
*SET,LWICKSTIRN2, 0.1000000000000E-05
*SET,IE         , 10.00000000000

vollpol_schalt2.txt

vollpol_interface.txt
```

20.6 Statische Rechnung

Die statische Rechnung kann über das Skript in der Datei „vollpol_rechnung_statisch_1.txt“ ausgeführt werden. Die Datei hat folgenden Aufbau.

```
/prep7
vollpol_geometrie.txt

ausgabe=1
luftskal=1
fft=0
vollpol_aus.txt

winkela=0
zeita=0
i1=1
i2=1e-6
fronspar=0
vollpol_loes1.txt
```

Über den Parameter zeita wird der Zeitpunkt des Drehstromsystems definiert. In Verbindung mit der Amplitude des Ständerstromes über den Parameter I1 ergeben sich die Netzströme der Statorseite. Über den Parameter winkela wird die Stellung zwischen Rotor und Stator definiert. Der Rotorerregerstrom wird über den Parameter I2 eingestellt.

Bei Speisung des Stators in Grundstellung ergeben sich die Ströme in den drei Phasen.

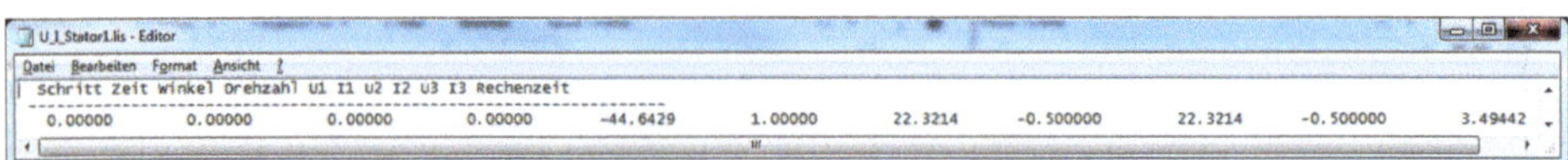
U_I_Stator1.lis - Editor

Datei Bearbeiten Format Ansicht ?

Schritt	Zeit	Winkel	Drehzahl	U1	I1	U2	I2	U3	I3	Rechenzeit
0.00000	0.00000	0.00000	0.00000	-44.6429	1.00000	22.3214	-0.500000	22.3214	-0.500000	3.49442

Abb. 20.43 Spannungen und Ströme auf der Statorseite bei statischer Rechnung

Entsprechend ergeben sich die statorseitigen Leistungen

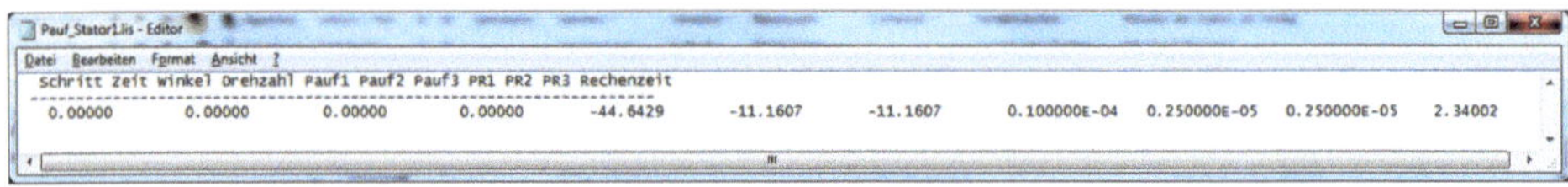
Pauf_Stator1.lis - Editor

Datei Bearbeiten Format Ansicht ?

Schritt	Zeit	Winkel	Drehzahl	Pauf1	Pauf2	Pauf3	PR1	PR2	PR3	Rechenzeit
0.00000	0.00000	0.00000	0.00000	-44.6429	-11.1607	-11.1607	0.100000E-04	0.250000E-05	0.250000E-05	2.34002

Abb. 20.44 Leistungen auf der Statorseite bei statischer Rechnung

Die Ausgabe der rotorseitigen Ergebnisse bestätigt den stromlosen Rotor.

Pauf_Rotor1.lis - Editor

Datei Bearbeiten Format Ansicht ?

Schritt	Zeit	Winkel	Drehzahl	UE	IE	Perr	PRE	Rechenzeit
0.00000	0.00000	0.00000	0.00000	-0.446519E-07	0.100000E-05	-0.446519E-13	0.100000E-17	2.80802

Abb. 20.45 Ergebnisse auf der Rotorseite bei statischer Rechnung

Die Drehmomentausgabe bestätigt aufgrund der fehlenden Reluktanzeffekte ein sehr kleines Drehmoment. Durch den stromlosen Rotor entsteht kein wesentliches Drehmoment.

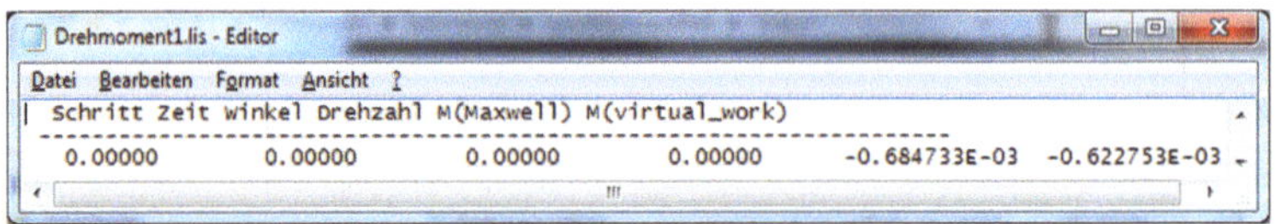
Drehmoment1.lis - Editor

Datei Bearbeiten Format Ansicht ?

Schritt	Zeit	Winkel	Drehzahl	M(Maxwell)	M(virtual_work)
0.00000	0.00000	0.00000	0.00000	-0.684733E-03	-0.622753E-03

Abb. 20.46 Berechnetes Drehmoment bei statischer Rechnung

Neben den tabellarischen Ergebnissen bestätigen die grafischen Darstellungen die statische Rechnung. Die Flächendarstellung zeigt den unverdrehten Rotor zum Stator, erkennbar sind die mit Leitermaterial gefüllten 4 Nuten neben 3 mit Luft gefüllten Nuten innerhalb eines Polpaares.

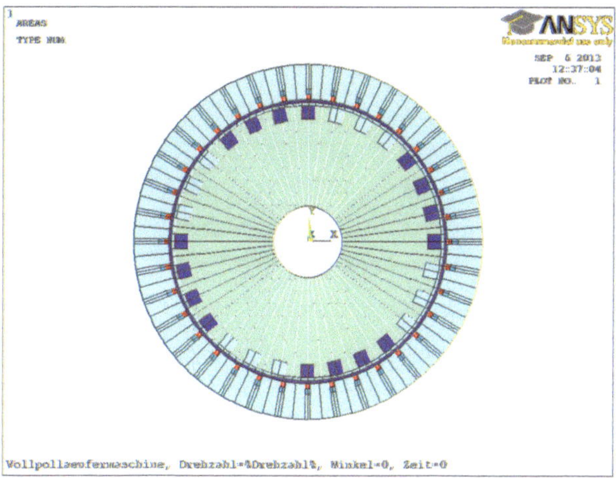

Abb. 20.47 Ausgabe der Stator-/Rotorstellung

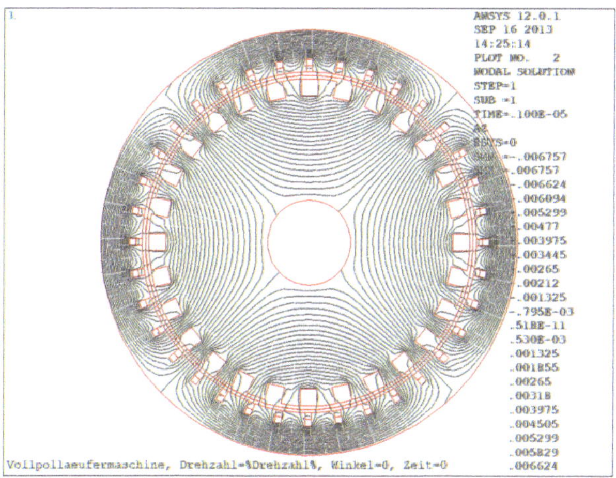

Abb. 20.48 Feldlinienbild bei statischer Rechnung und Statorspeisung

Das Feldlinienbild spiegelt die Durchflutung der Statorseite wieder. Sämtliche Zähne zwischen den Nuten führen ein magnetisches Feld.

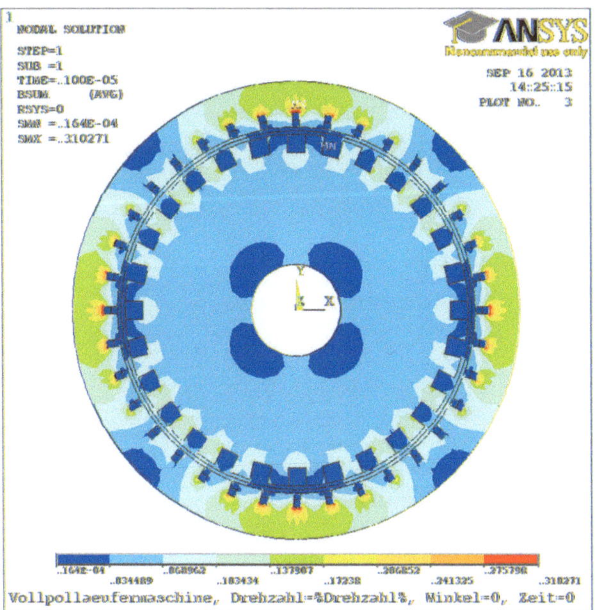

Abb. 20.49 Magnetische Flußdichte bei statischer Rechnung und Statorspeisung

Die magnetische Flußdichte erreicht bei einer Ständerstromamplitude von nur einem A maximale Werte von 0,3 Tesla im Bereich von Ecken an Nuten, das Joch ist mit etwa 0,1 Tesla kaum ausgelastet.

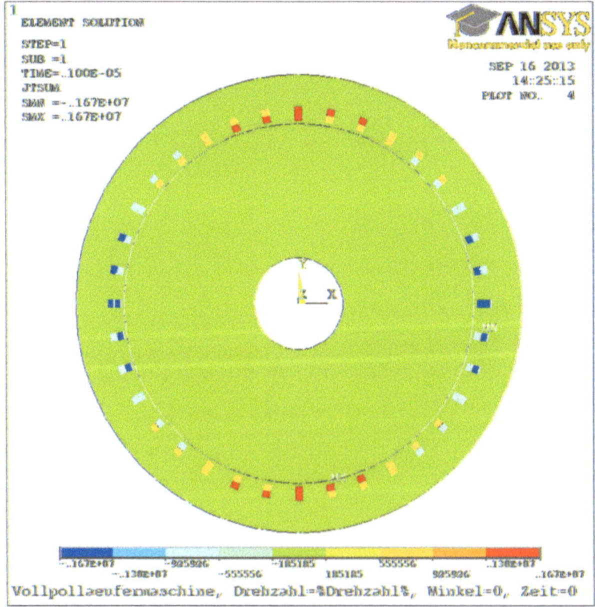

Abb. 20.50 Stromdichteverteilung bei statischer Rechnung und Statorspeisung

Die Stromdichteverteilung bestätigt die Verschaltung des Stators mit 3 Strängen, einer Nutenzahl je Pol und Phase q von 3 und einer Schrittverkürzung von 2 Nuten. Der Rotor ist nicht durchflutet.

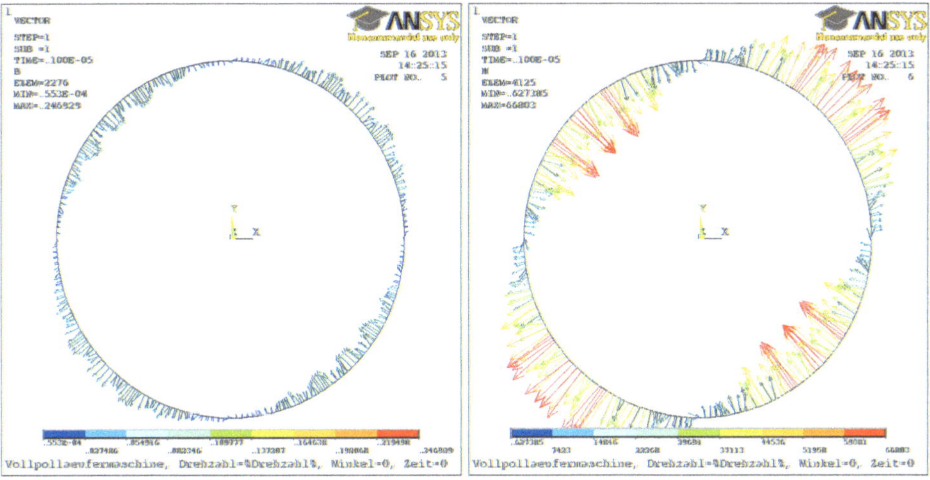

Abb. 20.51 Vektorielle Darstellung der magnetischen Flußdichte (*links*) und Feldstärke (*rechts*) in Luftspaltmitte bei statischer Rechnung und Statorspeisung

Die vektorielle Darstellung der magnetischen Flußdichte und Feldstärke bestätigt den Aufbau einer Felderregerkurve mit sinusförmiger Verteilung am Umfang und die Nutungseffekte aufgrund von Stator und Rotor.

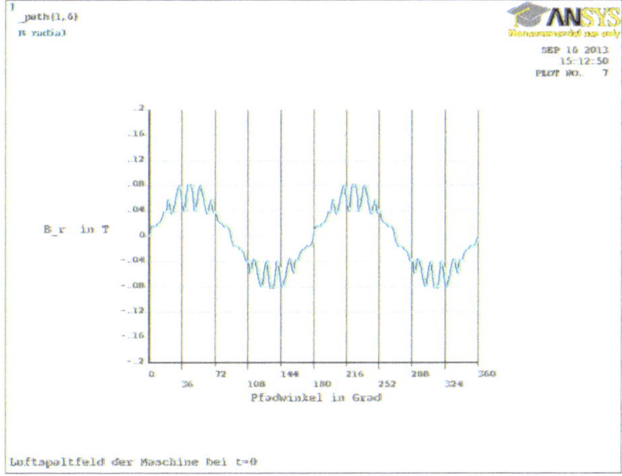

Abb. 20.52 Luftspaltfeld in Luftspaltmitte bei statischer Rechnung und Statorspeisung

Das Luftspaltfeld in Luftspaltmitte bestätigt die Felderregerkurve mit starken Nutungseffekten aufgrund der weit geöffneten Rotornuten.

Die Wirkung des Rotors wird durch eine Rechnung ohne Ständerstrom und einen Erregerstrom von 10 A aufgezeigt. Die Eingabedaten der statischen Rechnung ändern sich wie folgt.

```
winkela=0
zeita=0
i1=1e-6
i2=10
fronspar=0
```

Die Ausgabe der Ständerströme bestätigt, dass der Stator stromlos ist.

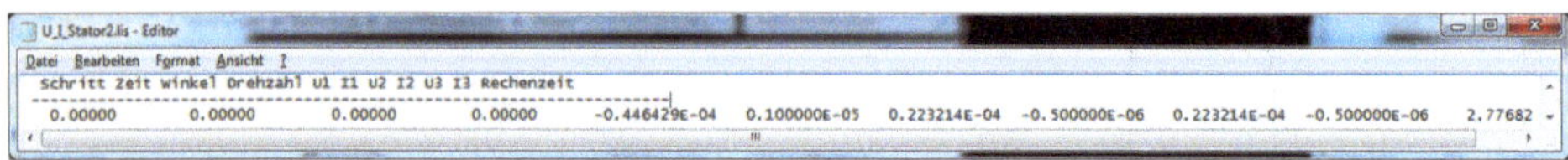


```
Schritt Zeit Winkel Drehzahl U1 I1 U2 I2 U3 I3 Rechenzeit
--------------------------------------------------------------
0.00000    0.00000    0.00000    0.00000    -0.446429E-04    0.100000E-05    0.223214E-04    -0.500000E-06    0.223214E-04    -0.500000E-06    2.77682
```

Abb. 20.53 Ausgabe der Statorspannungen und -ströme bei statischer Rechnung

Demgegenüber führt der Rotor wie gewünscht einen Erregerstrom von 10 A.

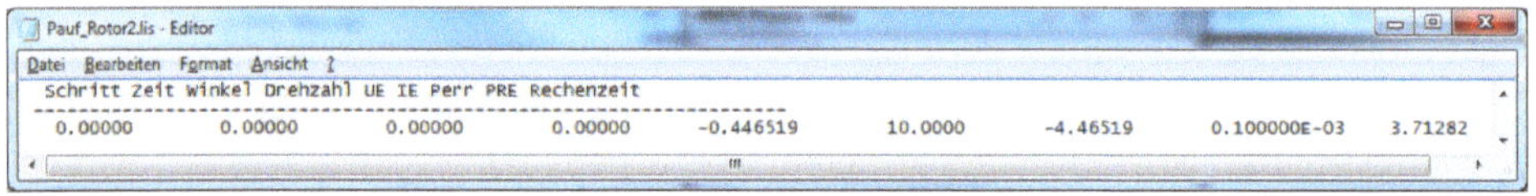


```
Schritt Zeit Winkel Drehzahl UE IE Perr PRE Rechenzeit
--------------------------------------------------------------
0.00000    0.00000    0.00000    0.00000    -0.446519    10.0000    -4.46519    0.100000E-03    3.71282
```

Abb. 20.54 Ausgabe der Ergebnisse für den Rotor bei statischer Rechnung

Aufgrund der fehlenden Rückwirkung mit einem Statorfeld verbleiben beim Drehmoment lediglich kleine Reluktanzeffekte und damit ein sehr kleines Drehmoment.

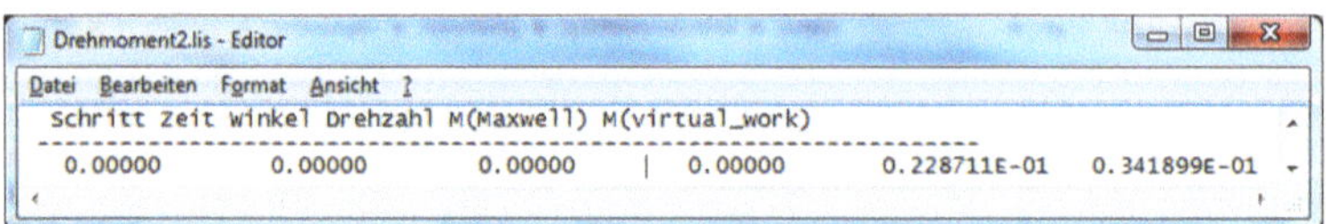


```
Schritt Zeit Winkel Drehzahl M(Maxwell) M(virtual_work)
--------------------------------------------------------------
0.00000    0.00000    0.00000    0.00000    0.228711E-01    0.341899E-01
```

Abb. 20.55 Berechnetes Drehmoment bei statischer Rechnung

Das Feldlinienbild bestätigt die Durchflutung des Rotors, es kann jedoch nur in Verbindung mit der Stromdichtedarstellung näher interpretiert werden.

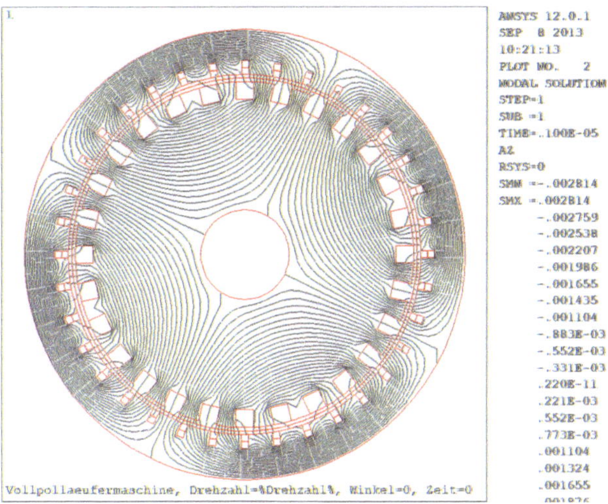

Abb. 20.56 Feldlinienbild bei statischer Rechnung und Rotorspeisung

Die Stromdichtedarstellung bestätigt die Durchflutung des Rotors in 4 von 7 Nuten unter einem Pol. Die Durchflutung alterniert von Pol zu Pol, aufgrund der Serienschaltung der Spulen führen alle Erregerspulen den gleichen Strom.

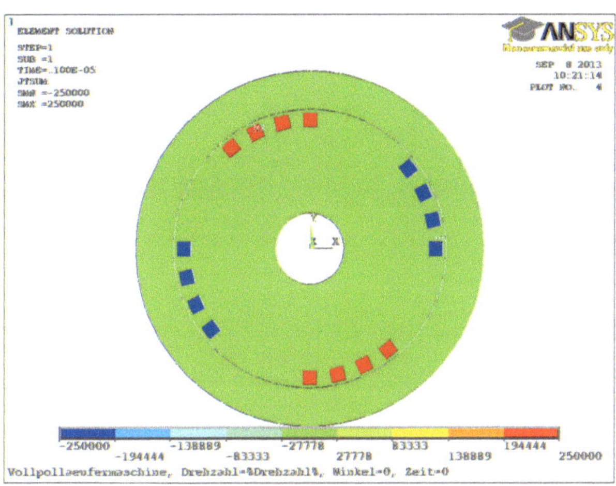

Abb. 20.57 Stromdichteverteilung bei statischer Rechnung und Rotorspeisung

Der vektorielle Darstellung der magnetischen Feldstärke ist zu entnehmen, dass das Luftspaltfeld im Bereich der nicht durchfluteten Rotornuten konstant bleibt und nur durch die Nutung geprägt ist. Im Bereich der durchfluteten Rotornuten steigt das magnetische Feld jeweils sprungförmig an. Entgegen der nahezu sinusförmigen Felderregerkurve im Stator ergibt sich im Rotor ein trapezförmiger Verlauf mit den obligatorischen Nutungseffekten.

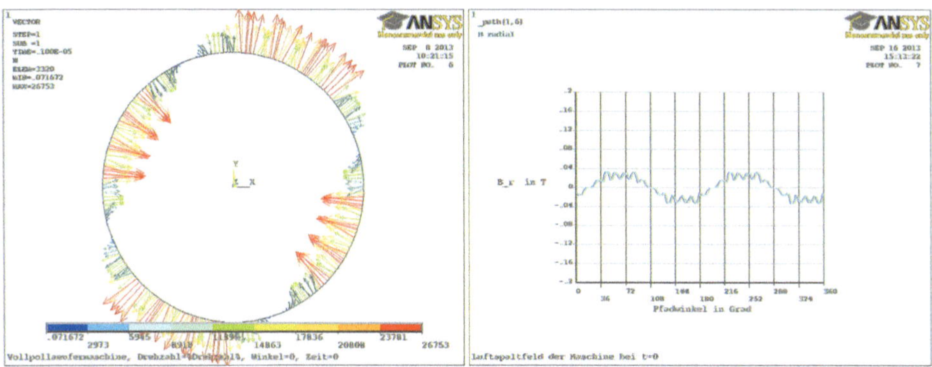

Abb. 20.58 Vektorielle Darstellung der Feldstärke (*links*) und des Luftspaltfeldes in Luftspaltmitte bei statischer Rechnung und Rotorspeisung

Die Rechnung mit beidseitiger Durchflutung mit einer Ständerstromamplitude von einem A und 10 A Erregerstrom muss bestätigen, dass ein Drehmoment zwischen Rotor und Stator entsteht. Die Eingabedaten für die statische Rechnung ändern sich wie folgt.

```
winkela=0
zeita=0
i1=1
i2=10
fronspar=0
vollpol_loes1.txt
```

Die Ausgabe der Statorergebnisse bestätigt, dass der Rotor durchflutet ist.

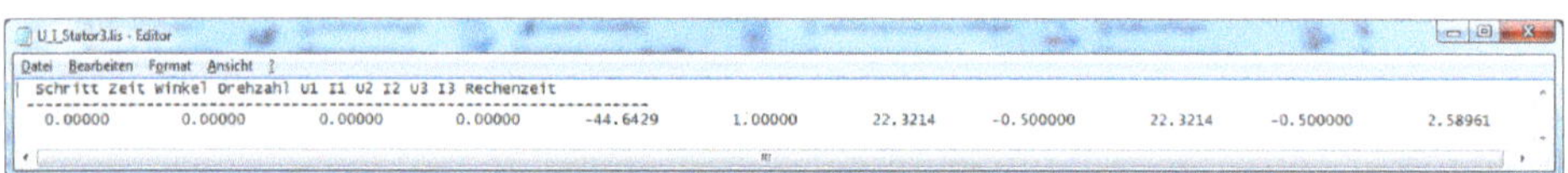

U_I_Stator3.lis - Editor

Datei Bearbeiten Format Ansicht ?

```
Schritt Zeit Winkel Drehzahl U1 I1 U2 I2 U3 I3 Rechenzeit
-------------------------------------------------------------
0.00000   0.00000   0.00000   0.00000   -44.6429   1.00000   22.3214   -0.500000   22.3214   -0.500000   2.58961
```

Abb. 20.59 Ausgabe der Statorspannungen und -ströme bei statischer Rechnung und beidseitiger Speisung

Die Ergebnisausgabe für den Rotor bestätigt die Durchflutung des Rotors.

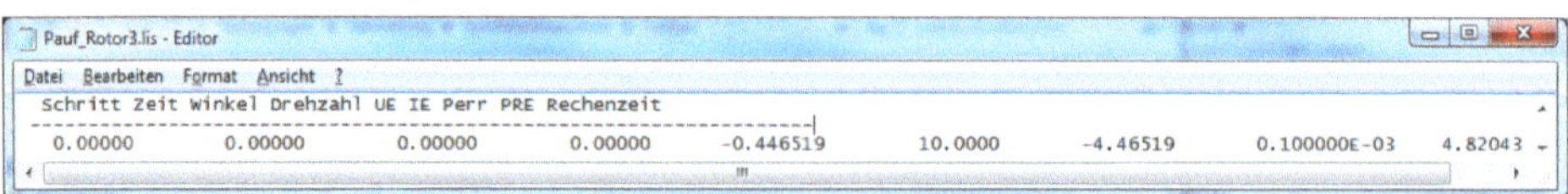

Pauf_Rotor3.lis - Editor

Datei Bearbeiten Format Ansicht ?

```
Schritt Zeit Winkel Drehzahl UE IE Perr PRE Rechenzeit
-------------------------------------------------------------
0.00000   0.00000   0.00000   0.00000   -0.446519   10.0000   -4.46519   0.100000E-03   4.82043
```

Abb. 20.60 Ausgabe der Ergebnisse für den Rotor bei statischer Rechnung und beidseitiger Speisung

Da eine Wechselwirkung zwischen Stator und Rotor entsteht, zeigt die Drehmomentberechnung ein deutliches Drehmoment mit negativen Werten. Dies ist darauf zurückzuführen, dass der Rotor im Uhrzeigersinn zum dominierenden Statorfeld ausgerichtet werden soll. Das Drehmoment ist vom Betrag her relativ groß, da Stator und Rotor hinsichtlich des Luftspaltfeldes die gleiche Richtung haben und sich daher abstoßen.

Drehmoment3.lis - Editor

Datei Bearbeiten Format Ansicht ?

Schritt	Zeit	Winkel	Drehzahl	M(Maxwell)	M(virtual_work)
0.00000	0.00000	0.00000	0.00000	-4.97528	-4.93184

Abb. 20.61 Berechnetes Drehmoment bei statischer Rechnung und beidseitiger Speisung

Im Feldlinienbild ist kaum erkennbar, dass Stator und Rotor durchflutet sind, die Rotordurchflutung verändert das Statorfeld nur wenig.

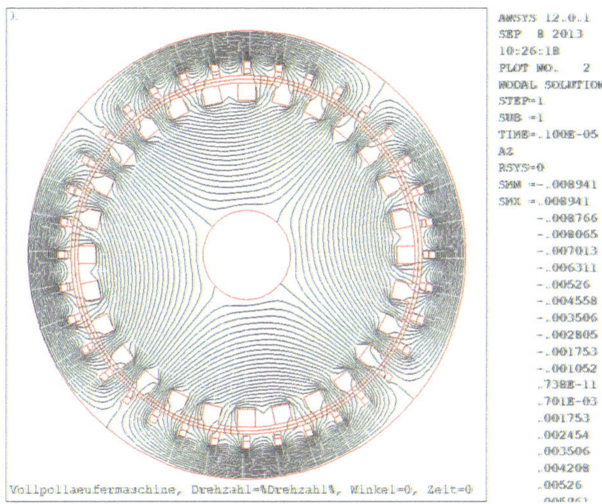

Abb. 20.62 Feldlinienbild bei statischer Rechnung und beidseitiger Speisung

Die Stromdichteverteilung bestätigt die Speisung von Stator und Rotor, wobei die Durchflutung im Rotor sehr gering ist.

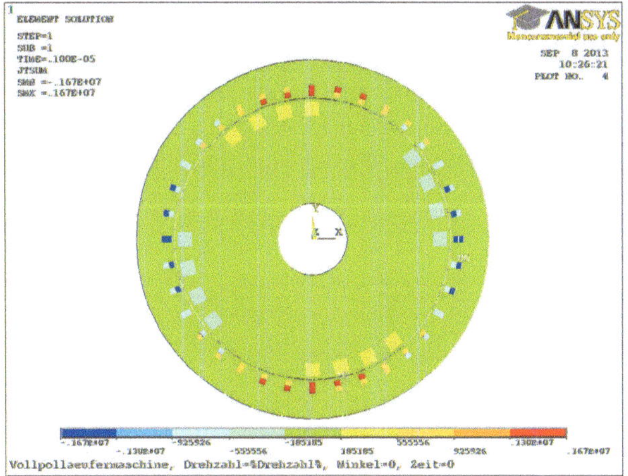

Abb. 20.63 Stromdichteverteilung bei statischer Rechnung und beidseitiger Speisung

Die vektorielle Darstellung der magnetischen Feldstärke und das Luftspaltfeld in Luftspaltmitte bestätigen, dass sich das Statorfeld mit einer Amplitude von 0,08 Tesla und das Rotorfeld von 0,04 Tesla überlagert haben und eine Amplitude von etwa 0,12 Tesla entstand.

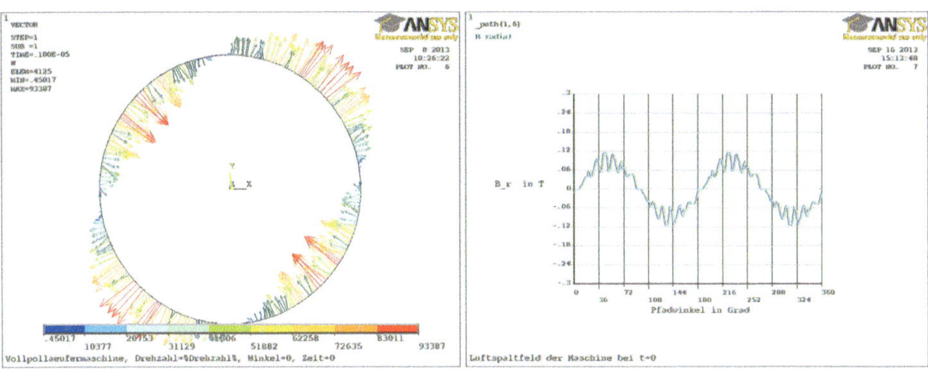

Abb. 20.64 Vektorielle Darstellung der Feldstärke (*links*) und des Luftspaltfeldes in Luftspaltmitte bei statischer Rechnung und beidseitiger Speisung

Die statische Verdrehung des Rotors zum Stator muss bestätigen, dass sich das Drehmoment bei gleichbleibender Durchflutung ändert. Die folgende statische Rechnung erfolgt daher für einen Verdrehwinkel des Rotors um 45 Grad im Gegenuhrzeigersinn.

Zu ändern ist in den Eingabedaten der Verdrehwinkel auf 45 Grad.

```
winkela=45
```

Die Berechnung ergibt, dass das Drehmoment weiterhin negativ ist und gegenüber der Stellung 0 Grad zugenommen hat.

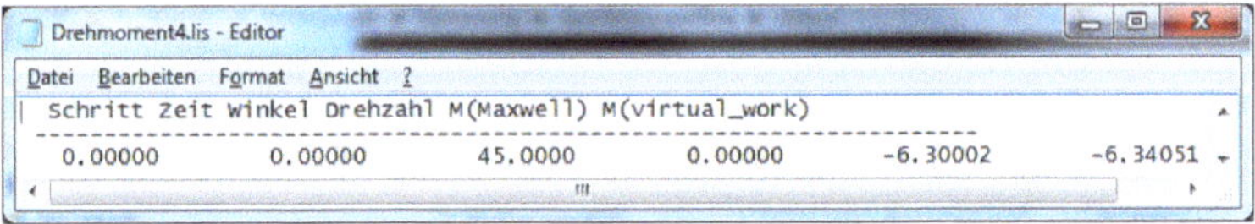

Drehmoment4.lis - Editor

Datei Bearbeiten Format Ansicht ?

Schritt	Zeit	Winkel	Drehzahl	M(Maxwell)	M(virtual_work)
0.00000	0.00000	45.0000	0.00000	-6.30002	-6.34051

Abb. 20.65 Berechnetes Drehmoment bei statischer Rechnung und beidseitiger Speisung und um 45 Grad verdrehtem Winkel

Die Flächendarstellung des Modells bestätigt, dass der Rotor gegenüber dem Stator um 45 Grad verdreht wurde.

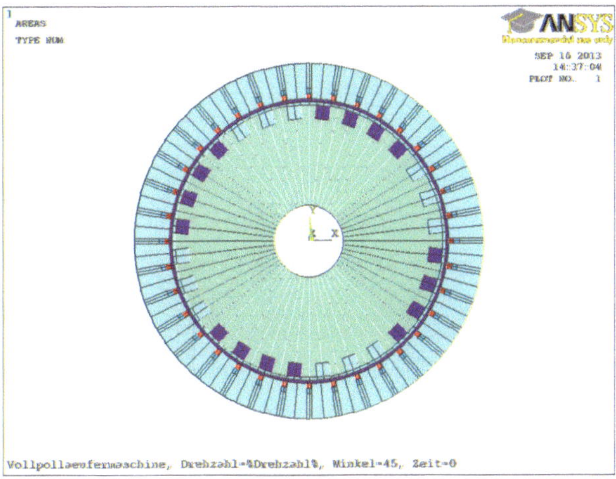

Abb. 20.66 Ausgabe der Stator-/Rotorstellung bei einem Verdrehwinkel von 45 Grad

Aufgrund der geringen Rückwirkung des Rotors ändert sich das Feldlinienbild kaum.

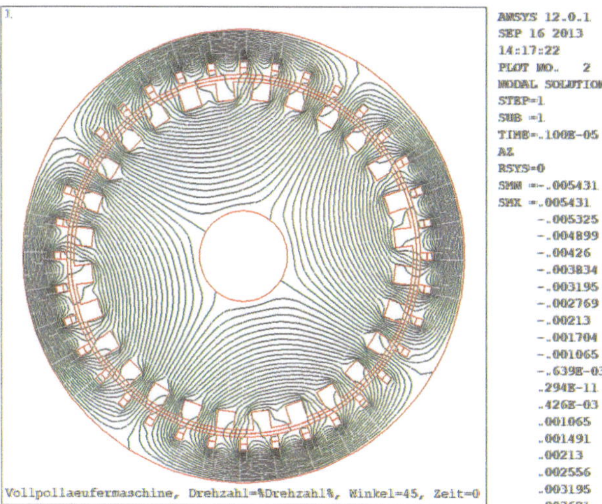

Abb. 20.67 Feldlinienbild bei statischer Rechnung, beidseitiger Speisung und Verdrehwinkel von 45 Grad

Die Stromdichtedarstellung bestätigt nochmals die Verdrehung des Rotors gegenüber dem Stator um 45 Grad im Gegenuhrzeigersinn.

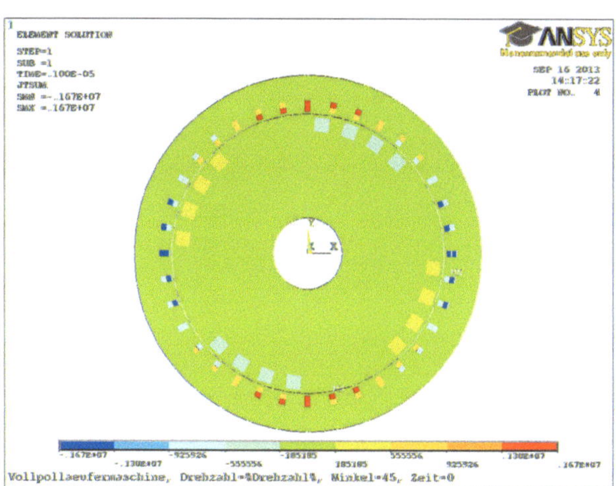

Abb. 20.68 Stromdichteverteilung bei statischer Rechnung, beidseitiger Speisung und Verdrehwinkel von 45 Grad

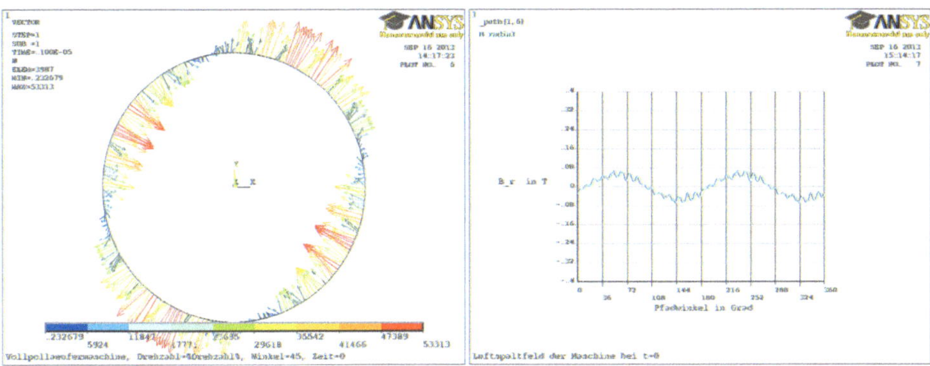

Abb. 20.69 Vektorielle Darstellung der Feldstärke (*links*) und des Luftspaltfeldes in Luftspaltmitte bei statischer Rechnung, beidseitiger Speisung und Verdrehwinkel von 45 Grad

Die vektorielle Darstellung der magnetischen Feldstärke und das Luftspaltfeld in Luftspaltmitte bestätigen, dass sich das Statorfeld mit einer Amplitude von 0,08 Tesla und das Rotorfeld von 0,04 Tesla überlagert und dabei abgedämpft haben und eine Amplitude von etwa 0,06 Tesla entsteht.

Die weitere statische Verdrehung des Rotors zum Stator muss bestätigen, dass sich das Drehmoment bei gleichbleibender Durchflutung weiter ändert. Die folgende statische Rechnung erfolgt daher für einen Verdrehwinkel des Rotors um 90 Grad im Gegenuhrzeigersinn.

Zu ändern ist in den Eingabedaten der Verdrehwinkel auf 90 Grad.

```
winkela=90
```

Die Berechnung ergibt, dass das Drehmoment nun positiv ist und gegenüber der Stellung 45 Grad vom Betrag her abgenommen hat.

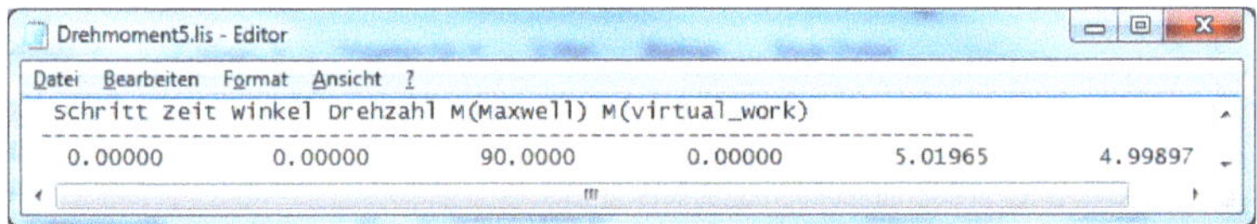

Abb. 20.70 Berechnetes Drehmoment bei statischer Rechnung und beidseitiger Speisung und um 90 Grad verdrehtem Winkel

Erneut sind aufgrund der geringen Durchflutung des Rotors kaum Änderungen am Feldlinienbild erkennbar.

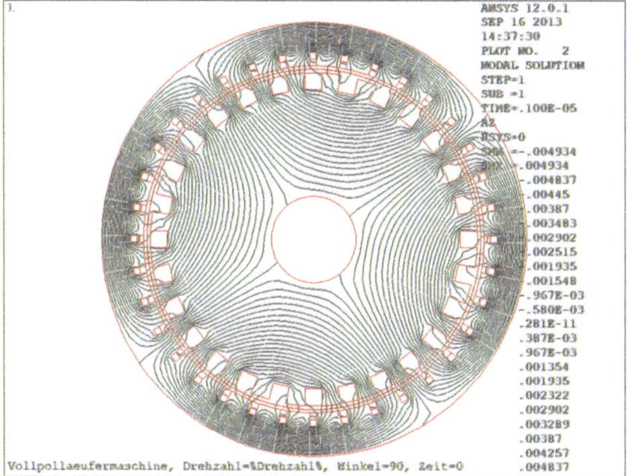

Abb. 20.71 Feldlinienbild bei statischer Rechnung, beidseitiger Speisung und Verdrehwinkel von 90 Grad

Die Stromdichtedarstellung bestätigt, dass gegenüber der Stellung 0 Grad die Durchflutung im Rotor invertiert ist.

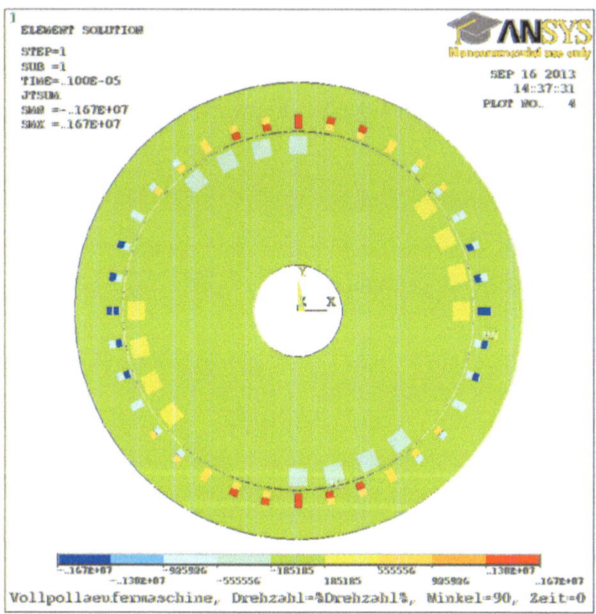

Abb. 20.72 Stromdichteverteilung bei statischer Rechnung, beidseitiger Speisung und Verdrehwinkel von 90 Grad

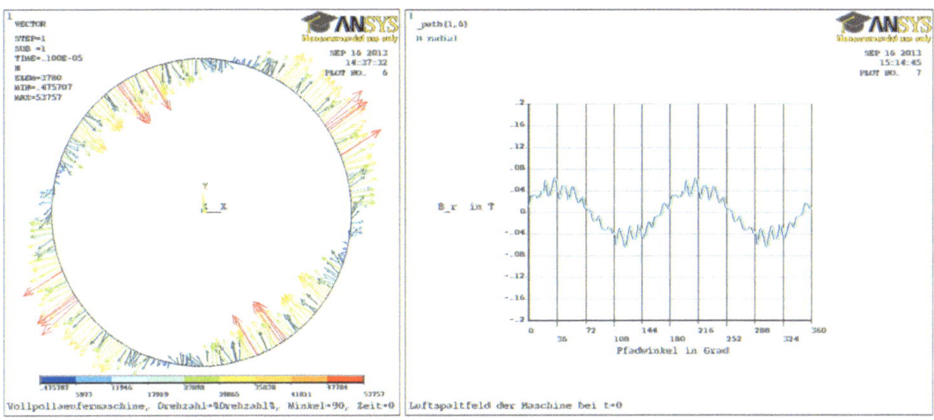

Abb. 20.73 Vektorielle Darstellung der Feldstärke (*links*) und des Luftspaltfeldes in Luftspaltmitte bei statischer Rechnung, beidseitiger Speisung und Verdrehwinkel von 90 Grad

Die vektorielle Darstellung der magnetischen Feldstärke und das Luftspaltfeld in Luftspaltmitte bestätigen, dass sich das Statorfeld mit einer Amplitude von 0,08 Tesla und das Rotorfeld von 0,04 Tesla überlagert und dabei abgedämpft haben und eine Amplitude von etwa 0,06 Tesla entsteht.

Damit kann eine stellungsabhängige Berechnung Aufschluss über die neutrale Stellung zwischen Rotor und Stator geben, die der Stellung des Polradwinkels mit 0 Grad entspricht. Die Drehmomentberechnung über dem Winkel ergibt, dass eine geometrische Verdrehung des Rotors um 70 Grad der neutralen Stellung entspricht.

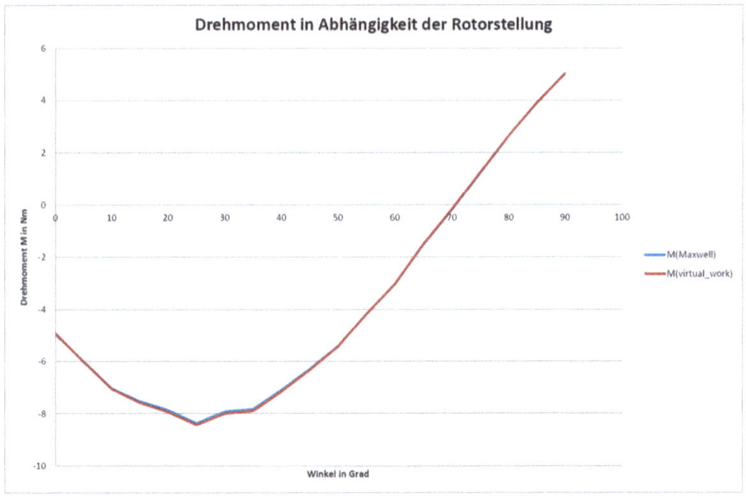

Abb. 20.74 Drehmoment in Abhängigkeit des Verdrehungswinkels zwischen Rotor und Stator

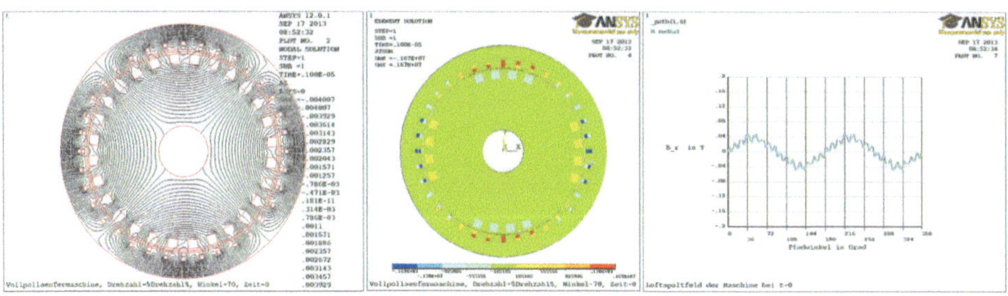

Abb. 20.75 Magnetische Feldsituation und Stromdichteverteilung bei neutraler Stator/Rotor-Stellung

Der Stromdichtedarstellung ist zu entnehmen, dass maximale Statordurchflutung der minimalen Rotordurchflutung gegenüberstehen. Die Amplitude des Luftspaltfeldes in Luftspaltmitte beträgt ca. 0,04 T und damit exakt der Differenz von Stator- und Rotorluftspaltfeldamplitude bei Stromspeisung im Stator mit 1 A und 10 A im Rotor.

20.7 Harmonische Rechnung

Die harmonische Rechnung wird nicht näher betrachtet, da der Rotor bei dieser Berechnungsmethode hochohmig sein muss, da keine Wechselwirkung zwischen Rotor und Stator existieren dürfen. Aufgrund der fehlenden Rückwirkung kann diese Überprüfungsberechnung auch durch statische Rechnung nachvollzogen werden.

20.8 Transiente Rechnung I

Die transiente Berechnung der Synchronmaschine mit Vollpolläufer ermöglicht vergleichbar mit der Gleichstrommaschine die Berechnung der statorseitig induzierten Spannung, sowie des Kurzschlussstromes bei Klemmenkurzschluss. Vergleichbar mit der Berechnung anderer elektrischer Maschinen kann darüber hinaus der Hochlauf aus dem Stillstand oder bei Startdrehzahl mit oder ohne Gegendrehmoment ermittelt werden. Aufgrund der dynamischen Eigenschaften der Synchronmaschine sind hierbei Pendelungen zu erwarten.

20.8.1 Berechnung der im Stator induzierten Spannung

Werden die statorseitigen Spannungsquellen in hochohmige Widerstände umgewandelt, können bei Drehung mit konstanter Drehzahl die im Stator induzierten Spannungen ermittelt werden. Das Skript zum Aufruf dieser Berechnungsmethode befindet sich in der Datei „vollpol_rechnung_transient_1.txt“, verwendet wird das Lösungsskript in der Datei „vollpol_loes3.txt“. Die Lösung wird mit folgenden Parametern aufgerufen.

```
/prep7
vollpol_geometrie.txt

ausgabe=11
luftskal=1
fft=0
vollpol_aus.txt

winkela=0
u2i2=1
u2=10
i2=10
jsteps=48
ndreh=1
fronspar=0
leerlauf=1
vollpol_loes3.txt
```

Der Parameter „jsteps" definiert die Anzahl von Zeitschritten in einer Periode. Über ndreh wird die Anzahl der zu berücksichtigenden Zeitperioden definiert. Hier reicht im allgemeinen eine Umdrehung. Der Parameter leerlauf definiert, dass die Spannungsquellen in hochohmige Widerstände umgewandelt werden.

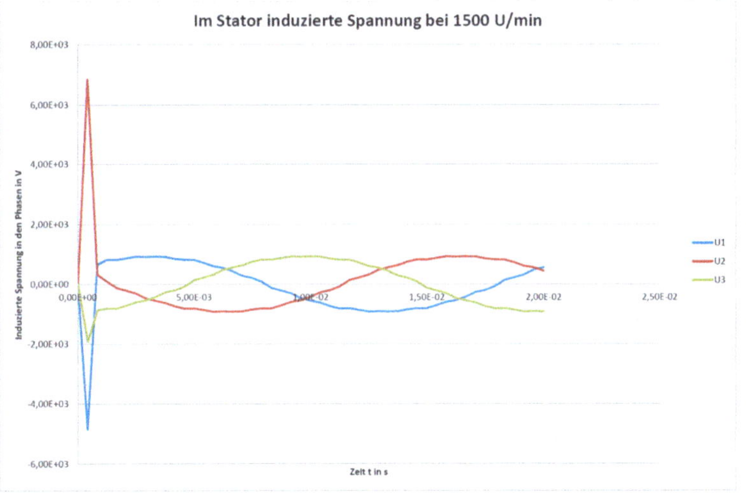

Abb. 20.76 Induzierte Spannung bei 1500 U/min mit Einschwingvorgang

Als Ergebnis ergibt sich nach einem kurzen heftigen Einschwingvorgang aufgrund der Beschleunigung ein Spannungssprung in den Ständerspulen, dem danach die induzierte

Spannung in Abhängigkeit der Zeit folgt. Bei entsprechender großer Stützstellenanzahl kann die Abhängigkeit der Spannungskurvenform von der Dimensionierung des Vollpolläufers und der Statorverschaltung ermittelt werden.

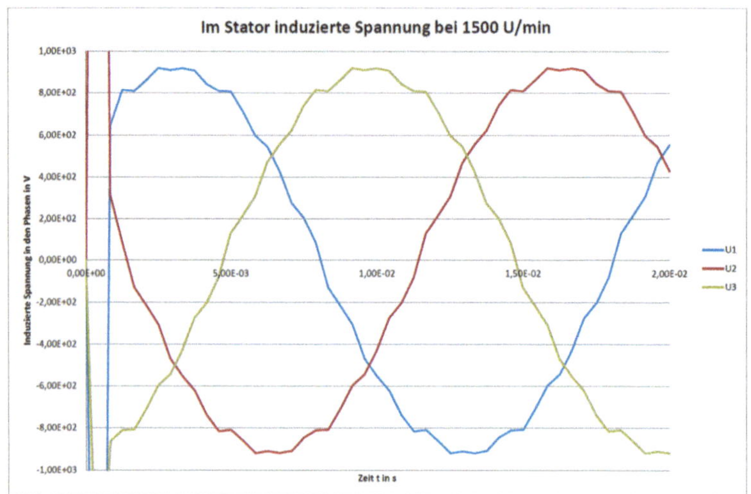

Abb. 20.77 Induzierte Spannung bei 1500 U/min

Die Spannungskurvenform weist geringe Schwankungen auf, die auf die geöffneten Rotornuten, aber auch die Anzahl und das Verhältnis der stromführenden zu stromfreien Nuten zurückzuführen sind. Durch Änderung der Parameter kann die Welligkeit der induzierten Spannung reduziert werden.

20.8.2 Berechnung der im Stator induzierten Ströme bei dreiphasigem Klemmenkurzschluss

Werden die statorseitigen Spannungsquellen in niederohmige Widerstände umgewandelt, können bei Drehung mit konstanter Drehzahl die im Stator induzierten Ströme ermittelt werden. Das Skript zum Aufruf dieser Berechnungsmethode befindet sich in der Datei „vollpol_rechnung_transient_2.txt", verwendet wird das Lösungsskript in der Datei „vollpol_loes3.txt". Die Lösung wird mit folgenden Parametern aufgerufen.

```
leerlauf=0
vollpol_loes3.txt
```

Gegenüber dem Berechnungsskript für die induzierte Spannung weist das notwendige Berechnungsskript „vollpol_rechnung_transient_2.txt" nur geringe Unterschiede auf. Der Unterschied besteht lediglich in dem Parameter „leerlauf", der auf 0 gesetzt wird.

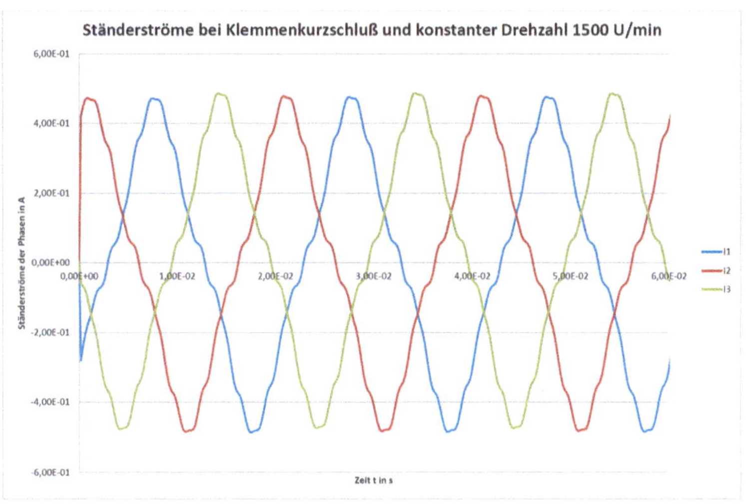

Abb. 20.78 Kurzschlussstrom bei Klemmenkurzschuss und 1500 U/min

Als Ergebnis ergibt sich nach einem sehr kurzen Einschwingvorgang und der Rückwirkung des Rotors auf den Stator direkt der Kurzschlussstrom in den einzelnen Phasen. Bei entsprechend großer Stützstellenanzahl kann die Abhängigkeit der Spannungskurvenform von der Dimensionierung des Vollpolläufers und der Statorverschaltung ermittelt werden. Wie die Kurvenform der induzierten Spannung weist der Kurzschlussstrom Oberwellen über einem Sinus auf.

20.9 Optimierung der Vollpolläuferform

Zur Optimierung der Spannungskurvenform kann die Anzahl der stromführenden Rotornuten generell, bzw. im Verhältnis zu den nicht stromführenden Nuten geändert werden. Weitere Änderungen, wie z. B. die winkelabhängige Anordnung der stromführenden Rotornuten oder eine Anpassung der Windungszahlen in den einzelnen Rotornuten entsprechend einer Bruchlochwicklung, können mit diesem einfachen Modell nicht berücksichtigt werden.

20.9.1 Füllung der nicht mit Leitern belegten Nuten im Rotor

Als erste Optimierung bietet sich die Füllung der nicht stromführenden Rotornuten mit Eisenmaterial an. Erwartet wird, dass die Felderregerkurve des Rotors im Bereich der Kuppe des Sinus geglättet wird.

Hinsichtlich der Eingabedaten für die Geometrieerstellung ändert sich lediglich der Parameter für die Nutfüllung. Die Materialeigenschaft der nicht stromführenden Nuten wird von Luft in Rotoreisen umgewandelt.

```
*SET,NUTFUELL, 1.000000000000
```

Damit ergibt sich nach der Modellgenerierung die folgende Geometrie.

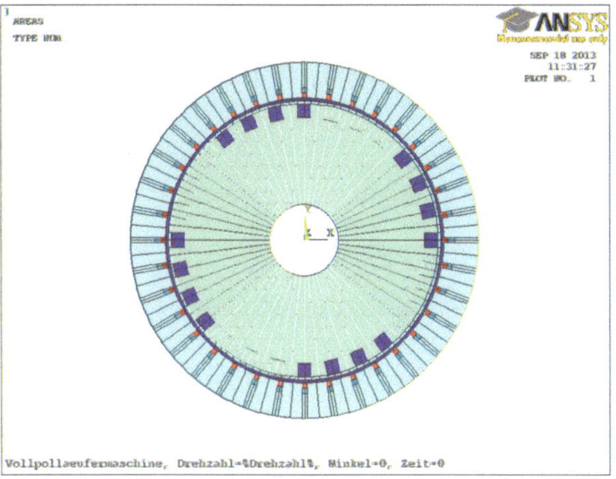

Abb. 20.79 Flächenmodell bei Nutfüllung der nicht stromführenden Nuten des Rotors mit Eisen

Wird nun der Rotor wie bereits beschrieben mit Strom gespeist, so ergibt sich ein wesentlich harmonischerer Verlauf der Feldlinien auf der Rotorseite im Bereich der magnetische Pole, da die Rotornuten den Verlauf nicht stören.

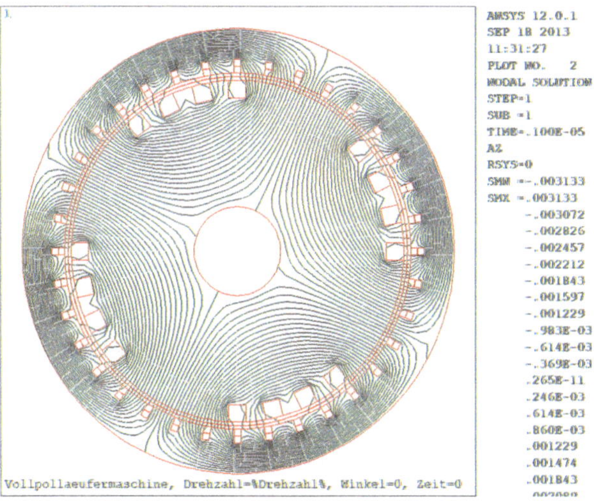

Abb. 20.80 Feldlinienbild bei statischer Rechnung und Nutfüllung der nicht stromführenden Nuten des Rotors mit Eisen

Dies bestätigt sich zudem in der vektoriellen Darstellung der magnetischen Feldstärke in Luftspaltmitte und dem Luftspaltfeld in Luftspaltmitte in Abhängigkeit des Winkels.

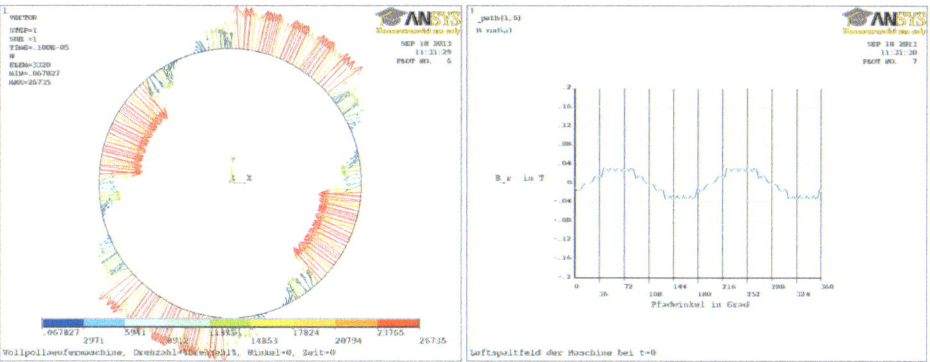

Abb. 20.81 Vektorielle Darstellung der magnetischen Feldstärke (*links*) und des Luftspaltfeldes in Luftspaltmitte bei statischer Rechnung und Nutfüllung der nicht stromführenden Nuten des Rotors mit Eisen

Obwohl die Felderregerkurve des Rotorfeldes wesentlich verbessert wurde, zeigen sich kaum Auswirkungen am Verlauf der induzierten Spannung in den Statorwicklungen.

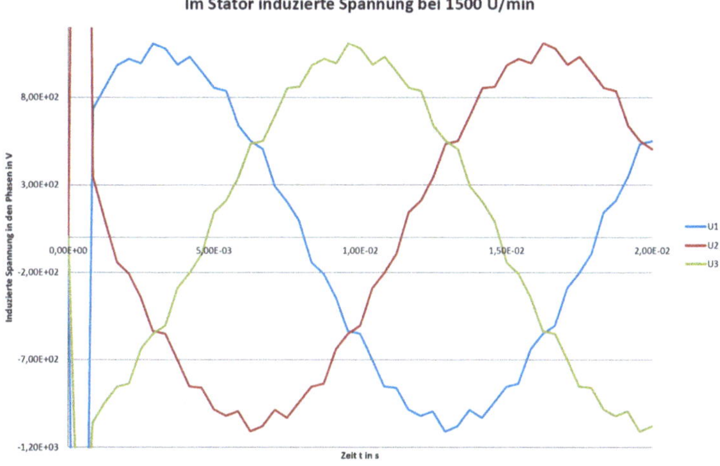

Abb. 20.82 Induzierte Spannung bei 1500 U/min und Füllung der nicht stromführenden Rotornuten mit Eisen

Auch die Auswirkungen auf die Welligkeit des Kurzschlussstromes bei konstanter Drehzahl sind kaum erkennbar.

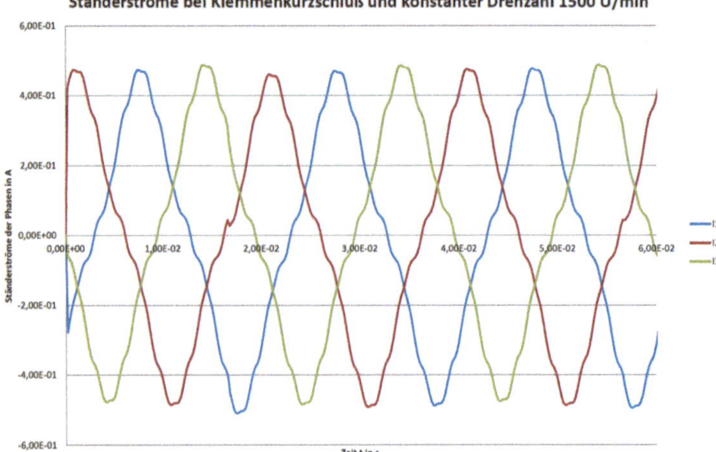

Abb. 20.83 Kurzschlussstrom bei Klemmenkurzschuss und 1500 U/min und Füllung der nicht stromführenden Rotornuten mit Eisen

20.9.2 Änderung der Anzahl der Nuten mit Leitern und Füllung der nicht mit Leitern belegten Nuten im Rotor

Als zweite Optimierung bietet sich zusätzlich die Änderung der Anzahl der stromführenden Rotornuten an. Erwartet wird, dass die Felderregerkurve des Rotors insgesamt mehr oder weniger zu einer Trapez- oder Dreiecksform tendiert.

Hinsichtlich der Eingabedaten für die Geometrieerstellung ändert sich der Parameter für die Nutfüllung, sowie die Anzahl der stromführenden Nuten in einem Pol. Die Materialeigenschaft der nicht stromführenden Nuten wird von Luft in Rotoreisen umgewandelt.

```
*SET,Z2SPUL  , 5.000000000000
*SET,NUTFUELL, 1.000000000000
```

Damit ergibt sich nach der Modellgenerierung die folgende Geometrie.

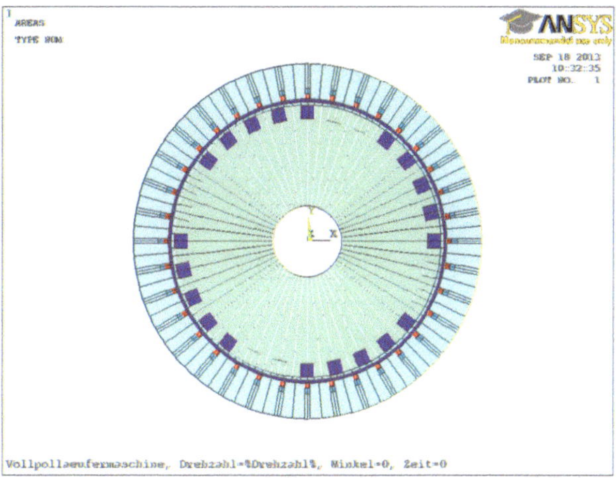

Abb. 20.84 Flächenmodell bei Leiteranzahl je Pol von 5 und Nutfüllung

Durch die Füllung der nicht stromführenden Nuten mit Eisen und die Änderung der Anzahl stromführender Nuten relativ zur Gesamtanzahl der Nuten eines Pols wird der Bereich des Pols komprimiert, gleichzeitig muss die maximale Flußdichte steigen.

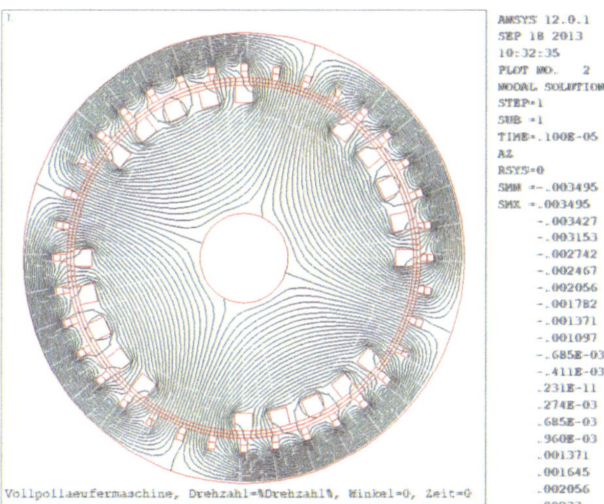

Abb. 20.85 Feldlinienbild bei statischer Rechnung, Rotorspeisung und bei Leiteranzahl je Pol von 5 und Nutfüllung

Dies bestätigt sich zudem in der vektoriellen Darstellung der magnetischen Feldstärke in Luftspaltmitte und dem Luftspaltfeld in Luftspaltmitte in Abhängigkeit des Winkels. Der konstante Bereich der Trapezfunktion wird zugunsten einer länger ansteigenden Trapezkurve verkleinert. Damit wird von der idealen Sinusform abgewichen.

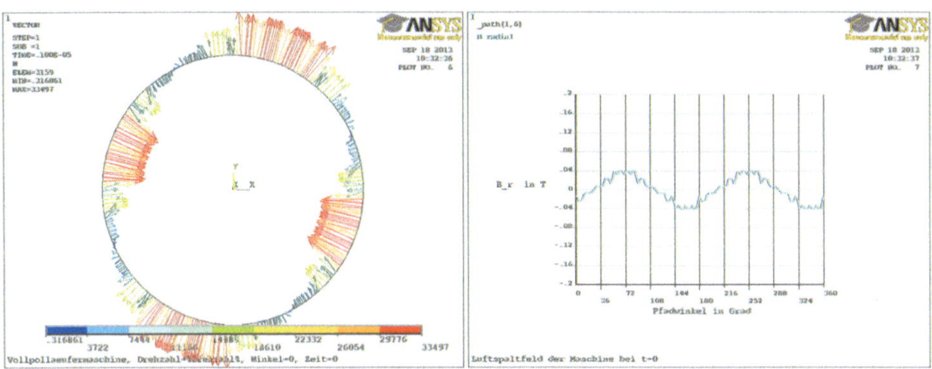

Abb. 20.86 Vektorielle Darstellung der Feldstärke (*links*) und des Luftspaltfeldes in Luftspaltmitte bei statischer Rechnung, Rotorspeisung und stärkerer Luftspalterweiterung

Obwohl die Felderregerkurve des Rotorfeldes geringfügig verschlechtert wurde, zeigen sich kaum Auswirkungen am Verlauf der induzierten Spannung in den Statorwicklungen. Genauere Analysen sind nur durch eine Fourieranalyse möglich.

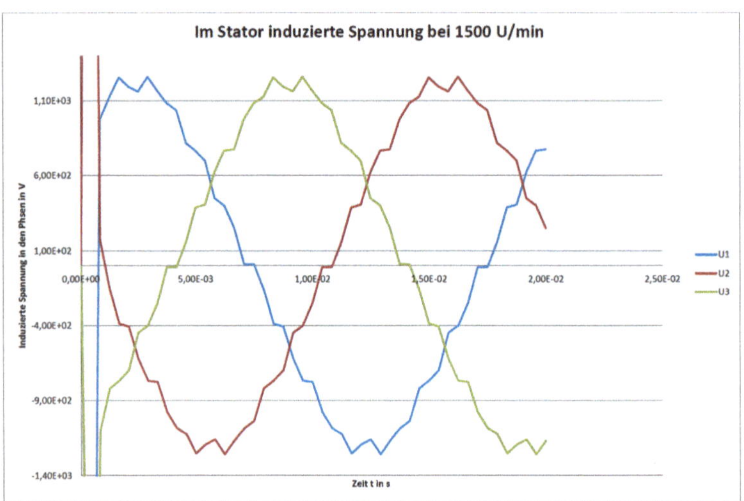

Abb. 20.87 Induzierte Spannung bei 1500 U/min und Füllung der nicht stromführenden Rotornuten mit Eisen, sowie Erhöhung der Anzahl stromführender Nuten

20.10 Transiente Rechnung II

Vor dem Start weiterer transienter Berechnungen ist zunächst das modellhaft erstellte Finite-Elemente-Modell der Synchronmaschine mit Vollpolläufer bezüglich der technischen Gegebenheiten einer Synchronmaschine zu ändern. Betrachtet werden soll auch weiterhin eine von den Ausmaßen her baumäßig kleine Maschine. Bei Betrachtung der bisher verwendeten Auslegungsdaten fällt insbesondere auf, dass die Widerstände der Stränge aufgrund der sehr kleinen Nutform und der Windungszahl extrem groß sind. Dies wird durch Vergrößerung der Statorkontur korrigiert, in diesem Zuge wird auch die Windungszahl des Stators reduziert. Rotorseitig wird die optimierte Kontur verwendet und die Wicklung geändert. Damit ergeben sich die folgenden Modelldaten.

```
!!
!! Geometrieerstellung einer Synchronmaschine mit
Vollpolläufer
!! 2 Polpaare
!!
/prep7
!! Parameter für die Statorgeometrie
*SET,PI          , 3.141592653590
*SET,M           , 3.000000000000
*SET,P           , 2.000000000000
*SET,Q           , 3.000000000000
*SET,EPS         , 2.000000000000

*SET,JOCHDICKE   , 0.9000000000000E-01
! Jochdicke unter Nut in m
*SET,JOCHTIEFE   , 0.3000000000000      ! Jochtiefe in m
*SET,RAUSSEN     , 0.3100000000000      ! Außenradius in m

*SET,ZWEISCHICHT, 1.000000000000
*SET,WICKBREITE1, 2.500000000000E-02   ! Wicklungsbreite in m
*SET,WICKHOEHE1 , 0.600000000000E-01   ! Wicklungshöhe in m
*SET,WICKISOL   , 0.2000000000000E-03
*SET,DELTA      , 0.8000000000000E-02
*SET,NWIN1      , 20.0000000000
*SET,FREQ       , 50.00000000000

*SET,_FREQ,50                          ! Frequenz
!! Parameter für die Rotorgeometrie
*SET,WICKHOEHE2 , 0.4000000000000E-01
*SET,WICKBREITE2, 0.2000000000000E-01
```

```
*SET,JOCHDICKE2 , 0.1420000000000
*SET,RINNEN     , 0.5000000000000E-01
*SET,Z2         , 28.00000000000
*SET,Z2SPUL     , 4.000000000000
*SET,NUTFUELL   , 0.000000000000
*SET,NWIN2      , 25.00000000000
vollpol_elemente.txt
*SET,LEITA      , 56000000.00000
*SET,LEITI      , 56000000.00000
*SET,MURXA      , 10000.00000000
*SET,MURXI      , 10000.00000000
*SET,NICHTLIN   , 0.000000000000
*SET,FILA       , 0.8000000000000
*SET,FILI       , 0.8000000000000
```

Nach dem Geometrieaufbau ergibt sich die neue Modellkontur.

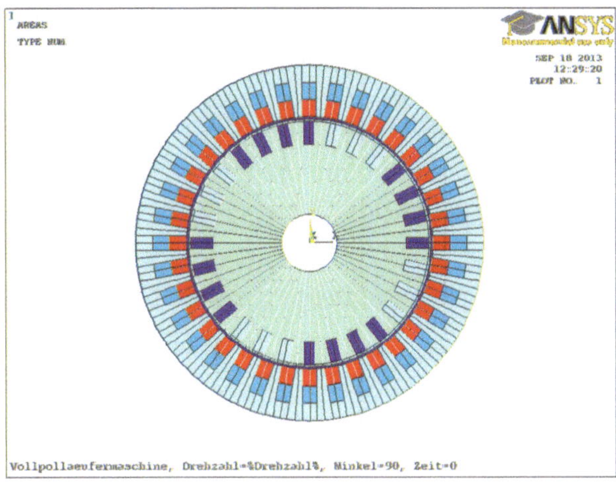

Abb. 20.88 Flächendarstellung des angepassten Synchronmaschinenmodells mit realistischen Nutgrößen

Bei Speisung des Stators mit 1 A ergeben sich bei statischer Rechnung folgende magnetischen Verhältnisse.

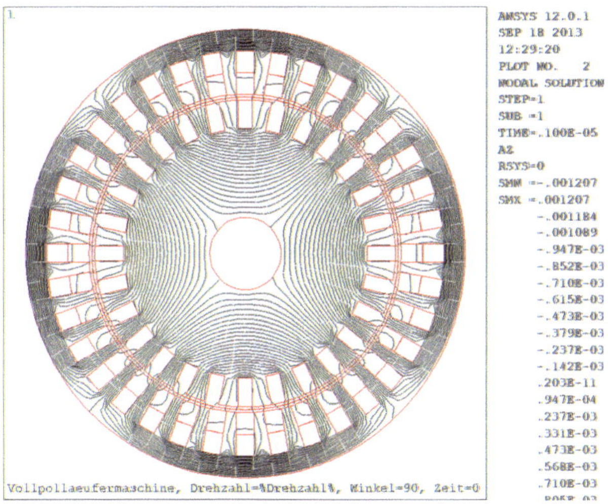

Abb. 20.89 Feldlinienbild bei statischer Rechnung und Statorspeisung

Das Feldlinienbild spiegelt die Durchflutung der Statorseite wieder. Aufgrund der Nutvergrößerung entstehen sehr offene Nuten, auf Streustegkonstruktion wurde zugunsten eines einfachen Modells verzichtet.

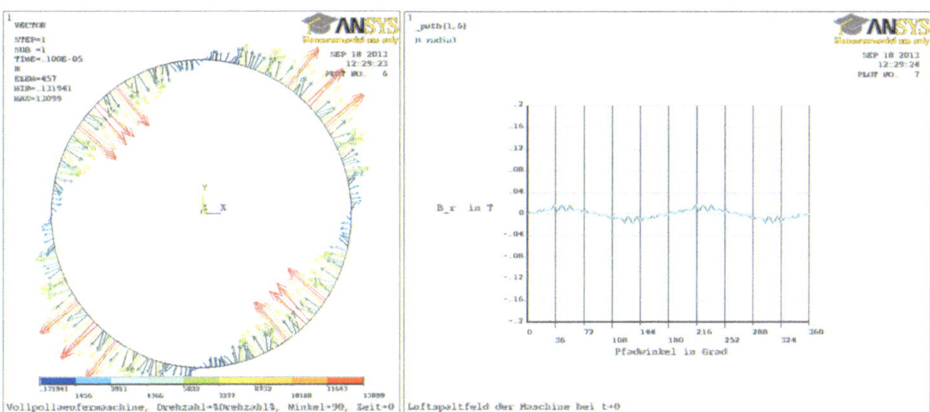

Abb. 20.90 Vektorielle Darstellung der magnetischen Feldstärke (*links*) und Luftspaltfeld in Luftspaltmitte bei statischer Rechnung und Statorspeisung

Die vektorielle Darstellung der magnetischen Flußdichte und Feldstärke bestätigt den Aufbau einer Felderregerkurve mit sinusförmiger Verteilung am Umfang und die nun sehr großen Nutungseffekte durch Stator- und Rotornuten.

U_I_Stator1.lis - Editor

Datei Bearbeiten Format Ansicht ?

Schritt	zeit	winkel	Drehzahl	U1	I1	U2	I2	U3	I3	Rechenzeit
0.00000	0.00000	90.0000	0.00000	-0.857358E-01	1.00000	0.428679E-01	-0.500000	0.428658E-01	-0.500000	5.11683

Abb. 20.91 Spannungen und Ströme auf der Statorseite bei statischer Rechnung

Durch die Änderung der Nutform des Stators und der Windungszahl wurde der statorseitige Wicklungswiderstand wesentlich reduziert.

Bei Speisung des Rotors mit 10 A ergeben sich bei statischer Rechnung folgende magnetischen Verhältnisse.

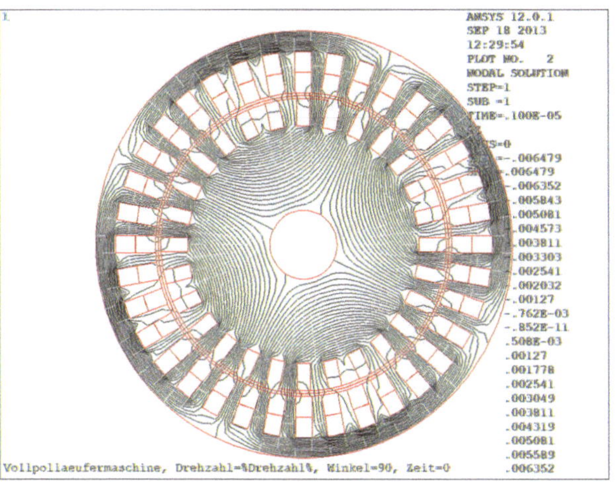

Abb. 20.92 Feldlinienbild bei statischer Rechnung und Rotorspeisung

Das Feldlinienbild spiegelt die Durchflutung der Rotorseite wieder.

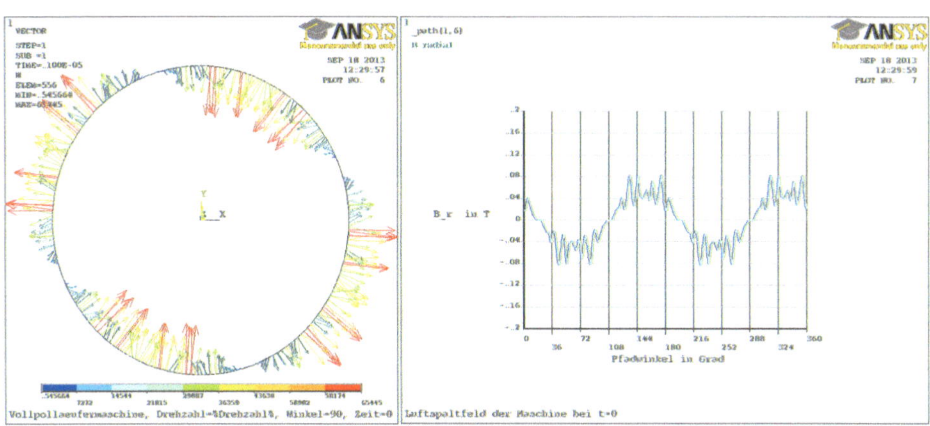

Abb. 20.93 Vektorielle Darstellung der magnetischen Feldstärke (*links*) und Luftspaltfeld in Luftspaltmitte bei statischer Rechnung und Rotorspeisung

Die Felderregerkurve wird durch die starke Nutzung wesentliche Einbrüche auf.

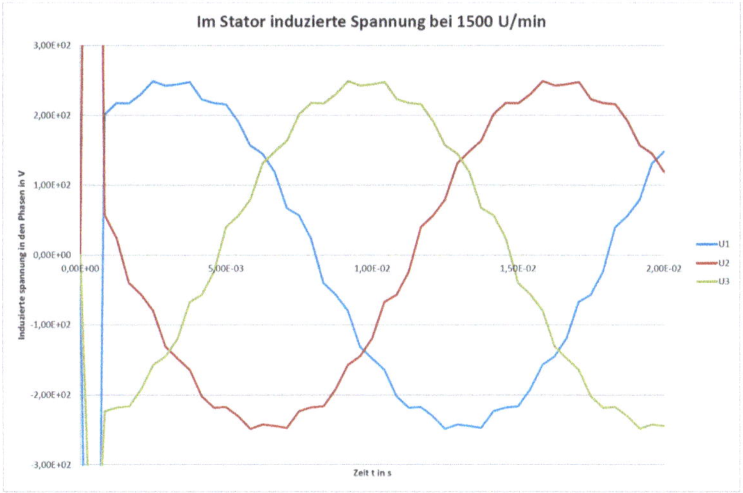

Abb. 20.94 Induzierte Spannung bei 1500 U/min

Bedingt durch die stärkeren Nutzungseffekte weist die Kurvenform der induzierten Spannung stärkere Schwankungen auf.

Damit liegt ein Finite-Elemente-Modell vor, mit dem grundlegend der Versuch unternommen werden kann transiente Berechnungen durchzuführen.

20.10.1 Hochlauf

Als erste transiente Berechnung kann vergleichbar mit der Asynchronmaschine der Start aus dem Stillstand berechnet werden. Entsprechend der Frequenzabhängigkeit der induzierten Spannung aufgrund der jeweiligen Drehzahl im Hochlauf kann die Spannung konstant oder drehzahlabhängig vorgegeben werden, zudem kann mit voller oder reduzierter Spannung eingeschaltet werden. Prinzipiell müsste ein frequenzabhängiger Hochlauf erfolgen, dies wird an dieser Stelle nicht weiter verfolgt.

20.10.1.1 Hochlauf aus dem Stillstand bei voller Ständerspannung

Die transiente Hochlauf-Rechnung kann über das Skript in der Datei vollpol_rechnung_transient_3.txt ausgeführt werden. Die Datei hat folgenden Aufbau.

```
/prep7
vollpol_geometrie.txt
```

```
ausgabe=21
luftskal=1
fft=0
vollpol_aus.txt

winkela=90
drehzahls=0
u2i2=1
u2=10
i2=10
u1=250
jsteps=10
mtstep=.002
enddreh=2000
jrotor=1
j_traegheit=4
ML_Lastmoment=0
fronspar=1
vollpol_loes5.txt
```

Die induzierte Spannung bei der Synchrondrehzahl von 1500 U/min beträgt laut vorangehender Berechnungen etwa 250 V. Damit muss bei Bedingungen, die etwa der Synchronisation entsprechen, an den Phasen des Stators eine Phasenspannung von 250 V angelegt werden. Um den Hochlauf bis zu einer möglichst hohen Modellzeit zu berechnen, werden 10 Stützstellen je Zeitperiode verwendet.

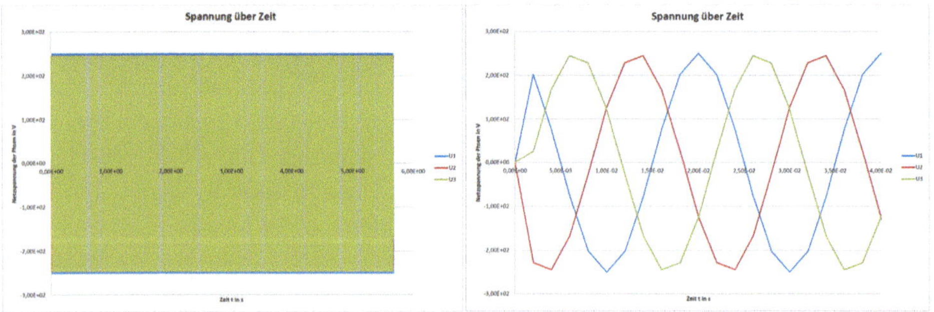

Abb. 20.95 Spannung in Abhängigkeit der Zeit bei Hochlauf

Die Darstellung für die Spannung in Abhängigkeit der Zeit bestätigt die konstante Spannungsamplitude über der Zeit in allen drei Phasen und die 10 Stützstellen je Zeitperiode.

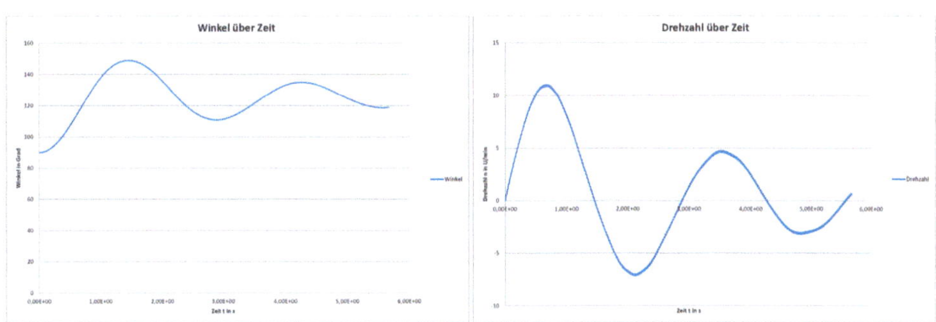

Abb. 20.96 Winkel und Drehzahl in Abhängigkeit der Zeit im Hochlauf

Die Synchronmaschine wurde bei einem geometrischen Verdrehwinkel von 90 Grad zum Zeitpunkt 0 gestartet. Bei voller Spannung dreht sich die Synchronmaschine leicht in Drehfeldrichtung, kann jedoch nicht dem Drehfeld folgen. Dementsprechend nimmt die Drehzahl zunächst leicht auf 10 U/min zu und schwingt sich auf einen Mittelwert von 0 U/min ein. Dies entspricht dem bekannten Verhalten der Synchronmaschine ohne Dämpferkäfig, die bei fester Frequenz und voller Spannung nicht hochgefahren werden kann. Auch die für Frequenzen kurzgeschlossene Erregerwicklung ist nicht in der Lage die Synchronmaschine hochzufahren.

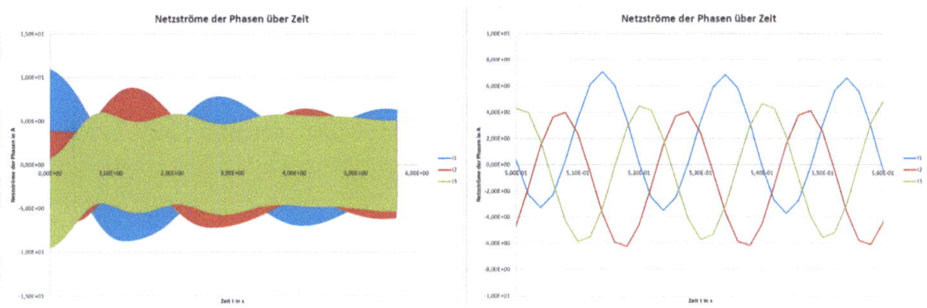

Abb. 20.97 Netzströme in Abhängigkeit der Zeit

Die Netzströme weisen starke Gleichstromanteile auf, die nur sehr langsam abklingen.

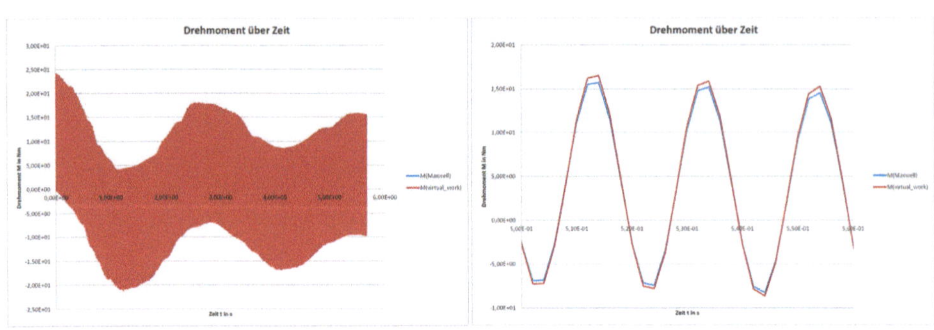

Abb. 20.98 Drehmoment in Abhängigkeit der Zeit

Dementsprechend ergibt sich ein Drehmoment in Abhängigkeit der Zeit, das sehr stark schwankt und je nach Zeitaugenblick einen positiven oder negativen Mittelwert aufweist, was zur geringfügigen Drehung in die eine oder andere Richtung führt.

Der Hochlauf bei voller Spannung und konstanter Frequenz aus dem Stillstand eignet sich nicht, um die Synchronmaschine hochzufahren und anschließend Kennlinien zu rechnen.

20.10.1.2 Hochlauf aus dem Stillstand bei reduzierter Ständerspannung

Gegenüber dem Einschalten bei voller Spannung aus dem Stillstand wurde die Synchronmaschine mit reduzierter Spannungsamplitude von 50 V versorgt. Den Darstellungen der Spannung über der Zeit ist zu entnehmen, dass zur Erzielung einer möglichst langen Anlaufzeit weiterhin sehr wenige Stützstellen (10) je Zeitperiode berücksichtigt wurden. Die Berechnung wurde nach 1723 Zeitschritten und damit einer Zeit von fast 3,5 Sekunden abgebrochen, dies entspricht fast 175 Zeitperioden des Netzes und damit bei 2 Polpaaren mehr als 85 Umdrehungen des Drehfeldes.

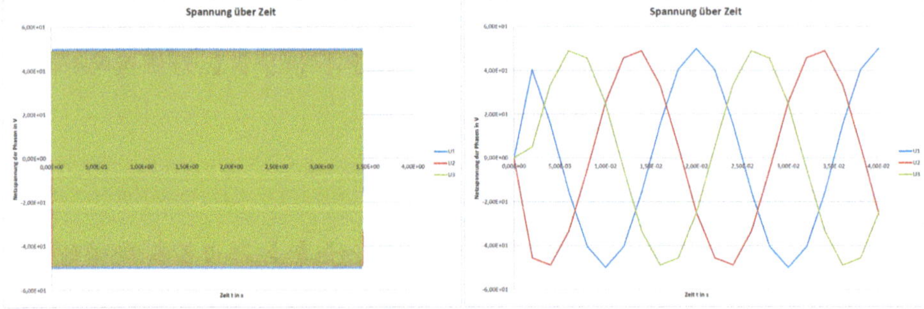

Abb. 20.99 Spannung in Abhängigkeit der Zeit bei Hochlauf

Die Darstellung für die Spannung in der Zeit bestätigt die konstante Spannungsamplitude über der Zeit in allen drei Phasen und die 10 Stützstellen je Zeitperiode.

Dies hat zur Folge, dass die Synchronmaschine nur sehr langsam aus dem Stillstand heraus beschleunigt. Gestartet wurde mit einem Verdrehwinkel von 90 Grad, während der gesamten Zeit von fast 3,5 Sekunden verdreht sich die Synchronmaschine lediglich um etwa 20 Grad, wobei die Winkelzunahme stark schwankt. Dies ist anhand der Darstellung der Drehzahl zu verifizieren, die zunächst auf 3 U/min steigt und dann wieder negative Drehzahlen von bis zu −1,5 U/min aufweist.

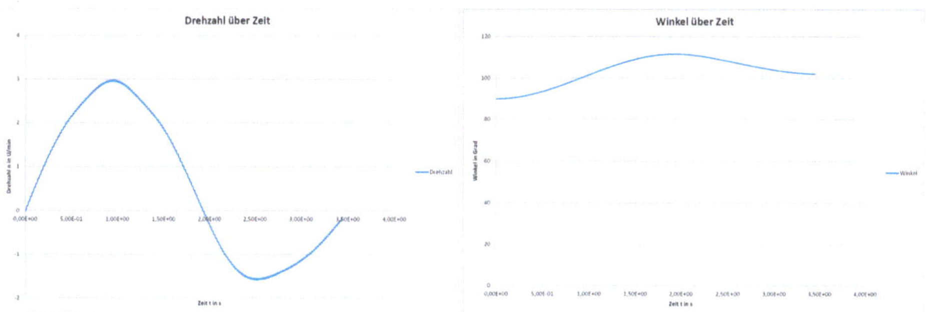

Abb. 20.100 Winkel und Drehzahl in Abhängigkeit der Zeit im Hochlauf

Die Synchronmaschine reagiert auf diesen Einschaltprozess ohne zusätzlichen Dämpferkäfig mit recht großen Einschaltströmen, die große Gleichstromanteile aufweisen. Wie man dem Diagramm der Netzströme über der Zeit entnehmen kann, klingen diese Gleichstromanteile nur sehr langsam ab. Selbst nach Abbruch der Rechnung sind die Gleichstromanteile noch erheblich.

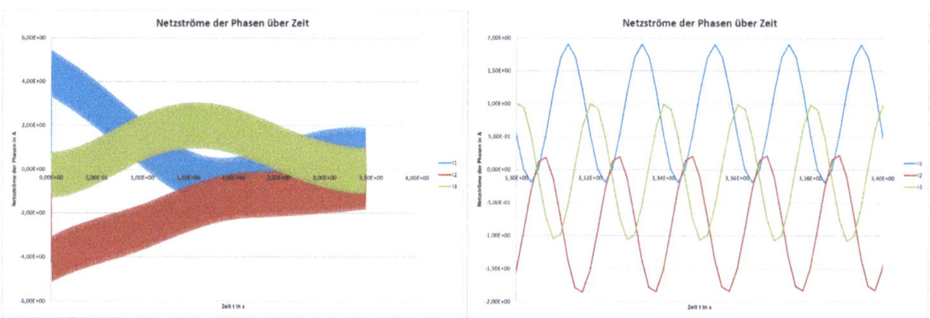

Abb. 20.101 Netzströme in Abhängigkeit der Zeit

Zurückzuführen ist dies auf das extrem schwankende Drehmoment, das aufgrund der noch nicht eingeschwungenen Ständerströme ebenso noch nicht eingeschwungen sein kann.

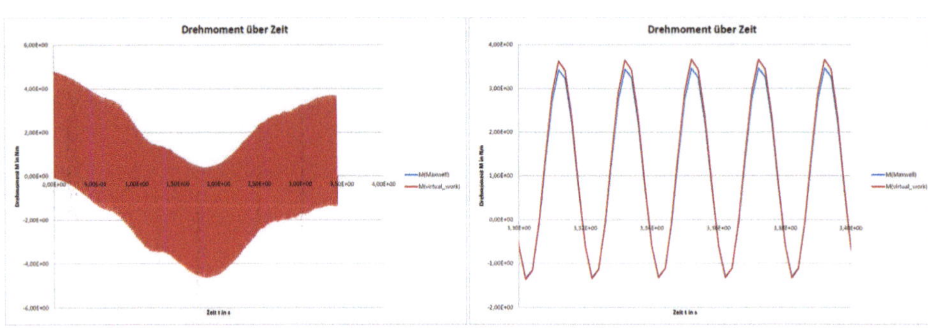

Abb. 20.102 Drehmoment in Abhängigkeit der Zeit

Angesichts der katastrophalen Ergebnisse wird auf die eigentlichen Ergebnisse der Finite-Elemente-Rechnung, d. h. grafische Darstellungen nicht näher eingegangen. Selbst die Ströme mit großem Gleichstromanteil liegen im Bereich der zuvor getätigten statischen Berechnungen, damit sind die Rechnungen auch ohne Erweiterung auf nichtlineare Rechnung gültig.

Die Berechnungen zeigen, dass zur Berechnung von Kennlinien und Kenngrößen der Start der Synchronmaschine aus dem Stillstand nicht sinnvoll erscheint. Die Berechnung eines vollen Hochlaufs aus dem Stillstand bis zum Synchronismus und nachfolgende Belastung erscheint angesichts der Rechenzeiten utopisch. Derartige Berechnungen haben lediglich Demonstrationscharakter, führen für ingenieurwissenschaftliche Zwecke nicht zum Ziel und haben eher akademischen Wert.

20.10.1.3 Hochlauf aus dem Synchronismus

Gegenüber dem Start der Synchronmaschine aus dem Stillstand mit verringerter Spannung bietet sich daher eher der Start der Berechnung bei Synchrondrehzahl an. Untersucht wurden zwei verschiedene Startwinkel von 0 Grad und 90 Grad. Als Spannung wird eine Amplitude der Ständerspannung von 250 V verwendet, die etwa der Polradspannung bei zugrundeliegendem Erregerstrom entspricht. Um möglichst lange Rechenzeiten zu ermöglichen wurden erneut nur 10 Stützstellen je Zeitperiode berücksichtigt.

Die Darstellung der Spannungen über der Zeit bestätigt die konstante Spannungsamplitude über der Zeit und die geringe Anzahl von Stützstellen.

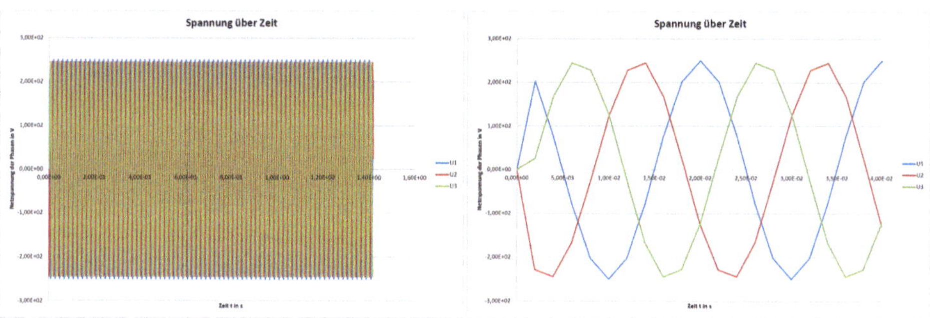

Abb. 20.103 Spannung in Abhängigkeit der Zeit bei Start aus Synchronismus und Startwinkel 0 Grad

Die Berechnungen bei einem Startwinkel von 0 Grad ergeben stark schwankende Netzströme mit Schwebungseffekten. Dies ist darauf zurückzuführen, dass die Synchronmaschine aus dem Synchronismus gestartet wurde und aufgrund des entstehenden Drehmoments aufgrund des Startwinkels zwischen dem Drehfeld und dem Polrad entweder über den Synchronismus hinaus weiter beschleunigt oder abgebremst wird.

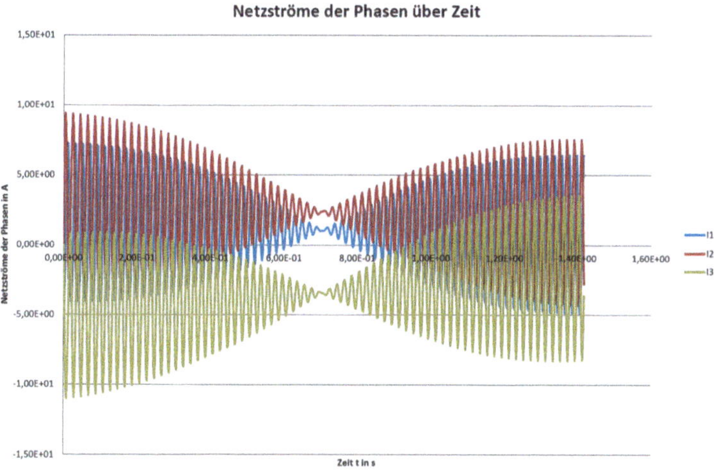

Abb. 20.104 Netzströme in Abhängigkeit der Zeit bei Start aus Synchronismus und Startwinkel 0 Grad

Der Darstellung für die Netzströme ist zu entnehmen, dass neben der Schwebung auch große Gleichstromanteile entstehen, die nur sehr langsam abnehmen.

Aufgrund der nahezu konstanten Drehzahl von 1500 U/min nimmt der Verdrehwinkel der Maschine stetig zu. Während der Drehung beschleunigt die Synchronmaschine zunächst auf eine Drehzahl von etwa 1513 U/min, d. h. 13 U/min über dem Synchronismus und baut diesen Drehzahlüberschuss anschließend aufgrund der Pendelungen nur langsam ab. Während der betrachteten Zeit von 1,4 Sekunden ist nur der Abfall der Drehzahl auf Synchrondrehzahl mit negativem Trend erkennbar.

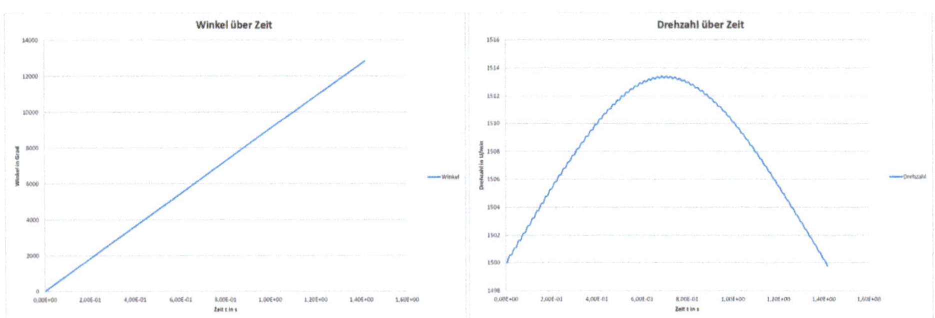

Abb. 20.105 Winkel und Drehzahl in Abhängigkeit der Zeit bei Start aus Synchronismus und Startwinkel 0 Grad

Zurückzuführen ist die Drehzahlzunahme auf das zwar schwankende, aber einen positiven Mittelwert aufweisende Drehmoment. Bis zur Zeit 0,7 Sekunden ist der Mittelwert positiv, worauf die Drehzahlzunahme zurückzuführen ist, danach wird der Mittelwert negativ, was zum Abbremsen der Maschine führt.

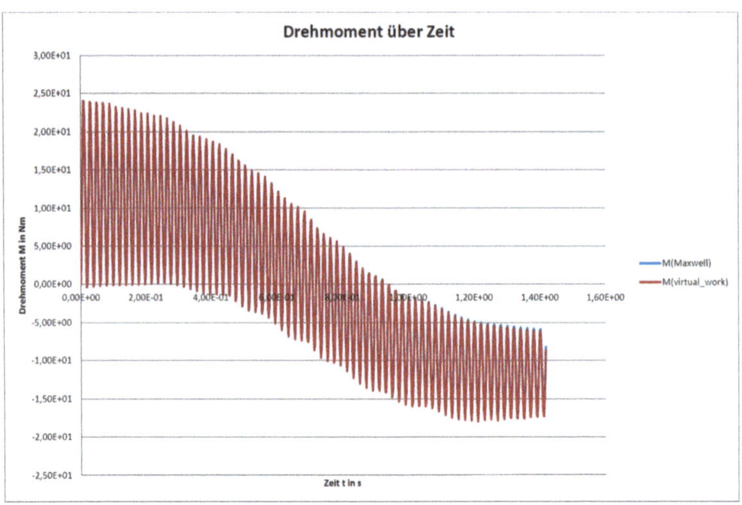

Abb. 20.106 Drehmoment in Abhängigkeit der Zeit bei Start aus Synchronismus und Startwinkel 0 Grad

Das bekannte statische Betriebsverhalten der Synchronmaschine kann annähernd erkannt werden, wenn das Drehmoment über der Winkeländerung gegenüber dem synchronen Drehfeld aufgetragen wird. Die Winkeländerung ist die Differenz zwischen dem Phasenwinkel, der vom Netz vorgegeben wird und dem geometrischen Verdrehwinkel des

Modells. Da es sich um einen dynamischen Prozess handelt, ist die Abhängigkeit des Drehmoments vom Polradwinkel, dies ist in etwa die Winkeländerung, in Grundzügen bereits erkennbar.

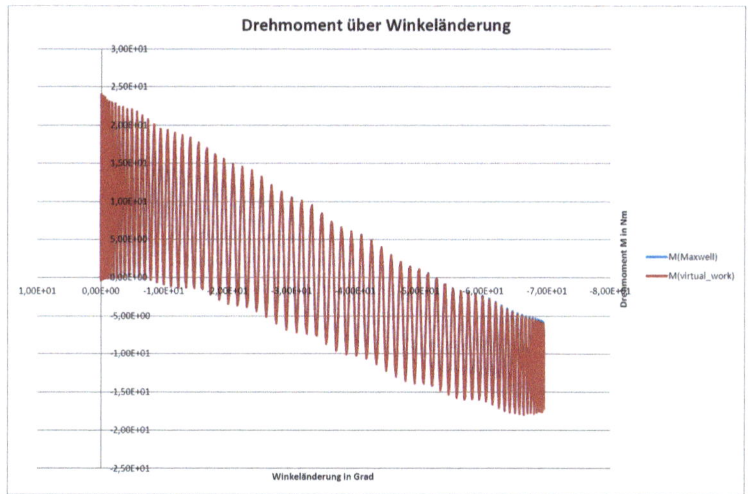

Abb. 20.107 Drehmoment in Abhängigkeit des Drehwinkels bei Start aus Synchronismus und Startwinkel 0 Grad

Auch diese Berechnungsmethodik scheint für die Synchronmaschine nur akademischen Wert zu haben. Evtl. ist der Einschwingprozess durch einen Startverdrehwinkel verkürzbar. Aus diesem Grunde wurde auf der Basis der statischen Berechnungen erneut mit einem Startwinkel von 90 Grad gerechnet und die Spannung beibehalten.

Der Winkel über der Zeit nimmt in Abhängigkeit der Zeit stetig zu, aufgrund des geänderten Startwinkels nimmt die Drehzahl bei diesem Startwinkel zunächst auf 1480 U/min, d. h. 20 U/min unter dem Synchronismus ab.

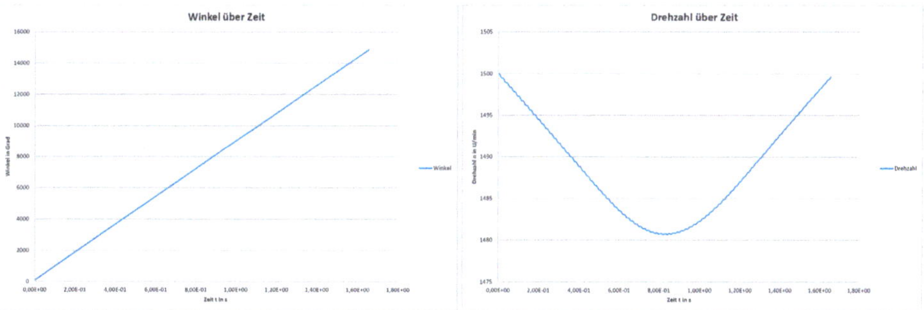

Abb. 20.108 Winkel und Drehzahl in Abhängigkeit der Zeit bei Start aus Synchronismus und Startwinkel 90 Grad

Der Darstellung der berechneten Netzströme ist zu entnehmen, dass die Verläufe aufgrund des geänderten Startwinkels zwar anders sind, jedoch noch immer große Gleichstromanteile und Schwebungseffekte aufweisen. Dies ist darauf zurückzuführen, dass zwar die Neutralstellung prinzipiell das Drehmoment aufgrund der Ankerrückwirkung minimieren, aber aufgrund der Ausgleichsvorgänge die Ständerströme erst aufgebaut werden müssen und dadurch erneut entweder eine Beschleunigung oder Abbremsung gegenüber dem Synchronismus auftritt.

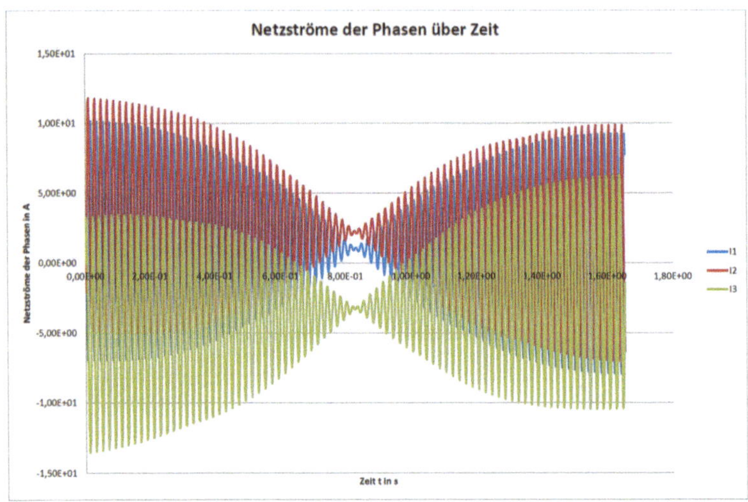

Abb. 20.109 Netzströme in Abhängigkeit der Zeit bei Start aus Synchronismus und Startwinkel 90 Grad

Dies bestätigt die Darstellung des berechneten Drehmoments über der Zeit mit negativen Mittelwerten des Drehmoments bis zum Zeitpunkt 0,7 Sekunden und anschließend positiven Mittelwerten, die die Drehzahl wieder in Richtung Synchronismus und aufgrund der Pendelung darüber hinaus anhebt.

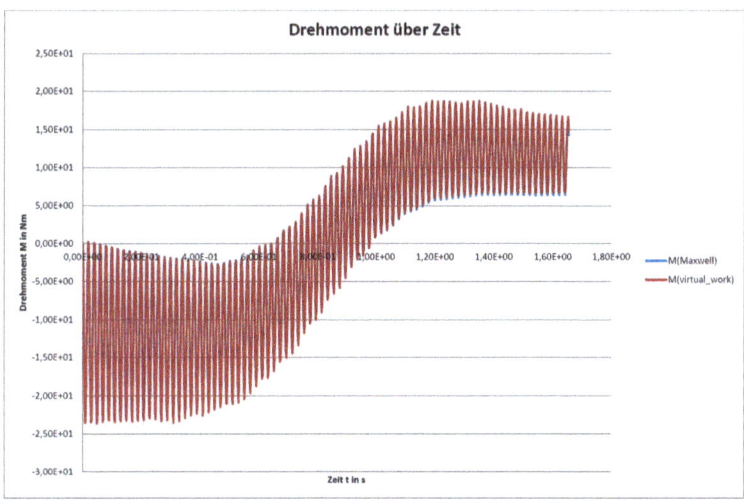

Abb. 20.110 Drehmoment in Abhängigkeit der Zeit bei Start aus Synchronismus und Startwinkel 90 Grad

Die Darstellung des Drehmoments über der Winkeländerung ist bis auf die x-Achsen-Skalierung (Winkeländerung) mit der Berechnung für den Startwinkel 0 Grad vergleichbar.

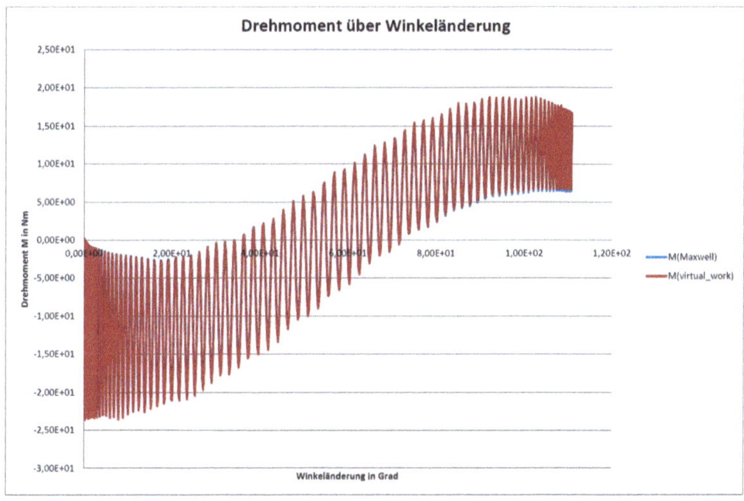

Abb. 20.111 Drehmoment in Abhängigkeit des Drehwinkels bei Start aus Synchronismus und Startwinkel 90 Grad

Damit kann abschließend festgestellt werden, dass dynamische Berechnungen, die die Verdrehung und damit Winkeländerung zwischen Rotor und Stator aufgrund des Drehmoments zwar das Verständnis für Synchronmaschinen bestätigen, aber zur Kennlinienberechnung nicht herangezogen werden können.

20.10.2 Berechnung bei konstanter Drehzahl und festem Verdrehwinkel

Da dynamische Berechnungen offenbar den Nachteil besitzen, dass aufgrund der starken Pendelungen Einschwingvorgänge entweder gar nicht oder erst sehr langsam abgeschlossen sind und damit extrem hohe Rechenzeiten erfordern würden, besteht vergleichbar mit der Berechnung der induzierten Spannung oder des Kurzschlussstroms in Abhängigkeit der Zeit bei fester Drehzahl die Möglichkeit eine konstante Drehzahl, im Falle der Synchronmaschine die Synchrondrehzahl konstant einzustellen und auf der Basis eines damit festen Verdrehwinkels zwischen Rotor und Stator die Ständerspannungen sprungförmig einzuschalten. Es ist zu erwarten, dass dann lang andauernde Einschwingvorgänge bei den Ständerströmen entstehen, da die Synchronmaschine nicht mit mechanischen Pendelungen reagieren kann.

In der im Folgenden vorgestellten Rechnung wurde mit der Synchrondrehzahl von 1500 U/min bei einem geometrischen Verdrehwinkel von 0 Grad gerechnet. Die angelegte Ständerspannungsamplitude von 250 V entspricht der Polradspannung bei einem Erregerstrom von 10 A. Erneut wurde mit 10 Stützstellen je Zeitperiode gerechnet.

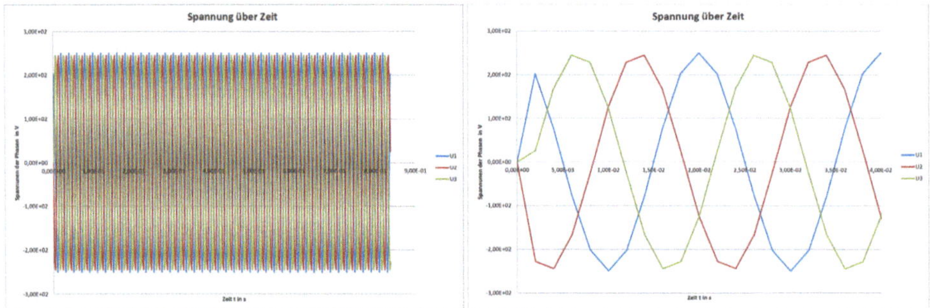

Abb. 20.112 Spannung in Abhängigkeit der Zeit bei fester Drehzahl und Verdrehwinkel 0 Grad

Die Darstellung der Spannungen über der Zeit bestätigt die konstante Spannungsamplitude über der Zeit und die geringe Anzahl von Stützstellen.

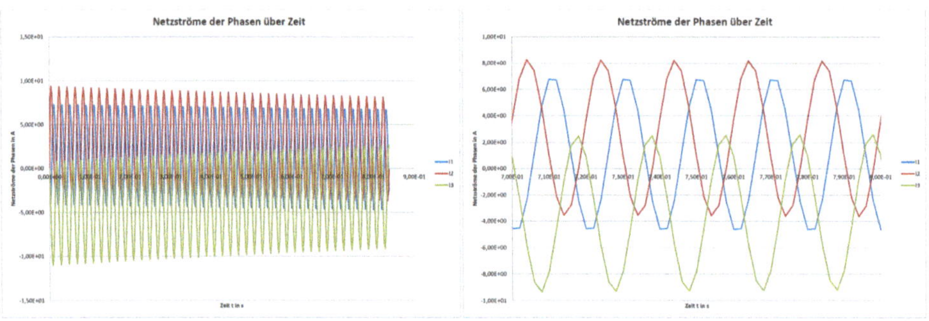

Abb. 20.113 Netzströme der Phasen in Abhängigkeit der Zeit bei fester Drehzahl und Verdrehwinkel 0 Grad

Wie zu erwarten entstehen beim Einschalten große Gleichstromanteile bei den Netzströmen, die nur langsam abklingen.

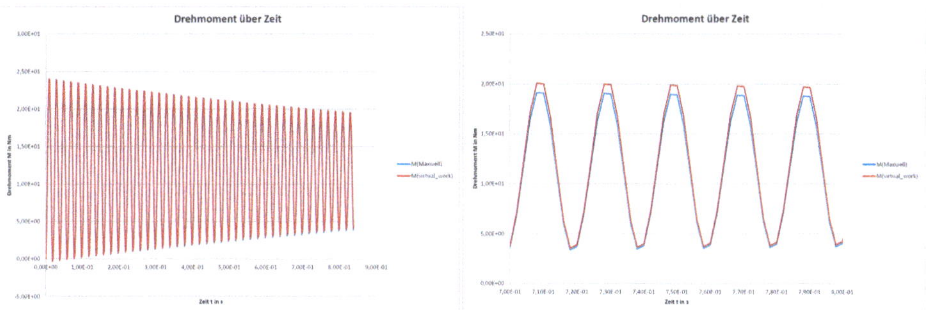

Abb. 20.114 Drehmoment in Abhängigkeit der Zeit bei fester Drehzahl und Verdrehwinkel 0 Grad

Dies trifft auch für das Drehmoment zu, dessen Schwankungsbreite erst langsam mit fortschreitender Zeit abnimmt.

Gegenüber den dynamischen Rechnungen entstehen bei fester Vorgabe des Verdrehwinkels und manueller Drehung des Rotors zum Stator auswertbare Ergebnisse, wenn der Einschwingvorgang abgewartet ist.

Um Kennlinien zu rechnen ist der Einschwingvorgang abzuwarten, eine passend große Anzahl von Rechnungen für einen festen Verdrehwinkel zu rechnen und danach in einer Schleife der geometrische Verdrehwinkel sprunghaft zu verändern. Um die Rechengenauigkeit zu steigern, ist es nach dem Einschwingvorgang zusätzlich möglich sukzessive die Stützstellenanzahl in einer Zeitperiode zu vergrößern. Dies muss zwingend sehr langsam erfolgen, um keine zusätzlichen großen Ausgleichsprozesse zu erhalten.

20.10.3 Belastung

Das unter Abschn. 20.10.2 beschriebene stufige Verändern des geometrischen Verdrehwinkels wird im Folgenden zur Anwendung gebracht. Zusätzlich wird die Stützstellenanzahl von 10 sukzessive nach dem fast abgeschlossenen Einschwingvorgang auf 30 erhöht.

Die Darstellung der Spannung über der Zeit bestätigt die geringe Stützstellenanzahl je Zeitperiode von 10 bis zum Rechenzeitpunkt eine Sekunde, danach, erkennbar an der leicht fransigen Amplitude der Spannungen der Übergang zur größeren Stützstellenanzahl bis zum Zeitpunkt von etwa 2,5 Sekunden und anschließend die Berechnung mit größerer Stützstellenanzahl und veränderlichem geometrischem Verdrehwinkel.

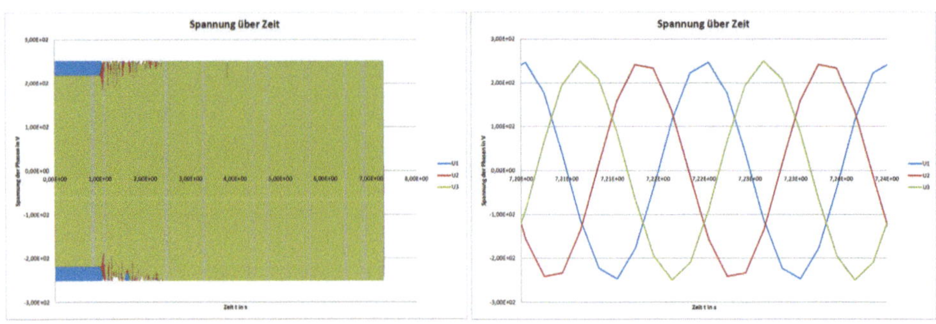

Abb. 20.115 Spannung in Abhängigkeit der Zeit bei fester Drehzahl und stufig geändertem Verdrehwinkel zwischen Rotor und Stator

Die Darstellung des geometrischen Verdrehwinkels bestätigt die Steigerung des Verdrehwinkels von 0 bis 40 Grad in 10 Grad-Schritten. Die Rechenzeit für die Auswertung eines Verdrehwinkels beträgt ca. eine Sekunde.

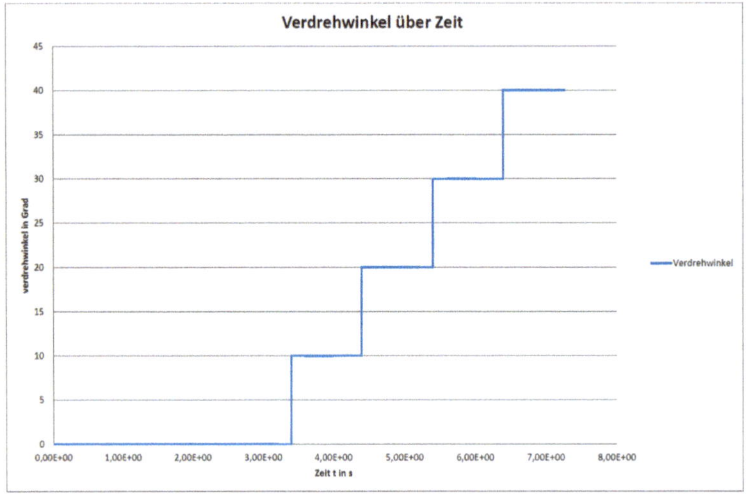

Abb. 20.116 Verdrehwinkel zwischen Rotor und Stator in Abhängigkeit der Zeit bei fester Drehzahl

Als Ergebnis für die Netzströme der Phasen ergibt sich im linken Bild der Einschwingvorgang mit Steigerung der Stützstellenanzahl, der nach 2,5 Sekunden nahezu abgeschlossen ist und nachfolgend die Berechnung mit verändertem Verdrehwinkel. Im rechten Bild wurde die Darstellung um den Einschwingvorgang reduziert und stellt damit auswertbare Ergebnisse dar. Wie nicht anders zu erwarten ändert sich bei konstantem Erregerstrom, der nicht geändert wurde, die Amplitude der Netzströme in Abhängigkeit des geometrischen Verdrehwinkels.

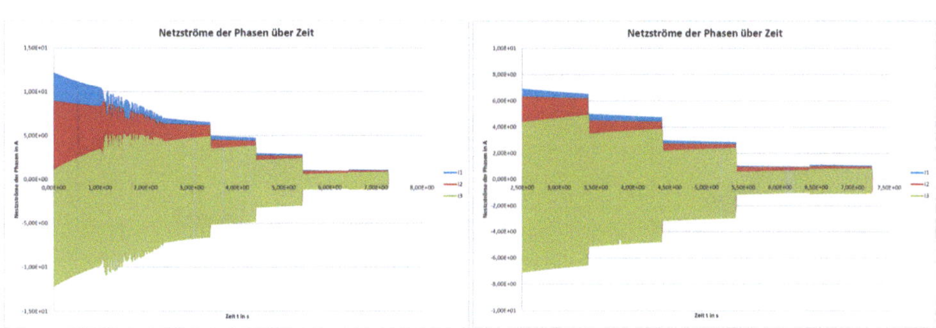

Abb. 20.117 Netzströme der Phasen in Abhängigkeit der Zeit bei fester Drehzahl und stufig geändertem Verdrehwinkel zwischen Rotor und Stator (*links* mit Einschwingvorgang, *rechts* ohne Einschwingvorgang)

Durch Auswertung der Netzstromdarstellungen auch in Verbindung mit der Spannung für bestimmten Verdrehwinkel können Kennlinien bestimmt werden.

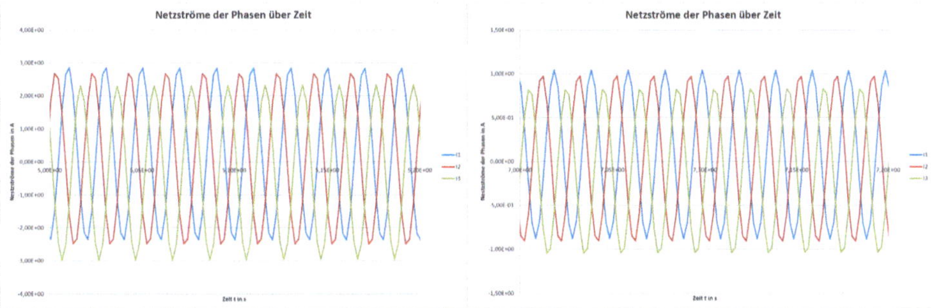

Abb. 20.118 Netzströme der Phasen in Abhängigkeit der Zeit bei fester Drehzahl und stufig geändertem Verdrehwinkel zwischen Rotor und Stator (Ausschnitte zu diskreten Zeiten)

Entsprechend verändert sich auch das Drehmoment in Abhängigkeit der Zeit für feste Verdrehwinkel. Im linken Bild ist der Einschwingvorgang mit abnehmender Schwankung des Drehmoments erkennbar, während im rechten Bild die Darstellung um den Einschwingvorgang bereinigt wurde. Es ist erkennbar, dass der Ausgleichsvorgang des Einschwingens noch nicht abgeschlossen ist. Wie der Strom ist auch der Mittelwert des Drehmoments vom geometrischen Verdrehwinkel abhängig. In Verbindung mit der Änderung des Erregerstroms können damit auch V-Kurven berechnet werden.

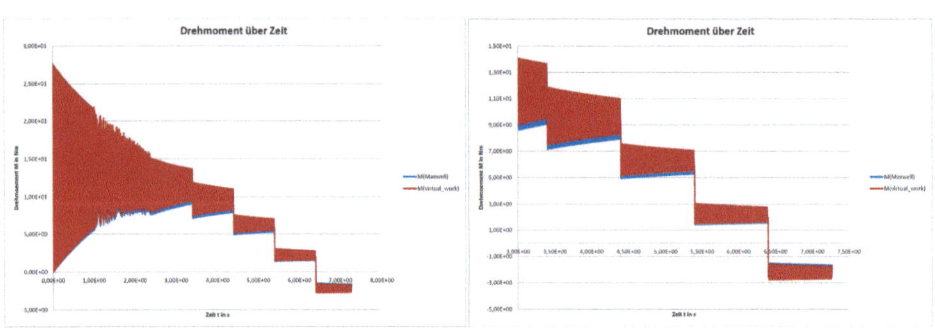

Abb. 20.119 Drehmoment in Abhängigkeit der Zeit bei fester Drehzahl und stufig geändertem Verdrehwinkel zwischen Rotor und Stator

Trägt man die zeitabhängigen Netzströme der Phasen über dem geometrischen Verdrehwinkel auf, so ist die Abhängigkeit der Ströme vom Verdrehwinkel berechenbar. Verfeinert man die Anzahl der Verdrehwinkelschritte, so kann bei entsprechend großer Rechenzeit die Abhängigkeit der Netzströme vom Polradwinkel bestimmt werden.

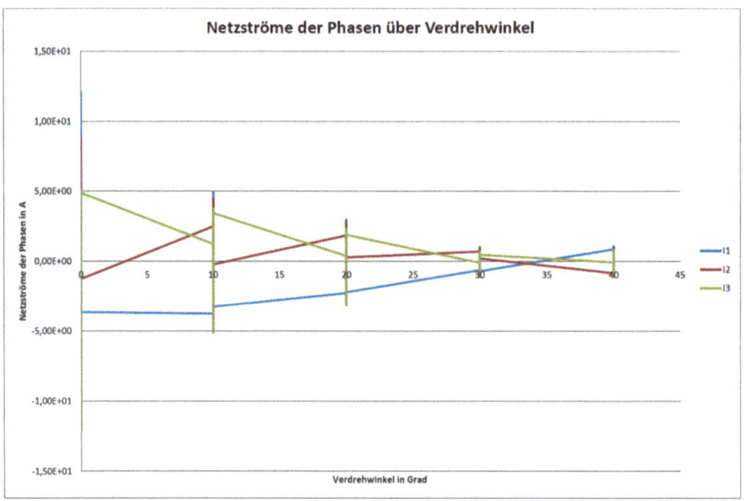

Abb. 20.120 Netzströme der Phasen in Abhängigkeit vom Verdrehwinkel zwischen Rotor und Stator bei fester Drehzahl

Dies betrifft auch die Darstellung des Drehmoments über dem Polradwinkel.

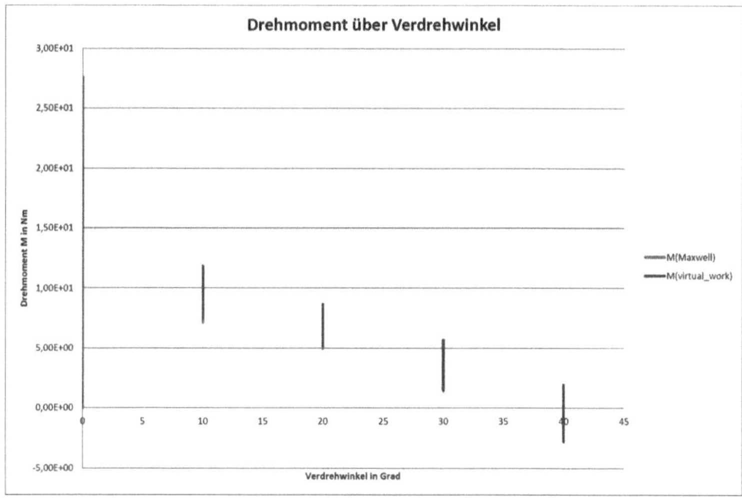

Abb. 20.121 Drehmoment in Abhängigkeit vom Verdrehwinkel zwischen Rotor und bei fester Drehzahl Stator

Abschließend kann festgestellt werden, dass Synchronmaschinen zwar dynamisch berechnet werden können, dies jedoch keine Kennlinienberechnung ermöglicht. Reduziert man die Dynamik auf Ausgleichsvorgänge bei Strömen und damit indirekt auch das Drehmoment sind zwar lange Einschwingvorgänge abzuwarten, aber Kennlinien berechenbar. Es bedarf dann lediglich des Tools Excel, um entsprechende Auswertungen zu tätigen. Durch Netzspannungs-, geometrischen Verdrehwinkel- und Erregerstromänderung können alle notwendigen Berechnungen getätigt werden.

20.11 Modelländerungen

20.11.1 Einschichtwicklung statt Zweischichtwicklung

Neben der Veränderung von elektrischen und dynamischen Größen der Maschine erlaubt das zugrundeliegende Finite-Elemente-Modell auch die Berücksichtigung einer Einschichtwicklung statt einer Zweischichtwicklung. Statorseitig werden die Ober- und Unterlagen direkt ohne Isolationsschicht untereinander geschoben und gemeinsam gekoppelt. Die Abbildung zeigt das geänderte Finite-Elemente-Modell für Einschichtwicklung als Flächendarstellung.

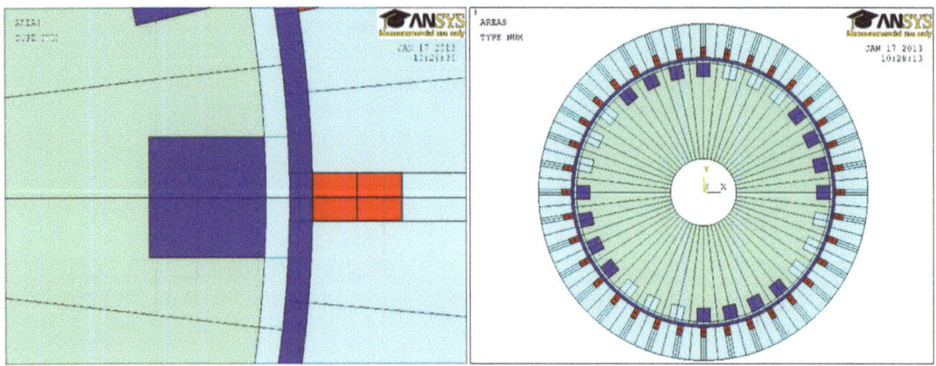

Abb. 20.122 Modellaufbau bei Einschichtwicklung statt Zweischichtwicklung

In Verbindung mit der Geometrieänderung ändert sich auch leicht die Verschaltung der einzelnen Stränge.

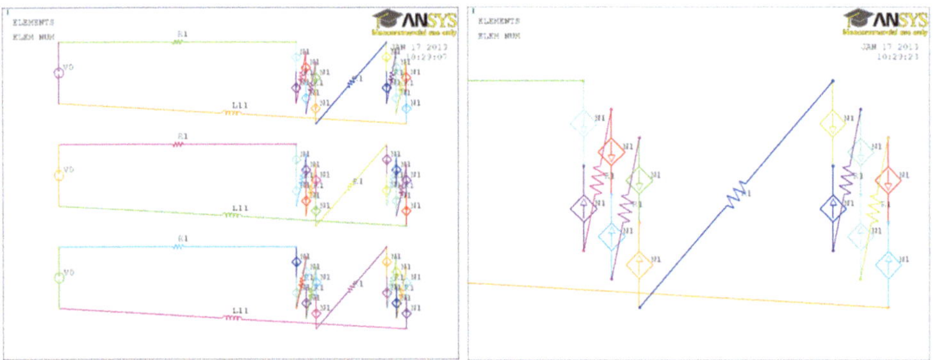

Abb. 20.123 Einzelverschaltung mit Phasen bei Einschichtwicklung statt Zweischichtwicklung

20.11.2 Dreieckschaltung statt einzelner ungekoppelter Stränge

Vergleichbar mit den beiden Asynchronmaschinentypen kann auch eine Verschaltung der Stränge statt als einzelne Spannungssysteme als Dreieckschaltung berücksichtigt werden.

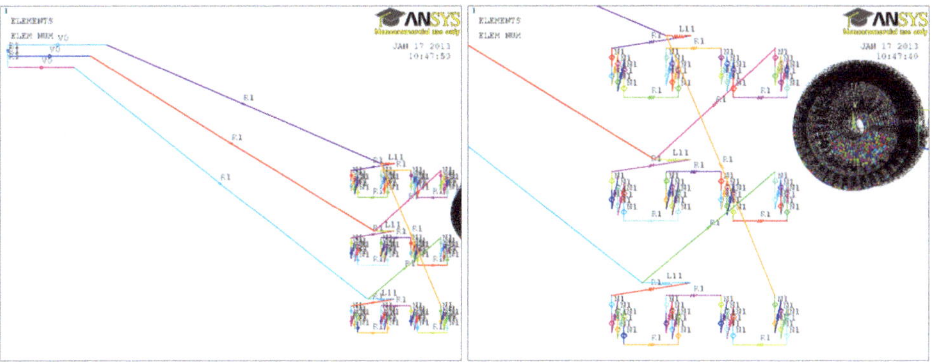

Abb. 20.124 Dreieckschaltung statt Sternschaltung in Stator und Rotor

20.11.3 Sternschaltung statt einzelner netzseitig ungekoppelter Stränge mit verschaltetem Sternpunkt

Für die transienten Berechnungen, sowohl in dynamischer Form, als auch mit festem Verdrehwinkel, müssen die statorseitigen Spannungssysteme über einen Sternpunkt gekoppelt werden. Zusätzlich können die Sternpunkte des Netzes und der Maschine miteinander verbunden werden.

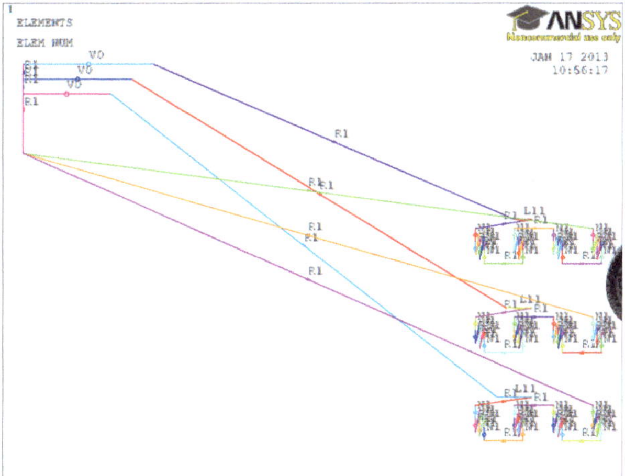

Abb. 20.125 Sternschaltung mit Sternverbindung

Berechnung einer Schenkelpolsynchronmaschine 21

In diesem Kapitel wird die Berechnungsmöglichkeit einer Schenkelpolsynchronmaschine vorgestellt. Verwendet wird der Stator mit rechteckförmigen, offenen Nuten, der bereits bei den Asynchronmaschinen und der Synchronmaschine mit Vollpolläufer verwendet wurde. Das gesamte Modell hat 2 Polpaare und weist einen variabel änderbaren Luftspalt über dem Schenkelpol auf. Das vorgestellte Modell hat folgenden Aufbau.

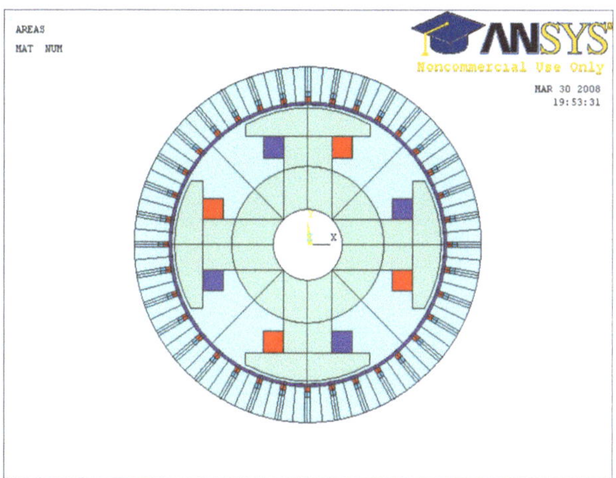

Abb. 21.1 Flächenmodell der Synchronmaschine mit Schenkelpolen

Der Aufbau des Finite-Elemente-Modells beginnt mit der Definition der Eingabeparameter.

B. Aschendorf, *FEM bei elektrischen Antrieben 2*, DOI 10.1007/978-3-658-05250-8_7

Abb. 21.2 Definition der Eingabeparameter

Die Eingabedaten des Stators entsprechen bis auf Parametrierung dem bereits vorgestellten Asynchronschleifringläufer.

```
*SET,PI         , 3.141592653590
*SET,M          , 3.000000000000
! Strangzahl
*SET,P          , 2.000000000000
! Polpaarzahl
*SET,Q          , 3.000000000000
! Nutenzahl je Pol und Phase
*SET,EPS        , 1.000000000000
! Schrittverkürzung/Sehnung
*SET,JOCHDICKE  , 0.5000000000000E-01
! Jochdicke unter Nut in m
*SET,JOCHTIEFE  , 0.500000000000
! Jochtiefe in m
*SET,RAUSSEN    , 0.250000000000
! Außenradius in m
*SET,DELTA      , 0.8000000000000E-02
! Luftspalt an dünnster Stelle in m
*SET,ZWEISCHICHT, 1.000000000000
! Einschicht-/Zweischichtwicklung
*SET,WICKBREITE1, 0.8000000000000E-02
! Wicklungsbreite in m
```

```
*SET,WICKHOEHE1 , 0.150000000000E-01
! Wicklungshöhe in m
*SET,WICKISOL   , 0.200000000000E-03
! Wicklungsisolation zwischen den Lagen in m
*SET,NWIN1      , 500.0000000000
! Windungszahl der Statorspulenlagen
*SET,_FREQ,50
! Frequenz
```

Rotorseitig werden nicht Strangzahl, Nutenzahl je Pol und Phase und Schrittverkürzung, sondern direkt die Polpaarzahl in Verbindung mit der Polschuhform definiert.

Die Parameter des Rotors sind vergleichbar mit dem Stator der Gleichstrommaschine. Zu definieren ist insbesondere die Form des Schenkelpols.

```
*SET,RINNEN       , 0.500000000000E-01
! Innenradius
*SET,DELTAER      , 0.100000000000E-01
! Luftspalt bei maximaler Aufweitung
*SET,POLBREITE    , 0.700000000000E-01
! Breite des Pols
*SET,POLSCHBREITE, 0.180000000000
! Breite des Schenkelpols
*SET,POLSCHHOEHE , 0.400000000000E-01
! Höhe des Schenkelpols
*SET,WICKBREITE2 , 0.300000000000E-01
! Wicklungsbreite der Erregerwicklung
*SET,WICKHOEHE2  , 0.300000000000E-01
! Wicklungshöhe der Erregerwicklung
*SET,JOCH2        , 0.600000000000E-01
! Jochhöhe unter dem Pol
*SET,ROTORSTAERKE, 0.142                  !
*SET,NWIN2        , 10.00000000000
! Windungszahl der Erregerwicklung
```

21.1 Aufbau des Finite-Element-Modells

Der Aufbau des Finite-Elemente-Modells unterscheidet sich statorseitig nicht vom Schleifringläufer, rotorseitig ist der gesamte Aufbau vergleichbar mit dem mehrteiligen Anker der Gleichstrommaschine.

Die Elementtypdefinition ist der Datei schenkepol_elemente.txt zu entnehmen.

Abb. 21.3 Elementdefinition

Es folgt die Elementdefinition, die sich nicht von der Synchronmaschine mit Vollpolläufer unterscheidet.

```
/prep7

ET,1,PLANE53
ET,2,PLANE53
ET,3,PLANE53
KEYOPT,3,1,3
KEYOPT,3,2,0
KEYOPT,3,3,0
KEYOPT,3,4,0
KEYOPT,3,5,0
KEYOPT,3,7,0
ET,4,PLANE53
KEYOPT,4,1,3
KEYOPT,4,2,0
```

```
KEYOPT,4,3,0
KEYOPT,4,4,0
KEYOPT,4,5,0
KEYOPT,4,7,0

ET,11,PLANE53
ET,12,PLANE53
ET,13,PLANE53
KEYOPT,13,1,3
KEYOPT,13,2,0
KEYOPT,13,3,0
KEYOPT,13,4,0
KEYOPT,13,5,0
KEYOPT,13,7,0
ET,14,PLANE53
KEYOPT,14,1,3
KEYOPT,14,2,0
KEYOPT,14,3,0
KEYOPT,14,4,0
KEYOPT,14,5,0
KEYOPT,14,7,0
```

Es folgt die Materialdefinition stator- und rotorseitig.

Abb. 21.4 Materialdefinition

Auch hinsichtlich der Materialdefinition besteht statorseitige kein Unterschied zum Asynchronschleifringläufer. Hinsichtlich des Rotors sind beide Erregespulenseiten der Erregerpole mit leitendem Material zu definieren.

Die Materialdefinition ist der Datei schenkelpol_material.txt zu entnehmen und enthält auch die Definition der realen Konstanten.

```
*SET,NICHTLIN,  0.000000000000
*SET,MURXA   ,  10000.00000000
*SET,MURXI   ,  10000.00000000
*SET,LEITA   ,  56000000.00000
*SET,LEITI   ,  56000000.00000
```

Nach Einlesen der Parameter werden diese den Attributen zugewiesen.

```
*If,nichtlin,ne,1,then
MP,MURX,1,murxa
MP,MURX,11,murxi
*Else
eisen2.txt
eisen2i.txt
*EndIf
MP,MURX,2,1
MP,MURX,3,1
MP,RSVX,3,1/leita
MP,MURX,4,1
MP,RSVX,4,1/leita

MP,MURX,12,1
MP,MURX,13,1
MP,RSVX,13,1/leiti
MP,MURX,14,1
MP,RSVX,14,1/leiti
```

Anschließend werden die realen Konstanten definiert.

Abb. 21.5 Definition der realen Konstanten

Statorseitig ist der Füllfaktor der Statorwicklung zu definieren. Rotorseitig werden die Spulenseiten der Erregerspulen definiert.

```
*SET,FILA     , 0.8000000000000
*SET,FILI     , 0.8000000000000
```

Nach Einlesen der Füllfaktoren in Stator und Rotor werden die realen Konstanten festgelegt.

```
*if,nwin1,gt,1,then
   *if,zweischicht,eq,1,then
      R,3,wickbreite1*wickhoehe1/2,nwin1,jochtiefe,1,fila
      R,4,wickbreite1*wickhoehe1/2,nwin1,jochtiefe,1,fila
   *else
      R,3,wickbreite1*wickhoehe1,nwin1,jochtiefe,1,fila
      R,4,wickbreite1*wickhoehe1,nwin1,jochtiefe,1,fila
   *endif
*else
   *if,zweischicht,eq,1,then
      R,3,wickbreite1*wickhoehe1/2,,jochtiefe,1,,
      R,4,wickbreite1*wickhoehe1/2,,jochtiefe,1,,
   *else
      R,3,wickbreite1*wickhoehe1,,jochtiefe,1,,
      R,4,wickbreite1*wickhoehe1,,jochtiefe,1,,
```

```
   *endif
*endif

R,13,wickbreite2*wickhoehe2,nwin2,jochtiefe,1,fili
R,14,wickbreite2*wickhoehe2,nwin2,jochtiefe,1,fili
```

Die Definition der Statornutgeometrie aus Geometriepunkten und Linien unterscheidet sich nicht vom Asynchronschleifringläufer. Die Generierung ist der Datei schenkelpol_SNut.txt zu entnehmen.

Abb. 21.6 Generierung der Statorgeometrie

Nach Bereinigung des Modells ergibt sich in Verbindung mit der Grobkonstruktion des Rotors das aus Geometriepunkten und Linien bestehende Modell.

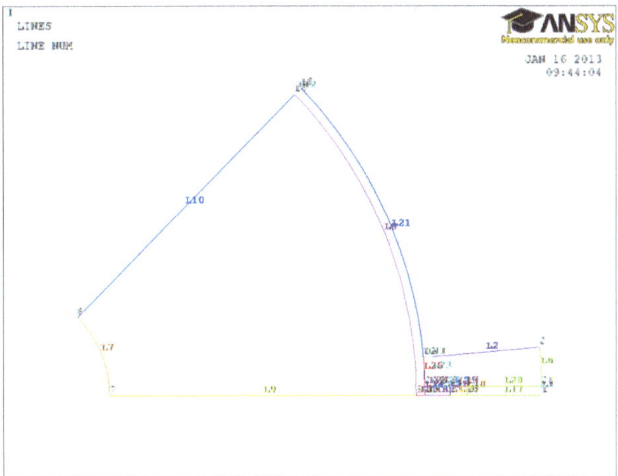

Abb. 21.7 Geometriemodell des Stators mit Rohkontur des Rotors

Im Anschluss an den Stator wird der Rotor in die Rohkonstruktion dieses einbeschrieben. Die Generierung ist der Datei schenkelpol_RPol.txt zu entnehmen.

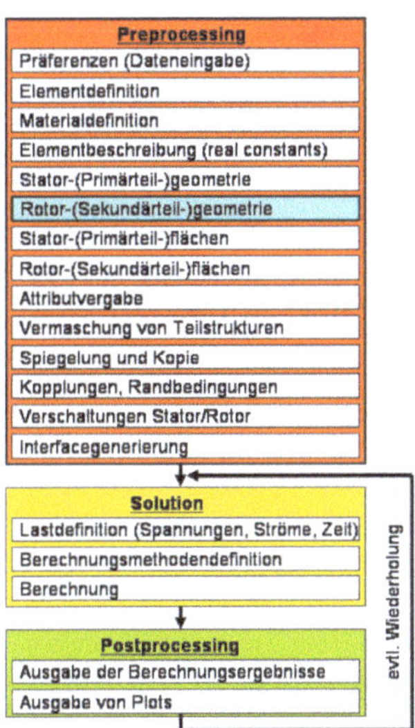

Abb. 21.8 Generierung der Rotorgeometrie

Auf der Basis der bereits vorhandenen Geometriepunkte wird die aktuell vorhandene Anzahl von Geometriepunkten unter dem Namen KMAX abgespeichert. Anschließend erfolgt die Generierung der Geometriepunkte des Rotors. Dazu wird zur Erzeugung der Balligkeit des Schenkelpols mit Aufweitung des Luftspalts zu den Außenkanten ein lokales Koordinatensystem mit der Nummer 11 als polares Koordinatensystem angelegt, wobei der Ursprung des Koordinatensystems um die Luftspalterweiterung nach innen verschoben wurde.

```
rschenkel=rinnen+rotorstaerke-deltaer

*GET,kmax,kp,0,num,max

local,11,1,rinnen+rotorstaerke-rschenkel

csys,11
k,kmax+1,rschenkel,0
k,kmax+2,rschenkel,360/(4*p)
csys,0
k,kmax+3,rinnen+rotorstaerke,0
k,kmax+4,rinnen+rotorstaerke,polschbreite/2,0
k,kmax+5,rinnen+rotorstaerke-polschhoehe,-1
k,kmax+6,rinnen+rotorstaerke-polschhoehe,polschbreite/2,0
k,kmax+7,rinnen+rotorstaerke-polschhoehe,polbreite/2,0
k,kmax+8,0,polbreite/2,0
k,kmax+9,rinnen+rotorstaerke-polschhoehe,polbreite/2+
wickbreite2,0
k,kmax+10,rinnen+rotorstaerke-polschhoehe-wickhoehe2,
polbreite/2+wickbreite2,0
k,kmax+11,rinnen+rotorstaerke-polschhoehe-wickhoehe2,
polbreite/2,0
csys,1
k,kmax+12,rinnen+joch2,-10
k,kmax+13,rinnen+joch2,360/(3*p)
```

Abb. 21.9 Geometriepunkte des Rotors und Stators

Die Liniengenerierung erfolgt zunächst für die Außenkontur des Schenkelpols zum Luftspalt hin im lokalen Koordinatensystem mit der Nummer 11, einem polaren Koordinatensystem. Damit ergibt sich eine leicht nach innen gebogene Kontur des Schenkelpols. In den kartesischen und polaren Koordinatensystemen 0 und 1 werden nachfolgend alle weiteren Linien erzeugt. Die Wahl des Parameters DELTAER hat nicht zur Folge, dass der Luftspalt um DELTAER-DELTA breiter wird. Der Parameter DELTAER muss für eine passende Luftspalterweiterung sukzessive angepasst werden.

```
csys,11
l,kmax+1,kmax+2
csys,0
l,kmax+1,kmax+4
l,kmax+4,kmax+6
l,kmax+6,kmax+9
l,kmax+5,kmax+7
l,kmax+11,kmax+8
l,kmax+9,kmax+10
l,kmax+9,kmax+7
l,kmax+10,kmax+11
l,kmax+7,kmax+11
csys,1
l,kmax+12,kmax+13
```

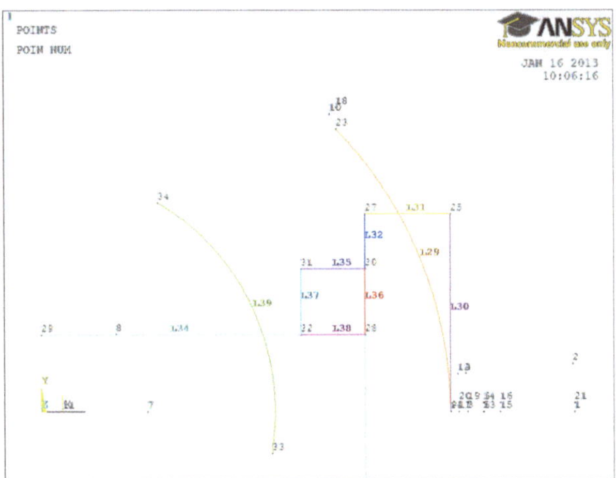

Abb. 21.10 Generierte Linien des Rotors

Bei der Auswahl der Parameter darf die Polschuhhöhe nicht kleiner gewählt werden als die Biegung des Schenkelpols. Die konstruierten Linien 29 und 31 müssen einen Schnittpunkt ermöglichen. Dies betrifft auch das Verhältnis von Innenradius und Polbreite, sowie die Polhöhe und die Wicklungshöhe.

Durch Überlagerung der Linien 29 und 31 entsteht die Polschuhkontur zum Luftspalt.

```
lsel,s,,,29
lsel,a,,,31
lovlap,all
```

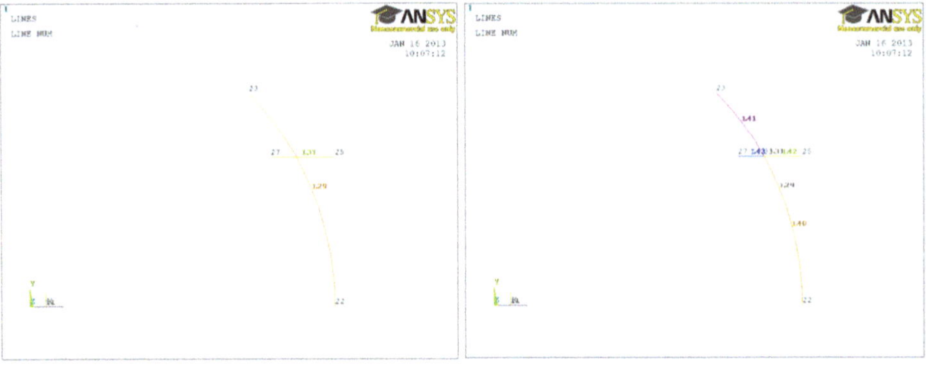

Abb. 21.11 Generierung der Polschuhkontur am Luftspalt (vorher und nachher)

Im nächsten Schritt wird die Wellenkontur durch Überlagerung zugeschnitten.

```
lsel,s,,,9,10
lsel,a,,,34,39,5
lovlap,all
```

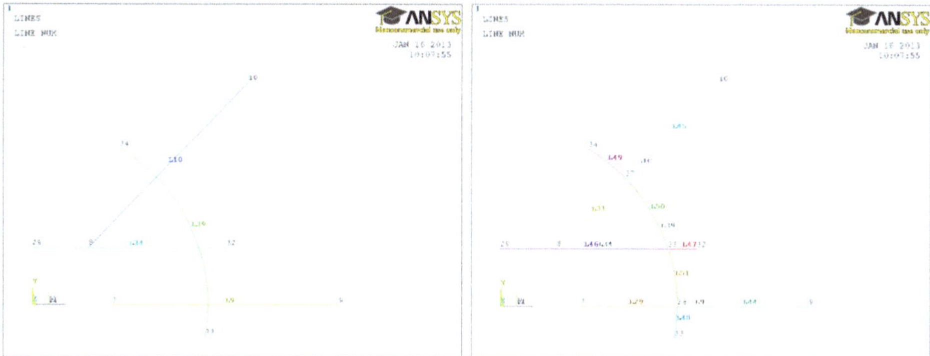

Abb. 21.12 Generierung der Wellenkontur durch Verschneidung (vorher und nachher)

Abschließend wird nochmals die Luftspaltkontur verschnitten.

```
lsel,s,,,21
lsel,a,,,42
lovlap,all
```

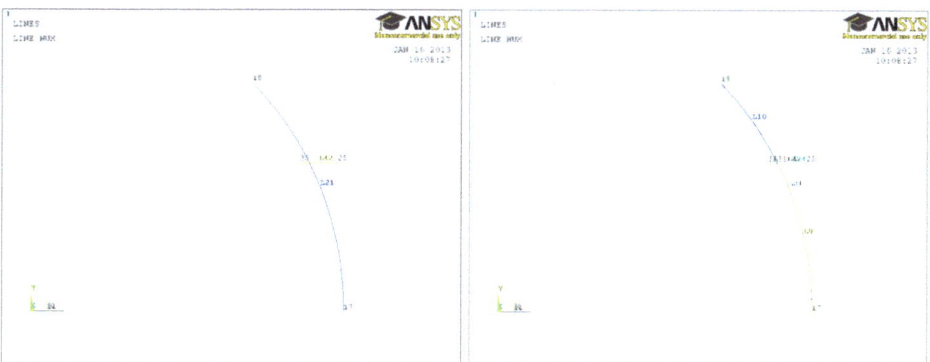

Abb. 21.13 Verschneidung der Luftspaltkontur (vorher und nachher)

Abschließend wird eine gerade Linien generiert, mit der der aufgeweitete Luftspalt zur Polteilung weitergezogen wird.

```
lstr,10,35
```

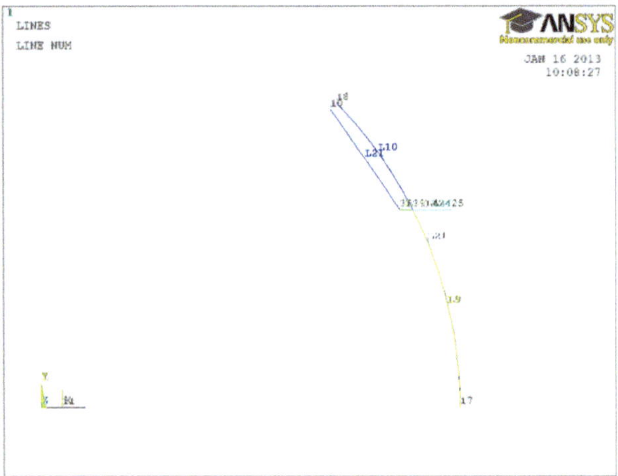

Abb. 21.14 Generierung einer Luftspaltlinie zum Ende der Polteilung

Abschließend werden Linien der Wicklungskontur mit dem Pol verschnitten.

```
lsel,s,,,33,44,11
lovlap,all
```

Abb. 21.15 Verschneidung der Wicklungskontur mit dem Pol

Durch Verschneidung unnötig gewordene Linien werden abschließend gelöscht.

```
lsel,s,,,8
lsel,a,,,30,34,4
lsel,a,,,41,46,5
lsel,a,,,48,49
lsel,a,,,52
ldel,all
```

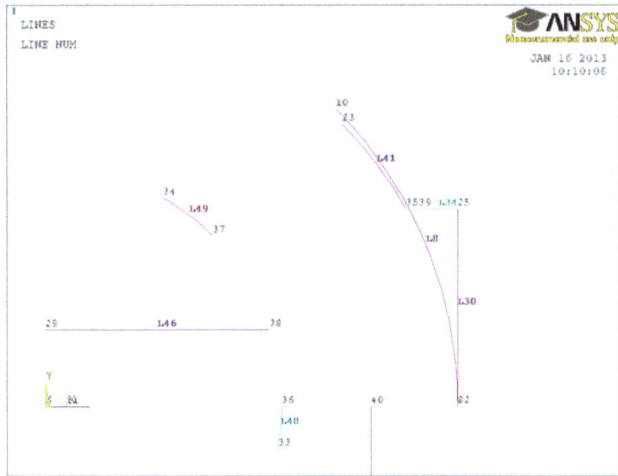

Abb. 21.16 Löschung durch Verschneidung unnötiger Linien

Nach einer Selektion aller Entitäten sind die Teilstrukturen von Stator und Rotor sichtbar.

```
allsel
```

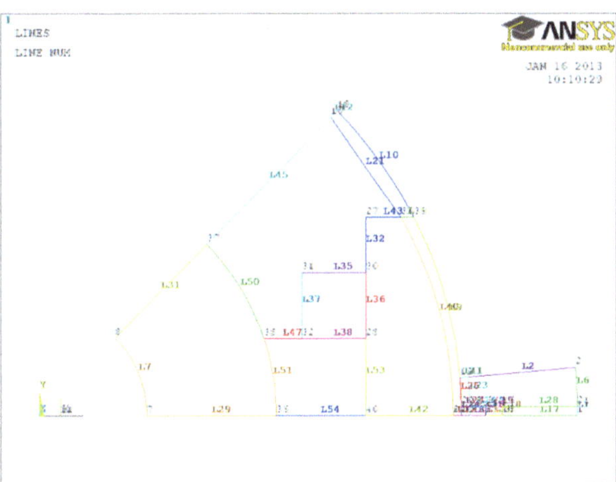

Abb. 21.17 Teilstrukturen von Stator und Rotor als Linien

Deutlich ist die Aufweitung der Luftspalts von der Polschuhmitte zur Polschuhkante sichtbar. Die Weite des Luftspalts an der Polschuhkante wird durch eine gerade Linie zur Polteilung aufrechterhalten. Die zu erstellenden Flächen sind zum großen Teil sehr komplexe Flächen.

Im nächsten Schritt erfolgt die Generierung der Statorflächen, die bis auf eine komplexe Fläche zur Beschreibung des Eisens aus Flächen mit 4 Seiten bestehen. Das Skript ist in der Datei schenkelpol_SArea.txt enthalten.

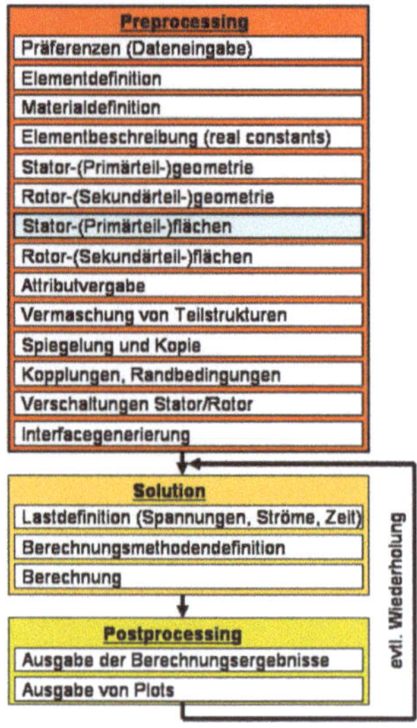

Abb. 21.18 Generierung der Statorflächen

```
!!
!!Stator
!!
al,11,23,25,27
al,24,27,22,13
al,2,23,26,15,19,28,6
al,5,22,26,16
al,3,16,15,4
al,4,19,18,20
al,18,28,1,17
```

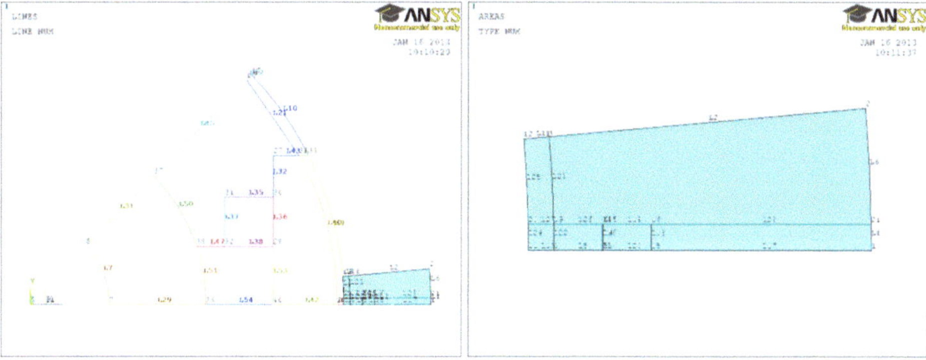

Abb. 21.19 Generierung der Flächen des Stators

Im nächsten Schritt werden die Flächen des Rotors generiert. Das Skript ist in der Datei schenkelpol_RArea.txt enthalten.

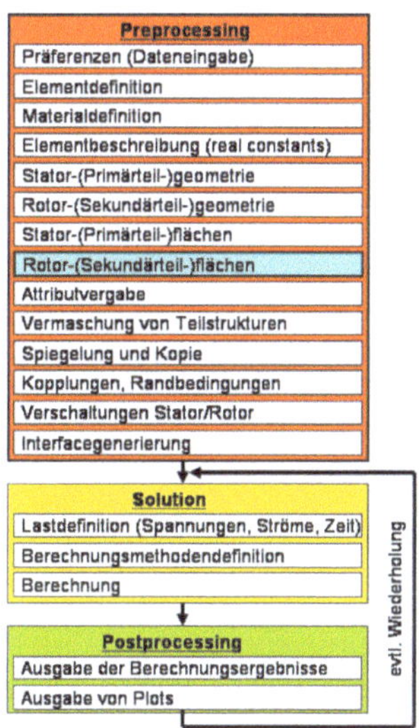

Abb. 21.20 Generierung der Rotorflächen

```
!!
!!Rotor
!!
ksel,s,,,9
ksel,a,,,22,24,2
NUMMRG,KP,1e-6, , ,LOW
allsel
```

```
al,12,10,39,21
al,39,9,14,40
al,32,43,40,42,53,36
al,35,36,38,37
al,47,38,53,54,51
al,50,51,29,7,31
al,45,21,43,32,35,37,47,50
```

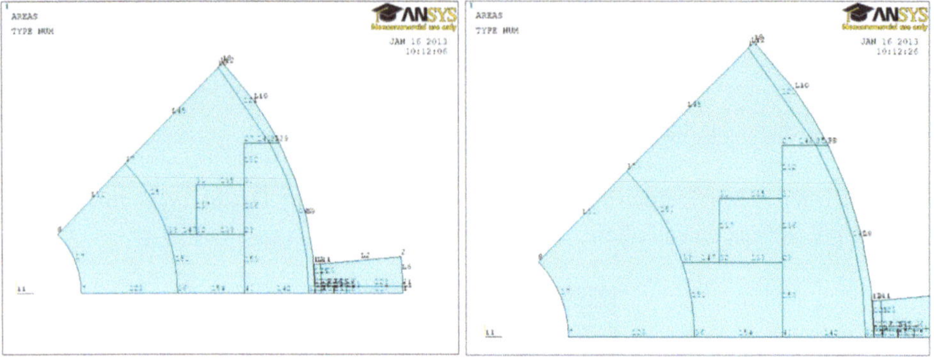

Abb. 21.21 Generierung der Flächen des Rotors

Damit sind die Teilstrukturen von Stator und Rotor generiert.

Es schließt sich die Attributvergabe von Stator und Rotor an. Diese ist in den Netzgenerierungen von Stator und Rotor in den Skripten schenkelpol_SNete.txt und schenkelpol_RNete.txt zu entnehmen.

Abb. 21.22 Attributvergabe

Als Ergebnis ergibt sich für die Zweischichtwicklung die Flächendarstellung des Stators mit Attributen.

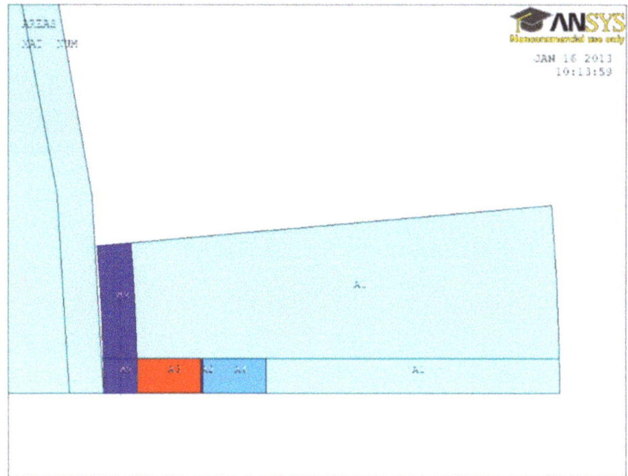

Abb. 21.23 Zugeordnete Attribute auf Statorseite

Entsprechend erfolgt die Attributzuordnung im Rotor auf zunächst einer Polschuhseite.

```
!!
!!Rotor
!!
asel,s,,,8,9
asel,a,,,14
aatt,12,12,12

asel,s,,,10,12,2
asel,a,,,13
aatt,11,11,11

asel,s,,,11
aatt,14,14,14
```

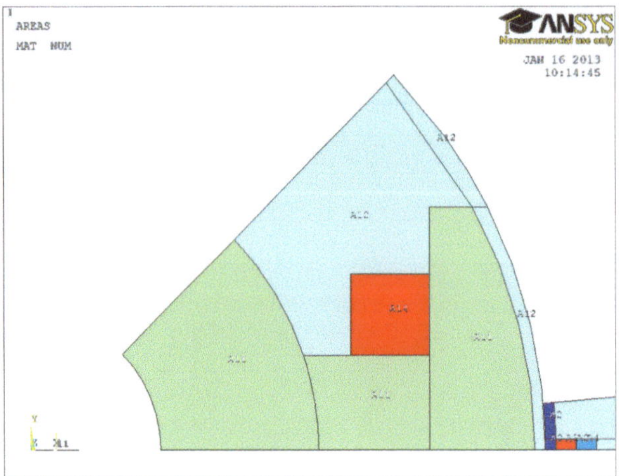

Abb. 21.24 Zugeordnete Attribute auf Rotorseite

Es schließt sich die Vermaschung der Teilstrukturen von Stator und Rotor an. Hinsichtlich des Stators besteht kein Unterschied zum Asynchronschleifringläufer.

Abb. 21.25 Vermaschung

Zu definieren sind die Netzfeinheiten in Stator und Rotor

```
*SET,MESHEISEN, 0.120000000000E-01
! Netzfeinheit des Eisens
*SET,MESHLUFT , 0.600000000000E-02
! Netzfeinheit des Luftspalts
```

Bezüglich des Stators wird als Alternative die Vermaschung über mittlere Elementgrößen definiert und anschließt vernetzt.

```
esize,meshluft
asel,s,,,1,2
amesh,all

esize,meshluft*2
asel,s,,,4,6
amesh,all

esize,mesheisen
asel,s,,,3,7
amesh,all
```

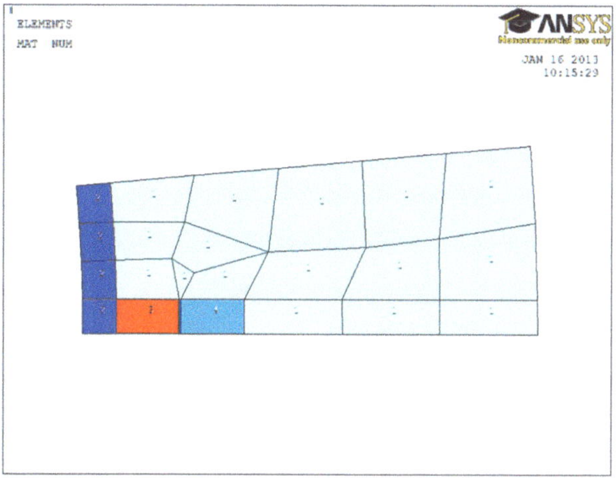

Abb. 21.26 Vermaschte halbe Nutteilung des Stators

Nach Zusammenfassung der Flächen des Stators zu einer Komponente erfolgt die Vermaschung des Rotors.

```
ASEL,S,MAT,,1,5
cm,kstator,area
cm,_stator,area

esize,meshluft
asel,s,,,8,9
amesh,all
```

```
esize,meshluft*2
asel,s,,,11
amesh,all

esize,mesheisen
asel,s,,,10,12
asel,a,,,13
amesh,all

esize,meshluft
asel,s,,,14
amesh,all

asel,s,mat,,11,15
cm,krotor,area
```

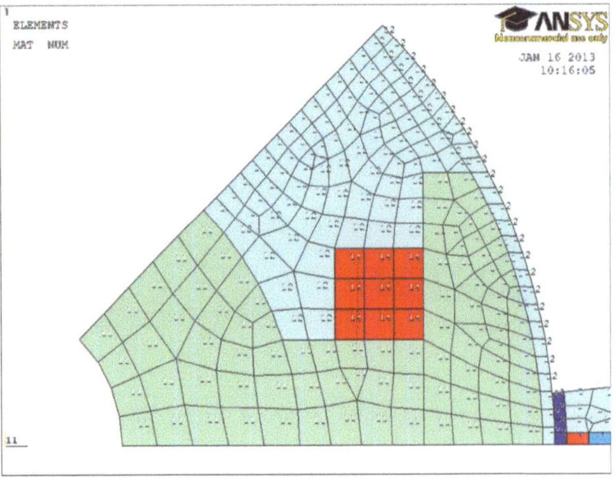

Abb. 21.27 Vermaschte halbe Polteilung des Rotors

Deutlich ist erkennbar, dass trotz aufgeweitetem Luftspalt zur Polschuhkante und fehlendem Luftspalt in der Polllücke eine durchgehende Luftspaltkontur erzeugt werden konnte, auf der basierend wie üblich ein Interface generiert werden kann. Aufgrund der Vermaschung über die mittlere Elementgröße ergeben sich keine ausschließlichen Vierecke im Luftspalt.

Im nächsten Schritt werden die Teilstrukturen von Stator und Rotor zu ganzen Nutteilungen gespiegelt und anschließend entsprechend der jeweiligen Nutenzahlen zu vollständigen Statoren und Rotoren kopiert. Spiegelung und Kopie sind in der Datei schenkelpol_netg.txt enthalten.

Abb. 21.28 Spiegelung und Kopie

Die Vorgehensweise hinsichtlich des Stators unterscheidet sich nicht vom Schleifringläufer. Zunächst wird die Teilstruktur des Stator gespiegelt.

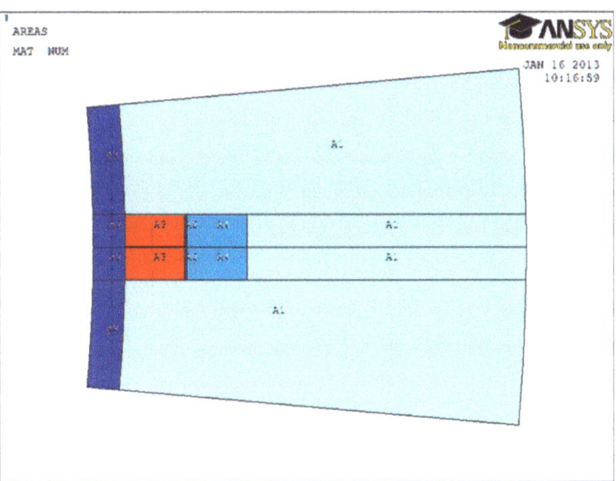

Abb. 21.29 Gespiegelte halbe Statornutteilung

Danach werden die Nutteilungen zum gesamten Stator kopiert.

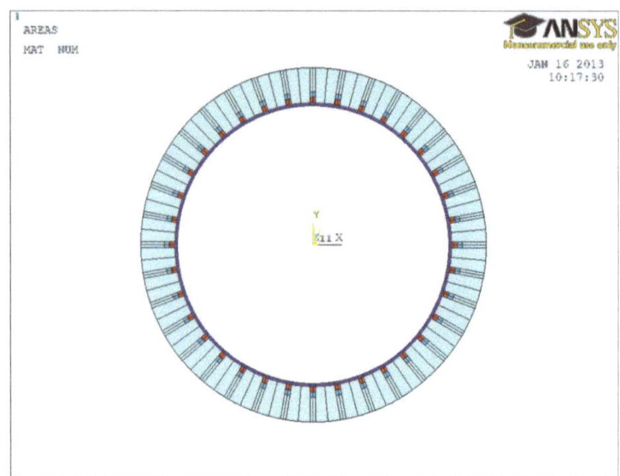

Abb. 21.30 Kopierte ganze Statornutteilung

Entsprechend wird mit dem Rotor verfahren.

```
!!
!!Rotor
!!
cmsel,s,krotor
csys,0
arsym,y,all,
```

Im Anschluss an die Kopie der Rotorpolteilung werden die Attribute der leitfähigen Ursprungsfläche entsprechend einer hin- und rückführenden Spulenseite geändert. Dazu wird die Vermaschung zunächst gelöscht, danach die Attributierung geändert und anschließend neu vernetzt.

```
cm,krotor,area
asel,s,,,11
aclear,all
aatt,13,13,13
amesh,all
```

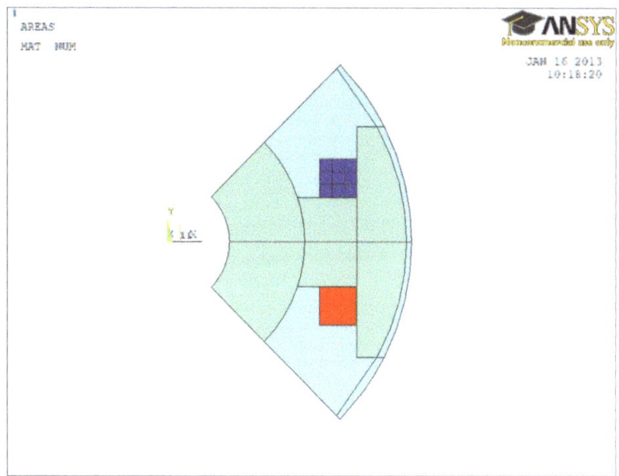

Abb. 21.31 Ganze Polteilung des Rotors nach Attributkorrektur

Abschließend wird die Rotorpolteilung entsprechend der Anzahl Pole kopiert.

```
cmsel,s,krotor
csys,1

agen,2*p,all,,,,360/(2*p)
```

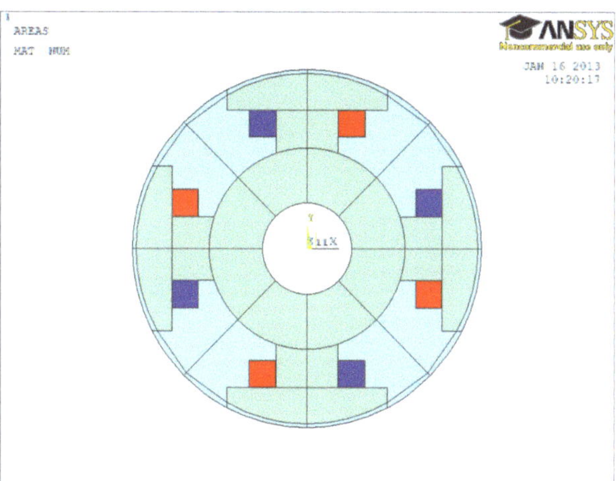

Abb. 21.32 Kopierte Rotorpolteilungen zum ganzen Rotor

Die Flächen werden stator- und rotorseitig zu Komponenten zusammengefasst und die Drehmomentberechnung bezogen auf den Rotor vorbereitet.

```
ASEL,S,MAT,,1,5
cm,kstator,area

asel,s,mat,,11,15
cm,krotor,area

!
! Elemente Rotoreisen fuer Kraftberechnung zusammenfassen
!

asel,s,mat,,11
allsel,below,area
cm,erotor,elem
fmagf.txt,'erotor'
allsel
```

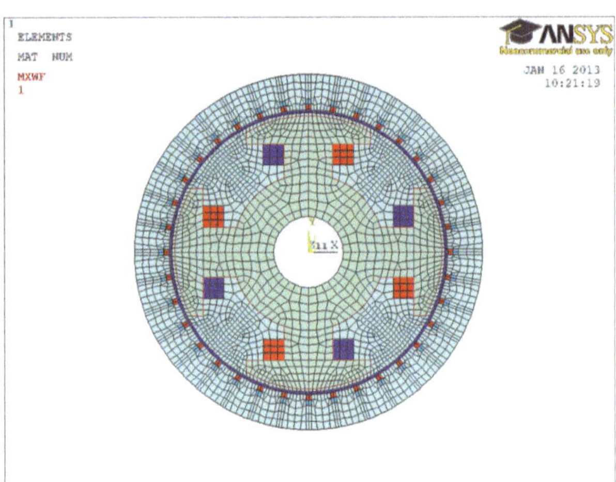

Abb. 21.33 Vollständig vermaschter Stator und Rotor

Es folgt die Generierung der Kopplungen als Basis für die Verschaltung von Stator und Rotor und die Definition der Randbedingungen. Die Skripten für Stator und Rotor befinden sich in den Dateien schenkelpol_cp1.txt und schenkelpol_cp2.txt.

Abb. 21.34 Kopplungen und Randbedingungen

Zunächst werden nacheinander die doppelten Knoten in Stator und Rotor eliminiert und danach auf den äußeren Rand des Stators die Randbedingung einer parallelen Feldlinie aufgebracht.

```
cmsel,s,kstator
allsel,below,area
NUMMRG,NODE,1e-6 , , ,LOW
NUMCMP,NODE
nummrg,kp

cmsel,s,krotor
allsel,below,area
NUMMRG,NODE,1e-6 , , ,LOW
NUMCMP,NODE
nummrg,kp

allsel

csys,1
nsel,s,loc,x,raussen
d,all,az,0
```

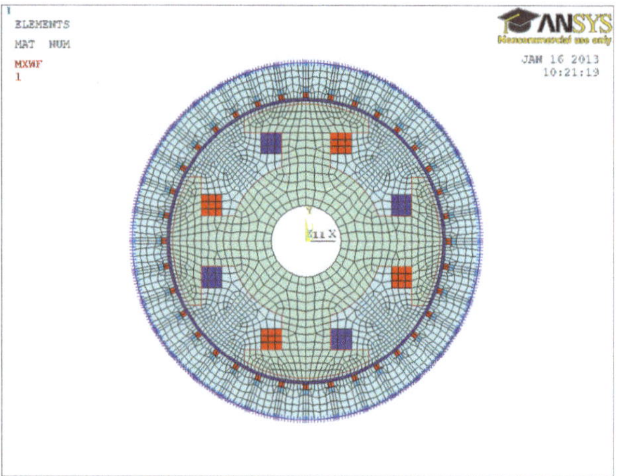

Abb. 21.35 Randbedingung auf der äußeren Statorkontur

Durch eine Kopplung der Vektorpotenziale wird die Randbedingung auf dem inneren Wellenrand aufgebracht.

```
nsel,s,loc,x,rinnen
cp,2,az,all
```

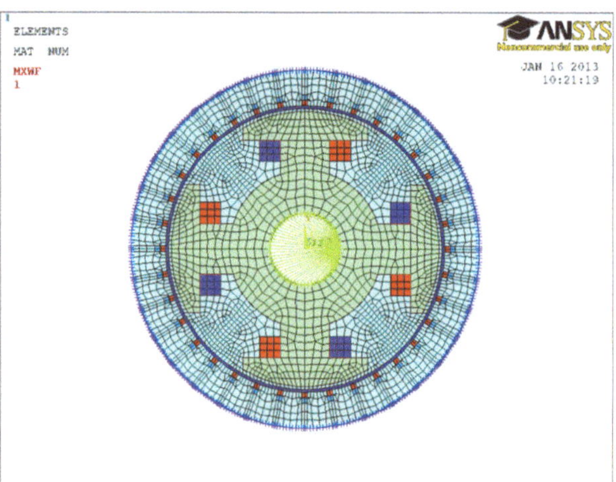

Abb. 21.36 Randbedingung auf der inneren Statorkontur

Es schließt sich die Generierung der Kopplungen der Oberlagen und Unterlagen des Stators an.

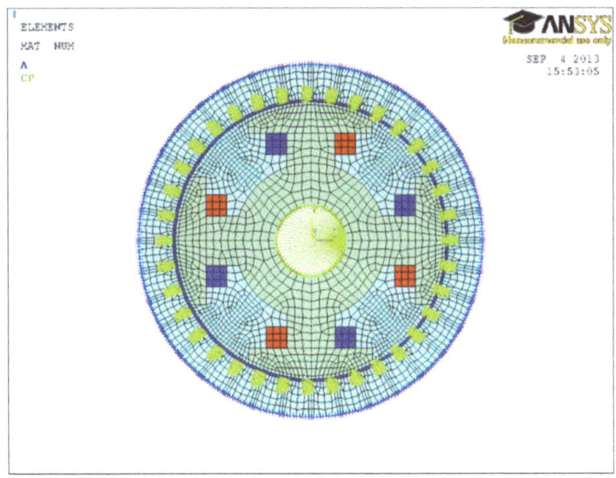

Abb. 21.37 Kopplungen in den Ober- und Unterlagen des Stators

Im nächsten Schritt werden die Knoten in den einzelnen Rotorspulenseiten gekoppelt.

```
!!
!!Rotor
!!
*Do,ipol,1,2*p
asel,s,mat,,13
allsel,below,area
ASEL,r,LOC,Y,-360/(4*p)+(ipol-1)*360/(2*p),360/(4*p)+
(ipol-1)*360/(2*p)
allsel,below,area

cp,next,curr,all
cp,next,emf,all
*GET,wickpnodel%ipol%, NODE, 0,num,min

asel,s,mat,,14
allsel,below,area
ASEL,r,LOC,Y,-360/(4*p)+(ipol-1)*360/(2*p),360/(4*p)+
(ipol-1)*360/(2*p)
allsel,below,area

cp,next,curr,all
cp,next,emf,all
*GET,wickpnoder%ipol%, NODE, 0,num,min

*EndDo
```

Damit sind alle Kopplungen im Stator und Rotor als Basis für die folgende Verschaltung erzeugt.

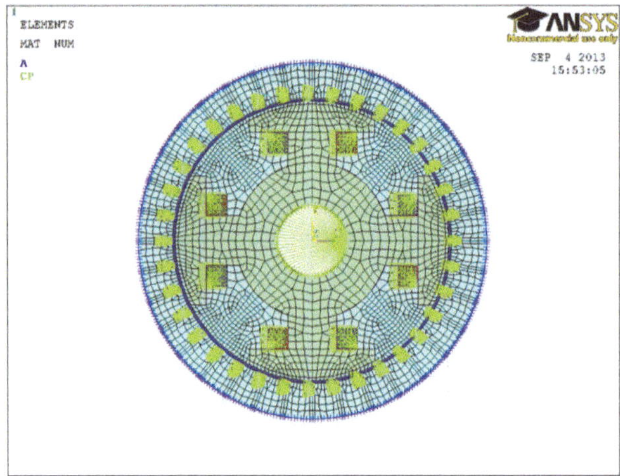

Abb. 21.38 Kopplungen in Stator und Rotor

Abschließend wird der Rotor für die Drehmomentberechnung vorbereitet.

```
esel,s,mat,,11
cm,kraftrot,elem
fmagbc,'kraftrot'

allsel
```

Damit ist die Generierung des geometrischen Finite-Elemente-Modells abgeschlossen.

21.2 Generierung der Verschaltung

Die Verschaltung des Stators entspricht derjenigen des Asynchronschleifringläufers, wobei zur Berechnung der induzierten Spannung eine weitere Verschaltungsvariante mit einzelnen Strängen verfügbar ist. Bezüglich des Rotors wird eine Serienschaltung der Schenkelpolläuferspulen generiert.

Abb. 21.39 Verschaltung von Stator und Rotor

21.2.1 Stator-Verschaltung

Bezüglich des Stators werden folgende Eingabedaten verwendet.

```
*SET,VOLLPOL_STYP, 1.000000000000
! Schaltungstyp (1 bedeutet einzelne Stränge)
*SET,STERN1      , 1.000000000000
! Stern(1)-/Dreieck(0)schaltung
*SET,VSTERN1     , 0.000000000000
! Sternpunktverschaltung
```

Schaltungstyp 1 bedeutet Verschaltung einzelner Stränge ohne Sternpunkt. Zusätzlich sind die Wicklungsparameter für eine Serienschaltung zu definieren.

```
*SET,RWICKSTIRN1, 0.1000000000000E-04    !
*SET,LWICKSTIRN1, 0.1000000000000E-04
*SET,U1         , 400.0000000000
```

Für den Schaltungstyp 1 (einzelne Stränge) ergibt sich die bereits beim Synchron-Vollpolläufer erläuterte Befehlsstruktur, die durch Aufruf der Datei schenkelpol_schalt1_t1.txt erreicht wird. Die übrigen Varianten entsprechen der Schaltung des Asynchron-schleifringläufern und können der Datei schenkelpol_schalt1_t2.txt entnommen werden.

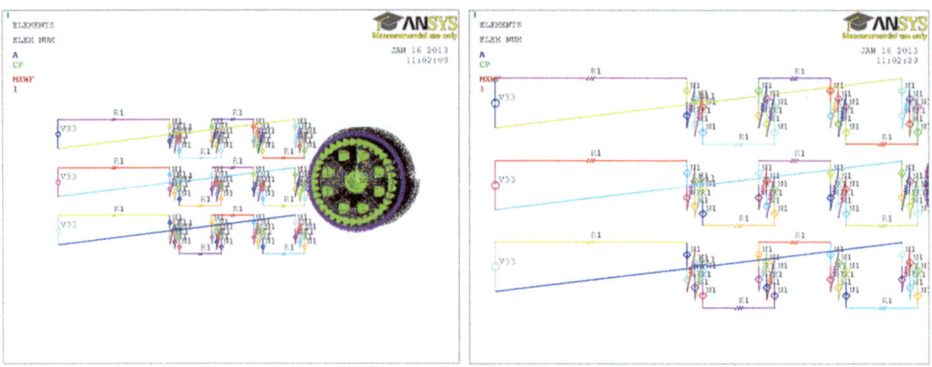

Abb. 21.40 Verschaltung des Stators nach Schaltungstyp 1 (einzeln)

Beim Schaltungstyp 0 ergibt sich für Sternschaltung ohne Sternpunktverschaltung die übliche Schaltung.

21.2.2 Rotor-Verschaltung

Zur Generierung des Rotors werden Stirnspulenwiderstand und -induktivität der gesamten Serienschaltung aller Spulen berücksichtigt. Die Verschaltung des Rotors ist der Datei schenkelpol_schalt2.txt zu entnehmen.

```
*SET,RWICKSTIRN2, 0.1000000000000E-05
*SET,LWICKSTIRN2, 0.1000000000000E-05
*SET,IE         , 10.00000000000
```

Im Zuge der Generierung der Rotorschaltung werden zunächst die Spulen mit beiden Spulenseiten um den Pol der einzelnen Pole in Gruppen aufgebaut.

```
!!
!!Rotor
!!

*Do,ip,1,2*p
*GET,maxnode, NODE, 0,num,max
R,210,1,
n1=maxnode+1
N,n1,2*raussen+(ip-1)*raussen/5,0.3*raussen-(ip-1)*raussen/5
n2=maxnode+2
N,n2,2*raussen+(ip-1)*raussen/5,0-(ip-1)*raussen/5
RMOD,210,15,0,1
```

```
ET,210,CIRCU124,5,0
TYPE,210
REAL,210
MAT,1
!*
E,n1,n2,wickpnodel%ip%
!*
R,210,1,
n3=maxnode+3
N,n3,2*raussen+(ip-1)*raussen/5,-0.3*raussen-(ip-1)*raussen/5
RMOD,210,15,0,1
ET,210,CIRCU124,5,0
TYPE,210
REAL,210
MAT,1
!*
E,n3,n2,wickpnoder%ip%
wicks%ip%1=n1
wicks%ip%2=n3

*If,ip,eq,1,then
wickpan=n1
*EndIf
*If,ip,eq,2*p,then
wickpen=n1
*EndIf

!*
*EndDo
```

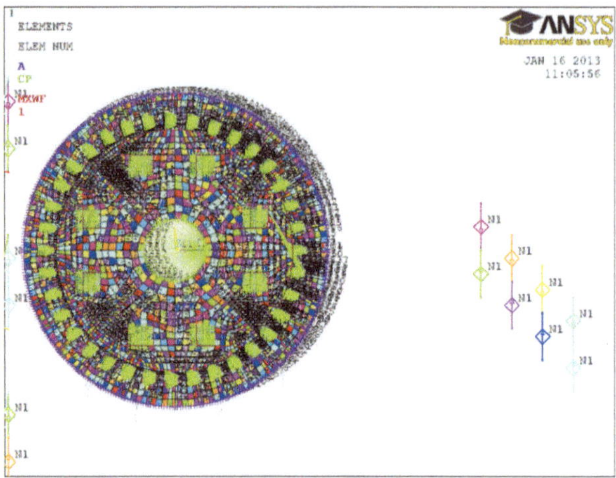

Abb. 21.41 Verschaltung des Rotors für einzelne Pole

Im nächsten Schritt werden die Gruppen der Pole in Serie geschaltet.

```
R,211,1e-6, ,
RMOD,211,15,0,1
ET,211,CIRCU124,0,0
TYPE,211
REAL,211
MAT,1

*Do,ip,2,2*p,2
E,wicks%ip-1%2,wicks%ip%2
*If,ip,ne,2*p,then
E,wicks%ip%1,wicks%ip+1%1
*EndIf
*EndDo
```

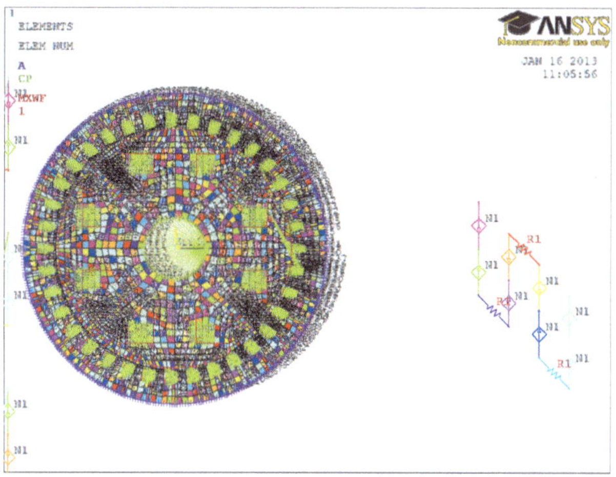

Abb. 21.42 Verschaltung des Rotors mit in Serie geschalteten Spulen der Pole

Abschließend werden die Spulen mit einer Spannungsquelle verbunden, die abschließend in eine Stromquelle umgewandelt wird.

```
*GET,maxnode, NODE, 0,num,max
R,212,rwickstirn2, ,
N,maxnode+1,1.1*raussen,0.3*raussen
RMOD,212,15,0,1
ET,212,CIRCU124,0,0
TYPE,212
REAL,212
MAT,1
!*
E,wickpan,maxnode+1
*GET,eer2,elem,0,num,max
!*
R,213,lwickstirn2, ,
!*
!*
N,maxnode+2,1.1*raussen,-0.3*raussen
RMOD,213,15,0,11
ET,213,CIRCU124,1,0
TYPE,213
REAL,213
MAT,1
!*
E,wickpen,maxnode+2
```

```
!*
R,214,i2,0,
RMOD,214,15,0,33
ET,214,CIRCU124,4,0
TYPE,214
REAL,214
MAT,1
!*
N,maxnode+3,raussen,0
E,maxnode+1,maxnode+2,maxnode+3
ET,214,CIRCU124,3,0
*GET,eeu2,elem,0,num,max
```

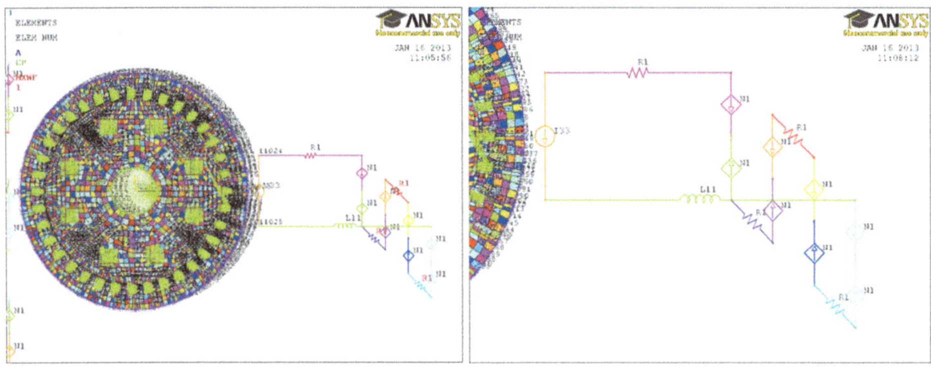

Abb. 21.43 Verschaltung des Rotors als Schenkelpolläufer

Damit sind die Schaltungen von Stator vollständig generiert.

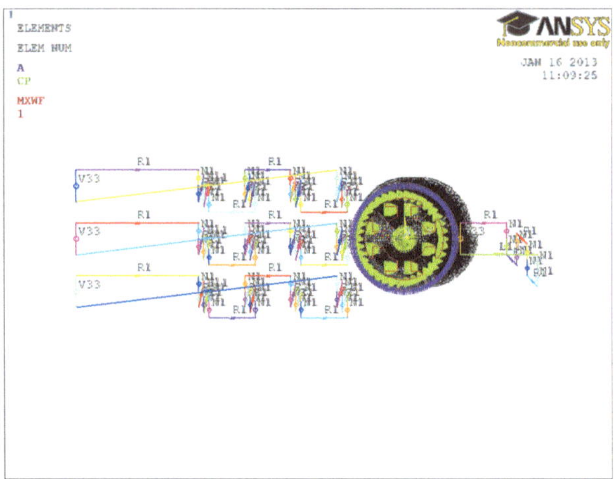

Abb. 21.44 Verschaltung von Stator und Rotor

21.3 Interface zwischen Stator und Rotor

Als letztes ist wie üblich das Interface zwischen dem Stator und dem Rotor zu generieren. Aufgrund des gleichmäßigen Luftspalts über den Stator- und Rotornuten lassen sich die Knoten problemlos bestimmen. Das Skript befindet sich in der Datei vollpol_interface.txt.

Abb. 21.45 Interface zwischen Stator und Rotor

Zunächst werden die Knoten auf Luftspaltmitte statorseitig ermittelt und dazu die Elemente selektiert. Beide Entitätenauszüge werden in Komponenten abgespeichert.

```
!!
!!
csys,1
asel,s,mat,,2
allsel,below,area
nSEL,r,LOC,X,rinnen+rotorstaerke+delta/2-1e-6,rinnen+
rotorstaerke+delta/2+1e-6
cm,nodeaussen,node
esln,s
allsel,below,elem
cm,elemaussen,elem
```

Endsprechend wird für den Rotor verfahren. Die Knoten auf Luftspaltmitte werden rotorseitig ermittelt und dazu die Elemente selektiert. Beide Entitätenauszüge werden in Komponenten abgespeichert.

```
asel,s,mat,,12
allsel,below,area
nSEL,r,LOC,X,rinnen+rotorstaerke+delta/2-1e-6,rinnen+
rotorstaerke+delta/2+1e-6
cm,nodeinnen,node
esln,s
allsel,below,elem
cm,elemaussen,elem
```

Zur Generierung des Interfaces werden die notwendigen Knoten auf der Rotorseite und die Elemente auf der Statorseite selektiert und über den CEINTF-Befehl das Interface generiert.

```
MODMSH,NOCHECK
SHPP,WARN

cmsel,s,nodeinnen
cmsel,s,elemaussen
cmsel,u,nodeaussen

_cef=.3
CEINTF,_cef, , , , , , ,0,

allsel
```

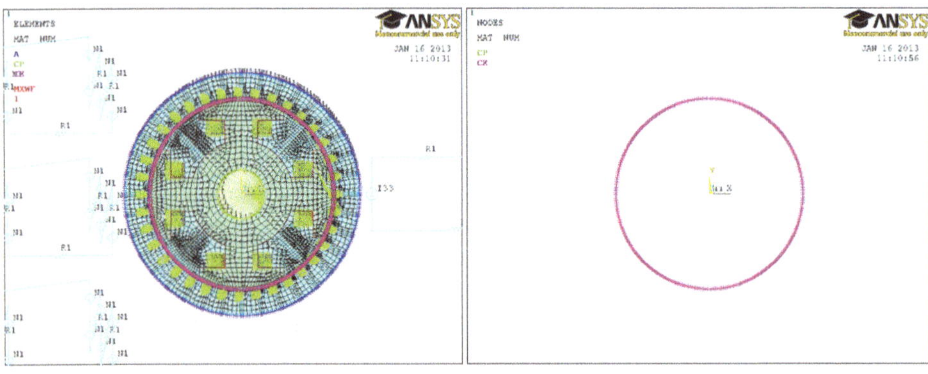

Abb. 21.46 Generiertes Interface zwischen Stator und Rotor

Damit ist das vollständige Finite-Elemente-Modell des Synchron-Schenkelpolläufers für die nachfolgenden Berechnungen vorbereitet.

21.4 Rechnungsvorbereitung

Die Berechnung der Schenkelpolläufer-Synchronmaschine ist statisch und transient möglich. Eine harmonische Rechnung macht lediglich bei offener Rotorwicklung Sinn, um die Entstehung des Drehfeldes zu überprüfen. Bei statischer Rechnung ist separate Speisung von Stator und Rotor, optimal mit Strömen möglich. So können bei korrekter Stellung zwischen Stator und Rotor Wechselwirkungen zwischen diesen durch eine Polradwicklung berechnet und betrachtet werden. Hinsichtlich der transienten Rechnung sind analog zur Gleichstrommaschine Berechnungen der Polradspannung und bei kurzgeschlossenem Stator Kurzschlussströme bei Drehung des Rotors berechenbar. Bei Speisung des Stators ist der Anlauf aus dem Stillstand oder die Zuschaltung aus einer Stellung bei fester Drehzahl, idealerweise Synchrondrehzahl möglich. Damit kann prinzipiell auch die Synchronisierung nachvollzogen werden. Die Berechnungsmöglichkeiten entsprechen der Synchronmaschine mit Vollpolläufer.

Zur Rechnungsvorbereitung sind wie üblich die Ausgabedateien vorzubereiten. Bei der Synchronmaschine können Spannungen und Ströme von Stator und Rotor in Verbindung mit deren Leistungen und das Drehmoment berechnet werden.

Nach Definition der üblichen Ausgabesteuerparameter wird die Ausgabe durch das Skript schenkelpol_aus.txt initialisiert.

Die Geometrieerstellung kann über das Skript in der Datei „schenkelpol_geometrie.txt“ ausgelöst werden. Die Datei hat folgenden Aufbau. Die im Skript enthaltenen Daten wurden für die folgend ausgeführten Rechnungen verwendet.

```
!!
!! Geometrieerstellung einer Synchronmaschine mit
Schenkelpolläufer
!! 2 Polpaare
!!
/prep7
!! Parameter für die Statorgeometrie
*SET,PI          , 3.141592653590
*SET,M           , 3.000000000000
! Strangzahl
*SET,P           , 2.000000000000
! Polpaarzahl
*SET,Q           , 3.000000000000
! Nutenzahl je Pol und Phase
*SET,EPS         , 1.000000000000
! Schrittverkürzung/Sehnung
*SET,JOCHDICKE   , 0.5000000000000E-01
! Jochdicke unter Nut in m
```

```
*SET,JOCHTIEFE   , 0.500000000000
! Jochtiefe in m
*SET,RAUSSEN     , 0.250000000000
! Außenradius in m
*SET,DELTA       , 0.800000000000E-02
! Luftspalt an dünnster Stelle in m
*SET,ZWEISCHICHT , 1.00000000000
! Einschicht-/Zweischichtwicklung
*SET,WICKBREITE1 , 0.800000000000E-02
! Wicklungsbreite in m
*SET,WICKHOEHE1  , 0.150000000000E-01
! Wicklungshöhe in m
*SET,WICKISOL    , 0.200000000000E-03
! Wicklungsisolation zwischen den Lagen in m
*SET,NWIN1       , 500.000000000
! Windungszahl der Statorspulenlagen
*SET,_FREQ,50
! Frequenz

!! Parameter für die Rotorgeometrie

*SET,RINNEN      , 0.500000000000E-01
! Innenradius
*SET,DELTAER     , 0.100000000000E-01
! Luftspalt bei maximaler Aufweitung
*SET,POLBREITE   , 0.700000000000E-01
! Breite des Pols
*SET,POLSCHBREITE, 0.180000000000
! Breite des Schenkelpols
*SET,POLSCHHOEHE , 0.400000000000E-01
! Höhe des Schenkelpols
*SET,WICKBREITE2 , 0.300000000000E-01
! Wicklungsbreite der Erregerwicklung
*SET,WICKHOEHE2  , 0.300000000000E-01
! Wicklungshöhe der Erregerwicklung
*SET,JOCH2       , 0.600000000000E-01
! Jochhöhe unter dem Pol
*SET,NWIN2       , 10.0000000000
! Windungszahl der Erregerwicklung
```

schenkelpol_elemente.txt

```
*SET,MURXA       , 10000.00000000
*SET,MURXI       , 10000.00000000
*SET,LEITA       , 56000000.00000
*SET,LEITI       , 56000000.00000
*SET,FILA        , 0.8000000000000
*SET,FILI        , 0.8000000000000

schenkelpol_material.txt

schenkelpol_SNut.txt
schenkelpol_RPol.txt

schenkelpol_SArea.txt
schenkelpol_RArea.txt

*SET,MESHEISEN   , 0.1200000000000E-01
*SET,MESHLUFT    , 0.6000000000000E-02

schenkelpol_SNete.txt
schenkelpol_Rnete.txt

schenkelpol_netg.txt

schenkelpol_cp1.txt
schenkelpol_cp2.txt

*SET,RWICKSTIRN1 , 0.1000000000000E-04
*SET,LWICKSTIRN1 , 0.1000000000000E-04
*SET,U1          , 400.0000000000
*set,schenkelpol_styp,1
*set,stern1,1
*set,vstern1,0
*set,freq,50

*if,schenkelpol_styp,eq,1,then
Schenkelpol_schalt1_t1.txt
*else
Schenkelpol_schalt1_t2.txt
*endif
```

```
*SET,RWICKSTIRN2 , 0.1000000000000E-05
*SET,LWICKSTIRN2 , 0.1000000000000E-05
*SET,IE          , 10.00000000000

schenkelpol_schalt2.txt

schenkelpol_interface.txt
```

21.5 Statische Rechnung

Die statische Rechnung kann über das Skript in der Datei „schenkelpol_rechnung_statisch_1.txt" ausgeführt werden. Die Datei hat folgenden Aufbau.

```
/prep7
schenkelpol_geometrie.txt

ausgabe=1
luftskal=1
fft=0
schenkelpol_aus.txt

winkela=0
zeita=0
i1=1
i2=1e-6
fronspar=0
schenkelpol_loes1.txt
```

Über den Parameter zeita wird der Zeitpunkt des Drehstromsystems definiert. In Verbindung mit der Amplitude des Ständerstromes über den Parameter I1 ergeben sich die Netzströme der Statorseite. Über den Parameter winkela wird die Stellung zwischen Rotor und Stator definiert. Der Rotorerregerstrom wird über den Parameter I2 eingestellt.

Bei Speisung des Stators in Grundstellung ergeben sich die Ströme in den drei Phasen.

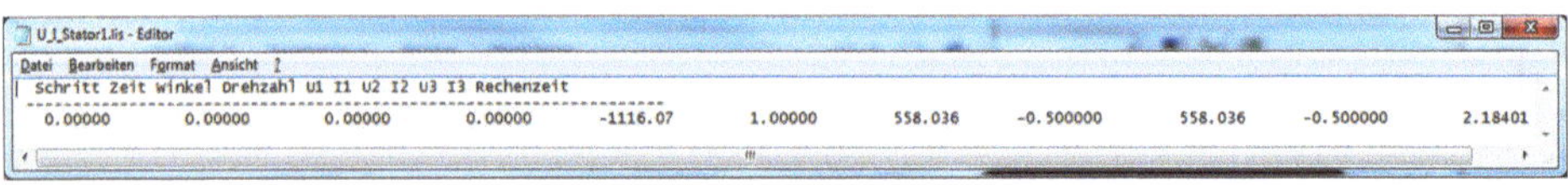

Abb. 21.47 Spannungen und Ströme auf der Statorseite bei statischer Rechnung

Entsprechend ergeben sich die statorseitigen Leistungen.

```
Pauf_Stator1.lis - Editor
Datei  Bearbeiten  Format  Ansicht  ?
 Schritt Zeit Winkel Drehzahl Pauf1 Pauf2 Pauf3 PR1 PR2 PR3 Rechenzeit
 ---------------------------------------------------------------------
  0.00000     0.00000     0.00000     0.00000     -1116.07     -279.018     -279.018     0.100000E-04   0.250000E-05   0.250000E-05   2.18401
```

Abb. 21.48 Leistungen auf der Statorseite bei statischer Rechnung

Die Ausgabe der rotorseitigen Ergebnisse bestätigt den stromlosen Rotor.

```
Pauf_Rotor1.lis - Editor
Datei  Bearbeiten  Format  Ansicht  ?
 Schritt Zeit Winkel Drehzahl UE IE Perr PRE Rechenzeit
 ---------------------------------------------------------------
  0.00000     0.00000     0.00000     0.00000     -0.992563E-08   0.100000E-05  -0.992563E-14   0.100000E-17    2.18401
```

Abb. 21.49 Ergebnisse auf der Rotorseite bei statischer Rechnung

Die Drehmomentausgabe bestätigt aufgrund der Reluktanzeffekte bereits ein Drehmoment trotz fehlenden Rotorstromes.

```
Drehmoment1.lis - Editor
Datei  Bearbeiten  Format  Ansicht  ?
 Schritt Zeit Winkel Drehzahl M(Maxwell) M(virtual_work)
 ---------------------------------------------------------------
  0.00000     0.00000     0.00000     0.00000     -54.0504     -51.7505
```

Abb. 21.50 Berechnetes Drehmoment bei statischer Rechnung

Neben den tabellarischen Ergebnissen bestätigen die grafischen Darstellungen die statische Rechnung. Die Flächendarstellung zeigt den unverdrehten Rotor zum Stator in der Grundstellung bezüglich des geometrisch erstellten Modells.

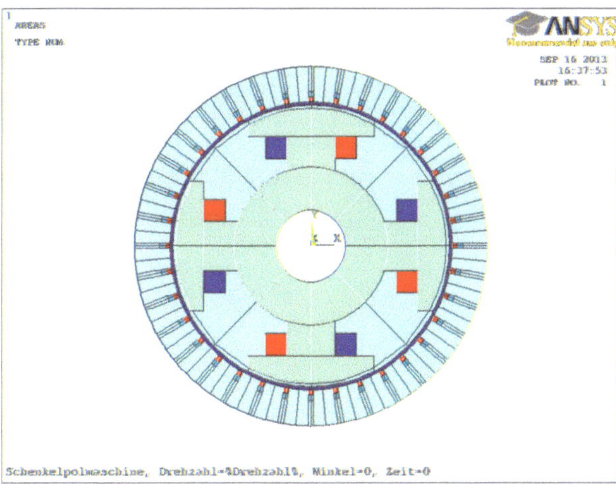

Abb. 21.51 Ausgabe der Stator-/Rotorstellung

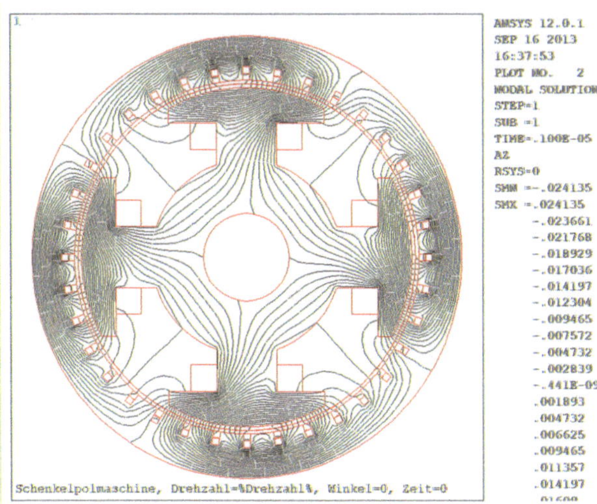

Abb. 21.52 Feldlinienbild bei statischer Rechnung und Statorspeisung

Das Feldlinienbild spiegelt die Durchflutung der Statorseite wieder. Sämtliche Zähne zwischen den Nuten führen ein magnetisches Feld. Das von der Rotorseite ohne Rückwirkung beeinflusste Statorfeld schließt sich über die Polschuhe und das Joch des Rotors. Aufgrund der Luftspalterweiterung des Luftspalts zu den Polschuhkanten und der begrenzten Polschuhweite entsteht ein sehr stark verzerrtes magnetisches Feld. Nur wenige Feldlinien durchsetzen die Pole des Rotors, sowie das rotorseitige Joch.

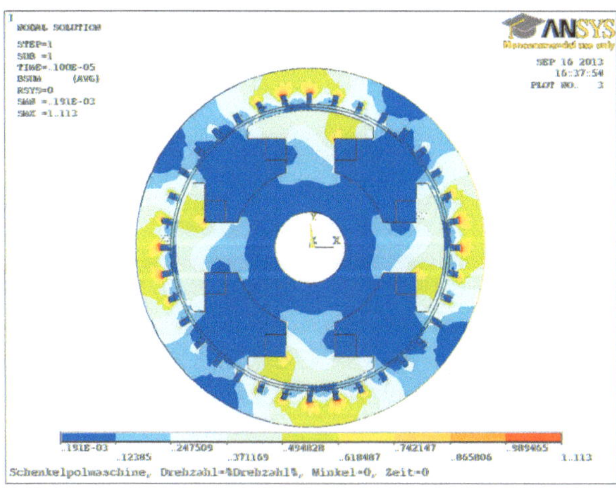

Abb. 21.53 Magnetische Flußdichte bei statischer Rechnung und Statorspeisung

Die magnetische Flußdichte erreicht bei einer Ständerstromamplitude von nur einem A maximale Werte von 1,1 Tesla im Bereich von Ecken an Nuten, das Joch ist mit etwa 0,5 Tesla nur wenig ausgelastet.

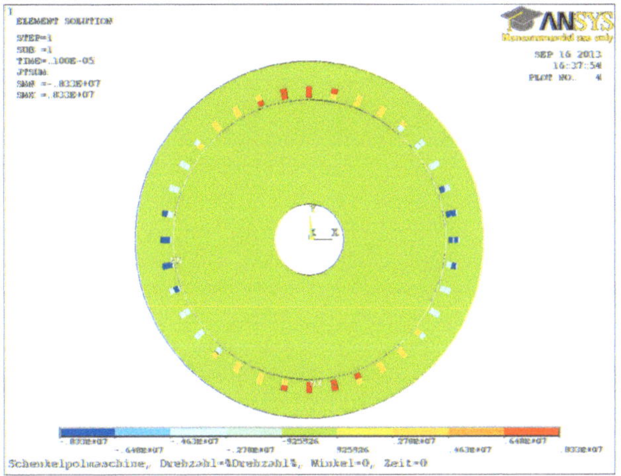

Abb. 21.54 Stromdichteverteilung bei statischer Rechnung und Statorspeisung

Die Stromdichteverteilung bestätigt die Verschaltung des Stators mit 3 Strängen, einer Nutenzahl je Pol und Phase q von 3 und einer Schrittverkürzung von 2 Nuten. Der Rotor ist nicht durchflutet.

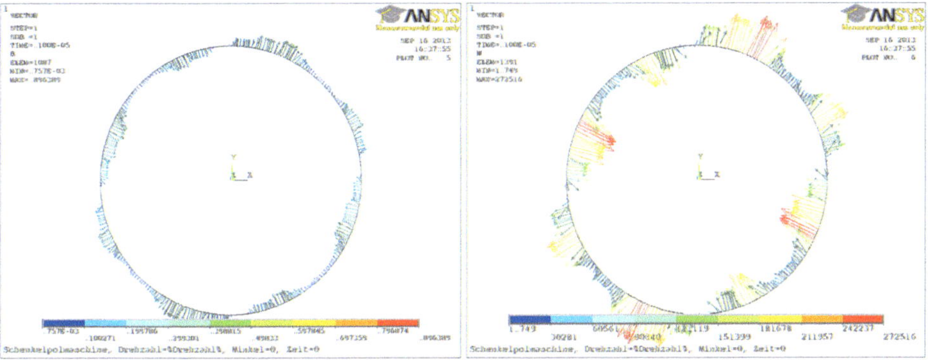

Abb. 21.55 Vektorielle Darstellung der magnetischen Flußdichte (*links*) und Feldstärke (*rechts*) in Luftspaltmitte bei statischer Rechnung und Statorspeisung

Die vektorielle Darstellung der magnetischen Flußdichte und Feldstärke bestätigt den stark verzerrten Aufbau einer Felderregerkurve ohne wesentliche sinusförmige Verteilung am Umfang, sowie die Nutungseffekte aufgrund des Stators.

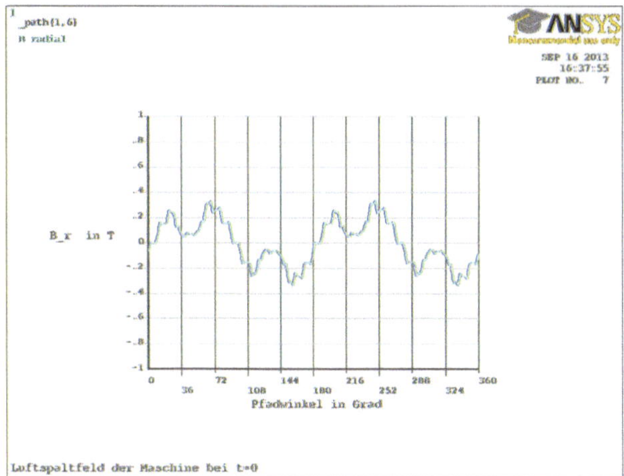

Abb. 21.56 Luftspaltfeld in Luftspaltmitte bei statischer Rechnung und Statorspeisung

Das Luftspaltfeld in Luftspaltmitte bestätigt die starke Verzerrung der Felderregerkurve aufgrund der Stellung des Rotor-Polrades.

Die Wirkung des Rotors wird durch eine Rechnung ohne Ständerstrom und einen Erregerstrom von 10 A aufgezeigt. Die Eingabedaten der statischen Rechnung ändern sich wie folgt.

```
winkela=0
zeita=0
i1=1e-6
i2=10
fronspar=0
vollpol_loes1.txt
```

Die Ausgabe der Ständerströme bestätigt, dass der Stator stromlos ist.

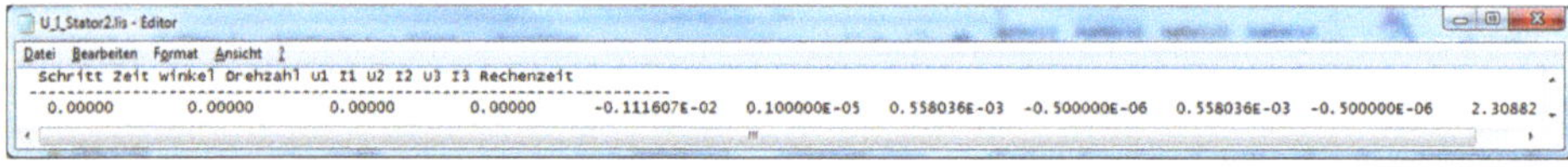

Abb. 21.57 Ausgabe der Statorspannungen und -ströme bei statischer Rechnung

Demgegenüber führt der Rotor wie gewünscht einen Erregerstrom von 10 A.

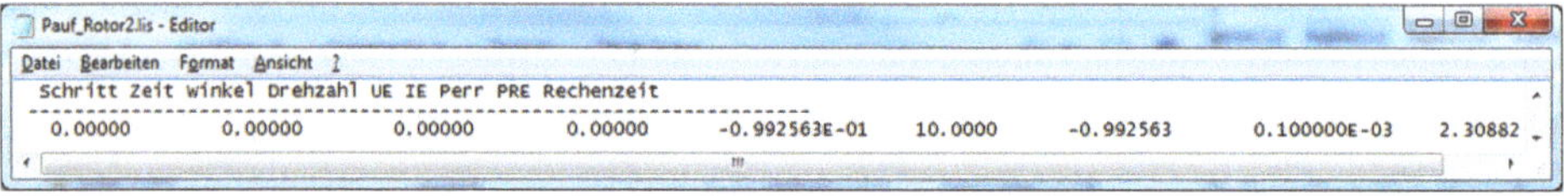

Abb. 21.58 Ausgabe der Ergebnisse für den Rotor bei statischer Rechnung

Aufgrund der fehlenden Rückwirkung mit einem Statorfeld verbleiben beim Drehmoment lediglich kleine Reluktanzeffekte und damit ein sehr kleines Drehmoment.

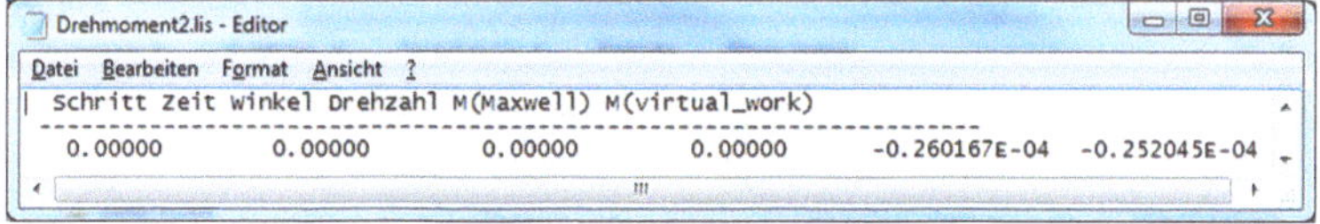

Abb. 21.59 Berechnetes Drehmoment bei statischer Rechnung

Das Feldlinienbild bestätigt die Durchflutung des Rotors. Es entsteht vergleichbar mit dem Stator einer Gleichstrommaschine ein symmetrisches Feld mit alternierender Richtung in den einzelnen Polen, das sich gleichmäßig nach links und rechts zum Pol jeweils über das Statorjoch schließt.

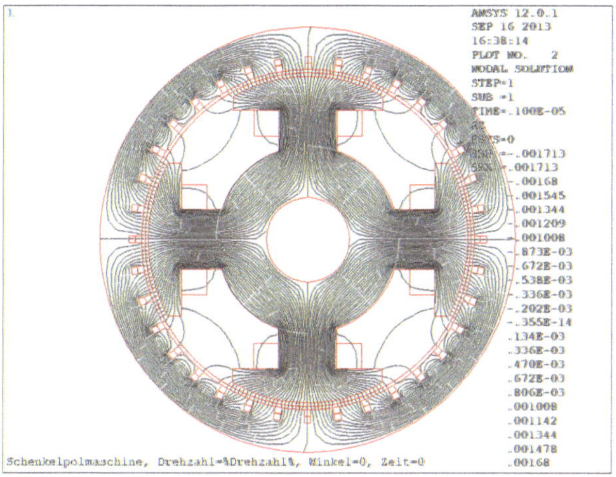

Abb. 21.60 Feldlinienbild bei statischer Rechnung und Rotorspeisung

Die Darstellung der magnetischen Flußdichte zeigt maximale Flußdichten von 0,09 Tesla mit Werten von etwa 0,04 Tesla im Statorjoch. Im Gegensatz zur betrachteten Statordurchflutungsrechnung ergibt sich eine symmetrische Feldverteilung.

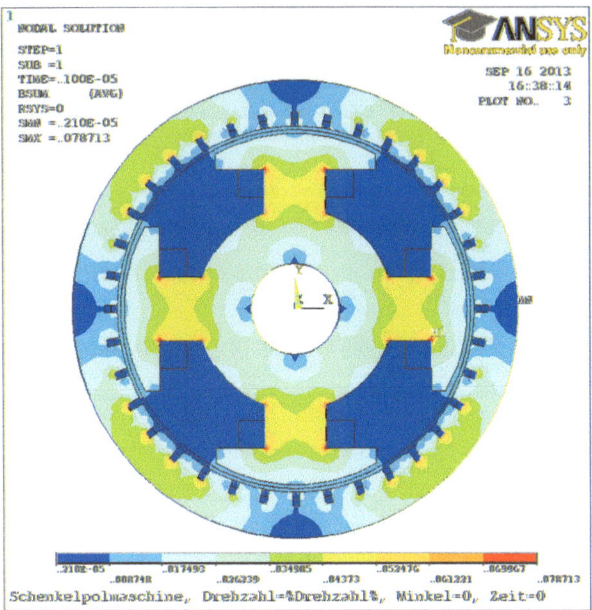

Abb. 21.61 Magnetische Flußdichte bei statischer Rechnung und Rotorspeisung

Die Stromdichtedarstellung bestätigt die alternierende Durchflutung des Rotors um die einzelnen Pole herum. Im Gegensatz zur Berechnung bei Statordurchflutung sind die Stromdichten sehr klein, dies ist auf den niedrigen Erregerstrom bei sehr geringer Rotorwindungszahl zurückzuführen. Für Rückwirkungsrechnungen muss der Erregerstrom oder die Rotorwindungszahl erheblich angehoben werden.

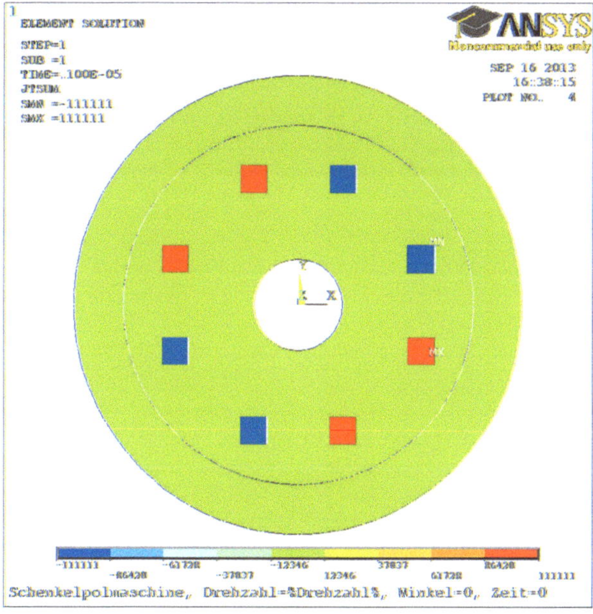

Abb. 21.62 Stromdichteverteilung bei statischer Rechnung und Rotorspeisung

Der vektorielle Darstellung der magnetischen Feldstärke und des Luftspaltfeldes in Luftspaltmitte ist zu entnehmen, dass das Luftspaltfeld in der Mitte der Polschuhe am größten ist und aufgrund der Luftspalterweiterung zu den Polschuhkanten leicht abnimmt. Von den Polschuhkanten zur Mitte der Pollücke nimmt das magnetische Feld ab. Die Darstellung des Luftspaltfeldes bestätigt den Feldverlauf über dem Polschuh in Verbindung mit der Statornutung. Bestätigt wird, dass aufgrund der geringen Durchflutung das magnetische Feld im Luftspat insgesamt sehr klein ist.

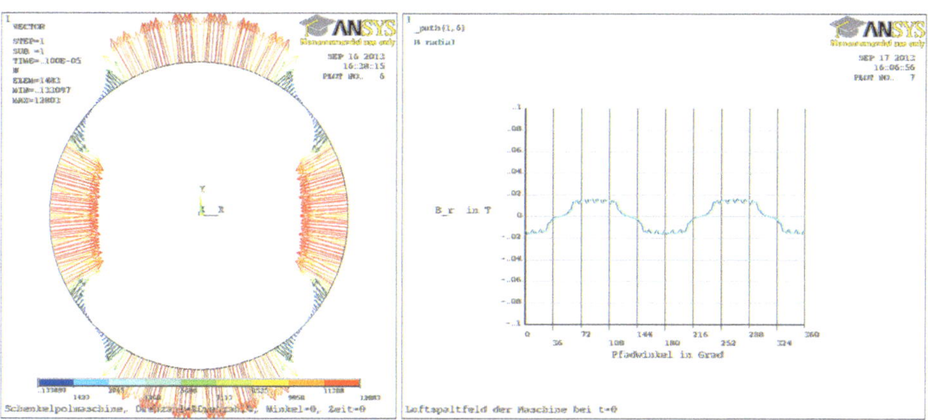

Abb. 21.63 Vektorielle Darstellung der Feldstärke (*links*) und des Luftspaltfeldes in Luftspaltmitte bei statischer Rechnung und Rotorspeisung

Die Rechnung mit beidseitiger Durchflutung mit einer Ständerstromamplitude von einem A und 200 A Erregerstrom muss bestätigen, dass ein Drehmoment zwischen Rotor und Stator entsteht. Die Eingabedaten für die statische Rechnung ändern sich wie folgt. Die Windungszahl des Rotors wurde nicht angepasst, um die Eingabedaten für die Generierung des Finite-Elemente-Modells nicht zu ändern.

```
winkela=0
zeita=0
i1=1
i2=200
fronspar=0
schenkelpol_loes1.txt
```

Die Ausgabe der Statorergebnisse bestätigt, dass der Stator durchflutet ist.

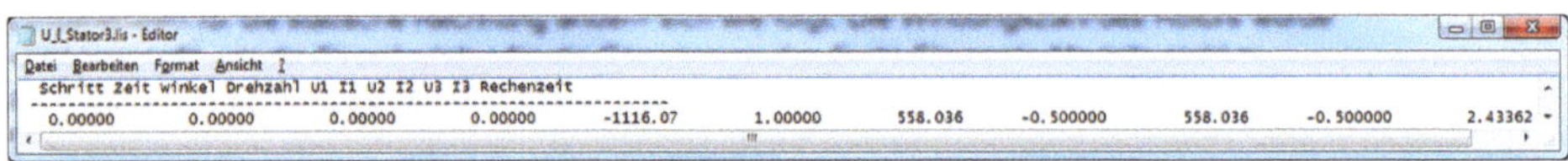

```
U_I_Stator3.lis - Editor
Datei Bearbeiten Format Ansicht ?
 Schritt Zeit Winkel Drehzahl U1 I1 U2 I2 U3 I3 Rechenzeit
---------------------------------------------------------------
  0.00000     0.00000     0.00000     0.00000    -1116.07     1.00000     558.036    -0.500000     558.036    -0.500000     2.43362
```

Abb. 21.64 Ausgabe der Statorspannungen und -ströme bei statischer Rechnung und beidseitiger Speisung

Die Ergebnisausgabe für den Rotor bestätigt die Durchflutung des Rotors.

```
Pauf_Rotor3.lis - Editor
Datei Bearbeiten Format Ansicht ?
 Schritt Zeit Winkel Drehzahl UE IE Perr PRE Rechenzeit
---------------------------------------------------------------
  0.00000     0.00000     0.00000     0.00000    -1.98513     200.000     -397.025     0.400000E-01     2.43362
```

Abb. 21.65 Ausgabe der Ergebnisse für den Rotor bei statischer Rechnung und beidseitiger Speisung

Da eine Wechselwirkung zwischen Stator und Rotor entsteht, zeigt die Drehmomentberechnung ein deutliches Drehmoment mit negativen Werten. Dies ist darauf zurückzuführen, dass der Rotor im Uhrzeigersinn zum dominierenden Statorfeld ausgerichtet werden soll. Das Drehmoment ist vom Betrag her relativ groß, da Stator und Rotor hinsichtlich des Luftspaltfeldes die gleiche Richtung haben und sich daher abstoßen.

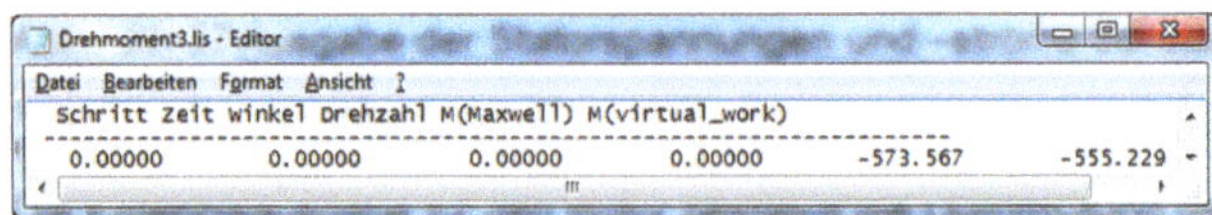

```
Drehmoment3.lis - Editor
Datei Bearbeiten Format Ansicht ?
 Schritt Zeit Winkel Drehzahl M(Maxwell) M(virtual_work)
---------------------------------------------------------------
  0.00000     0.00000     0.00000     0.00000    -573.567     -555.229
```

Abb. 21.66 Berechnetes Drehmoment bei statischer Rechnung und beidseitiger Speisung

Im Feldlinienbild ist erkennbar, dass Stator und Rotor sich nun gegenseitig beeinflussen. Vergleichbar mit der Gleichstrommaschine entsteht eine Rückwirkung des Rotors auf den Stator. Aufgrund des offenbar vorhandenen Polradwinkels zwischen Rotor und Stator entsteht ein stark verzerrter Feldverlauf im Joch und im Polschuh, vergleichbar mit der Ankerrückwirkung bei der Gleichstrommaschine mit Erregerspulen auf Polschuhen.

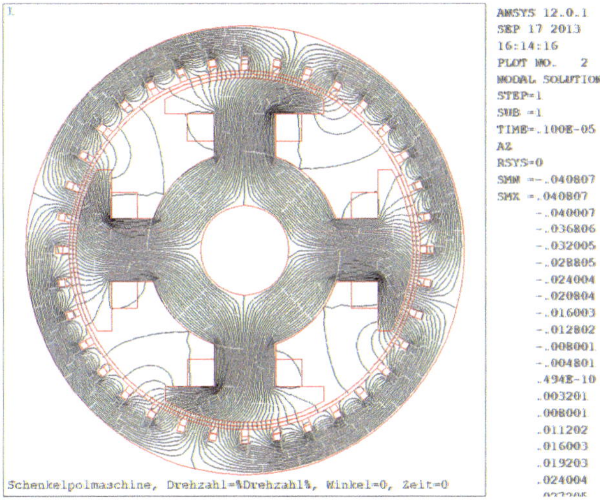

Abb. 21.67 Feldlinienbild bei statischer Rechnung und beidseitiger Speisung

Die Stromdichteverteilung bestätigt die Speisung von Stator und Rotor.

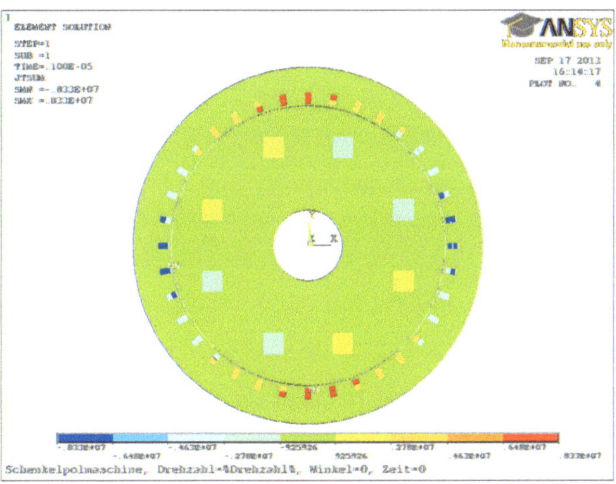

Abb. 21.68 Stromdichteverteilung bei statischer Rechnung und beidseitiger Speisung

Die vektorielle Darstellung der magnetischen Feldstärke und das Luftspaltfeld in Luftspaltmitte bestätigen, dass sich Statorfeld und Rotorfeld überlagert haben und eine starke Rückwirkung entstanden ist, die für Unsymmetrie sorgt.

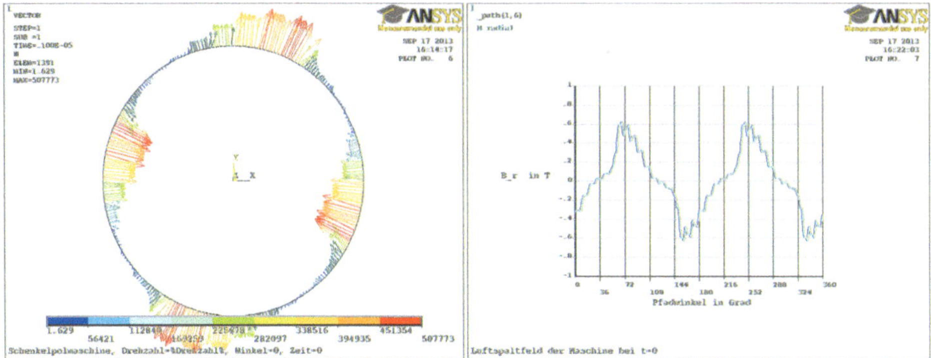

Abb. 21.69 Vektorielle Darstellung der Feldstärke (*links*) und des Luftspaltfeldes in Luftspaltmitte bei statischer Rechnung und beidseitiger Speisung

Die statische Verdrehung des Rotors zum Stator muss bestätigen, dass sich das Drehmoment bei gleichbleibender Durchflutung ändert. Die folgende statische Rechnung erfolgt daher für einen Verdrehwinkel des Rotors um 45 Grad im Gegenuhrzeigersinn.

Zu ändern ist in den Eingabedaten der Verdrehwinkel auf 45 Grad.

```
winkela=45
```

Die Berechnung ergibt, dass das Drehmoment weiterhin negativ ist und gegenüber der Stellung 0 Grad stark abgenommen hat.

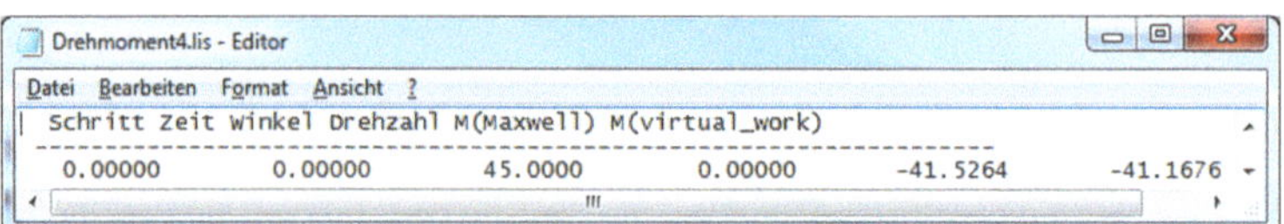

Drehmoment4.lis - Editor

Datei Bearbeiten Format Ansicht ?

Schritt	Zeit	Winkel	Drehzahl	M(Maxwell)	M(virtual_work)
0.00000	0.00000	45.0000	0.00000	-41.5264	-41.1676

Abb. 21.70 Berechnetes Drehmoment bei statischer Rechnung und beidseitiger Speisung und um 45 Grad verdrehtem Winkel

Die Flächendarstellung des Modells bestätigt, dass der Rotor gegenüber dem Stator um 45 Grad verdreht wurde.

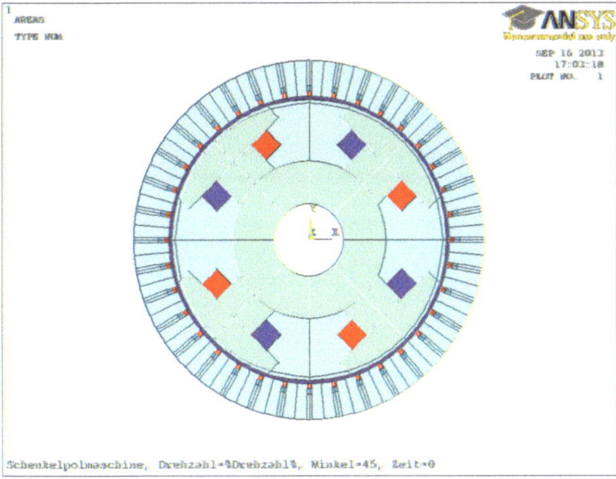

Abb. 21.71 Ausgabe der Stator-/Rotorstellung bei einem Verdrehwinkel von 45 Grad

Aufgrund der direkten Rückwirkung des Rotors ändert sich das Feldlinienbild erheblich. Das Statorfeld schließt sich über das Statorjoch, während in den übrigen Bereichen das Rotorfeld das sich über den Rotor ausbreitende Statorfeld fast vollständig ausgleicht.

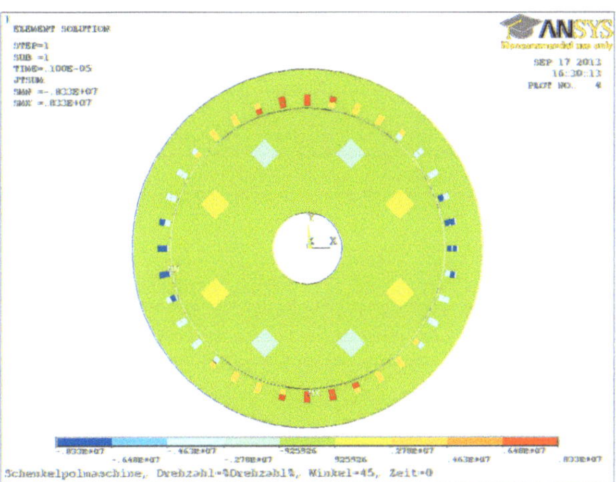

Abb. 21.72 Feldlinienbild bei statischer Rechnung, beidseitiger Speisung und Verdrehwinkel von 45 Grad

Die Stromdichtedarstellung bestätigt die Verdrehung des Rotors gegenüber dem Stator um 45 Grad im Gegenuhrzeigersinn. Der Pol des Rotors steht dem Pol des Stators fast direkt gegenüber.

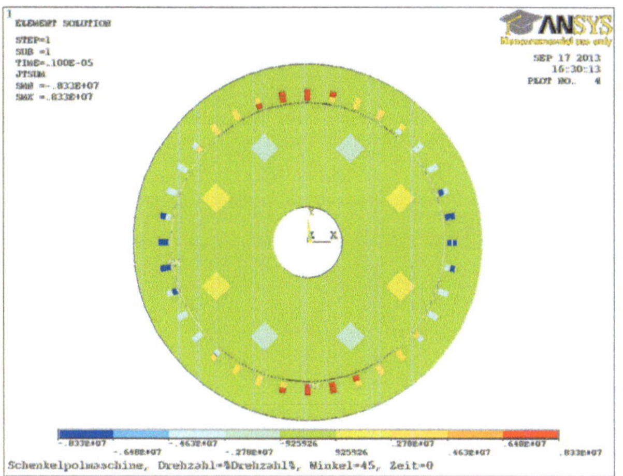

Abb. 21.73 Stromdichteverteilung bei statischer Rechnung, beidseitiger Speisung und Verdrehwinkel von 45 Grad

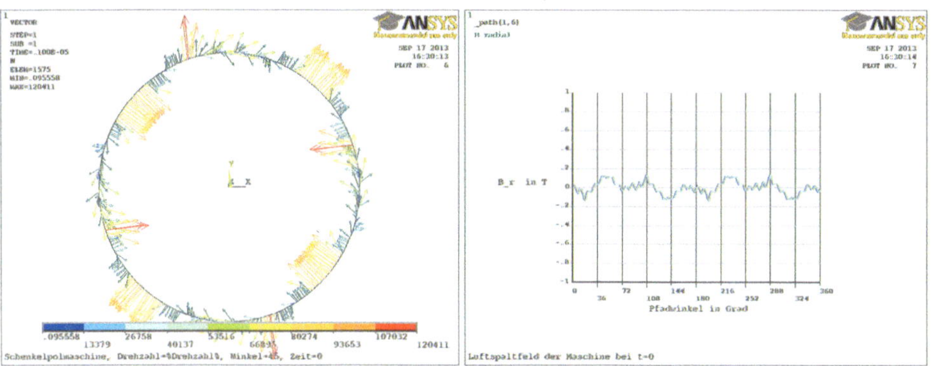

Abb. 21.74 Vektorielle Darstellung der Feldstärke (*links*) und des Luftspaltfeldes in Luftspaltmitte bei statischer Rechnung, beidseitiger Speisung und Verdrehwinkel von 45 Grad

Die vektorielle Darstellung der magnetischen Feldstärke und das Luftspaltfeld in Luftspaltmitte bestätigen, dass sich Stator- und Rotorfeld nahezu kompensiert haben und lediglich Restfeder übrig bleiben.

Die statische Verdrehung des Rotors in Gegenrichtung zum Stator muss bestätigen, dass sich das Drehmoment bei gleichbleibender Durchflutung weiter ändert. Die folgende statische Rechnung erfolgt daher für einen Verdrehwinkel des Rotors um 45 Grad im Uhrzeigersinn.

Zu ändern ist in den Eingabedaten der Verdrehwinkel auf −45 Grad.

```
winkela=-45
```

Die Berechnung ergibt, dass das Drehmoment nun positiv ist und gegenüber der Stellung 45 Grad vom Betrag her abgenommen hat.

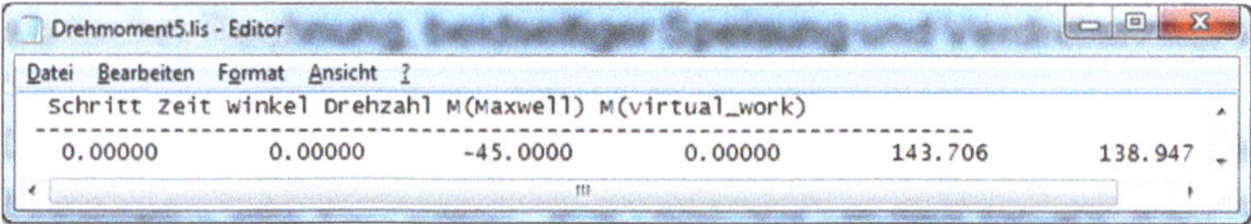

Abb. 21.75 Berechnetes Drehmoment bei statischer Rechnung und beidseitiger Speisung und um −45 Grad verdrehtem Winkel

Da der Rotor nun nicht gegen Stator, sondern in Richtung des Statorfeldes wirkt, schließt sich das magnetische Feld nun nahezu symmetrisch über die Joche in Stator und Rotor.

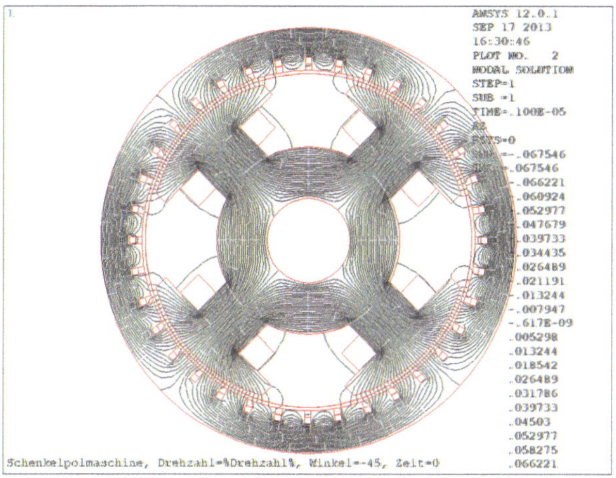

Abb. 21.76 Stromdichteverteilung bei statischer Rechnung, beidseitiger Speisung und Verdrehwinkel von −45 Grad

Die Stromdichtedarstellung bestätigt, dass gegenüber der Stellung 45 Grad die Durchflutung im Rotor invertiert ist.

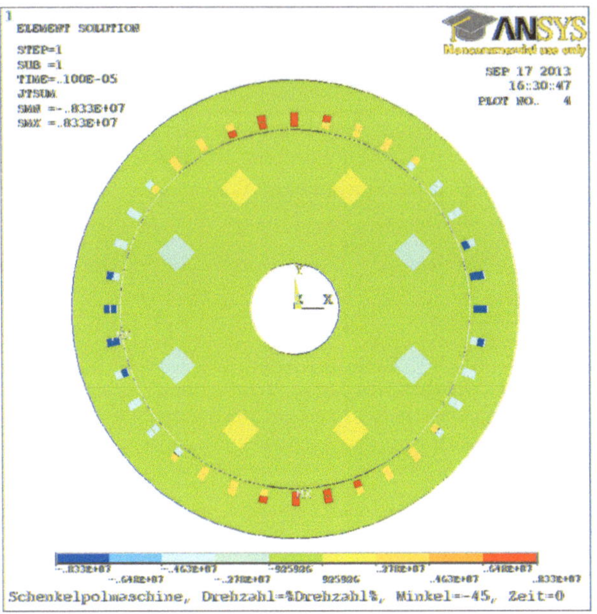

Abb. 21.77 Stromdichteverteilung bei statischer Rechnung, beidseitiger Speisung und Verdrehwinkel von −45 Grad

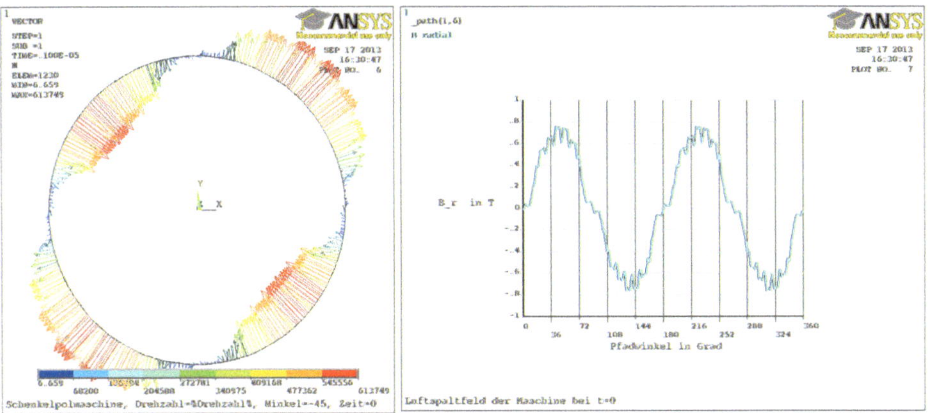

Abb. 21.78 Vektorielle Darstellung der Feldstärke (*links*) und des Luftspaltfeldes in Luftspaltmitte bei statischer Rechnung, beidseitiger Speisung und Verdrehwinkel von −45 Grad

Die vektorielle Darstellung der magnetischen Feldstärke und das Luftspaltfeld in Luftspaltmitte bestätigen, dass sich Statorfeld und Rotorfeld überlagern und eine fast sinusförmige Feldverteilung entstanden ist.

Damit kann eine stellungsabhängige Berechnung Aufschluss über die neutrale Stellung zwischen Rotor und Stator geben, die der Stellung des Polradwinkels mit 0 Grad entspricht. Die Drehmomentberechnung über dem Winkel ergibt, dass eine geometrische Verdrehung des Rotors um −45 Grad der neutralen Stellung entspricht.

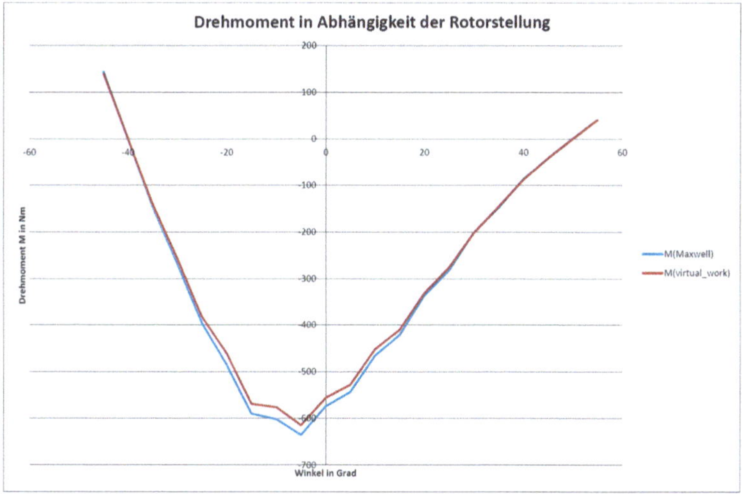

Abb. 21.79 Drehmoment in Abhängigkeit des Verdrehungswinkels zwischen Rotor und Stator

Gegenüber dem Vollpolläufer ist die Drehmomentabhängigkeit nicht sinusförmig. Dies bestätigt, dass der maximale statische Polradwinkel aufgrund der Reluktanzeffekte größer ist als bei einem Vollpolläufer.

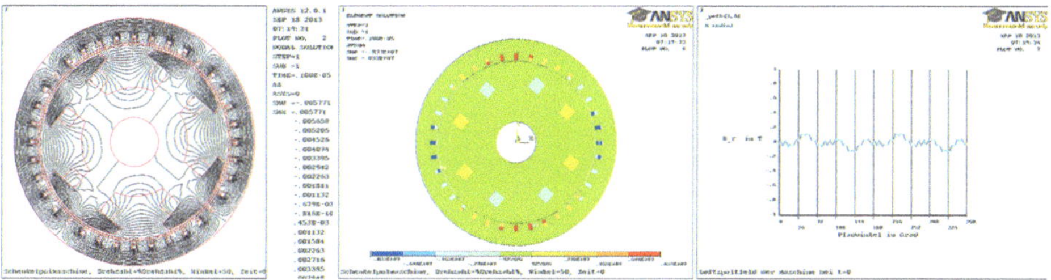

Abb. 21.80 Magnetische Feldsituation und Stromdichteverteilung bei neutraler Stator/Rotor-Stellung

Der Stromdichtedarstellung ist zu entnehmen, dass maximale Statordurchflutung der minimalen Rotordurchflutung gegenüberstehen. Die Amplitude des Luftspaltfeldes in Luftspaltmitte beträgt ca. 0,1 T, da Stator- und Rotorfeld sich gegeneinander abgedämpft haben.

21.6 Harmonische Rechnung

Die harmonische Rechnung wird nicht näher betrachtet, da der Rotor bei dieser Berechnungsmethode hochohmig sein muss, da keine Wechselwirkungen zwischen Rotor und Stator existieren dürfen. Aufgrund der fehlenden Rückwirkung kann diese Überprüfungsberechnung auch durch statische Rechnung nachvollzogen werden.

21.7 Transiente Rechnung I

Die transiente Berechnung der Synchronmaschine mit Schenkelpolläufer ermöglicht vergleichbar mit der Gleichstrommaschine die Berechnung der statorseitig induzierten Spannung, sowie des Kurzschlussstromes bei Klemmenkurzschluss. Vergleichbar mit der Berechnung anderer elektrischer Maschinen kann darüber hinaus der Hochlauf aus dem Stillstand oder bei Startdrehzahl mit oder ohne Gegendrehmoment ermittelt werden. Aufgrund der dynamischen Eigenschaften der Synchronmaschine sind hierbei Pendelungen zu erwarten.

21.7.1 Berechnung der im Stator induzierten Spannung

Werden die statorseitigen Spannungsquellen in hochohmige Widerstände umgewandelt, können bei Drehung mit konstanter Drehzahl die im Stator induzierten Spannungen ermittelt werden. Das Skript zum Aufruf dieser Berechnungsmethode befindet sich in der Datei „schenkelpol_rechnung_transient_1.txt“, verwendet wird das Lösungsskript in der Datei „schenkelpol_loes3.txt“. Die Lösung wird mit folgenden Parametern aufgerufen.

```
/prep7
schenkelpol_geometrie.txt

ausgabe=11
luftskal=1
fft=0
schenkelpol_aus.txt

winkela=0
u2i2=1
u2=10
i2=10
jsteps=100
ndreh=1.1
fronspar=0
```

```
leerlauf=1
schenkelpol_loes3.txt
```

Der Parameter jsteps definiert die Anzahl von Zeitschritten in einer Periode. Über ndreh wird die Anzahl der zu berücksichtigenden Zeitperioden definiert. Hier reicht im allgemeinen eine Umdrehung. Der Parameter leerlauf definiert, dass die Spannungsquellen in hochohmige Widerstände umgewandelt werden.

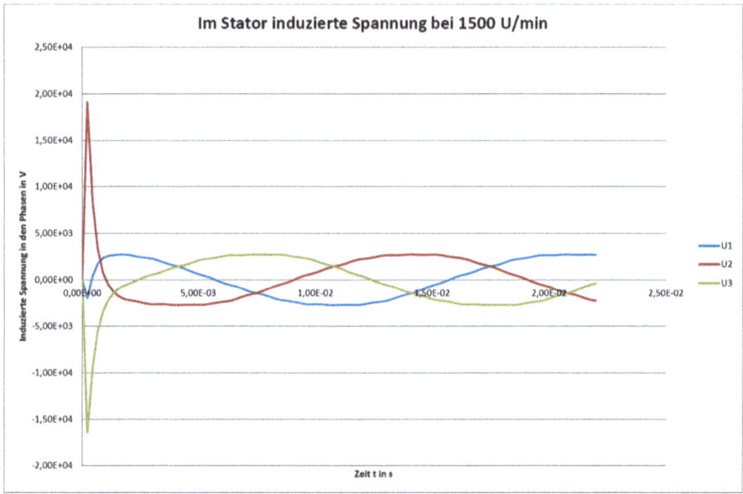

Abb. 21.81 Induzierte Spannung bei 1500 U/min mit Einschwingvorgang

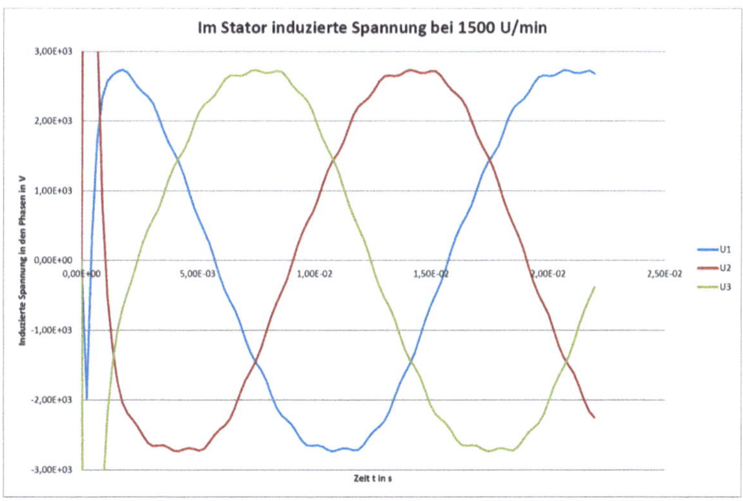

Abb. 21.82 Induzierte Spannung bei 1500 U/min

Die Spannungskurvenform weist geringe Schwankungen auf, die auf die geöffneten Statornuten, aber auch die Form des Polschuhs zurückzuführen sind. Trotz sehr ungünstiger Polschuhkonstruktion, die kein sinusförmiges Rotorfeld erzeugt, ist der Verlauf der Ständerspannung aufgrund der Wicklungsauswahl des Stators annähernd sinusförmig, insgesamt ist die Kurvenform gegenüber einem Sinus zu breit. Durch Änderung der Parameter kann die Welligkeit der induzierten Spannung, sowie die grundsätzliche Sinuskurvenform angepasst werden.

21.7.2 Berechnung der im Stator induzierten Ströme bei dreiphasigem Klemmenkurzschluss

Werden die statorseitigen Spannungsquellen in niederohmige Widerstände umgewandelt, können bei Drehung mit konstanter Drehzahl die im Stator induzierten Ströme ermittelt werden. Das Skript zum Aufruf dieser Berechnungsmethode befindet sich in der Datei „schenkelpol_rechnung_transient_2.txt", verwendet wird das Lösungsskript in der Datei „schenkelpol_loes3.txt". Die Lösung wird mit folgenden Parametern aufgerufen.

Gegen über dem Berechnungsskript für die induzierte Spannung weist das notwendige Berechnungsskript „schenkelpol_rechnung_transient_2.txt" nur geringe Unterschiede auf. Der Unterschied besteht lediglich in dem Parameter „leerlauf", der auf 0 gesetzt wird.

```
leerlauf=0
schenkelpol_loes3.txt
```

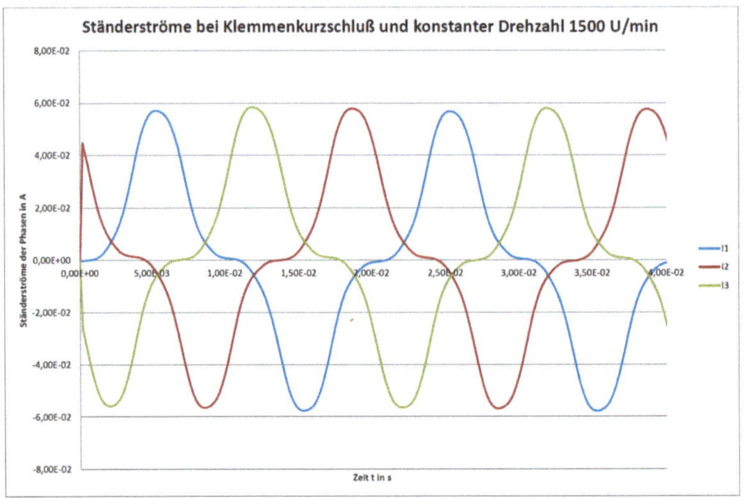

Abb. 21.83 Kurzschlussstrom bei Klemmenkurzschuss und 1500 U/min

Als Ergebnis ergibt sich nach einem sehr kurzen Einschwingvorgang und der Rückwirkung des Rotors auf den Stator direkt der Kurzschlussstrom in den einzelnen Phasen. Bei entsprechender großer Stützstellenanzahl kann die Abhängigkeit der Spannungskurvenform von der Dimensionierung des Schenkelpolläufers und der Statorverschaltung ermittelt werden. Entgegen der Kurvenform der induzierten Spannung weist der Kurzschlussstrom eine starke Abweichung gegenüber dem Sinus auf. Dies ist auf die Polschuhform und insbesondere die verschiedenen Statorstellungen zwischen Stator und Rotor zurückzuführen.

21.8 Optimierung der Polschuhform

Zur Optimierung der Spannungskurvenform und allgemein der Felderregerkurve des Rotors kann die Polschuhform hinsichtlich der Balligkeit durch Luftspalterweiterung zur Polschuhkante und generell die Polschuhbreite geändert werden.

21.8.1 Vergrößerung der Luftspaltaufweitung

Als erste Optimierung bietet sich Vergrößerung der Luftspalterweiterung zur Polschuhkante an, damit generell die Sinuskurvenform der Rotorfelderregerkurve optimiert wird.

Hinsichtlich der Eingabedaten für die Geometrieerstellung ändert sich lediglich der Parameter für die Luftspalterweiterung „DELTAER“.

```
*SET,DELTAER , 0.3500000000000E-01
! Luftspalt bei maximaler Aufweitung
```

Damit ergibt sich nach der Modellgenerierung die folgende Geometrie.

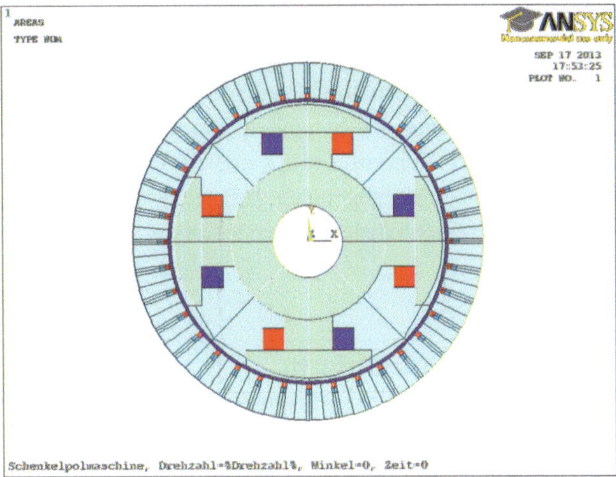

Abb. 21.84 Flächenmodell bei stärkerer Luftspalterweiterung

Wird nun der Rotor wie bereits beschrieben mit Strom gespeist, so ergibt sich eine Verdichtung der Feldlinien in der Polschuhmitte mit Verringerung der Flußdichte zu den Polschuhkanten.

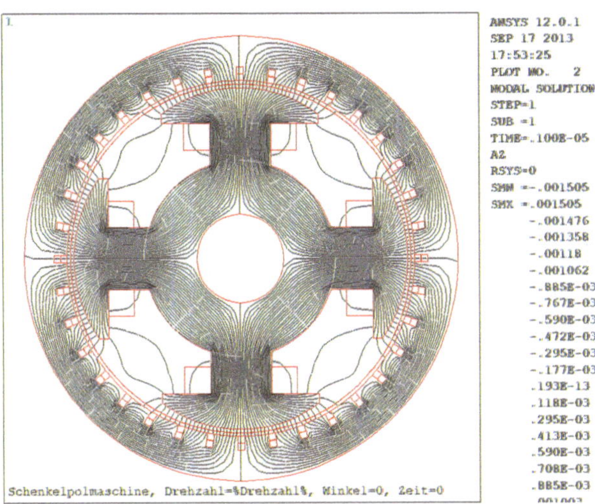

Abb. 21.85 Feldlinienbild bei statischer Rechnung, Rotorspeisung und stärkerer Luftspalterweiterung

Dies bestätigt sich zudem in der vektoriellen Darstellung der magnetischen Feldstärke in Luftspaltmitte und dem Luftspaltfeld in Luftspaltmitte in Abhängigkeit des Winkels. Die Sinuskurvenform ist erheblich besser erkennbar.

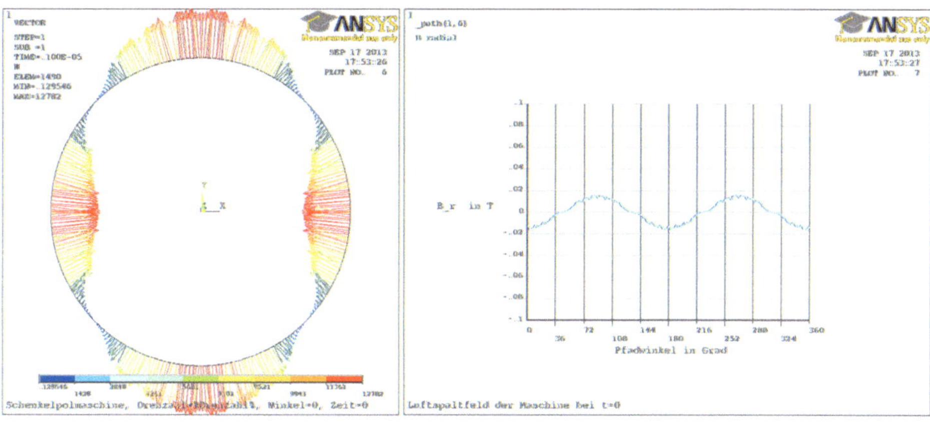

Abb. 21.86 Vektorielle Darstellung der Feldstärke (*links*) und des Luftspaltfeldes in Luftspaltmitte bei statischer Rechnung, Rotorspeisung und stärkerer Luftspalterweiterung

Damit ergibt sich eine induzierte Spannung, die wesentlich sinusförmiger erscheint, der vorher breite Sinus wurde wie erwartet angepasst.

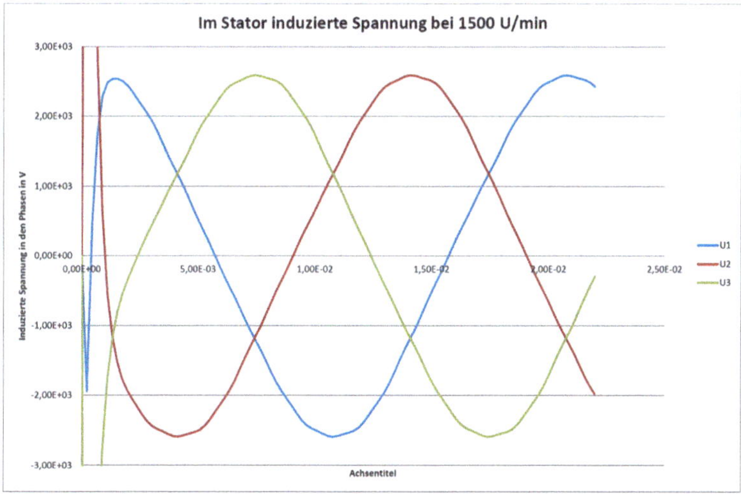

Abb. 21.87 Induzierte Spannung bei 1500 U/min und Luftspalterweiterung zur Polschuhkante

Während der Kurvenverlauf der induzierten Spannung klar optimiert wurde, zeigt sich aufgrund der Rückwirkung zwischen Stator und Rotor kaum eine Verbesserung des Kurzschlussstromes.

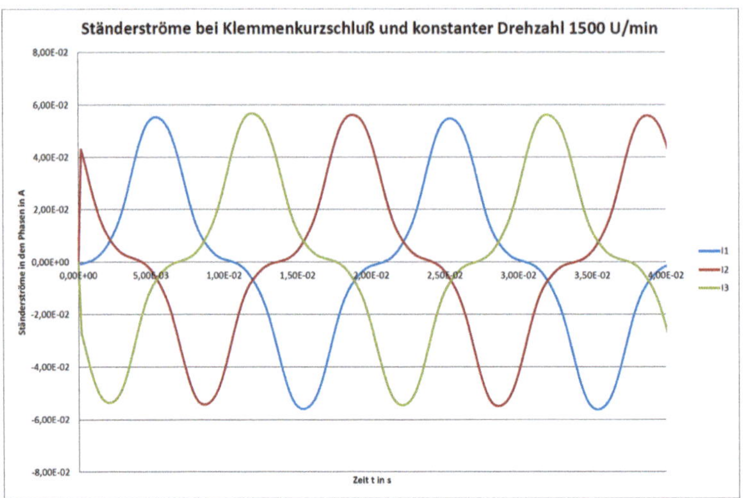

Abb. 21.88 Kurzschlussstrom bei Klemmenkurzschuss und 1500 U/min und Luftspalterweiterung zur Polschuhkante

Die Änderung der Luftspaltkontur hat zudem Auswirkungen auf die Drehmomentabhängigkeit von der Rotorstellung.

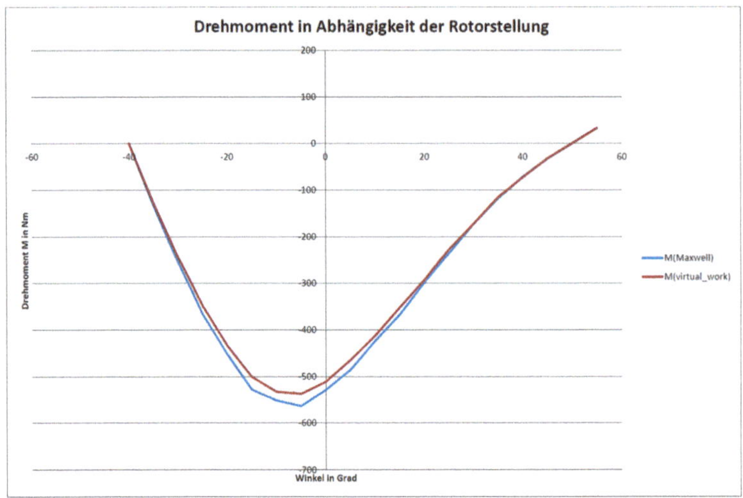

Abb. 21.89 Drehmoment in Abhängigkeit des Verdrehungswinkels zwischen Rotor und Stator bei Luftspalterweiterung zur Polschuhkante

21.8.2 Vergrößerung der Luftspaltaufweitung und Polschuhverbreiterung

Als zweite Optimierung bietet sich zusätzlich die Verbreiterung der Polschuhbreite an, damit generell die Sinuskurvenform der Rotorfelderregerkurve auch im Bereich des Nulldurchgangs optimiert wird.

Hinsichtlich der Eingabedaten für die Geometrieerstellung ändert sich zusätzlich der Parameter für die Polschuhbreite „POLSCHBREITE".

```
*SET,POLSCHBREITE, 0.2200000000000
! Breite des Schenkelpols
*SET,DELTAER     , 0.3500000000000E-01
! Luftspalt bei maximaler Aufweitung
```

Damit ergibt sich nach der Modellgenerierung die folgende Geometrie.

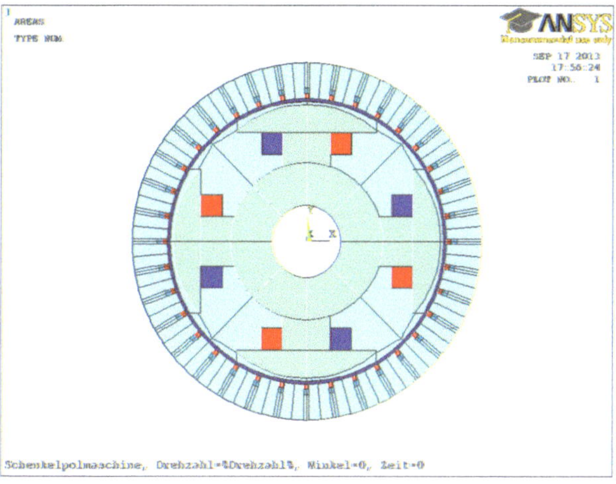

Abb. 21.90 Flächenmodell bei Polschuhverbreiterung und stärkerer Luftspalterweiterung

Wird nun der Rotor wie bereits beschrieben mit Strom gespeist, so ergibt sich neben der Verdichtung der Feldlinien in der Polschuhmitte mit Verringerung der Flußdichte zu den Polschuhkanten auch eine Verbreiterung des Einflusses des Polschuhs bezüglich der verkleinerten Pollücke.

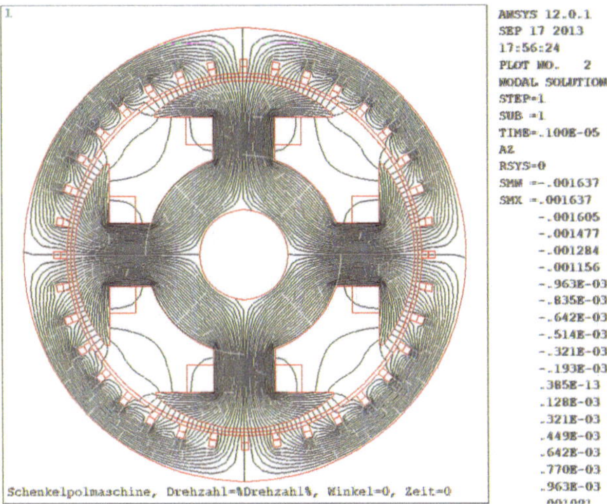

Abb. 21.91 Feldlinienbild bei statischer Rechnung, Rotorspeisung, Polschuhverbreiterung und stärkerer Luftspalterweiterung

Dies bestätigt sich zudem in der vektoriellen Darstellung der magnetischen Feldstärke in Luftspaltmitte und dem Luftspaltfeld in Luftspaltmitte in Abhängigkeit des Winkels. Die Sinuskurvenform ist erheblich besser erkennbar.

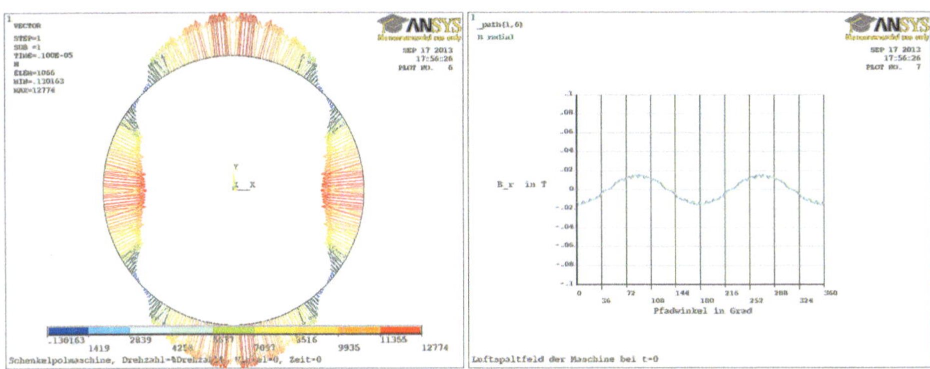

Abb. 21.92 Vektorielle Darstellung der Feldstärke (*links*) und des Luftspaltfeldes in Luftspaltmitte bei statischer Rechnung, Rotorspeisung, Polschuhverbreiterung und stärkerer Luftspalterweiterung

Damit ergibt sich eine induzierte Spannung, die wesentlich sinusförmiger erscheint, der vorher breite Sinus wurde wie erwartet angepasst.

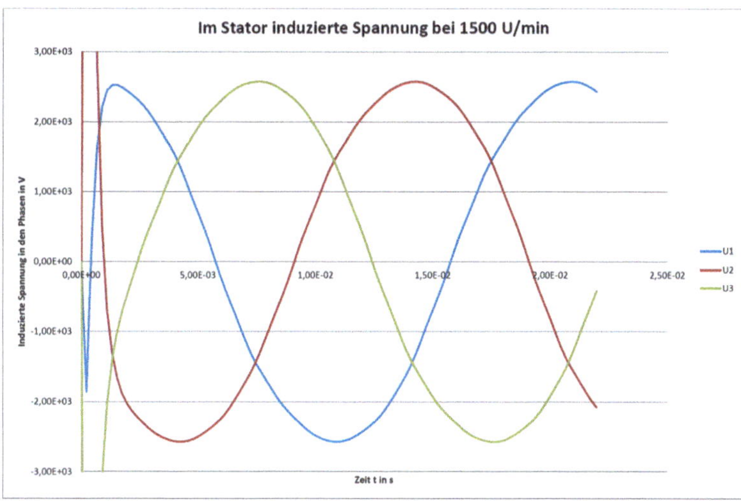

Abb. 21.93 Induzierte Spannung bei 1500 U/min, Luftspalterweiterung zur Polschuhkante und Verbreiterung des Polschuhs

Während der Kurvenverlauf der induzierten Spannung klar weiter optimiert wurde, zeigt sich aufgrund der Rückwirkung zwischen Stator und Rotor und der Verkleinerung der Pollücke eine weitere Verschlechterung des Kurzschlussstromes hinsichtlich der Sinuskurvenform.

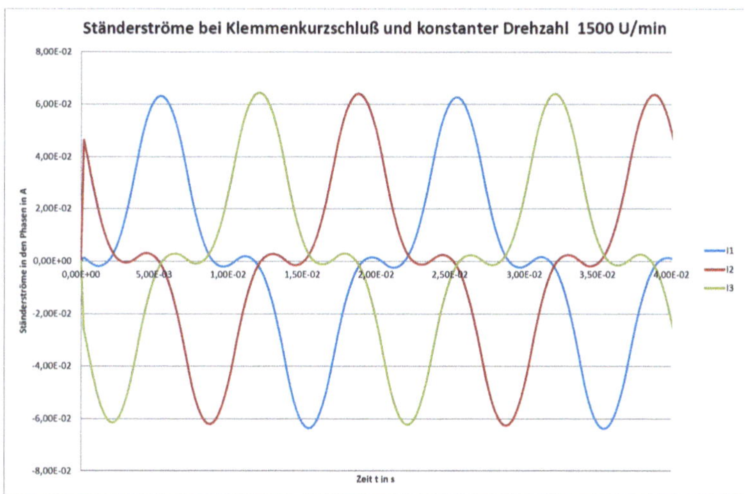

Abb. 21.94 Kurzschlussstrom bei Klemmenkurzschuss und 1500 U/min, Luftspalterweiterung zur Polschuhkante und Verbreiterung des Polschuhs

Die Änderung der Luftspaltkontur hat zudem Auswirkungen auf die Drehmomentabhängigkeit von der Rotorstellung.

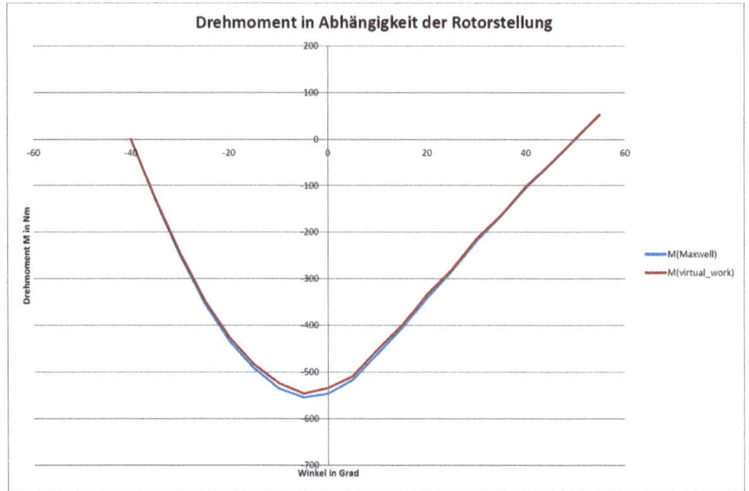

Abb. 21.95 Drehmoment in Abhängigkeit des Verdrehungswinkels zwischen Rotor und Stator bei Luftspalterweiterung zur Polschuhkante und Verbreiterung des Polschuhs

21.9 Transiente Rechnung II

Vor dem Start weiterer transienter Berechnungen ist zunächst das modellhaft erstellte Finite-Elemente-Modell der Synchronmaschine mit Schenkelpolläufer bezüglich der technischen Gegebenheiten einer Synchronmaschine zu ändern. Betrachtet werden soll auch weiterhin eine von den Ausmaßen her baumäßig kleine Maschine. Bei Betrachtung der bisher verwendeten Auslegungsdaten fällt insbesondere auf, dass die Widerstände der Stränge aufgrund der sehr kleinen Nutform und der Windungszahl extrem groß sind. Dies wird durch Vergrößerung der Statorkontur korrigiert, in diesem Zuge wird auch die Windungszahl des Stators reduziert. Rotorseitig wird die optimierte Kontur verwendet und die Wicklung geändert. Damit ergeben sich die folgenden neuen Modelldaten.

```
!!
!! Geometrieerstellung einer Synchronmaschine mit
Schenkelpolläufer
!! 2 Polpaare
!!
/prep7
!! Parameter für die Statorgeometrie
*SET,PI          , 3.141592653590
```

```
*SET,M           , 3.000000000000
! Strangzahl
*SET,P           , 2.000000000000
! Polpaarzahl
*SET,Q           , 3.000000000000
! Nutenzahl je Pol und Phase
*SET,EPS         , 1.000000000000
! Schrittverkürzung/Sehnung
*SET,JOCHDICKE   , 0.9000000000000E-01
! Jochdicke unter Nut in m
*SET,JOCHTIEFE   , 0.3000000000000
! Jochtiefe in m
*SET,RAUSSEN     , 0.3100000000000
! Außenradius in m
*SET,DELTA       , 0.8000000000000E-02
! Luftspalt an dünnster Stelle in m
*SET,ZWEISCHICHT , 1.000000000000
! Einschicht-/Zweischichtwicklung
*SET,WICKBREITE1 , 2.5000000000000E-02
! Wicklungsbreite in m
*SET,WICKHOEHE1  , 0.600000000000E-01
! Wicklungshöhe in m
*SET,WICKISOL    , 0.2000000000000E-03
! Wicklungsisolation zwischen den Lagen in m
*SET,NWIN1       , 20.0000000000
! Windungszahl der Statorspulenlagen
*SET,_FREQ,50
! Frequenz
!! Parameter für die Rotorgeometrie
*SET,RINNEN      , 0.5000000000000E-01
! Innenradius
*SET,DELTAER     , 0.3500000000000E-01
! Luftspalt bei maximaler Aufweitung
*SET,POLBREITE   , 0.7000000000000E-01
! Breite des Pols
*SET,POLSCHBREITE, 0.2200000000000
! Breite des Schenkelpols
*SET,POLSCHHOEHE , 0.5000000000000E-01
! Höhe des Schenkelpols
*SET,WICKBREITE2 , 0.5000000000000E-01
! Wicklungsbreite der Erregerwicklung
*SET,WICKHOEHE2  , 0.5000000000000E-01
! Wicklungshöhe der Erregerwicklung
```

Nach dem Geometrieaufbau ergibt sich die neue Modellkontur.

Abb. 21.96 Flächendarstellung des angepaßten Synchronmaschinenmodells mit realistischen Nutgrößen

Bei Speisung des Stators mit 1 A Amplitude und statischer Rechnung ergibt sich folgende magnetische Feldverteilung.

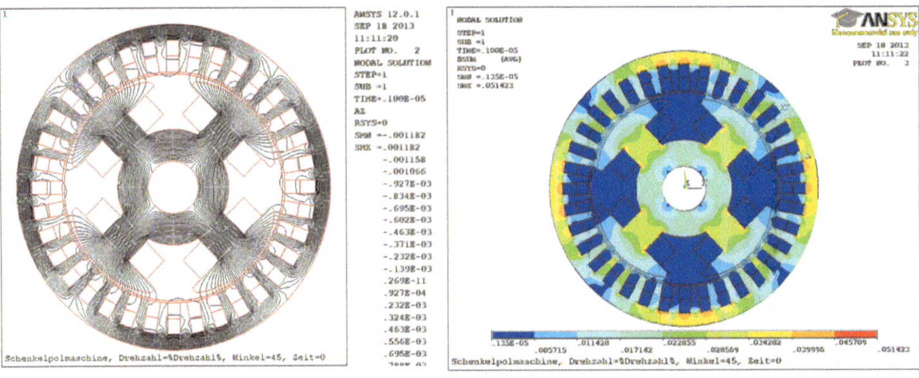

Abb. 21.97 Feldlinienbild und magnetische Flußdichte bei statischer Rechnung und Statorspeisung

Das Feldlinienbild spiegelt die Durchflutung der Statorseite wieder. Aufgrund der Nutvergrößerung entstehen sehr offene Nuten, auf Streustegkonstruktion wurde zugunsten eines einfachen Modells verzichtet.

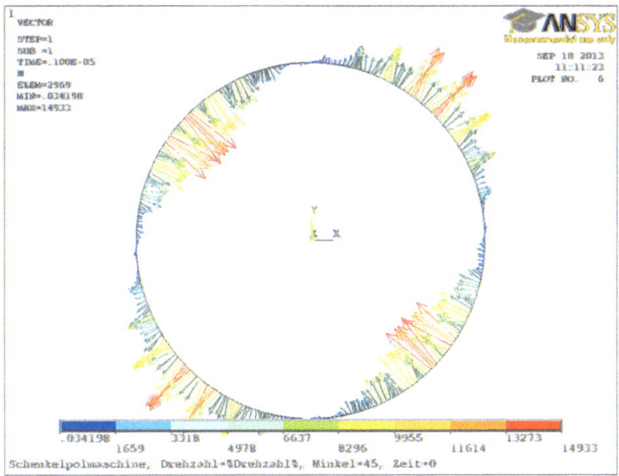

Abb. 21.98 Vektorielle Darstellung der magnetischen Feldstärke in Luftspaltmitte bei statischer Rechnung und Statorspeisung

Die vektorielle Darstellung der magnetischen Feldstärke in Luftspaltmitte bestätigt den Aufbau einer Felderregerkurve mit sinusförmiger Verteilung am Umfang und die nun sehr großen Nutungseffekte durch Stator- und Rotornuten.

U_I_Stator1.lis - Editor

Datei Bearbeiten Format Ansicht ?

```
Schritt Zeit Winkel Drehzahl U1 I1 U2 I2 U3 I3 Rechenzeit
--------------------------------------------------------------
  0.00000    0.00000    45.0000    0.00000    -0.857358E-01   1.00000   0.428679E-01  -0.500000   0.428713E-01  -0.500000   6.30244
```

Abb. 21.99 Spannungen und Ströme auf der Statorseite bei statischer Rechnung

Durch die Änderung der Nutform des Stators und der Windungszahl wurde der statorseitige Wicklungswiderstand wesentlich reduziert.

Bei Speisung des Rotors mit 10 A ergeben sich bei statischer Rechnung folgende magnetischen Verhältnisse.

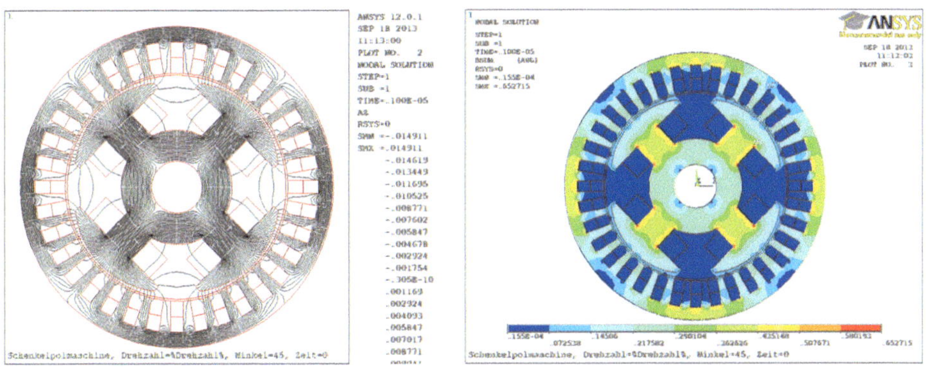

Abb. 21.100 Feldlinienbild und magnetische Flußdichte bei statischer Rechnung und Rotorspeisung

Das Feldlinienbild spiegelt die Durchflutung der Rotorseite wieder.

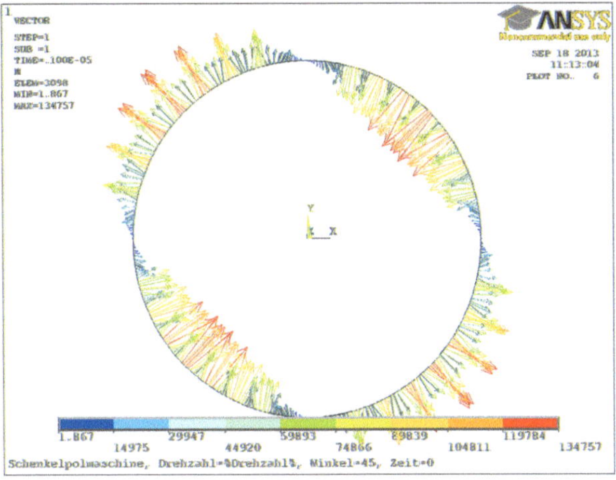

Abb. 21.101 Vektorielle Darstellung der magnetischen Feldstärke in Luftspaltmitte bei statischer Rechnung und Statorspeisung

Die Felderregerkurve wird durch die starke Nutzung wesentliche Einbrüche auf.

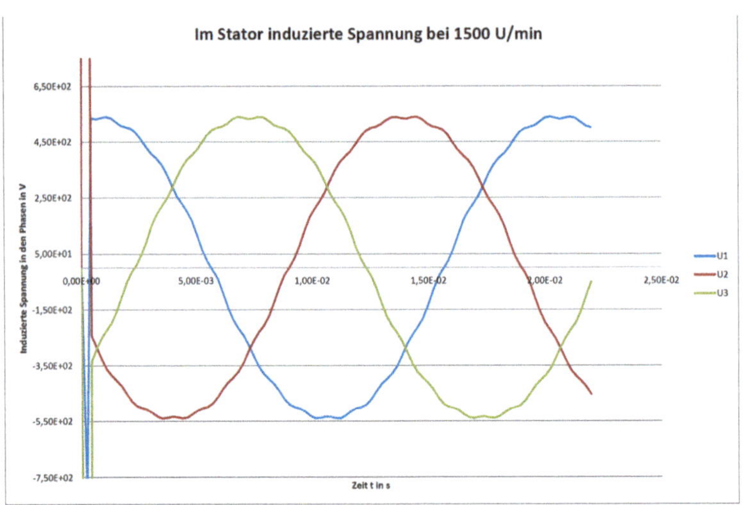

Abb. 21.102 Induzierte Spannung bei 1500 U/min

Bedingt durch die stärkeren Nutzungseffekte weist die Kurvenform der induzierten Spannung stärkere Schwankungen auf.

Damit liegt ein Finite-Elemente-Modell vor, mit dem grundlegend der Versuch unternommen werden kann transiente Berechnungen durchzuführen.

21.9.1 Hochlauf

Als erste transiente Berechnung kann vergleichbar mit der Asynchronmaschine der Start aus dem Stillstand berechnet werden. Entsprechend der Frequenzabhängigkeit der induzierten Spannung aufgrund der jeweiligen Drehzahl im Hochlauf kann die Spannung konstant oder drehzahlabhängig vorgegeben werden, zudem kann mit voller oder reduzierter Spannung eingeschaltet werden. Prinzipiell müßte ein frequenzabhängiger Hochauf erfolgen, dies wird an dieser Stelle nicht weiter verfolgt.

21.9.1.1 Hochlauf aus dem Stillstand bei voller Ständerspannung

Die transiente Hochlauf-Rechnung kann über das Skript in der Datei „schenkelpol_rechnung_transient_3.txt" ausgeführt werden. Die Datei hat folgenden Aufbau.

```
/prep7
schenkelpol_geometrie.txt

ausgabe=21
luftskal=1
fft=0
schenkelpol_aus.txt

winkela=0
drehzahls=0
u2i2=1
u2=10
i2=10
u1=540
jsteps=10
mtstep=.001
enddreh=2000
jrotor=1
j_traegheit=2
ML_Lastmoment=0
fronspar=1
schenkelpol_loes5.txt
```

Die induzierte Spannung bei der Synchrondrehzahl von 1500 U/min beträgt laut vorangehender Berechnungen etwa 540 V. Damit muß bei Bedingungen, die etwa der Synchronisation entsprechen, an den Phasen des Stators eine Phasenspannung von 540 V angelegt werden. Um den Hochlauf bis zu einer möglichst hohen Modellzeit zu berechnen, werden 10 Stützstellen je Zeitperiode verwendet. Zur weiteren Beschleunigung der Berechnung wird mit dem SPARSE-Matrix-Solver der Versuch unternommen die Rechenzeiten zu reduzieren.

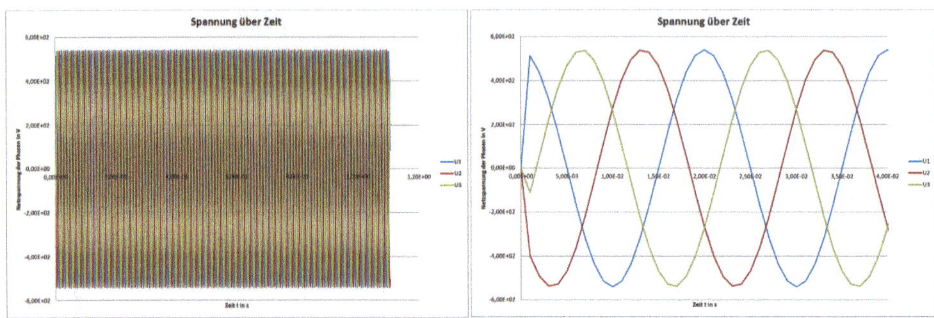

Abb. 21.103 Spannung in Abhängigkeit der Zeit bei Hochlauf

Die Darstellung für die Spannung in Abhängigkeit der Zeit bestätigt die konstante Spannungsamplitude über der Zeit in allen drei Phasen und die 10 Stützstellen je Zeitperiode.

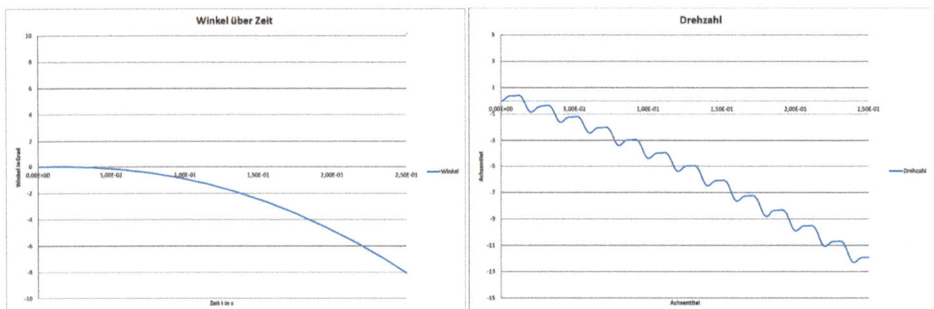

Abb. 21.104 Winkel und Drehzahl in Abhängigkeit der Zeit im Hochlauf

Die Synchronmaschine wurde bei einem geometrischen Verdrehwinkel von 0 Grad zum Zeitpunkt 0 gestartet. Bei voller Spannung dreht sich die Synchronmaschine leicht in Gegenrichtung zur Drehfeldrichtung (negative Winkel), kann jedoch nicht dem Drehfeld folgen. Dementsprechend nimmt die Drehzahl zunächst betragsmäßig leicht auf 14 U/min zu, erreicht jedoch keinen Endwert.

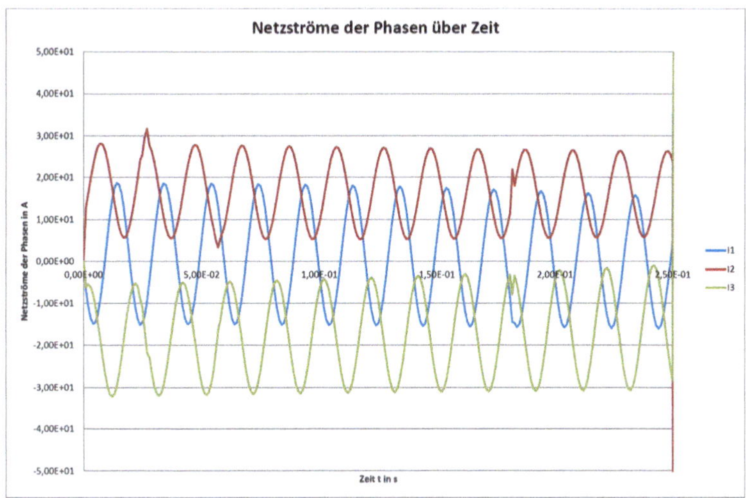

Abb. 21.105 Netzströme in Abhängigkeit der Zeit

Die Netzströme weisen starke Gleichstromanteile auf, die nur sehr langsam abklingen. Im Verlauf der Netzströme sind Ausreicher zu erkennen, die darauf hindeuten, dass die Berechnung bei Verwendung des SPARSE-Matrix-Solvers instabil ist. Tatsächlich wurde nur ein Teil der Berechnung dargestellt, da die Rechnung bei 0,25 Sekunden völlig instabil ist.

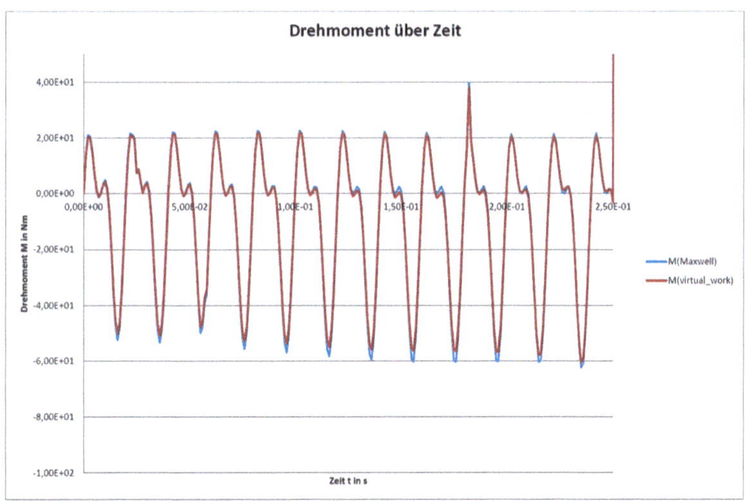

Abb. 21.106 Drehmoment in Abhängigkeit der Zeit

Dementsprechend ergibt sich ein Drehmoment in Abhängigkeit der Zeit, dass sehr stark schwankt und bei der betrachteten Modellzeit einen negativen Mittelwert aufweist, was zur geringfügigen Drehung in Gegendrehfeldrichtung führt.

Da die Rechenergebnisse bei Verwendung des SPARSE-Matrix-Solvers instabil sind, wird erneut die Berechnung mit dem FRONTAL-Solver betrachtet.

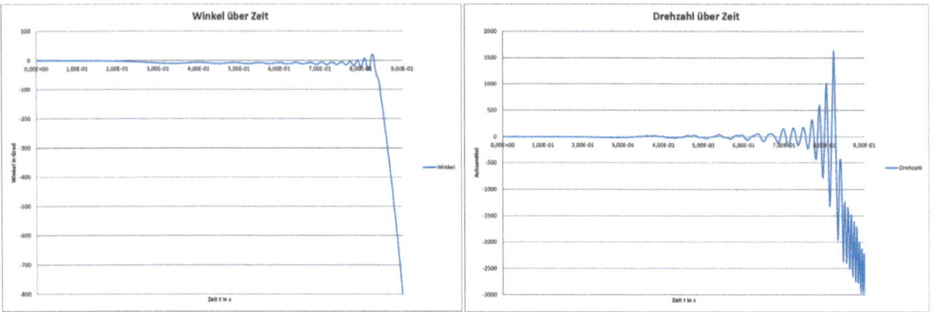

Abb. 21.107 Winkel und Drehzahl in Abhängigkeit der Zeit im Hochlauf

Die Synchronmaschine wurde erneut bei einem geometrischen Verdrehwinkel von 0 Grad zum Zeitpunkt 0 gestartet. Bei voller Spannung dreht sich die Synchronmaschine zunächst leicht in Gegegn-Drehfeldrichtung, kann damit nicht dem Drehfeld folgen. Ab der Modellzeit 0,7 Sekunden beginnt die Synchronmaschine stark zu pendeln und wird völlig instabil. Die Instabilität kann hierbei nicht auf numerische Instabilitäten zurückgeführt werden. Dies entspricht dem bekannten Verhalten der Synchronmaschine ohne Dämpferkäfig, die bei fester Frequenz und voller Spannung nicht hochgefahren werden kann. Auch die für Frequenzen kurzgeschlossene Erregerwicklung ist nicht in der Lage die Synchronmaschine hochzufahren.

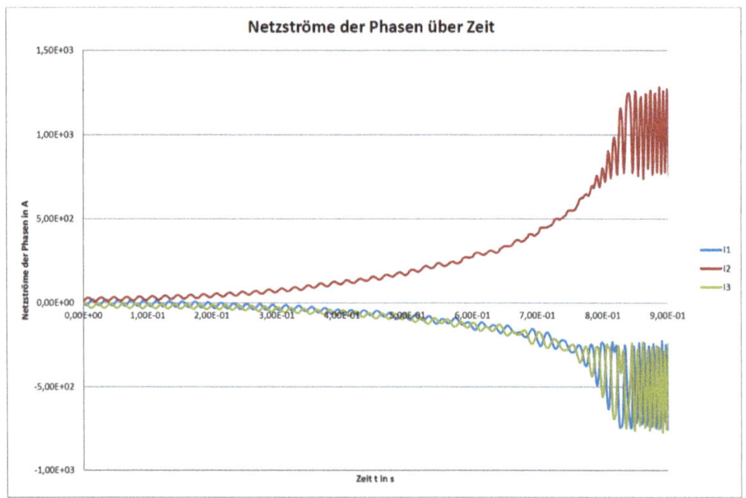

Abb. 21.108 Netzströme in Abhängigkeit der Zeit

Die Netzströme weisen starke Gleichstromanteile auf, die im Vergleich zur Synchronmaschine mit Vollpolläufer nicht konvergieren, sondern stark divergieren.

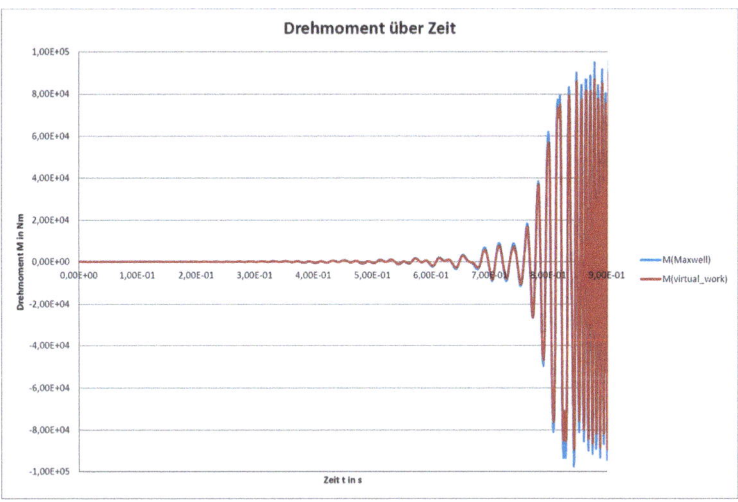

Abb. 21.109 Drehmoment in Abhängigkeit der Zeit

Dementsprechend ergibt sich ein Drehmoment in Abhängigkeit der Zeit, das sehr stark schwankt und einen Mittelwert von etwa 0 Nm aufweist, was zur geringfügigen Drehung in die eine oder andere Richtung führt.

Der Hochlauf bei voller Spannung und konstanter Frequenz aus dem Stillstand eignet sich wie beim Vollpolläufer nicht, um die Synchronmaschine hochzufahren und anschließend Kennlinien zu rechnen.

21.9.1.2 Hochlauf aus dem Stillstand bei reduzierter Ständerspannung

Gegenüber dem Einschalten bei voller Spannung aus dem Stillstand wurde die Synchronmaschine mit reduzierter Spannungsamplitude von 50 V versorgt. Den Darstellungen der Spannung über der Zeit ist zu entnehmen, dass zur Erzielung einer möglichst langen Anlaufzeit nur sehr wenige Stützstellen (10) je Zeitperiode berücksichtigt wurden. Die Berechnung wurde nach 1321 Zeitschritten und damit einer Zeit von fast 1,24 Sekunden abgebrochen, dies entspricht fast 62 Zeitperioden des Netzes und damit bei 2 Polpaaren mehr als 31 Umdrehungen des Drehfeldes.

Erneut wurde durch Verwendung des SPARSE-Matrix-Solvers der Versuch unternommen die Rechenzeit zu verkürzen.

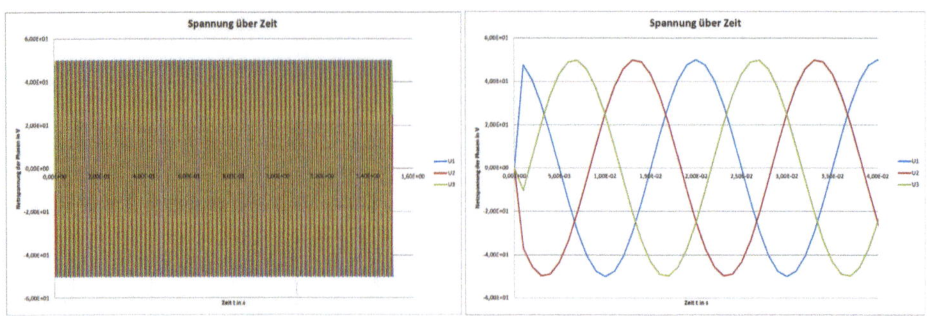

Abb. 21.110 Spannung in Abhängigkeit der Zeit bei Hochlauf

Die Darstellung für die Spannung in der Zeit bestätigt die konstante Spannungsamplitude über der Zeit in allen drei Phasen und die 10 Stützstellen je Zeitperiode.

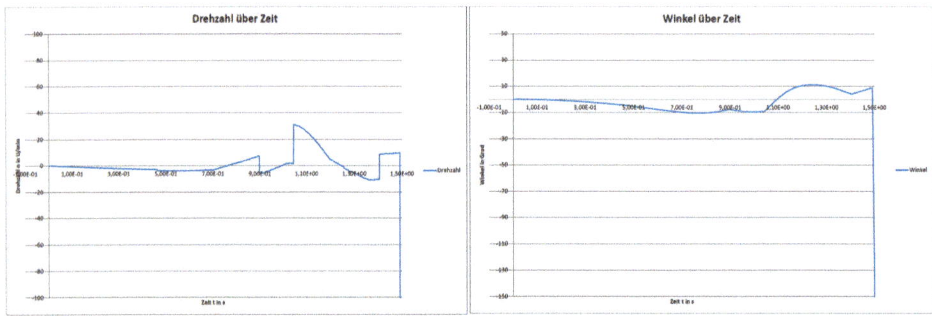

Abb. 21.111 Winkel und Drehzahl in Abhängigkeit der Zeit im Hochlauf

Die Synchronmaschine wurde bei einem geometrischen Verdrehwinkel von 0 Grad zum Zeitpunkt 0 gestartet. Bei voller Spannung dreht sich die Synchronmaschine erneut leicht in Gegen-Drehfeldrichtung, kann jedoch nicht dem Drehfeld folgen. Wie bereits bei der Berechnung mit voller Spannung sind die Berechnungen durch starke numerische Instabilitäten geprägt, die eine Auswertung verhindern.

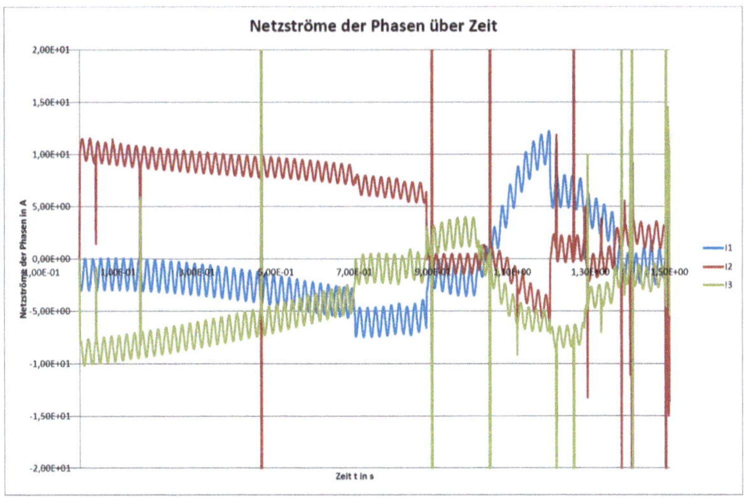

Abb. 21.112 Netzströme in Abhängigkeit der Zeit

Dies zeigt sich insbesondere bei den berechneten Netzströmen in Abhängigkeit der Zeit.

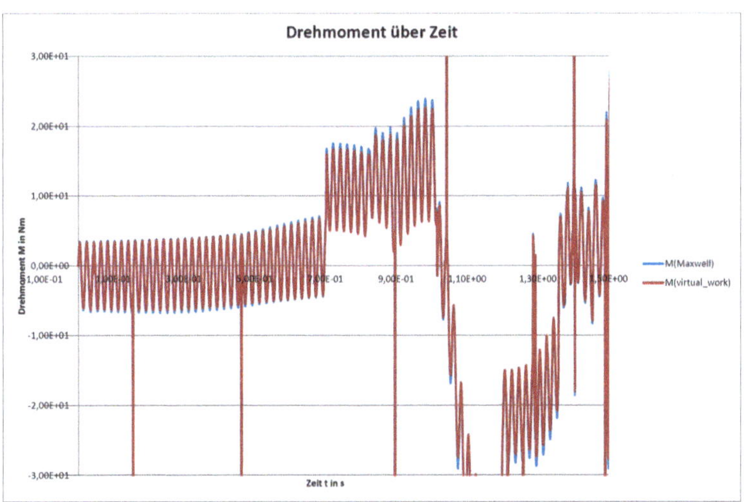

Abb. 21.113 Drehmoment in Abhängigkeit der Zeit

Auch das Drehmoment ist stark durch numerische Instabilitäten geprägt, die den Rotor trotz vorhandenen Trägheitsmoments stark beanspruchen. Erneut ist der SPARSE-Matrix-Solver für die Berechnung nicht geeignet.

Andere, nicht durch numerische Instabilitäten geprägte Ergebnisse ergeben sich mit dem FRONTAL-Solver.

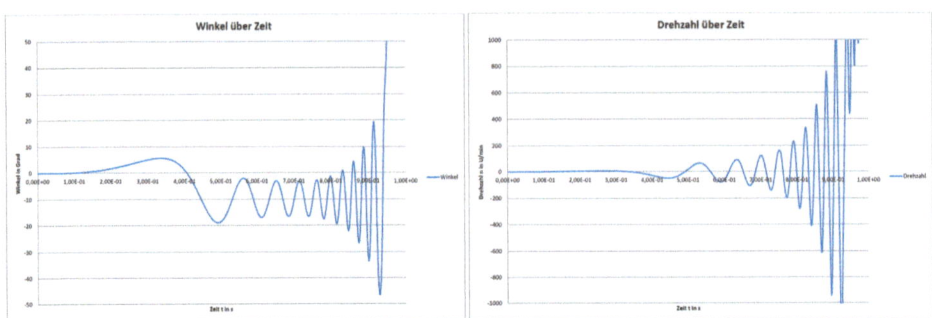

Abb. 21.114 Winkel und Drehzahl in Abhängigkeit der Zeit im Hochlauf

Die Synchronmaschine wurde bei einem geometrischen Verdrehwinkel von 0 Grad zum Zeitpunkt 0 gestartet. Bei voller Spannung dreht sich die Synchronmaschine zunächst leicht in Drehfeldrichtung, wechselt danach in Gegen-Drehfeldrichtung und kann nicht dem Drehfeld folgen. Ab einer hohen Modellzeit entstehen starke Pendeleffekte. Dies entspricht dem bekannten Verhalten der Synchronmaschine ohne Dämpferkäfig, die bei fester Frequenz und voller Spannung nicht hochgefahren werden kann. Auch die für Frequenzen kurzgeschlossene Erregerwicklung ist nicht in der Lage die Synchronmaschine hochzufahren.

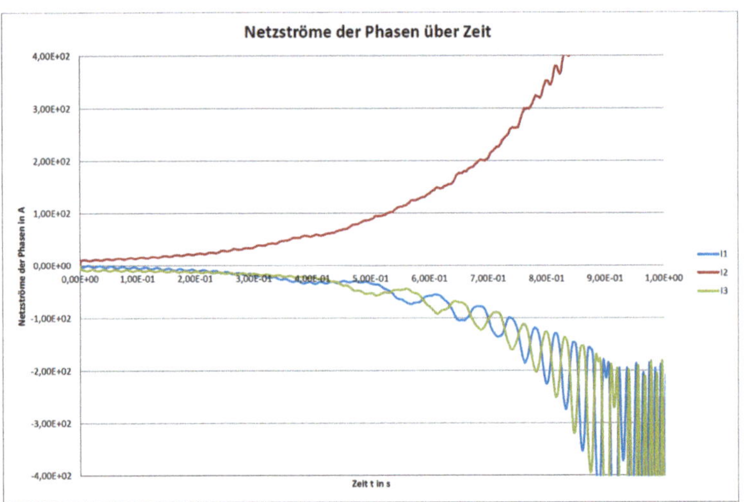

Abb. 21.115 Netzströme in Abhängigkeit der Zeit

Wie bereits bei der Berechnung mit voller Spannung divergieren die Netzströme, statt zu konvergieren. Das Berechnungsverfahren ist für die Schenkelpolmaschine ungeeignet.

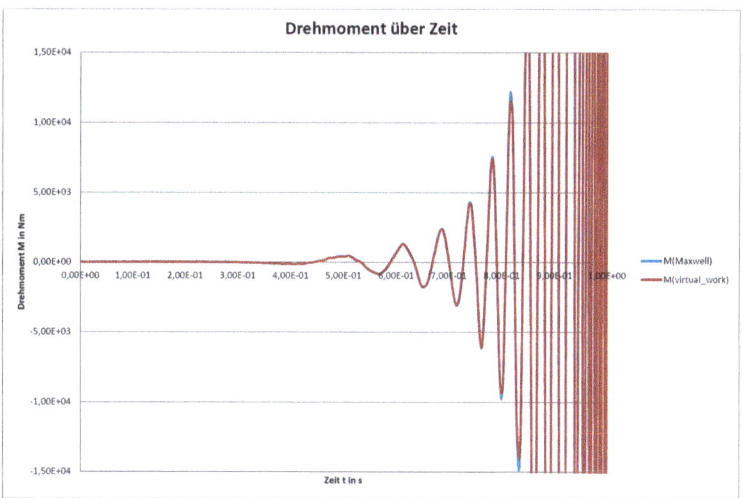

Abb. 21.116 Drehmoment in Abhängigkeit der Zeit

Die starken Pendeleffekte zeigen sich insbesondere in der Darstellung des Drehmoments über der Zeit.

Auch der Hochlauf bei reduzierter Spannung und konstanter Frequenz aus dem Stillstand eignet sich nicht, um die Synchronmaschine hochzufahren und anschließend Kennlinien zu rechnen.

21.9.1.3 Hochlauf aus dem Synchronismus

Gegenüber dem Start der Synchronmaschine aus dem Stillstand mit verringerter Spannung bietet sich daher eher der Start der Berechnung bei Synchrondrehzahl an. Untersucht wurde bei einem Anfangs-Verdrehwinkel von 0 und 45 Grad. Als Spannung wird eine Amplitude der Ständerspannung von 540 V verwendet, die etwa der Polradspannung bei zugrundeliegendem Erregerstrom entspricht. Um möglichst lange Rechenzeiten zu ermöglichen wurden erneut nur 10 Stützstellen je Zeitperiode berücksichtigt.

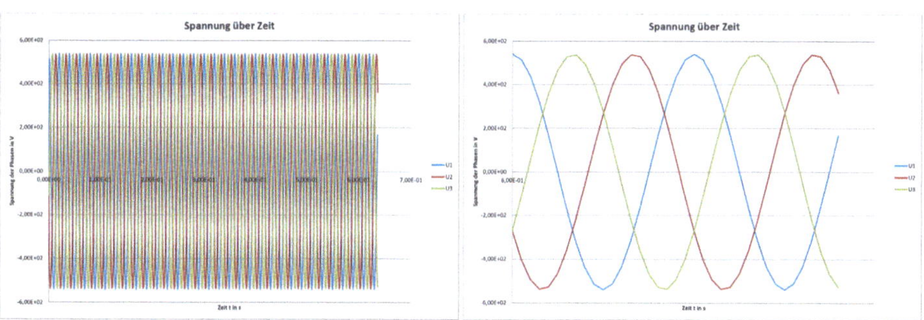

Abb. 21.117 Spannung in Abhängigkeit der Zeit bei Hochlauf

Die Darstellung der Spannungen über der Zeit bestätigt die konstante Spannungsamplitude über der Zeit und die geringe Anzahl von Stützstellen.

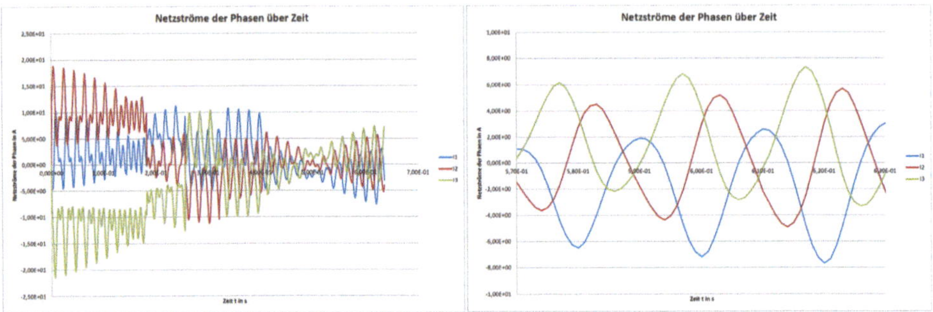

Abb. 21.118 Netzströme in Abhängigkeit der Zeit

Die Berechnungen bei einem Startwinkel von 0 Grad ergeben stark schwankende Netzströme mit Schwebungseffekten. Dies ist darauf zurückzuführen, dass die Synchronmaschine aus dem Synchronismus gestartet wurde und aufgrund des entstehenden Drehmoments aufgrund des Startwinkels zwischen dem Drehfeld und dem Polrad entweder über den Synchronismus hinaus weiter beschleunigt oder abgebremst wird.

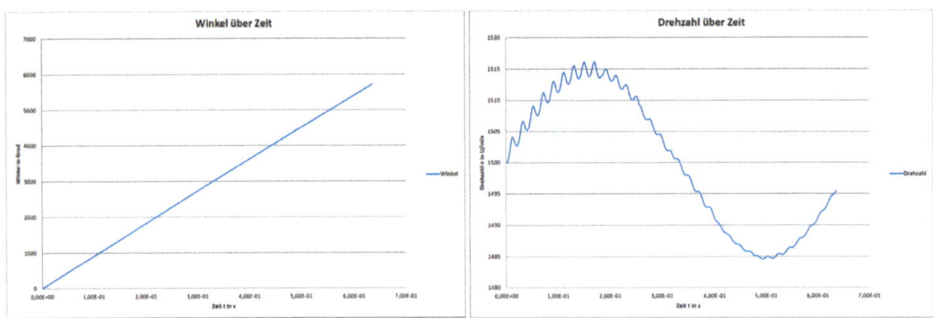

Abb. 21.119 Winkel und Drehzahl in Abhängigkeit der Zeit

Der Darstellung für die Netzströme ist zu entnehmen, dass neben der Schwebung auch große Gleichstromanteile entstehen, die nur langsam abnehmen.

Aufgrund der nahezu konstanten Drehzahl von 1500 U/min nimmt der Verdrehwinkel der Maschine stetig zu. Während der Drehung beschleunigt die Synchronmaschine zunächst auf eine Drehzahl von etwa 1515 U/min, d. h. 15 U/min über dem Synchronismus und baut diesen Drehzahlüberschuß anschließend aufgrund der Pendelungen nur langsam ab. Während der betrachteten Zeit von 0,7 Sekunden nimmt die Drehzahl zunächst zu und danach wieder unter die Synchrondrehzahl ab.

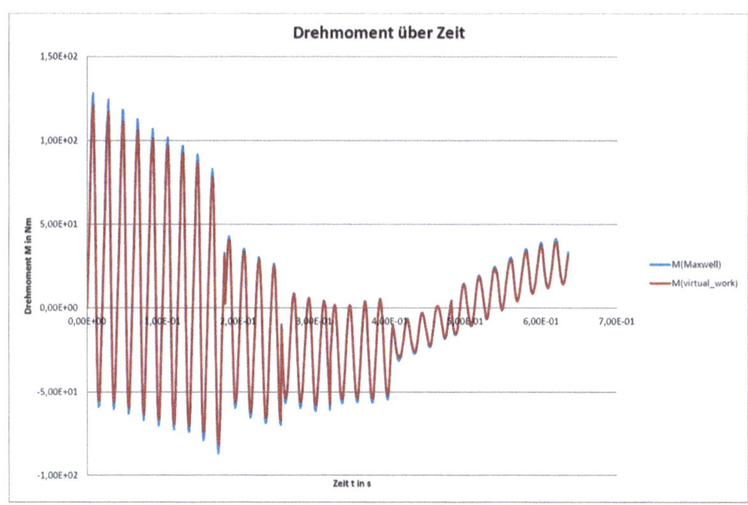

Abb. 21.120 Drehmoment in Abhängigkeit der Zeit

Zurückzuführend ist die Drehzahlzunahme auf das zunächst zwar schwankende, aber einen positiven Mittelwert aufweisende Drehmoment. Bis zur Zeit 0,2 Sekunden ist der Mittwelwert positiv, worauf die Drehzahlzunahme zurückzuführen ist, danach wird der Mittelwert negativ, was zum Abbremsen der Maschine führt. Bei genauerer Betrachtung der Ergebnisse wird erkennbar, dass erneut der SPARSE-Matrix-Solver für numerische Instabilitäten sorgt, die jedoch nicht so drastisch in Erscheinung treten, wie bei dem Start aus dem Stillstand.

Wird der Start-Verdrehwinkel auf 45 Grad gesetzt, nimmt die Drehzahl zunächst noch stärker auf 1450 U/min ab, um danach in Folge einer Schwingung auf 1550 U/min zu steigen.

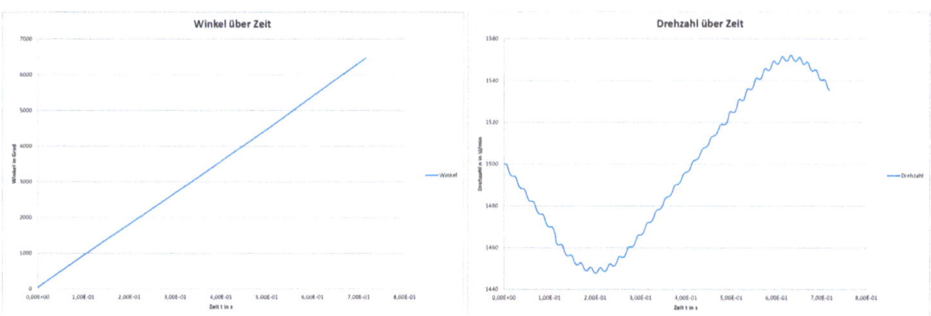

Abb. 21.121 Winkel und Drehzahl in Abhängigkeit der Zeit

Die Darstellung der Netzströme ändert sich nur wenig und zeigt in etwa das gleiche Bild bei dem Start-Verdrehwinkel von 0 Grad.

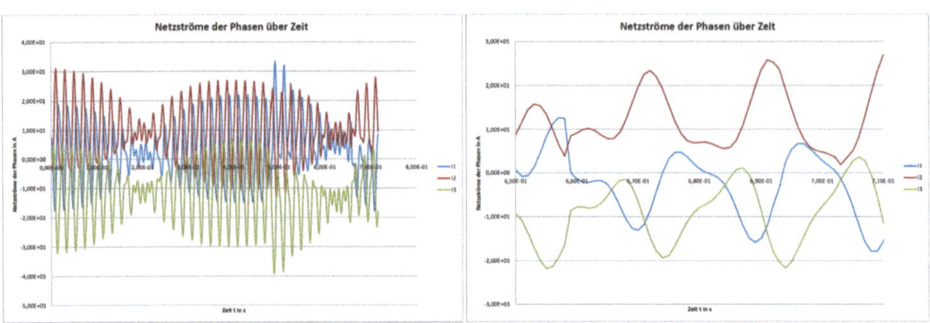

Abb. 21.122 Netzströme in Abhängigkeit der Zeit

Dies trifft in Verbindung mit den starken Pendelungen auch auf das Drehmoment zu.

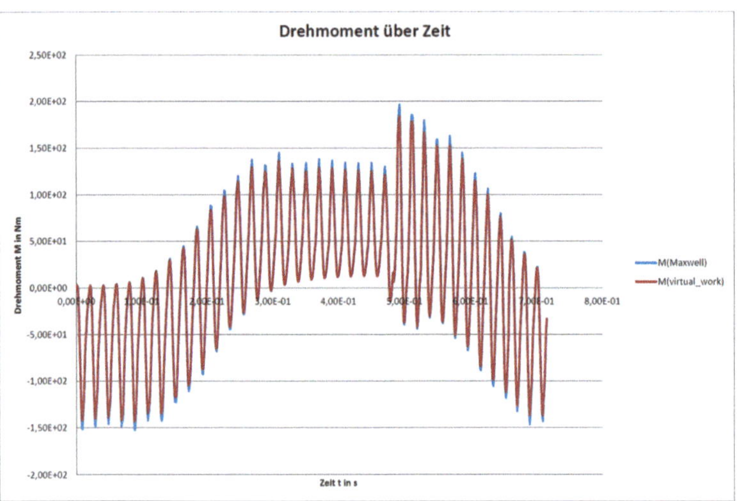

Abb. 21.123 Drehmoment in Abhängigkeit der Zeit

Auch diese Berechnungsmethodik scheint für die Synchronmaschine nur akademischen Wert zu haben. Evtl. ist der Einschwingprozeß durch einen anderen Start-Verdrehwinkel verkürzbar.

21.9.2 Berechnung bei konstanter Drehzahl und Verdrehwinkel von 0 Grad

Da dynamische Berechnungen offenbar den Nachteil besitzen, dass aufgrund der starken Pendelungen Einschwingvorgänge entweder gar nicht oder erst sehr langsam abgeschlossen sind und damit extrem hohe Rechenzeiten erfordern würden, besteht vergleichbar mit der Berechnung der induzierten Spannung oder des Kurzschlußstroms die Möglichkeit eine konstante Drehzahl, im Falle der Synchronmaschine die Synchrondrehzahl konstant einzustellen und auf der Basis eines damit festen Verdrehwinkels zwischen Rotor und Stator die Ständerspannungen sprungförmig einzuschalten. Es ist zu erwarten, dass dann lang andauernde Einschwingvorgänge bei den Ständerströmen entstehen, da die Synchronmaschine nicht mit mechanischen Pendelungen reagieren kann.

In der im Folgenden vorgestellten Rechnung wurde mit der Synchrondrehzahl von 1500 U/min bei einem geometrischen Verdrehwinkel von 0 Grad gerechnet. Die angelegte Ständerspannungsamplitude von 540 V entspricht der Polradspannung bei einem Erregerstrom von 10 A.

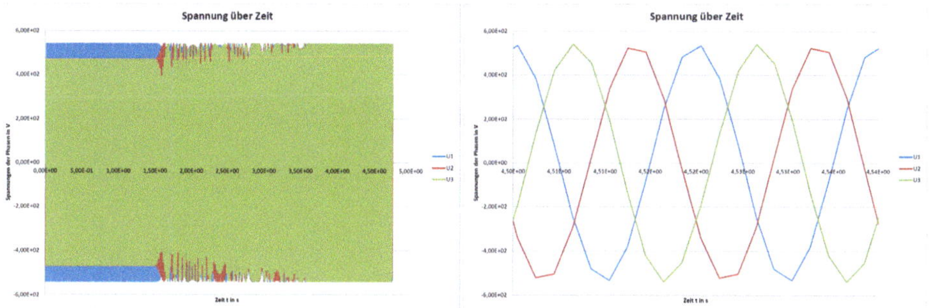

Abb. 21.124 Spannung in Abhängigkeit der Zeit bei fester Drehzahl und Verdrehwinkel 0 Grad

Die Darstellung der Spannungen über der Zeit bestätigt die konstante Spannungsamplitude über der Zeit und die geringe Anzahl von Stützstellen je Zeitperiode von nur 4 im anfänglichen Einschwingprozess. Ab der Zeit von etwa 1,5 Sekunden wird die Stützstellenanzahl langsam gesteigert und erreicht insgesamt 10 Stützstellen je Zeitperiode. Ab der Modellzeit von etwa 3,5 Sekunden erfolgt die eigentliche Rechnung.

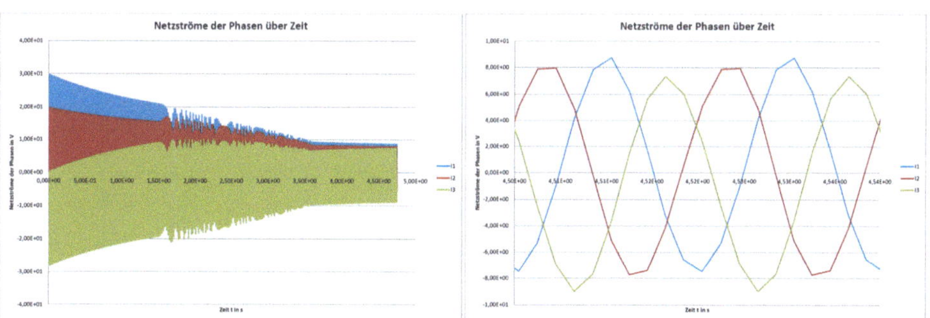

Abb. 21.125 Netzströme der Phasen in Abhängigkeit der Zeit bei fester Drehzahl und Verdrehwinkel 0 Grad

Wie zu erwarten entstehen beim Einschalten große Gleichstromanteile bei den Netzströmen, die nur langsam abklingen, selbst zum Ende der Rechnung bei der Modellzeit von etwa 4,5 Sekunden sind die Ständerströme noch nicht vollständig eingeschwungen.

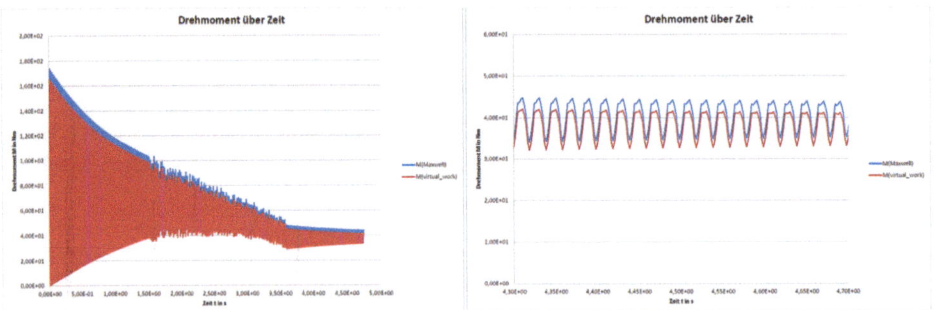

Abb. 21.126 Drehmoment in Abhängigkeit der Zeit bei fester Drehzahl und Verdrehwinkel 0 Grad

Dies trifft auch für das Drehmoment zu, dessen Schwankungsbreite erst langsam mit fortschreitender Zeit abnimmt.

Gegenüber den dynamischen Rechnungen entstehen bei fester Vorgabe des Verdrehwinkels und manueller Drehung des Rotors zum Stator auswertbare Ergebnisse, wenn der Einschwingvorgang abgewartet ist.

Um Kennlinien zu rechnen ist der Einschwingvorgang abzuwarten, eine passend große Anzahl von Rechnung für einen festen Verdrehwinkel zu rechnen und danach in einer Schleife den geometrischen Verdrehwinkel sprunghaft zu verändern. Um die Rechengenauigkeit zu steigern, ist es nach dem Einschwingvorgang zusätzlich möglich sukzessive die Stützstellenanzahl in einer Zeitperiode zu vergrößern. Dies muß zwingend sehr langsam erfolgen, um keine zusätzlichen großen Ausgleichsprozesse zu erhalten.

21.9.3 Belastung

Das unter Abschn. 21.9.2 beschriebene stufige Verändern des geometrischen Verdrehwinkels wird im Folgenden zur Anwendung gebracht. Zusätzlich wird die Stützstellenanzahl von 4 sukzessive nach dem fast abgeschlossenen Einschwingvorgang erhöht.

Die Darstellung der Spannung über der Zeit bestätigt die geringe Stützstellenanzahl je Zeitperiode von 4 bis zum Rechenzeitpunkt 2 Sekunden, danach, erkennbar an der leicht fransigen Amplitude der Spannungen der Übergang zur größeren Stützstellenanzahl bis zum Zeitpunkt von etwa 3,5 Sekunden und anschließend die Berechnung mit größerer Stützstellenanzahl und veränderlichem geometrischem Verdrehwinkel.

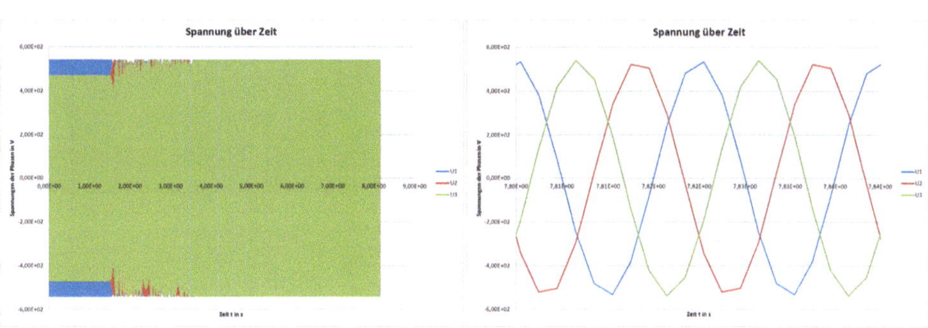

Abb. 21.127 Spannung in Abhängigkeit der Zeit bei fester Drehzahl und stufig verändertem Verdrehwinkel

Die Darstellung des geometrischen Verdrehwinkels bestätigt die Steigerung des Verdrehwinkels von 0 bis 30 Grad in 10 Grad-Schritten. Die Rechenzeit für die Auswertung eines Verdrehwinkels beträgt ca. eine Sekunde.

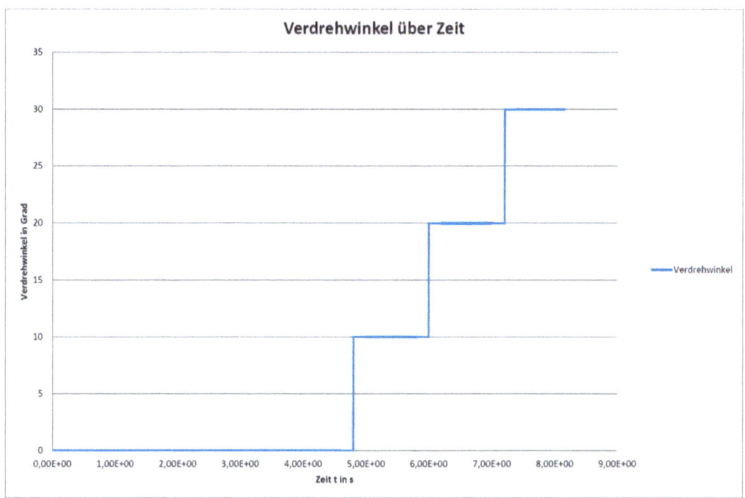

Abb. 21.128 Verdrehwinkel in Abhängigkeit der Zeit bei fester Drehzahl

Als Ergebnis für die Netzströme der Phasen ergibt sich im linken Bild der Einschwingvorgang mit Steigerung der Stützstellenanzahl, der nach 4 Sekunden nahezu abgeschlossen ist und nachfolgend die Berechnung mit verändertem Verdrehwinkel. Wie nicht anders zu erwarten ändert sich bei konstantem Erregerstrom, der nicht geändert wurde, die Amplitude der Netzströme in Abhängigkeit des geometrischen Verdrehwinkels.

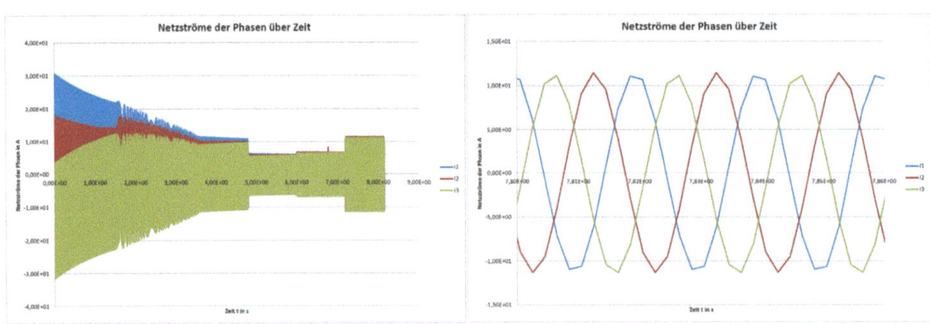

Abb. 21.129 Netzströme der Phasen in Abhängigkeit der Zeit bei fester Drehzahl und stufig verändertem Verdrehwinkel

Durch Auswertung der Netzstromdarstellungen auch in Verbindung mit der Spannung für bestimmten Verdrehwinkel können Kennlinien bestimmt werden.

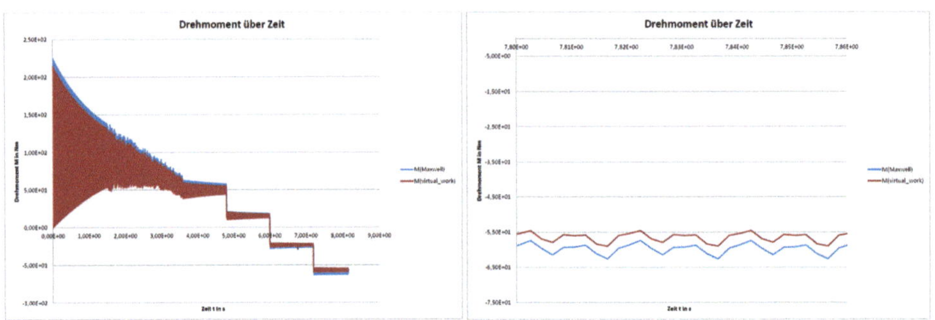

Abb. 21.130 Drehmoment in Abhängigkeit der Zeit bei fester Drehzahl und und stufig verändertem Verdrehwinkel

Entsprechend verändert sich auch das Drehmoment in Abhängigkeit der Zeit für feste Verdrehwinkel. Im linken Bild ist der Einschwingvorgang mit abnehmender Schwankung des Drehmoments erkennbar, während im rechten Bild die Darstellung zu einer bestimmten Modellzeit ausgegeben wurde. Es ist erkennbar, dass der Ausgleichsvorgang des Einschwingens bei dem ersten Verdrehwinkel noch nicht abgeschlossen ist. Wie der Strom ist auch der Mittelwert des Drehmoments vom geometrischen Verdrehwinkel abhängig. In Verbindung mit der Änderung des Erregerstroms können damit auch V-Kurven berechnet werden.

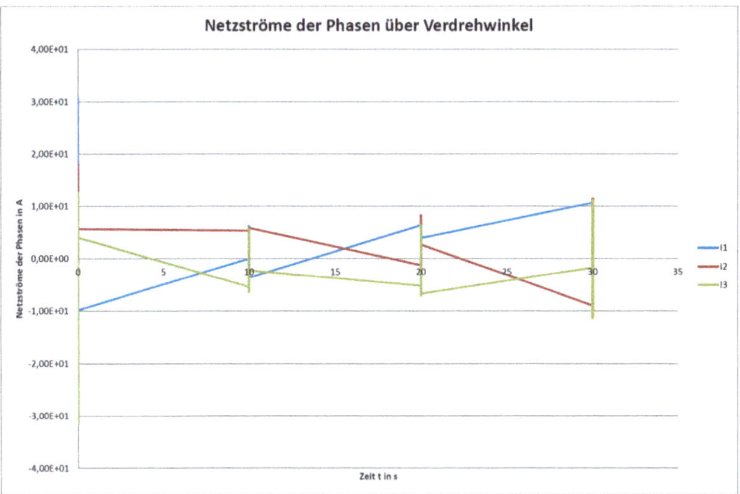

Abb. 21.131 Netzströme der Phasen in Abhängigkeit vom Verdrehwinkel bei stufig verändertem Verdrehwinkel

Trägt man die zeitabhängigen Netzströme der Phasen über dem geometrischen Verdrehwinkel auf, so ist die Abhängigkeit der Ströme vom Verdrehwinkel berechenbar. Verfeinert man die Anzahl der Verdrehwinkelschritte, so kann bei entsprechend großer Rechenzeit die Abhängigkeit der Netzströme vom Polradwinkel bestimmt werden.

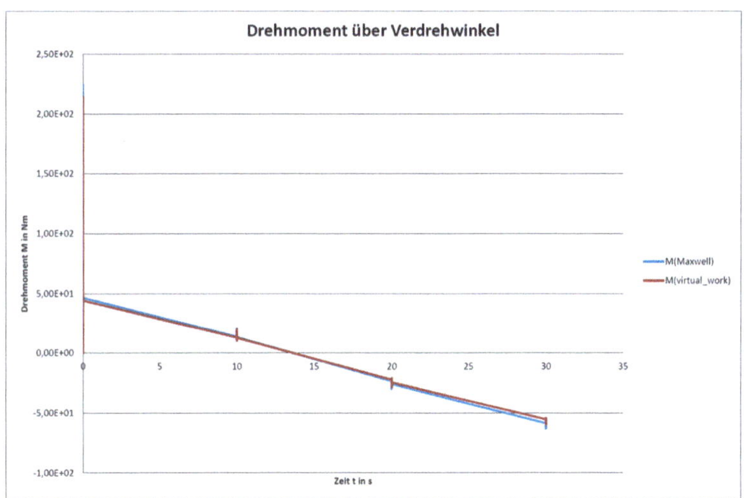

Abb. 21.132 Drehmoment in Abhängigkeit vom Verdrehwinkel bei stufig verändertem Verdrehwinkel

Dies betrifft auch die Darstellung des Drehmoments über dem Polradwinkel.

21.10 Modelländerungen

21.10.1 Einschichtwicklung statt Zweischichtwicklung

Neben der Veränderung von elektrischen und dynamischen Größen der Maschine erlaubt das zugrundeliegende Finite-Elemente-Modell auch die Berücksichtigung einer Einschichtwicklung statt einer Zweischichtwicklung. Statorseitig werden die Ober- und Unterlagen direkt ohne Isolationsschicht untereinander geschoben und gemeinsam gekoppelt. Die Abbildung zeigt das geänderte Finite-Elemente-Modell für Einschichtwicklung als Flächendarstellung.

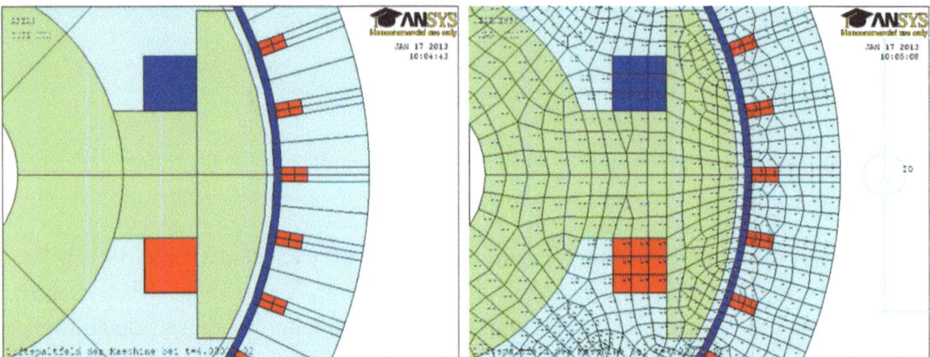

Abb. 21.133 Modellaufbau bei Einschichtwicklung statt Zweischichtwicklung

In Verbindung mit der Geometrieänderung ändert sich auch leicht die Verschaltung der einzelnen Stränge.

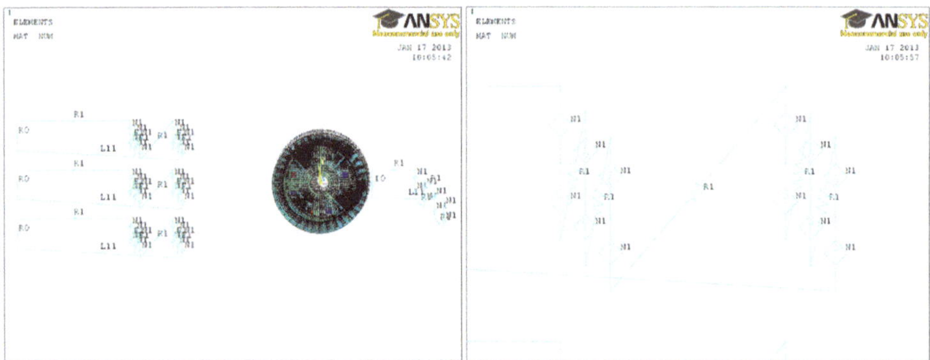

Abb. 21.134 Sternschaltung bei Einschichtwicklung statt Zweischichtwicklung

21.10.2 Dreieckschaltung statt einzelner ungekoppelter Stränge

Vergleichbar mit den beiden Asynchronmaschinentypen kann auch eine Verschaltung der Stränge statt als einzelne Spannungssysteme als Dreieckschaltung berücksichtigt werden.

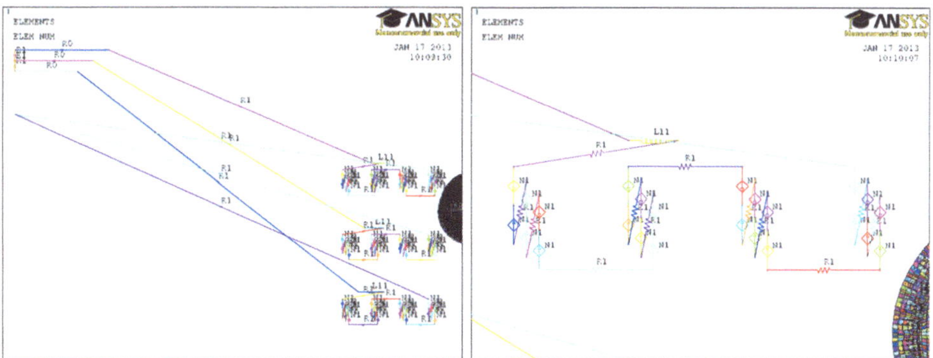

Abb. 21.135 Dreieckschaltung statt Sternschaltung

21.10.3 Sternschaltung statt einzelner ungekoppelter Stränge

Für die transienten Berechnung, sowohl in dynamischer Form, als auch mit festem Verdrehwinkel, müssen die statorseitigen Spannungssysteme über einen Sternpunkt gekoppelt werden. Zusätzlich können die Sternpunkte des Netzes und der Maschine miteinander verbunden werden.

21.10.4 Vergrößerung der Polpaarzahl

Neben der Veränderung der Wicklungsverschaltung erlaubt das zugrundeliegende Finite-Elemente-Modell auch die Änderung der Polpaarzahl. Im Beispiel wurde die Polpaarzahl von 2 auf 4 gesteigert. Verständlicherweise muss die Geometrie der Polschuhe angepasst werden.

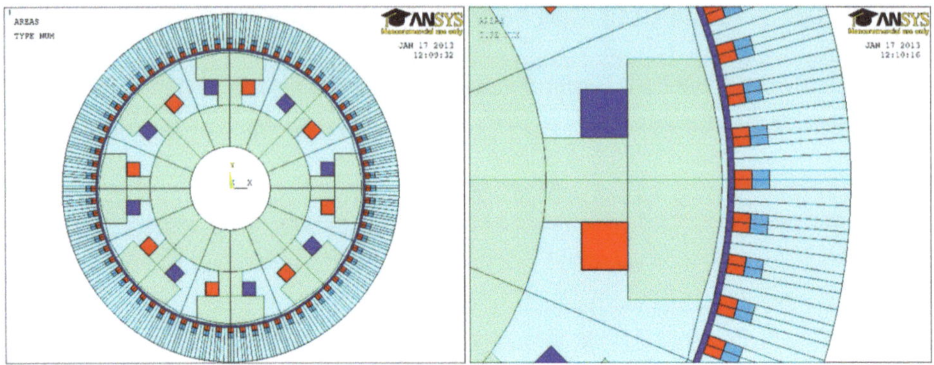

Abb. 21.136 Modellaufbau bei Erhöhung der Polpaarzahl von 2 auf 4

In Verbindung mit den geometrischen Änderungen ändert sich auch die Verschaltung der Statorspulen.

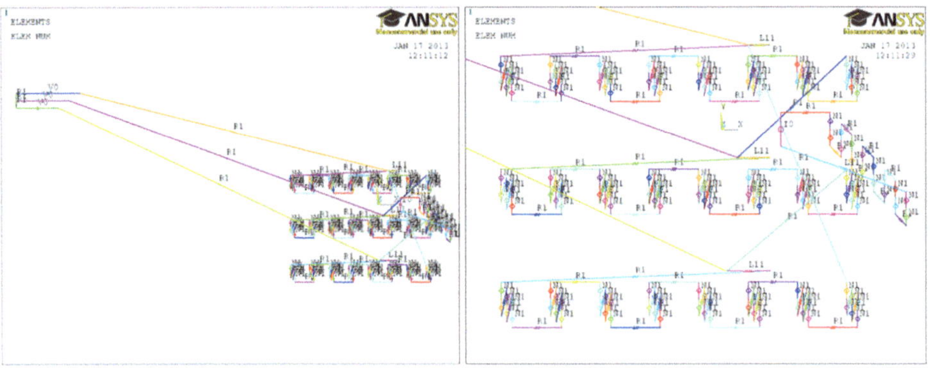

Abb. 21.137 Stator- und Rotorschaltung bei Erhöhung der Polpaarzahl von 2 auf 4

22 Berechnung eines Kurzstator-Asynchronlinearmotors mit Wirbelstromschiene im Rotor

Als Beispiel für die Berechnung einer Linearmotoranordnung wird im Folgenden die Modellierung und Berechnung eines Asynchron-Linearmotors mit Kurzstator und Wirbelstromschiene vorgestellt, der gut in modernen Nahverkehrssystemen zum Einsatz kommen könnte. Durch Änderung der Geometrien von Stator und Rotor, sowie deren Verschaltung, kann das Berechnungsmodell auch für synchrone Linearmotoren, Langstatoren wie beim Transrapid oder auch Permanentmagnetrotoren zur Anwendung kommen. Im Rahmen einiger Linearmotorprojekte wurden entsprechende Berechnungen für andere Linearmotoren durchgeführt.

Das Linearmotormodell besteht aus dem Stator im unteren Bereich und der längeren Wirbelstromschiene im oberen Bereich. Aufgrund der in einem realen Projekt sehr großen Polpaarzahl ergibt sich ein sehr langer Stator, der eine kompakte Wicklung am Anfang und Ende aufweist, wahlweise kann auch ein Linearmotor mit gedehnter Wicklung generiert werden. Um den magnetischen Schweif bei Bewegung des Stators nach links oder rechts berücksichtigen zu können, wurden statorseitig vor und hinter dem Stator Luftbereiche vorgesehen. Der Luftspalt wird wie bei den bisher vorgestellten runden Maschinen hälftig auf der Stator- und Rotorseite berücksichtigt. Der Rotor im oberen Bereich weist eine leitende Kupfer- oder Aluminiumschicht, sowie eine magnetisch leitende Eisenschicht als magnetischer Rückschluss auf. Um weitere Varianten zu ermöglichen wird das Rotormodell nach oben durch eine Luftschicht abgeschlossen, die prinzipiell auch durch eine Randbedingung oberhalb des Eisenrückschlusses ersetzt werden könnte. Der Rotor selbst ist in mehrere Segmente aufgeteilt, um ein möglichst gleichmäßiges Netz zu erhalten, das keine Kisseneffekte vorn und hinten aufweist.

B. Aschendorf, *FEM bei elektrischen Antrieben 2*, DOI 10.1007/978-3-658-05250-8_8

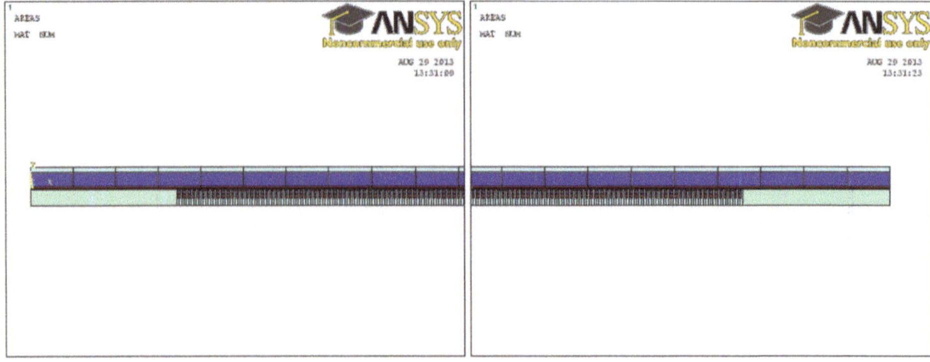

Abb. 22.1 Flächenmodell des asynchronen Kurzstator-Linearmotors mit Wirbelstromschiene

Die Modellgenerierung des Linearmotors beginnt wie üblich mit der Definition sämtlicher notwendiger Parameter zum Aufbau der Geometrie.

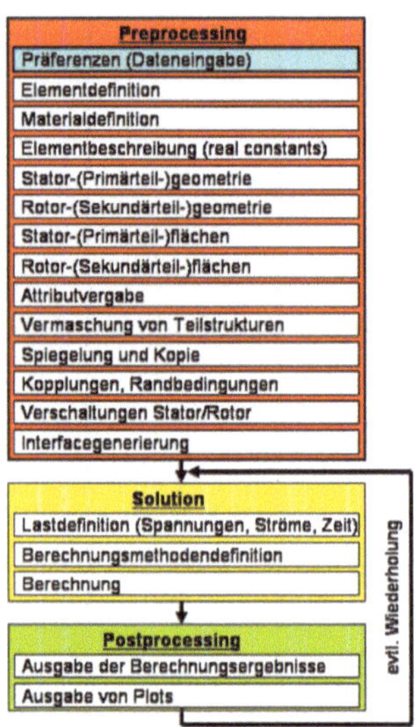

Abb. 22.2 Definition der Eingabedaten

Die Modellgenerierung beginnt in diesem Modell mit dem Rotor, entsprechend werden zunächst rotorseitig und allgemeine Parameter zugewiesen.

```
*SET,DELTA       , 0.800000000000E-02
Luftspaltgröße im m
*SET,LAENGE      , 3.50000000000
Gesamtlänge des Modells in m
```

```
*SET,NSEGR       , 20.0000000000
Anzahl der Rotorsegmente in Längsrichtung
*SET,Hihi        , 0.600000000000E-01
Eisenrückschlusshöhe in m
*SET,CUH2        , 0.400000000000E-02
Leitermaterialhöhe in m (Cu oder Aluminium)
*SET,LUFT2       , 0.200000000000E-01
Lufthöhe des Eisenrückschlusses in m (oben)
*SET,EISENLAEUFER, 0.000000000000
Wahlparameter Eisenläufer statt Cu-Läufer
*SET,EISENRUECK  , 1.000000000000
Wahlparameter Eisenrückschluss oder Luft
*SET,TIEFE       , 0.160000000000
Modelltiefe in z-Richtung
*SET,BEIDSEIT    , 0.000000000000
Wahlparameter ein-/beidseitiger Linearmotor
```

Im Anschluss an den Rotor wird der Stator generiert, der folgende Parameter erfordert.

```
*SET,M      , 3.000000000000
Strangzahl (fest m=3)
*SET,P      , 6.000000000000
Polpaarzahl p
*SET,Q      , 3.000000000000
Nutenzahl je Pol und Phase q
*SET,EPS    , 2.000000000000
Schrittverkürzung/Sehnung in Nuten
*SET,KOMPAKT, 1.000000000000
Wahlparameter gedehnt/kompakte Wicklung
*SET,TN1    , 0.200000000000E-01
Nutteilung in m
*SET,BN1    , 0.100000000000E-01
Nutbreite des Leitermaterials in m
*SET,HN1    , 0.290000000000E-01
Höhe der Nut in m
*SET,ISO1   , 0.100000000000E-02
Isolation zwischen Ober- und Unterlage in m
*SET,BS1    , 0.100000000000E-01
Schlitzbreite der Nut am Luftspalt in m
*SET,HS1    , 0.100000000000E-02
Höhe des Schlitzes in m
```

```
*SET,HK1    , 0.300000000000E-02
Höhe des Keils in m
*SET,BK1O   , 0.110000000000E-01
Breite des Keils oben in m
*SET,BK1U   , 0.120000000000E-01
Breite des Keils unten in m
*SET,JOCHD1 , 0.290000000000E-01
Jochhöhe unter der Nut in m
*SET,DRAHT1 , 0.300000000000E-02
Drahtstärke in m
*SET,WIND1  , 15.0000000000
Windungszahl jeder Statorspule
```

Alle weiteren, notwendigen Eingabedaten werden im Laufe der Modellgenerierung erläutert.

22.1 Aufbau des Finite-Element-Modells

Die Modellgenerierung beginnt wie üblich mit der Elementdefinition im Stator und Rotor.

Abb. 22.3 Elementdefinition

Das entsprechende Skript befindet sich in der Datei mit dem Dateinamen Lin_asyn_kurzw_elemente.mac.

Die Attributnummernvergabe von 1–10 betrifft bei diesem Modell den Rotor, diejenige von 11–20 den Stator.

```
/prep7

et,1,plane53       ! Luftspalt und Luft
et,2,plane53       ! Eisenrückschluss
et,3,plane53       ! leitfähige Kupfer oder Aluminiumschicht
et,4,plane53       ! nicht verwendet

et,11,plane53      ! Luftspalt und Luft
et,12,plane53      ! Isolation zwischen Ober- und Unterlage
et,13,plane53      ! Oberlage
keyopt,13,1,3

et,14,plane53      ! Unterlage
keyopt,14,1,3
```

Abschließend wird abhängig von der Schaltungsart (gedehnt/kompakt) die gesamte Nutenanzahl berechnet und unter dem Parameternamen Z1 abspeichert.

```
*if,kompakt,eq,0,then
z1=2*m*p*q+m*q+(m-1)*q-eps
*else
z1=2*m*p*q+m*q-eps
*endif
```

Es folgt die Materialdefinition, die von der Variantenauswahl abhängig ist.

Abb. 22.4 Materialdefinition

Das entsprechende Skript befindet sich in der Datei mit dem Dateinamen Lin_asyn_kurzw_material.mac.

```
*SET,NICHTLIN, 0.000000000000
! Auswahl linear oder nichtlineare Rechnung
*SET,MURX1   , 1000.000000000
! Permeabilität des Eisens statorseitig
*SET,MURX2   , 1000.000000000
! Permeabilität des Eisens rotorseitig
*SET,LEIT1   , 56000000.00000
! Leitfähigkeit des Leitermaterials statorseitig
*SET,LEIT2   , 30000000.00000
! Leitfähigkeit des Leitermaterials rotorseitig
```

Die Parameter werden anschließend den Materialeigenschaften zugewiesen, begonnen wird mit der Rotorseite, es folgt die Statorseite.

```
mp,murx,1,1

*if,eisenlaeufer,eq,0,then

  *If,nichtlin,ne,1,then
    mp,murx,2,murx2
  *Else
```

```
    eisen_m2.txt
! B(H)-Kurve des Rotors bei nichtlinearem Eisen
  *EndIf
mp,murx,3,1
mp,rsvx,3,1/leit2

*else

  *If,nichtlin,ne,1,then
    mp,murx,2,murx2
  *Else
    eisen_m2.txt
! B(H)-Kurve des Rotors bei nichtlinearem Eisen
*EndIf

mp,rsvx,2,1/leit2

mp,murx,3,1

*endif

mp,murx,11,1                  ! Luft Stator

*If,nichtlin2,ne,1,then
  mp,murx,12,murx1
*Else
  eisen_m12.txt
! B(H)-Kurve des Stators bei nichtlinearem Eisen
*EndIf

mp,murx,13,1                  ! Leitermaterial der Oberlage
mp,rsvx,13,1/leit1

mp,murx,14,1                  ! Leitermaterial der Unterlage
mp,rsvx,14,1/leit1
```

Im nächsten Schritt werden aus den Geometriedaten die realen Konstanten zur Beschreibung der Leiter definiert.

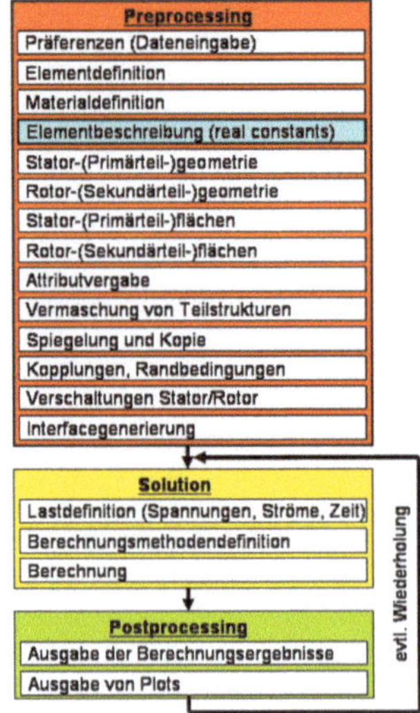

Abb. 22.5 Definition der realen Konstanten

Das entsprechende Skript befindet sich in der Datei mit dem Dateinamen Lin_asyn_kurzw_rcon.mac.

Hier ist lediglich statorseitig eine Angabe erforderlich. Die Fläche der Ober- und Unterlagen ergibt sich aus der gesamten Nutenhöhe reduziert um die Isolation zwischen den Leitern, die auf 2 übereinanderliegende Leiter aufgeteilt wird, multipliziert mit der Nutbreite im Leiterbereich. Der Füllfaktor ergibt sich aus der gewählten Drahtstärke, aus der die gesamte Leiterfläche auf der Basis aller Leiter einer Spulenseite berechnet wird, bezogen auf die zur Verfügung stehende Nutfläche.

```
!*
!*
flaeche2=(hn1-iso1)/2*bn1
fuell2=wind1*draht1*draht1*3.141593/4/flaeche2
R,13,flaeche2,wind1,tiefe,1,fuell2,
R,14,flaeche2,wind1,tiefe,1,fuell2,
```

Es schließt sich die Generierung der Rotorgeometrie aus Geometriepunkten und Linien an.

Abb. 22.6 Generierung der Rotorgeometrie

Das entsprechende Skript befindet sich in der Datei mit dem Dateinamen Lin_asyn_kurzw_geo1.mac.

Die Rotorschichten werden mit insgesamt 10 Geometriepunkten definiert.

```
!
! Aufbau Rotorschichten
!

k,1,0,-delta/2
k,2,laenge/nsegr,-delta/2
k,3,0,0
k,4,laenge/nsegr,0
k,5,0,cuh2
k,6,laenge/nsegr,cuh2
k,7,0,cuh2+eih2
k,8,laenge/nsegr,cuh2+eih2
k,9,0,cuh2+eih2+luft2
k,10,laenge/nsegr,cuh2+eih2+luft2
```

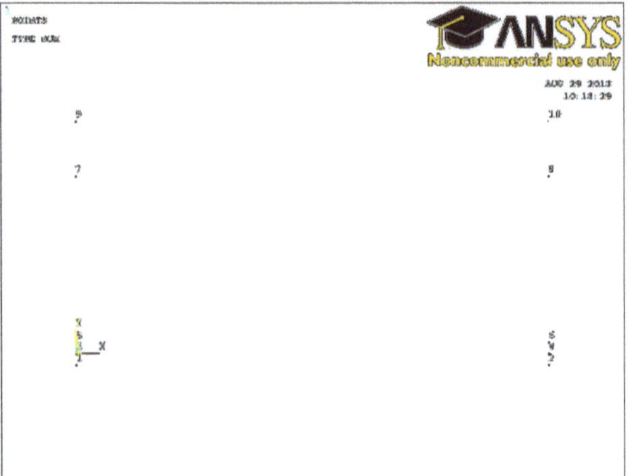

Abb. 22.7 Geometriepunkte des Rotors

Auf der Basis der Geometriepunkte werden alle Linien zur späteren Beschreibung aller Flächen generiert.

```
1,1,2
1,1,3
1,2,4
1,3,4
1,3,5
1,4,6
1,5,6
1,5,7
1,6,8
1,7,8
1,7,9
1,8,10
1,9,10
```

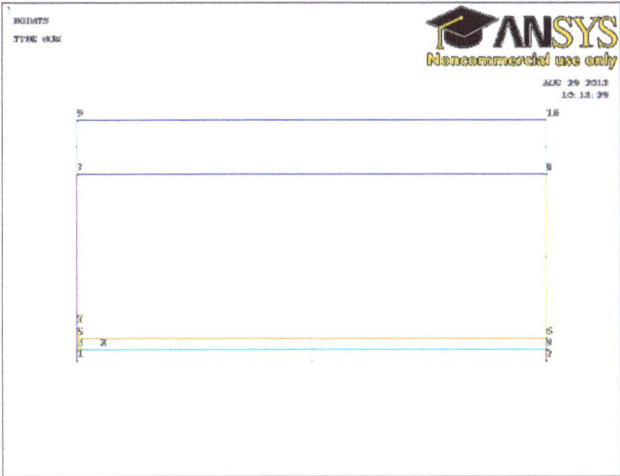

Abb. 22.8 Generierung der Linien, die die Rotornutflächen beschreiben

Zu erkennen ist die Umrahmung der rotorseitigen Luftspaltseite unten, darüber die leitfähige Kupfer- oder Aluminiumschicht, darüber der Eisenrückschluss und als Abschluss eine Luftschicht, soweit der einseitige Linearmotor mit Eisenrückschluss gewählt wurde.

Abweichend von der bisherigen Vorgehensweise werden zunächst die Rotornutflächen generiert.

Abb. 22.9 Generierung der Rotornutflächen

Das entsprechende Skript befindet sich in der Datei mit dem Dateinamen Lin_asyn_kurzw_area1.mac.

Die zu einer Fläche gehörigen Linien werden selektiert und darauf basierend über den AL-Befehl die Fläche generiert.

```
!
lsel,s,,,1,4
al,all
lsel,s,,,4,7
al,all
lsel,s,,,7,10
al,all
lsel,s,,,10,13
al,all
```

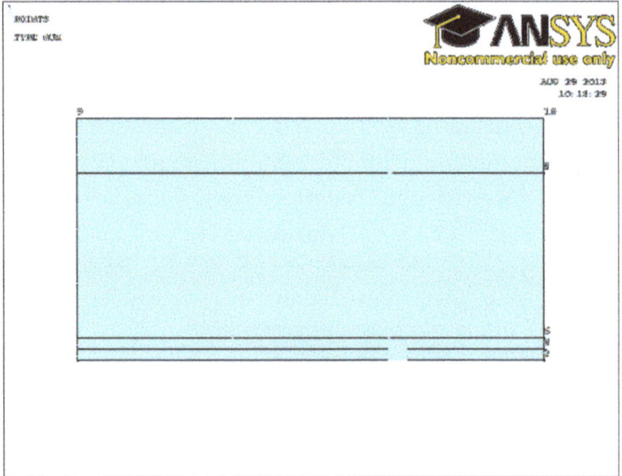

Abb. 22.10 Generierte Rotornutflächen

Im nächsten Schritt werden den einzelnen Flächen die Attribute zugewiesen.

Abb. 22.11 Zuweisung der Attribute zu den Flächen

Das entsprechende Skript befindet sich in der Datei mit dem Dateinamen Lin_asyn_kurzw_attr1.mac.

Die Attributzuweisung ist von der Gestaltung des Eisenrückschlusses abhängig.

```
asel,s,,,1
aatt,1,,1
asel,s,,,2
aatt,3,,3
asel,s,,,3
*if,eisenrueck,eq,1,then
aatt,2,,2
*else
aatt,1,,1
*endif
asel,s,,,4
aatt,1,,1

*if,eisenlaeufer,eq,1,then
asel,s,,,2
aatt,2,,2
asel,s,,,3
aatt,1,,1
*endif
```

```
/PNUM,AREA,1
/NUMBER,0
/PNUM,MAT,1
allsel
aplot
```

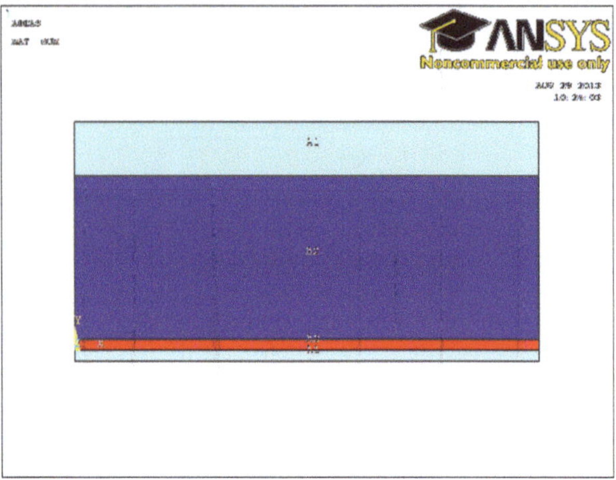

Abb. 22.12 Rotorflächen mit zugewiesenen Attributen

Das Attribut 1 der unteren Fläche beschreibt die halbe Luftspaltseite des Stators, direkt darüber in rot das leitfähige Leitermaterial der Wirbelstromschicht und darauf folgend der Eisenrückschluss in violett mit oben aufliegender Luftschicht.

Abb. 22.13 Vermaschung des Rotors

Zur Vermaschung der Teilstruktur des Rotors sind zwei Netzweitenparameter für das Eisen und die Luft erforderlich.

```
*SET,MESHEISEN, 0.100000000000E-01
*SET,MESHLUFT , 0.400000000000E-02
```

Es schließt sich die Vorbereitung der Vermaschung über die Elementkantenanzahl definition der Linien an. Das entsprechende Skript befindet sich in der Datei mit dem Dateinamen lin_asyn_kurzw_mesh1.mac.

```
!!!! Linien laengs (Luftspalt und Kupfer)
lsel,s,,,1,7,3
*get,laeng,line,1,leng
istuel=nint(laeng/meshluft)
lesi,all,,,istuel
!!!! Linien hoch (Luftspalt hoch)
lsel,s,,,2,3
*get,laeng,line,2,leng
istuel=nint(laeng/meshluft)
lesi,all,,,istuel
!!!! Linien hoch (Kupfer hoch)
lsel,s,,,5,6
*get,laeng,line,5,leng
istuel=nint(laeng/meshluft*2)
*if,istuel,gt,20,then
istuel=20
*endif
*if,istuel,lt,4,then
istuel=4
*endif
LESIZE,ALL, , ,istuel,6,1, , ,1,
!!!! Linien Eisen quer
lsel,s,,,10
*get,laeng,line,7,leng
istuel=nint(laeng/meshluft/2)
lesi,all,,,istuel
!!!! Linien Eisen hoch
lsel,s,,,8,9
*get,laeng,line,8,leng
istuel=nint(laeng/meshluft/4)
lesi,all,,,istuel
!!!! Linien Luft hoch
```

```
lsel,s,,,11,12
*get,laeng,line,11,leng
istuel=nint(laeng/meshluft/4)
LESIZE,ALL, , ,istuel,6,1, , ,1,
!!! Linien Luft quer
lsel,s,,,13
*get,laeng,line,13,leng
istuel=nint(laeng/meshluft/4)
*If,istuel,lt,1,then
istuel=1
*EndIf
lesi,all,,,istuel
```

Abschließend wird der gesamte Rotor vermascht.

```
allsel
amesh,all
cm,laeufer,area
cm,_rotor,area
```

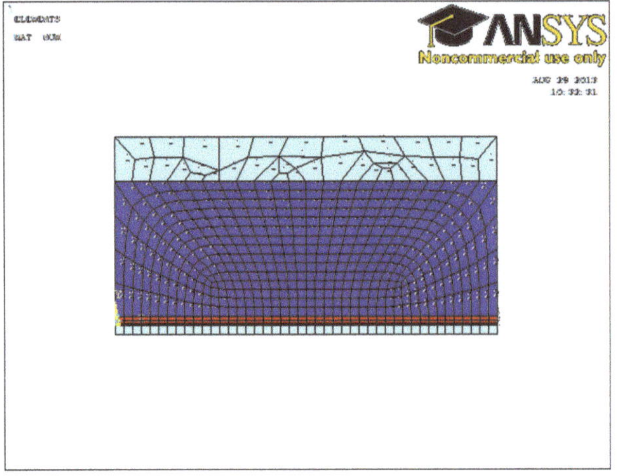

Abb. 22.14 Vermaschter Rotor

Deutlich sind die erwähnten Kisseneffekte beim Übergang der Netzfeinheiten von einer Schicht zur anderen erkennbar. Würde der Rotor nicht in einzelne Segmente unterteilt, so entstände am Anfang und Ende des Rotors ein Netz, das den magnetischen Fluss ungeeignet führt. Zu erkennen ist zudem, dass die Wirbelstromschienenschicht in mehrere Teillagen aufgeteilt wurde, um die Stromverdrängung geeignet zu berücksichtigen.

Damit ist der Rotor als Teilstruktur aufgebaut. Wenn auch in diesem Falle aufgrund fehlender Verschneidungen von Entitäten unnötig wird das rotorseitige Modell bereinigt.

```
!
!!! Rotor ist aufgebaut
!
allsel
allsel,below,area
LSEL,INVE
ldel,all
ksel,inve
kdel,all
allsel
numc,kp
numc,line
numc,node
numc,elem

/PNUM,elem,1
/NUMBER,0
/PNUM,MAT,1
allsel
eplot
```

Abb. 22.15 Vermaschte Kopie des Rotors

Im angegebenen Skript ist zudem die Kopie der Teilstrukturen für den gesamten Rotor enthalten. Nach der Kopie im kartesischen Koordinatensystem werden die doppelten Knoten an den Kopiekanten entfernt.

```
!
!  Ganzen Rotor aufbauen
!

agen,nsegr,all,,,laenge/nsegr
allsel,below,area
nummrg,node,1e-5
nummrg,kp,1e-5
numc,kp
numc,line
numc,node
numc,elem
cm,laeufer,area
cm,_rotor,area
```

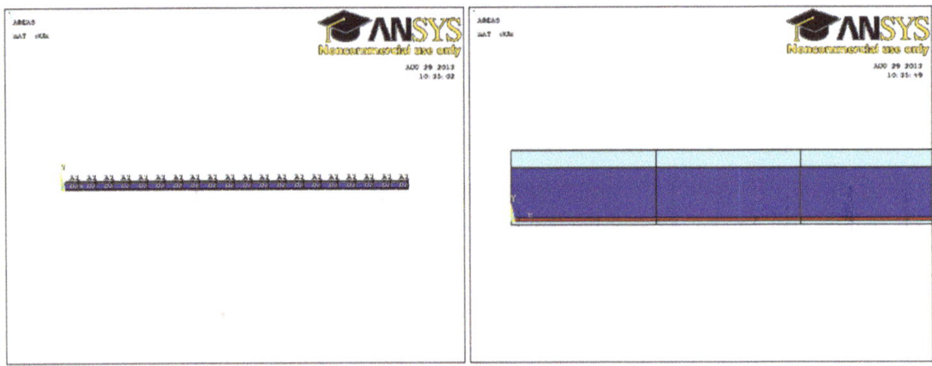

Abb. 22.16 Vollständig gestalteter Rotor aus einzelnen Segmenten

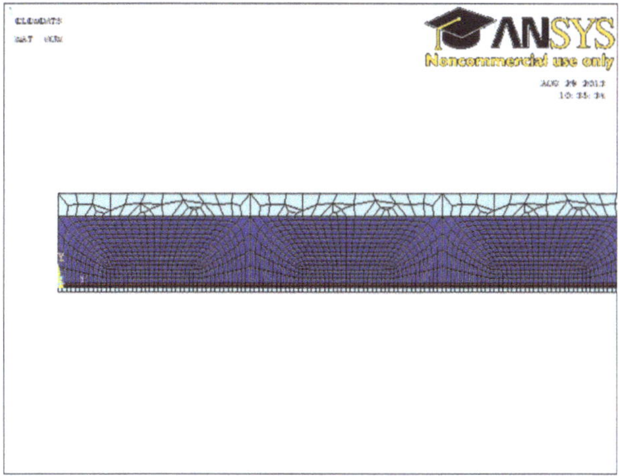

Abb. 22.17 Ausschnitt aus dem Finite-Elemente-Netz des Rotors

Die Vernetzungsparameter wurden so gewählt, dass wie üblich der Luftspalt sehr fein vermascht wird und hin zu Eisen- und abschließenden Luftschichten die Vermaschungsfeinheit vergröbert wird. Davon ausgenommenen ist die stromverdrängungsbehaftete Wirbelstromschicht, die feiner als der Luftspalt geschichtet aufgebaut wurde.

Es folgt der Aufbau des Stators aus Geometriepunkten, Linien und Flächen.

Abb. 22.18 Generierung der Statorgeometrie

Das entsprechende Skript befindet sich in der Datei mit dem Dateinamen lin_asyn_kurzw_geo2.mac.

Zunächst werden die maximalen Geometriepunkt-, Linien- und Flächenanzahlen des Rotors ermittelt, um darauf basierend bündig die Statorgeometrie zu erstellen. Die Geometriepunktenummern beginnen daher mit KPMAX und nachfolgend der addierten neuen Geometriepunktenummer.

```
*get,kpmax,kp,0,num,max
*get,linmax,line,0,num,max
*get,areamax,area,0,num,max
!
!!!! Statornut aufbauen
!
k,kpmax+1,-tn1/2,-delta/2
k,kpmax+2,-bs1/2,-delta/2
k,kpmax+3,0,-delta/2
k,kpmax+4,-tn1/2,-delta
k,kpmax+5,-bs1/2,-delta
k,kpmax+6,0,-delta
k,kpmax+7,-bk1o/2,-delta-hs1
k,kpmax+8,-bs1/2,-delta-hs1
k,kpmax+9,0,-delta-hs1
k,kpmax+10,-bk1u/2,-delta-hs1-hk1
k,kpmax+11,-bn1/2,-delta-hs1-hk1
k,kpmax+12,0,-delta-hs1-hk1
k,kpmax+13,-bn1/2,-delta-hs1-hk1-hn1/2+iso1/2
k,kpmax+14,0,-delta-hs1-hk1-hn1/2+iso1/2
k,kpmax+15,-bn1/2,-delta-hs1-hk1-hn1/2-iso1/2
k,kpmax+16,0,-delta-hs1-hk1-hn1/2-iso1/2
k,kpmax+17,-bn1/2,-delta-hs1-hk1-hn1
k,kpmax+18,0,-delta-hs1-hk1-hn1
k,kpmax+19,-tn1/2,-delta-hs1-hk1-hn1-jochd1
k,kpmax+20,0,-delta-hs1-hk1-hn1-jochd1

vrotunt=-delta-hs1-hk1-hn1-jochd1
vrotobe=-delta
```

Die abgespeicherten Parameter werden später für weitere Geometriegenerierungen genutzt.

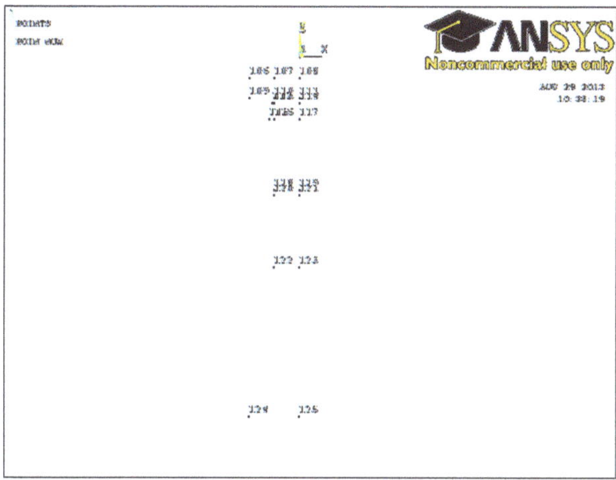

Abb. 22.19 Generierte Geometriepunkte des Stators

Es folgt die Liniengeometriegenerierung des Stators.

```
l,kpmax+1,kpmax+2
l,kpmax+2,kpmax+3
l,kpmax+4,kpmax+5
l,kpmax+5,kpmax+6
l,kpmax+1,kpmax+4
l,kpmax+2,kpmax+5
l,kpmax+3,kpmax+6
l,kpmax+7,kpmax+8
l,kpmax+8,kpmax+9
l,kpmax+10,kpmax+11
l,kpmax+11,kpmax+12
l,kpmax+5,kpmax+8
l,kpmax+6,kpmax+9
l,kpmax+7,kpmax+10
l,kpmax+7,kpmax+11
l,kpmax+9,kpmax+12
l,kpmax+11,kpmax+13
l,kpmax+12,kpmax+14
l,kpmax+13,kpmax+14
l,kpmax+15,kpmax+16
l,kpmax+17,kpmax+18
l,kpmax+13,kpmax+15
l,kpmax+14,kpmax+16
l,kpmax+15,kpmax+17
```

```
l,kpmax+16,kpmax+18
l,kpmax+4,kpmax+19
l,kpmax+19,kpmax+20
l,kpmax+18,kpmax+20
```

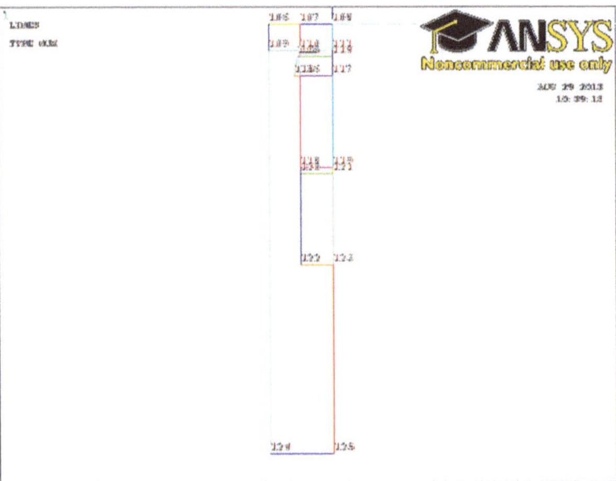

Abb. 22.20 Statorgeometrie aus Linien

Es ergibt sich die Teilstruktur des Stators als halbe Nut mit statorseitigem Luftspalt, Steg- und Keilbereich am Luftspalt und der durch die Isolationsschicht unterteilten Ober- und Unterlagen.

Abb. 22.21 Generierung der Statorflächen

Es schließt sich die Statorflächengenerierung an.

Das entsprechende Skript befindet sich in der Datei mit dem Dateinamen lin_asyn_kurzw_area2.mac. Auf die Liniennummern wird auf der Basis der bereits generierten Rotorgeometrielinien über den Parameter LINMAX zugegriffen.

```
lsel,s,,,linmax+1,linmax+3,2
lsel,a,,,linmax+5,linmax+6
AL,all
lsel,s,,,linmax+2,linmax+4,2
lsel,a,,,linmax+6
lsel,a,,,linmax+7
AL,all
lsel,s,,,linmax+4,linmax+9,5
lsel,a,,,linmax+12,linmax+13
AL,all
lsel,s,,,linmax+10
lsel,a,,,linmax+14,linmax+15
AL,all
lsel,s,,,linmax+8,linmax+9
lsel,a,,,linmax+15,linmax+16
lsel,a,,,linmax+11
AL,all
lsel,s,,,linmax+11
lsel,a,,,linmax+17,linmax+19
AL,all
lsel,s,,,linmax+19,linmax+20
lsel,a,,,linmax+22,linmax+23
AL,all
lsel,s,,,linmax+20,linmax+21
lsel,a,,,linmax+24,linmax+25
AL,all
lsel,s,,,linmax+3
lsel,a,,,linmax+8,linmax+14,2
lsel,a,,,linmax+17,linmax+21,4
lsel,a,,,linmax+22,linmax+26,2
lsel,a,,,linmax+27,linmax+28
AL,all
```

Abb. 22.22 Generierte Statorflächen

Es folgt die Attributvergabe zu den Flächen des Stators.

Abb. 22.23 Attributzuordnung zu den Statorflächen

Das entsprechende Skript befindet sich in der Datei mit dem Dateinamen lin_asyn_kurzw_attr2.mac. Auf die Flächennummern wird auf der Basis der bereits generierten Rotorgeometrieflächen über den Parameter AREAMAX zugegriffen.

```
asel,s,,,areamax+1,areamax+5
asel,a,,,areamax+7
```

```
aatt,11,11,11
allsel

asel,s,,,areamax+9
aatt,12,12,12

asel,s,,,areamax+6
aatt,13,13,13

asel,s,,,areamax+8
aatt,14,14,14

/PNUM,AREA,1
/NUMBER,0
/PNUM,MAT,1
allsel
aplot
```

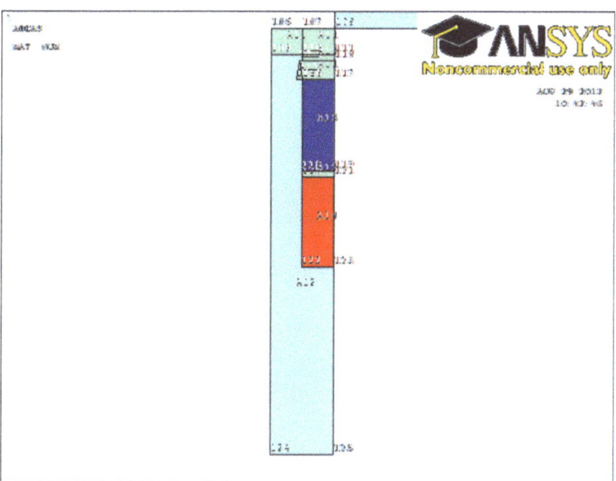

Abb. 22.24 Mit Attributen versehene Statorflächen

Der Stator kann anschließend vermascht werden.

Abb. 22.25 Vermaschung der Statorflächen

Das entsprechende Skript befindet sich in der Datei mit dem Dateinamen lin_asyn_kurzw_mesh2.mac.

```
!!! Luftspalt
lsel,s,,,linmax+5,linmax+7
*get,laeng,line,linmax+5,leng
istuel=nint(laeng/meshluft)
*If,istuel,lt,1,then
istuel=1
*EndIf
lesi,all,,,istuel

!!!! Luftspaltlaenge lang
lsel,s,,,linmax+1
lsel,a,,,linmax+3
*get,laeng,line,linmax+1,leng
istuel=nint(laeng/meshluft)
*If,istuel,lt,1,then
istuel=1
*EndIf
lesi,all,,,istuel

!!!! Luftspaltlaenge kurz
lsel,s,,,linmax+2,linmax+4,2
```

```
lsel,a,,,linmax+9
*get,laeng,line,linmax+2,leng
istue1=nint(laeng/meshluft)
*If,istue1,lt,1,then
istue1=1
*EndIf
lesi,all,,,istue1

!!!! Steghoehe
lsel,s,,,linmax+12,linmax+13
*get,laeng,line,linmax+12,leng
istue1=nint(laeng/meshluft/1.5)
*If,istue1,lt,1,then
istue1=1
*EndIf
lesi,all,,,istue1

!!!!  Keilseite oben quer
lsel,s,,,linmax+8
*get,laeng,line,linmax+8,leng
istue1=nint(laeng/meshluft/1.5)
*If,istue1,lt,1,then
istue1=1
*EndIf
lesi,all,,,istue1

!!!!   Keilhoehe
lsel,s,,,linmax+14,linmax+16
*get,laeng,line,linmax+16,leng
istue1=nint(laeng/meshluft/2.5)
*If,istue1,lt,1,then
istue1=1
*EndIf
lesi,all,,,istue1

!!!!  Keilseite unten quer
lsel,s,,,linmax+10
*get,laeng,line,linmax+10,leng
istue1=nint(laeng/meshluft/2.5)
*If,istue1,lt,1,then
istue1=1
*EndIf
lesi,all,,,istue1
```

```
!!!!  Leiterhoehen
lsel,s,,,linmax+17,linmax+18
lsel,a,,,linmax+24,linmax+25
*get,laeng,line,linmax+24,leng
istue1=nint(laeng/meshluft/1.5)
*If,istue1,lt,1,then
istue1=1
*EndIf
lesi,all,,,istue1

!!!!  Leiterbreiten
lsel,s,,,linmax+11
lsel,a,,,linmax+19,linmax+21
*get,laeng,line,linmax+11,leng
istue1=nint(laeng/meshluft/1.5)
*If,istue1,lt,1,then
istue1=1
*EndIf
lesi,all,,,istue1

!!!! Isolationshoehe
lsel,s,,,linmax+22,linmax+23
*get,laeng,line,linmax+22,leng
istue1=nint(laeng/meshluft/4)
*If,istue1,lt,1,then
istue1=1
*EndIf
lesi,all,,,istue1

!!!! Zahnhoehe
lsel,s,,,linmax+26
*get,laeng,line,linmax+26,leng
istue1=nint(laeng/mesheisen)
*If,istue1,lt,1,then
istue1=1
*EndIf
lesi,all,,,istue1,1.5

!!!! Zahnbreite
lsel,s,,,linmax+27
*get,laeng,line,linmax+27,leng
istue1=nint(laeng/mesheisen)
```

```
*If,istuel,lt,1,then
istuel=1
*EndIf
lesi,all,,,istuel,1.5

!!!!  Hoehe unter Nut
lsel,s,,,linmax+28
*get,laeng,line,linmax+28,leng
istuel=nint(laeng/mesheisen)
*If,istuel,lt,1,then
istuel=1
*EndIf
lesi,all,,,istuel,2
```

Nach der Elementkantenanzahldefinition des Stators kann die Vermaschung erfolgen. Es ist darauf zu achten, dass keine Entitäten des Rotor bei der Vermaschung des Stators aktiv sind.

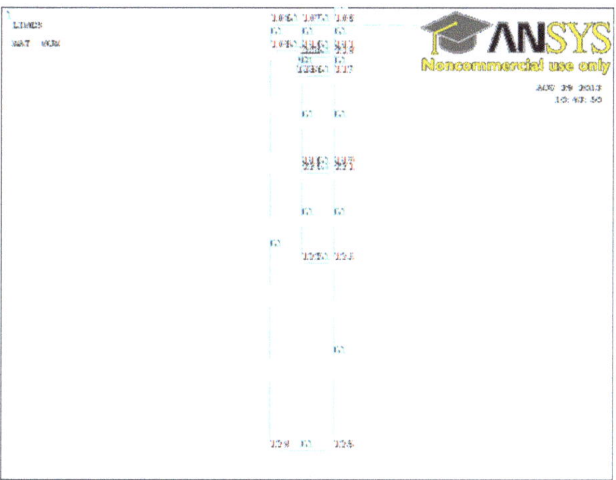

Abb. 22.26 Elementkantendefinition des Stators

```
allsel
cmsel,u,laeufer
amesh,all
cm,nut1halb,area
*get,areac,area,num,count

/PNUM,elem,1
/NUMBER,0
```

```
/PNUM,MAT,1
allsel
eplot

!
!  Läuferpol ist aufgebaut
!
arearo1=areamax+6
arearo2=areamax+8
```

Abschließend werden unter zwei Parameternamen die Nummern der Ober- und Unterlagen der Flächen in der Teilstruktur zur weiteren Verwendung abgelegt.

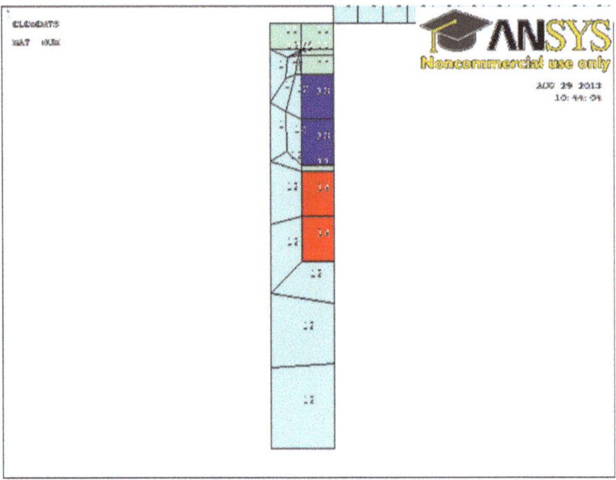

Abb. 22.27 Vermaschte Stator-Teilstruktur

Abb. 22.28 Spiegelung und Kopie der Stator-Teilstruktur

Im nächsten Schritt wird die halbe Nutteilung des Stators zunächst zu einer vollen Nutteilung gespiegelt. Dieses Teilskript ist in der Datei lin_asyn_kurzw_meshg2.mac enthalten.

```
!
!  Ganze Statornut aufbauen
!
allsel
cmsel,s,nut1halb
allsel,below,area
arsym,x,all,,,,0,0
cm,nut1,area
!
!  Ganze Statornut ist aufgebaut
!
```

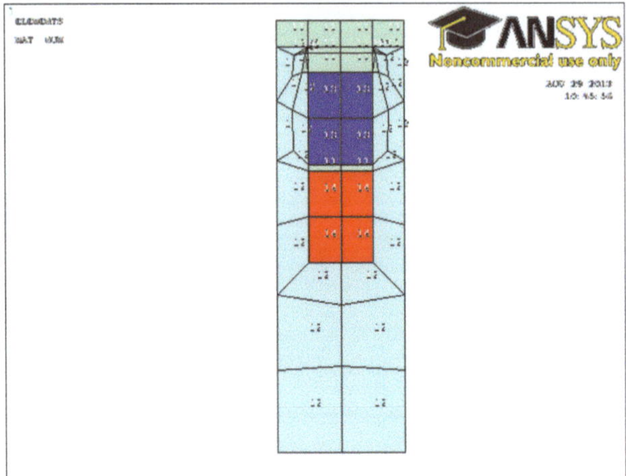

Abb. 22.29 Vermaschte Statornutteilung nach Spiegelung

Anschließend wird die Statornutteilung entsprechend der Statornutenanzahl kopiert.

```
!
!  Ganzen Stator aufbauen
!

agen,z1,all,,,tn1
cm,_stator,area
```

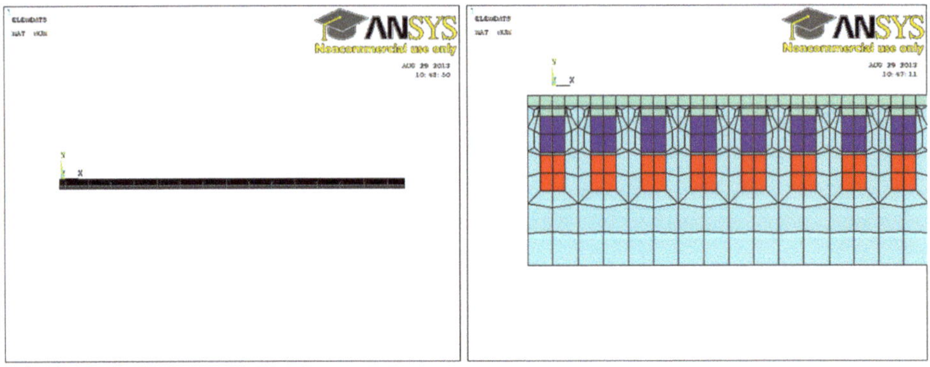

Abb. 22.30 Statorgeometrie nach der Kopie

Aufgrund der Generierung des Stators über eine halbe Nutteilung im 4. Quadranten des Koordinatensystems steht der gesamte Stator um eine halbe Nutteilung gegenüber dem Rotor über. Dies wird durch eine entsprechende Verschiebung des Stators korrigiert.

```
!
! Stator verschieben
!
cmsel,s,_stator
allsel,below,area
nummrg,node,1e-5
nummrg,kp,1e-5
agen,,_stator,,,tn1/2,,,,,1
```

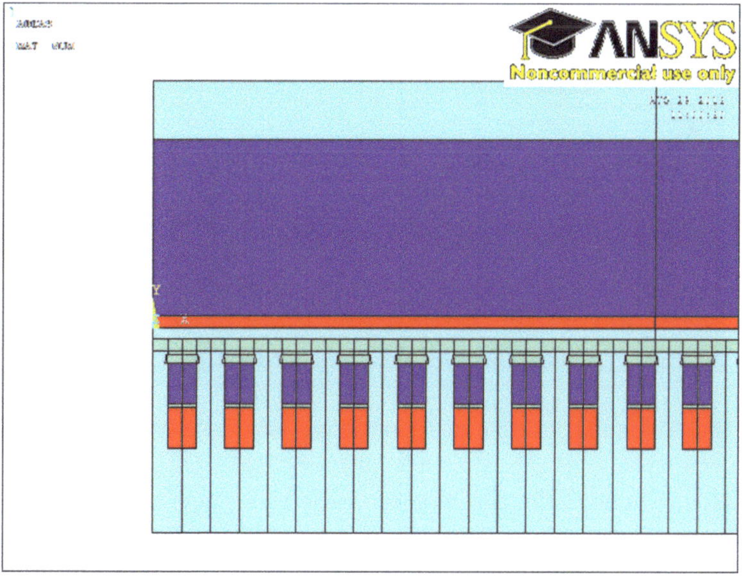

Abb. 22.31 Bündiger Stator und Rotor nach der Verschiebung

Damit steht der aktive Teil des Stators jedoch noch nicht mittig unter dem Rotor. Die Verschiebelänge wird aus der aktiven Statorlänge und der Modelllänge ermittelt und unter dem Namen WERT weiterverwendet. Abschließend wird auf der Basis der Statorgeometrie die Kraftberechnung für den aktiven Teil des Stators vorbereitet.

```
wert=(laenge-z1*tn1)/2
cmsel,s,_stator
allsel,below,area
AGEN, ,all, , ,wert, , , , ,1
```

```
asel,u,mat,,11
asel,u,mat,,13,14
allsel,below,area
cm,kraftste,elem
fmagbc,'kraftste'

allsel
aplot
```

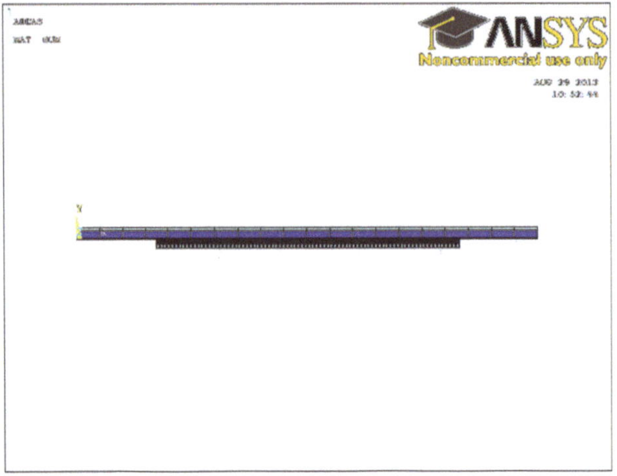

Abb. 22.32 Mittige aktive Statorgeometrie unter dem stillstehenden Rotor

Stator- und Rotormodell liegen nun zwar mittig untereinander, es fehlen jedoch Bereiche vor und hinter dem Stator, die mit Luft aufgefüllt werden müssen, um ein vollständiges Modell zu erreichen. Das zugehörige Skript ist in der Datei mit dem Namen lin_asyn_kurzw_fahrz.mac enthalten.

Zunächst werden auf der Basis der momentan höchsten Geometriepunkteanzahl weitere Geometriepunkte am Anfang und Ende generiert, die die Lagen Luftspalt und sonstige Luft separieren lassen, da wie üblich der Luftspaltbereich, vorgegeben vom Rotor, sehr fein vermascht sein muss.

```
allsel
*get,kpmax,kp,0,num,max

k,kpmax+1,0,-delta/2
k,kpmax+2,0,-delta
k,kpmax+3,0,-delta-hs1-hk1-hn1-jochd1
```

```
k,kpmax+4,laenge,-delta/2
k,kpmax+5,laenge,-delta
k,kpmax+6,laenge,-delta-hs1-hk1-hn1-jochd1
```

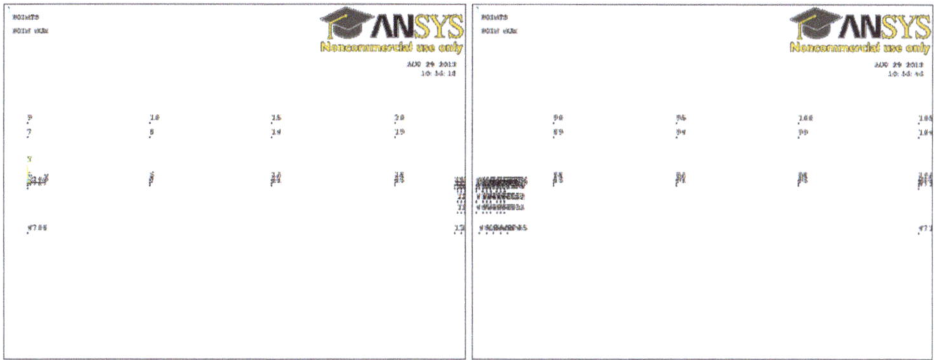

Abb. 22.33 Zusätzliche Geometriepunkte am Anfang und Ende des Modells auf Statorseite

Im nächsten Schritt werden durch Lokationsselektion und bei Anwendung des *GET-Befehls die Geometriepunktenummern der korrespondierenden Punkte an den bestehenden Statoraußenkanten bestimmt und unter KPNUMx mit *x* für eine laufende Nummer abgespeichert.

```
seltol,1e-6

cmsel,s,_stator
allsel,below,area
ksel,r,loc,x,(laenge-z1*tn1)/2
ksel,r,loc,y,-delta/2
*get,kpnum1,kp,0,num,max

cmsel,s,_stator
allsel,below,area
ksel,r,loc,x,(laenge-z1*tn1)/2
ksel,r,loc,y,-delta
*get,kpnum2,kp,0,num,max

cmsel,s,_stator
allsel,below,area
ksel,r,loc,x,(laenge-z1*tn1)/2
ksel,r,loc,y,-delta-hs1-hk1-hn1-jochd1
*get,kpnum3,kp,0,num,max
```

```
cmsel,s,_stator
allsel,below,area
ksel,r,loc,x,laenge-(laenge-z1*tn1)/2
ksel,r,loc,y,-delta/2
*get,kpnum4,kp,0,num,max

seltol,1e-6
cmsel,s,_stator
allsel,below,area
ksel,r,loc,x,laenge-(laenge-z1*tn1)/2
ksel,r,loc,y,-delta
*get,kpnum5,kp,0,num,max

cmsel,s,_stator
allsel,below,area
ksel,r,loc,x,laenge-(laenge-z1*tn1)/2
ksel,r,loc,y,-delta-hs1-hk1-hn1-jochd1
*get,kpnum6,kp,0,num,max

allsel
numcmp,line
*get,lmax,line,0,num,max
```

Auf der Basis der bestehenden größten Liniennummer und den ermittelten und neu generierten Geometriepunkte werden die neuen Linien zur Beschreibung der Flächen in den Lücken generiert.

```
l,kpmax+1,kpnum1       ! Links Seite
l,kpmax+2,kpnum2       ! Links Seite Mitte
l,kpmax+3,kpnum3       ! Links Seite lang unten
l,kpmax+1,kpmax+2      ! Links Seite quer Luftspalt
l,kpmax+2,kpmax+3      ! Linke Seite quer Nut
l,kpmax+4,kpnum4       ! Rechte Seite
l,kpmax+5,kpnum5       ! Rechte Seite Mitte
l,kpmax+6,kpnum6       ! Rechte Seite ganz unten
l,kpmax+4,kpmax+5      ! Rechts Seite quer Luftspalt
l,kpmax+5,kpmax+6      ! Rechts Seite quer Nut
```

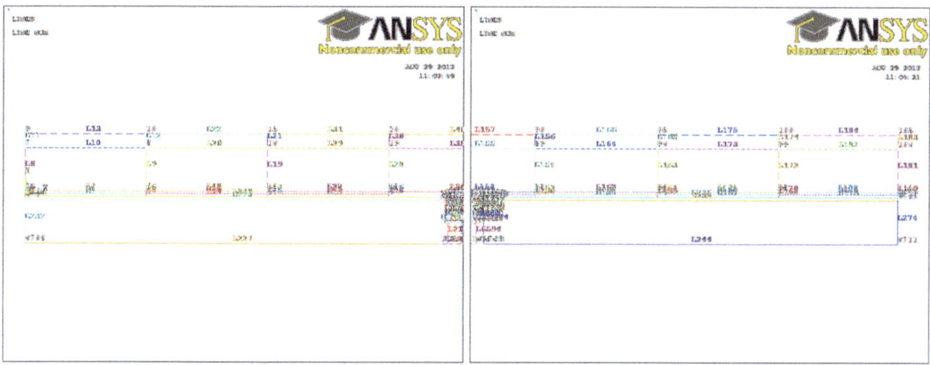

Abb. 22.34 Generierte Linien in den Lückenbereichen

Zur Vorbereitung der späteren Vermaschung wird die Elementkantendefinition auf den neuen Linien zugewiesen.

```
lsel,s,,,lmax+1,lmax+2
*get,laeng,line,lmax+1,leng
istue1=nint(laeng/meshluft)
lesi,all,,,istue1,,1,,,1

lsel,s,,,lmax+3
*get,laeng,line,lmax+3,leng
istue1=nint(laeng/mesheisen/2)
lesi,all,,,istue1,.3,1,,,1

lsel,s,,,lmax+6,lmax+7
*get,laeng,line,lmax+6,leng
istue1=nint(laeng/meshluft)
lesi,all,,,istue1,,1,,,1

lsel,s,,,lmax+8
*get,laeng,line,lmax+8,leng
istue1=nint(laeng/mesheisen/2)
lesi,all,,,istue1,.3,1,,,1

lsel,s,,,lmax+4,lmax+9,5
*get,laeng,line,lmax+4,leng
istue1=nint(laeng/meshluft)
lesi,all,,,istue1,,1,,,1
```

```
lsel,s,,,lmax+5,lmax+10,5
*get,laeng,line,lmax+5,leng
istue1=nint(laeng/mesheisen/1.5)
lesi,all,,,istue1,4,1,,,1
allsel
*get,amax,area,0,num,max

allsel,all
asel,none
```

Bei der Verwendung des LESIZE-Befehls wurde bei einigen Linien zusätzlich ein Steuerungswert für die Erhöhung oder Erniedrigung des Netzfeinheit im Laufe einer Linie verwendet. Dieser Parameter definiert den Faktor der Netzfeinheit vom Anfang zum Ende und steht hinter dem Parameter ISTUE1 jeweils im Skript. Die Syntax sollte über den HELP-Befehl zum LESIZE-Befehl eingesehen werden.

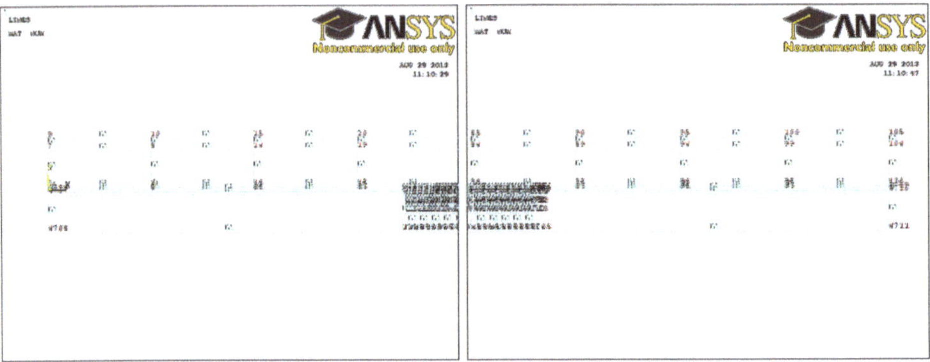

Abb. 22.35 Vorbereitung der Vermaschung der Lücken vor und hinter dem Stator

Damit können im nächsten Schritt die Flächen erzeugt und mit Attributen versehen werden, sowie abschließend die Vermaschung der Lücke.

```
LSEL,S,LOC,X,(laenge-z1*tn1)/2

LSEL,R,LOC,Y,-delta/2,-100
*get,lilio,line,0,num,min
lsel,s,,,lilio
lsel,a,,,lmax+1,lmax+2
lsel,a,,,lmax+4
al,all
aatt,11,11,11
```

```
ALLSEL,ALL
asel,none
LSEL,S,LOC,X,(laenge-z1*tn1)/2

LSEL,R,LOC,Y,-delta/2,-100
*get,lilio,line,0,num,min
lsel,u,,,lilio

lsel,a,,,lmax+2,lmax+3
lsel,a,,,lmax+5
al,all
aatt,11,11,11

ALLSEL,ALL
asel,none
LSEL,S,LOC,X,laenge-(laenge-z1*tn1)/2
LSEL,r,LOC,Y,-delta/2,-delta
*get,_lireo,line,0,num,max
LSEL,S,LOC,X,laenge-(laenge-z1*tn1)/2
LSEL,r,LOC,Y,-delta/2,-100
lsel,u,,,_lireo
lsel,a,,,lmax+7
lsel,a,,,lmax+8,lmax+10,2
al,all
aatt,11,11,11

asel,none
LSEL,S,LOC,X,laenge-(laenge-z1*tn1)/2
LSEL,r,LOC,Y,-delta/2,-delta
lsel,a,,,lmax+6,lmax+7
lsel,a,,,lmax+9
al,all
aatt,11,11,11

esize,mesheisen/2
asel,s,,,amax+1,amax+4
amesh,all

cmsel,s,_stator
asel,a,mat,,11
cm,_statorg,area
```

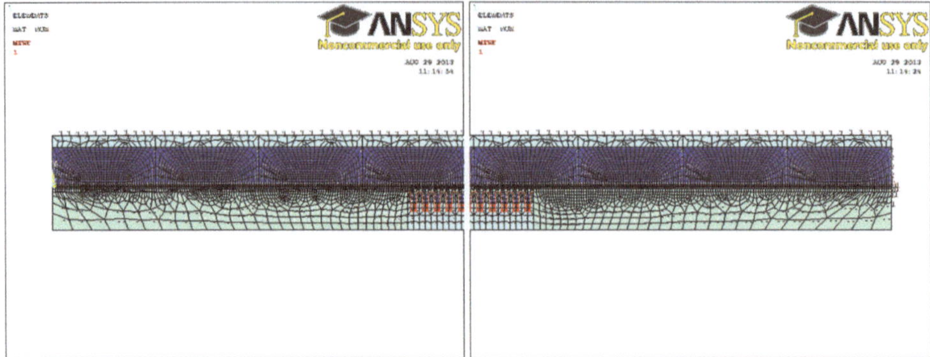

Abb. 22.36 Ergebnis der Attributierung und Vermaschung der Lücke

Die Geometriegenerierung von Stator und Rotor ist damit abgeschlossen. Es folgen die Kopplungen von Statorknoten in den Ober- und Unterlagen zur Vorbereitung der Verschaltung des Stators. Dieses Teilskript ist in der Datei lin_asyn_kurzw_cp1.mac enthalten.

Abb. 22.37 Kopplungen und Randbedingungen

Zunächst werden die Knoten in den Ober- und Unterlagen der ersten Nut erstellt, referenziert wird über die zuvor abgespeicherten Nummern der betreffenden Flächennummern der Ober- und Unterlagen der halben Nutteilung. Da insgesamt neun Flächen eine Teilstruktur der Statornut beschreiben, müssen die nächsten Flächennummern entsprechen um 9 höhere Nummern aufweisen. Die Masterknoten werden wie üblich als Basis für die Verknüpfung zur Schaltung, diesmal unter den Parametern LEISOx und LEISUx für oben und unten und die Nutnummer, abgespeichert.

```
asel,s,,,arearo1
asel,a,,,arearo1+9
allsel,below,area
*get,leiso1,node,0,num,min
cp,1,curr,all
cp,2,emf,all
asel,s,,,arearo2
asel,a,,,arearo2+9
allsel,below,area
*get,leisu1,node,0,num,min
cp,3,curr,all
cp,4,emf,all
```

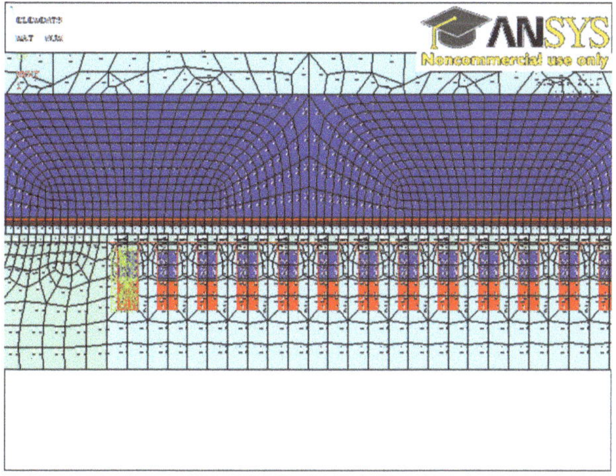

Abb. 22.38 Kopplungen der ersten Statornut

Die nächsten Flächennummern ergeben sich entsprechend aus der Nutnummer und der Anzahl Flächen einer Nutteilung des Stators. Als Zähler für die Nutnummer wird der Parameter IZ1 verwendet.

```
*Do,iz1,1,z1-1
asel,s,,,arearo1+iz1*18
asel,a,,,arearo1+9+iz1*18
allsel,below,area
*get,leiso%iz1+1%,node,0,num,min
cp,iz1*4+1,curr,all
cp,iz1*4+2,emf,all
asel,s,,,arearo2+iz1*18
asel,a,,,arearo2+9+iz1*18
```

```
allsel,below,area
*get,leisu%iz1+1%,node,0,num,min
cp,iz1*4+3,curr,all
cp,iz1*4+4,emf,all
*EndDo
```

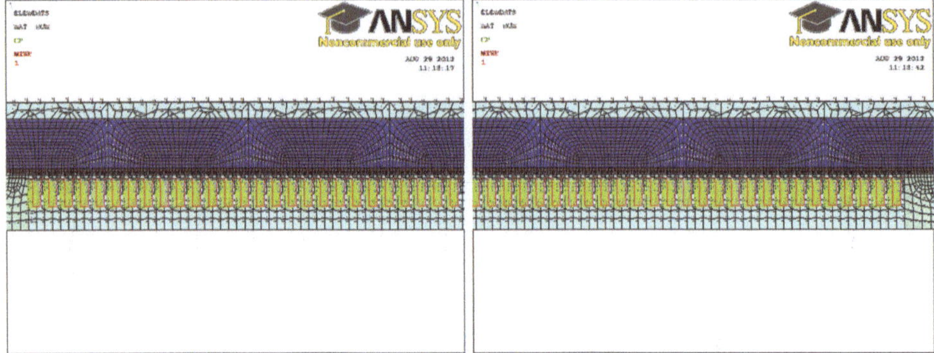

Abb. 22.39 Kopplung der Ober- und Unterlagen (Zoom an Anfang und Ende des Stators)

Entsprechend der Verschaltung des Stators als gedehnte oder kompakte Wicklung müssen diejenigen Eigenschaften von Elementen in Ober- und Unterlagen geändert werden, die keinen Strom führen, und zusätzlich die Kopplungen in diesen Lagen wieder entfernt werden.

Im vorliegenden Fall wird nur die Korrektur bei kompakter Wicklung, d. h. KOMPAKT = 1, beschrieben. Kompakt bedeutet bei einem Linearmotor, dass alle Nuten am Anfang in Ober- und Ende in Unterlage belegt sind und die normalerweise freien Nuten durch eine Belegung mit dem negativ geschalteten Strang 3 belegt werden.

Die Syntax wird daher ab dem *ELSE hinter

```
*if,kompakt,eq,0,then
```

im Skript lin_asyn_kurzw_cp1.mac beschrieben.

Insgesamt müssen am Anfang des Stator M*Q-EPS Nuten in der Unterlage und am Ende dieselbe Anzahl von Nuten in Oberlage korrigiert werden. Die entsprechenden Flächen werden über eine Schleife zunächst selektiert, danach deren Kopplungen durch den Befehl CPDELE entfernt und in der Folge die Attribute der Elemente durch Luft, d. h. Typ 11, ersetzt.

```
!
!  Korrektur Strang 1 bis 3 am Anfang in Unterlage
!
```

```
*Do,iz1,1,m*q-eps
*If,iz1,eq,1,then
asel,s,,,arearo2
asel,a,,,arearo2+9
*Else
asel,s,,,arearo2+(iz1-1)*18
asel,a,,,arearo2+9+(iz1-1)*18
*EndIf
allsel,below,area
CPDELE,1,10000,,ANY
EMODIF,all,TYPE,11,
EMODIF,all,mat,11,
EMODIF,all,real,11,
*EndDo

!
!  Korrektur Strang 1 bis 3 am Ende in Oberlage
!

iz1=2*m*p*q
*Do,inut,1,m*q-eps
iz1=iz1+1
asel,s,,,arearo1+(iz1-1)*18
asel,a,,,arearo1+9+(iz1-1)*18
allsel,below,area
CPDELE,1,10000,,ANY
EMODIF,all,TYPE,11,
EMODIF,all,mat,11,
EMODIF,all,real,11,
*EndDo
```

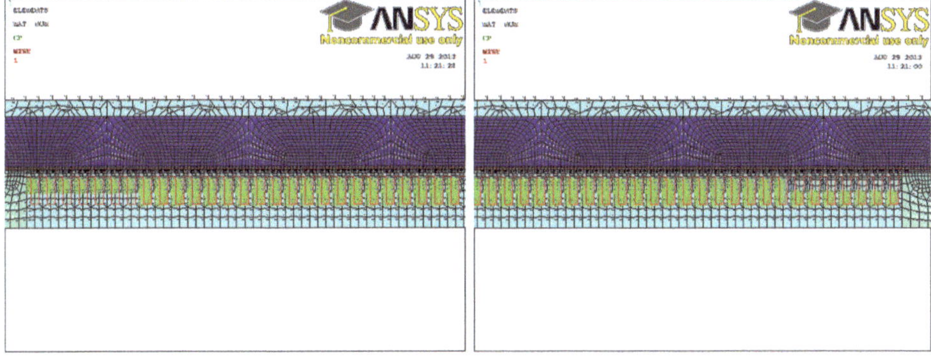

Abb. 22.40 Korrektur der Unterlagen am Anfang und Oberlagen am Ende des Stators

Die Zuweisung von Randbedingungen erfolgt im Skript zur Definition des Interfaces zwischen Stator und Rotor.

Bis auf die Randbedingungen ist damit der geometrische Anteil des Finite-Elemente-Modells des Linearmotors generiert.

22.2 Generierung der Verschaltung

Im Falle des Linearmotors mit Wirbelstromschiene verfügt nur der Stator über eine Verschaltung, zu unterscheiden sind Kompakt- und gedehnte Wicklung.

Das Skript ist in der Datei lin_asyn_kurzw_schalt1.mac abgelegt.

Abb. 22.41 Verschaltung des Stators

22.2.1 Stator-Verschaltung

Zur Verschaltung des Stators sind lediglich die Parameter der Stirnelemente aller in Serie geschalteten Spulen hinsichtlich Widerstand und Induktivität erforderlich.

```
*SET,RSPUL1  , 0.380000000000E-02
*SET,LSPUL1  , 0.100000000000E-05
```

Im ersten Schritt werden wie bei den Kopplungen zunächst alle Schaltungselemente der Ober- und Unterlagen des Stators angelegt. Hierzu werden Spulenelemente verwendet.

```
allsel
*get,nodemax,node,0,num,max
*get,elemmax,elem,0,num,max

R,41, ,
RMOD,41,15,0,2
ET,41,CIRCU124,5,0
TYPE,41
REAL,41
MAT,1
!*
!*
*Do,iz1,1,z1
nspualo%iz1%=nodemax+(iz1-1)*4+1
nspuelo%iz1%=nodemax+(iz1-1)*4+2
N,nodemax+(iz1-1)*4+1,2+.5*(iz1-1),-8.5,0
N,nodemax+(iz1-1)*4+2,2+.5*(iz1-1),-9.5,0
E,nodemax+(iz1-1)*4+1,nodemax+(iz1-1)*4+2,leiso%iz1%
*get,elemmax,elem,0,num,max
eleo%iz1%=elemmax
!*
nspualu%iz1%=nodemax+(iz1-1)*4+3
nspuelu%iz1%=nodemax+(iz1-1)*4+4
N,nodemax+(iz1-1)*4+3,2+.5*(iz1-1),-10.5,0
N,nodemax+(iz1-1)*4+4,2+.5*(iz1-1),-11.5,0
E,nodemax+(iz1-1)*4+4,nodemax+(iz1-1)*4+3,leisu%iz1%
*get,elemmax,elem,0,num,max
eleu%iz1%=elemmax

*EndDo
```

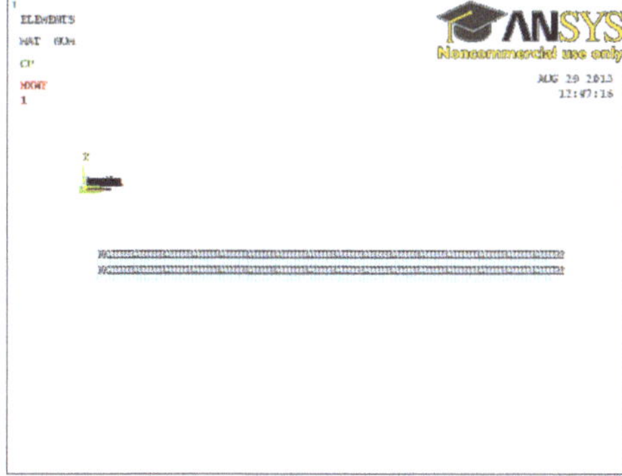

Abb. 22.42 Generierung der Schaltungselemente für Ober- und Unterlagen in allen Nuten

Wie bei den Kopplungen wird im Folgenden nur auf die kompakte Wicklung eingegangen und auf das Skript zur Verschaltung verwiesen.

Zunächst werden die Schaltungselemente der leeren Nuten am Anfang in Unter- und Ende in Oberlage eliminiert.

```
!
!  Korrektur Strang 1 bis 3 am Anfang in Unterlage
!

*Do,iz1,1,m*q-eps
esel,s,,,eleu%iz1%
edel,all
*EndDo

!
!  Korrektur Strang 1 bis 3 am Ende in Oberlage
!

iz1=2*m*p*q
*Do,inut,1,m*q-eps
iz1=iz1+1
esel,s,,,eleo%iz1%
edel,all
*EndDo
```

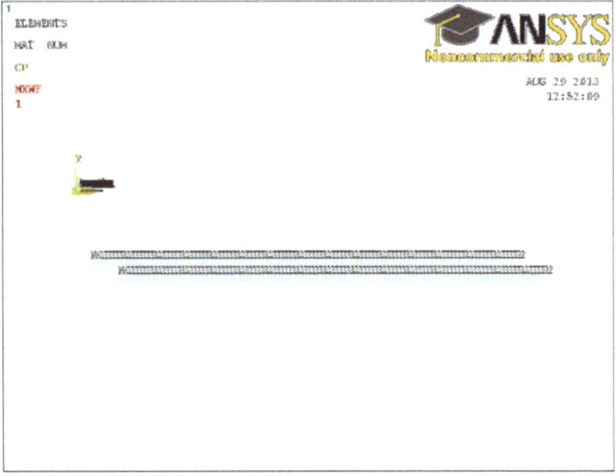

Abb. 22.43 Schaltungselemente der Spulen in Ober- und Unterlage

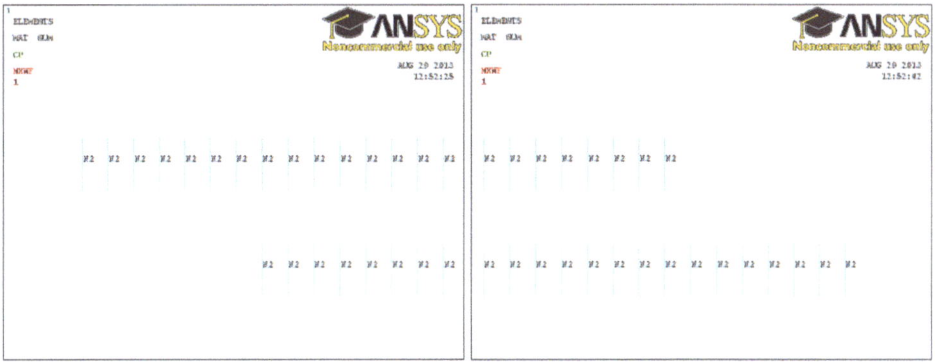

Abb. 22.44 Schaltungselemente der Spulen in Ober- und Unterlage (gezoomt am Anfang und Ende)

Die weitere Verschaltung basiert auf der Wahl zwischen gedehnter und kompakter Wicklung. Im Folgenden wird nur die kompakte Wicklung näher beschrieben. Im ersten Schritt werden die positiv zu verschaltenden Spulen zu Spulengruppen verschaltet. Da die Übersicht bei der Verschaltung schnell verloren geht, werden die Spulengruppen der einzelnen Stränge vertikal verschoben. Dazu werden die Koordinaten der Knoten des jeweiligen Spulenelements über den *GET-Befehl ermittelt und anschließend der Ort dieses Knoten entsprechend dem jeweiligen Strang bei Verwendung des NMODIF-Befehls verschoben.

```
!!! Kompakte Wicklung

!
!  Verschaltung der Spulenseiten zu Spulen
!
!  positiv geschaltete Spulengruppen

R,42,1e-6,
!*
!*
RMOD,42,15,,0
ET,42,CIRCU124,0,0
TYPE,42
REAL,42
MAT,1

*Do,ip,1,p
*Do,im,1,m
*Do,iq,1,q
```

```
node1=(ip-1)*2*m*q+(im-1)*q+iq
node2=node1+m*q-eps

*If,im,gt,1,then
nnode1=nspuelo%node1%
*GET,xpos,NODE,nnode1,LOC,X
*GET,ypos,NODE,nnode1,LOC,y
nmodif,nnode1,xpos,ypos-(im-1)*7
nnode1a=nspualo%node1%
*GET,xpos,NODE,nnode1a,LOC,X
*GET,ypos,NODE,nnode1a,LOC,y
nmodif,nnode1a,xpos,ypos-(im-1)*7

nnode2=nspualu%node2%
*GET,xpos,NODE,nnode2,LOC,X
*GET,ypos,NODE,nnode2,LOC,y
nmodif,nnode2,xpos,ypos-(im-1)*7
nnode2a=nspuelu%node2%
*GET,xpos,NODE,nnode2a,LOC,X
*GET,ypos,NODE,nnode2a,LOC,y
nmodif,nnode2a,xpos,ypos-(im-1)*7

*endif
!*
E,nspuelo%node1%,nspualu%node2%

*If,q,ne,1,then
*If,iq,ne,1,then
E,nspualo%node1%,nspuelu%node2-1%
*EndIf
*EndIf
!*
*EndDo
*EndDo
*EndDo
```

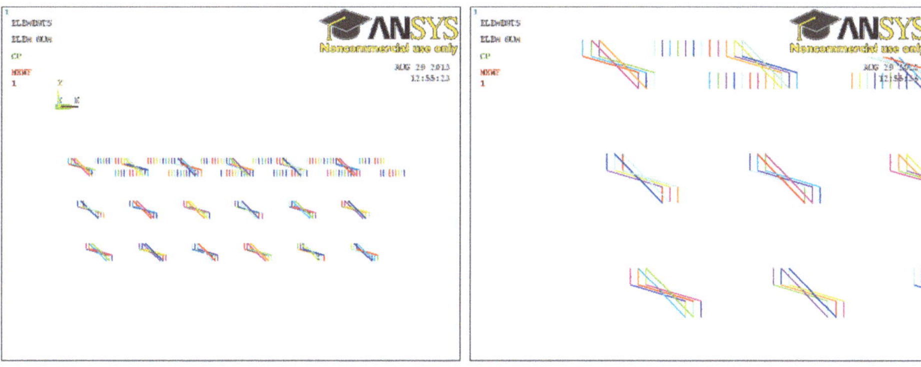

Abb. 22.45 Verschaltung der positiv geschalteten Spulengruppen

Nach diesem Schritt sind die Spulen der positiv zu verschaltenden Spulengruppen verschaltet und entsprechend der einzelnen Stränge nach unten verschoben, damit wird das Wicklungsschema aus Nutenzahl je Pol und Phase und der Schrittverkürzung sichtbar.

In gleicher Weise wird mit den negativ zu verschaltenden Spulengruppen der übrigen Pole verfahren.

```
!  negativ geschaltete Spulengruppen

R,43,1e-6,
!*
!*
RMOD,43,15,,0
ET,43,CIRCU124,0,0
TYPE,43
REAL,43
MAT,1

*Do,ip,1,p
*Do,im,1,m
*Do,iq,1,q
node1=(ip-1)*2*m*q+(im-1)*q+iq+m*q
node2=node1+m*q-eps

*If,im,gt,1,then
nnode1=nspuelo%node1%
*GET,xpos,NODE,nnode1,LOC,X
*GET,ypos,NODE,nnode1,LOC,y
nmodif,nnode1,xpos,ypos-(im-1)*7
```

```
nnode1a=nspualo%node1%
*GET,xpos,NODE,nnode1a,LOC,X
*GET,ypos,NODE,nnode1a,LOC,y
nmodif,nnode1a,xpos,ypos-(im-1)*7

nnode2=nspualu%node2%
*GET,xpos,NODE,nnode2,LOC,X
*GET,ypos,NODE,nnode2,LOC,y
nmodif,nnode2,xpos,ypos-(im-1)*7
nnode2a=nspuelu%node2%
*GET,xpos,NODE,nnode2a,LOC,X
*GET,ypos,NODE,nnode2a,LOC,y
nmodif,nnode2a,xpos,ypos-(im-1)*7

*endif
!*
E,nspuelo%node1%,nspualu%node2%

*If,q,ne,1,then
*If,iq,ne,1,then
E,nspualo%node1%,nspuelu%node2-1%
*EndIf
*EndIf
!*
*EndDo
*EndDo
*EndDo
```

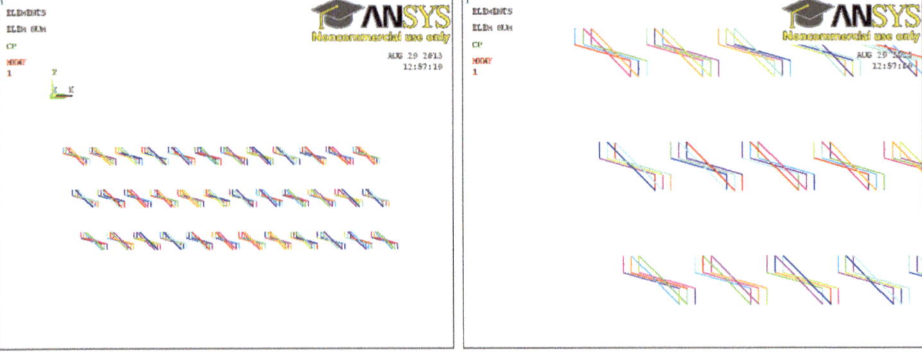

Abb. 22.46 Verschaltung von Anfängen und Enden der Spulen in Spulengruppen

Damit sind alle 12 Spulengruppen der 6 Polpaare in 3 verschiedenen Höhen für die Stränge verschaltet. Die einzelnen Spulengruppen werden im nächsten Schritt mit Widerständen und Induktivitäten beschaltet, die die Stirnsituation jeder einzelnen Spulengruppe repräsentieren. An den Anfängen der Spulengruppe wird der Widerstand, am Ende die Induktivität in Serie geschaltet. Die Knoten der Anfänge und Enden der vorbereiteten Spulengruppen werden in den Variablen NSCHAA%im%_%ip% und NSCHAE%im%_%ip% für jeden Strang und jede Spulengruppe abgespeichert.

```
allsel

*get,nodemax,node,0,num,max

isch=0

*Do,ip,1,2*p
*Do,im,1,m
isch=isch+1
iz1=(ip-1)*m+(im-1)+1

node1=(ip-1)*m*q+(im-1)*q+1

node2=node1+m*q-eps+q-1

!*
!  Leitungs- und Stirnspulenwiderstand
!
R,44,rspul1
!*
!*
N,nodemax+(iz1-1)*2+1,2.+.5*(node1-1),-5.5-(im-1)*7,0
nschaa%im%_%ip%=nodemax+(iz1-1)*2+1
RMOD,44,15,0,2
ET,44,CIRCU124,0,0
TYPE,44
REAL,44
MAT,1
!*
E,nodemax+(iz1-1)*2+1,nspualo%node1%
!*
!  Leitungs- und Stirnspuleninduktivitäten
!
R,45,lspul1, ,
```

```
!*
!*
N,nodemax+(iz1-1)*2+2,2.5+.5*(node2-1),-6-isch*.1-(im-1)*7,0
nschae%im%_%ip%=nodemax+(iz1-1)*2+2
RMOD,45,15,0,2
ET,45,CIRCU124,1,0
TYPE,45
REAL,45
MAT,1
!*
E,nodemax+(iz1-1)*2+2,nspuelu%node2%

*EndDo
*EndDo
```

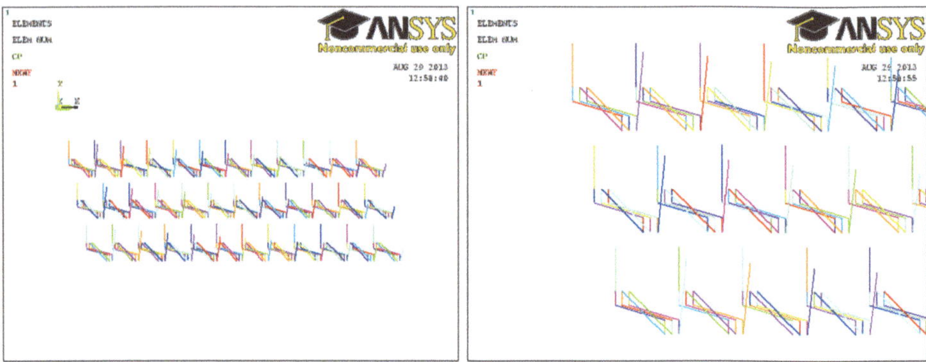

Abb. 22.47 Verschaltete Spulengruppen der Stränge mit Spulenwiderstand und -induktivität

Im nächsten Schritt werden die einzelnen Spulengruppen eines Stranges zu ganzen Strängen in Serie geschaltet. Für den 2. Strang liegt ein Sonderfall vor, da aufgrund der kompakten Wicklung die äußerst linke Spulengruppe des 2. Stranges negativ geschaltet werden muss, bzw. in Serie an die letzte Spulengruppe geschaltet werden muss.

```
!
!  Verschaltung der Spulen zu Strängen
!
R,46,1e-6,
!*
!*
RMOD,46,15,,0
ET,46,CIRCU124,0,0
TYPE,46
```

```
REAL,46
MAT,1

*Do,ip,1,p
*Do,im,1,m

*if,im,ne,2,then
  E,nschae%im%_%2*ip-1%,nschae%im%_%2*ip%
    *if,ip,lt,p,then
      E,nschaa%im%_%2*ip%,nschaa%im%_%2*ip+1%
    *endif
*else
  *if,ip,ne,p,then
    E,nschae%im%_%2*ip%,nschae%im%_%2*ip+1%
      *if,ip,lt,p,then
        E,nschaa%im%_%2*ip+1%,nschaa%im%_%2*ip+2%
      *endif
  *else
    E,nschae%im%_%2*ip%,nschae%im%_%2*ip+1-2*ip%
  *endif
*endif

*EndDo
*EndDo
```

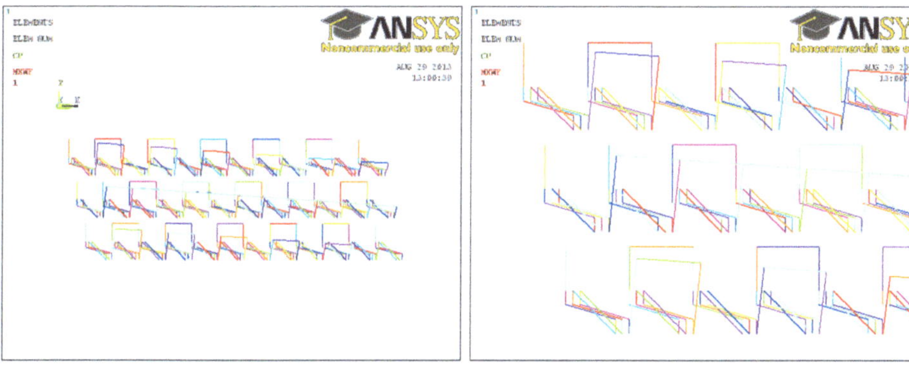

Abb. 22.48 Zu Strängen verschaltete Spulengruppen

Damit sind die einzelnen Stränge vorbereitet und können mit Spannungsquellen verschaltet werden. Die notwendigen Variablen beschreiben die Zuleitungswiderstände und -induktivitäten, die Strangspannung der Stränge zum Sternpunkt und die Frequenz.

```
*SET,RLEIT1 , 0.1000000000000E-05
*SET,LLEIT1 , 0.1000000000000E-05
*SET,U1     , 70.70000000000
*SET,FREQ   , 15.00000000000
```

Das zugehörige Skript ist der Datei lin_asyn_kurzw_schalts2.mac zu entnehmen.

Im ersten Schritt werden vertikal übereinander die Spannungsquellen mit Zuleitungswiderständen und -induktivitäten in Serie angelegt und in Serie geschaltet. Die Anschlusspunkte der einzelnen Stränge werden unter den Variablen NSCHAM2%im% und NSCHAP2%im% abgelegt, um daran die Sternpunktverbindungen die Anschlüsse zur Wicklung anzukoppeln. Zur Vorbereitung werden die Elementnummern der Spannungsquellen unter ELEMUSP2%im% und Widerstände unter ELEMST2%im% abgelegt, um darüber Spannungen, Ströme und Leistungen im Postprocessing zu ermitteln.

```
!
! Verschaltung des Rotors
!

allsel

*get,nodemax,node,0,num,max

*Do,im,1,3

R,50+im,u1,(im-1)*360/m,
!*
!*
N,(im-1)*5+nodemax+1,0-9,-2-(im-1)*1,0
N,(im-1)*5+nodemax+2,2-9+(2-im)*1,-2-(im-1)*1,0
n,(im-1)*5+nodemax+3,1-9,-1.5-(im-1)*1,0
nscham2%im%=nodemax+(im-1)*5+1
RMOD,50+im,15,0.,1
ET,50+im,CIRCU124,4,0
TYPE,50+im
REAL,50+im
MAT,1
!*
```

```
E,(im-1)*5+nodemax+1,(im-1)*5+nodemax+2,(im-1)*5+nodemax+3

*get,elemusp2%im%,elem,0,num,max
!*
R,50+9+1,rleit1,
!*
!*
N,(im-1)*5+nodemax+4,3.-9+(2-im)*1,-2-(im-1)*1,0
RMOD,50+9+1,15,0.,1
ET,50+9+1,CIRCU124,0,0
TYPE,50+9+1
REAL,50+9+1
MAT,1
!*
E,(im-1)*5+nodemax+2,nodemax+4+(im-1)*5
*get,elemst2%im%,elem,0,num,max
!*
R,50+9+2,lleit1, ,
!*
!*
N,nodemax+(im-1)*5+5,4.-9+(2-im)*1,-2-(im-1)*1,0
nschap2%im%=nodemax+(im-1)*5+5
RMOD,50+9+2,15,0.,1
ET,50+9+2,CIRCU124,1,0
TYPE,50+9+2
REAL,50+9+2
MAT,1
!*
E,nodemax+5+(im-1)*5,nodemax+4+(im-1)*5
!*
*EndDo
```

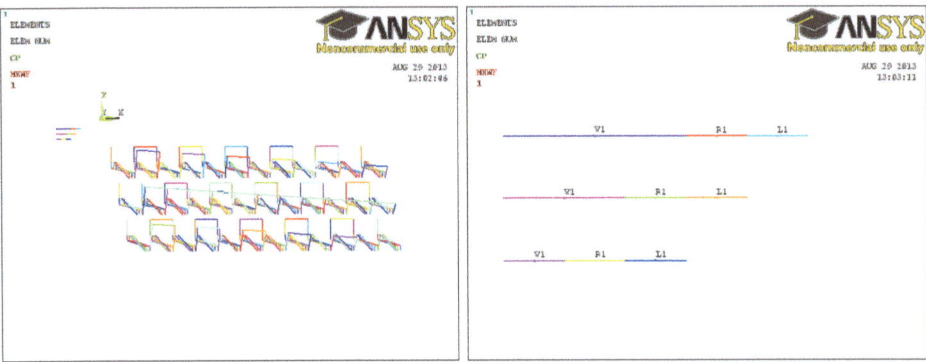

Abb. 22.49 Vorbereitung der Spannungsquellen, Leitungswiderstände und induktivitäten der Stränge

Im nächsten Schritt werden die Knoten der Spannungsquellen mit den Anfängen der Wicklung verbunden, sowie ein wicklungsseitiger Sternpunkt angelegt und die Enden der Wicklung damit verbunden.

```
N,nodemax+(im-1)*5+6,-1.-9,-2-1,0
sternprs=nodemax+(im-1)*5+6
N,nodemax+(im-1)*5+7,40,-4,0
sternprw=nodemax+(im-1)*5+7

r,56,1e-6
RMOD,56,15,0.,1
ET,56,CIRCU124,0,0

*if,kompakt,eq,1,then

E,nschaa%1%_%1%,nschap2%1%
E,nschaa%2%_%2%,nschap2%3%
E,nschaa%3%_%1%,nschap2%2%

E,nschaa%1%_%2*p%,sternprw
E,nschaa%2%_%1%,sternprw
E,nschaa%3%_%2*p%,sternprw

*endif
```

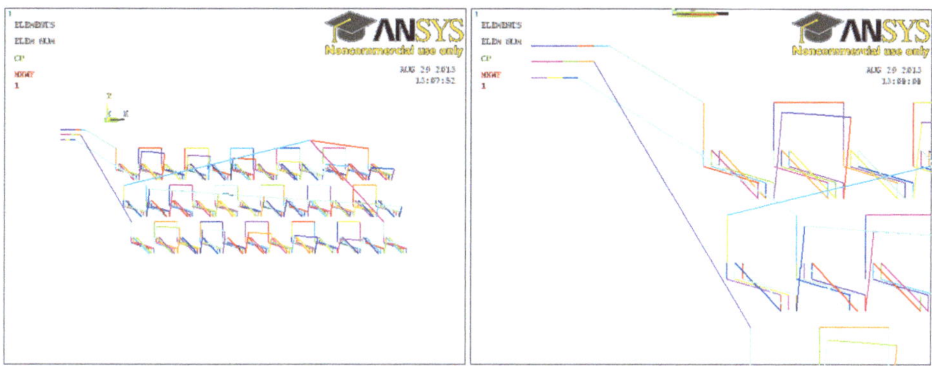

Abb. 22.50 Verschaltung der Spannungsquellen mit den Wicklungsanfängen und der Wicklungsenden mit dem Wicklungssternpunkt

Abschließend wird der Sternpunkt der Spannungsquellen angelegt.

```
!
!  Sternpunkt Versorgung
!
TYPE,56
REAL,56
MAT,56

*Do,im,1,m
E,nscham2%im%,sternprs
*EndDo

allsel
```

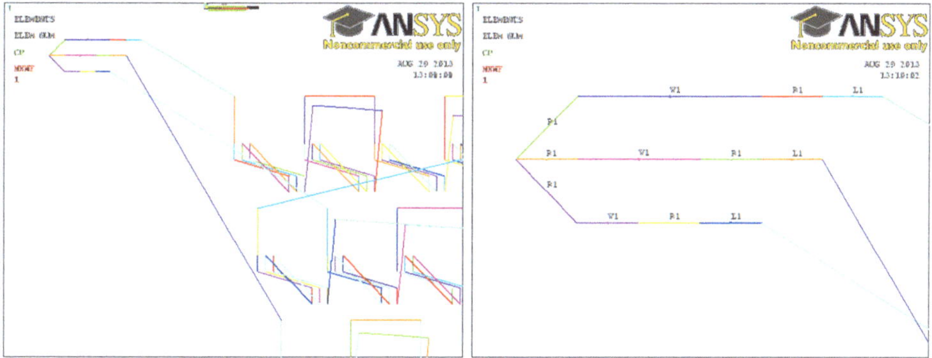

Abb. 22.51 Sternpunkt der Spannungsquellen

22.3 Randbedingungen

Im Modellgenerierungsschritt „Kopplungen, Randbedingungen“ wurden bisher nur die Kopplungen zur Vorbereitung der Schaltung bearbeitet. Die Bearbeitung der Randbedingungen erfolgt als nächstes über das Skript in der Datei lin_asyn_kurzw_rand.mac.

Zunächst wird am oberen Rand des Rotor eine Randbedingung mit konstantem Vektorpotenzial mit Wert 0 angelegt.

```
/prep7

allsel
allsel,below,area
  nsel,r,loc,y,cuh2+eih2+luft2

*get,cpmax,active,0,cp

D,all, ,0, , , ,AZ
```

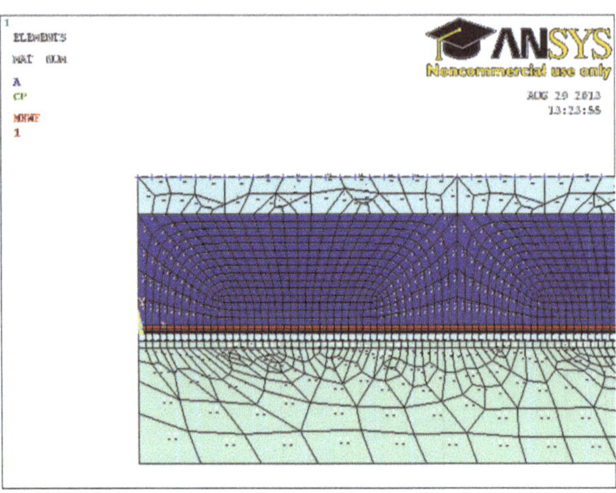

Abb. 22.52 Randbedingung am oberen Rand des Rotors

Es folgt die Randbedingung am unteren Rand des Jochs des Stators über die Kopplung der Vektorpotenziale.

```
allsel
allsel,below,area

nsel,r,loc,y,-delta-hs1-hk1-hn1-jochd1
cp,cpmax+2,az,all
```

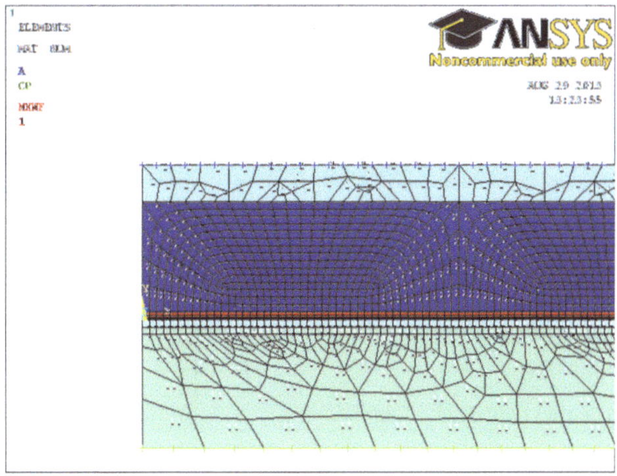

Abb. 22.53 Randbedingung am oberen Rand des Rotors und unteren Rand des Stators

Abschließend müssen für die Generierung eines periodischen Linearmotormodells die Knoten am Anfang (links) und Ende (rechts) des Modells über eine periodische Randbedingung gekoppelt werden. Hierzu wird der Befehl PERBC2D angewendet, prinzipiell hätten auch einfache Kopplungen für jedes einzelne Knotenpaar verwendet werden können. Zur Generierung einer periodischen Randbedingung ist es zwingend erforderlich, dass die Netzerstellung auf den betreffenden Flächenkanten vollständig symmetrisch erfolgte.

```
nsel,s,loc,x,0
nsel,a,loc,x,laenge-1e-6,laenge+1e-6
nsel,r,loc,y,-delta-hs1-hk1-hn1-jochd1,cuh2+eih2+luft2
nsel,u,loc,y,-delta-hs1-hk1-hn1-jochd1
nsel,u,loc,y,cuh2+eih2+luft2

PERBC2D,0,laenge,1e-005,-delta-hs1-hk1-hn1-jochd1,-delta/
2-1e-5,1e-005,1,1
PERBC2D,0,laenge,1e-005,-delta/2+1e-5,cuh2+eih2+luft2-1e-5,
1e-005,1,1
```

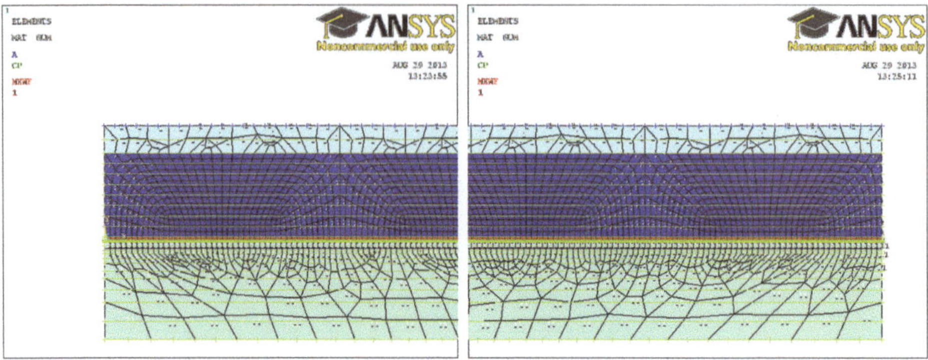

Abb. 22.54 Normale und periodische Randbedingungen am Anfang und Ende des Modells

Erkennbar ist die periodische Randbedingung an den grünen Verbindungslinien von links nach rechts.

Abschließend werden die Knoten an den oberen und unteren Seiten des Luftspalts unter den Komponentennamen KNOBEN und KNUNTEN zusammengefasst, um darauf basierend das Interface zwischen Stator und Rotor zu generieren.

```
csys,0
cmsel,s,_stator
asel,a,mat,,11
cm,_statorf,area
allsel,below,area
nsel,r,loc,y,-delta/2
cm,knoben,node

cmsel,s,_rotor
cm,_laeufers,area
cm,_laeufer,area
allsel,below,area
nsel,r,loc,y,-delta/2
cm,knunten,node

cmsel,s,_laeufer
allsel,below,area
cm,_laeufere,elem
esel,r,mat,,12
cm,laeuferk,elem
cmsel,s,_stator
```

Die gesamte Finite-Elemente-Modell-Generierung des Asynchronkurzstatorlinearmotors mit Wirbelstromschiene befindet sich in der Datei „Asyn_kurz_wirbel_geometrie.txt“ und hat folgenden Inhalt.

```
!!
!! Geometrieerstellung eines asynchronen
Kurzstatorlinearmotor mit Wirbelstromläufer
!! 6 Polpaare
!!
/prep7
!! Parameter für die Rotorgeometrie
*SET,DELTA       , 0.800000000000E-02
! Luftspaltgröße im m
*SET,LAENGE      , 3.50000000000
! Gesamtlänge des Modells in m
*SET,NSEGR       , 20.0000000000
! Anzahl der Rotorsegmente in Längsrichtung
*SET,EIH2        , 0.600000000000E-01
! Eisenrückschlusshöhe in m
*SET,CUH2        , 0.400000000000E-02
! Leitermaterialhöhe in m (Cu oder Aluminium)
*SET,LUFT2       , 0.200000000000E-01
! Lufthöhe des Eisenrückschlusses in m (oben)
*SET,EISENLAEUFER, 0.000000000000
! Wahlparameter Eisenläufer statt Cu-Läufer
*SET,EISENRUECK  , 1.000000000000
! Wahlparameter Eisenrückschluss oder Luft
*SET,TIEFE       , 0.1600000000000
! Modelltiefe in z-Richtung
*SET,BEIDSEIT    , 0.000000000000
! Wahlparameter ein-/beidseitiger Linearmotor

!! Parameter für die Statorgeometrie
*SET,M      , 3.000000000000
! Strangzahl (fest m=3)
*SET,P      , 6.000000000000
! Polpaarzahl p
*SET,Q      , 3.000000000000
! Nutenzahl je Pol und Phase q
*SET,EPS    , 2.000000000000
! Schrittverkürzung/Sehnung in Nuten
```

```
*SET,KOMPAKT, 1.000000000000
! Wahlparameter gedehnt/kompakte Wicklung
*SET,TN1    , 0.2000000000000E-01
! Nutteilung in m
*SET,BN1    , 0.1000000000000E-01
! Nutbreite des Leitermaterials in m
*SET,HN1    , 0.2900000000000E-01
! Höhe der Nut in m
*SET,ISO1   , 0.1000000000000E-02
! Isolation zwischen Ober- und Unterlage in m
*SET,BS1     , 0.1000000000000E-01
! Schlitzbreite der Nut am Luftspalt in m
*SET,HS1     , 0.1000000000000E-02
! Höhe des Schlitzes in m
*SET,HK1     , 0.3000000000000E-02
! Höhe des Keils in m
*SET,BK1O    , 0.1100000000000E-01
! Breite des Keils oben in m
*SET,BK1U    , 0.1200000000000E-01
! Breite des Keils unten in m
*SET,JOCHD1  , 0.2900000000000E-01
! Jochhöhe unter der Nut in m
*SET,DRAHT1  , 0.3000000000000E-02
! Drahtstärke in m
*SET,WIND1   ,  15.00000000000
! Windungszahl jeder Statorspule

lin_asyn_kurzw_elemente.mac
*SET,NICHTLIN, 0.000000000000
! Auswahl linear oder nichtlineare Rechnung
*SET,MURX1   , 1000.000000000
! Permeabilität des Eisens statorseitig
*SET,MURX2   , 1000.000000000
! Permeabilität des Eisens rotorseitig
*SET,LEIT1   , 56000000.00000
! Leitfähigkeit des Leitermaterials statorseitig
*SET,LEIT2   , 30000000.00000
! Leitfähigkeit des Leitermaterials rotorseitig

lin_asyn_kurzw_material.mac
lin_asyn_kurzw_rcon.mac
lin_asyn_kurzw_geo1.mac
```

```
lin_asyn_kurzw_area1.mac
lin_asyn_kurzw_attr1.mac

*SET,MESHEISEN, 0.1000000000000E-01
*SET,MESHLUFT, 0.4000000000000E-02

lin_asyn_kurzw_mesh1.mac
lin_asyn_kurzw_geo2.mac
lin_asyn_kurzw_area2.mac
lin_asyn_kurzw_attr2.mac
lin_asyn_kurzw_mesh2.mac

lin_asyn_kurzw_meshg2.mac
lin_asyn_kurzw_fahrz.mac
lin_asyn_kurzw_cp1.mac

*SET,RSPUL1  , 0.3800000000000E-02
*SET,LSPUL1  , 0.1000000000000E-05

lin_asyn_kurzw_schalt1.mac

*SET,RLEIT1  , 0.1000000000000E-05
*SET,LLEIT1  , 0.1000000000000E-05
*SET,U1      , 70.70000000000
*SET,FREQ    , 15.00000000000

lin_asyn_kurzw_schalts2.mac

lin_asyn_kurzw_rand.mac

lin_asyn_kurzw_inter1.txt
```

22.4 Rechnungsvorbereitung

Zur Rechnungsvorbereitung werden wie üblich die Ausgabedateien für Spannungen, Ströme, Leistungen und im Falle des Linearmotors Schub- und Hubkräfte angelegt. Die Ausgabedateien werden über die Variable AUSGABE gesteuert.

```
/output,U_I_Stator%ausgabe%,lis,,
/COM, Schritt Zeit x v a U1 I1 u2 I2 U3 I3 Rechenzeit
/COM,-----------------------------------------------------------
/output,term
/output,Pauf_Stator%ausgabe%,lis,,
/COM, Schritt Zeit x v a Geschwindigkeit Pauf1 PR1 Rechenzeit
/COM,-----------------------------------------------------------
/output,term
/output,Kraft%ausgabe%,lis,,
/COM, Schritt Zeit x v a F_Mx_x F_VW_x  F_Mx_y F_VW_y
Rechenzeit
/COM,-----------------------------------------------------------
/output,term
```

22.5 Statische Rechnung

Als erste Rechnung zur Überprüfung des Linearmotormodells dient die statische Rechnung. Dabei wird der Stator gegenüber dem Rotor nicht verschoben, die Spannungsquellen werden in Stromquellen umgewandelt.

Das Skript für eine einfache statische Rechnung befindet sich in der Datei „asyn_kurz_wirbel_statisch_1.txt". Diese hat folgenden Aufbau.

```
/prep7
asyn_kurz_wirbel_geometrie.txt

ausgabe=1
luftskal=1
fft=0
lin_asyn_kurzw_aus.txt

fronspar=0
i1=1
lin_asyn_kurzw_loes1.txt
```

Zunächst wird die Rechnung vorbereitet.

Der gesamte Rechnungsablauf kann über die Datei „asmk_rechnung_statisch_1.txt“ erfolgen. Im Arbeitsverzeichnis sollte sich die Geometrieerstellungsdatei, die Rechnungsaufrufdatei und eine leere ANSYS-Datenbank mit dem Namen leer.db befinden. Das Skript kann innerhalb von ANSYS bei gelöschter Datenbasis über „READ INPUT FROM“ aus dem Arbeitsverzeichnis aufgerufen werden.

Die statische Rechnung für Statorstrom mit 10 A Amplitude zum Zeitpunkt 0 s bei einer Frequenz von 15 Hz liefert folgende Ergebnisse.

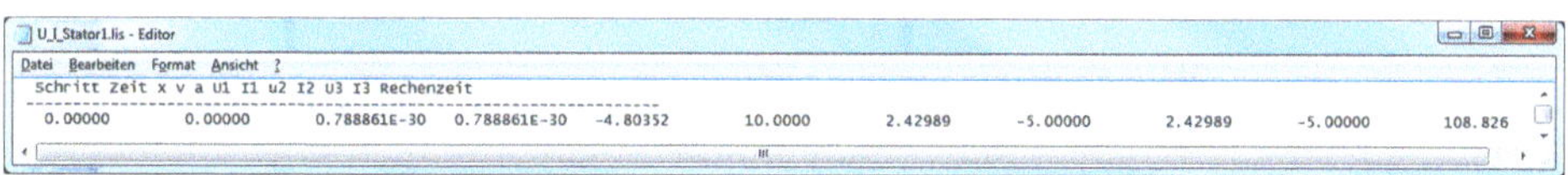
U_I_Stator1.lis - Editor
Datei Bearbeiten Format Ansicht ?

```
 Schritt Zeit x v a U1 I1 u2 I2 U3 I3 Rechenzeit
 ------------------------------------------------------------
  0.00000     0.00000     0.788861E-30  0.788861E-30  -4.80352    10.0000     2.42989     -5.00000     2.42989     -5.00000     108.826
```

Abb. 22.55 Ergebnisse von Spannungen und Strömen bei statischer Rechnung

Aufgrund des gewählten Zeitpunkts führt der Strang 1 10 A, während die übrigen beiden Stränge −5 A führen.

Kraft1.lis - Editor
Datei Bearbeiten Format Ansicht ?

```
 Schritt Zeit x v a F_Mx_x F_VW_x  F_Mx_y F_VW_y Rechenzeit
 ------------------------------------------------------------
  0.00000     0.00000     0.788861E-30  0.788861E-30  0.930590     0.905269     365.156     383.189
```

Abb. 22.56 Ergebnisse von Schub- und Hubkräften bei statischer Rechnung

Die Schubkräfte, berechnet über Maxwell’sche Flächenspannungen (Mx) und virtuelle Verrückung (Vw), sind mit nur 1 N äußerst gering und auf Rechenungenauigkeiten zurückzuführen, da aufgrund fehlender Induktion im Rotor und Reluktanzeffekte keine Schubkraft entstehen kann. Demgegenüber zeigen die Hubkräfte mit etwa 370 N erhebliche Werte, der Stator wird vom Rotor angezogen und kann damit das Gewicht des Fahrzeugs mit Stator entlasten. Die Unterschiede beider Rechenverfahren sind mit ca. 5 % noch recht moderat.

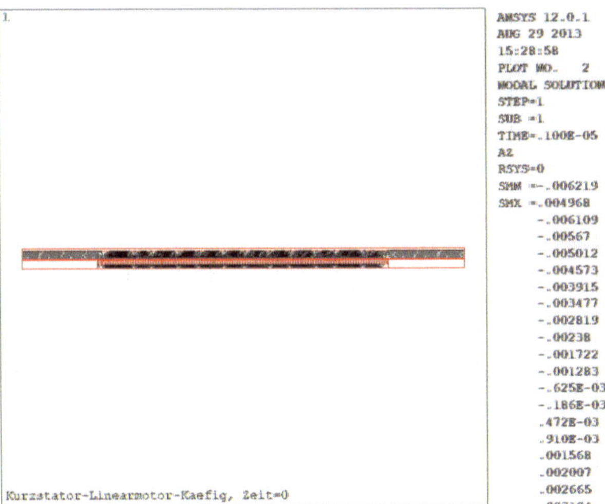

Abb. 22.57 Feldlinienbild bei statischer Rechnung

Das Feldlinienbild zeigt, dass sich das magnetische Feld im Wesentlichen im Bereich des Stators ausbreitet, dennoch verteilen und schließen sich einige Feldlinien aufgrund der fehlenden Rückwirkung des Rotor auch über die Lücke.

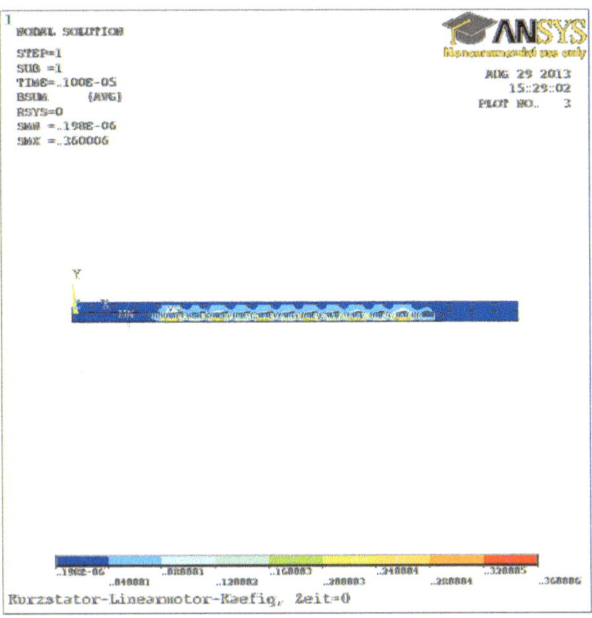

Abb. 22.58 Magnetische Flußdichte bei statischer Rechnung

Die magnetische Flußdichte erreicht mit unter 0,4 Tesla bei 10 A Statornetzstrom nur geringe Wert und beschränken sich auf Orte an Ecken im Modell. Eine nichtlineare Rechnung ist nicht zwingend notwendig.

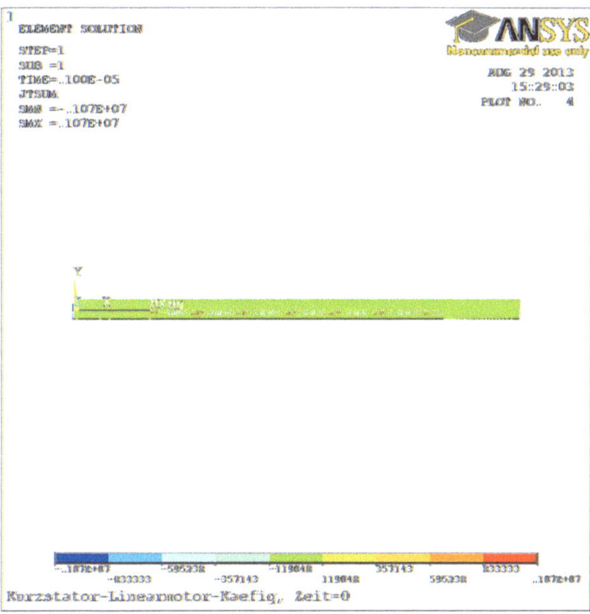

Abb. 22.59 Stromdichte bei statischer Rechnung

Die Stromdichteauswertung ist aufgrund der langen transversalen Ausdehnung bei automatisierter Ausgabe von schlecht auswertbar. Zu erkennen sind lediglich die Durchflutungen entsprechend der 6 Polpaare des Linearmotors.

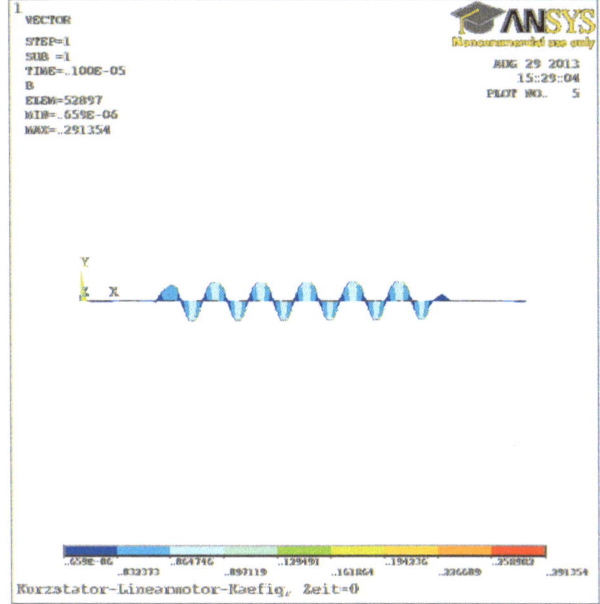

Abb. 22.60 Vektorielle Darstellung der magnetischen Flußdichte in Luftspaltmitte bei statischer Rechnung

Die Darstellung der magnetischen Flußdichte in Luftspaltmitte bestätigt die gute Wicklungsauslegung bei Wahl der Nutenzahl je Pol und Phase von $q = 3$ bei einer Schrittverkürzung q um 2 Nuten. Das magnetische Feld ist nahezu sinusförmig über die Länge des Linearmotors verteilt und zeigt nur geringe Nutungseffekte. Gut erkennbar sind die 6 Nord- und 6 Südpole, das geringere magnetische Feld am Anfang und Reste eines Pols am Ende des Linearmotors aufgrund der überhängenden Wicklungen am Anfang und Ende. Alle Vektoren zeigen in vertikale Richtung, da keine Schubkräfte entstehen.

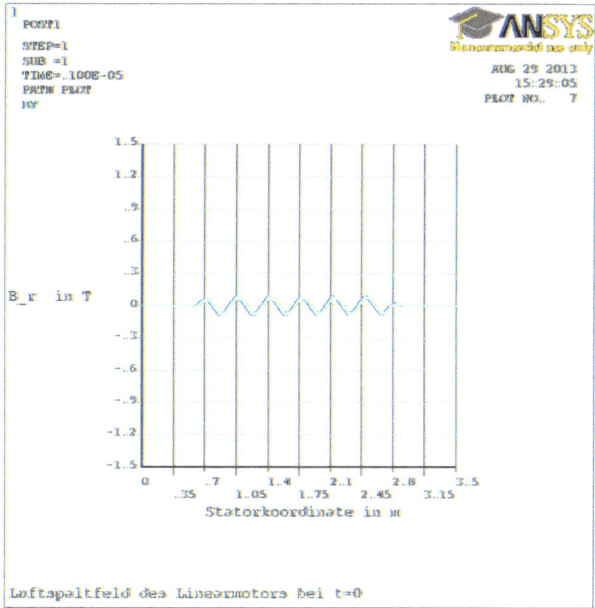

Abb. 22.61 Luftspaltfeld in Luftspaltmitte bei statischer Rechnung

Dies bestätigt auch die Darstellung des Luftspaltfeldes in Luftspaltmitte.

Bei Änderung des Zeitpunkts auf 0,01 s, dies entspricht einem Phasenwinkel von 54 Grad, ergeben sich bei einer Amplitude des Netzstromes von 10 A Amplitude folgende Ergebnisse.

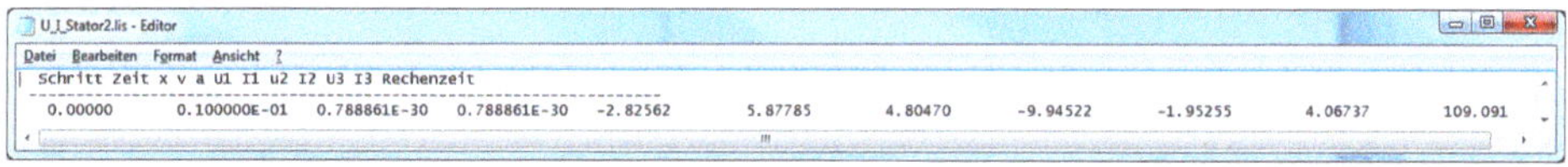
U_I_Stator2.lis - Editor
Datei Bearbeiten Format Ansicht ?
Schritt Zeit x v a U1 I1 u2 I2 U3 I3 Rechenzeit
0.00000 0.100000E-01 0.788861E-30 0.788861E-30 -2.82562 5.87785 4.80470 -9.94522 -1.95255 4.06737 109.091

Abb. 22.62 Ergebnisse von Spannungen und Strömen bei statischer Rechnung

Aufgrund des gewählten Zeitpunkts führt der Strang 1 nun etwa 5,9 A, während Strang 2 –9,9 A und Strang 3 4,1 führt, die Spannungen ändern sich entsprechend.

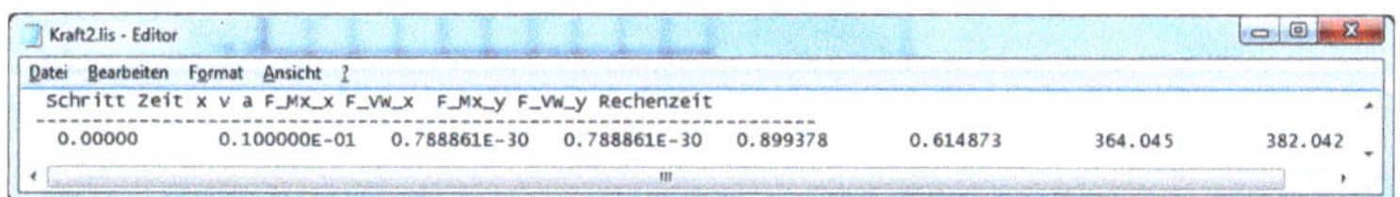
Kraft2.lis - Editor
Datei Bearbeiten Format Ansicht ?
Schritt Zeit x v a F_Mx_x F_Vw_x F_Mx_y F_Vw_y Rechenzeit
0.00000 0.100000E-01 0.788861E-30 0.788861E-30 0.899378 0.614873 364.045 382.042

Abb. 22.63 Ergebnisse von Schub- und Hubkräften bei statischer Rechnung

Die Schubkräfte weisen noch immer sehr niedrige Werte auf, während die Hubkraft ihren Wert in etwa beibehalten hat.

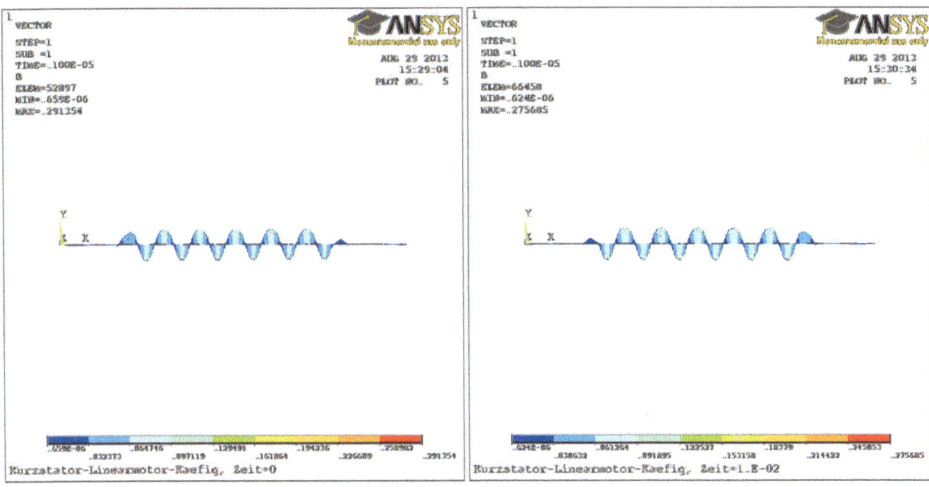

Abb. 22.64 Vektorielle Darstellung der magnetischen Flußdichte in Luftspaltmitte bei statischer Rechnung zu den Zeitpunkten 0 und 0.01 s

Vergleicht man die vektorielle Darstellung der magnetischen Flußdichte in Luftspaltmitte für beide Zeitpunkte, so ist festzustellen, dass sich das Wanderfeld des Linearmotors nach links bewegt hat, während sich die Amplitude nur sehr wenig geändert hat.

Die statischen Rechnungen bestätigen damit die Funktionalität des Modells.

22.6 Harmonische Rechnung

Um die Induktionswirkung des Rotors zu überprüfen und Stillstandsrechnungen durchzuführen, werden im Folgenden harmonische Rechnungen für eine Statorspannung von 100 V Amplitude zum Zeitpunkt 0 bei einer Frequenz von 15 Hz durchgeführt.

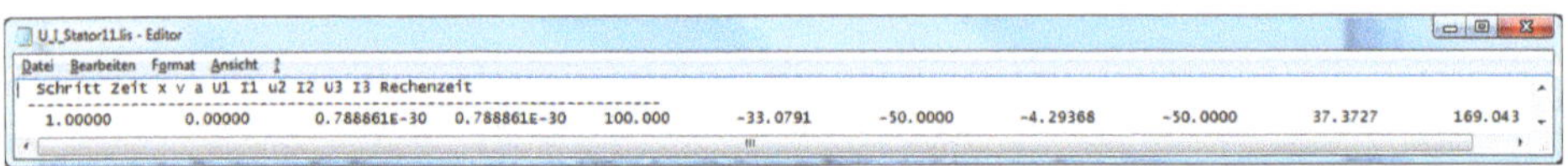

Abb. 22.65 Ergebnisse von Spannungen und Strömen bei statischer Rechnung

Die Berechnung der Spannungen und Ströme zeigt Spannung von 100 V an Strang 1 und −50 V an Strang 2 und 3, die Ströme in den Strängen liegen bei −33, −4.3 und 37 A, damit liegt die Amplitude im Stillstand um einiges höher als bei der statischen Berechnung.

Kraft11.lis - Editor

Datei Bearbeiten Format Ansicht ?

```
| Schritt Zeit x v a F_Mx_x F_VW_x  F_Mx_y F_VW_y Rechenzeit
-----------------------------------------------------------
  1.00000      0.00000      0.788861E-30  0.788861E-30   696.411     555.548     338.783     655.242
```

Abb. 22.66 Ergebnisse von Schub- und Hubkräften bei statischer Rechnung

Die Schubkräfte bei beiden Berechnungsmethoden sind stark unterschiedlich, zeigen jedoch sehr große Werte im Bereich der Hubkräfte. Die Schubkraft ist positiv, sodaß der Stator des Linearmotors zu diesem Zeitpunkt nach links verschoben würde. Die Hubkräfte unterscheiden sich weit stärker und liegen unter den Werten der statischen Rechnung. Dies ist auf die Rückwirkung des Rotors zurückzuführen.

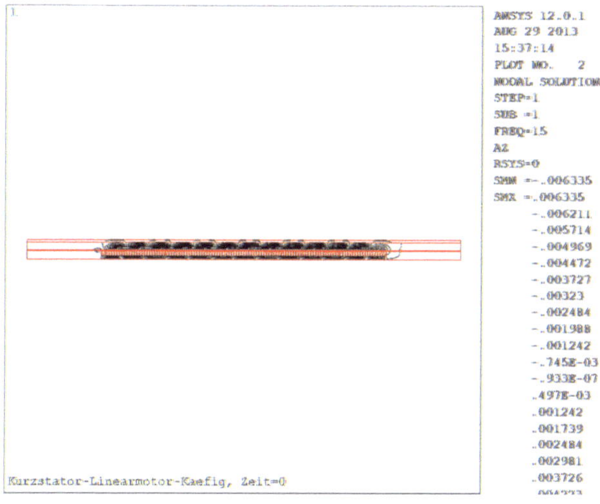

Abb. 22.67 Feldlinienbild bei harmonischer Rechnung

Das Feldlinienbild bei harmonischer Rechnung unterscheidet sich überschlägig nur wenig von dem der statischen Rechnung. Bei näherem Hinsehen ist erkennbar, dass aufgrund der Rückwirkung des Rotors keine Feldlinien mehr die Lücke links und rechts vom Stator bis auf geringe Streueffekte erreichen. Aufgrund der Rückwirkung des Rotors sind die Wirbel in Stator und Rotor leicht gegenüber verschoben.

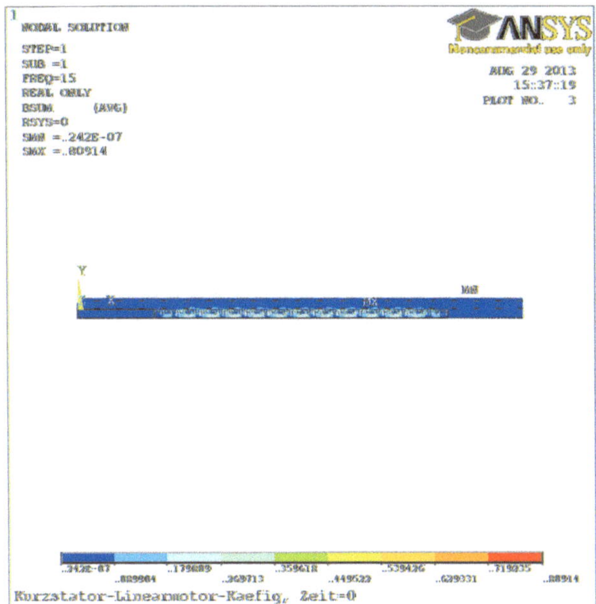

Abb. 22.68 Magnetische Flußdichte bei harmonischer Rechnung

Die magnetische Flußdichte weist Maximalwerte von 0.9 Tesla auf und liegt damit um den Faktor 3 höher als bei der statischen Rechnung mit 10 A Spulenstromamplitude. Dies ist auf den um den Faktor 4 höheren Spulenstrom bei harmonischer Rechnung und die Rückwirkung des Rotors auf den Stator zurückzuführen.

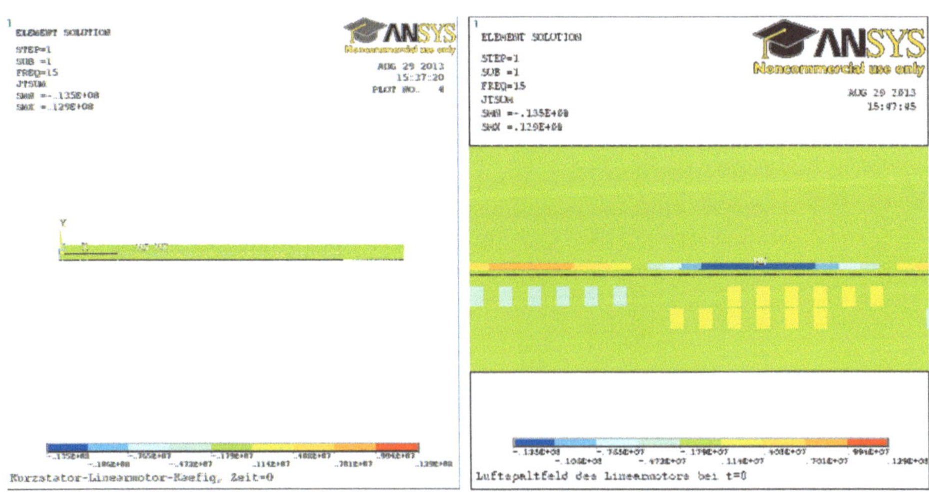

Abb. 22.69 Stromdichte bei harmonischer Rechnung

Auch bei harmonischer Rechnung ist die Stromdichte in nicht gezoomter Darstellung kaum auswertbar. Dies ist darauf zurückzuführen, dass die Stromdichte in der sehr dünnen Aluminiumschicht des Rotors sehr große Werte aufweist, die weit über den Stromdichten des Stators liegen. Erst bei gezoomter Darstellung wird das Wickelschema und die Stromverteilung im Stator zum Zeitpunkt 0 Sekunden erkennbar. In der Aluminiumschicht wurden große Stromdichten erzeugt, die dem Statorfeld entgegenwirkende magnetische Felder aufbauen.

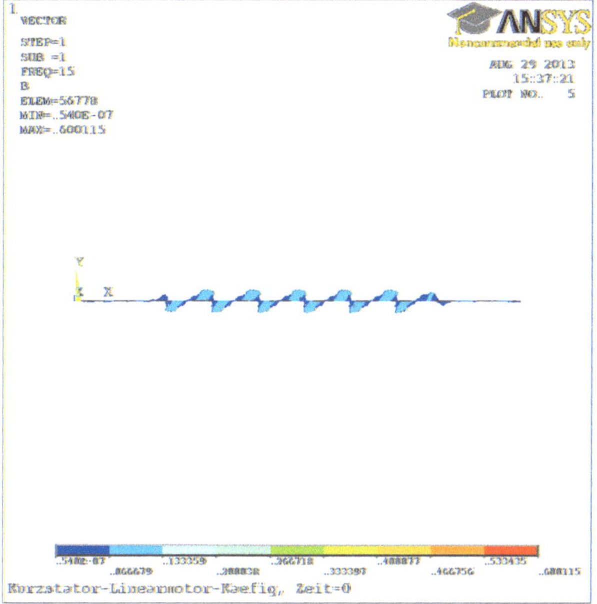

Abb. 22.70 Vektorielle Darstellung der magnetischen Flußdichte in Luftspaltmitte bei harmonischer Rechnung

Die vektorielle Darstellung der magnetischen Flußdichte in Luftspaltmitte bestätigt die Rückwirkung des Rotors auf den Stator. Die sinusförmige Verteilung des Wanderfeldes bleibt auch bei Rückwirkung erhalten, die Vektoren weisen jedoch neben vertikalen auch horizontale Bestandteile auf, die zur Schubkraft beitragen.

Damit ist auch über die harmonische Rechnung die Funktionalität des Linearmotormodells bestätigt. Augenmerk ist auf die Schub- und Hubkräfte zu legen. Während die Schubkräfte beider Berechnungsverfahren sehr ähnlich sind, unterscheiden sich die Hubkräfte erheblich, daher sind insbesondere diese Ergebnisse mit Vorsicht anzuwenden. Die Richtung der Kräfte ist validiert, nicht jedoch deren Werte.

22.7 Transiente Rechnung

Das Linearmotormodell wird im Folgenden für transiente Rechnungen angewendet, wobei die Zeit geändert wird und darauf basierend Schubkräfte berechnet werden, durch die der Stator des Linearmotors transversal bewegt wird. Die Herleitung der kinetischen Gleichungen unterscheidet sich daher von denjenigen der rotatorisch bewegten Maschine und müssen neu hergeleitet werden.

22.7.1 Grundlagen der transienten Rechnung für translatorische Bewegung

Bei transversaler Bewegung resultiert die Kraft auf einen Körper in einer Beschleunigung der Masse des Körpers. Dies ist direkt vergleichbar mit dem Drehmoment-Winkelbeschleunigungsgesetz in Verbindung mit dem Trägheitsmoment. Bei vertikal beweglichen Körpern erfährt die Masse die Erdbeschleunigung g, diese Bewegung wird im Folgenden nicht bezüglich der Wechselwirkung zwischen Stator und Rotor aufgrund der Hubkräfte angewendet, der Luftspalt wird konstant gehalten. Dies erfordert bei Linearmotoren eine separate Lageregelung.

$$F = m\,a$$

Die Wirkung einer Kraft auf einen Körper reduziert sich um die Gegenkraft aufgrund von Wind- oder Reibungskräften oder Steigungen. Bei der Masse ist die gesamte Masse des Fahrzeugs, das an den Stator angekoppelt ist, zu berücksichtigen. Im Beispiel wurde eine Masse von 1000 kg berücksichtigt.

$$(F_i - F_{\text{Last}}) = m_{\text{gesamt}}\,a$$

Damit lässt sich aus der Kraft, die vom Linearmotor erzeugt wird, reduziert um die Gegenkraft, und geteilt die durch die Gesamtmasse die momentane Beschleunigung des Systems berechnen.

$$a = \frac{(F_i - F_{\text{Last}})}{m_{\text{gesamt}}}$$

Aufgrund der zunächst gleichförmig angenommenen Beschleunigung des Systems ändert sich die Geschwindigkeit.

$$v = a\,t$$

Dies hat bei gleichförmiger Beschleunigung eine quadratische Zunahme des zurückgelegten Weges in Abhängigkeit zur Folge.

$$s = \frac{1}{2}\,a\,t^2$$

Für die Anwendung in der transienten Rechnung müssen die kinetischen Gesetze in diskretisierter Form angewendet werden. Die momentane Beschleunigung zum Zeitpunkt t_i ergibt sich aufgrund der aktuell erzeugten Schubkraft und der prinzipiell auch von der Zeit, bzw. der Geschwindigkeit, abhängigen Gegenkraft, der Last. Die Masse wird als konstant angenommen.

$$a\left(t_i\right) = \frac{\left(F_i\left(t_i\right) - F_{\text{Last}}\right)}{m_{\text{gesamt}}}$$

Aufgrund der Momentanbeschleunigung ändert sich innerhalb eines Zeitschritts Δt, der nicht zu groß gewählt werden darf, von der momentanen Geschwindigkeit zum Zeitpunkt t_i um die Geschwindigkeitszunahme innerhalb des Zeitschritts Δt. Bei fehlender Beschleunigung bleibt daher die Geschwindigkeit konstant, bei negativer Beschleunigung wird die momentane Geschwindigkeit reduziert.

$$v\left(t_i + \Delta t\right) = v\left(t_i\right) + a\left(t_i\right) * \Delta t$$

Damit ändert sich auch der insgesamt zurückgelegte Weg. Dieser besteht aus der Anfangsstellung zwischen Stator und Rotor zum Anfangszeitpunkt, der bis zum momentanen Zeitpunkt zurückgelegten Strecke, der Streckenzunahme aufgrund der momentanten Geschwindigkeit innerhalb des Zeitschritts Δt, sowie der quadratischen Zunahme des Weges aufgrund der momentanen Beschleunigung innerhalb des Zeitschritts Δt.

$$s\left(t_i + \Delta t\right) = s\left(t_i\right) + v\left(t_i\right) * \Delta t + \frac{1}{2} a\left(t_i\right) * (\Delta t)^2$$

Die Wegänderung innerhalb eines Zeitschritts Δt beträgt damit aufgrund von Momentangeschwindigkeit und -beschleunigung:

$$\Delta s\left(t_i\right) = v\left(t_i\right) * \Delta t + \frac{1}{2} a\left(t_i\right) * (\Delta t)^2 .$$

Um diese vom Momentanzeitpunkt abhängige Strecke muss der Stator gegenüber dem Rotor transversal verschoben werden.

Auch in der transienten Berechnung einer Linearmotors muss zwischen initialisierender und allen darauffolgenden Rechenschritten unterschieden werden.

Zur Vorbereitung der Rechnung sind zunächst die Elementtypen der Spannungsquellen wieder in Spannungsquellen (Typ 4) umzuwandeln, soweit diese vorher in Stromquellen geändert wurden.

```
/prep7
*do,im,1,m
ET,50+im,CIRCU124,4,0
*enddo
```

Es folgt die Bestimmung der aktuellen Rechenzeit zur Bestimmung der Rechenzeit eines Rechenschritts inclusive der Modelländerung.

```
*get,timea,active,0,time,cpu
```

Initialisierend wird bei vorausgesetzter Lage von Rotor und Stator direkt übereinander die Variable zur Definition der Verschiebung zwischen Stator und Rotor auf 0 gesetzt. Alle vorhandenen Interfacebeziehungen zwischen dem Stator und Rotor werden gelöscht, anschließend wird das Interface bei Anwendung des Skripts lin_asyn_kurzw_interl.txt wieder neu eingerichtet.

```
verschiebung=0
cedel,all,all,all
lin_asyn_kurzw_interl.txt
```

Es folgt die Initialisierung des Gesamtpositionszählers POSITION und des relativen Positionszählers POSITIONR auf den aktuellen Verschiebungswert 0. Der Gesamtpositionszähler inkrementiert vollständig alle Bewegungen innerhalb der Zeitschritt, während der relative Positionszähler immer dann in Verbindung um eine Rückverschiebung um die Gesamtlänge des Modells korrigiert wird, wenn die Stator sich hinsichtlich der Verschiebung um mehr als die halbe Gesamtlänge nach rechts oder links gegenüber dem Rotor verschoben hat. Damit wird sichergestellt, dass sich der Stator nicht aus dem magnetisch wirksamen Umfeld des Rotors verschiebt.

Die momentane Geschwindigkeit wird durch die Variable SPEED angegeben und mit der Anfangsgeschwindigkeit SPEED0 initialisiert, während die momentane Beschleunigung in der Variablen ACCEL geführt wird und anfänglich aufgrund fehlender Schubkräfte mit 0 initialisiert wird. Der Startzeitpunkt wird auf eine μs festgelegt und das gesamte Modell selektiert.

```
position=verschiebung
positionr=verschiebung

speed=speed0
accel=0
allsel
zeit=1e-6
```

Zur Optimierung des Gleichungssystems wird es ein wenig umsortiert und das intern verwendete Ergebnis-File mit der Endung „RST“ auf a0.rst festgelegt. Dies unterscheidet sich von der bisherigen Vorgehensweise, da bislang das Result-File in einer Datei mit gleichbleibendem Namen abgelegt wurde. Das Verfahren hat den entscheidenden Nachteil, dass die Größe des Result-Files ständig steigt und insbesondere bei großen Modellen schnell die Ressourcen eines Rechners sprengen kann. In diesem Modell wird das Result-File ständig mit jedem Rechenschritt in eine andere Datei umgelegt und sukzessive gelöscht, da ohnehin sämtliche Auswertung nach jedem Rechenschritt erfolgen. Der Rechenschrittzähler wird auf 0 festgelegt, und die initialisierende Rechnung wie üblich vorbereitet.

```
wsort,x
/assign,rst,a0,rst

irech=0

/solu
!*
antyp,trans
timinit,off,mag
time,zeit

!!
!!  Startrechnung (statisch)
!!
```

Vor dem Start der Berechnung wird entsprechend dem aktuellen Zeitpunkt die Phase im Gradmaß bestimmt und darauf basierend mit einer verschwindend geringen Spannung die reale Konstante der Spannungsquellen mit nahezu dem Wert 0 belegt. Anschließend wird die initialisierende, transiente Rechnung gestartet.

```
/prep7

*afun,deg
omegat=2*3.141593*freq*zeit
omegat=omegat/3.141593*180.
/prep7
*do,im,1,m
R,50+im,1e-6*cos(omegat-(im-1)*120), ,
*enddo

/solu
allsel
solve
```

Es folgt das Postprocessing, in dem zunächst über den INRES-Befehl das zum Zeitschritt gehörende Resultfile eingelesen wird. Die Rechenzeit des Zeitschritts wird ermittelt und die Ergebnisse des letzten Rechenschritts zur Auswertung aktiviert.

```
/post1
inres,
file,a0,rst,

*get,timee,active,0,time,cpu
rechzeit=timee-timea

SET,last,LAST,1,
```

Es folgt wie üblich der Block zur Ausgabe von grafischen Ergebnissen.

```
/auto,1
/rep
/title,Kurzstator-Linearmotor-Kaefig, Zeit=%zeit%
allsel
/show,Plots%ausgabe%,grph,,append
aplot
/show,Plots%ausgabe%,grph,,append
plf2d,51,0,20,1
allsel,below,area
/show,Plots%ausgabe%,grph,,append
PLNSOL,B,SUM,0,
/show,Plots%ausgabe%,grph,,append
PLESOL, JT,SUM, 0
NSEL,S,LOC,y,-delta/2-1e-6,-delta/2-1e-6+1e-6
/VSCALE,1,1,0
/show,Plots%ausgabe%,grph,,append
PLVECT,B, , , ,VECT,ELEM,ON,0
/show,Plots%ausgabe%,grph,,append
PLVECT,h, , , ,VECT,ELEM,ON,0
/show,term
cmsel,s,_stator
allsel,below,area
/show,Plots%ausgabe%,grph,,append
PLESOL, JT,SUM, 0
/show,term
/show,Plots%ausgabe%,grph,,append
plf2d,51,0,20,1
```

```
PADEL,ALL
PATH,lufts1,2,12,6000,
PPATH,1,0,0,-delta/2,,0,
PPATH,2,0,laenge,-delta/2,,0,
PDEF,by,B,Y,AVG
/PBC,PATH, ,1
/axlab,x,Statorkoordinate in m
/axlab,y,B_r  in T
/grid,1
/xrange,0,laenge
/yrange,-luftskal,luftskal
/GCOL,1,'B (vertikal)'
/title,Luftspaltfeld des Linearmotors bei t=%zeit%
/show,Plots%ausgabe%,grph,,append
plpath,by
/show,term
```

Anschließend werden die tabellarischen Ergebnisse über die Elementtabellen ausgewertet und in den Ergebnisdateien ausgegeben. Zusätzlich erfolgt eine Kraftberechnung über das Skript mit dem Dateinamen FMAGSUM_L.MAC mit Parametrierung der Statorelemente über die Komponente „kraftste“. Die ermittelten Kräfte müssen mit der Tiefe der Anordnung multipliziert werden. Aufgrund der leicht unterschiedlichen Kräfte bei Verwendung der unterschiedlichen Berechnungsmethoden wird die im Folgenden verwendete Kraft durch Mittelung beider Schubkraftwerte bestimmt.

```
allsel

/post1
allsel
esel,s,enam,,124
etable,spanng,smisc,1
etable,strom,smisc,2
etable,leistu,nmisc,1
etable,refl
*get,u1e,elem,elemusp21,etab,spanng
*get,u2e,elem,elemusp22,etab,spanng
*get,u3e,elem,elemusp23,etab,spanng
*get,i1e,elem,elemst21,etab,strom
*get,i2e,elem,elemst22,etab,strom
*get,i3e,elem,elemst23,etab,strom
*get,Pauf1,elem,elemusp21,etab,leistu
*get,Pauf2,elem,elemusp22,etab,leistu
```

```
*get,Pauf3,elem,elemusp23,etab,leistu
*get,PR1,elem,elemst21,etab,leistu
*get,PR2,elem,elemst22,etab,leistu
*get,PR3,elem,elemst23,etab,leistu
FMAGSUM_L.MAC,'kraftste'
for1x=_for(1,1,2)
for2x=_for(1,1,1)
for1y=_for(1,2,1)
for2y=_for(1,2,2)
formxx=for1x*tiefe
forvwx=for2x*tiefe
formxy=for1y*tiefe
forvwy=for2y*tiefe
kraftx=(formxx+forvwx)/2

/output,U_I_Stator%ausgabe%,lis,,append
*VWrite,irech,zeit,position,speed,accel,U1e,i1e,u2e,i2e,u3e,
i3e,rechzeit
(12(g14.6,' '))
/output,term
/output,Pauf_Stator%ausgabe%,lis,,append
*VWrite,irech,zeit,position,speed,accel,Pauf1,Pauf2,Pauf3,
PR1,PR2,PR3,rechzeit
(12(g14.6,' '))
/output,term
/output,Kraft%ausgabe%,lis,,append
*VWrite,irech,zeit,position,speed,accel,formxx,forvwx,
formxy,forvwy
(9(g14.6,' '))
/output,term
```

Damit ist die initialisierende Rechnung abgeschlossen. In einer DO-Schleifung über die einzelnen Rechenschritte, die über die Variable IRECH geführt werden, erfolgt die Zeitschrittrechnung. Die DO-Schleife endet mit *ENDDO. Die maximale Anzahl von Rechenschritten wird über die Variable TSTEPS vorgegeben und ist vorher festzulegen.

```
*do,irech,1,tsteps
```

In einem ersten Block wird zunächst die Anfangszeit des betreffenden Rechenschritts ermittelt. Es folgt der Wechsel in den Preprocessor und die Bestimmung der aktuell gültigen Schubkraft. Daraus wird auf der Basis der zuvor festgelegten Gegenkraft KRAFTG und der Gesamtmasse des Fahrzeugs MASSEF die momentane Beschleunigung ermittelt.

Darauf basierend erfolgt die Bestimmung der Wegänderung innerhalb des Zeitschritts und der Momentangeschwindigkeit nach dem Zeitschritt. Die beiden Positionszähler werden um die aktuelle Verschiebung inkrementiert. Danach wird das Interface zwischen Stator und Rotor gelöst, der gesamte Stator selektiert und über den AGEN-Befehl um die zuvor bestimmte Verschiebung bewegt. Sollte die relative Position über der halben Gesamtmodelllänge nach links oder rechts liegen, so erfolgt eine weitere Verschiebung und Korrektur des relativen Positionszählers. Abschließend wird durch Aufruf des Skripts in der Datei lin_asyn_kurzw_interl.txt das Interface zwischen Stator und Rotor neu definiert.

```
*get,timea,active,0,time,cpu

/prep7

kraftx=(formxx+forvwx)/2.

accel=(kraftx-kraftg)/massef
verschiebung=0.5*accel*tstep*tstep+speed*tstep
speed=speed+accel*tstep
position=position+verschiebung
positionr=positionr+verschiebung

cedel,all,all,all

cmsel,s,_statorg
agen,1,all,,,verschiebung,,,,,1
allsel

*if,positionr,gt,laenge/2,then
positionr=positionr-laenge
cmsel,s,_statorg
agen,1,all,,,-laenge,,,,,1
allsel
*endif

*if,positionr,lt,-laenge/2,then
positionr=positionr+laenge
cmsel,s,_statorg
agen,1,all,,,laenge,,,,,1
allsel
*endif

lin_asyn_kurzw_interl.txt
!! Aufruf der Interfaceerstellung
```

Damit befindet sich das Modell geometrisch in der neuen Stellung und ist bis auf die Spannungsquellen vorbereitet. Im Folgenden wird der Zeitschritt um den zuvor definierten Zeitschritt tstep inkrementiert und daraus die neue Phasenlage in Grad bestimmt. Auf der Basis der ebenfalls vorab bestimmten Amplitude der Ständerspannungen werden die realen Konstanten der Spannungsquellen neu belegt.

```
allsel

zeit=zeit+tstep

*afun,deg
omegat=2*3.141593*freq*zeit
omegat=omegat/3.141593*180.

/prep7
*do,im,1,m
R,50+im,u1*cos(omegat-(im-1)*120), ,
*enddo
```

Es folgt die Lösung des Gleichungssystems für den Rechenschritt. Zuvor wird die Benennung des Resultfiles entsprechend dem Rechenschritt geändert. Der führende Buchstabe des Resultfiles ändert sich sukzessive in Abhängigkeit des Rechenschritts (Variable irech) von A über B nach C. Nach und nach werden die Resultfiles für einen führenden Buchstaben gelöscht. Insgesamt werden je führendem Buchstaben 2 Resultfiles angelegt, damit sind maximal 4 Resultfiles mit erträglicher Größe vorhanden.

```
/solu

krit=6
!
!   Kriterium erfuellen
!
ij=irech/krit
ijj=nint(ij-0.5)
isort=irech-ijj*krit
*If,isort,eq,0,then
  isort=krit
*EndIf
!
*If,isort,le,krit/3,then
!
!   Kriterium a
```

```
!
/com,Jetzt ist irech = %irech%
/assign,rst,a%irech%,rst
resfile=1
/sys,del b*.rst
!
*ElseIf,isort,le,2*krit/3,then
  *If,isort,gt,krit/3,then
    !
    !    Kriterium b
    !
/assign,rst,b%irech%,rst
    resfile=2
/sys,del c*.rst
  *EndIf
!
*ElseIf,isort,le,krit,then
  *If,isort,gt,2*krit/3,then
    !
    !   Kriterium c
    !
/assign,rst,c%irech%,rst
    resfile=3
/sys,del a*.rst
  *EndIf
*EndIf
!
!

allsel
```

Anschließend erfolgt die Lösung des Gleichungssystemes als transiente Rechnung auf der Basis der vorhergehenden Rechenschritts. Dies unterscheidet sich von den üblichen, bereits vorgestellten transienten Rechnungen nicht.

```
antyp,tran,rest
timinit,on,mag
timinit,on,elect
tintp,,,,1
time,zeit
cnvt,a,
cnvt,csg
```

```
neqit,250
*EndIf

solve
```

Im Anschluss an die Lösung wird die Rechenzeit bestimmt und entsprechend der Festlegung des Resultfile-Namens dieses wieder eingelesen. Hierzu wird die zuvor bestimmte Variable RESFILE verwendet. Nach dem Einlesen wird das Ergebnis des letzten Zeitschritts zur Auswertung verwendet.

```
*get,timee,active,0,time,cpu
rechzeit=timee-timea

/post1

*If,resfile,eq,1,then
  inres,
    file,a%irech%,rst,
*ElseIf,resfile,eq,2,then
  inres,
    file,b%irech%,rst,
*ElseIf,resfile,eq,3,then
  inres,
    file,c%irech%,rst,
*EndIf

SET,last,LAST,1,
```

Es schließen sich wie üblich die Blöcke für die Erzeugung der grafischen und tabellarischen Ergebnisse in. Nach einem abschließend ALLSEL ist der Rechenprozess für den Zeitschritt beendet und kann bei *DO mit dem nächsten Zeitschritt starten.

```
allsel

*enddo
```

Das gesamte Skript für die transiente Berechnung befindet sich in der Datei lin_asyn_kurzw_loes5.txt.

22.7.2 Interface bei Verschiebung zwischen Stator und Rotor

Das Interface zwischen Stator und Rotor ergibt sich bei runden elektrischen Maschinen ohne Segmentierung oder linear bewegten elektrischen Maschinen bei unverschobenem Stator oder Rotor sehr einfach über den CEINTF-Befehl. Vor der Anwendung des Befehl sind zunächst die Knoten oben und unten, bzw. die zugehörigen Elemente zu selektieren.

Die statorseitigen Knoten erhält man über die Selektion des gesamten Stator und den zugehörigen Elementen und Knoten über den ALLSEL-Befehl mit der Option BELOW,AREA. Über eine weitere Reselektion, die sich auf die Höhe der Knoten in der Mitte des Luftspalts bezieht, verbleiben lediglich die statorseitigen Knoten in dieser Höhe. Der gesamte Stator besteht hierbei aus dem eigentlichen Kurzstator mit den beiden Luftbereichen vor und hinter dem Linearmotor. Die Knoten werden unter dem Komponentennamen KNOBEN abgespeichert.

```
csys,0
cmsel,s,_stator
asel,a,mat,,11
cm,_statorf,area
allsel,below,area
nsel,r,loc,y,-delta/2
cm,knoben,node
```

Ebenso wird mit dem Rotor verfahren. Die Knoten werden unter dem Komponentennamen KNUNTEN abgespeichert.

```
cmsel,s,_rotor
cm,_laeufers,area
cm,_laeufer,area
allsel,below,area
nsel,r,loc,y,-delta/2
cm,knunten,node
```

Damit sind alle stator- und rotorseitigen Knoten in Luftspaltmitte über die Segmentnamen ansprechbar. Sollten Stator und Rotor nicht verschoben sein, ist die relative Positionsvariable POSITIONR 0. Nach Selektion der unteren Knoten auf Luftspaltmitte und Reselektion über die gesamte Länge verbleiben damit alle Knoten auf Luftspaltmitte. Zu diesen können die zugehörigen Elemente hinzuselektiert werden. Nach dem die ursprünglichen Knoten deselektiert und die oberen Knoten auf Luftspaltmitte hinzuselektiert wurden, sind nur noch die unteren Elemente und oberen Knoten auf Luftspaltmitte selektiert. Über den Befehl CEINTF werden diese Elemente und Knoten abschließend gekoppelt.

```
cmsel,s,knunten
nsel,r,loc,x,positionr,laenge
esln,s
cmsel,u,knunten
cmsel,s,knoben
nsel,r,loc,x,positionr,laenge

ceintf
```

Im Bild des noch unverschobenen Stators sind die entstandenen Interfacebeziehungen zwischen Stator und Rotor nur schwer erkennbar. Aus diesen Gründen werden zur einfacheren Betrachtung des Interfaces Stator und Rotor um einige Zentimeter voneinander entfernt dargestellt.

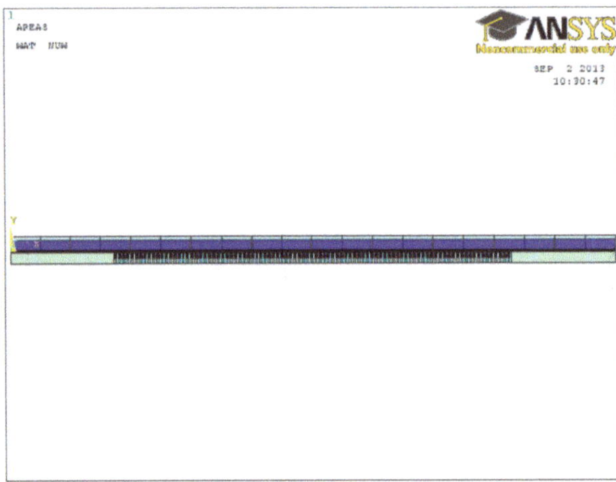

Abb. 22.71 Stellung zwischen Stator und Rotor bei unverschobenem Stator

Nach der Entfernung von Stator und Rotor um einige Zentimeter, was für die Rechnung verständlicherweise prinzipiell nicht erlaubt ist, kann das Interface zwischen Stator und Rotor anhand der pinken Verbindungen zwischen Knoten und Elementen ausgemacht werden.

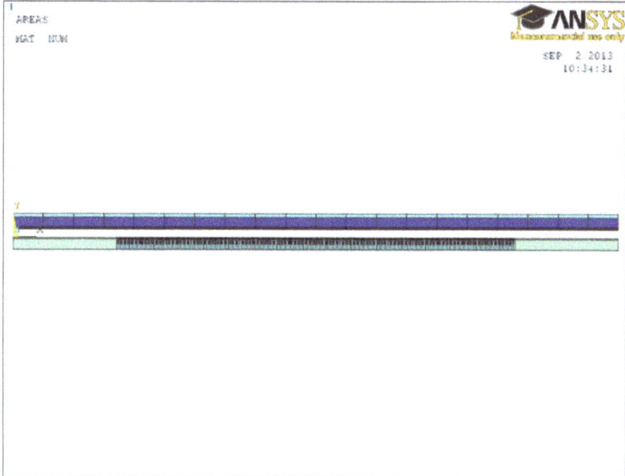

Abb. 22.72 Abstand zwischen Stator und Rotor zur Verdeutlichung des Interfaces zwischen Stator- und Rotorknoten in Luftspaltmitte

Aufgrund der sehr kleinen Elemente im Luftspalt sind die Verbindungsbeziehungen nur schwer auszumachen. Erst bei näherem Zoom in die Darstellung wird erkennbar, dass die einzelnen Knoten auf der einen Seite mit einzelnen Knoten auf der anderen Seite verbunden werden.

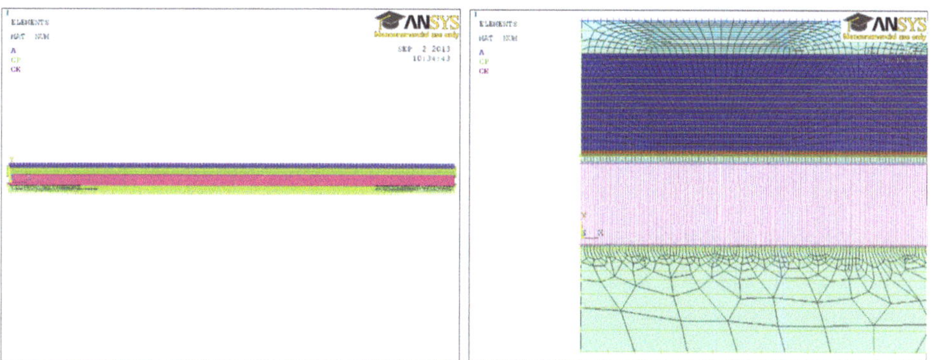

Abb. 22.73 Inface zwischen Stator und Rotor bei unverschobenem Stator

Um Stator und Rotor aufgrund einer Verschiebung durch Krafteinwirkung oder zur Herstellung einer Stator-/Rotorbeziehung zu verschieben, ist zunächst das Interface zu löschen.

```
cedel,all,all,all
```

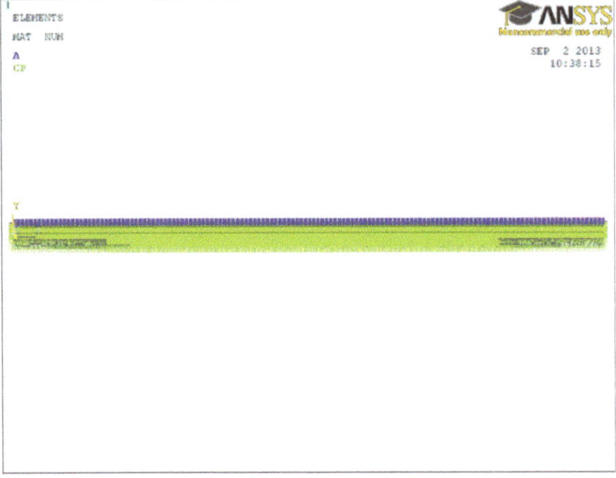

Abb. 22.74 Löschen des Interfaces zwischen Stator und Rotor

Deutlich ist zu erkennen, dass nur noch die Randbedingungen oben, unten und links und rechts verbleiben. Damit kann der Stator gegenüber dem Rotor um den Wert der Variablen VERSCHIEBUNG bewegt werden. Die Variable POSITION inkrementiert die grundsätzliche Verschiebung zwischen Stator und Rotor und damit den Fahrweg, während die Variable POSITIONR den Verfahrweg bereinigt um ganze Statorlängen enthält, POSITIONR stellt damit auf das Modell bezogen die Stellung zwischen Stator und Rotor dar, der Stator kann maximal um eine halbe Modelllänge nach links oder rechts gegenüber dem Stator verschoben werden, da sonst keine Beziehungen zwischen Stator und Rotor mehr vorhanden sind.

Der gesamte Stator wird im Folgenden über die Komponente _STATORG selektiert und mit Hilfe des AGEN-Befehl im kartesischen Koordinatensystem verschoben.

```
verschiebung=0.5*accel*tstep*tstep+speed*tstep
position=position+verschiebung
positionr=positionr+verschiebung

cmsel,s,_statorg
agen,1,all,,,verschiebung,,,,,1
allsel
```

Sollte der Stator gegenüber dem Rotor mehr als eine halbe Länge nach links oder rechts verschoben worden sein, erfolgt eine Rückverschiebung des Stators um eine ganze Modelllänge. Die Anwendung des Modells entspricht damit in etwa dem Schlittschuhlaufen auf dem Eis mit sehr kurzen Schritten.

```
*if,positionr,gt,laenge/2,then
positionr=positionr-laenge
cmsel,s,_statorg
agen,1,all,,,-laenge,,,,,1
allsel
*endif

*if,positionr,lt,-laenge/2,then
positionr=positionr+laenge
cmsel,s,_statorg
agen,1,all,,,laenge,,,,,1
allsel
*endif
```

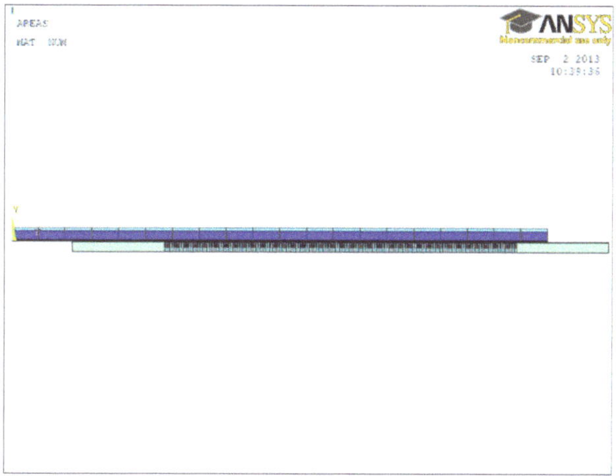

Abb. 22.75 Verschiebung des Stators (*unten*) gegenüber dem Rotor

Nach ausgeführter Verschiebung ist diese deutlich in der Flächendarstellung erkennbar. Linksseitig steht der Rotor gegenüber dem Stator über, während rechtsseitig der Stator gegenüber dem Rotor übersteht. Damit ist kein durchgängiges Interface generierbar. Die Generierung ist in zwei Teile aufzuteilen. Der erste Teil berücksichtigt alle Interfacebestandteile, die auf direkt gegenüberstehende Elemente und Knoten zurückgehen. Der zweite Teil kann nur nach einer temporären Verschiebung generiert werden.

Im ersten Schritt werden die direkt gegenüberstehen Elemente und Knoten durch ein Interface gekoppelt. Hierzu wird die Komponente der unteren Knoten, d. h. der durch die Verschiebung des Stators verschobenen Knoten selektiert. Durch eine Reselektion im Koordinatenbereich der x-Koordinate von der aktuellen Position bis zur Gesamtlänge werden die Knoten und über den ESLN-Befehl die zugehörigen Elemente bestimmt. Auf die gleiche Art und Weise werden rotorseitig die relevanten Knoten selektiert. Abschließend können über den CEINTF-Befehl die Stator-/Rotorbeziehungen eingerichtet werden. Sollte der Wert der Positionsvariablen POSITIONR negativ werden, ist entsprechend auf den anderen Seiten zu verfahren. Die Syntax befindet sich in dem Skript LIN_ASYN_KURZW_INTERL.txt.

```
*if,positionr,gt,0,then

cmsel,s,knunten
nsel,r,loc,x,positionr,laenge
esln,s
cmsel,u,knunten
cmsel,s,knoben
nsel,r,loc,x,positionr,laenge

ceintf
```

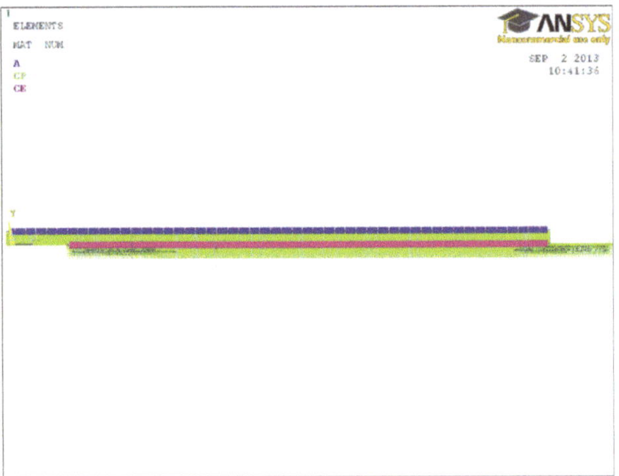

Abb. 22.76 Erzeugtes Interface zwischen Stator und Rotor für direkt gegenüberliegende Knoten

Der gezoomten Darstellung ist deutlich zu entnehmen, dass nur Interfacebeziehungen in den direkt gegenüberliegenden Bereichen generiert wurde.

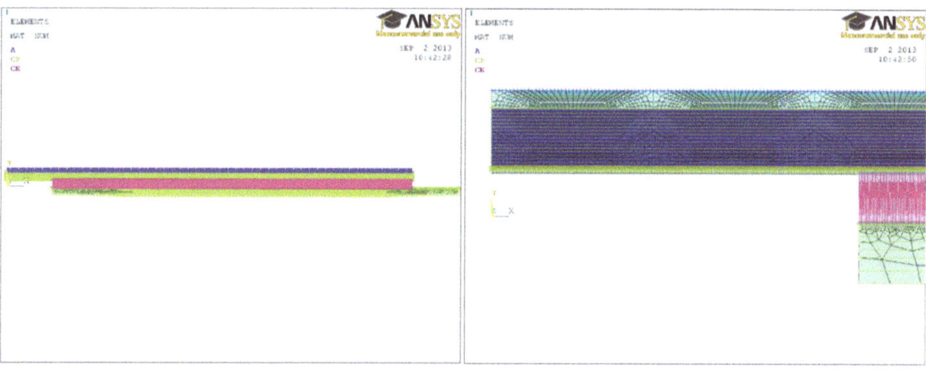

Abb. 22.77 Erzeugtes Interface zwischen Stator und Rotor für direkt gegenüberliegende Knoten (zur Verdeutlichung Entfernung des Rotors vom Stator)

Nach temporärer Entfernung des Rotors vom Stator in x-Richtung ist erkennbar, dass die Beziehungen zwischen oberen und unteren Knoten direkt untereinander liegen.

Alle übrigen Beziehungen zwischen Stator und Rotor entstehen aufgrund des periodischen Modells zwischen Knoten auf der linken oberen Seite des Rotors und der rechten unteren Seite des Stators, da man sich das rechts überstehende Teil des Stators abgeschnitten und auf die linke Seite verschoben denken muss. Dies kann nur durch eine Linksverschiebung des gesamten Stators um die gesamte Modelllänge erzielt werden, da dann alle übrigen Elemente und Knoten sich direkt gegenüberstehen.

Die relevanten unteren Knoten und Elemente des Rotors werden selektiert und zu Komponenten zusammengefasst und anschließend der gesamte Stator um die Modelllänge nach links verschoben.

```
cmsel,s,knunten
nsel,r,loc,x,0,positionr-1e-6
esln,s
cm,knuntens,node
cm,eluntens,elem

cmsel,s,_statorg
agen,1,all,,,-laenge,,,,,1
```

Nach der Verschiebung wird deutlich, dass die notwendigen Interfacebeziehungen des zweiten Teils fehlen.

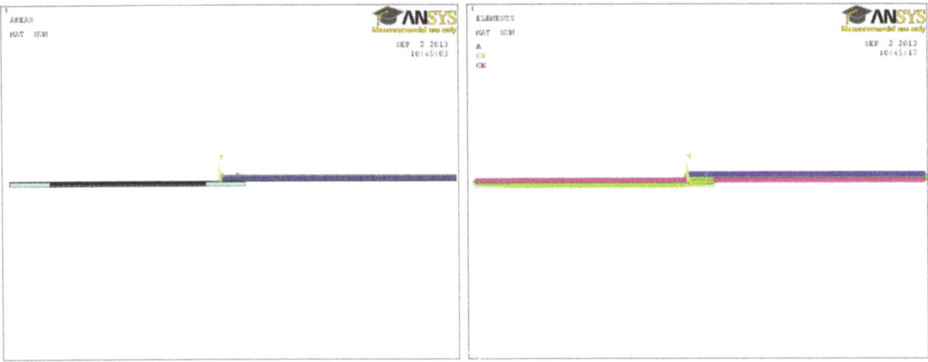

Abb. 22.78 Verschiebung von Stator und Rotor um eine gesamte Länge zur Erzeugung der übrigen Interfacebeziehungen zwischen Stator und Rotor

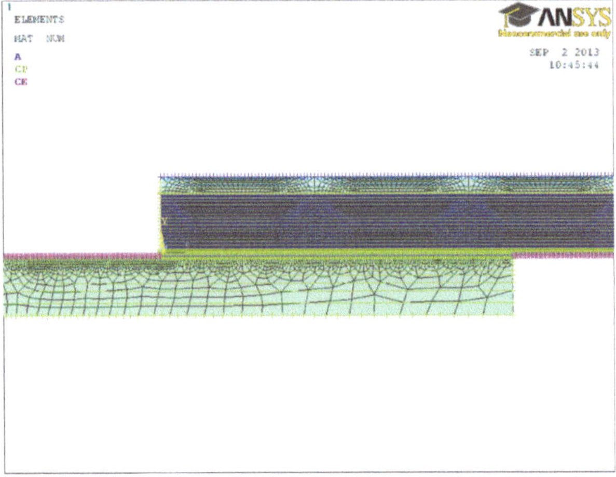

Abb. 22.79 Fehlendes Interface nach verschobenem Rotor um eine gesamte Modelllänge

Die relevanten Knoten und Elemente werden selektiert und über den CEINTF-Befehl verbunden.

```
cmsel,s,knoben
nsel,r,loc,x,0,positionr-1e-6
cmsel,a,eluntens
cmsel,u,knuntens
ceintf
```

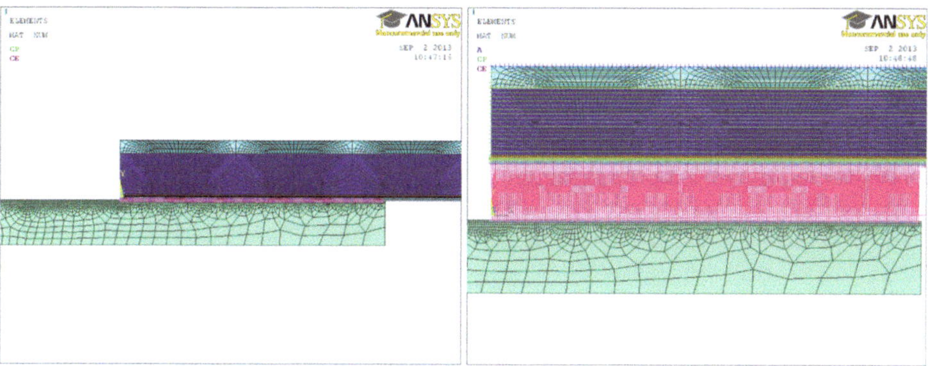

Abb. 22.80 Erzeugtes Interface im noch nicht verbundenen Bereich zwischen Stator und Rotor

Als Ergebnis ergeben sich die Interfacebeziehungen im verschobenen, nun überlappenden Bereich.

Nach einem generellen Select auf alle Entitäten des Modells werden alle Interfacebeziehungen sichtbar, die sich im überlappenden Teil als senkrechte und ansonsten schräge Verbindungslinien repräsentieren.

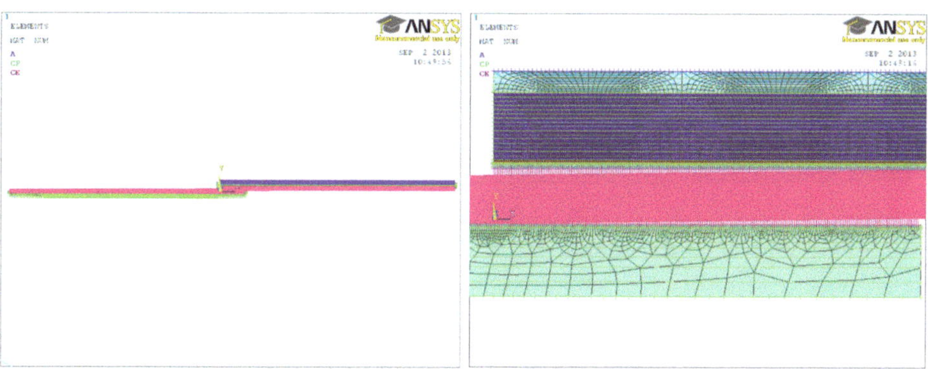

Abb. 22.81 Vollständiges Interface zwischen Stator und Rotor

Die temporäre Verschiebung muss wieder aufgehoben werden, dazu wird der Stator selektiert und über den AGEN-Befehl um eine Modelllänge in die andere Richtung verschoben.

```
cmsel,s,_statorg
agen,1,all,,,laenge,,,,,1
```

Entsprechend ergeben sich nun vertikale und schräge Verbindungslinien des Interfaces.

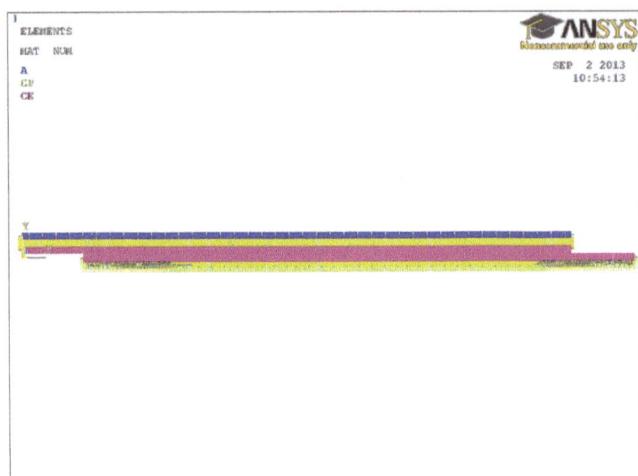

Abb. 22.82 Interface nach Rückverschiebung um eine gesamte Länge

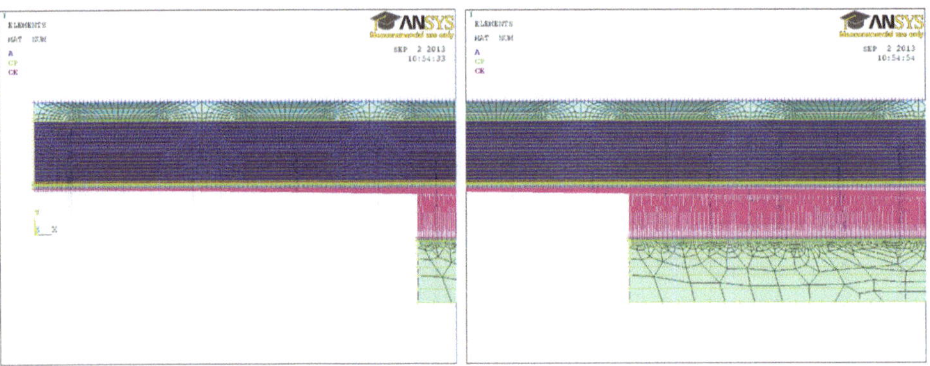

Abb. 22.83 Interface im linken Bereich von Stator und Rotor

22.7.3 Hochlauf aus Stillstand

Der Hochlauf des asynchronen Kurzstator-Linearmotors mit Wirbelstromschiene kann zur Erzielung kürzerer Rechenzeiten und Berechnung bestimmter Zielparameter aus dem Stillstand oder mit Anfangsgeschwindigkeit mit und ohne Gegenkraft berechnet werden. Erwartet wird das typische Verhalten eines Asynchronmotors. Die Berechnungen erfolgen für eine Frequenz von 15 Hz. Die Kenngrößen des Linearmotors sind Strangzahl $p=6$, Nutenzahl je Pol und Phase $q=3$ bei einer Schrittverkürzung von $\varepsilon=2$. Die Nutteilung beträgt 0,02 m. Damit ergibt sich als Länge eines Polpaars von $2 \cdot \mathrm{m} \cdot q \cdot 0{,}02\,\mathrm{m} = 0{,}36\,\mathrm{m}$. In Verbindung mit der Frequenz von 15 Hz ergibt sich eine Synchrongeschwindigkeit von 5,4 m/s. Die magnetisch wirksame Gesamtlänge des Stators beträgt 2,3 m. Zur Berücksichtigung des magnetischen Schweifes bei zunehmender Geschwindigkeit wird mit einer

Gesamtlänge des Rotors von 3,5 m gerechnet, sodaß sich als Periodizität des Gesamtmodells eine Länge von 3,5 m ergibt.

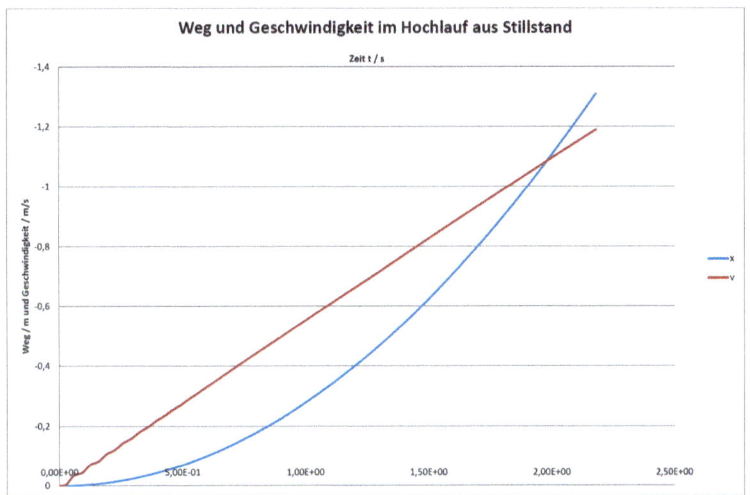

Abb. 22.84 Weg und Geschwindigkeit über der Zeit aus dem Stillstand ohne Last

Die Darstellung der Geschwindigkeit über der Zeit zeigt eine stetig fallende Geschwindigkeit mit leichten Schwankungen bis zur Geschwindigkeit von etwa 1,2 m/s. Dies bedeutet, dass sich der Stator gegenüber dem stillstehenden Rotor nach links fortbewegt. Nach etwa 2,2 s hat der Stator die Geschwindigkeit von 1,2 m/s und damit etwa ein Fünftel der Synchrongeschwindigkeit erreicht. In dieser Zeit legt der Linearmotor mit etwa quadratisch gegenüber der Zeit fallenden Werten einen Weg von etwa 1,2 m zurückgelegt.

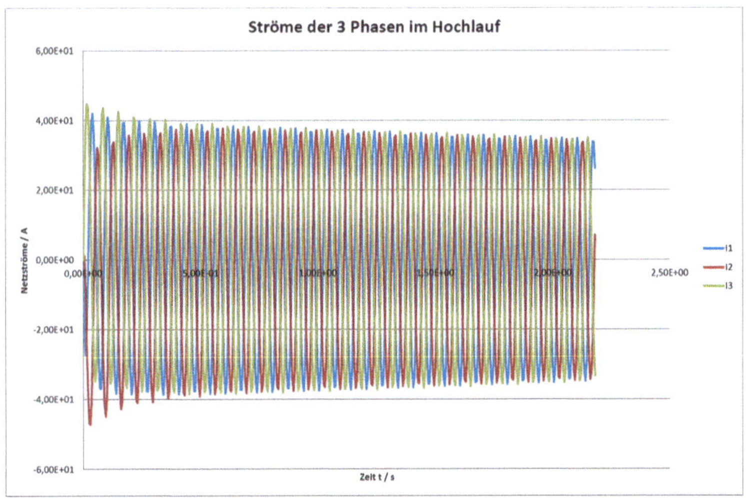

Abb. 22.85 Netzstrom über der Zeit aus dem Stillstand ohne Last

Die Darstellung des Netzstromes über der Zeit zeigt das typische Einschwingverhalten. Bis zur Zeit 0,5 Sekunden weist der Netzstrom einen Mittelwert der Amplitude von etwa 38 A auf und zeigt in den einzelnen Strängen Unterschiede von etwa 4 A. Mit steigender Geschwindigkeit fällt der Netzstrom und erreicht nach 2,3 Sekunden bei einer Geschwindigkeit von 1,2 m/s eine Amplitude von etwa 34 A.

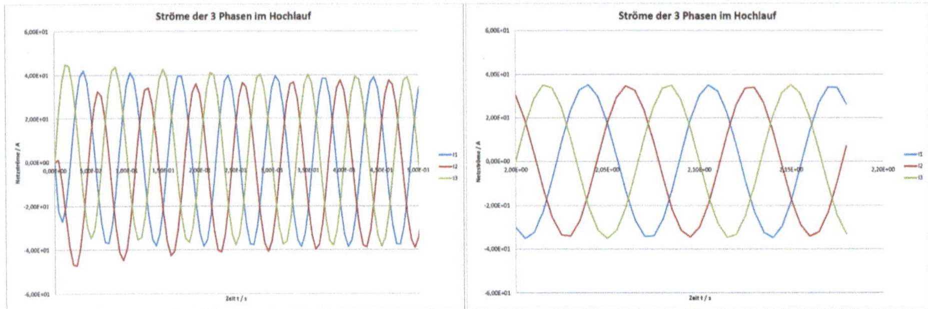

Abb. 22.86 Netzstrom über der Zeit aus dem Stillstand ohne Last (Anlauf und Lauf)

Die gezoomte Darstellung zeigt den Einschwingvorgang ab dem Stillstand und die eingeschwungene Situation mit 34 A Amplitude.

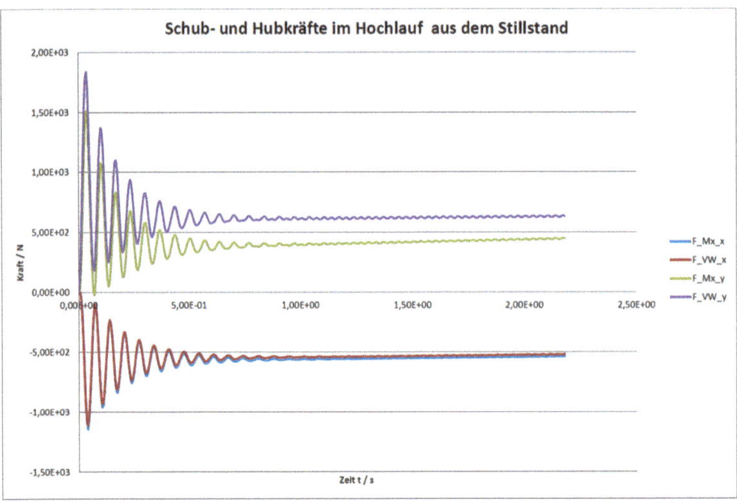

Abb. 22.87 Schub- und Hubkraft über der Zeit aus dem Stillstand ohne Last

Verantwortlich für die Beschleunigung in x-Richtung sind negative Schubkräfte. Die Unsymmetrie in den Netzströme bis etwa 0,5 Sekunden sorgt für starke Schwankungen der Schubkraft. Ab etwa 0,5 Sekunden nehmen die Schwankungen stark ab, die Schubkraft beträgt etwa −550 N und nimmt betragsmäßig mit steigender Geschwindigkeit ab. Während die beiden Berechnungsmethoden für die Schubkraftbestimmung nahezu gleiche

Werte liefern, unterscheiden sich die Hubkräfte wesentlich. Bei höheren Geschwindigkeiten liegen die Ergebnisse näher zusammen. Die Hubkraft zeigt positive Wert, was darauf schließen lässt, dass der Stator in Richtung Rotor nach oben bewegt werden könnte. Dies entspricht dem Verständnis, dass zur Vergrößerung der magnetische Energie Stator und Rotor das Bestreben haben die magnetischen Felder und damit die magnetische Energie zu steigern.

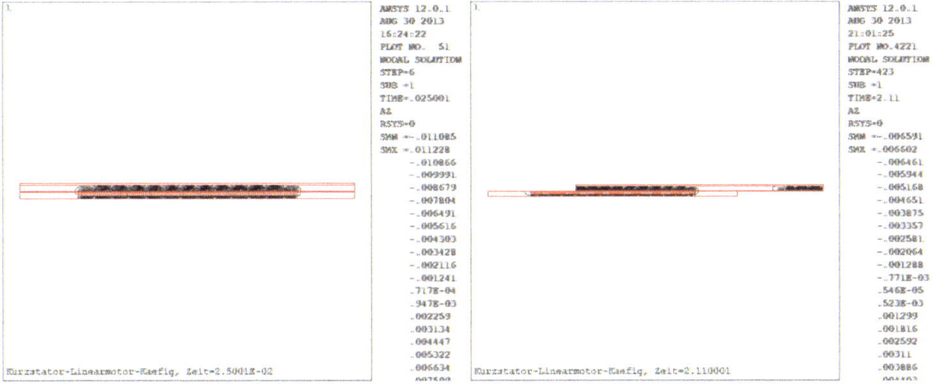

Abb. 22.88 Feldlinienbild kurz nach Anlauf (*links*) und bei −2 m/s (*rechts*)

Das linke Feldlinienbild zeigt ein magnetisches Feld, das sich im Anlauf vollständig im Bereich des Stators ausbreitet und nur wenig nach vorn und hinten streut. Bei einer erreichten Geschwindigkeit von etwa 2 m/s zeigt das rechte Feldlinienbild, dass der Stator sich gegenüber dem feststehenden Rotor nach links in negative x-Koordinaten-Richtung verschoben hat. Deutlich ist zu erkennen, dass die Feldlinien im links gegenüber dem Rotor überstehenden Teil aufgrund des Interfaces zu den Feldlinien des Rotors im oberen Teil passen. Das magnetische Feld streut noch geringfügig in Fahrtrichtung, der magnetische Schweif hinter dem Fahrzeug hat sich bereits ein wenig aufgebaut.

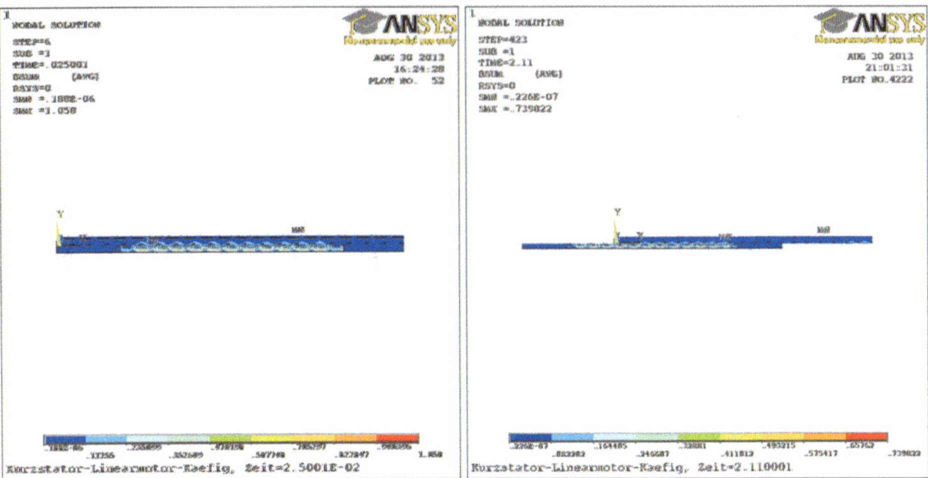

Abb. 22.89 Magnetische Flußdichte kurz nach Anlauf (*links*) und bei −2 m/s (*rechts*)

Die Darstellung der magnetischen Flußdichte zeigt im Anlauf einen maximalen Wert von etwa 1 Tesla im Bereich von Ecken, im Lauf bei erreichten −2 m/s ist die magnetische Induktion bereits auf einen Maximalwert von 0,74 Tesla abgesunken. Die Ergebnisse zeigen, dass eine nichtlineare Rechnung nicht unbedingt notwendig ist.

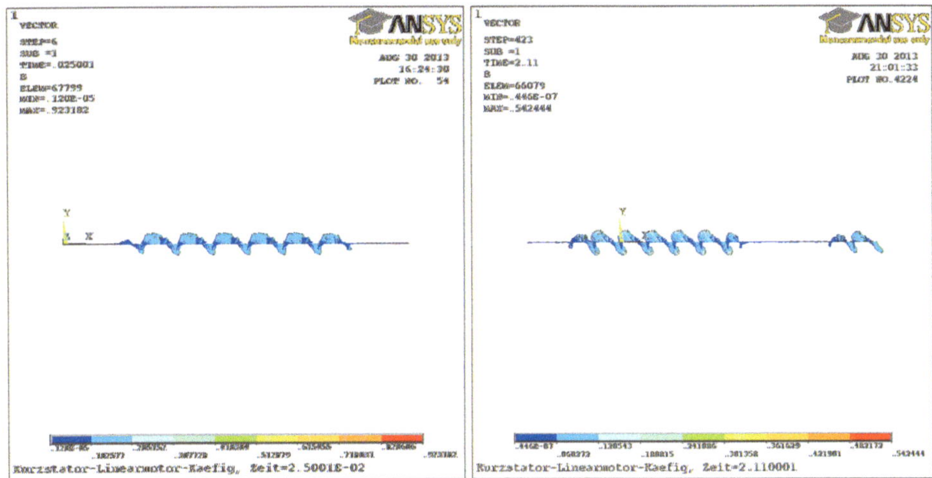

Abb. 22.90 Magnetische Flußdichte in Luftspaltmitte kurz nach Anlauf (*links*) und bei −2 m/s (*rechts*)

Die vektorielle Darstellung der magnetischen Flußdichte zeigt sowohl im Anlauf, als auch bei −2 m/s das typische sinusförmige Feld in Luftspaltmitte mit 12 Polen bei 6 Polpaaren. Die Vektoren haben eine Komponente in negativer x-Richtung, der für den Vorschub in negative x-Richtung sorgt. Bei −2 m/s hat sich der Stator bereits um eine gewisse Länge gegenüber dem Rotor verschoben.

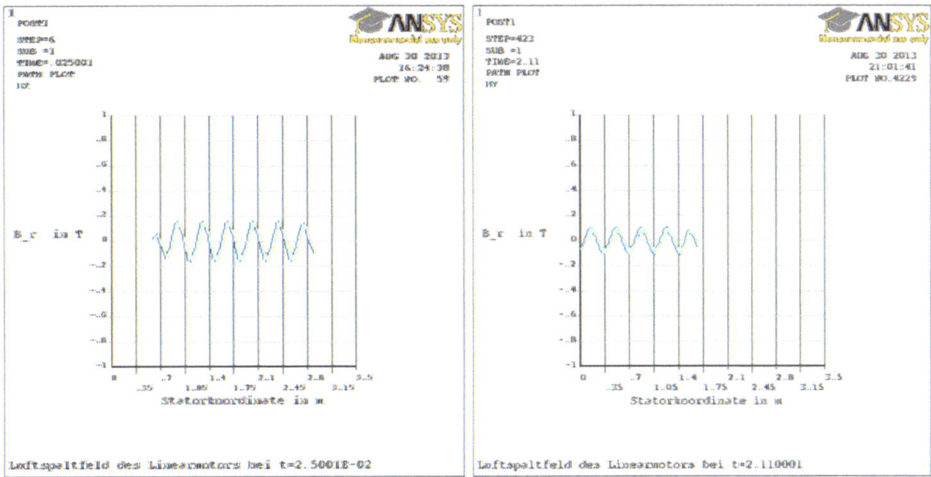

Abb. 22.91 Luftspaltfeld in Luftspaltmitte kurz nach Anlauf (*links*) und bei −2 m/s (*rechts*)

Dies wird bestätigt durch die Darstellung des Luftspaltfeldes in Luftspaltmitte. Deutlich ist das sinusförmige Luftspaltfeld mit nahezu konstanter Amplitude unter dem Stator und den geringen Schwankungen aufgrund der halbgeöffneten Statornuten.

22.7.4 Hochlauf mit Startgeschwindigkeit

Durch Parametervariation kann die Berechnung auch bereits mit einer gewissen Startgeschwindigkeit erfolgen.

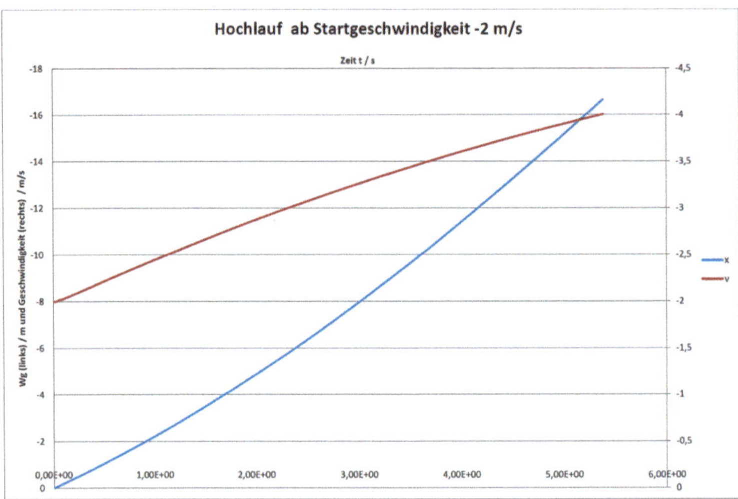

Abb. 22.92 Weg und Geschwindigkeit über der Zeit ab einer Geschwindigkeit von −2 m/s ohne Last

Im Beispiel wurde die Berechnung bereits mit einer Startgeschwindigkeit von −2 m/s gestartet. Innerhalb von 5 Sekunden erreicht der Linearmotor eine Geschwindigkeit von −4 m/s, die noch weit unter der Synchrongeschwindigkeit liegt. Während der 5 Sekunden legt der Linearmotor 17 m zurück, damit wurde das gesamte Modell von 3,5 m Länge bereits mehrfach zurück geschoben. Es wird erkennbar, dass durch Rechnungsbeginn mit Startgeschwindigkeit der Berechnungsgang wesentlich beschleunigt werden kann, wenn Ergebnisse erst ab einer gewissen Geschwindigkeit gefordert sind.

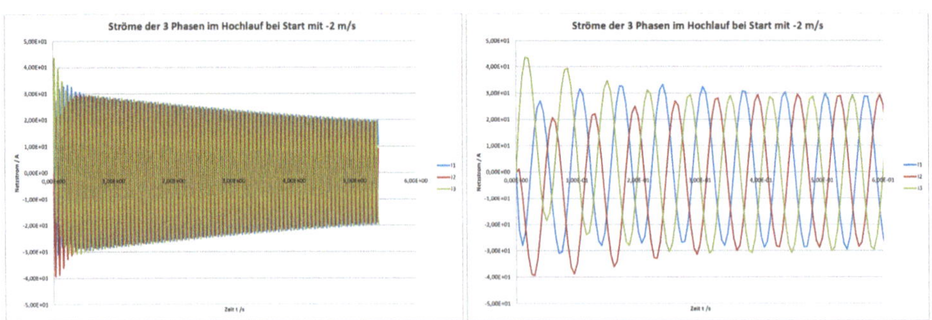

Abb. 22.93 Netzstrom über der Zeit ab einer Geschwindigkeit von −2 m/s ohne Last

Während des Hochlaufs von einer Geschwindigkeit von −2 m/s bis −4 m/s erfolgt zunächst ein Einschwingvorgang, bei dem der Netzstrom in den Phasen eine mittlere Amplitude von 30 A aufweist, jedoch ein zeitlich abnehmender Gleichstrom von bis zu +/− 4,5 A in den Strängen auftritt. Bei einer Geschwindigkeit von −4 m/s ist die Amplitude der Netzströme bereits auf 20 A abgeklungen.

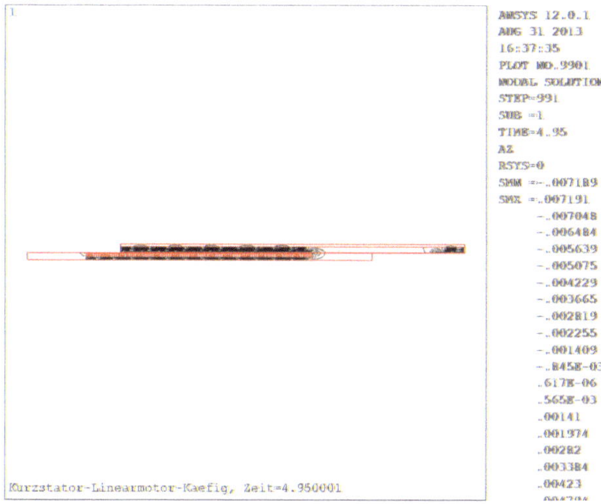

Abb. 22.94 Feldlinienbild bei −4 m/s

Das Feldlinienbild bei −4 m/s zeigt, dass der Stator auch nach mehreren Rückverschiebungen wieder nach links gegenüber dem Rotor verschoben ist. Deutlich ist zu erkennen, dass die Streueffekte in Fahrtrichtung gering sind und der magnetische Schweif hinter dem Fahrzeug bereits erheblich an Länge zugenommen hat.

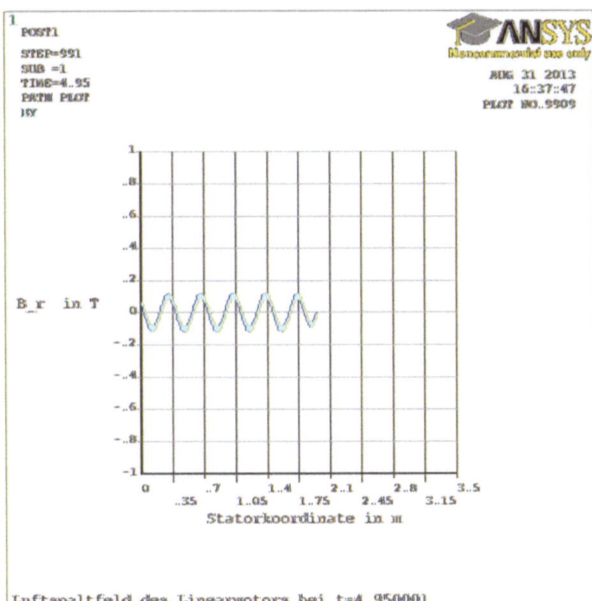

Abb. 22.95 Luftspaltfeld in Luftspaltmitte bei −4 m/s

Bei −4 m/s hat die Amplitude des Luftspaltfeldes mit etwa 0,1 Tesla kaum gegenüber den Werten bei der Geschwindigkeit von −2 m/s nachgelassen.

22.7.5 Belastung

Sind Belastungen bei einer Gegenkraft gewünscht, kann durch Parametervariation die Berechnung auch bereits mit einer gewissen Startgeschwindigkeit erfolgen und gleichzeitig eine konstante Gegenkraft berücksichtigt werden.

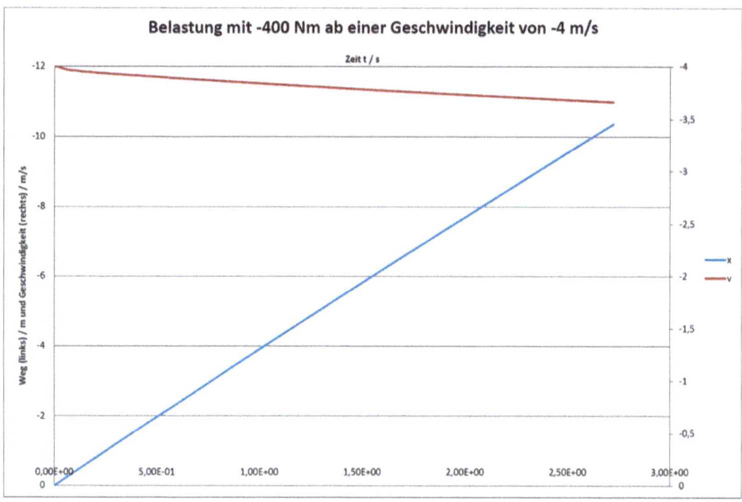

Abb. 22.96 Weg und Geschwindigkeit über der Zeit bei Belastung mit -400 Nm ab einer Geschwindigkeit von -4 m/s

Im Beispiel wurde die Berechnung bereits mit einer Startgeschwindigkeit von -4 m/s gestartet und eine Gegenkraft von -400 N aufgebracht. Innerhalb von 2,7 Sekunden nimmt die Geschwindigkeit des Linearmotors von -4 auf $-3{,}7$ m/s ab, damit ist der Ausgleichsvorgang noch nicht abgeschlossen. Während der 2,7 Sekunden legt der Linearmotor fast 11 m zurück, damit wurde das gesamte Modell von 3,5 m Länge bereits mehrfach zurück geschoben. Es wird erkennbar, dass zu Rechnungsbeginn die Startgeschwindigkeit betragsmäßig zu hoch angesetzt wurde, um den Rechenvorgang zu beschleunigen.

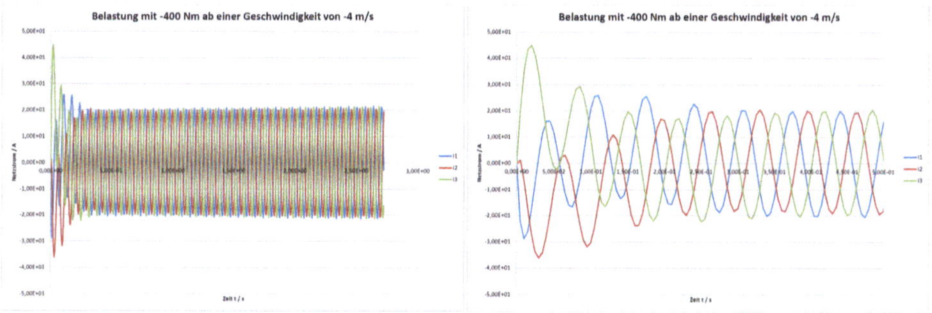

Abb. 22.97 Netzstrom über der Zeit bei Belastung mit -400 Nm ab einer Geschwindigkeit von -4 m/s

Auch bei Rechnung mit Startgeschwindigkeit und Gegenkraft zeigt der Netzstrom einen großen Einschwingvorgang. Die Amplitude des Netzstromes liegt bei etwa 20 A und weist über etwa 3 Sekunden in den einzelnen Phasen einen Gleichstromanteil von bis zu 25 A auf, was auf die zusätzliche Belastung mit einer Gegenkraft zurückzuführen ist. Entsprechend der vom Betrag her abnehmenden Geschwindigkeit steigt die Amplitude des Netzstromes leicht an und hat ihren Endwert bei weitem nicht erreicht.

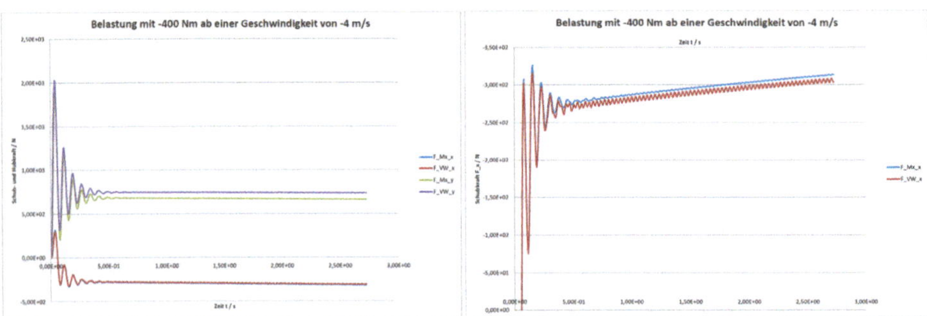

Abb. 22.98 Schub- und Hubkraft über der Zeit bei Belastung mit −400 Nm ab einer Geschwindigkeit von −4 m/s

Die Darstellung der Schub- und Hubkräfte zeigt den üblichen Einschwingprozess und nachfolgend recht konstante Werte ohne wesentliche Schwankungen. Die beiden Berechnungsverfahren ergeben im Lauf gegenüber dem Bereich des Stillstandes vergleichbare Werte auch für die Hubkraft. Die Schubkraft nimmt wie erwartet mit zunehmender Zeit bei betragsmäßig sinkender Geschwindigkeit zu.

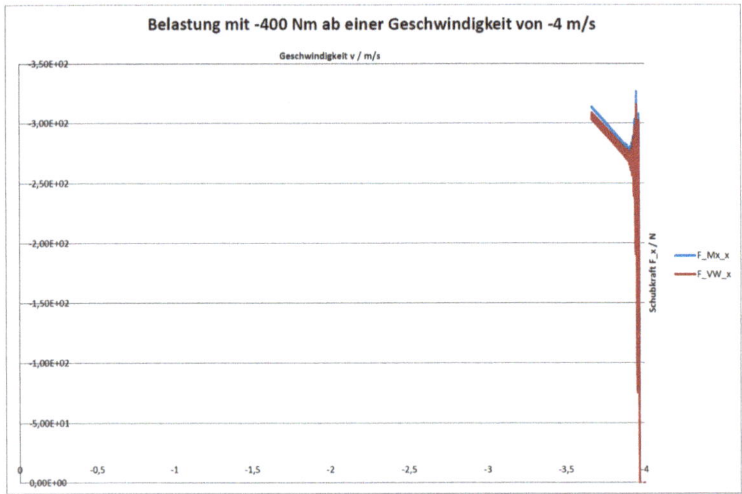

Abb. 22.99 Darstellung der Schubkraft über Geschwindigkeit bei Belastung mit −400 Nm ab einer Geschwindigkeit von −4 m/s

Trägt man die Schubkraft über der Geschwindigkeit auf, so ist ein Teil der Belastungskurve erkennbar, die mit einer normalen Asynchronmaschine für die Abhängigkeit des Drehmoments von der Drehzahl vergleichbar ist.

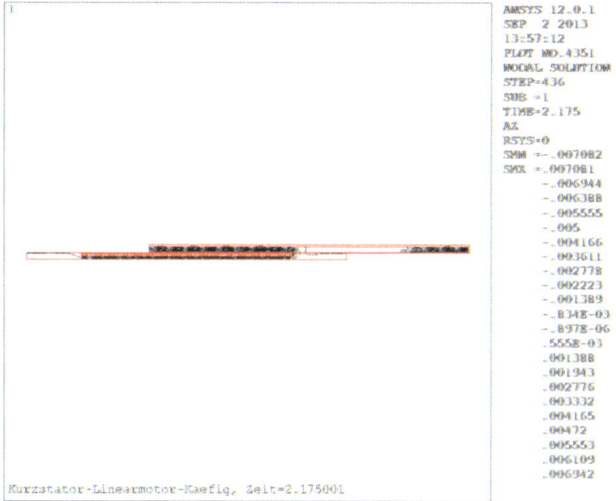

Abb. 22.100 Luftspaltfeld in Luftspaltmitte bei −3,7 m/s

Das Feldlinienbild bei −3,7 m/s zeigt die typische Verteilung des magnetischen Feldes mit Schweif hinter dem Fahrzeug.

Aufbau eigener Benutzermenüs 23

Die Anwendung von ANSYS ist prinzipiell bereits durch Angabe des Arbeitsverzeichnisses und des Namens zur Problembeschreibung möglich. ANSYS speichert sämtliche Ausgaben in diesem Arbeitsverzeichnis. Sollen Skripten aufgerufen werden, so müssen diese idealerweise im Arbeitsverzeichnis vorhanden sein, um direkt aufgerufen werden zu können. Sollen Skripten von zentraler Stelle aufgerufen werden, so müssen diese in einem Verzeichnis abgelegt werden, das ANSYS über die Umgebungsvariablen in der Systemsteuerung von Windows über die Systemvariable „ansys_macrolib" mitgeteilt werden.

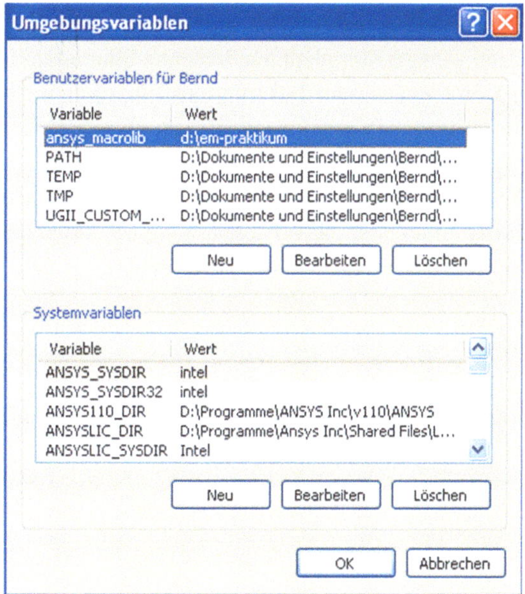

Abb. 23.1 Angabe des Verzeichnisses zentraler zugreifbarer Skripten und Makros über Umgebungsvariablen

B. Aschendorf, *FEM bei elektrischen Antrieben 2*, DOI 10.1007/978-3-658-05250-8_9

Werden alle diesem Buch zugehörigen Skripten abgelegt, so müssen lediglich einige wenige Steuerskripten zum Aufruf der Geometrieerstellung und zur Berechnung und Auswertung im Arbeitsverzeichnis abgelegt werden.

Damit ist parameterbasierte Berechnung auch ohne weitere Menüstrukturen komfortabel möglich. Idealerweise werden im Kopf der Dateien die zu verwendenden Parameter definiert und danach nach und nach die einzelnen Skripten, auch in Schleifen, aufgerufen.

23.1 Menüeinleitung

Weitere Vereinfachung und damit Steigerung des Komforts im Umgang mit ANSYS wird möglich durch die Einbindung ANSYS-spezifischer Menüstrukturen bei Verwendung der Programmiersprache UIDL. Die Anwendung von UIDL ist relativ kryptisch, besteht jedoch aus einigen wenigen, immer wiederkehrenden Menübestandteilen

Die Definition eines ANSYS-Menüs besteht aus einer Datei, die grundsätzlich mit der Endung „MEN0" benannt werden sollte. Die „0" steht hier für eine initiale Datei, die von ANSYS noch nicht bearbeitet oder angetastet wurde.

Menüzeilen beginnen grundsätzlich mit einem Ausrufezeichen. In der ersten Zeile des folgenden Menüblock, der den Beginn eines ANSYS-Menüs darstellt, steht hinter dem „F" der Name des ANSYS-Menüs, der mit dem Namen der Menü-Datei übereinstimmen sollte. Es folgt eine Zeile mit vorangehendem „I" zur Indizierung des Menüs mit nachfolgenden 3 durch Kommata getrennten Nullen, die von ANSYS beim ersten Aufruf geändert werden. Niemals darf daher ANSYS die in Arbeit befindliche Menüdatei übergeben werden. Es folgen weitere Kommentarzeilen ohne führenden Buchstaben nach dem Doppelpunkt. Sollen Kommentar- oder Informationszeilen innerhalb von ANSYS, z. B. in der OUTPUT-Datei ausgegeben werden, so können diese mit Kommentarzeilen nach voranstehendem „:C)" angegeben werden. Es folgt die Definition des Erscheinungsbildes des neuen ANSYS-Menüs mit allen alten und bereits bekannten Menüs, wie z. B. für das Preprocessing, die Solution oder das Postprocessing. Ziemlich am Ende wird das einzufügende neue Menü mit dem Namen „Men_EM_PRAK" in den Verband eingestellt.

```
:F EM_PRAK.MEN
:I      0,        0,       0
:! - ANSYS 11.0 EM-Praktikum V 1.1
:! FH-Dortmund, Prof. Dr. Aschendorf -> EM-Praktikum V 1.1
:! nachfolgende genullte Indexzeilen sind zu verwenden
:! i(9-18-27) s(9,16,23)
:!!I      0,        0,       0
:!!S      0,       0,      0
:!!
:N MenuRoot
```

```
:S      0,      0,      0
:T Menu
:C )/NOPR
:C )! Men_Root 30.03.2008
:C )/uis,msgpop,3
:C/COM,
:C/COM, Prof. Dr. Aschendorf, FH Dortmund
-> EM-Praktikum V 1.1
:C/COM, fuer ANSYS RELEASE  ab 11.0
:C/COM, Letzte Aenderung am 30.03.2008
:C/COM,
:C )/GO
:A Main Menu
:D EM-Praktikum V 1.1
Fnc_Preferences
Sep_
Men_Preproc
Men_Solution
Men_GenlPost
Men_TimePost
Sep_
Men_Topo
K_LN(alpha)
Men_DesOpt
K_LN(ALPHA)
Men_DesOpt_al
Men_ProbDesign
Men_Aux12
Men_RunStat
Sep_
Fnc_UNDO
Sep_
Fnc_FINISH
K_LN(UTILMENU)
Men_UtilMenu
Men_EM_PRAK
Sep_
Fnc_FINISH
K_LN(UTILMENU)
Men_UtilMenu
:E END
:!!
```

Dies hat folgendes neues Erscheinungsbild des ANSYS-Menüs zur Folge.

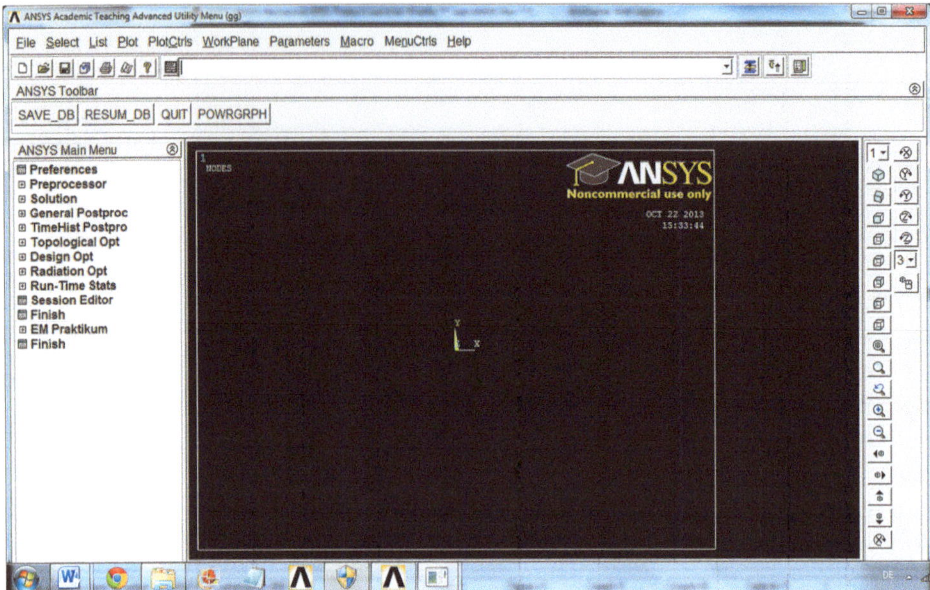

Abb. 23.2 Erscheinungsbild des neuen ANSYS-Menüs

23.2 Aufbau eines Untermenüs

Die Menüeintragzeile im neuen ANSYS-Menüs mit dem Inhalt „Men_EM_PRAK" verweist an das neue eigentliche ANSYS-Menü. In diesem wiederum wird das neue Menü zum Aufruf des Tools „EM-Praktikum", über das komfortabel einfache elektrische Maschinen aufgebaut werden können. Unter diesem Eintrag werden die weiteren Menüs zum Aufbau von Transformatoren, Gleichstrommaschinen, etc. als weitere Menüs aufgeführt. Diese wiederum verweisen wie bei Verwendung von Unterprogrammtechnik auf weitere notwendige Menüs.

```
:N Men_EM_PRAK
:S      0,      0,      0
:T Menu
:C )/NOPR
:C )! Men_EM_PRAK 30.03.2008
:C )/uis,msgpop,3
:C )*GET,_z1,ACTIVE,,ROUTIN
:C )*IF,_z1,NE,17,THEN
:C )_z2='/PREP7'
```

```
:C )*ELSE
:C )_z2=')!'
:C )*ENDIF
:C %_z2%
:C/COM,
:C/COM, Prof. Dr. Aschendorf, FH Dortmund
-> EM-Praktikum V 1.1
:C/COM, fuer ANSYS RELEASE  ab  11.0
:C/COM, Letzte Aenderung am 30.03.2008
:C/COM,
:C )/GO
:A EM Praktikum
:D EM-Praktikum
Fnc_MODELL_NEU
Men_EM_STROM
Men_EM_TRAFO
Men_EM_GSM
Men_EM_DREH
Men_EM_SYN
Men_EM_ASYN
Men_EM_LIN
:E END
:!!
```

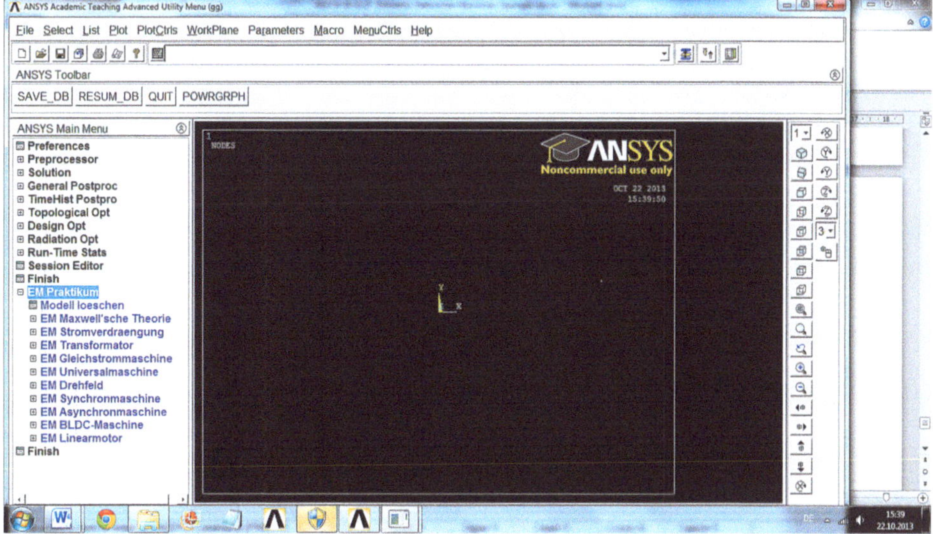

Abb. 23.3 Erscheinungsbild des neuen User-Menüs zum Tool EM-Praktikum

Sukzessive können weitere Untermenüs aufgebaut werden. Als Beispiel wird die Syntax für die Gleichstrommaschinengenerierung und -berechnung angegeben.

```
:N Men_EM_GSM
:S       0,      0,      0
:T Menu
:C )/NOPR
:C )! Men_EM_PRAK 16.11.04
:C )/uis,msgpop,3
:C )*GET,_z1,ACTIVE,,ROUTIN
:C )*IF,_z1,NE,17,THEN
:C )_z2='/PREP7'
:C )*ELSE
:C )_z2=')!'
:C )*ENDIF
:C %_z2%
:C/COM,
:C/COM, EM-Praktikum V 2.0
:C/COM, Prof. Dr. Aschendorf, FH Dortmund
:C/COM, fuer ANSYS RELEASE  ab  11.0
:C/COM, Letzte Aenderung am 14.01.2010
:C/COM,
:C/COM, Copyright Prof. Dr. Aschendorf
:C/COM, Nutzung erfordert Lizenzierung durch
Prof. Dr. Aschendorf
:C/COM,
:C )/GO
:A EM Gleichstrommaschine
:D EM-Praktikum Gleichstrommaschine
Fnc_MODELL_NEU
Men_EM_GSM1
Men_EM_GSM2
Men_EM_GSM3
Men_EM_GSM4
:E END
:!!
```

Dieses hat entsprechend folgendes Erscheinungsbild.

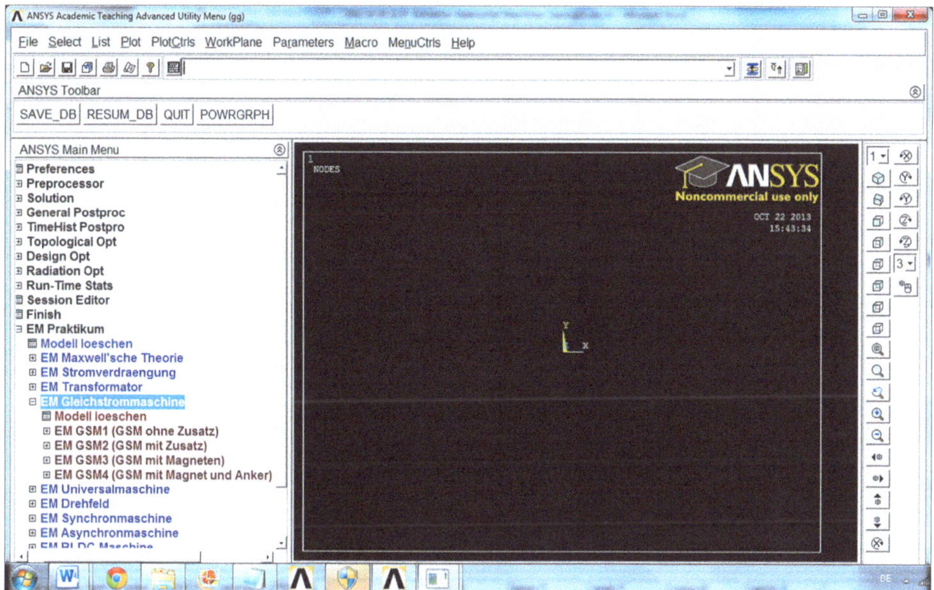

Abb. 23.4 Erscheinungsbild des neuen User-Menüs zum Aufruf der Gleichstrommaschinenberechnung

23.3 Einlesen von Parametern

Nach Aufruf eines Untermenüs müssen die Parameter für die nachfolgende Modellgenerierung, sowie der Modell- und Berechnungsablauf im Menü abgelegt werden. Am Beispiel des Menüs für die Gleichstrommaschine für den Typ „GSM1" ergibt sich folgende Syntax.

```
:N Men_EM_GSM1
:S        0,       0,       0
:T Menu
:C )/NOPR
:C )! Men_EM_GSM1 17.11.04
:C )/uis,msgpop,3
:C )*GET,_z1,ACTIVE,,ROUTIN
:C )*IF,_z1,NE,17,THEN
:C )_z2='/PREP7'
:C )*ELSE
:C )_z2=')!'
```

```
:C )*ENDIF
:C %_z2%
:C/COM,
:C/COM, EM-Praktikum V 2.0
:C/COM, Prof. Dr. Aschendorf, FH Dortmund
:C/COM, fuer ANSYS RELEASE  ab  11.0
:C/COM, Letzte Aenderung am 14.01.2010
:C/COM,
:C/COM, Copyright Prof. Dr. Aschendorf
:C/COM, Nutzung erfordert Lizenzierung durch
Prof. Dr. Aschendorf
:C/COM,
:C )/GO
:A EM GSM1 (GSM ohne Zusatz)
:D EM-Praktikum Gleichstrommaschine (GSM ohne Zusatz)
Men_Vor5
Sep_
Men_Gene5
Sep_
Men_Aend5
Sep_
Men_Loes5
Sep_
Men_Ausw5
:E END
:!!
```

Dieses Untermenü steuert die Prozessschritte der Eingabendefinition, der Modellgenerierung, möglicher Änderungen, den Lösungs und Auswertungsprozess.

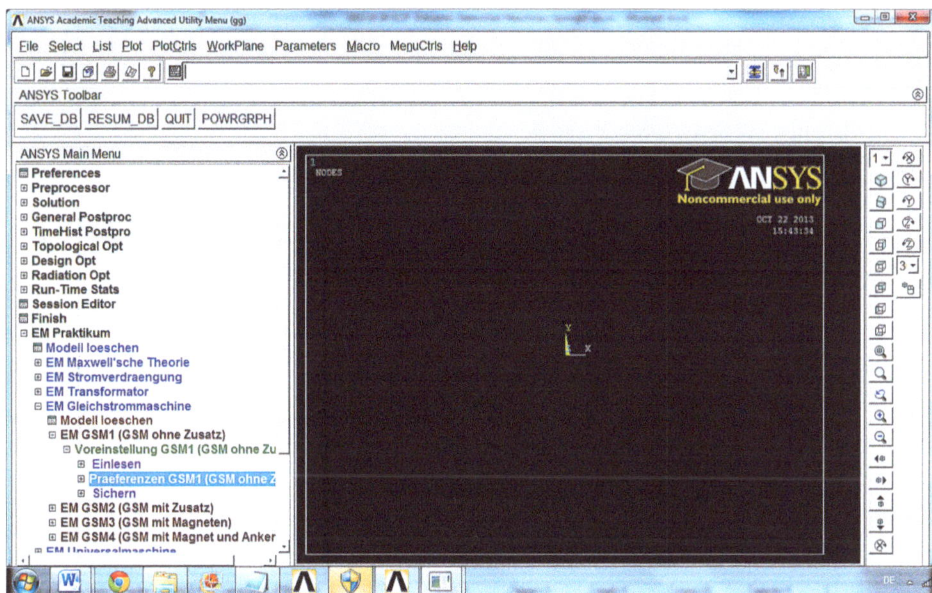

Abb. 23.5 Erscheinungsbild des Menüs zur Generierung, Berechnung und Auswertung der Gleichstrommaschine vom Typ 1

Es ist erkennbar, dass von allen angeführten Menüzeilen lediglich die Zeile für die Parametereingaben als „Praeferenzen“ sichtbar ist. Dies ist auf das intelligente Menü zurückzuführen, dass die Generierung und damit auch alle weiteren Schritte erst möglich sind, wenn die Eingaben vollständig erfolgt sind.

Innerhalb des Untermenüs „Men_Vor5“ mit der Überschrift „Praeferenzen“ erfolgen die Eingaben zur Gleichstrommaschine. Auch dies erfolgt in weiteren einzelnen Untermenüs.

So steuert das Untermenü „Men_Vor5“ die Eingabe der Parameter getrennt nach Stator, Rotor, etc.

```
:N Men_Vor5
:S      0,      0,      0
:T Menu
:C )/NOPR
:C )! Men_Vor5 06.02.2001
:C )/uis,msgpop,3
:C )*GET,_z1,ACTIVE,,ROUTIN
:C )*IF,_z1,NE,17,THEN
:C )_z2='/PREP7'
:C )*ELSE
:C )_z2=')!'
```

```
:C )*ENDIF
:C %_z2%
:C/COM,
:C/COM, EM-Praktikum V 2.0
:C/COM, Prof. Dr. Aschendorf, FH Dortmund
:C/COM, fuer ANSYS RELEASE  ab  11.0
:C/COM, Letzte Aenderung am 14.01.2010
:C/COM,
:C/COM, Copyright Prof. Dr. Aschendorf
:C/COM, Nutzung erfordert Lizenzierung durch Prof. Dr. Aschendorf
:C/COM,
:C )/GO
:A Voreinstellung GSM1 (GSM ohne Zusatz)
:D EM-Praktikum Voreinstellung GSM 1 (GSM ohne Zusatz)
Fnc_EMM_HIN
Sep_
- Einlesen -
Fnc_Rpar1
-Praeferenzen GSM1 (GSM ohne Zusatz)-
Fnc_Vor51
Fnc_Vor52
Fnc_Vor53
Fnc_Vor53b
- Sichern -
Fnc_Wpar1
:E END
:!!
```

Das funktionsausführende Untermenü „Fnc_Vor51" liest ein gesamtes Eingabedatenfile ein, dies muss die Endung „geo" aufweisen. Es erscheint folgendes Pop-up-Fenster.

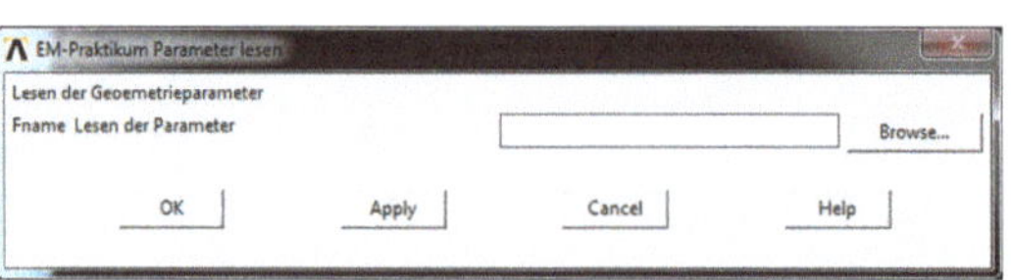

Abb. 23.6 Menü zum Einlesen einer Geometriebeschreibungsdatei

Nach Einlesen einer Geometriebeschreibungsdatei oder auch direkt werden die Eingabedaten eingeblendet und können geändert werden.

Am Beispiel des Funktionsuntermenüs „Fnc_Vor51" wird die Eingabe näher beschrieben. Die Eingabe einer Text- oder Variableneingabezeile beginnt mit „Fld_0" oder

„Fld_2". Es folgt eine Textzeile zur Beschreibung des Ausgabetexts, die mit „Typ_Lab" beginnt und mit „Prm_Text" fortgesetzt wird. „Text" steht hier für den Text zur Beschreibung der Eingabe. Es folgen zwei weitere Zeilen, mit denen die nächste Eingabezeile definiert wird, die in diesem Falle mit „Typ_Sep" beginnt und eine Textrennung einleitet. Eine Parametereingabe beginnt mit einer Kommandozeile mit vorangestelltem „Cmd_)" und nachfolgendem ANSYS-Befehl zur Ausgabe der Variablen über einen „*SET"-Befehl. In einem weiteren mit „Fld_2" beginnendem Block wird zunächst der Eingabetext ausgegeben. Daran schließt sich die Weiterführung des „*SET"-Befehls an. In der Zeile „Typ_Real" wird das Format der Parameterausgabe definiert. Die Parametereingabe wird mit „DEF_*PAR(raussen)" abgeschlossen, die die Eingabe der Variablen, in diesem Falle „raussen" abschließt. Die vorhandenen Werte der Variablen werden zunächst eingeblendet und können im Menüfenster verändert werden.

```
:N Fnc_Vor51
:S      0,      0,      0
:T Cmd
:C )/NOPR
:C )! Fnc_Vor51 22.02.2000
:C )! Einstellungen Standard fuer Stator u Rotor
:C )/GO
:A Statordaten GSM1 (GSM ohne Zusatz)
:H Hlp_EMD_VOREIN2
:D EM-Praktikum GSM1 (GSM ohne Zusatz)
Inp_NoApply
Fld_0
 Typ_Lab
 Prm_Eingabe der Aussenblechgeometrie
Fld_0
  Typ_Sep
Cmd_)*SET,raussen
Fld_2
 Prm_Aussenradius     [m]
 Typ_Real
DEF_*PAR(raussen)
Cmd_)*SET,joch1
Fld_2
 Prm_Jochdicke [m]
 Typ_Real
DEF_*PAR(joch1)
Cmd_)*SET,jochdicke
Fld_2
 Prm_Statorstaerke gesamt [m]
```

```
 Typ_Real
DEF_*PAR(jochdicke)
Cmd_)*SET,jochtiefe
Fld_2
 Prm_Jochtiefe (lfe)
 Typ_Real
DEF_*PAR(jochtiefe)
Cmd_)*SET,delta
Fld_2
 Prm_Luftspalt (delta)
 Typ_Real
DEF_*PAR(delta)
Fld_0
 Typ_Sep
Cmd_)*SET,p
Fld_2
 Prm_Polpaarzahl (p)
 Typ_Real
DEF_*PAR(p)
Cmd_)KEYW,VOREIN1,1
Cmd_)KEYW,TRAFO1,0
Cmd_)KEYW,TRAFO2,0
Cmd_)KEYW,DREH,0
Cmd_)KEYW,VOLL,0
Cmd_)KEYW,GSM1,1
Cmd_)KEYW,SCHEN,0
CAL_REFRESH
:E END
:!!
```

Am Ende des Parametereingabemenüs werden über die Keywörter „KEYW“ die intelligenten Eigenschaften des Menüs gesteuert.

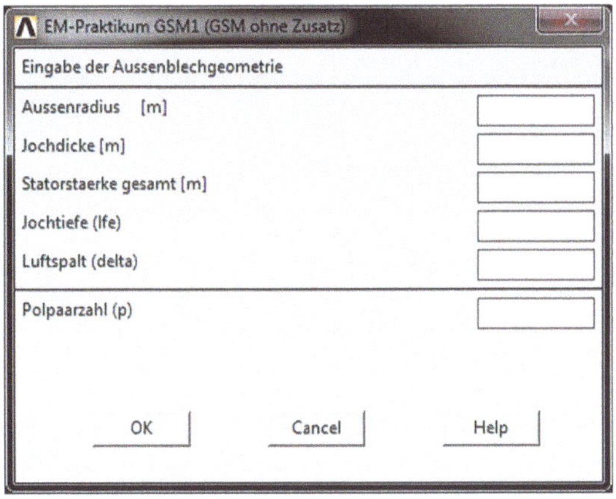

Abb. 23.7 Erscheinungsbild des Parametereingabemenüs

23.4 Aufruf von APDL-Skripten

Skripten mit ANSYS-Befehlen werden in Funktionsmenüs mit Namen vom Typ „Fnc_menue" aufgerufen, indem bei vorangestelltem „Cmd_)" direkt im Anschluss das Skript, bzw. Makro, aufgerufen wird, im vorliegenden Falle „trafo1p-material.txt".

```
Fld_2
 Prm_Fuellfaktor sekundaer
 Typ_Real
 Def_*PAR(fil2)
Cmd_)trafo1p-material.txt
Cmd_)KEYW,DEFI2,1
Cmd_)KEYW,DEFI1,0
Cal_REFRESH
:E END
:!!
```

23.5 Einbindung des User-Menüs in das ANSYS-Benutzer-Menü

Das so erstellte User-Menü muss innerhalb der ANSYS-Programmumgebung integriert werden. Dies erfordert zwei Änderungen. Zunächst muss das erstellte Menü im Dateibaum an der Stelle der weiteren ANSYS-Menüs abgelegt werden. Hierzu erfolgt eine Kopie des Usermenüs mit der Endung „MEN0" in eine Datei an der entsprechenden Stelle mit der Endung „MEN". Prinzipiell kann das neue User-Menü auch an jeder beliebigen anderen Stelle im Dateibaum abgelegt werden.

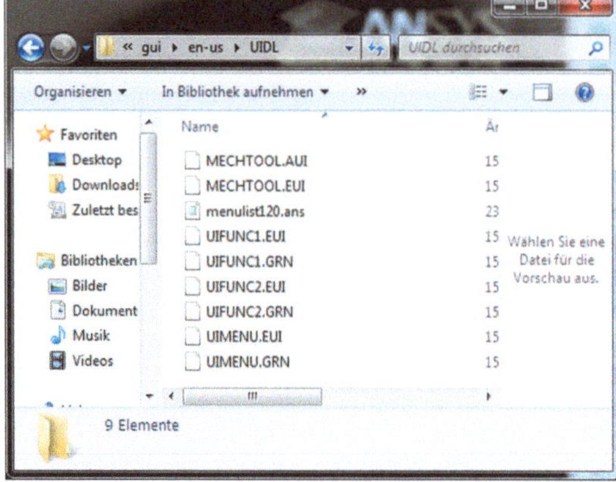

Abb. 23.8 Dateien im UIDL-Verzeichnis

In der in diesem Verzeichnis liegenden Datei „menulist*.ans", wobei der Stern „*" für die ANSYS-Version steht, ist das neue ANSYS-Menü, sowie der Dateiablageort anzugeben.

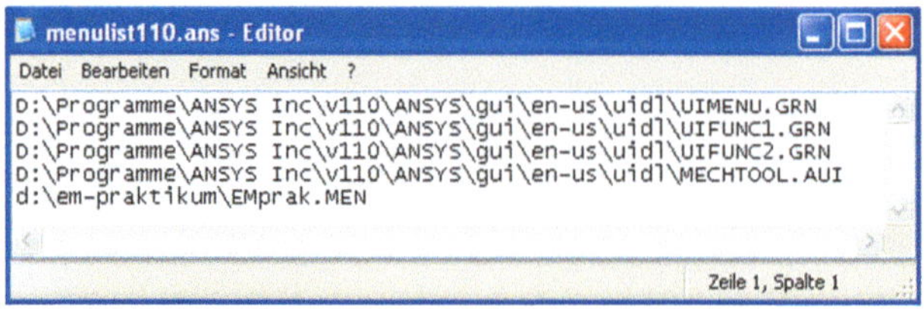

Abb. 23.9 Inhalt der Menüdefinitionsdatei

Des Weiteren sind Änderungen an der Datei „start*.ans" im „apdl"-Verzeichnis vorzunehmen.

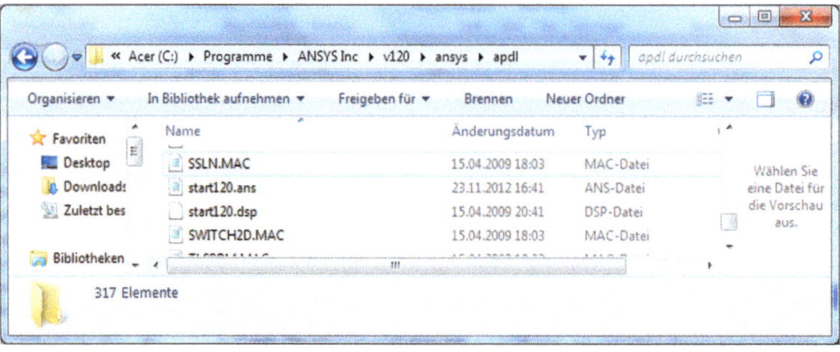

Abb. 23.10 ANSYS-Startdatei im „apdl"-Verzeichnis

```
! ***********************************************************
!
!       Sample START.ANS file provided by Ansys, Inc.
!                   for the ANSYS Program
!                         8/07/2002
!
! All of the commands included in this file are commented.
! If you want to have any command executed at ANSYS start-up,
! simply remove the ! from thebeginning of the line.
!
!
!/NOPR    ! Suppresses printout of the START.ANS file
!
!
! Suggested ANSYS abbreviations for the Toolbar:
!
!*ABBR,REPLOT  ,/REPLOT
! Replots the last graphics display
!*ABBR,ISO     ,/VIEW,,1,1,1
! Changes the view to isometric
!*ABBR,FRONT   ,/VIEW,,0,0,1
! Changes the view to front view
!*ABBR,VECTOR  ,/DEVICE,VECT,ON
! Specifies vector mode for graphics displays
!*ABBR,RASTER  ,/DEVICE,VECT,OFF
! Specifies raster mode for graphics displays
!*ABBR,NOERASE ,/NOERASE
! Does not erase the screen between plots
!*ABBR,ERASE   ,/ERASE
! Erases the screen between plots
!*ABBR,HID_LINE,Fnc_Pl_Hidden
! Brings up dialog box for hidden-line options
!*ABBR,INFO-ON ,/PLOPTS,INFO,ON
! Turn the legend information on
!*ABBR,INFO-OFF,/PLOPTS,INFO,OFF
! Turn the legend information off
!*abbr,RESU_ABR,Fnc_ABBRESU
! Brings up a dialog box to read an

! abbreviation file
!
!
```

```
! The next abbreviations are system-dependent:
!
! To invoke a system editor:
!*ABBR,SYS_EDIT,/SYS,xterm -title 'ANSYS  vi_Editor' -e vi
&  ! UNIX
!*ABBR,SYS_EDIT,/SYS,start notepad
! Windows-NT
!
! To bring up a system calculator:
!*ABBR,CALCULAT,/SYS,xcalc -stipple -geom -0+0 & ! UNIX
!*ABBR,CALCULAT,/SYS,start calc                  ! Windows-NT
!*ABBR,CALCLTR ,/SYS,xhpcalc -geom -0+0 &        ! HP
!
!
! It is possible to have multiple toolbars by having
! different abbreviation files.  (The files must be available
! in a directory on your system.)  The way to access them is
! to have the following type of abbreviations defined INSIDE
! the initial (main) abbreviation file.
!
!*ABBR,MAINTBAR,ABBRESUM,NEW,MAINTBAR,ABBR
! Restores the main Toolbar
!*ABBR,GRPHTBAR,ABBRESUM,NEW,GRPHTBAR,ABBR
! Restores a Toolbar customized for graphics manipulations
!*ABBR,POSTTBAR,ABBRESUM,NEW,POSTTBAR,ABBR
! Restores a Toolbar customized for postprocessing
!
!
! There are five predefined ANSYS abbreviations in the
! Toolbar. The following commands can be used to remove
! them (by removing the exclamation point).
!
!*ABBR, SAVE_DB
!*ABBR, RESUM_DB
!*ABBR, QUIT

!  ....

!*ABBR, RESUM_DB, RESUME
!*ABBR, E-CAE,    SIMUTIL
!*ABBR, POWRGRPH, Fnc_/GRAPHICS
```

```
! An abbreviation can be added to bring up your web browser
! with www.ansys.com by adding the following command
!*ABBR, ANSYSWEB, Fnc_HomePage
!

! Initial ANSYS parameters:
!PI=ACOS(-1)
!
!

!   .....

!              Button 3 is rotate about x or y axis
!
! *************  End of sample START.ANS file  *************
keyw,adorf36,1
/show,win32c
/config,nres,2000000
keyw,adorf6,1
```

Die Änderungen betreffen die Lizenzierung des Tools „EM-Praktikum“.

Die Ablageort der Makros wird wie bereits beschrieben über die Systemsteuerung und dort unter „Umgebungsvariablen“ definiert.

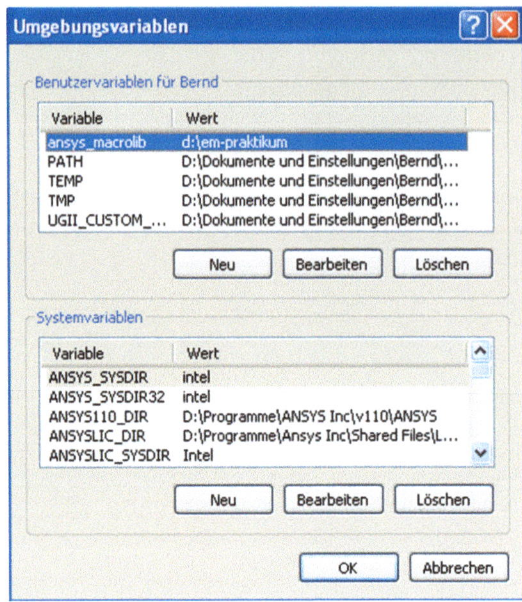

Abb. 23.11 Angabe des Verzeichnisses zentraler zugreifbarer Skripten und Makros über Umgebungsvariablen

Nach Einrichtung und Ablage der Dateien und Änderung kann das neue Menü angewendet werden, um menügestützt ein Modell zu generieren.

24 Zusammenfassung

ANSYS bietet ausgezeichnete Möglichkeiten, um elektrische Maschine optimal generieren und berechnen zu können. Alle notwendigen Kennlinien können mit Finite-Elemente-Rechnungen berechnet werden, dabei entstehen jedoch sehr große Rechenzeiten. Problematisch erweist sich bei ANSYS insbesondere die Verwendung des Gleichungssystems-Solvers. Während der FRONTAL-Solver i. a. stabile Rechenergebnisse liefert, Ausnahmen bestätigen hier jedoch die Regel, und bei bewegten Anordnungen zu einer Abhängigkeit der Rechenzeit vom Stellungswinkel zwischen Stator und Rotor neigt, liefert der SPARSE-Matrix-Solver bei bestimmten Konstellationen große numerische Instabilitäten, die zu großen Strömen oder Drehmomenten führen, die wiederum das bewegte Teil stark beschleunigt oder die magnetischen Eigenschaften der Anordnung verfälscht. Rechnungen mit dem SPARSE-Matrix-Solver sind häufig sehr schnell, aber leider auch völlig unbrauchbar.

Auf der Basis der grundlegenden Herleitung der Finite-Elemente-Theorie und damit der Maxwell'schen Gleichungen wurde die Verwendung von ANSYS vorgestellt, um zunächst am Beispiel der Stromverdrängungsberechnung in einer Trapeznut die Prozessschritte zur Generierung, Berechnung und Auswertung näher kennenzulernen. Im ersten Prozessschritt, dem sogenannten Preprocessing, wurden die Methoden zur Erstellung des Finite-Elemente-Modells mit Geometriepunkten, Linien, Flächen, Finite-Elemente-Knoten und Elementen vorgestellt. Dabei wurde die klassische Bottom-up-Methode, aber auch die modernere Top-down-Methode bei Verwendung Boole'scher Operationen vorgestellt. Beide Methoden gemeinsam eingesetzt erlauben die komfortable Erzeugung von Finite-Elemente-Modellen. Zum Preprocessing gehört auch die Definition der Elementtypen, die der Umsetzung der Finite-Elemente-Theorie entsprechen, und die Parametrierung der Materialeigenschaften, die isotrop, anisotrop und auch nichtlinear sein können. Elementtypen und Materialien werden der Geometrie des Modells als Attribute zugeordnet. Es schließt sich die Vernetzung, bzw. Vermaschung an, bei der die diskretisierte Geometrie mit Finiten-Elementen überzogen wird. Auch dieser Arbeitsschritt kann mit verschiedenen Ansätzen und Vorgehensweisen erfolgen. Der Vermaschung schließt sich die Definiti-

B. Aschendorf, *FEM bei elektrischen Antrieben 2*, DOI 10.1007/978-3-658-05250-8_10

on der Randbedingungen und Lasten, z. B. Stromdichten in bestimmten Gebieten, an. Damit wurden erste Berechnungen ermöglicht, die im Prozessschritt der Berechnung, auch Solution genannt, als statische oder harmonische Berechnung erfolgen. Im nachfolgenden Auswertungsschritt, dem Postprocessing, werden die berechneten Ergebnisse mit direkten oder tabellarischen Auswertungen oder durch grafische Analysen über Feldlinien- oder Konturplots analysiert. Zu den Konturplots für magnetische Feldstärke und Flußdichte oder Stromdichte gesellen sich auch vektorielle Auswertung der magnetischen Feldstärke und Flußdichte. Es zeigt sich schnell, dass der Umgang mit ANSYS zwar über das intelligente Benutzermenü relativ gut geführt ist, wenn man die Befehle schnell findet oder weiß, wo sie sich verbergen, aber dennoch unflexibel und schlecht änder- oder anpassbare Modelle liefert. Der Übergang zur skriptgesteuerten Anwendung von ANSYS, dem sogenannten BATCH-Betrieb ist für einen effizienten Einsatz von ANSYS unumgänglich. Es wurde eine Methode vorgestellt, bei der grundlegend über das Benutzermenü das Modell aufgebaut wird, aber durch Auslesen des von ANSYS parallel mitgeführten LOG-Files die abgelegten aufgerufenen Befehl in ein eigens erstelltes INPUT-File übertragen werden und dort direkt oder in Abwandlung weiterverwendet werden können. So entstehen bei Verwendung der Programmiersprache APDL flexibel änder- und erweiterbare Skripten auch in Unterprogrammtechnik, die innerhalb von ANSYS sehr einfach eingelesen werden können und nach kürzester Zeit das Modellierungs- oder sogar Rechenergebnis liefern. Bei Verwendung von APDL in Skripten kann die Vorgehensweise zum Aufbau eines Finite-Elemente-Modells dokumentiert werden, um darauf basierend, weitere Modelle oder ganze elektrische Maschinen in Verbindung mit deren verschiedenen Verschaltungsmöglichkeiten zu modellieren.

Hinsichtlich der Berechenbarkeit elektrischer Maschinen wurde auf in Teil 1 des Buches auf Transformatoren und die Gleichstrommaschine mit verteilter Wicklung und Erregerspulen eingegangen.

Im Buch 2 wurden weitere Gleichstrommaschinen, Asynchron- und Synchronmaschinen und Linearmotoren behandelt.

Die Gleichstrommaschine wurde in den Varianten Gleichstrommaschine mit schalenförmigen Permanentmagneten, sowohl als Läufer mit verteilter Ankerwicklung und mehrteiligem Anker behandelt. Verwendet wurde ein vereinfachtes Kommutierungsmodell, bei dem die Verbindungen der Bürsten zu den Lamellen des Kommutators über einzeln zuschaltbare Widerstände realisiert wurden. Mit dieser Berechnungsmethode wurden statische Berechnungen zur Ermittlung von Erreger- und Ankerfeld separat, aber auch in Verbindung mit der Ankerrückwirkung durchgeführt. Die transiente Berechnungsmethode wurde als ortsveränderliche Zeitschrittrechnung angewandt, um die induzierte Spannung und den Kurzschlussstrom am Anker in Abhängigkeit der Drehzahl, aber auch Hochlauf und Belastung zu berechnen. Das vorgestellte Kommutierungsmodell erwies sich dabei als sehr praktikabel, um schnell Ergebnisse zu erzielen.

Die Asynchronmaschine wurde in den Varianten als Schleifring- und Käfigläufer vorgestellt. Dabei wurde insbesondere Augenmerk auf die Umsetzung der verteilten Drehstromwicklung als Einschicht- und Zweischichtwicklung mit den Parametern Nutenzahl je Pol und Phase q, Sehnung und Polpaarzahl gelegt. Auch der Käfig wurde hinsichtlich der Verschaltung der Stäbe und der beidseitigen Ringe als Modell berücksichtigt. Darauf basierend wurden statische Berechnungen durchgeführt, die vergleichbar mit dem Transformator lediglich der Kontrolle des Modells dienen. Mit harmonischen Rechnungen konnte annähernd das Betriebsverhalten im Stillstand und Synchronismus ohne Oberströme berechnet werden. Mit der transienten Berechnungsmethode konnte der Hochlauf aus dem Stillstand oder anderen Startdrehzahl, sowie die Belastung der Asynchronmaschine analysiert werden, um Kennlinien zu rechnen. Bei der Asynchronmaschine zeigte sich stark, dass die Verwendung des Gleichungssystemssolvers wesentlichen Einfluss auf die Rechenzeiten, aber auch die Stabilität der ermittelten Ergebnisse haben kann.

Die Synchronmaschine wurde in den Varianten als Vollpol- und Schenkelpolläufer vorgestellt. Die Geometrie des Vollpolläufers wurde hinsichtlich der Anzahl mit Strom belegter Nuten des Polrades, sowie der Nutfüllung der nicht mit Strom belegten Nuten untersucht, beim Schenkelpolläufer wurde das Polrad hinsichtlich Balligkeit und generell der Breite des Polschuhs untersucht. Die Berechnung erfolgt statisch zur Ermittlung von Stator- und Rotorfeld, sowie aufgrund deren gegenseitiger Rückwirkung, aber auch transient zur Ermittlung der induzierten Spannung oder des Kurzschlussstromes in der Drehfeldwicklung in Abhängigkeit der Drehzahl, aber auch des dynamischen Hochlaufes von diversen Startdrehzahlen heraus. Es stellte sich heraus, dass aufgrund des Verhaltens der Synchronmaschine ein Start aus dem Stillstand ohne Frequenz- und Spannungsvariation nicht praktikabel möglich ist und auch der Start aus dem Synchronismus heraus derart große Pendelungen entstehen, die einen abgeklungenen Einschwingprozess erst nach sehr vielen Rechenschritten ermöglichen. Auch bei der Asynchronmaschine zeigte sich stark, dass die Verwendung des Gleichungssystemssolvers wesentlichen Einfluss auf die Rechenzeiten, aber auch die Stabilität der ermittelten Ergebnisse haben kann. Zur Berechnung von Kennlinien wurde die Drehzahl fest vorgegeben und nach Abwarten des Einschwing- und Rechenvorgangs stufig die Verdrehung zwischen Rotor und Stator, d. h. mechanische der Polradwinkel, verändert. Damit konnten die Grundlagen zur Berechnung von V-Kurven gelegt werden.

Abschließend wurde das Finite-Elemente-Modell eines Asynchron-Linearmotors mit Kurzstator und Wirbelstromschiene vorgestellt. Eingegangen wurde auf das spezielle Interface zwischen Stator und Rotor, da sich diese aufgrund der Geschwindigkeit zueinander bewegen. Für die Wirbelstromschiene musste keine Schaltung abgeleitet werden, ansonsten entsprachen Modellgenerierung und -berechnung der Asynchronmaschine, wobei jedoch eine Transversal-, statt einer Rotationsbewegung erfolgt.

ANSYS bietet ausgezeichnete Möglichkeiten, um elektrische Maschine optimal generieren und berechnen zu können. Alle notwendigen Kennlinien können mit Finite-Elemente-Rechnungen berechnet werden, dabei entstehen jedoch sehr große Rechenzeiten. Problematisch erweist sich bei ANSYS insbesondere die Verwendung des Gleichungssystems-Solvers. Während der FRONTAL-Solver i. a. stabile Rechenergebnisse liefert, Ausnahmen bestätigen hier jedoch die Regel, und bei bewegten Anordnungen zu einer Abhängigkeit der Rechenzeit vom Stellungswinkel zwischen Stator und Rotor neigt, liefert der SPARSE-Matrix-Solver bei bestimmten Konstellationen große numerische Instabilitäten, die zu großen Strömen oder Drehmomenten führen, die wiederum das bewegte Teil stark beschleunigt oder die magnetischen Eigenschaften der Anordnung verfälscht. Rechnungen mit dem SPARSE-Matrix-Solver sind häufig sehr schnell, aber leider auch völlig unbrauchbar.

Es ist noch zu ergänzen, dass ANSYS ein eingetragenes Warenzeichen der ANSYS INC, Canonsburg, ist.

Literatur

Erst berechnen, dann bauen, FEM bei magnetischen Problemen Elektrischer Maschinen, Konstruktionspraxis Nr. 6, 6/96

Simulation von Elektromotoren per FEM, Erweiterung eines FEM-Programms, Antriebstechnik 39, 8/00

Berechnung elektrischer Maschinen, Konstruktionspraxis 9/00

Angepasste Softwaremodule ermöglichen optimale Berechnung, Ruhrwirtschaft 9/00

Berechnung von elektrischen Maschinen, VDI-Konstruktion 9/00

Finite-Elemente-Programm vereinfacht Entwicklung elektrischer Maschinen, Maschinenmarkt 47/2000

Elektrische Maschinen in kürzester Zeit generiert und gerechnet, CADFEM-Infoplaner 1/2001

Entwicklung und Analyse elektrischer Maschinen auf der Basis von FEM, Amperehaltiger Röntgenblick, KEM 2/2001

Komplexe Berechnungen, Entwicklung und Analyse von Elektrischen Maschinen, Konstruktionspraxis 4/2001

Transiente Simulation linearer elektrischer Maschinen, HRZ computer-Postille Nr. 1 2004

Einbindung eines Finite-Elemente-Tools zur Unterstützung in der Lehre, etz S4/2007

Vortrag „EM-Design", Internationale ANSYS-Konferenz in Friedrichshafen, 2000

Vortrag „Transient simulation of moving and rotating electrical machines using Ansys", Simulationskonferenz LUXFEM in Luxemburg, 2003

Vortrag „Transient simulation of moving and rotating electrical machines using Ansys", IEEE-ISIE in Ajaccio, Korsika, 2004

Vortrag „Transient simulation of moving and rotating electrical machines using Ansys", US-ANSYS-Konferenz in Pittsburgh, 2004

Vortrag „EM-practical course, Integration of a finite element tool for the support of training courses and lectures of electrical machines and drives", US-ANSYS-Konferenz in Pittsburgh, 2005

Vortrag über verschiedene Ansätze von Randbedingungen bei Linearmotorberechnungen, Internationale ANSYS-Konferenz in Stuttgart, studentischer Beitrag, 2006

Vortrag „Über den Vergleich der transienten Berechnung von Elektromotoren mit ANSYS und ANSOFT/Maxwell", Internationale ANSYS-Konferenz in Dresden, 2007

Vorträge über die FEM-Berechnung von BLDC- und Asynchronkäfigläufermaschinen, Internationale ANSYS-Konferenz in Leipzig, studentischer Beitrag, 2009

B. Aschendorf, *FEM bei elektrischen Antrieben 2*, DOI 10.1007/978-3-658-05250-8

Vortrag „Nutzung des Tools EM-Praktikum und ANSYS in den Lehrveranstaltungen der Elektrischen Maschinen“, Internationale ANSYS-Konferenz in Kassel, 2012

Vortrag „Auslegung und Simulation von asynchronen Linearmotoren mit Wirbelstromschiene für ein People-Mover-System“, Internationale ANSYS-Konferenz in Kassel, 2012

Vortrag „Erfahrungen mit den Lehrveranstaltungen Grundlagen der FEM und Entwerfen Elektrischer Maschinen“, Internationale ANSYS-Konferenz in Kassel, studentischer Beitrag, 2012

Vortrag „Transrapid - Utopie oder sinnvolle technische Anwendung“, Lathen 2004

Vortrag „Metrorapid Utopie oder sinnvolle technische Anwendung“, Hamm 2005

Untersuchung eines Asynchronlinearmotors mit Wirbelstromschiene unter Berücksichtigung numerischer Feldberechnungsmethoden, Bachelor Thesis

Untersuchung der Performance verschiedener Rechnerstrukturen und Betriebssysteme mit Bezug auf die Anwendung von ANSYS am Beispiel verschiedener elektrotechnischer Projekte, Diplomarbeit

Vergleichende Berechnung von permanenterregten Gleichstrommotoren zwischen den FEM-Berechnungsprogrammen Maxwell und ANSYS, Diplomarbeit Kroll

Parameterbasierte FEM - Berechnung der Betriebseigenschaften einer Hysteresekupplung für eine Flaschenverschließanlage, Diplomarbeit, Burbank

Parameterbasierte FEM-Berechnung der Betriebseigenschaften einer Wirbelstromkupplung mit mehrschichtiger Wirbelstromscheibe, Diplomarbeit, Ortmann

Transiente numerische Untersuchung des Betriebsverhaltens eines Synchronlinearmotors bei Variation von Geometrieparametern unter Verwendung des Finite-Elemente-Programms ANSYS, internes Projekt

Entwicklung einer Resonanzfrequenzregelung zur Optimierung des Wirkungsgrades von Magnetantrieben durch FEM-Multiphysiksimulation des Schwing- und Regelsystems, internes Projekt, Keller

Analyse von Asynchron-Linear-motoren unter Berücksichtigung der Wicklungsanordnung in der Nutunterlage mit Hilfe des Finite-Elemente-Programms Ansys, Diplomarbeit

Nachbildung und Untersuchung eines Versuchsaufbaus der Firma ELWE-Lehrsysteme GmbH, internes Projekt

ANSYS-Hilfetexte

Diverse ANSYS-Handbücher

Skripten zu Elektrische Maschinen I und II, Prof. Dr. Aschendorf, FH Dortmund

Anleitungen zu Praktika der Elektrische Maschinen, Prof. Dr. Aschendorf, FH Dortmund

Programmpaket EM-Design, Prof. Dr. Aschendorf, FH Dortmund

Programmpaket EM-Praktikum, Prof. Dr. Aschendorf, FH Dortmund

Sachverzeichnis

MIX
Papier aus verantwortungsvollen Quellen
Paper from responsible sources
FSC® C105338

If you have any concerns about our products,
you can contact us on
ProductSafety@springernature.com

In case Publisher is established outside the EU,
the EU authorized representative is:
Springer Nature Customer Service Center GmbH
Europaplatz 3, 69115 Heidelberg, Germany

Printed by Libri Plureos GmbH
in Hamburg, Germany